普通高等教育"十三五"规划教材

空气调节工程

谢慧 张舸 冀如 编

U0319691

北 京

冶金工业出版社

2016

内 容 提 要

本书系统地介绍了空气调节的基本知识、湿空气的物理性质与焓湿图、负荷计算、空气处理过程与相关设备选择、空气调节系统的形式与内容、风系统设计、水系统设计、空调系统的运行调节与自动控制、噪声减振与防火排烟设计、空调系统的测试与调整等知识。内容深入浅出,简明实用。

本书可作为工科类院校建筑环境与设备工程、给水排水工程、房屋建筑设备与管理、土木工程、建筑学、建筑电气等专业的教材和教学参考书,也可作为从事空调工程设计、安装、运行管理、维修以及产品营销人员的参考书。

图书在版编目(CIP)数据

空气调节工程/谢慧,张舸,冀如编. —北京:冶金工业出版社,2016.7

普通高等教育"十三五"规划教材

ISBN 978-7-5024-7224-5

Ⅰ.①空… Ⅱ.①谢… ②张… ③冀… Ⅲ.①空气调节设备—建筑安装工程—高等学校—教材 Ⅳ.①TU831

中国版本图书馆 CIP 数据核字(2016)第 105739 号

出 版 人 谭学余
地 址 北京市东城区嵩祝院北巷 39 号 邮编 100009 电话 (010)64027926
网 址 www.cnmip.com.cn 电子信箱 yjcbs@cnmip.com.cn
责任编辑 常国平 美术编辑 吕欣童 版式设计 杨 帆
责任校对 王永欣 责任印制 牛晓波
ISBN 978-7-5024-7224-5
冶金工业出版社出版发行;各地新华书店经销;固安华明印业有限公司印刷
2016 年 7 月第 1 版,2016 年 7 月第 1 次印刷
787mm×1092mm 1/16;26.75 印张;711 千字;411 页
56.00 元

冶金工业出版社 投稿电话 (010)64027932 投稿信箱 tougao@cnmip.com.cn
冶金工业出版社营销中心 电话 (010)64044283 传真 (010)64027893
冶金书店 地址 北京市东四西大街 46 号(100010) 电话 (010)65289081(兼传真)
冶金工业出版社天猫旗舰店 yjgycbs.tmall.com
(本书如有印装质量问题,本社营销中心负责退换)

前　言

随着国民经济与科学技术的不断发展以及人民生活水平的提高，建筑物中空调的应用日益广泛，空调技术不断更新，相应地，从事这一技术的教学、科研、生产、工程等技术人员也日益增加。为了适应空调技术发展的要求和满足建筑环境与设备工程等土建类专业的需要，特编写了本教材，供高等学校有关专业师生以及从事空调行业的技术人员参考。

本书吸收了近年来国内外相关领域的最新科技成果和节能要求，注重与国家现行的规范、标准、技术措施以及全国勘察设计注册设备工程师执业资格考试相接轨，以"概念准确、基础扎实、知识面宽、突出应用"为基本原则，注重培养学生正确判断和解决工程实际问题的能力，确立节约能源、保护环境的意识。本书系统地介绍了空气调节的基本原理、系统分类、冷（热）湿负荷的计算方法、各类空调设备的结构和工作原理、空调风系统设计、空调水系统设计、空调系统的运行调节与自动控制以及空调系统消声、防振、防火、排烟等基本知识。内容深入浅出，简明实用。每章后增加了习题与思考题，并列出相关参考文献，可供教学、自修参考。

本书可作为高等院校建筑环境与设备工程专业以及给水排水工程、房屋建筑设备与管理、土木工程、建筑学、建筑电气、制冷、热能工程等专业的教材和教学参考书，也可作为从事空调工程设计、安装、运行管理、维修以及产品营销人员的培训及自学教材，还可作为全国勘察设计注册设备工程师执业资格考试的复习参考书。

本书由北京科技大学谢慧、张舸和冀如合编，谢慧担任主编。具体分工为：第1、4~9章由谢慧执笔，第2、3章由冀如执笔，第10~12章由张舸执笔。研究生何姗、袁艺荣、殷涛涛、王雅玲进行了文字校对。本书在编写过程中，吸取了许多同行专家及兄弟院校专业课教师的意见，借鉴了相关工具书和规范的有关内容，在此表示衷心的感谢！

由于时间仓促，编者水平所限，书中难免存在不足之处，恳请广大读者批评指正。

编　者
2015 年 11 月

目　　录

1 绪 论

本章要点：介绍空气调节的定义与任务、空调系统的组成与类型以及空气调节技术的应用与发展。

1.1 空气调节的定义及任务

对空气调节的最早定义是："空调的主要功能应该包括：（1）加热或降温，能够调节空气温度；（2）加湿或减湿，能够调节空气湿度；（3）能够使空气具有一定的流动速度；（4）能够使空气具有一定的洁净程度。"

《采暖通风与空气调节术语标准》（GB 50155—1992）将"空气调节"定义为：使房间或封闭空间的空气温度、湿度、洁净度和气流速度等参数，达到给定要求的技术。即空气调节的意义在于"使空气达到所需要的状态"或"使空气处于正常状态"，人工调节空气温度、相对湿度、空气流动速度及洁净度（简称"四度"），以满足人体舒适和生产工艺过程的要求。

现代空调已从控制温湿度环境工程步入了对空间环境品质的全面调节与控制阶段，即所谓的人工环境工程阶段。现代技术发展有时还需要对空气的压力、成分、气味及噪声等进行调节与控制。由此可见，采用技术手段创造并保持满足一定要求的空气环境，乃是空气调节的任务。所谓的技术手段主要是：采用换气的方法保证内部环境的空气新鲜；采用热、湿交换的方法保证内部环境的温湿度，以及采用净化的方法保证空气的洁净度。

根据可持续发展理论，对空调重新定义，即"空调就是要以最少的能耗，创造健康、舒适的室内环境，同时保护我们的地球环境。"

1.2 空调系统的组成及类型

1.2.1 空调系统的组成

典型的空气调节系统由空调冷热源、空气处理设备、空调风系统、空调水系统及空调自动控制和调节装置五大部分组成。

（1）空调冷源和热源。冷源为空气处理设备提供冷量以冷却空气。常用的空调冷源有各类冷水机组，它们提供低温水（如7℃）给空气冷却设备。也有用制冷系统的蒸发器来直接冷却空气的。热源用于提供加热空气所需的热量。常用的空调热源有热泵型冷热水机组、锅炉、电加热器等。

（2）空气处理设备的作用是将空气处理到规定的状态。空气处理设备可以集中于一处，为整幢建筑物服务；也可以分散设置在建筑物各层。常用的空气处理设备有空气过滤器、空气冷却器、空气加热器、空气加湿器和喷水室等。

（3）空调风系统包括送风系统和排风系统。送风系统的作用是将处理过的空气送到空调区。排风系统的作用是将空气从室内排出，并将排风输送到规定地点。可将排风排放至室外，也可将部分排风送至空气处理设备与新风混合后作为送风。重复使用的这一部分排风称为回风。送风系统的基本组成是室内送、回风口，风管和风机。排风系统的基本组成是室内排风口装置、风管和风机。在小型空调系统中，有时送、排风系统合用一个风机。

（4）空调水系统的作用是将冷媒水（简称冷水）或热媒水（简称热水）从冷源或热源输送至空气处理设备。空调水系统的基本组成是水泵和水管。空调水系统包括冷（热）水系统、冷却水系统和冷凝水系统。

（5）空调的自动控制和调节装置。由于各种室内外因素，空调系统的冷热负荷是多变的，这就要求空调系统的工作状况也要有变化。所以，空调系统应装备必要的控制和调节装置，借助它们可以调节送风参数、送排风量、供水量和供水参数等，以维持所要求的室内空气状态。

1.2.2　空调系统的类型

空调系统按其用途可分为舒适性空调和工艺性空调。

（1）舒适性空调（简称"舒适空调"）是为室内人员创造舒适、健康环境的空调系统，主要用于：商业建筑，如办公大楼、超市、商场、购物中心、餐厅等；居住建筑，如宾馆、汽车旅馆、酒店、公寓、别墅等；公共建筑，如中小学、大学、图书馆、博物馆、室内体育馆、医院、疗养院、影剧院、会堂等；交通工具，如飞机、汽车、火车、轮船等。

（2）工艺性空调（简称"工业空调"）是为工业生产或科学研究提供特定室内环境的空调系统。例如：在纺织厂，适当的湿度控制能增加纱线的强度，锦纶长丝的多数工艺过程要求相对湿度的控制精度为±2%；许多电子元件的质量都受到空气微粒的影响，所以电子元件都要求在洁净厂房中制造；精密仪器制造业需要精确的温度和湿度控制，一般要求空气温度的变化范围为±(0.1~0.5)℃，相对湿度的变化范围不超过±5%；药品工业不仅要求一定的空气温湿度，还需要控制空气洁净度。

1.3　空调系统的应用

空气调节技术在工艺性空调方面的应用先于舒适性空调，且应用面较广，主要是服务于工业生产及科学实验。工艺性空调可分为一般降温性空调、恒温恒湿空调、净化空调等。

（1）降温性空调对室内空气的温度、湿度要求是确保夏季工人操作时手不出汗，不使产品受潮，因此一般只规定温度或湿度的上限，无空调精度要求，如纺织工业、印刷工业、胶片工业、橡胶工业、食品工业、卷烟工业、地下建筑、水下隧道、粮食仓库、农业温室、禽畜养殖场等。

（2）恒温恒湿空调对室内空气温度、湿度和空调精度都有严格要求，如电子工业、仪表工业、精密机械工业、合成纤维工业以及有关工业生产过程和有关科学研究过程所需的控制室、计量室、检验室、计算机房等，除对室内空气温度、湿度有要求外，同时还规定温度、湿度的允许波动范围，规定气流速度不得大于或小于一定范围，并规定室内含尘浓度不得超过某个数值。

（3）净化空调不仅对室内空气温度、湿度和空调精度有一定的要求，而且对空气中所含尘粒的大小和数量有严格要求，如制药工业、医院的手术室、烧伤病房、电子工业等，不但要求室内空气具有一定的温度、湿度，还要求不超过一定的含尘浓度，而且规定其所含细菌数的最大限值。

空气调节技术在舒适性空调方面的应用主要是服务于民用建筑。舒适空调虽然较工业空调起步晚，但近些年来发展快、起点高且应用范围广。民用建筑又分为公共建筑和居住建筑。公共建筑如办公建筑（包括写字楼、政府部门办公楼等），商业建筑（如商场、金融建筑等），旅游建筑（如旅馆饭店、娱乐场所等），科教文卫建筑（包括文化、教育、科研、医疗、卫生、体育建筑等），通信建筑（如邮电、通信、广播用房）以及交通运输用房（如机场、车站建筑等）。居住建筑主要指住宅建筑。

除上述工业与民用建筑方面的应用外，空气调节技术还广泛应用于交通运输工具（如汽车、火车、飞机及轮船中）及国防工业中。例如，航天飞行器中的座舱，它的周围气候环境瞬息万变，而舱内温度、湿度必须在一定范围内。这就要求用空调技术来解决这个问题，说明空气调节与航天事业的发展同样是休戚相关的。

1.4 空调系统的发展

1.4.1 空气调节技术发展简史

1901 年美国的威利斯·开利（Willis H. Carrier）博士在美国建立了世界上第一所空调试验研究室。1902 年，美国纽约市布鲁克林的一家印刷厂在印刷过程中遇到了困难，由于温度和湿度不恒定，裁剪纸张和调色的工作都受到了影响，画面模糊。1902 年 7 月 17 日，开利博士为他们设计了世界公认的第一套科学空调系统。由于开利博士发明的这套科学空调系统实现了对空气湿度的控制，空调行业将这项发明视为空调业诞生的标志。空调的发明已经列入 20 世纪全球十大发明之一，它首次向世界证明了人类对环境温度、湿度、风速和空气品质的控制能力。空调系统在接下来的一个多世纪里，使整个世界都随之冷静下来。

1906 年，开利博士发明了世界上第一台喷淋式空气洗涤器（spray type air washer），即喷水室，它可以加湿或干燥空气。这一设备使他的空调系统成为完美之作，改善了温湿度控制的效果，使全年性空调系统能够满意地应用于 200 种以上不同类型的工厂。1911 年 12 月，开利博士得出了空气干球、湿球和露点温度间的关系，以及空气显热、潜热和焓值之间的计算公式，绘制了湿空气焓湿图。至今，湿空气焓湿图仍是所有空调计算的基础，它是空气调节史上一个重要的里程碑。1922 年，开利博士还发明了世界上第一台离心式冷水机组，如今该压缩机陈列于华盛顿国立博物馆。1937 年，开利博士又发明了空气-水系统的诱导器装置，是目前常见的空调末端装置——风机盘管的前身。个人拥有超过 80 项发明专利的开利博士，以其一生在空调科技方面的卓越成就，被誉为"空调之父"，他的名字更被列入美国国家伟大发明家纪念馆，与爱迪生、贝尔、伊斯曼等杰出发明家齐名。

与开利博士同时期还有一位对空调发展史产生重要影响的人物，他就是美国的"多面手工程师"克勒谋（Stuart W. Cramer）。19 世纪后半叶，随着先进国家纺织工业的发展，空气调节接受了巨大的挑战，其中加湿和清洁处理成了主要的任务。1904 年身为纺织工程师的克勒谋负责设计和安装了美国南部约 1/3 纺织厂的空调系统。这些系统采用了集中处理空气的喷水室，装置了洁净空气的过滤设备，均达到了调节空气温度、湿度和能够使空气具有一定流动速度及洁净程度的要求。为了描述他所做的工作，克勒谋 1906 年 5 月在一次美国棉业协会（American Cotton Manufacturers Association，ACMA）的会议上正式提出了"空气调节"（air conditioning）术语，从而为空气调节命名。他对空气调节的定义是：应包括具有蒸发冷却效果的加湿及净化空气、供热和通风的功能。因此，克勒谋被誉为"多面手工程师"和"纺织空调先驱"等称号。

美国舒适空调的发展远远迟于工业空调。开利博士认为只是在1923年以后，空调才真正成了一件大事，舒适空调才得到发展，并从1930年起迅速增长，此阶段主要销售了首批房间空调器。1930年后，由于小型制冷机的发展以及可靠性的提高，舒适空调才扩大到各类商店、旅馆、餐厅以及交通运输工具等。在第二次世界大战期间，舒适空调首先用于电影院、剧场、大型商店等公共场所，其次用于办公室以及深矿井。舒适空调在1945年后才进入住宅。

1911年，第一座空调电影院在芝加哥建成。而1922年建成的纽约空调电影院是第一座真正意义上的可以调节空气各种性能的电影院。自1925至1931年，据估计美国约有400家电影院和剧场配备了舒适性空调。

1919年，布鲁克林Abraham Straus成为第一家安装了大型舒适性空调的商店。1927年，德克萨斯州圣安东尼奥的一幢办公楼安装了舒适性空调。1930年，费城一幢34层摩天大楼全部配备舒适性空调。1938年，华盛顿市府大厦配备了当时最大的空调装置（20930kW）。

1929年，在巴尔的摩—俄亥俄运行线上的一辆火车餐车配备了舒适空调。1931年，在纽约—华盛顿线路上有一列火车全部实现舒适空调。美国空调列车的数量迅速增长，1946年已增至1.3万辆。从1937年起，美国的公共汽车和大客车也开始采用空调。截止到1946年，空调大客车共计有3500辆左右。只是在1945年以后，人们才大规模地实现私人小汽车的空调。另外，从1937年起就采用活动式空调机组使飞机在起飞前降温。

除美国之外的其他国家，空调技术也得到了迅速发展。第一次世界大战后，深矿井的舒适性空调已成为空调史的新篇，尤其是南非金矿的舒适性空调引起了人们的关注。1920年，南非最大的空调装置是在西部腹地金矿区。空调于1930年左右在欧洲开始出现，但大规模的发展还是在第二次世界大战以后。1900年前，德国已有几套空调装置。1927~1928年，各类工厂，尤其是卷烟厂、纺织厂、一些电影制片厂及电影院已采用空调系统。1938年，慕尼黑美术馆采用了空调系统。在法国，巴黎附近的一座医院于1927年配备了空调装置，一家电话交换局于1932年也配备了空调。除北美和欧洲以外，日本是当时关注空调较多的亚洲国家，1917年一家私人住宅采用了空调，1920年一家糖果厂采用了空调，1927年一家剧院采用了空调。

在我国，空气调节的发展并不太迟。工业空调和舒适空调几乎是同时起步的。20世纪30年代，曾有过一个高峰时期。1931年上海的许多纺织厂安装了带喷水室的空调系统，其冷源为深水井。随后，几座高层的大旅馆和几家所谓"首轮"电影院，先后设置了全空气式空调系统。有一家电影院和一家银行，还安装了离心式制冷机。当时，高层建筑装有空调装置，上海是居全亚洲之冠。但到1937年，我国不幸遭受日本军国主义的侵略，空气调节事业的发展被迫中断。

新中国成立后，我国从事空调专业的技术人员极少。20世纪50年代初，一批来自其他专业的技术人员，转行投身于这方面的工程设计、施工安装，以前苏联技术为依托，逐步掌握空调专业技术，并开始按照前苏联标准制作空调系统设备和配件。1952年，我国高等学校开始创办"供热供煤气及通风"专业（最早设立该专业的学校有哈尔滨工业大学、清华大学、同济大学、西安建筑科技大学、天津大学、太原工学院、重庆建筑工程学院（现重庆大学）、湖南大学，号称暖通专业老八校），培养可以从事空调工作的技术人才。中国建筑科学研究院开始设置空调技术研究室（现发展为建筑环境与节能研究院），有专门的研究人员从事空调方面的研究开发工作。空调作为一门技术开始形成和向前发展。纵观空调在我国的应用和发展，改革开放前的 30 年属于基础时期。

改革开放以来，我国经济取得飞速发展。经济建设和社会发展带动了空调的应用和发展，空调工程和项目显著增多。全国现有大、中、小型设计单位近万个，1/4 以上能做空调设计。高等院校中有供热、通风及空调工程专业（现调整成为建筑环境与设备工程专业）的学校已从原来的 8 所发展到 2014 年的 117 所。2006 年全国开设供热、供燃气、通风及空调二级学科的学校有 44 所，其中有 24 个博士点、20 个硕士点。这些院校所培养的毕业生已成为推动空调事业发展的主要技术力量。此外，施工安装企业也有较大发展，国外引进的代表先进水平的工程，绝大部分是国内安装企业完成的，可以达到严格的验收要求。国内既有全国性的学术团体（中国制冷学会空调热泵专业研究委员会、中国建筑学会暖通空调专业委员会、中国电子学会洁净技术学会等），又有行业协会（中国制冷专业协会、中国家用电器协会、中国安装协会等）和全国暖通空调技术信息网、冷暖通风设备信息网等，并通过它们组织全国性的专业活动。

在技术发展方面，已掌握高精度恒温技术，可持续保持静态偏差优于 ±0.01℃；高精度恒湿技术，相对湿度可持续保持静态偏差优于 ±2%；超高性能洁净室，洁净度达到国家一级标准。此外，已经掌握各种等级的生物洁净整套技术，从而为高新技术提供了环境技术保障。为了节省高大厂房空调用能，研究并实施了高大厂房分层空调技术，已成功地应用于长江葛洲坝电站厂房空调工程中，取得了设计冷负荷比传统全空气空调减少 46% 的显著效果。为解决旅馆酒店空调而发展起来的空气-水空调系统技术，均已在各类建筑物中获得了广泛应用。据中国空调制冷空调工业协会统计，1995 年我国风机盘管产量已经超过 45 万台，大大超过了空调大国美国、日本的年销售量 30 万台左右的水平。我国已研究出谐波反应法和冷负荷系数法两种新的空调冷负荷计算方法，大大方便了工程设计计算。热环境（特别是地下热环境）模拟分析技术已成功用于北京、上海、广州等城市的地铁设计模拟分析中，为工程提供了有力的技术分析手段，完成了全国 270 个气象台站的建筑热环境分析专用气象数据集的编制工作，整理出暖通空调设计用室外气象参数。清华大学开发出具有我国自主知识产权的建筑环境模拟软件——DeST，为建筑节能工作的开展做出了应有的贡献。

在空调设备方面，我国已成为仅次于美、日两国，位居世界第三的制冷空调设备生产国。目前，我国房间空调器产量居世界第一位，海尔、格力等众多品牌的房间空调器已走向世界，成为国际品牌；同时也是世界上最大的冷水机组市场，吸收式冷（热）水机组产量居世界第二位，其中 352kW 以上机组的产量跃居第一位。在我国，风机盘管和空气处理机组的产量仅低于房间空调器，位于其他空调设备产量之上。由于这两种产品与国际同类产品的性能和质量相差不远，因此国内绝大多数工程中使用的产品都是国产的。在户式中央空调方面，我国推出热泵冷热水系统，与日本的变制冷剂系统 VRV 及美国的风管机系统形成三足鼎立之势。

我国至今已编制了《民用建筑供暖通风与空气调节设计规范》和《公共建筑节能设计标准》等国家标准，以及《供热通风空调制冷设计技术措施》、《HVAC 暖通空调设计指南》、《民用建筑暖通空调设计技术措施》和《全国民用建筑工程设计技术措施：暖通空调·动力》等技术措施，用以指导设计和施工。编制了《房间空气调节器》、《组合式空调机组》和《房间风机盘管空调器》等产品标准，用以规范工业产品质量。建立了"全国制冷标准技术委员会"和"全国暖通空调及净化设备标准化技术委员会"，来主持空调设备标准方面的技术审查工作。

国家相关部门建立的"国家空调设备质量监督部检测测试中心"和"国家家用电器质量监督检验测试中心"等检测中心，从事房间空调器、组合式空调机组、风机盘管等产品的质量检测，来推动空调产品的质量提高。

业内专家相继编写出版了《空气调节设计手册》、《实用供热空调设计手册》、《实用制冷与空调工程手册》、《空调与制冷技术手册》和《纺织空调除尘手册》等设计及技术手册，编制了《建筑工程设计软件包暖通空调应用软件》等工程设计软件产品，为提高行业技术水平提供了高水平的参考资料和先进工具。

高等学校编写了多种《空气调节》、《暖通空调》和《纺织厂空气调节》等空调类教材，并将该课程列为暖通空调专业的主要专业课程之一，为培养空调方面的专业技术人才奠定了基础。

国家实行了全国勘察设计注册公用设备工程师执业资格制度，并进行了注册公用设备工程师（暖通空调专业）执业资格考试。

1.4.2 空气调节技术发展趋势

现代空调的发展既是节能技术、空调技术的发展过程，又是一个控制不断加强、精确、深化的过程。因此，以下四方面应是今后研究和发展的重点。

（1）能源的合理利用。目前，我国供暖空调所消耗的能源总量已超过一次能源总量的20%，我国一次能耗总量约占世界总耗量的11%。尽管目前人均耗量仅为世界人均耗量的1/2，但若达到世界人均耗量水平，也将对世界能源带来严重的影响。因此，一方面要不断提高空调产品的性能，降低能源消耗；同时，要促进利用余热、废热和可再生能源产品的开发与应用。应优先采用蒸发冷却和溶液除湿空调等自然冷却方式。另一方面，要认真研究制冷空调用的能源结构，特别是民用/商用空调大量使用以来，由于负荷的不均衡性，对电力供应带来的严重影响；因此不但要大力提倡蓄能空调产品的研制与应用，更重要的是研究天然气在空调工程中的合理利用问题。

热泵具有合理利用高品位能量，综合能源效率高；供暖区无污染，环保效益好；夏季可以供冷，冬季可以供暖，一机两用，设备利用率高；使用灵活，调节方便等特点。因此，我国热泵空调发展迅速，100kW 以下的中小型空调装置中，热泵占 50%以上。同时，不断深入研究低温热源热泵效率的提高、空气源热泵的除霜，以及各种低品位能源的利用（包括热回收）等问题，并取得良好效果，各种地源热泵空调的研究与应用就是一个实例。鉴于使用热泵对我国节能与环保方面带来的明显效果，今后应大力发展热泵技术。

（2）室内空气品质的改善。工业的发展使危害人体健康的各种微粒与气体不断增长，空气净化技术已迫在眉睫。因此，应大力研究纤维过滤技术、静电过滤技术、吸附技术、光催化技术、负离子技术、臭氧技术、低温等离子技术等空气净化技术，开发捕集效率高、价廉，而且便于自净的空气净化设备。

随着我国经济和社会的快速发展以及人民生活质量的不断提高，改善人居环境水平成为当今社会关注的问题。人们不但要关心室内空气环境的改善，而且要关心城市，特别是小区空气环境的改善，这些均是对空调行业的展望。因此，将室内空气热湿环境控制技术、空气洁净控制技术和计算机调控技术三者相结合，促使舒适空调迈向健康空调，应是今后空调发展的方向。

（3）加强信息技术和自动控制技术在空调行业的应用。计算机的发展全面促进了空调事业的发展，而空调事业的发展也越来越离不开计算机技术或者说信息技术的支持。计算机辅助设计（CAD）和人工智能技术（包括控制和管理）是研究和应用的重点，从 20 世纪 70 年代末国内就着手此方面的工作，并取得了一定的成绩。今后，一方面应十分关注和促进实现包括分析计算、设计、制图为一体化的 CAD 技术体系，服务于工程设计，特别是方案设计和产品制造，以改进传统设计方法；另一方面，促进人工智能技术在空调制冷设备与系统控制和管理方面发挥良好作用，逐步提高和完善制冷空调设备和系统的集中控制与管理系统、智能园区系统以及城市冷热能量供应与管理系统等，使之在保证人居环境品质、完善防火安全、促进设备自动化以及节能减排等方面扮演重要角色。

信息技术与现代自动控制技术相结合，已经给空调技术的发展带来新的活力。计算机自动控制技术与变频技术相结合，在空调领域产生了不可忽视的影响，变风量、变水量和变制冷剂流量系统就是在这种情况下取得飞速发展的；模糊控制家用空调器是计算机技术与模糊控制技术相结合的产物；预计不久的将来，将会出现神经网络控制的空调器。

（4）加强标准化建设。我国已加入世界贸易组织（WTO），对制冷空调行业来讲，在外贸出口扩大和外商直接投资进一步增加等方面均将带来积极的影响。我们应充分认识到技术法规和标准是提高生产效率、保证产品质量和推进国际贸易必不可少的手段和依据。对于空调行业来讲，虽然已经制定了相当数量的产品标准、测试标准和设计及施工验收规范，在标准化工作上取得了很大成绩，但因种种原因，标准水平参差不齐，标准体系有待进一步完善。因此，加强标准化建设也是空调行业的重要任务。我们应积极采用国际标准和国外先进标准。我国制定的标准必须符合国情，同时要有利于提高产品质量和促进国际贸易，以及保护国家利益。

习题与思考题

1-1 空气调节的定义是什么？空气调节的任务是什么？

1-2 空气调节对工农业生产、科学实验和人民生活水平的提高有什么作用？

1-3 空气调节可分为哪两大类？划分这两类的主要标准是什么？

1-4 简要叙述空调系统的主要组成部分。

1-5 你能举出一些应用空调系统的实例吗？它们是属于哪一类的空调系统？

参 考 文 献

[1] 曹德胜. 中国制冷空调行业实用大全 [M]. 北京：国际文化出版公司, 1999.

[2] 黄翔，等. 空调工程 [M]. 2 版. 北京：机械工业出版社, 2014.

[3] 战乃岩，王建辉，等. 空调工程 [M]. 北京：北京大学出版社, 2014.

[4] 赵荣义，范存养，薛殿华，等. 空气调节 [M]. 4 版. 北京：中国建筑工业出版社, 2009.

[5] 中国制冷空调工业协会. 走向世界的中国制冷空调工业 [R]. 中国制冷空调工业协会十周年纪念专辑, 1999.

[6] Ashrae Handbook. Fundamentals [M]. ASHRAE Inc., 2005.

2 湿空气的物理性质和焓湿图

本章要点：湿空气是构成空气环境的主体，也是空调的基本介质。本章主要介绍湿空气的组成和物理性质、焓湿图、湿空气状态的确定及变化过程。

2.1 湿空气的物理性质

包围着地球的空气层称为大气层。大气由干空气和一定量的水蒸气混合而成，通常称为湿空气，即人们平时所说的"空气"。干空气的成分主要是氮、氧、氩及其他微量气体，多数成分比较稳定，少数随季节、地理位置、海拔高度等因素有少许变化，因此可将干空气作为一个稳定的混合物来对待。湿空气中水蒸气的含量很少，但其变化却会使空气环境的干燥和潮湿程度发生变化，从而影响人们的日常生活、工业生产过程以及物品的储存保管，因此研究湿空气中水蒸气含量的控制在空气调节中占有重要的地位。

在热力学中，把常温、常压下的干空气视为理想气体，而湿空气中的水蒸气一般处于过热状态，且含量很少，也可近似地视为理想气体。因此，可用理想气体状态方程来表示湿空气的主要状态参数的相互关系，即

$$p_g V = m_g R_g T \quad \text{或} \quad p_g \nu_g = R_g T \tag{2-1}$$

$$p_q V = m_q R_q T \quad \text{或} \quad p_q \nu_q = R_q T \tag{2-1}'$$

式中　　p_g，p_q——分别为干空气与水蒸气的压力，Pa；

　　　　V——湿空气的体积，m^3；

　　　　m_g，m_q——分别为干空气与水蒸气的质量，kg；

　　　　R_g，R_q——分别为干空气与水蒸气的气体常数，$R_g = 287 \text{J}/(\text{kg} \cdot \text{K})$，$R_q = 461 \text{J}/(\text{kg} \cdot \text{K})$；

　　　　T——湿空气的热力学温度，K；

$\nu_g = \dfrac{V}{m_g}$，$\nu_q = \dfrac{V}{m_q}$——分别为干空气和水蒸气的比容，m^3/kg。干空气与水蒸气的密度则应为比

容的倒数，即 $\rho_g = \dfrac{m_g}{V} = \dfrac{1}{\nu_g}$，$\rho_q = \dfrac{m_q}{V} = \dfrac{1}{\nu_q}$。

2.1.1 大气压力

根据道尔顿定律，湿空气的压力可以表示为

$$B = p_g + p_q \tag{2-2}$$

B 一般称为大气压力，以 Pa（帕）或 kPa（千帕）表示。一般以北纬45°处海平面的全年平均大气压作为一个标准大气压，其数值为 101325Pa。常用大气压力之间的单位换算见表2-1。

表 2-1 常用大气压力之间的单位换算

帕/Pa	千帕/kPa	巴/bar	毫巴/mbar	物理大气压/atm	毫米汞柱/mmHg
1	10^{-3}	10^{-5}	10^{-2}	9.86923×10^{-6}	7.50062×10^{-3}
10^3	1	10^{-2}	10	9.86923×10^{-3}	7.50062
10^5	10^2	1	10^3	9.86923×10^{-1}	7.50062×10^2
10^2	10^{-1}	10^{-3}	1	9.86923×10^{-4}	0.750062×10^{-1}
101325	101.325	1.01325	1013.25	1	760
133.332	0.133332	1.33332×10^{-3}	1.33332	1.31579×10^{-3}	1

大气压力不是一个定值，它随着各个地区海拔高度的不同而存在着差异，同时还随着季节、天气的变化稍有变化。在空调系统设计和运行中，一定要考虑当地大气压力的大小，否则会造成一定的误差。

2.1.2 温度

温度是分子动能的宏观结果，分子动能越大，温度越高。

温度的高低用"温标"来衡量。国际上常用的温标是：开氏温标，符号为 T，单位为 K；摄氏温标，符号为 t，单位为℃；华氏温标，符号为 t，单位为℉。开氏温标和摄氏温标的换算关系为

$$T = 273.15 + t \tag{2-3}$$

2.1.3 水蒸气分压力

湿空气中，水蒸气单独占有湿空气的容积，并具有与湿空气相同的温度时，所产生的压力，称为水蒸气分压力 p_q。

显然，湿空气中水蒸气含量越多，其分压力就越大。换言之，水蒸气分压力的大小直接反映了水蒸气含量的多少。

2.1.4 密度

单位体积空气所具有的质量称为湿空气的密度 ρ，单位 kg/m^3。湿空气的密度等于干空气的密度与水蒸气的密度之和，即

$$\rho = \rho_g + \rho_q = \frac{p_g}{R_g T} + \frac{p_q}{R_q T} = 0.003484 \frac{B}{T} - 0.00134 \frac{p_q}{T} \tag{2-4}$$

在标准条件下（大气压力为 101325Pa，温度为 20℃），干空气的密度为 $\rho_g = 1.205 kg/m^3$，而水蒸气的密度取决于水蒸气分压力 p_q 的大小。由于 p_q 值相对于 p_g 值而言数值较小，因此，湿空气的密度比干空气的密度小，实际工程计算中可近似取 $\rho = 1.2 kg/m^3$。

2.1.5 含湿量

在近似等压的条件下，湿空气体积随温度变化而改变，而空调过程经常涉及湿空气的温度变化，因此采用水蒸气密度作为衡量湿空气含有水蒸气量的参数会给实际计算带来诸多不便。

现取湿空气中水蒸气密度与干空气密度之比作为湿空气含有水蒸气量的指标，称为湿空气

的含湿量 d，定义为湿空气中与 1kg 干空气同时并存的水蒸气质量，即

$$d = \frac{m_q}{m_g} = \frac{p_q V R_g T}{p_g V R_q T} = \frac{R_g}{R_q} \frac{p_q}{B - p_q} = 0.622 \frac{p_q}{B - p_q} \quad (\text{kg/kg}_{\text{干空气}} \text{ 或 kg/kg}_{\text{干}}) \quad (2\text{-}5)$$

或

$$d = 622 \frac{p_q}{B - p_q} \quad (\text{g/kg}_{\text{干}}) \quad (2\text{-}5)'$$

2.1.6 相对湿度

另一种度量湿空气水蒸气含量的间接指标是相对湿度。湿空气的相对湿度定义为空气中水蒸气分压力 p_q 和同温度下饱和水蒸气分压力 $p_{q,b}$ 的百分比，用符号 φ 或 RH 表示。定义式为

$$\varphi = \frac{p_q}{p_{q,b}} \times 100\% \quad (2\text{-}6)$$

式中 $p_{q,b}$ ——饱和水蒸气压力，Pa，是温度的单值函数，见附录 10。

由式 (2-6) 可知，相对湿度表征湿空气中水蒸气接近饱和含量的程度。φ 值小，说明空气干燥，吸收水蒸气的能力强；φ 值大，说明空气潮湿，吸收水蒸气的能力弱。φ 值为零，空气为干空气；φ 值为 100%，空气为饱和空气。

湿空气的相对湿度与含湿量之间的关系可由式 (2-5) 和式 (2-6) 导出。根据

$$d = 0.622 \frac{p_q}{B - p_q} = 0.622 \frac{\varphi p_{q,b}}{B - \varphi p_{q,b}} \quad (2\text{-}7)$$

$$d_b = 0.622 \frac{p_{q,b}}{B - p_{q,b}} \quad (2\text{-}8)$$

式中 d_b ——饱和空气的含湿量，即饱和含湿量，kg/kg$_{\text{干}}$。

得

$$\frac{d}{d_b} = \frac{p_q (B - p_{q,b})}{p_{q,b} (B - p_q)} = \varphi \frac{B - p_{q,b}}{B - p_q}$$

即

$$\varphi = \frac{d(B - p_q)}{d_b (B - p_{q,b})} \times 100\% \quad (2\text{-}9)$$

由于 B 值远大于 p_q 和 $p_{q,b}$ 值，认为 $B - p_q \approx B - p_{q,b}$，只会造成 1%~3% 的误差，因此相对湿度可近似表达为

$$\varphi = \frac{d}{d_b} \times 100\% \quad (2\text{-}10)$$

2.1.7 焓

在空调工程中，湿空气的压力变化一般很小，湿空气的状态变化可以近似于定压过程。因此，可以用湿空气状态变化前后的焓差来计算空气的热量变化。

湿空气的焓 h 应等于 1kg 干空气的焓与其同时存在的 $d$kg（或 g）水蒸气的焓，即

$$h = h_g + d h_q \quad (\text{kJ/kg}_{\text{干}}) \quad (2\text{-}11)$$

干空气的焓 h_g $h_g = c_{pg} t \quad (\text{kJ/kg}_{\text{干}}) \quad (2\text{-}12)$

水蒸气的焓 h_q $h_q = c_{pq} t + 2500 \quad (\text{kJ/kg}_{\text{干}}) \quad (2\text{-}13)$

式中 c_{pg} ——干空气的定压比热容，在常温下 $c_{pg} = 1.005\text{kJ/(kg·K)}$，近似取 1kJ/(kg·K) 或 1.01 kJ/(kg·K)；

       c_{pq} ——水蒸气的定压比热容，在常温下 $c_{pq} = 1.84\text{kJ/(kg·K)}$；

2500 —— 0℃时水蒸气的汽化潜热，kJ/kg。

则湿空气的焓为

$$h = 1.01t + d(2500 + 1.84t) = (1.01 + 1.84d)t + 2500d \quad (kJ/kg_干) \quad (2-14)$$

式（2-14）中，$(1.01+1.84d)t$ 是与温度有关的热量，称为显热；而 $2500d$ 仅含湿量的变化而变化，与温度无关，称为潜热。

【例 2-1】 已知大气压力为 101325Pa，温度为 30℃，求（1）干空气的密度；（2）相对湿度为 80% 时的湿空气密度、含湿量和焓。

【解】（1）已知干空气的气体常数 $R_g = 287J/(kg \cdot K)$，此时干空气压力近似等于大气压力 B，所以

$$\rho_g = \frac{B}{287T} = 0.00348 \frac{B}{T} = 0.00348 \frac{101325}{303} = 1.164kg/m^3$$

（2）由附录 1 查得，30℃时水蒸气饱和压力 $p_{q,b} = 4232Pa$，根据式（2-4）得湿空气密度为

$$\rho = 0.00348 \frac{B}{T} - 0.00134 \frac{\varphi p_{q,b}}{T} = 0.00348 \frac{101325}{303} - 0.00134 \frac{0.8 \times 4232}{303} = 1.149kg/m^3$$

根据式（2-7）得湿空气含湿量为

$$d = 0.622 \frac{\varphi p_{q,b}}{B - \varphi p_{q,b}} = 0.622 \frac{0.8 \times 4232}{101325 - 0.8 \times 4232} = 0.0215kg/kg_干$$

根据式（2-14）得湿空气焓为

$$h = 1.01t + d(2500 + 1.84t) = 1.01 \times 30 + 0.0215 \times (2500 + 1.84 \times 30) = 85.2kJ/kg_干$$

2.2 湿空气的焓湿图

在空气调节中，经常需要确定湿空气的状态及其变化过程。单纯地求湿空气的状态参数可用前述各计算式，或查已计算好的湿空气性质表（见附录 1）。而对于湿空气状态变化过程的直观描述则需借助于湿空气的焓湿图。

2.2.1 焓湿图

焓湿图能够反映湿空气的热物理性质以及各种空气处理过程。我国现在采用的湿空气性质图是以焓和含湿量为坐标绘制而成的，通常称为 h-d 图。为了尽可能地扩大不饱和湿空气区的范围，并且使各种参数在坐标图上反映得清晰明了，一般在大气压力一定的条件下，以含湿量 d 为横坐标，焓 h 为纵坐标，两坐标轴之间的夹角取 135°（见图 2-1 和附录 2）。

在选定的坐标比例尺和坐标网格上，与 d 轴平行的各条线是等焓线，与 h 轴平行的直线是等含湿量线。此外，焓湿图上还绘制了等温线、等相对湿度线、水蒸气分压力标尺以及热湿比线等。

2.2.1.1 等温线

根据式（2-14）$h = 1.01t + d(2500 + 1.84t)$ 可以绘制出等温线。当 t 为常数时，公式可简化为 $h = a + bd$ 的形式，因此只须给定两个值，即可确定一等温线。式（2-14）中 $1.01t$ 为等温线在纵坐标轴上的截距，$(2500+1.84t)$ 为等温线的斜率。可见不同温度的等温线并非平行线，其斜率的差别在于 $1.84t$。但由于 $1.84t$ 远小于 2500，所以等温线可近似看做是平行的（图 2-2）。

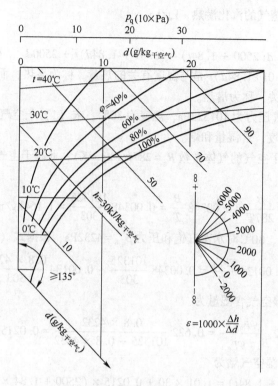

图 2-1   湿空气 h-d 图

2.2.1.2   等相对湿度线

根据式（2-7）$d = 0.622 \dfrac{\varphi p_{q,b}}{B - \varphi p_{q,b}}$ 可以绘制出等相对湿度线。在一定大气压力下，当 φ = 常数时，含湿量 d 仅取决于 $p_{q,b}$，而 $p_{q,b}$ 又是温度 t 的单值函数，其值可从附录1中查出。因此，根据不同温度 t 值，可以求得对应的 d 值，从而可在 h-d 图上得到由（t，d）确定的点，连接各点即得到一等相对湿度线。

φ = 100%的等 φ 线称为饱和曲线，该曲线上的空气达到饱和状态。饱和曲线左上方为湿空气区（又称未饱和空气区），水蒸气处于过热状态。饱和曲线右下方为过饱和空气区，该区的空气状态是不稳定的，常有凝结水析出，因此该区又称为"有雾区"，在 h-d 图上未表示出来。

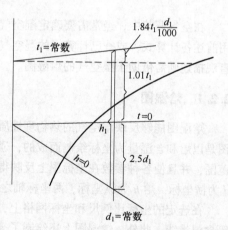

图 2-2   h-d 图上等温线的确定

2.2.1.3   水蒸气分压力线

根据式（2-7）$d = 0.622 \dfrac{p_q}{B - p_q}$ 可得

$$p_q = \frac{Bd}{0.622 + d} \tag{2-15}$$

因此，给定不同的 d 值，即可求得对应的 p_q 值。在 h-d 图上，取一横坐标表示水蒸气分压力值，如图 2-1 所示。

h-d 图包含了 B、t、d、h、φ 以及 p_q 等湿空气参数。在大气压力 B 一定的条件下，在 t、d、h、φ 中，已知任意两个参数，就可以确定湿空气状态，在 h-d 图上为一确定的点，其余参数均可由此点查出，因此，这些参数被称为独立参数。但 p_q 和 d 不能确定一个空气状态点，因此 p_q 和 d 只能有一个作为独立参数。

2.2.1.4 热湿比线

一般在 h-d 图的周边或右下角给出热湿比（又称角系数）ε 线。热湿比的定义是湿空气的焓变化与含湿量变化之比，即

$$\varepsilon = \frac{\Delta h}{\Delta d}$$

或

$$\varepsilon = \frac{\Delta h}{\dfrac{\Delta d}{1000}} \qquad (2\text{-}16)$$

在空气调节中，被处理的空气常常由一个状态 A 变为另一个状态 B。假定整个过程中，湿空气的热、湿变化是同时、均匀发生的，那么，在 h-d 图上连接状态点 A 到状态点 B 的直线就代表了湿空气的状态变化过程，如图 2-3 所示。则由 A 至 B 的热湿比为

$$\varepsilon = \frac{h_B - h_A}{\dfrac{d_B - d_A}{1000}}$$

进而如有 A 状态的湿空气，其热量变化为 $\pm Q$ 和湿量变化为 $\pm W$，则其热湿比为

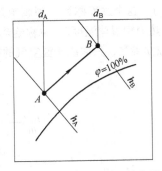

图 2-3 ε 线在 h-d 图上的表示

$$\varepsilon = \frac{\pm Q}{\pm W} \qquad (2\text{-}16)'$$

可见，热湿比有正负并代表湿空气状态变化的方向。

【例 2-2】 已知大气压力为 101325Pa，湿空气初参数为 $t_A = 20℃$，$\varphi_A = 60\%$，当该状态的空气吸收 10000kJ/h 的热量和 2kg/h 的湿量后，空气含湿量为 $d_B = 12\text{g/kg}_干$，求湿空气的终状态。

【解】 在大气压力 $B = 101325\text{Pa}$ 的 h-d 图上，根据 $t_A = 20℃$，$\varphi_A = 60\%$，确定空气初始状态点 A（图 2-4）。

求热湿比，$\varepsilon = \dfrac{Q}{W} = \dfrac{10000}{2} = 5000\text{kJ/kg}$。

过 A 点做等值线 $\varepsilon = 5000$ 的平行线，即为 A 状态变化的方向，此线与 $d = 12\text{g/kg}_干$ 等含湿量线的交点即为湿空气的终状态 B。由 h-d 图查出 B 点的状态参数为 $t_B = 28℃$，$\varphi_B = 51\%$，$h_B = 59\text{kJ/kg}_干$。

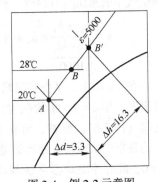

图 2-4 例 2-2 示意图

过 A 点的热湿比线，也可不使用 h-d 图中的 ε 线标尺而直接在 h-d 图上通过作图求得。已知 $Q = 10000\text{kJ/h}$，$W = 2000\text{g/h}$，则

$$\varepsilon = \frac{\Delta h}{\Delta d} = \frac{10000}{2000} = 5\text{kJ/g}$$

即 $\Delta h : \Delta d = 5 : 1$。过 A 点任选一 Δd（或 Δh）线段长度，按 5 : 1 的比例求出 Δh（或 Δd）的值，按 $h_A + \Delta h$ 的等 h 线与 $d_A + \Delta d$ 的等 d 线的交点与 A 的连线即符合 $\Delta h/\Delta d$ 的热湿比线，如图 2-4 中 B' 点。

应当指出，附录 2 给出的 h-d 图是以标准大气压（海平面，760mmHg）做出的。当某地区的海拔高度与海平面有较大差别时，使用此图会产生较大的误差。因此，不同地区应使用符合本地大气压的 h-d 图。

2.2.2　湿球温度与露点温度

2.2.2.1　湿球温度 t_s

湿球温度的概念在空气调节中至关重要。

假设有一个理想的绝热加湿器（图 2-5），加湿器内装有温度恒定为 t_w 的纯水。若进入加湿器的湿空气状态参数为 p、t_1、d_1、h_1，与水有充分的接触时间和接触面积，使湿空气在离开加湿器时达到饱和状态，其状态参数为 p、t_2、d_2、h_2，此时出口空气温度与水温相同（$t_2 = t_w$），这个过程称为"理想绝热饱和过程"。t_2 即为入口湿空气（状态参数 p、t_1、d_1、h_1）的"热力学湿球温度"，也称绝热饱和温度。热力学湿球温度（一般用 t_s 表示）是湿空气的一个独立参数，只取决于湿空气的初始状态。

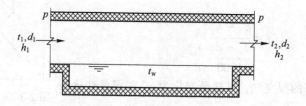

图 2-5　理想绝热饱和过程

在理想绝热饱和过程中，水分蒸发所需热量全部取自湿空气，即空气焓的增量就等于蒸发到空气中的水所具有的焓。利用热湿比的定义可以导出

$$\varepsilon = \frac{h_2 - h_1}{\dfrac{d_2 - d_1}{1000}} = h_w = 4.19 t_w = 4.19 t_s$$

在 h-d 图上，从各等温线与 $\varphi = 100\%$ 饱和线的交点出发，作 $\varepsilon = 4.19 t_s$ 的热湿比线，可得到等湿球温度线（图 2-6）。显然，所有处在同一等湿球温度线上的各空气状态均有相同的湿球温度。当 $t_s = 0℃$ 时，$\varepsilon = 0$，此时等湿球温度线与等焓线重合；当 $t_s > 0℃$ 时，$\varepsilon > 0$，当 $t_s < 0℃$ 时，$\varepsilon < 0$。因此，严格来讲，等湿球温度线与等焓线并不重合。但在空气调节工程中，一般情况下 $t_s \leqslant 30℃$，此时 $\varepsilon = 4.19 t_s$ 数值较小，可近似认为等焓线即为等湿球温度线。

【例 2-3】　已知 $B = 101325Pa$，$t = 40℃$，$t_s = 30℃$，试在 h-d 图上确定该湿空气的状态。

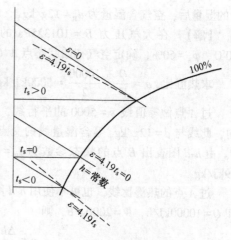

图 2-6　等湿球温度线

【解】 $t_s = 30℃$ 等温线与 $\varphi = 100\%$ 饱和线相交于 B 点，由 B 点沿等焓线与 $t = 40℃$ 等温线相交于 A 点，即为所求的湿空气状态点（图 2-7），其状态参数分别为 $h_A = 99.8kJ/kg_干$，$d_A = 23.1g/kg_干$，$\varphi_A = 49.1\%$。

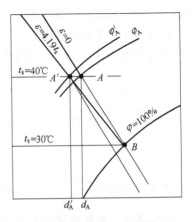

A 点实际上是近似的湿空气状态点。过 B 点作 $\varepsilon = 4.19t_s = 4.19×30 = 125.7$ 的热湿比线与 $t = 40℃$ 等温线相交于 A'，即为湿空气的准确状态点，其参数分别为 $h_{A'} = 99.3kJ/kg_干$，$d_{A'} = 22.9g/kg_干$，$\varphi_{A'} = 48.7\%$。

近似状态点 A 与准确状态点 A' 相差很小，因此在工程计算中为方便起见，用近似方法即可。

图 2-7 例 2-3 示意图

热力学湿球温度只存在于理想绝热饱和过程中，因此，是一个假想参数。由于绝热加湿器并非实际装置，一般用湿球温度计（图 2-8）读出的温度值近似代替热力学湿球温度。将普通玻璃温度计的球部用湿润的纱布包裹，即为湿球温度计。湿球温度计显示的温度值实际上是球表面水的温度。干、湿球温度计读数差值的大小，间接反映了空气相对湿度的大小；当干、湿球温度计差值为零时，说明空气达到饱和状态。

在湿空气的诸多状态参数中，压力、温度是易测的；含湿量与焓不易直接测量；相对湿度可测，但一般方法不够准确。因此，干、湿球温度计就成为常用的测定空气状态的手段。

2.2.2.2 露点温度 t_l

空气的露点温度 t_l 定义为在含湿量不变的条件下，湿空气达到饱和时的温度。露点温度也是湿空气的一个状态参数，与湿空气的含湿量和水蒸气分压力相关，因此它不是独立参数。在 $h\text{-}d$ 图上（图 2-9），A 状态空气的露点温度为由 A 沿等 d 线垂直向下与 $\varphi = 100\%$ 线交点的温度。湿空气被冷却时，当冷却温度低于空气的露点温度，就会出现结露现象，因此，露点温度是空气结露与否的临界温度。

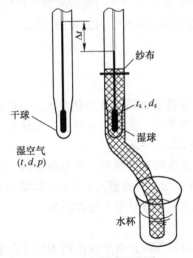

图 2-8 干、湿球温度计

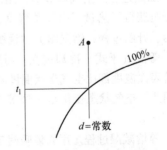

图 2-9 湿空气露点温度

2.2.3 其他类型焓湿图

下面介绍在欧美等国家使用的另一种 $h\text{-}d$ 图（详见附录3），其形式和内容与前述 $h\text{-}d$ 图大同小异，该图包括以下特征曲线。

2.2.3.1　等饱和度线

等饱和度 ψ 定义为空气含湿量与同温度下饱和含湿量之比，即

$$\psi = \frac{d}{d_b} \times 100\% \tag{2-17}$$

根据式（2-8），ψ 与相对湿度 φ 的关系为

$$\psi = \varphi \frac{B - p_{q,b}}{B - p_q} \tag{2-18}$$

在常温常压下 $\dfrac{B - p_{q,b}}{B - p_q} \approx 1$，所以 ψ 与 φ 相差不大。

2.2.3.2　等湿球温度线和等比容线

此类焓湿图的优点是可以方便地查取湿空气的湿球温度和比容，也可根据湿球温度和比容来确定湿空气的状态。

2.2.3.3　显热比

此类焓湿图的左上方绘有热湿比 u 和显热比 SHF。显热比定义为显热变化与全热变化之比，即

$$SHF = \frac{c\Delta t}{\Delta h} \tag{2-19}$$

显热比同样可以用来确定湿空气状态的变化方向。

2.3　焓湿图的应用

湿空气焓湿图上的每一个点代表了湿空气的一个状态，而每一条线则表示了湿空气的一个状态变化过程（或空气处理过程），并能方便地求得两种或多种空气的混合状态。利用焓湿图可以简化空调工程中大量复杂的分析和计算过程，它是空调工程中十分重要的工具。

2.3.1　典型空气处理过程在 $h\text{-}d$ 图上的表示

图 2-10 绘制了六种典型的空气处理过程。

（1）加热过程。空气调节中常用表面式空气加热器或电加热器来加热空气。当湿空气通过加热器时获得了热量，提高了温度，但含湿量并没有变化。因此，空气状态变化是一个等湿、增焓、升温过程，焓湿图上过程线为 $A \rightarrow B$，其 $\varepsilon = \Delta h/0 = +\infty$。

（2）等湿（干式）冷却过程。当用表面式空气冷却器处理空气时，如果冷却器的进水温度和盘管表面温度都比空气露点温度高，则空气将在含湿量不变的情况下冷却，其焓值必相应减少。因此，空气状态变化是一个等湿、减焓、降温过程，焓湿图上过程线为 $A \rightarrow C$，其 $\varepsilon = -\Delta h/0 = -\infty$。

（3）等焓减湿过程。用固体吸附剂（如硅胶）处理空气时，由于吸附剂表面存在水蒸气压力差和电场使得水蒸气被吸附，空气的含湿量降低，空气失去潜热而得到水蒸气凝结时放出的汽化热使温度升高。因此，这是一个近似等焓过程（$\varepsilon \approx 0$），焓湿图上过程线为 $A \rightarrow D$。

（4）等焓加湿过程。用喷水室喷循环水处理空气时，水吸收空气中的热量而蒸发为水蒸气，使得空气温度降低而含湿量增加，并且趋于饱和。此时，循环水温将稳定在空气的湿球温

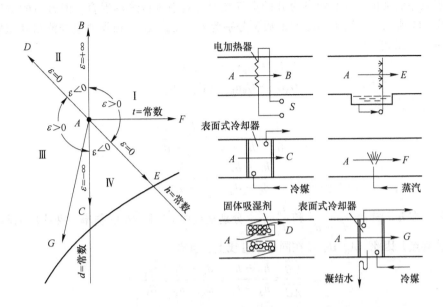

图 2-10 几种典型的空气状态变化过程

度上。因此，这是一个近似等焓过程（$\varepsilon \approx 0$），焓湿图上过程线为 $A \to E$。

以上四个典型过程由热湿比 $\varepsilon = \pm \infty$ 及 $\varepsilon = 0$ 两条线，以任意湿空气状态 A 为原点，将 h-d 图分为四个象限。在各象限内实现的湿空气状态变化过程可统称为多变过程，不同象限内湿空气状态变化特征见表 2-2。

表 2-2 图 2-10 上各象限内空气状态变化特征

象限	热湿比 ε	状态参数变化趋势			过程特征
		h	d	t	
I	$\varepsilon > 0$	+	+	±	增焓、增湿，喷蒸汽可近似实现等温过程
II	$\varepsilon < 0$	+	−	+	增焓、减湿、升温
III	$\varepsilon > 0$	−	−	±	减焓、减湿
IV	$\varepsilon < 0$	−	+	−	减焓、增湿、降温

（5）等温加湿过程。向空气中喷蒸汽，空气吸收水蒸气后，其焓和含湿量都将增加，$\varepsilon = 2500 + 1.84 t_q$（$t_q$ 为蒸汽温度），该过程线与等温线近似平行，故为等温加湿过程。焓湿图上过程线为 $A \to F$，属于象限 I。

（6）冷却减湿过程。如果用表面冷却器处理空气，当冷却器的进水温度和盘管表面温度低于空气的露点温度时，空气中的水蒸气将凝结为水，从而使空气冷却并干燥。在这个过程中，空气的温度、含湿量以及焓都会减少，焓湿图上过程线为 $A \to G$，$\varepsilon > 0$，属于象限 III。如果用喷水室处理空气，当喷水温度低于空气露点温度时，也能实现减湿冷却（冷却干燥）过程。

2.3.2 湿空气的混合

不同状态的空气混合，在空调系统的设计过程中是经常遇到的，利用焓湿图可以方便地求得两种或多种湿空气的混合状态。

假设状态为 A 的空气和状态为 B 的空气在混合箱中进行绝热混合，混合后的空气状态为 C，如图 2-11 所示。空气 A、B、C 的质量分别为 G_A、G_B、G_C，根据质量与能量守恒原理，可以得到下列关系式

$$G_A h_A + G_B h_B = (G_A + G_B) h_C \tag{2-20}$$

$$G_A d_A + G_B d_B = (G_A + G_B) d_C \tag{2-21}$$

由上述两式可得

$$\frac{G_A}{G_B} = \frac{h_C - h_B}{h_A - h_C} = \frac{d_C - d_B}{d_A - d_C} \tag{2-22}$$

$$\frac{h_C - h_B}{d_C - d_B} = \frac{h_A - h_C}{d_A - d_C} \tag{2-23}$$

显然，在 $h\text{-}d$ 图上，$\dfrac{h_C - h_B}{d_C - d_B}$ 和 $\dfrac{h_A - h_C}{d_A - d_C}$ 分别是线段 $\overline{CB}$ 和 $\overline{AC}$ 的斜率，两线段的斜率相等，并且有公共点，因此，A、B、C 在同一条直线上，且有

$$\frac{\overline{CB}}{\overline{AC}} = \frac{h_C - h_B}{h_A - h_C} = \frac{d_C - d_B}{d_A - d_C} = \frac{G_A}{G_B} \tag{2-24}$$

式（2-24）说明，混合点 C 将线段 $\overline{AB}$ 分成两段，两线段的长度之比与参与混合的两种空气的质量比呈反比，混合点 C 靠近质量较大的一端。

若空气的混合点处于"结雾区"（图 2-12），此时空气的状态是饱和空气加水雾，这是一种不稳定状态。由于空气中的水蒸气凝结，带走了水的液体热，使得空气焓值略有降低。假定 D 点为饱和空气状态，则混合点 C 的焓值满足下列关系式

$$h_C = h_D + 4.19 t_D \Delta d \tag{2-25}$$

式中，h_C 已知，h_D、t_D 和 Δd 是未知量，可以通过试算的方法来确定 D 点的状态。

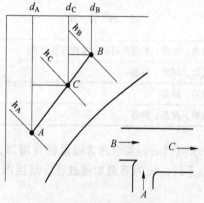

图 2-11　空气混合过程

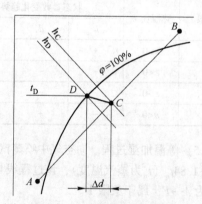

图 2-12　结雾区的空气状态

【例 2-4】 已知大气压力 $B = 101325\text{Pa}$，$G_A = 2000\text{kg/h}$，$t_A = 20\text{℃}$，$\varphi_A = 50\%$；$G_B = 500\text{kg/h}$，$t_B = 35\text{℃}$，$\varphi_B = 85\%$。求混合后空气状态。

【解】 （1）作图法：在 $B = 101325\text{Pa}$ 的 $h\text{-}d$ 图上，根据已知的 t、φ 找到状态点 A 和 B，并用直线相连（图 2-13）。

混合点 C 在 $\overline{AB}$ 上的位置满足 $\dfrac{\overline{CB}}{\overline{AC}} = \dfrac{G_A}{G_B} = \dfrac{2000}{500} = \dfrac{4}{1}$，将 $\overline{AB}$ 分为五等分，则 C 点应在靠近状

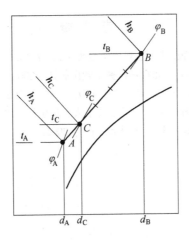

图 2-13 例 2-4 示意图

态 A 的一等分处，查图得 $t_C = 23.1℃$ ，$h_C = 53.8\text{kJ/kg}_\mathmf{干}$ ，$d_C = 12.0\text{g/kg}_\mathmf{干}$ 。

（2）用计算法验证，先查出 $h_A = 38.6\text{kJ/kg}_\mathmf{干}$ ，$d_A = 7.3\text{g/kg}_\mathmf{干}$ ，$h_B = 114.4\text{kJ/kg}_\mathmf{干}$ ，$d_B = 30.8\text{g/kg}_\mathmf{干}$ ，然后根据式（2-20）和式（2-21）可得

$$h_C = \frac{G_A h_A + G_B h_B}{G_A + G_B} = \frac{2000 \times 38.6 + 500 \times 114.4}{2000 + 500} = 53.8\text{kJ/kg}_\mathmf{干}$$

$$d_C = \frac{G_A d_A + G_B d_B}{G_A + G_B} = \frac{2000 \times 7.3 + 500 \times 30.8}{2000 + 500} = 12.0\text{g/kg}_\mathmf{干}$$

习题与思考题

2-1 试解释用 1kg 干空气作为湿空气参数度量单位基础的原因。

2-2 如何用含湿量和相对湿度来表征湿空气的干、湿程度？

2-3 某管道表面温度等于周围空气的露点温度，试问该表面是否结露？

2-4 有人认为"空气中水的温度就是空气湿球温度"，对否？

2-5 什么是湿球温度？影响它的因素有哪些？

2-6 湿空气的水蒸气分压力和饱和水蒸气分压力有什么不同？

2-7 在 h-d 图上表示某种状态空气的干球温度、湿球温度和露点温度，说明三者之间的关系。

2-8 为什么喷入 100℃ 的热蒸汽，如果不产生凝结水，则空气温度不会明显升高？

2-9 已知空气压力为 101325Pa，温度为 20℃，水蒸气分压力为 1600Pa，试用公式求：空气的含湿量及相对湿度。

2-10 已知大气压力为 101325Pa，在下列已知空气状态参数条件下利用 h-d 图求其他状态参数：

（1）$t_a = 25℃$ ，$\varphi_a = 60\%$ ；（2）$h_a = 44\text{kJ/kg}_\mathmf{干}$ ，$d_a = 8\text{g/kg}_\mathmf{干}$ 。

2-11 向 1000kg 状态为 $t = 24℃$ 、$\varphi = 55\%$ 的空气加入 2500kJ 的热量并喷入 2kg 温度为 20℃ 的水全部蒸发，试求空气的终状态。

2-12 状态为 $t_1 = 26℃$ 、$\varphi_1 = 55\%$ 和 $t_2 = 13℃$ 、$\varphi_2 = 95\%$ 两部分空气混合至具有 $t = 20℃$ 的混合状态，试求这两部分空气的质量比。

参 考 文 献

[1] 黄翔，等. 空调工程 [M]. 2版. 北京：机械工业出版社，2014.

[2] 任泽需，蔡睿贤. 热工手册 [M]. 北京：机械工业出版社，2002.

[3] 赵荣义，范存养，薛殿华，等. 空气调节 [M]. 4版. 北京：中国建筑工业出版社，2009.

[4] 战乃岩，王建辉，等. 空调工程 [M]. 北京：北京大学出版社，2014.

[5] Ashrae Handbook. Fundamentals [M]. ASHRAE Inc.，2005.

3 空调负荷计算与送风量的确定

本章要点： 空气调节系统的作用是平衡室内外热、湿扰量的影响，使室内温度、湿度维持在设定数值。某一时刻进入空调房间内的总热量和湿量称为在该时刻的得热量和得湿量。当得热量为负值时称为耗（失）热量。在某一时刻为保持室内设定温度，需向房间供应的冷量称为冷负荷；为补偿房间失热而需向房间供应的热量称为热负荷；为维持室内相对湿度需由房间除去或增加的湿量称为湿负荷。空调房间冷（热）、湿负荷是确定空调系统送风量和空调设备容量的基本依据。本章主要介绍室内外空气参数的确定、空调冷（热）、湿负荷的计算方法以及送风量的确定。

3.1 室内外空气设计参数

室内冷（热）、湿负荷的计算以室外气象参数和室内要求保持的空气参数为依据。

3.1.1 室内空气设计参数

空调房间的温度和湿度要求，通常是用空调基数和空调精度两组指标来规定的。空调基数是指室内空气所要求的基准温度和基准相对湿度，空调精度是指空调区内温度、相对湿度的允许波动范围。例如，$t = (20 \pm 1)$℃和$\varphi = (50 \pm 10)$%中，20℃和50%是空调基数，±1℃和±10%是空调精度。

根据空调系统服务对象的不同，可以分为舒适性空调和工艺性空调。前者主要从人体舒适感出发确定室内温度、湿度（简称温湿度）设计标准，一般不提出空调精度要求；后者主要满足工艺过程对温湿度基数和空调精度的特殊要求，同时兼顾人体的卫生要求。

3.1.1.1 舒适性空调

A 人体热平衡和舒适感

人体的舒适感是由许多因素决定的，如环境的声音、振动、视觉、温度、湿度、气流速度等，其中与人体冷热感有关的因素有：（1）室内空气温度；（2）室内空气相对湿度；（3）人体附近的空气流速；（4）围护结构内表面及其他物体表面的温度；（5）人体的衣着情况（衣服热阻）；（6）人体活动量以及年龄。

人体在新陈代谢过程中产生热量，人体散热主要以对流、辐射、热传导和蒸发等方式进行。对流散热是通过人体表面进行的，对流散热中包括热传导，由于热传导散热量不大，一般不单独考虑。蒸发散热通过皮肤、鼻咽黏膜与肺进行。人体散热和体内新陈代谢产热相平衡时，人的热感觉良好，体温保持在36.5℃左右。

如果与人体热感觉有关的因素发生变化，会使人体散热量增大或减少。为了保持产热量和散热量的平衡，最初人体会运用自身的调节机能，如可以加强汗液分泌来增加散热，或以皮下血管收缩，同时减少血管中的血流量来减少散热；继而，人体内温度也要发生变化，人体在这个时候就会感觉不舒适或生病，甚至死亡。

B   人体热舒适环境评价指标

1984 年国际标准化组织提出了评价和测量室内热湿环境的标准化方法（ISO 7730 标准），即采用 PMV（Predicted Mean Vote）-PPD（Predicted Percentage of Dissatisfied）指标，综合考虑人体的活动程度、衣着情况、空气温度、平均辐射温度、空气流动速度和空气湿度等因素，来评价人体对环境的舒适感。

PMV 指标代表了对同一环境绝大多数人的舒适感觉，利用 PMV 指标预测热环境下人体的热反应。而 PPD 指标是表示人们对热环境不满意的百分数。PMV 指标的分布见表3-1。两个指标的关系如图3-1 所示。

表 3-1   PMV 指标

热感觉	热	暖	微暖	适中	微凉	凉	冷
PMV 值	+3	+2	+1	0	−1	−2	−3

根据我国国家标准《中等热环境 PMV 和 PPD 指数的测定及热舒适条件的规定》（GB/T 18049—2000）的规定，采用预计平均热感觉指数（PMV）和预计不满意者百分数（PPD）评价空气调节室内的热舒适性，热舒适等级划分为两个等级（Ⅰ级和Ⅱ级），见表3-2。

C   舒适性空调室内设计参数

舒适性空调的作用是维持室内空气具有使人感觉舒适的状态，以保证良好的工作条件和生活条件。如果要求这种环境精度高，势必要消耗很

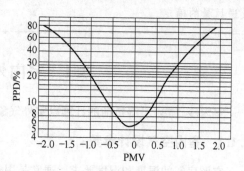

图 3-1   PMV 与 PPD 的关系

多能源。因此，确定合适的室内空气设计参数非常重要。根据我国国家标准《民用建筑供暖通风与空气调节设计规范》（GB 50736—2012）的规定，民用建筑长期逗留区域空气调节室内计算参数应按表3-3 的数值选用。

表 3-2   不同热舒适度等级对应的 PMV、PPD 值

热舒适度等级	PMV	PPD/%
Ⅰ级	−0.5≤PMV≤0.5	≤10
Ⅱ级	−1≤PMV<−0.5，0.5<PMV≤1	≤27

表 3-3   舒适性空调室内设计参数

参数	热舒适等级	温度/℃	相对湿度/%	风速/m·s⁻¹
冬季	Ⅰ级	22~24	30~60	≤0.2
	Ⅱ级	18~21	≤60	≤0.2
夏季	Ⅰ级	24~26	40~70	≤0.25
	Ⅱ级	27~28		≤0.25

3.1.1.2   工艺性空调

工艺性空调的室内温度、湿度基数及其精度允许波动范围，应满足生产工艺过程对空气状

态的要求，以保证生产过程的顺利进行。在可能的情况下，应尽量兼顾考虑人体热舒适的要求。活动区的风速，冬季不宜大于0.3m/s，夏季宜采用0.2~0.5m/s；当室内温度高于30℃时，风速可大于0.5m/s。

根据工艺要求的不同，可把工艺性空调分为降温性空调、恒温恒湿性空调、净化空调等。降温性空调对室内温度、湿度的要求是夏季工人在操作时手不出汗，不影响生产工艺和产品质量；一般只规定温度或湿度的上限，无精度要求。恒温恒湿性空调对室内空气的温度、湿度基数和精度都有严格要求，如某些计量室，要求全年室温保持（20±0.1）℃，相对湿度保持（50±5）%。净化空调不仅对室内温度、湿度有一定要求，而且对空气中所含颗粒物的大小和数量也有严格要求。

3.1.2 室外空气设计参数

室外空气参数对空调设计而言，主要从两方面影响系统的设计容量：一是由于室内外存在温差通过建筑围护结构的传热量；二是空调系统采用的新鲜空气在其状态不同于室内空气状态时，需要消耗一定的能量将其处理到室内空气状态。室外空气干、湿球温度在一年中不仅随季节变化，而且在同一个季节甚至一天当中的各个时段都存在变化。若冬、夏季取用很多年才出现一次而且持续时间较短（几个小时）的当地室外最高或最低干、湿球温度，会因设备庞大而造成投资浪费。因此，有必要了解室外空气状态参数的变化规律及其确定原则。

3.1.2.1 室外空气温、湿度变化规律

室外空气干球温度在一昼夜内的波动称为气温的日变化（或日较差）。气温日变化是由于地球每天接受太阳辐射热和放出热量而形成的。在白天，地球吸收太阳辐射热，使靠近地面的空气温度升高；到夜晚，地面得不到太阳辐射，还要由地面向大气层放散热量，黎明前为地面放热的最后阶段，故气温一般在凌晨四、五点钟最低。随着太阳的逐渐升高，地面获得的太阳辐射热量逐渐增多，到下午两、三点钟，达到全天的最高值。此后，气温又随太阳辐射热的减少而下降，到下一个凌晨，气温再次达到最低值。在一段时间（如一个月）内，可以认为气温的日变化是以24h为周期的周期性波动。北京地区1975年最热一天的气温日变化曲线如图3-2所示。在工程计算中，把气温日变化近似看作正弦函数或余弦函数变化规律。

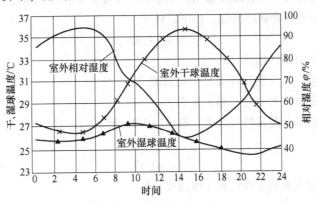

图3-2 气温日变化曲线

空气的相对湿度取决于空气干球温度和含湿量，如果空气的含湿量保持不变，干球温度升高，则相对湿度减少；干球温度降低，则相对湿度增加。就一昼夜内的大气而论，含湿量变化不大（可看作定值），则大气的相对湿度变化规律正好与干球温度的变化规律相反，即中午相

对湿度低，早晚相对湿度高，如图 3-2 所示。此外，室外湿球温度的变化规律与干球温度的变化规律相似，但峰值出现的时刻不同。

气温季节性变化也呈周期性。全国各地的最热月一般为 7、8 月份，最冷月份为 1 月份。北京、西安、上海三地的十年（1961~1970 年）平均气温月变化曲线如图 3-3 所示。

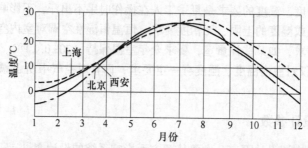

图 3-3　北京、西安、上海三地的十年（1961~1970 年）平均气温月变化曲线

3.1.2.2　夏季室外空气计算参数

室外空气计算参数的取值直接影响通过建筑围护结构的传热量及处理新风的能耗。设计规范中规定的设计参数是按照一定的不保证率或不保证小时数确定的，即当室外参数超过规定的设计参数时允许室内参数偏离规定值。近年来受温室效应的影响，全球气候变化较大，室外空气计算参数随环境温度的变化也发生了改变，《民用建筑供暖通风与空气调节设计规范》（GB 50736—2012）选取 1970 年 1 月 1 日至 2000 年 12 月 31 日的定时观测数据为基础，计算得到我国主要城市的室外空气设计计算参数，下面逐一介绍。

（1）夏季空调室外计算干、湿球温度。夏季空调室外计算干球温度应采用历年平均不保证 50h 的干球温度；夏季空调室外计算湿球温度应采用历年平均不保证 50h 的湿球温度。

（2）夏季空调室外计算日平均温度和逐时温度。由于空调设计要考虑围护结构传热的不稳定性，因此在夏季计算经围护结构传入室内的热量时，必须已知设计日的室外日平均温度和逐时温度。

夏季空调室外计算日平均温度应采用历年平均不保证 5 天的日平均温度。

夏季空气调节室外计算逐时温度，按下式确定：

$$t_{w,\tau} = t_{wp} + \beta \Delta t_\tau \tag{3-1}$$

式中　$t_{w,\tau}$——室外计算逐时温度，℃；

　　　t_{wp}——夏季空气调节室外计算日平均温度，℃；

　　　β——室外温度逐时变化系数，见表 3-4；

　　　Δt_τ——夏季室外计算平均日较差，按式（3-2）计算：

$$\Delta t_\tau = \frac{t_{wg} - t_{wp}}{0.52} \tag{3-2}$$

　　　t_{wg}——夏季空气调节室外计算干球温度，℃。

表 3-4　夏季室外温度逐时变化系数

时刻	1	2	3	4	5	6	7	8	9	10	11	12
β	−0.35	−0.38	−0.42	−0.45	−0.47	−0.41	−0.28	−0.12	0.03	0.16	0.29	0.40
时刻	13	14	15	16	17	18	19	20	21	22	23	24
β	0.48	0.52	0.51	0.43	0.39	0.28	0.14	0.00	−0.10	−0.17	−0.23	−0.26

3.1.2.3 冬季室外空气计算参数

由于冬季空调系统加热加湿所需费用小于夏季冷却减湿的费用，为了便于计算，冬季围护结构传热量可按稳定传热方法计算，不考虑室外气温的波动。因此，只给定一个冬季空调室外计算温度用来计算新风负荷和计算围护结构传热。冬季空调室外计算温度应采用历年平均不保证一天的日平均温度。当冬季不使用空调设备送热风而仅使用采暖装置供暖时，则应采用采暖室外计算温度。

由于冬季室外空气含湿量远较夏季小，且其变化也很小，因而不给出湿球温度，只给出室外计算相对湿度值。冬季空调室外计算相对湿度采用累年最冷月平均相对湿度。

中国气象局气象信息中心和清华大学建筑技术科学系合作，以全面气象台站实测气象数据为基础，建立了一整套全国主要地面气象站的全年逐时气象资料，建立了包括全国270个站点的建筑环境分析专用气象数据集。附录4取自该气象数据集。

3.2 通过围护结构的得热量及其形成的冷负荷

3.2.1 得热量与冷负荷的关系

在室内外热扰作用下，某一时刻进入一个空调房间的总热量称为在该时刻的得热量。根据性质不同，得热量可分为潜热和显热两类，而显热又包括对流热和辐射热两种成分。得热量通常来自：（1）通过围护结构传入室内的热量；（2）透过外窗进入室内的太阳辐射热量；（3）人体散热量；（4）照明散热量；（5）设备、器具、管道及其他室内热源的散热量；（6）食物或物料的散热量；（7）当室内不保持正压时，渗透空气带入室内的热量；（8）伴随各种散湿过程产生的潜热量。

在某一时刻为保持房间具有稳定的温度、湿度，空调设备需要向房间空气中供应的冷量称为冷负荷。得热量并不一定立即成为室内冷负荷，围护结构的热工性能及得热量的类型决定了得热量与负荷的关系。瞬时得热中的潜热得热以及显热得热中的对流成分会立即放散到房间空气中，构成瞬时冷负荷；而显热得热中的辐射成分（如经窗的瞬时日射得热及照明辐射热等）则不能立即成为瞬时冷负荷。因为辐射热透过空气被室内各种物体（围护结构和室内家具）的表面所吸收和储存，这些物体的温度会升高，当其表面温度高于室内空气温度时，所储存的热量再以对流方式散发到空气中，形成冷负荷。各种瞬时得热量中所含各种热量成分百分比参考数据见表3-5。

表3-5 各种瞬时得热量中所含各种热量成分 （%）

得　　热	辐射热比例	对流热比例	潜热比例
太阳辐射热（无内遮阳）	100	0	0
太阳辐射热（有内遮阳）	58	42	0
荧光灯	50	50	0
白炽灯	80	20	0
人体	40	20	40
传导热	60	40	0
机械或设备	20~80	80~20	0
渗透和通风	0	100	0

　　图3-4所示为一个朝西的房间，当其温度保持一定，空调装置连续运行时，进入室内的瞬时太阳辐射热与冷负荷之间的关系。由该图可知，实际冷负荷的峰值大致比太阳辐射热的峰值少40%，而且出现的时间也迟于太阳辐射热峰值出现的时间。图中左侧阴影部分表示蓄存于结构中的热量，由于保持室温不变，两部分阴影面积是相等的。

　　图3-5显示了荧光灯散热与冷负荷的关系。由于灯光照明散热比较稳定，灯具开启后，大部分热量被蓄存起来，随着时间的延续，蓄存的热量逐渐释放出来，成为房间冷负荷。阴影部分表示蓄热量和从结构中除去的蓄热量。

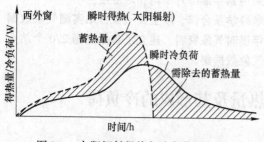

图3-4　太阳辐射得热与冷负荷的关系

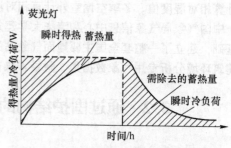

图3-5　荧光灯散热与冷负荷的关系

　　得热量转化为冷负荷过程中，存在着衰减和延迟现象。冷负荷的峰值不仅低于得热量的峰值，而且在时间上有所滞后，这是由建筑物的蓄热能力所决定的。蓄热能力越强，则冷负荷衰减越大，延迟时间也越长。而围护结构蓄热能力和其热容量有关，热容量越大，蓄热能力也越大。材料的热容量等于质量与比热的乘积，重型结构的蓄热能力比轻型结构的蓄热能力大得多，其冷负荷的峰值就比较小，延迟时间也长得多，如图3-6所示。

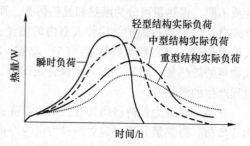

图3-6　围护结构蓄热能力与房间冷负荷的关系

　　冷负荷是对稳定室温定义的，当室温有变化时，由于围护结构的蓄热、放热特性，它并不是房间需要排除的热量，为此把某一时刻对应于变动的室温需要从房间排除的热量定义为该房间的瞬时除热量。图3-7所示为得热量、冷负荷和除热量的关系。

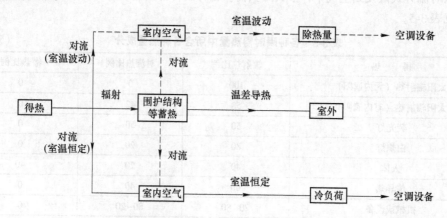

图3-7　得热量、冷负荷与除热量的关系

从上述分析可知，不同性质的得热量所形成的室内逐时冷负荷是不同的。在确定房间逐时冷负荷时，必须按不同性质的得热分别计算，然后取各冷负荷分量之和。

3.2.2 冷负荷计算方法概述

围护结构的负荷计算是空调系统设计的重要基础。由于围护结构的传热过程是时变的，在时间序列上，任何一个时刻的热状况都与历史过程有关，因此需要通过求解一组庞大的偏微分方程组才能完成房间的负荷计算。为了达到能够在工程设计中实际应用的目的，研究人员在开发可供建筑设备工程师设计使用的负荷求解方法方面进行了不懈的努力。

1946 年美国的 C. O. Mackey 和 L. T. Wight 提出的当量温差法和 20 世纪 50 年代初苏联的 A. T. Шxonosep 等人提出的用谐波分解法计算通过围护结构的负荷计算方法，其共同特点是对得热量和冷负荷不加区分，即认为两者是一回事，所以空调冷负荷量往往偏大。1968 年加拿大的 D. G. Stephenson 和 G. P. Mitalas 提出反应系数法以后，掀起了负荷计算方法研究的热潮。其基本特点是把得热量和冷负荷的区别在计算方法中体现出来。1971 年 Stephenson 和 Mitalas 又用 Z 传递函数改进了反应系数法，并提出了适合于手算的冷负荷系数法。ASHRAE 1977 年的手册正式采用了冷负荷系数法。McQuiston 和 Spider 又提出日射冷负荷系数的概念，对透过玻璃窗的日射冷负荷计算进行了改进。

我国在 20 世纪 70~80 年代开展了负荷计算方法的研究，1982 年经原城乡建设环境保护部主持、评议通过了两种新的冷负荷计算方法：谐波反应法和冷负荷系数法。针对我国建筑物特点推出了一批典型围护结构的冷负荷温差（冷负荷温度）以及冷负荷系数（冷负荷强度系数），为我国暖通空调工程人员提供了实用的设计工具。

此外，随着计算机应用的普及，使用计算机模拟软件进行辅助设计或对整个建筑物的全年能耗和负荷状况进行分析，已经成为暖通空调领域的一个研究热点。

3.2.3 冷负荷系数法计算围护结构冷负荷

冷负荷系数法是在传递函数法的基础上为便于工程计算而建立起来的一种简化算法。通过冷负荷温度或冷负荷系数直接从各种扰量值求得各分项逐时冷负荷。这样，当计算某建筑物空调冷负荷时，可按条件查出相应的冷负荷温度与冷负荷系数，用一维稳定传热公式形式即可算出经围护结构传入热量形成的冷负荷和日射得热形成的冷负荷。

3.2.3.1 围护结构瞬变传热所形成的冷负荷

A 外墙、屋顶瞬变传热所形成的冷负荷

在日射和室外气温的综合作用下，外墙和屋顶瞬变传热所形成的逐时冷负荷可用下式计算

$$CLQ_\tau = KF(t_{1,\tau} - t_n) \tag{3-3}$$

式中 K——墙体、屋顶的传热系数，W/(m² · K)，可根据外墙和屋顶的不同构造在附录 5 中查取；

F——墙体、屋顶的计算面积，m²；

t_n——室内设计温度，℃；

$t_{1,\tau}$——外墙、屋顶冷负荷计算温度的逐时值，℃，根据外墙和屋顶的不同类型分别在附录 6 和附录 7 中查取。

需要指出的是，附录 6 和附录 7 中的 $t_{1,\tau}$ 值是以北京地区的气象参数（北纬 39°48′，以 7 月代表夏季，室外平均温度为 29℃，室外最高温度为 33.5℃，日气温波幅 9.6℃）为依据编制出

来的；所采用的室外表面换热系数 $\alpha_w = 18.6 W/(m^2 \cdot K)$，室内表面换热系数 $\alpha_n = 8.72 W/(m^2 \cdot K)$，围护结构外表面吸收系数 $\rho = 0.9$。因此，对于不同地区的 $t_{1,\tau}$ 应做如下修正

$$t'_{1,\tau} = (t_{1,\tau} + t_d) K_\alpha K_\rho \tag{3-4}$$

式中　t_d——外墙、屋顶的地点修正温度值，见附录8；

　　　K_α——外表面换热系数修正值，见表3-6；

　　　K_ρ——外表面吸收系数修正值。计算墙体：中性色 $K_\rho = 0.97$，浅色 $K_\rho = 0.94$；计算屋顶：中性色 $K_\rho = 0.94$，浅色 $K_\rho = 0.88$。

表 3-6　外表面换热系数修正值 K_α

$\alpha_w/W \cdot (m^2 \cdot K)^{-1}$	14	16.3	18.6	20.9	23.3	25.6	27.9	30.2
K_α	1.06	1.03	1	0.98	0.97	0.95	0.94	0.93

修正后冷负荷的计算式为

$$CLQ_\tau = KF(t'_{1,\tau} - t_n) \tag{3-3}'$$

对于室温允许波动范围大于或等于 $\pm 1.0℃$ 的空气调节区，其非轻型外墙传热形成的冷负荷，可近似按稳态传热计算，如下式所示

$$CLQ = KF(t_{zp} - t_n) \tag{3-5}$$

$$t_{zp} = t_{wp} + \frac{\rho J_p}{\alpha_w} \tag{3-6}$$

式中　t_{zp}——夏季空调室外计算日平均综合温度，℃；

　　　J_p——围护结构所在朝向太阳总辐射强度的日平均值，W/m^2。

B　外玻璃窗瞬变传热所形成的冷负荷

在室内外温差作用下，玻璃窗瞬变传热所形成的逐时冷负荷可用下式计算

$$CLQ_\tau = C_w K_w F_w(t_{1,\tau} + t_d - t_n) \tag{3-7}$$

式中　K_w——外玻璃窗传热系数，$W/(m^2 \cdot K)$，单层窗可在附录9中查取，双层窗可在附录10中查取；

　　　C_w——玻璃窗传热系数的修正值，根据窗框类型可从附录11中查取；

　　　F_w——外玻璃窗的计算面积，m^2；

　　　$t_{1,\tau}$——外玻璃窗冷负荷计算温度的逐时值，℃，见附录12；

　　　t_d——外玻璃窗地点修正温度值，见附录13。

C　内围护结构冷负荷

当邻室存在一定的发热量时，通过空调房间内窗、内墙、间层楼板或内门等内围护结构温差传热形成的冷负荷，可按下式计算

$$CLQ = KF(t_{wp} + \Delta t_{ls} - t_n) \tag{3-8}$$

式中　Δt_{ls}——邻室温差，℃，可根据邻室散热强度按表3-7选取；

　　　t_{wp}——夏季空气调节室外计算日平均温度，℃。

表 3-7　邻室温差

邻室散热量/$W \cdot m^{-2}$	$\Delta t_{ls}/℃$
很少（如办公室、走廊等）	0
<23	3
23~116	5
>116	7

3.2.3.2 玻璃窗日射得热形成的冷负荷

A 日射得热因数

透过玻璃窗进入室内的日射得热分为两部分：一部分是透过玻璃窗直接进入室内的太阳辐射热 q_t，另一部分是玻璃窗吸收太阳辐射后传入室内的热量 q_a。

由于窗户类型、遮阳设施、太阳入射角、太阳辐射强度等因素的各种组合太多，无法建立太阳辐射得热与太阳辐射强度之间的函数关系，因此采用一种对比的计算方法，于是提出了日射得热因数的概念。

采用 3mm 厚普通平板玻璃作为"标准玻璃"，在玻璃内表面换热系数为 $8.7W/(m^2 \cdot ℃)$ 和外表面换热系数为 $18.6W/(m^2 \cdot ℃)$ 的条件下，得出夏季（以 7 月份为代表）通过这一"标准玻璃"的日射得热量 q_t 和 q_a 以及日射得热因数 D_j：

$$D_j = q_t + q_a \tag{3-9}$$

经过大量统计计算工作，得出适用于我国各地区（不同纬度带（每一带宽为 $\pm 2°30'$ 纬度））的日射得热因数最大值 $D_{j,max}$，可由附录 14 查得。

考虑到在非标准玻璃情况下，以及不同窗类型和遮阳设施对得热的影响，应对日射得热因数加以修正，通常乘以窗玻璃的综合遮挡系数 $C_{c,s}$：

$$C_{c,s} = C_s C_i \tag{3-10}$$

式中　C_s——窗玻璃的遮阳系数，$C_s = \dfrac{实际窗玻璃的日射得热}{标准窗玻璃的日射得热}$，由附录 16 查得；

　　　C_i——窗内遮阳设施的遮阳系数，由附录 17 查得。

B 玻璃窗日射得热形成冷负荷的计算

透过玻璃窗进入室内的日射得热形成的逐时冷负荷可按下式计算

$$CLQ_\tau = F_w C_a C_s C_i D_{j,max} C_{LQ} \tag{3-11}$$

式中　F_w——窗口面积，m^2；

　　　C_a——有效面积系数，见附录 15；

　　　C_{LQ}——玻璃窗的冷负荷系数，以北纬 $27°30'$ 为界，划分南、北两区，见附录 18。

3.3 室内热源显热散热形成的冷负荷

室内热源散热主要包括室内工艺设备及办公设备散热、照明散热、人体散热和食物散热等。室内热源的显热散热中对流热成为瞬时冷负荷；而辐射热部分则先被围护结构等物体表面吸收，然后再缓慢地逐渐散出，形成滞后冷负荷。

3.3.1 人体显热冷负荷

人体散热与性别、年龄、衣着、劳动强度以及环境条件等多种因素有关。在人体散发的总热量中，辐射成分占 40%、对流成分占 20%、潜热成分占 40%。

由于建筑物中的人群是由成年男子、成年女子和儿童组成，而成年女子和儿童的散热量均低于成年男子，成年女子总散热量约为男子的 85%，儿童则约为 75%。为了实际计算方便，通常以成年男子为基础，乘以考虑了不同建筑内各类人员组成比例的系数，称群集系数，见表 3-8。

表 3-8　某些空调建筑物内的人员群集系数

空调场所	群集系数	空调场所	群集系数
影剧院	0.89	百货商店	0.89
图书馆	0.96	纺织厂	0.90
旅店	0.93	铸造车间	1.00
体育馆	0.92	炼钢车间	1.00
银行	1.00		

人体显热散热引起的逐时冷负荷计算式为

$$CLQ_\tau = n\varphi q_1 C_{LQ(\tau-T)} \tag{3-12}$$

式中　q_1——不同室温和劳动性质时成年男子显热散热量，W，见附录 19；

　　　n——计算时刻空调区内的总人数，当缺少数据时，可根据空调区的使用面积按表 3-9 给出的人均面积指标推算；

　　　φ——群集系数，见表 3-8；

　　　τ——计算时刻，h；

　　　T——人员进入空调区的时刻，h；

　$C_{LQ(\tau-T)}$——τ-T 时刻人体显热散热冷负荷系数，见附录 20。对于人员密集的场所（如电影院、剧院、会堂等），由于人体对围护结构和室内物品的辐射换热量相应减少，可取 $C_{LQ(\tau-T)} = 1.0$。

表 3-9　人均面积指标　　　　　　　　　（m²/人）

建筑类型	房间类型	人均面积指标	建筑类型	房间类型	人均面积指标
办公建筑	普通办公室	4	宾馆建筑	普通客房	15
	高档办公室、设计室	8		高档客房	30
				会议室、多功能厅	2.5
	会议室	2.5		走廊	50
	走廊	50		其他	20
	其他	20	商场建筑	一般商店	3
				高档商店	4

3.3.2　照明冷负荷

照明设备散热属于稳定得热，只要电压稳定，这一得热量是不随时间变化的。照明设备所散出的热量同样由对流和辐射两部分组成，照明散热形成冷负荷的机理与日射透过窗玻璃形成冷负荷的机理是相同的。因此，照明散热形成的冷负荷计算仍采用相应的冷负荷系数。

根据照明灯具的类型和安装方式的不同，其冷负荷计算式分别为

白炽灯　　　　　　　　$$CLQ_\tau = NC_{LQ(\tau-T)} \tag{3-13}$$

荧光灯　　　　　　　　$$CLQ_\tau = n_1 n_2 NC_{LQ(\tau-T)} \tag{3-14}$$

式中　N——照明灯具所需功率，W，当缺少数据时，可根据空调区的使用面积按表 3-10 给出的照明功率密度指标推算；

　　　n_1——镇流器消耗功率系数，当明装荧光灯的镇流器装在空调房间内时取 $n_1 = 1.2$，当

暗装荧光灯的镇流器装在顶棚内时取 $n_1 = 1.0$；

n_2——灯罩隔热系数，当荧光灯罩上部穿有小孔（下部为玻璃板）可利用自然通风散热于顶棚内时取 $n_2 = 0.5 \sim 0.6$，而荧光灯罩无通风孔者，则视顶棚内通风情况取 $n_2 = 0.6 \sim 0.8$；

$C_{LQ(\tau\text{-}T)}$——τ-T 时刻照明散热冷负荷系数，见附录21。

表 3-10　照明功率密度指标　　　　　　　　（W/m²）

建筑类型	房间类型	照明功率密度	建筑类型	房间类型	照明功率密度
办公建筑	普通办公室	11	宾馆建筑	客房	15
	高档办公室、设计室	18		餐厅	13
	会议室	11		会议室、多功能厅	18
	走廊	5		走廊	5
	其他	11		门厅	15
			商场建筑	一般商店	12
				高档商店	19

3.3.3　设备显热冷负荷

3.3.3.1　设备显热散热量的计算

A　电动设备的散热量

电动设备是指电动机及其所带动的工艺设备。电动设备的散热量主要有两部分：一是电动机本体由于温度升高而散入室内的热量；二是电动机所带动的设备散出的热量。

工艺设备及其电动机都放在室内

$$Q_x = n_1 n_2 n_3 N / \eta \tag{3-15}$$

工艺设备在室内，电动机不在室内

$$Q_x = n_1 n_2 n_3 N \tag{3-16}$$

工艺设备不在室内，电动机放在室内

$$Q_x = n_1 n_2 n_3 \frac{1 - \eta}{\eta} N \tag{3-17}$$

式中　N——电动设备的安装功率，W；

η——电动机效率，可从产品样本查得，或见表 3-11；

n_1——利用系数（安装系数），电动机最大实耗功率与安装功率之比，一般可取 $0.7 \sim 0.9$；

n_2——同时使用系数，房间内电动机同时使用的安装功率与总安装功率之比，根据工艺过程的设备使用情况而定，一般可取 $0.5 \sim 1.0$；

n_3——电动机负荷系数，每小时的平均实耗功率与设计最大实耗功率之比，一般可取 $0.4 \sim 0.5$，精密机床取 $0.15 \sim 0.4$。

B　电热设备的散热量

对于无保温密闭罩的电热设备，按下式计算

$$Q_x = n_1 n_2 n_3 n_4 N \tag{3-18}$$

式中　n_4——通风保温系数，见表 3-12；

其他符号意义同前。

表 3-11   电动机效率   （kW）

电动机类型	功率	满负荷效率	电动机类型	功率	满负荷效率
罩极电动机	0.04	0.35	三相电动机	1.5	0.79
	0.06	0.35		2.2	0.81
	0.09	0.35		3.0	0.82
	0.12	0.35		4.0	0.84
分相电动机	0.18	0.54		5.5	0.85
	0.25	0.56		7.5	0.86
	0.37	0.60		11.0	0.87
三相电动机	0.55	0.72		15.0	0.88
	0.75	0.75		18.5	0.89
	1.10	0.77		22.0	0.89

表 3-12   通风保温系数

保温情况	有局部排风	无局部排风
设备有保温	0.3~0.4	0.6~0.7
设备无保温	0.4~0.6	0.8~1.0

C   办公及电器设备的散热量

空调区域办公设备的散热量 Q_x 可按下式计算

$$Q_x = \sum_{i=1}^{p} s_i q_{a,i} \tag{3-19}$$

式中 p ——设备的种类数；

   s_i ——第 i 类设备的台数；

   $q_{a,i}$ ——第 i 类设备的单台散热量，W，见表 3-13。

表 3-13   办公设备散热量   （W）

名称及类别		单台散热量		名称及类别		单台散热量		
		连续工作	节能模式			连续工作	每分钟输出1页	待机状态
计算机	平均值	55	20	打印机	小型台式	130	75	10
	安全值	65	25		台式	215	100	35
	高安全值	75	30		小型办公	320	160	70
显示器	小屏幕（330~380mm）	55	0		大型办公	550	275	125
	中屏幕（400~460mm）	70	0	复印机	台式	400	85	20
	大屏幕（480~510mm）	80	0		办公	1100	400	300

当办公设备的类型和数量无法确定时，可按表 3-14 给出的单位面积散热指标估算空调区域的办公设备散热。此时，空调区办公及电器设备的散热量 Q_x 可按下式计算

$$Q_x = F q_f \tag{3-20}$$

式中　F——空调区域面积，m^2；

　　　q_f——办公及电器设备单位面积平均散热指标，W/m^2，见表3-14。

表3-14　办公及电器设备单位面积平均散热指标　　　　（W/m^2）

建筑类别	房间类别	功率密度	建筑类别	房间类别	功率密度
办公建筑	普通办公室	20	宾馆建筑	普通客房	20
	高档办公室	13		高档客房	13
	会议室	5		会议厅、多功能厅	5
	走廊	0		走廊	0
	其他	5		其他	5
			商场建筑	一般商店	13
				高档商店	12

3.3.3.2　设备显热形成冷负荷的计算

设备和用具显热散热引起的冷负荷按下式计算

$$CLQ_\tau = Q_x C_{LQ(\tau\text{-}T)} \tag{3-21}$$

式中　Q_x——设备和用具的显热散热量，W；

　　　$C_{LQ(\tau\text{-}T)}$——$\tau\text{-}T$时刻设备和用具显热散热冷负荷系数，可由附录22查取；如果空调系统不连续运行，则$C_{LQ(\tau\text{-}T)} = 1.0$。

3.3.4　食物显热冷负荷

进行餐厅冷负荷计算时，需要考虑食物的散热量。食物的显热散热形成的冷负荷，可按每位就餐客人9W考虑。

3.4　室内湿源散湿形成的湿负荷与潜热冷负荷

室内湿源主要包括人体散湿和工艺设备及地面积水散湿，形成室内湿负荷和潜热冷负荷。

3.4.1　人体散湿量与潜热冷负荷

计算时刻的人体散湿量可按下式计算

$$W = n\varphi g \tag{3-22}$$

式中　g——不同室温和劳动性质时成年男子散湿量，g/h，见附录19；

　　　n——计算时刻空调区内的总人数；

　　　φ——群集系数，见表3-8。

人体散湿形成的潜热冷负荷为

$$Q_q = n\varphi q_2 \tag{3-23}$$

式中　q_2——不同室温和劳动性质时成年男子潜热散热量，W，见附录19。

3.4.2　水面蒸发散湿量与潜热冷负荷

室内敞开水槽表面散湿量可按下式计算

$$W = \beta(p_{q,b} - p_q)F\frac{B}{b} \tag{3-24}$$

$$\beta = (a + 0.00363v) \times 10^5 \tag{3-25}$$

式中 β ——蒸发系数，kg/(N·s)；

$p_{q,b}$ ——相应于水表面温度下的饱和空气水蒸气分压力，Pa；

p_q ——空气的水蒸气分压力，Pa；

F ——蒸发水槽表面积，m^2；

B ——标准大气压，$B = 101325Pa$；

b ——当地大气压，Pa；

a ——不同水温下的扩散系数，kg/(N·s)，见表3-15；

v ——水表面周围空气流动速度，m/s。

表3-15　不同水温下的扩散系数

水温/℃	<30	40	50	60	70	80	90	100
a/kg·(N·s)$^{-1}$	0.0043	0.0058	0.0089	0.0077	0.0088	0.0096	0.0106	0.0125

此外，敞开水表面的散湿量 W 也可根据表3-16查出单位面积水面蒸发量，然后按下式计算

$$W = Fw \tag{3-26}$$

式中 F ——计算时刻的蒸发面积，m^2；

w ——水表面的单位面积蒸发量，kg/(m^2·h)，见表3-16。

计算时刻敞开水面蒸发形成的潜热冷负荷 Q_q(W) 可按下式计算

$$Q_q = 0.28rW \tag{3-27}$$

式中 r ——冷凝热，kJ/kg，见表3-16。

表3-16　敞开水表面的单位蒸发量

室温/℃	室内相对湿度/%	下列水温时敞开水表面的单位蒸发量/kg·(m^2·h)$^{-1}$								
		20℃	30℃	40℃	50℃	60℃	70℃	80℃	90℃	100℃
20	40	0.24	0.59	1.27	2.33	3.52	5.39	9.75	19.93	42.17
	45	0.21	0.57	1.24	2.30	3.48	5.36	9.71	19.88	42.11
	50	0.19	0.55	1.21	2.27	3.45	5.32	9.67	19.84	42.06
	55	0.16	0.52	1.18	2.23	3.41	5.28	9.63	19.79	42.00
	60	0.14	0.50	1.16	2.20	3.38	5.25	9.59	19.74	41.95
	65	0.11	0.47	1.13	2.17	3.35	5.21	9.56	19.70	41.89
	70	0.09	0.45	1.10	2.14	3.31	5.17	9.52	19.65	41.84
22	40	0.21	0.57	1.24	2.30	3.48	5.36	9.71	19.88	42.11
	45	0.18	0.54	1.21	2.26	3.44	5.31	9.67	19.83	42.05
	50	0.16	0.51	1.18	2.22	3.40	5.27	9.62	19.78	41.98
	55	0.13	0.49	1.14	2.19	3.36	5.23	9.58	19.72	41.92
	60	0.10	0.46	1.11	2.15	3.33	5.19	9.53	19.67	41.86
	65	0.07	0.43	1.08	2.12	3.29	5.15	9.49	19.62	41.80
	70	0.04	0.40	1.05	2.08	3.25	5.11	9.44	19.57	41.74

室温 /℃	室内相对湿度/%	下列水温时敞开水表面的单位蒸发量/kg·(m²·h)⁻¹								
		20℃	30℃	40℃	50℃	60℃	70℃	80℃	90℃	100℃
24	40	0.18	0.54	1.21	2.26	3.44	5.31	9.67	19.83	42.04
	45	0.15	0.51	1.17	2.22	3.40	5.27	9.61	19.77	41.90
	50	0.12	0.48	1.13	2.18	3.35	5.22	9.56	19.71	41.90
	55	0.09	0.45	1.10	2.14	3.31	5.17	9.51	19.59	41.77
	60	0.06	0.42	1.06	2.10	3.27	5.13	9.46	19.59	41.77
	65	0.03	0.38	1.03	2.06	3.22	5.08	9.41	19.53	41.70
	70	-0.01	0.35	0.99	2.02	3.18	5.03	9.36	19.47	41.63
26	40	0.15	0.51	1.17	2.22	3.40	5.27	9.61	19.77	41.97
	45	0.12	0.47	1.13	2.17	3.35	5.21	9.56	19.70	41.90
	50	0.08	0.44	1.09	2.13	3.30	5.16	9.50	19.63	41.82
	55	0.05	0.40	1.05	2.08	3.25	5.11	9.44	19.57	41.74
	60	0.01	0.37	1.01	2.04	3.20	5.06	9.39	19.50	41.66
	65	-0.03	0.33	0.97	1.99	3.15	5.00	9.33	19.43	41.58
	70	-0.06	0.30	0.93	1.95	3.10	4.95	9.27	19.37	41.50
28	40	0.12	0.47	1.13	2.17	3.35	5.21	9.56	19.70	41.90
	45	0.08	0.43	1.09	2.12	3.29	5.15	9.49	19.63	41.81
	50	0.04	0.40	1.04	2.07	3.24	5.09	9.43	19.55	41.72
	55	0	0.36	1.00	2.02	3.18	5.04	9.37	19.48	41.63
	60	-0.04	0.32	0.95	1.97	3.13	4.98	9.30	19.40	41.54
	65	-0.08	0.28	0.91	1.92	3.07	4.92	9.24	19.33	41.45
	70	-0.12	0.24	0.86	1.87	3.02	4.84	9.18	19.25	41.36
冷凝热 r/kJ·kg⁻¹		2510	2528	2544	2559	2570	2582	2602	2626	2653

注：制表条件为水面风速 $u=0.3$m/s、大气压 $B=101325$Pa。当工程所在地点大气压力为 b 时，表中所列数据应乘以修正系数 B/b。

3.4.3 食物散湿量与潜热冷负荷

计算时刻餐厅的食物散湿量 $W(kg/h)$ 可按下式计算

$$W = 0.012\varphi n \tag{3-28}$$

式中 n ——计算时刻的就餐总人数；

φ ——群集系数，见表 3-8。

计算时刻食物散湿形成的潜热冷负荷 $Q_q(W)$ 可按下式计算

$$Q_q = 700W \tag{3-29}$$

【例 3-1】 试计算北京某宾馆某客房夏季的空调计算负荷。已知条件：

(1) 屋顶：Ⅱ型结构，表面喷白色水泥浆，$K=0.48$W/(m^2·℃)，$F=28.7m^2$；

(2) 西外墙：Ⅱ型结构，白灰粉刷，$K=1.50$W/(m^2·℃)，$F=9.7m^2$；

(3) 西外窗：窗户宽 2.5m、高 2m，双层窗结构，采用 3mm 厚的普通玻璃，窗框为金属，玻璃比例为80%，窗帘为白色，$F = 5 \text{m}^2$；

（4）内墙和楼板：邻室和楼下房间均为空调房间，室温均相同；

（5）每间客房2人，在客房内的时间为当天16:00至第二天的8:00；

（6）室内照明采用200W明装荧光灯，开灯时间为16:00~24:00；

（7）空调设计运行时间为24h；

（8）室内设计温度$t_n = 26℃$、相对湿度$\varphi_n \leqslant 65\%$；室内压力稍高于室外大气压力。

【解】　由于室内压力稍高于室外大气压力，不需要考虑室外空气渗透引起的冷负荷。由于邻室和楼下房间均为空调房间，室温均相同，不需要考虑内墙和楼板的传热。各分项冷负荷计算如下：

（1）屋顶冷负荷。由附录7查得北京地区屋顶的冷负荷计算温度逐时值$t_{1,\tau}$，即可按式（3-3）′和式（3-4）算出屋顶逐时冷负荷，计算结果列于表3-17。

表3-17　屋顶冷负荷　　　　　　　　　　　　　（W）

时间	11:00	12:00	13:00	14:00	15:00	16:00	17:00	18:00	19:00	20:00	21:00	22:00	23:00	24:00
$t_{1,\tau}$	35.6	35.6	36.0	37.0	38.4	40.1	41.9	43.7	45.4	46.7	47.5	47.8	47.7	47.2
t_d	0													
K_α	1.04[①]													
K_ρ	0.88													
$t'_{1,\tau}$	32.58	32.58	32.95	33.86	35.14	36.70	38.35	39.99	41.55	42.74	43.47	43.75	43.66	43.20
t_n	26													
K	0.48													
F	28.7													
CLQ	90.7	90.7	95.7	108.3	126.0	147.4	170.1	192.8	214.2	230.6	240.7	244.5	243.2	236.9

①$\alpha_w = 3.5 + 5.6v = 3.5 + 5.6 \times 2.2 = 15.82 \text{W/(m}^2 \cdot ℃)$　$(v = 2.2 \text{m/s})$。

（2）西外墙冷负荷。由附录6查得北京地区外墙的冷负荷计算温度逐时值$t_{1,\tau}$，计算公式同上，计算结果列入表3-18。

表3-18　西外墙冷负荷　　　　　　　　　　　　　（W）

时间	11:00	12:00	13:00	14:00	15:00	16:00	17:00	18:00	19:00	20:00	21:00	22:00	23:00	24:00
$t_{1,\tau}$	36.3	35.9	35.5	35.2	34.9	34.8	34.8	34.9	35.3	35.8	36.5	37.3	38.0	38.5
t_d	0													
K_α	1.04													
K_ρ	0.94													
$t'_{1,\tau}$	35.49	35.10	34.70	34.41	34.12	34.02	34.02	34.12	34.51	35.00	35.68	36.46	37.15	37.64
t_n	26													
K	1.50													
F	9.7													
CLQ	138.1	132.4	126.6	122.4	118.1	116.7	116.7	118.1	123.8	131.0	140.8	152.2	162.2	169.4

（3）南外窗冷负荷。

1）瞬变传热得热形成的冷负荷。由附录 12 查出玻璃窗冷负荷计算温度的逐时值 $t_{1,\tau}$，根据式（3-7）计算，计算结果列入表 3-19。

表 3-19　南外窗瞬时传热冷负荷　　　　　　　　　　　　（W）

时间	11:00	12:00	13:00	14:00	15:00	16:00	17:00	18:00	19:00	20:00	21:00	22:00	23:00	24:00
$t_{1,\tau}$	29.9	30.8	31.5	31.9	32.2	32.2	32.0	31.6	30.8	29.9	29.1	28.4	27.8	27.2
t_d	0													
t_n	26													
$C_w K_w$	1.2×2.93 = 3.516													
F_w	5													
CLQ	68.56	84.38	96.69	103.72	109.00	109.00	105.48	98.45	84.38	68.56	54.50	42.19	31.64	21.10

2）日射得热形成的冷负荷。北京地区处在北纬 37°30′以北，属于北区，由附录 18 查得北区有内遮阳的玻璃窗冷负荷系数逐时值 C_{LQ}，用式（3-11）计算逐时进入玻璃窗日射得热引起的冷负荷，结果列入表 3-20。

表 3-20　南外窗日射得热冷负荷　　　　　　　　　　　　（W）

时间	11:00	12:00	13:00	14:00	15:00	16:00	17:00	18:00	19:00	20:00	21:00	22:00	23:00	24:00
C_{LQ}	0.19	0.20	0.34	0.56	0.72	0.83	0.77	0.53	0.11	0.10	0.09	0.09	0.08	0.08
$D_{j,max}$	599													
$C_{C,S}$	$C_S×C_i = 0.86×0.5 = 0.43$													
$F_w×C_a$	2.5×2×0.75 = 3.75													
CLQ	183.52	193.18	328.40	540.90	695.44	801.69	743.73	511.92	106.25	96.59	86.93	86.93	77.27	77.27

（4）照明散热形成的冷负荷。根据室内照明开灯时间为 16:00～24:00，开灯时数为 8h，由附录 21 查得照明散热冷负荷系数，按式（3-14）计算，计算结果列入表 3-21。

表 3-21　照明散热形成的冷负荷　　　　　　　　　　　　（W）

时间	11:00	12:00	13:00	14:00	15:00	16:00	17:00	18:00	19:00	20:00	21:00	22:00	23:00	24:00
C_{LQ}	0.08	0.07	0.06	0.05	0.04	0.04	0.38	0.57	0.64	0.69	0.73	0.77	0.80	0.83
n_1	1.2													
n_2	0.5													
N	200													
CLQ	9.6	8.4	7.2	6.0	4.8	4.8	45.6	68.4	76.8	82.8	87.6	92.4	96.0	99.6

（5）人体散热引起冷负荷。宾馆属极轻劳动。查附录 19，当室内温度为 26℃时，成年男子每人散发的显热和潜热量为 61W 和 73W；由表 3-8 查得群集系数 $\varphi = 0.93$。根据每间客房 2人，在客房内的总小时数为 16h（当天 16:00 至第二天的 8:00），由附录 20 查得人体显热散热冷负荷系数逐时值。按式（3-12）计算人体显热散热逐时冷负荷，按式（3-23）计算人体潜热散热引起的冷负荷，计算结果列入表 3-22。

表 3-22　人体散热形成的冷负荷　　　　　　　　　　　　（W）

时间	11:00	12:00	13:00	14:00	15:00	16:00	17:00	18:00	19:00	20:00	21:00	22:00	23:00	24:00
C_{LQ}	0.28	0.24	0.20	0.18	0.16	0.13	0.57	0.75	0.79	0.82	0.85	0.87	0.88	0.90
q_1	61													
n	2													
φ	0.93													
CLQ	31.77	27.23	22.69	20.42	18.15	14.75	64.67	85.10	89.63	93.04	96.44	98.71	99.84	102.11
q_2	73													
Q_q	135.78													
合计	167.55	163.01	158.47	156.20	153.93	150.53	200.45	220.88	225.41	228.82	232.22	234.49	235.62	237.89

（6）各分项逐时冷负荷汇总。将前面各项逐时冷负荷值汇总于表 3-23。

表 3-23　各项冷负荷汇总　　　　　　　　　　　　（W）

时间	11:00	12:00	13:00	14:00	15:00	16:00	17:00	18:00	19:00	20:00	21:00	22:00	23:00	24:00
屋顶负荷	90.7	90.7	95.7	108.3	126.0	147.4	170.1	192.8	214.2	230.6	240.7	244.5	243.2	236.9
外墙负荷	138.1	132.4	126.6	122.4	118.1	116.0	116.7	118.0	123.8	131.0	140.8	152.2	162.2	169.4
窗传热负荷	68.56	84.38	96.69	103.72	109	109	105.48	98.45	84.38	68.56	54.5	42.19	31.64	21.1
窗日射负荷	183.52	193.18	328.4	540.9	695.44	801.69	743.73	511.92	106.25	96.59	86.93	86.93	77.27	77.27
照明负荷	9.6	8.4	7.2	6.0	4.8	4.8	45.6	68.4	76.8	82.8	87.6	92.4	96.0	99.6
人员负荷	167.55	163.01	158.47	156.20	153.93	150.53	200.45	220.88	225.41	228.82	232.22	234.49	235.62	237.89
总计	658.0	672.1	810.79	1037.5	1207.3	1330.1	1382.1	1210.6	830.8	838.4	842.8	852.7	845.9	842.2

由计算可知，最大冷负荷出现在 17:00 时，其值为 1382.1W。各项冷负荷中以玻璃窗的日射得热冷负荷最大。

3.5　空调系统冷负荷的确定

3.5.1　空调区计算冷负荷

将此空调区的各分项冷负荷按各计算时刻累加，得出空调区总冷负荷逐时值的时间序列，之后找出序列中的最大值，即作为该空调区域的计算冷负荷。

3.5.2　空调建筑计算冷负荷

"空调建筑"是指一个集中空调系统所服务的建筑区域，它可能是一整栋建筑物，也可能是该建筑物的一部分。空调建筑计算冷负荷应按下列情况分别确定：（1）当空调系统末端装置不能随负荷变化而自动控制时，该空调建筑的计算冷负荷应采用同时使用的所有空调区计算冷负荷的累加值；（2）当空调系统末端装置能随负荷变化而自动控制时，应将此空调建筑同时使用的各个空调区的总冷负荷按各计算时刻累加，得出该空调建筑总冷负荷逐时值的时间序列，之后找出序列中的最大值（综合最大值），即作为该空调建筑的计算冷负荷。

3.5.3　空调系统计算冷负荷

集中空调系统的计算冷负荷，应根据所服务的空调建筑中各分区的同时使用情况、空调系统类型及控制方式等各种情况不同，综合考虑下列各分项负荷，经过焓湿图分析和计算确定。

（1）系统所服务区域的空调建筑计算冷负荷。

（2）该空调建筑的新风计算冷负荷。新风负荷 Q_W 可由下式计算

$$Q_W = G_W(h_W - h_N) \tag{3-30}$$

式中　　G_W——新风量，kg/s；

h_W——室外新风焓值，kJ/kg；

h_N——室内空气焓值，kJ/kg。

（3）风系统由于风机、风管产生温升以及系统漏风等引起的附加冷负荷。

（4）水系统由于水泵、水管、水箱产生温升以及系统补水引起的附加冷负荷。

（5）当空气处理过程产生冷、热抵消现象时，还应考虑由此引起的附加冷负荷。例如，某些空调系统因在夏季采用再热空气处理过程，导致了冷、热量的抵消，因此这部分被抵消的冷量该得到补偿；采用顶棚回风时，部分灯光热量可能被回风带入系统而产生附加冷负荷。

3.5.4　空调冷源计算冷负荷

空调冷源计算冷负荷应根据所服务的各空调系统的同时使用情况，并考虑输送系统和换热设备的冷量损失，经计算确定。

3.6　空调热负荷计算

空调热负荷应根据建筑物散失和获得的热量确定。对于民用建筑，空调区冬季热负荷主要为由围护结构传热所形成的耗热量。对于生产车间还应包括由室外运入的冷物料及运输工具的耗热量、水分蒸发的耗热量，并应考虑车间内设备散热量、热物料散热量等。

空调区热负荷的计算方法与供暖热负荷的计算方法基本相同，不同之处主要有：

（1）考虑到空调区内热环境要求较高，室内温度的不保证时间应少于一般供暖房间，因此，在选取室外计算温度时，规定采用平均每年不保证一天的温度值，即应采用冬季空气调节室外计算温度。

（2）由于空调建筑通常保持室内一定正压，因此一般不计算经门窗缝隙渗入室内冷空气的耗热量。

（3）室内人员、灯光及设备产生的热量会部分抵消围护结构的热负荷，尤其是一部分内区房间，有可能全年都处于供冷状态下运行。比如一些进深较大的办公室、多功能厅等，其室内热源对热负荷的计算有较大影响，在空调设计中应该加以考虑并从热负荷中扣除。

围护结构的耗热量包括基本耗热量和附加耗热量，具体计算方法可参考文献［2］。

3.7　冷、热负荷估算

当计算条件不具备（如在建筑设计还未定局，没有详尽的建筑结构和房间用途资料作参

考）时，或者为了预先估计空调工程的设备费用，而时间上又不允许做详细的负荷计算时，可以采用冷（热）负荷的估算法。《民用建筑供暖通风与空气调节设计规范》（GB 50736—2012）规定：除在方案设计或初步设计阶段可使用热、冷负荷指标进行必要的估算外，施工图设计阶段应对空调区的冬季热负荷和夏季逐时冷负荷进行计算。也就是说，估算法仅限于方案设计或初步设计时应用，做施工图设计时必须进行逐项、逐时的冷负荷计算。否则，负荷估算偏大，必然出现装机量偏大、水泵配置偏大、末端设备偏大以及管道直径偏大的现象，最终导致工程的初投资增加，运行费用和能源消耗量增大。

3.7.1　冷负荷估算

民用建筑在方案设计阶段，往往需要预估建筑物空调负荷，这时可根据空调负荷概算指标（表 3-24）作粗略估算。将负荷概算指标乘以建筑物的空调面积，即可得到冷负荷。

表 3-24　部分民用建筑空调冷负荷指标统计值　　　　　　（W/m²）

建筑类型	房间名称	冷负荷指标
旅游旅馆	客房	70~100
	酒吧、咖啡厅	80~120
	西餐厅	100~160
	中餐厅、宴会厅	150~250
	商店、小卖部	80~110
	大堂、接待处	80~110
	中庭	100~180
	小会议厅（少量人吸烟）	140~250
	大会议厅（不准吸烟）	100~200
	理发、美容	90~140
	健身房	100~160
	保龄球室	90~150
	弹子房	75~110
	室内游泳馆	160~260
	交谊舞舞厅	180~220
	迪斯科舞厅	220~320
	卡拉 OK 厅	100~160
	棋牌室、办公室	70~120
	公共洗手间	80~100
银行	营业大厅	120~160
	办公室	70~120
	计算机房	120~160
医院	诊断室、治疗室、注射室、办公室	75~140
	X 光室、CT 室、B 超室、核磁共振室	90~120
	一般手术室、分娩室	100~150
	洁净手术室	180~380
	大厅、挂号处	70~120

建筑类型	房间名称	冷负荷指标
商场、百货大楼	营业厅（首层）	160~280
	营业厅（中间层）	150~200
	营业厅（顶层）	180~250
超市	营业厅	160~220
影剧院	观众厅	180~280
	休息厅（允许吸烟）	250~360
	化妆厅	80~120
	大堂、洗手间	70~100
体育馆	比赛馆	100~140
	贵宾室	120~180
	观众休息厅（允许吸烟）	280~360
	观众休息厅（不准吸烟）	160~250
	裁判、教练与运动员休息厅	100~140
	展览馆、陈列厅	150~200
图书馆	阅览室	100~160
	大厅、借阅室、登记室	90~110
	书库	70~90
	特藏室	100~150
餐馆	营业大厅	200~280
	包间	180~250
写字楼	高级办公室	120~160
	一般办公室	90~120
	计算机房	100~140
	会议厅	150~200
	会客厅（允许吸烟）	180~260
	大厅、公共洗手间	70~110
住宅、公寓	多层建筑	88~150
	高层建筑	80~120
	别墅	150~220

3.7.2 热负荷估算

对于设空调系统的建筑物，冬季热负荷可按采暖热负荷指标（表 3-25）估算，然后再乘以空调系统冬季室外新风被加热的系数 1.3~1.5，即为冬季空调热负荷。建筑面积大，外围护结构热工性能好，窗户面积小，采用热指标下限；建筑面积小，外围护结构热工性能差，窗户面积大，采用热指标上限。

表 3-25　部分民用建筑空调热负荷指标统计值　　　　（W/m²）

建筑类型	热负荷概算指标	建筑类型	热负荷概算指标
住宅	47~70	商店	64~87
办公室、学校	58~81	单层住宅	81~105
医院、幼儿园	64~81	食堂、餐厅	116~140
宾馆	58~70	影剧院	93~116
图书馆	47~76	大礼堂、体育馆	116~163

3.8　空调房间送风状态及送风量的确定

在已知空调区域冷（热）、湿负荷的基础上，确定消除室内余热、余湿，维持空调环境所要求的空气参数所需的送风状态和送风量，是选择空气处理设备的主要依据。

3.8.1　夏季送风状态及送风量的确定

某空调房间送风状态示意图如图 3-8 所示。室内余热量为 $Q(\mathrm{W})$，余湿量为 $W(\mathrm{kg/s})$。为了消除余热和余湿，保持室内空气状态点为 $N(h_N, d_N)$、送入房间的空气状态点为 $O(h_0, d_0)$、送风量为 $G(\mathrm{kg/s})$。当送入空气吸收余热和余湿后，状态由 O 变为 N，随后排出房间，从而保证了室内空气状态为 N。

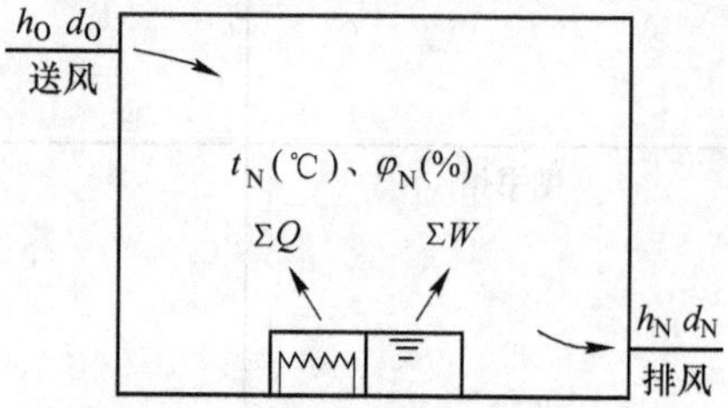

根据热平衡可得

$$\left.\begin{array}{l} Gh_0 + Q = Gh_N \\ h_N - h_0 = \dfrac{Q}{G} \end{array}\right\} \qquad (3\text{-}31)$$

根据湿平衡可得

$$\left.\begin{array}{l} Gd_0 + W = Gd_N \\ d_N - d_0 = \dfrac{W}{G} \end{array}\right\} \qquad (3\text{-}32)$$

将上述两式相除，即得送入空气由 O 点变为 N 点的状态变化过程的热湿比

$$\varepsilon = \frac{Q}{W} = \frac{h_N - h_0}{d_N - d_0} \qquad (3\text{-}33)$$

这样，在 h-d 图上就可以利用热湿比线 ε 来表示送入空气状态变化过程的方向（图 3-9）。只要送风状态点 O 点位于通过室内空气状态点 N 的热湿比线上，就能同时吸收余热 Q 和余湿 W，从而保证室内状态点 N。Q 和 W 都是已知的，室内状态点 N 在 h-d 图上的位置也已经确定，因而只要经过 N 点作出过程线 ε，即可在该过程线上确定 O 点，送风量必定符合以下等式

图 3-8　某空调房间送风状态示意图

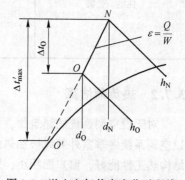

图 3-9　送入空气状态变化过程线

$$G = \frac{Q}{h_N - h_0} = \frac{W}{d_N - d_0} \tag{3-34}$$

从图 3-9 中可以看出,凡是位于过程线上 N 点以下的点直到 O' 点均可作为送风状态点。只不过送风状态点 O 距 N 点越近,送风量越大,需要的设备和初投资就越大。反之,送风量越小,所需要的设备和初投资就越少;但送风量小,送风温度就低,可能使人有吹冷风的感受,而且室内温度和湿度分布的均匀性和稳定性将受到影响。

在实际应用中,一般根据送风温差 ($t_N - t_0$) 来确定送风状态点 O,送风温差的选取见表 3-26。对于室内温度、湿度控制严格的场合,送风温差应小一些。对于舒适性空调和室内温度、湿度控制精度不高的工艺性空调,可以选用较大的送风温差。工程设计中经常采用"露点"送风,即空气冷却设备可能把空气冷却到的终状态点,一般为相对湿度 90%~95% 的"机器露点"。

表 3-26 中的换气次数是空调工程中常用的衡量送风量的指标,定义为房间通风量(m³/h)和房间体积(m³)的比值,用符号 n(次/h)表示。换气次数和送风温差之间有一定关系。对于空调区,送风温差加大,换气次数随之减小。采用推荐的送风温差所算得的送风量折合成的换气次数应大于表 3-26 推荐的 n 值。

表 3-26 空调送风温差与换气次数

室温允许波动范围/℃	送风温差/℃	换气次数/次·h⁻¹
>±1.0	人工冷源:≤15 天然冷源:可能的最大值	
±1.0	6~10	≥5
±0.5	3~6	≥8
±0.1~0.2	2~3	150~200

确定送风温差之后,可按以下步骤确定夏季送风状态点和送风量:(1) 在 h-d 图上找出室内空气状态点 N;(2) 根据算出的余热 Q 和余湿 W 求出热湿比 ε,并过 N 点画出过程线;(3) 根据所选定的送风温差 Δt_0,求出送风温度 t_0,过 t_0 的等温线和过程线 ε 的交点 O 即为夏季送风状态点;(4) 按式(3-34)计算送风量。

【例 3-2】 某空调区夏季总余热量 $\sum Q = 3.31\text{kW}$,总余湿量 $\sum W = 0.264\text{g/s}$,要求室内全年保持空气状态为:$t_N = 22 \pm 1℃$,$\varphi_N = 55\% \pm 5\%$,当地大气压力为 101325Pa,求送风状态和送风量。

【解】 (1) 求热湿比

$$\varepsilon = \frac{\sum Q}{\sum W} = \frac{3310}{0.264} = 12538$$

(2) 在 h-d 图上(图 3-10)确定室内状态点 N,过该点画 $\varepsilon = 12538$ 的过程线。取送风温差 $\Delta t_0 = 8℃$,则送风温度 $t_0 = 22 - 8 = 14℃$,得送风状态点 O。在 h-d 图上查得:$h_0 = 36\text{kJ/kg}$,$d_0 = 8.5\text{g/kg}$;$h_N = 46\text{kJ/kg}$,$d_N = 9.3\text{g/kg}$。

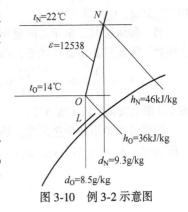

图 3-10 例 3-2 示意图

（3）计算送风量。

按消除余热计算

$$G = \frac{Q}{h_N - h_O} = \frac{3.31}{46 - 36} = 0.331\text{kg/s}$$

按消除余湿计算

$$G = \frac{W}{d_N - d_O} = \frac{0.264}{9.3 - 8.5} = 0.33\text{kg/s}$$

按消除余热和余湿所求送风量相同，说明计算无误。

3.8.2　冬季送风状态与送风量的确定

在冬季，通过围护结构的温差传热往往是由内向外，只有室内热源向室内散热，因此冬季室内余热量往往比夏季少得多，有时甚至为负值而成为热负荷。而余湿量则冬夏基本相同。这样，冬季房间的热湿比值常小于夏季，也可能是负值，所以空调送风温度往往接近或高于室温。

由于送热风时的送风温差可比送冷风时的送风温差大，因此冬季送风量可以比夏季小。因此，空调送风量一般是先确定夏季送风量，在冬季可采取与夏季相同的风量，也可少于夏季。全年采用固定送风量是比较方便的，只需调节送风参数。而冬季减少送风量的做法，则可以节约电能，尤其对较大的空调系统减少送风量的经济意义更为突出。但是，减少风量也是有限的，它必须满足最少换气次数的要求，同时送风温度也不宜过高，通常不超过45℃。

【例 3-3】　仍按例 3-2 基本条件，如冬季余热量 $Q = -1.105\text{kW}$，余湿量不变 $W = 0.264\text{g/s}$，试确定冬季送风状态及送风量。

【解】　（1）求热湿比

$$\varepsilon = \frac{Q}{W} = \frac{-1105}{0.264} = -4186$$

（2）全年送风量不变，计算送风参数。由于冬夏室内散湿量相同，因此冬季送风含湿量取值与夏季相同，即 $d_O = d_O' = 8.5\text{g/kg}$。

在 h-d 图上，过 N 点作 $\varepsilon = -4186$ 的过程线（图 3-11），该线与 $d_O' = 8.5\text{g/kg}$ 等含湿量线的交点即为冬季送风状态点 O'。在 h-d 图上查得：$h_O' = 49.35\text{kJ/kg}$，$t_O' = 28.5℃$。

另一种解法是，全年送风量不变，则送风量为已知数，因而可算出送风状态，即

$$h_O' = h_N + \frac{Q}{G} = 46 + \frac{1.105}{0.33} = 49.35\text{kJ/kg}$$

在 h-d 图上查得：$t_O' = 28.5℃$。

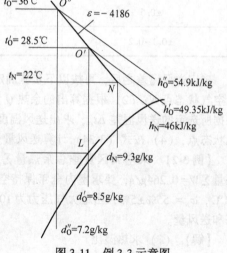

图 3-11　例 3-3 示意图

如果希望冬季减少送风量，提高送风温度，例如使 $t_O'' = 36℃$，则在 $\varepsilon = -4186$ 的过程线上可得到 O''：$h_O'' = 54.9\text{kJ/kg}$，$d_O'' = 7.2\text{g/kg}$，则送风量为

$$G = \frac{Q}{h_N - h_O''} = \frac{-1.105}{46 - 54.9} = 0.124\text{kg/s}$$

习题与思考题

3-1 什么是得热量？什么是冷负荷？什么是湿负荷？得热量和冷负荷有什么区别？

3-2 室内得热量通常包括哪些内容？它们分别如何转化为室内冷负荷？

3-3 一天内室外空气干球温度和相对湿度的变化规律有何不同？原因是什么？

3-4 冬季空调室外计算温度是否与采暖室外计算温度相同？为什么？

3-5 试计算夏季北京市设计日的逐时室外计算干球温度。

3-6 室内冷负荷包括哪些内容？

3-7 什么是空调区冷负荷？什么是系统冷负荷？两者有什么区别和联系？

3-8 夏季空调房间送风状态点如何确定？冬季空调房间送风状态点如何确定？

3-9 夏季室内空调送风温差受到哪些因素的影响？

3-10 已知空调房间内余热量 $Q=4800W$，余湿量 $W=0.31g/s$；室内空气设计参数为 $t_N=27℃$，$\varphi_N=60\%$。如以接近饱和状态（$\varphi=95\%$）送风，试确定送风状态参数和送风量。

3-11 试计算北京市某空调房间夏季围护结构空调冷负荷。已知：（1）屋顶面积为 252m²，$K=1.07W/(m^2 \cdot ℃)$，Ⅳ形结构，屋面吸收系数 $\rho=0.90$；（2）南围墙面积为 99m²，$K=1.26W/(m^2 \cdot ℃)$，Ⅰ形结构，外表面为浅色；（3）南外窗面积为 27m²，采用中空玻璃，$K=2.5W/(m^2 \cdot ℃)$，无外遮阳，内挂浅色窗帘；（4）邻室和楼下房间均为空调房间，室内设计温度相同；（5）室内设计温度 $t_N=26℃$。

参 考 文 献

[1] 黄翔，等. 空调工程 [M]. 2版. 北京：机械工业出版社，2014.

[2] 陆耀庆. 实用供热空调设计手册 [M]. 2版. 北京：中国建筑工业出版社，2008.

[3] 钱以明. 高层建筑空调和节能 [M]. 上海：同济大学出版社，1990.

[4] 赵荣义，范存养，薛殿华，等. 空气调节 [M]. 4版. 北京：中国建筑工业出版社，2009.

[5] 赵荣义，钱以明，范存养，等. 简明空调设计手册 [M]. 北京：中国建筑工业出版社，1998.

[6] 战乃岩，王建辉，等. 空调工程 [M]. 北京：北京大学出版社，2014.

[7] 朱颖心. 建筑环境学 [M]. 2版. 北京：中国建筑工业出版社，2005.

[8] 中国气象局气象信息中心气象资料室，清华大华建筑技术科学系. 中国建筑热环境分析专用气象数据集 [M]. 北京：中国建筑工业出版社，2005.

[9] Ashrae Handbook. Fundamentals [M]. ASHRAE Inc.，1997.

4 空气处理过程及设备

本章要点： 为满足人体舒适标准要求或工艺对室内温度、湿度、洁净度等的要求，在空调系统中必须有相应的空气处理设备，以便能对空气进行各种处理，达到所要求的送风状态。空气处理设备通常由加热、冷却、加湿、减湿、净化等功能段组成。不同的组合，所采用的处理过程和设备就不同。本章主要介绍空气热湿处理和空气净化的机理与常用设备。

4.1 空气热湿处理过程及设备类型

4.1.1 空气热湿处理的典型方案

一般来讲，对空气热湿处理的基本过程包括加热、冷却、加湿、减湿以及空气的混合等。在空调系统中，为了得到同一送风状态点，可能有不同的处理方案与途径。下面以完全使用室外新风的直流式空调系统（参见第 5 章）为例，予以说明。

一般夏季室外空气的温度和湿度高于室内的设定参数，为此，需要对室外空气进行冷却、减湿处理；而冬季室外温度和湿度较低，则需要对室外空气进行加热、加湿处理。假定夏季、冬季室外空气的状态点分别为 W 和 W'，将其处理到相同的送风状态点 O，则可能有如图 4-1 所示的 8 种空气处理方案。表 4-1 是对这些空气处理方案的简要说明。

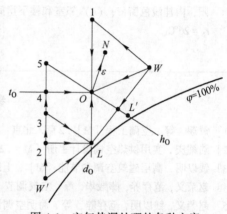

图 4-1 空气热湿处理的各种方案

表 4-1 空气处理方案

季节	空气处理方案	方案说明
夏季	(1) $W \to L \to O$； (2) $W \to 1 \to O$； (3) $W \to O$	(1) 夏季室外空气经喷水室喷冷水（或用表面式冷却器）冷却减湿后，再用加热器再热； (2) 夏季室外空气经固体吸湿剂减湿后，再用表面式冷却器等湿冷却； (3) 夏季室外空气经液体吸湿剂减湿冷却处理
冬季	(1) $W' \to 2 \to L \to O$； (2) $W' \to 3 \to L \to O$； (3) $W' \to 4 \to O$； (4) $W' \to L \to O$； (5) $W' \to 5 \to L'$ $\quad\quad\quad\searrow$ $\quad\quad 5 \quad \to O$	(1) 冬季室外空气先经加热器预热，然后喷蒸汽加湿，最后经加热器再热； (2) 冬季室外空气先经加热器预热，然后喷水室绝热加湿，最后经加热器再热； (3) 冬季室外空气先经加热器预热，再喷蒸汽加湿； (4) 冬季室外空气先经喷水室喷热水加热加湿，再经加热器再热； (5) 冬季室外空气先经加热器预热，然后一部分空气经喷水室绝热加湿，最后与另一部分未加湿的空气混合

从表 4-1 可以看出，可以通过不同的途径，即采用不同的空气处理方案而得到同一种送风状态。至于究竟采用哪一种方案，则需要结合各种空气处理方案及使用设备的特点，经过分析比较才能最后确定。

表 4-1 中列举的各种空气处理方案都是一些简单空气处理过程的组合。在空气调节工程中所用到的各种空气处理过程如图 4-2 所示。图中 A 点表示空气的初状态点，t_L 是空气的露点温度，t_s 是空气的湿球温度。点 1、2、…、12 表示 A 点的空气用不同的处理方法可能达到的状态。$A\rightarrow1\sim A\rightarrow12$ 各种处理过程的内容和一般采用的处理方法见表 4-2。

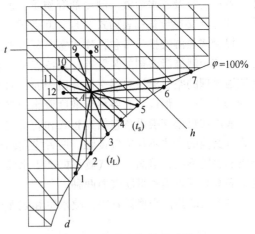

图 4-2 各种空气处理过程

表 4-2 各种空气处理过程的内容和处理方法

过程线	所在象限	热湿比	处理过程的内容	处 理 方 法
$A\rightarrow1$	III	$\varepsilon>0$	减焓减湿降温	(1) 用水温低于 t_L 的水喷淋； (2) 用肋管外表面温度低于 t_L 的空气冷却器冷却； (3) 用蒸发温度低于 t_L 的制冷剂直接膨胀式空气冷却器冷却
$A\rightarrow2$	$d=$常数	$\varepsilon=-\infty$	减焓等湿降温	(1) 用平均温度稍低于 t_L 的水喷淋或空气冷却器干式冷却； (2) 用蒸发温度稍低于 t_L 的制冷剂直接膨胀式空气冷却器干式冷却
$A\rightarrow3$	IV	$\varepsilon<0$	减焓加湿降温	用水喷淋，$t_L<t$（水温）$<t_s$
$A\rightarrow4$	$h=$常数	$\varepsilon=0$	等焓加湿降温	用水循环喷淋，绝热加湿
$A\rightarrow5$	I	$\varepsilon>0$	增焓加湿降温	用水喷淋，$t_s<t<t_A$（A 点空气干球温度）
$A\rightarrow6$	I （$t=$常数）	$\varepsilon>0$	增焓加湿等温	(1) 用水喷淋，$t=t_A$； (2) 喷低压蒸汽等温加湿
$A\rightarrow7$	I	$\varepsilon>0$	增焓加湿升温	(1) 用水喷淋，$t>t_A$； (2) 喷过热蒸汽
$A\rightarrow8$	$d=$常数	$\varepsilon=+\infty$	增焓等湿升温	加热器（蒸汽、热水、电）干式加热
$A\rightarrow9$	III	$\varepsilon<0$	增焓减湿升温	冷冻机除湿（热泵）
$A\rightarrow10$	$h=$常数	$\varepsilon=0$	等焓减湿升温	固体吸湿剂吸湿
$A\rightarrow11$	III	$\varepsilon>0$	减焓减湿升温	用温度稍高于 t_A 的液体除湿剂喷淋
$A\rightarrow12$	III （$t=$常数）	$\varepsilon>0$	减焓减湿等温	用温度等于 t_A 的液体除湿剂喷淋

4.1.2　空气热湿处理设备的分类

在空调工程中，实现不同的空气处理过程，需要不同的空气处理设备，如空气加热、冷却、加湿、去湿设备等。在空气热湿处理设备中，与空气进行热湿交换的介质有水、水蒸气、冰、各种盐类及其水溶液、制冷剂等物质。根据各种热湿交换设备的特点不同，可将它们分为接触式热湿交换设备和表面式（也称间壁式）热湿交换设备两类。

接触式热湿交换设备包括喷水室、蒸汽加湿器、高压喷雾加湿器、湿膜加湿器、超声波加湿器、使用液体吸湿剂的装置等。其特点是与空气进行热湿交换的介质直接与空气接触，通常是使被处理的空气流过热湿交换介质表面，通过含有热湿交换介质的填料层或将热湿交换介质喷洒到空气中，形成具有各种分散度液滴的空间，使液滴与流过的空气直接接触。

表面式热湿交换设备包括光管式和肋管式空气加热器及空气冷却器等。其特点是与空气进行热湿交换的介质不与空气接触，两者之间的热湿交换是通过分隔壁面进行的。根据热湿交换介质的温度不同，壁面的空气侧可能产生水膜（湿表面），也可能不产生水膜（干表面）。分隔壁面有光管表面和带肋表面两种。

在所有的热湿交换设备中，喷水室和表面式换热器的应用最广。

4.2 喷 水 室

根据使用的水温不同，喷水室可以完成对空气加热、冷却、减湿和加湿等多种处理功能，对空气还具有一定的净化能力，并且在结构上易于实现工厂化制作和现场安装，金属耗量少。因此，喷水室在以调节湿度为主的纺织厂、烟草厂及以去除有害气体为主要目的的净化车间等得到了广泛的应用。但是，它也有对水质要求高、占地面积大、水泵耗能多等缺点。所以，目前在一般建筑中已不常使用或仅作为加湿设备使用。

4.2.1　喷水室的处理过程

在喷水室内，空气与水直接接触时，水表面形成的饱和空气边界层与主体空气之间通过分子扩散与紊流扩散，使边界层的饱和空气与主体空气不断混掺，从而使主体空气状态发生变化。因此，空气与水的热湿交换过程可以视为主体空气与边界层饱和空气不断混合的过程。根据空气的混合规律，在 h-d 图上，混合后的状态点应该位于连接空气初状态和该水温下饱和状态点的直线上。如果与空气接触的水量无限大，接触时间又无限长，即在所谓的假想条件下，全部空气均能达到饱和状态，也就是说，空气的终状态将位于 h-d 图的饱和曲线上并且空气的终温将等于水的温度。所以，在上述假想条件下，根据水温不同，可以得到图 4-3 所示的 7 种典型的空气状态变化过程。表 4-3 列出了这 7 种典型过程的特点。

在 7 种过程中，$A \rightarrow 2$ 过程是空气增湿和减湿的分界线，$A \rightarrow 4$ 过程是空气增焓和减焓的分界线，$A \rightarrow 6$ 过程是空气升温和降温的分界线。

下面用热湿交换理论简单分析上面列举的 7 种过程。

（1）当水温低于空气露点温度时，发生 $A \rightarrow 1$ 过程。此时由于 $t_w < t_L < t_A$ 和 $p_{q1} < p_{qA}$，所以空气被冷却和干燥，水蒸气凝结时放出的热被水带走。相较于其他 6 种过程，该过程中空气温度和焓的降低幅度最大。这是夏季最常用的一种空气处理方法。

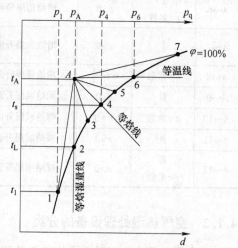

图 4-3　空气与水直接接触时的 7 种典型状态变化过程

表 4-3 空气与水直接接触时各种过程的特点

过程线	过程名称	水温特点	t 或 Q_x	d 或 Q_q	h 或 Q
$A \rightarrow 1$	冷却减湿	$t_w < t_L$	减少	减少	减少
$A \rightarrow 2$	冷却等湿	$t_w = t_L$	减少	不变	减少
$A \rightarrow 3$	减焓加湿	$t_L < t_w < t_s$	减少	增加	减少
$A \rightarrow 4$	等焓加湿	$t_w = t_s$	减少	增加	不变
$A \rightarrow 5$	增焓加湿	$t_s < t_w < t$	减少	增加	增加
$A \rightarrow 6$	等温加湿	$t_w = t$	不变	增加	增加
$A \rightarrow 7$	升温加湿	$t_w > t$	增加	增加	增加

注：t_s、t_L 为空气的湿球温度和露点温度，t_w 为水温。

（2）当水温等于空气露点温度时，发生 $A \rightarrow 2$ 过程。此时由于 $t_w < t_A$ 和 $p_{q2} = p_{qA}$，所以空气失去显热而被冷却，同时空气与水之间不发生湿交换，空气状态的变化将沿等湿线进行，空气的温度和焓均下降。

（3）当水温高于空气露点温度而低于空气湿球温度时，发生 $A \rightarrow 3$ 过程。此时由于 $t_w < t_A$ 和 $p_{q3} > p_{qA}$，所以水滴得到从空气中传来的显热，使部分水变成水蒸气而蒸发到空气中去，空气被冷却加湿，而空气与水之间的总的换热结果是空气失热，所以空气的温度和焓值均降低。

（4）当水温等于空气湿球温度时，发生 $A \rightarrow 4$ 过程。此时由于等湿球温度线与等焓线相近，可以认为空气状态沿等焓线变化而被加湿。在该过程中，由于总热交换量近似为零，而且 $t_w < t_A$ 和 $p_{q4} > p_{qA}$，说明空气的显热量减少、潜热量增加，两者近似相等。实际上，此时水蒸发所需热量取自空气本身。该过程是冬季应用较多的一种空气加湿方法。

（5）当水温高于空气湿球温度而低于空气干球温度时，发生 $A \rightarrow 5$ 过程。此时由于 $t_w < t_A$ 和 $p_{q5} > p_{qA}$，空气被加湿和冷却。水蒸发所需热量部分来自空气，部分来自水，因此，空气的焓增加。

（6）当水温等于空气干球温度时，发生 $A \rightarrow 6$ 过程。此时由于 $t_w = t_A$ 和 $p_{q6} > p_{qA}$，说明不发生显热交换，但是，不断会有水蒸气蒸发到空气中去，空气被加湿并得到相应的潜热量，所以空气的含湿量、焓均增加，而温度保持不变。空气状态变化过程为等温加湿。

（7）当水温高于空气干球温度时，发生 $A \rightarrow 7$ 过程。此时由于 $t_w > t_A$ 和 $p_{q7} > p_{qA}$，空气被加热和加湿。水蒸发所需热量及加热空气的热量均来自于水本身，结果水温降低。以冷却水为目的的湿空气冷却塔内发生的便是这种过程。

与上述假想条件不同，如果在喷水室中空气与水的接触时间足够长，但水量是有限的，即所谓理想过程时，则除 $t_w = t_s$ 的热湿交换过程外，水温都将发生变化，此时，空气状态变化过程并不是一条直线而是曲线。如在 h-d 图上将整个变化过程依次分段进行考察，则可大致看出曲线形状。同时曲线的弯曲形状还和空气与水滴的相对运动方向有关系。

假设水初温低于空气露点温度，且水滴与空气的运动方向相同（顺流），如图 4-4（a）所示。在开始阶段，状态 A 的空气与具有初温 t_{w1} 的水接触，使得一小部分空气达到饱和状态，且温度等于 t_{w1}。这一小部分空气与其余空气混合达到状态点 1，点 1 位于点 A 与点 t_{w1} 的连线上。在第二阶段，水温已升至 t_w'，此时具有点 1 状态的空气与温度为 t_w' 的水滴接触，又有一小部分空气达到饱和，其温度等于 t_w'。这一小部分空气与其余空气混合达到状态点 2，点 2 位于点 1 和点 t_w' 的连线上。如此继续下去，最后可得到一条表示空气状态变化过程的折线。间隔划分越细，则所得过程线越接近一条曲线，而且在热湿交换充分完善的理想条件下空气状态变化的终点将在饱和曲线上，温度将等于水终温。在逆流的情况下，按同样的分析方法可得到一条向另外方向弯曲的曲线，而且空气状态变化的终点也在饱和曲线上，温度等于水初温，如图4-4（b）所示。图4-4（c）是状态 A 的空气与初温 $t_{w1} > t_A$ 的水接触且呈顺流运动时，空气状态的变化情况。

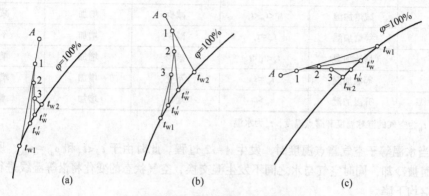

图 4-4　用喷水室处理空气的理想过程
（a）冷却-顺流；（b）冷却-逆流；（c）加热

　　实际上空气与水滴直接接触时，接触时间是有限的。因此，空气状态的实际变化过程并不是直线，而且空气的终状态也难以达到与水终温（顺流）或初温（逆流）相对应的饱和状态。经验表明，对于单级喷水室，空气最终的相对湿度一般能达到95%，而双级喷水室的空气终相对湿度能达到100%。习惯上将喷水室处理后的这种空气状态称为"机器露点"。尽管在实际的喷水室中，空气的状态变化过程不是直线，但是在工程中人们关心的只是空气处理的结果，而并不关心空气状态变化的轨迹，所以在已知空气终状态时仍可用连接空气初、终状态点的直线来表示空气状态的变化过程。

4.2.2　喷水室的构造与类型

　　喷水室有卧式和立式、单级和双级、低速和高速之分。此外，还有带旁通和带填料层的喷水室。

4.2.2.1　普通单级低速喷水室

　　图4-5（a）是常用的单级、卧式、低速喷水室，它由整流栅、挡水板、底池、喷水排管、喷嘴、溢水器、滤水器、检查门和照明灯等部件组成。这类喷水室可以实现加热、冷却、加湿和减湿等多种空气处理过程，具有一定的空气净化能力。但与表面式换热器相比，体积庞大，占地面积大，水系统复杂，水质卫生要求高，对设备腐蚀性大，运行维修费用高，效率较低。

　　立式喷水室（图4-5（b））占地面积小，空气自下而上流动，水自上而下喷洒，因而热交换效果更好，一般用于处理风量小或空调机房层高较高的场合。

　　喷水室由以下构件组成：

　　（1）前挡水板。前挡水板兼有挡住飞溅出来的水滴和使进风均匀流入的双重作用，故又称为均风板。挡水板一般采用镀锌钢板、玻璃钢或塑料制成，目前塑料板用得较多。实际工程中，前挡水板一般设置2~3折，夹角取90°~150°，挡水板间距为25~40mm，其构造如图4-6所示。

　　瑞士 Luwa 公司的喷水室采用整流栅（又称导流格栅）作为前挡水板。整流栅是一种用塑

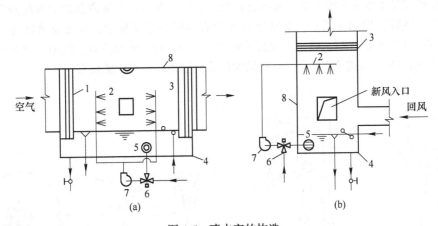

图 4-5　喷水室的构造

（a）卧式喷水室；（b）立式喷水室

1—前挡水板；2—喷嘴与排管；3—后挡水板；4—底池；5—滤水器；6—三通阀；7—水泵；8—外壳

料或尼龙压制而成的方形格栅，其结构如图 4-7 所示。整流栅安装在喷水室入口处，喷淋排管之前。其主要作用是对进入喷水室的空气进行整流，减少涡流，提高空气与水之间的热湿交换效率。

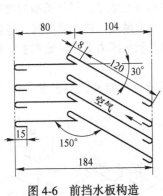

图 4-6　前挡水板构造

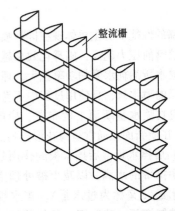

图 4-7　瑞士 Luwa 公司的喷水室整流栅

（2）喷嘴。喷嘴是喷水室的核心部件。其作用是使喷出的水雾化，增加水与空气的接触面积。喷嘴一般由铸钢、铸铜、铸铝、不锈钢、塑料（ABS）及尼龙等材料制成。

我国于 20 世纪 50 年代广泛采用 Y-1 和 3/8in（9.5mm）喷嘴。20 世纪 60~70 年代采用青岛大喷嘴和 BTL-1 型（原西德）喷嘴。20 世纪 80 年代后采用 Luwa 型（瑞士）、LTG 型（德国）、NTL 型和 FL 型喷嘴。20 世纪 90 年代又开发了 PX 型、PY 型和 FD 型三种大孔径离心式喷嘴。

Luwa 型喷嘴的结构如图 4-8 所示。喷嘴主体由塑料制成。孔盖由塑料螺纹与不锈钢抛物面形喷口套压在一起。进水管内流道形状由圆锥形逐渐过渡到方形，使水流在进入旋流室内形成带状薄膜，增加水流的旋转动能。喷嘴与喷排的连接，采用不锈钢或塑料搭扣方式，安装喷嘴较为方便。但由于牢固程度差和易漏水等缺点，国内改用插转式或钢管内衬丝扣式连接。喷排采用一级两排对喷。

　　PX 型喷嘴是由西安工程大学（原西北纺织工学院）等单位开发研制的大雾化角强旋流离心式喷嘴，其结构如图 4-9 所示。喷嘴出口处设有锥形导流扩散管，可使喷嘴雾化角大大提高，一般在 110°~130° 之间，喷出的水滴颗粒细小均匀，雾化效果良好，使喷水室达到较为理想的热湿交换效果。目前 PX 型喷嘴已在纺织厂推广应用，用户反映良好。

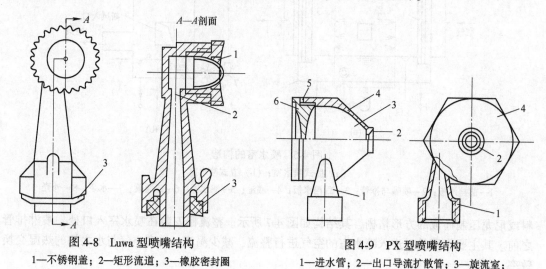

图 4-8　Luwa 型喷嘴结构
1—不锈钢盖；2—矩形流道；3—橡胶密封圈

图 4-9　PX 型喷嘴结构
1—进水管；2—出口导流扩散管；3—旋流室；
4—出口端盖；5—橡胶密封圈；6—后盖

　　喷嘴的性能优劣主要体现在同样喷水压力下的喷水量和雾化效果。同一类型的喷嘴，孔径越小，喷嘴前压力越高，则雾化效果越好。孔径相同时，压力越高，喷水量越大，雾化程度越好，但喷水所消耗水泵的功率就大。理想的喷嘴应能在较低喷水压力下，保证喷水室所需的雾化效果的喷水量，且使用过程中不易被堵塞。

　　喷嘴在喷水室断面上的布置，应能使水滴均匀地布满整个断面，其密度一般为 13~24 个/m²，在横断面上通常呈梅花形排列。

　　（3）后挡水板。后挡水板的作用是分离空气中携带的水滴，以减少被处理空气带走的水量（又称为过水量）。挡水板一般采用镀锌钢板、玻璃钢或塑料等材料制成。常用后挡水板的结构如图 4-10 所示。后挡水板宜设置 4~6 折。挡水板的过水量大小与挡水板的材料、形式、折角、折数、间距、喷水室截面的空气流速以及喷嘴压力等有关。

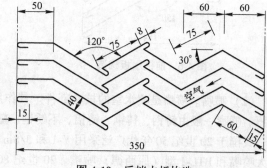

图 4-10　后挡水板构造

　　（4）喷水排管。喷水室内喷嘴可布置成一排、二排或三排。喷水方向可选择顺喷（与气流方向一致）或逆喷（与气流方向相反）。仅作为加湿用的喷水室，可采用一排喷嘴，顺喷或逆喷。采用二排喷嘴时为对喷，即一排顺喷、一排逆喷。采用三排喷嘴时，第一排顺喷，第二、三排逆喷。不论采用何种连接方式，均应在水管最低点设泄水阀或泄水丝堵，以便冬季不用时泄掉存水。

　　（5）喷水室外壳。喷水室一般为矩形断面，断面积由被处理风量和推荐风速确定。目前制造厂家提供的喷水室定型产品，金属外壳一般采用双层钢板制成，内夹离心玻璃棉、聚苯乙烯或聚氨酯保温材料层，并应有角钢或弯曲钢板加固。有防腐蚀要求时，宜采用玻璃钢外壳，内加保温层，也可采用 80~100mm 的钢筋混凝土现场浇制。为了能进入喷水室检修，喷水室的外壳上应有不小于 400mm×600mm 的密封检查门。检查门上开设玻璃观察孔，以方便运行管理人员观察喷水情况。

（6）底池。定型产品中称为水槽（箱），它的容积一般是按能容纳 2~3min 的总喷水量来确定，池深一般为 400~600mm。底池与 4 种管道相通，它们分别是：

1）循环水管。底池通过滤水器与循环水管相连，使落到底池的水能重复使用。滤水器的作用是清除水中杂物，以免喷嘴堵塞。

2）溢水管。底池通过溢水器与溢水管相连，以排除水池中维持一定水位后多余的水。在溢水器的喇叭口上有水封罩壳将喷水室内、外空气隔绝，防止喷水室内产生异味。

3）补水管。当用循环水对空气进行绝热加湿时，底池中的水量将逐渐减少，由于泄漏等原因也可能引起水位降低。为保持底池水面高度一定，且略低于溢水口，需设补水管并经浮球阀自动补水。

4）泄水管。为了检修、清洗和防冻等目的，在底池的底部需设泄水管，以便在需要泄水时，将池内的水全部泄至下水道。

4.2.2.2 单级高速喷水室

一般低速喷水室内空气流速为 2~3m/s，而高速喷水室内空气流速更高。高速喷水室与低速喷水室相比，其最突出的优点是：对于同样的被处理风量，前者的横断面积可减少到后者的一半，从而大大节省占地空间。但是，提高风速的同时，必须要解决好如何降低空气阻力、减少挡水板过水量的问题。

图 4-11 为美国 Carrier 公司制造的高速喷水室。在其圆形断面内空气流速可达 8~10m/s，挡水板在高速气流驱动下旋转，靠离心力作用排除空气中所夹带的水滴。图 4-12 为瑞士 Luwa

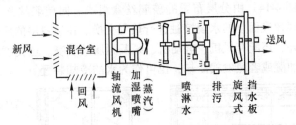

图 4-11 美国 Carrier 公司制造的高速喷水室

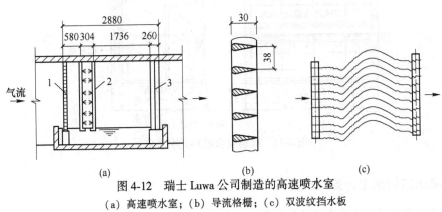

图 4-12 瑞士 Luwa 公司制造的高速喷水室

（a）高速喷水室；（b）导流格栅；（c）双波纹挡水板

1—导流格栅；2—喷嘴及喷排；3—双波纹挡水板

公司制造的高速喷水室。它的风速范围是 3.5~6.5m/s，其结构与低速喷水室类似。为了减小空气阻力，它采用了导流格栅和双波纹挡水板。

为了保证空气与水滴有相当充分的接触时间，高速喷水室末排喷嘴到挡水板的间距要更长。喷水室总长度大于普通低速喷水室。

4.2.2.3　双级低速喷水室

单级喷水室被处理空气与喷淋水只进行一次热湿交换，常用于人工冷源的空调系统。当喷水室采用地下水、深井回灌水、山涧水等天然冷源时，为节约用水，增强冷却效果，应使被处理空气与不同温度的水接触两次，进行两次热湿交换，这种喷水室称为双级喷水室（图 4-13）。双级喷水室具有热湿交换效率高，被处理空气的温降、焓降较大，且被处理空气的终态一般可达饱和等特点。

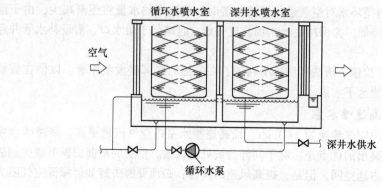

图 4-13　双级喷水室

4.2.2.4　填料式喷水室

填料式喷水室（图 4-14）由分层布置的玻璃丝盒组成。向玻璃丝盒上均匀地喷水，空气穿过玻璃丝层时与玻璃丝表面上的水膜接触进行热湿交换。在填料层的后部设有叶片型或玻璃纤维板型挡水板。另外，还配有风机、电动机、泵及附属的喷嘴。这类喷水室有良好的空气净化作用，适用于空气加湿或者蒸发式冷却，也可作为水的冷却装置。

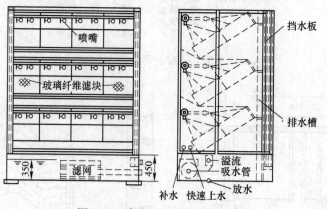

图 4-14　玻璃丝盒填料式喷水室

4.2.3　喷水室的热工计算

喷水室的热工计算方法主要分为两类：一类基于热质交换系数，另一类基于热交换效率。

在第一类计算方法中，通常是根据实验数据确定与喷水室结构特性、空气质量流速、喷水系数、喷嘴前水压等有关的热、质交换系数。由于空气与水接触的真实面积难以确定，也有人按一个假定表面——喷水室横断面积来处理热质交换系数。

第二类方法的特点是使用两个热交换效率和一个热平衡式。下面主要介绍这类方法。

4.2.3.1 喷水室的热交换效率 E 和 E′

E 和 E' 是喷水室的两个热交换效率，它们表示的是喷水室的实际处理过程与喷水量有限但接触时间足够充分的理想过程接近的程度，并且用它们来评价喷水室的热工性能。

A 全热交换效率 E

对常用的冷却减湿过程，空气状态变化和水温变化如图4-15所示。当空气与有限水量接触时，在理想条件下，空气状态将由点1变到点3，水温将由点5（t_{w1}）变到点3（t_3）。在实际条件下，空气状态只能达到点2，水终温也只能达到点4（t_{w2}）。

喷水室的全热交换效率 E（也称为第一热交换效率或热交换效率系数）是同时考虑空气和水的状态变化的。如果把空气状态变化的过程线沿等焓线投影到饱和曲线上，并近似地将这一段饱和曲线看成直线，则全热交换效率 E 可以表示为

$$E = \frac{\overline{1'2'} + \overline{45}}{\overline{1'5}} = \frac{(t_{s1} - t_{s2}) + (t_{w2} - t_{w1})}{t_{s1} - t_{w1}}$$

$$= \frac{(t_{s1} - t_{w1}) - (t_{s2} - t_{w2})}{t_{s1} - t_{w1}}$$

即
$$E = 1 - \frac{t_{s2} - t_{w2}}{t_{s1} - t_{w1}} \tag{4-1}$$

由此可见，当 $t_{s2} = t_{w2}$ 时，即空气终状态在饱和线上的投影与水的终状态重合时，$E = 1$。t_{s2} 与 t_{w2} 的差值越大，说明热湿交换越不完善，则 E 值越小。不难证明，除绝热加湿过程外，式（4-1）也适用于喷水室的其他各种处理过程。

对于绝热加湿过程（图4-16），由于空气初、终状态的湿球温度等于水温，因此，在理想条件下，空气终状态可达到点3，而实际条件下只能达到点2。故绝热加湿过程的全热交换效率可表示为

$$E = \frac{\overline{12}}{\overline{13}} = \frac{t_1 - t_2}{t_1 - t_{s1}} = 1 - \frac{t_2 - t_{s1}}{t_1 - t_{s1}} \tag{4-2}$$

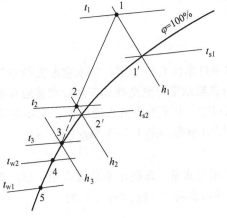
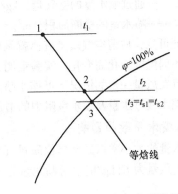

图4-15　冷却减湿过程中空气与水温的状态变化　　图4-16　绝热加湿过程中空气与水温的状态变化

B 通用热交换效率 E'

喷水室的通用热交换效率 E'（也称为第二热交换效率或接触系数）只考虑空气状态变化。因此，根据图 4-15 可知 E' 为

$$E' = \frac{\overline{12}}{\overline{13}} = \frac{t_1 - t_2}{t_1 - t_3}$$

如果把图 4-15 中 h_1 与 h_3 之间的饱和曲线近似地看成直线，则有

$$E' = \frac{\overline{12}}{\overline{13}} = \frac{\overline{1'2'}}{\overline{1'3}} = 1 - \frac{\overline{2'3}}{\overline{1'3}}$$

由于 $\triangle 131'$ 与 $\triangle 232'$ 几何相似，因此

$$\frac{\overline{2'3}}{\overline{1'3}} = \frac{\overline{2'2}}{\overline{11'}} = \frac{t_2 - t_{s2}}{t_1 - t_{s1}}$$

所以

$$E' = 1 - \frac{t_2 - t_{s2}}{t_1 - t_{s1}} \tag{4-3}$$

不难证明，式（4-3）适用于喷水室的各种处理过程，包括绝热加湿过程。由于绝热加湿过程的 $t_{s2} = t_{s1}$，因此 E' 为

$$E' = 1 - \frac{t_2 - t_{s2}}{t_1 - t_{s1}} = 1 - \frac{t_2 - t_{s1}}{t_1 - t_{s1}}$$

此时，$E' = E$。

4.2.3.2 影响喷水室热交换效果的因素

影响喷水室热交换效果的因素很多，如空气的质量流速、喷嘴类型与布置密度、喷嘴孔径与喷嘴前水压、空气与水的接触时间、空气与水滴的运动方向以及空气与水的初、终参数等。但是，对一定的空气处理过程而言，主要的影响因素为以下四方面。

A 空气质量流速的影响

喷水室内的热、湿交换首先取决于与水接触的空气流动状况。然而在空气的流动过程中，随着温度变化其流速也将发生变化。为此，采用空气质量流速 $v\rho$（v 为空气流速，m/s；ρ 为空气密度，kg/m³）作为反映空气流动状况的稳定因素。$v\rho$（kg/(m²·s)）的计算式为

$$v\rho = \frac{G}{3600f} \tag{4-4}$$

式中 G——通过喷水室的空气量，kg/h；
      f——喷水室的横断面积，m²。

由此可见，所谓空气质量流速就是单位时间内通过单位面积（m²）喷水室断面的空气质量，它不因温度变化而变化。实验证明，增大 $v\rho$ 可使喷水室的热交换效率系数和接触系数变大，并且在风量一定的情况下可缩小喷水室的断面尺寸，从而减少其占地面积。但 $v\rho$ 过大也会引起挡水板过水量及喷水室阻力的增加。所以常用的 $v\rho$ 范围是 $2.5 \sim 3.5$kg/(m²·s)。

B 喷水系数的影响

喷水量的大小常以处理单位质量（kg）空气所用的水量，即喷水系数来表示。如果通过喷水室的风量为 G(kg/h)、总喷水量为 W(kg/h)，则喷水系数（kg$_{水}$/kg$_{空气}$）为

$$\mu = \frac{W}{G} \tag{4-5}$$

实践证明，在一定的范围内加大喷水系数可增大热交换效率系数和接触系数。此外，对不同的空气处理过程采用的喷水系数也应不同。μ 的具体数值应由喷水室的热工计算决定。

C 喷水室结构特性的影响

喷水室的结构特性主要是指喷嘴排数、喷嘴密度、排管间距、喷嘴形式、喷嘴孔径和喷水方向等，它们对喷水室的热交换效果均有影响。空气通过结构特性不同的喷水室时，即使 vp 与 μ 值完全相同，也会得到不同的处理效果。

（1）喷嘴排数：以各种减焓处理过程为例，实验证明单排喷嘴的热交换效果比双排的差，而三排喷嘴的热交换效果和双排的差不多，所以工程上多用双排喷嘴。只有当喷水系数较大，如用双排喷嘴，需用较高的水压时，才改用三排喷嘴。

（2）喷嘴密度：单位面积（m²）喷水室断面上布置的单排喷嘴个数称为喷嘴密度。实验证明，喷嘴密度过大时，水苗会互相叠加，不能充分发挥各自的作用。喷嘴密度过小时，水苗不能覆盖整个喷水室断面，致使部分空气旁通而过，引起热交换效果的降低。实验证明，对于 Y-1 型喷嘴的喷水室，一般取喷嘴密度 $n = 13 \sim 24$ 个/（m² · 排）为宜。当需要较大的喷水系数时，通常靠保持喷嘴密度不变、提高喷嘴前水压的办法来解决。但是喷嘴前的水压也不宜大于 0.25MPa（工作压力）。为防止水压过大，此时则以增加喷嘴排数为宜。

（3）喷水方向：实验证明，在单排喷嘴的喷水室中，逆喷比顺喷热交换效果好。在双排的喷水室中，对喷比两排均逆喷效果更好。这是因为单排逆喷和双排对喷时水苗能更好地覆盖喷水室断面。如果采用三排喷嘴的喷水室，则以一顺两逆的喷水方式为好。

（4）排管间距：实验证明，对于使用 Y-1 型喷嘴的喷水室而言，无论是顺喷还是对喷，排管间距均可采用 600mm。加大排管间距对增加热交换效果并无益处。所以，从节约占地面积考虑，排管间距取 600mm 为宜。

（5）喷嘴孔径：实验证明，在其他条件相同时，喷嘴孔径小，则喷出水滴细，增加了与空气的接触面积，所以热交换效果好。但是孔径小易堵塞，需要的喷嘴数量多，而且对冷却干燥过程不利。所以，在实际工作中应优先采用孔径较大的喷嘴。

D 空气与水初参数的影响

对于结构一定的喷水室而言，空气与水的初参数决定了喷水室内热湿交换推动力的方向和大小。因此，改变空气与水的初参数，可以导致不同的处理过程和结果。但是对同一空气处理过程而言，空气与水的初参数的变化对两个效率的影响不大，可以忽略不计。

通过以上分析可以看到，影响喷水室热交换效果的因素是极其复杂的，不能用纯数学方法确定热交换效率系数和接触系数，而只能用实验的方法，为各种结构特性不同的喷水室提供各种空气处理过程下的热交换效率值。

由于对一定的空气处理过程而言，结构参数一定的喷水室，其两个热交换效率值只取决于 vp 与 μ 值，所以可将实验数据整理成 E 或 E' 与 vp 及 μ 有关系的图表，也可以将 E 及 E' 整理成以下形式的实验公式

$$E = A(v\rho)^m \mu^n \tag{4-6}$$

$$E' = A'(v\rho)^{m'} \mu^{n'} \tag{4-7}$$

式中，A、A'、m、m'、n、n' 均为实验的系数和指数，它们因喷水室结构参数及空气处理过程的不同而不同。部分喷水室两个效率实验公式的系数和指数见附录23。

4.2.3.3 喷水室的热工计算方法与步骤

对结构参数一定的喷水室而言，如果空气处理过程的要求一定，其热工计算的任务就是实

现下列三个条件：

（1）空气处理过程需要的 E 应等于该喷水室能达到的 E；

（2）空气处理过程需要的 E' 应等于该喷水室能达到的 E'；

（3）空气放出（或吸收）的热量应等于该喷水室中水吸收（或放出）的热量。

上述三个条件可以用三个方程式表示。例如对冷却减湿过程，三个方程式为

$$1 - \frac{t_{s2} - t_{w2}}{t_{s1} - t_{w1}} = f(v\rho, \ \mu) \tag{4-8}$$

$$1 - \frac{t_2 - t_{s2}}{t_1 - t_{s1}} = f(v\rho, \ \mu) \tag{4-9}$$

$$G(h_1 - h_2) = Wc(t_{w2} - t_{w1}) \tag{4-10}$$

式（4-10）也可以写成

$$h_1 - h_2 = \mu c(t_{w2} - t_{w1}) \tag{4-11}$$

或

$$\Delta h = \mu c \Delta t_w$$

为了计算方便，有时还利用焓差与湿球温度差的关系。在 $t_s = 0 \sim 20\,℃$ 范围内，由于利用 $\Delta h = 2.86\Delta t_s$ 计算的误差不大，上面的方程式也可以用下式代替

$$2.86\Delta t_s = 4.19\mu\Delta t_w \tag{4-12}$$

或

$$\Delta t_s = 1.46\mu\Delta t_w \tag{4-13}$$

联立求解方程式（4-8）、式（4-9）和式（4-10）或（4-13）可以解出三个未知数。在实际热工计算中，根据未知数特点分为两种计算类型，见表4-4。

表 4-4   喷水室热工计算类型

计算类型	已知条件	计算内容
设计性计算	空气量 G； 空气初、终状态参数：t_1、t_{s1}、…；t_2、t_{s2}、…	喷水室结构； 喷水量 W（或 μ）； 水的初、终温度：t_{w1}、t_{w2}
校核性计算	空气量 G； 空气初状态参数：t_1、t_{s1}、…； 喷水量 W（或 μ）； 水的初温 t_{w1}； 喷水室结构	空气终状态参数：t_2、t_{s2}、…； 水终温 t_{w2}

在设计性计算中，按计算得到的水初温 t_{w1} 决定采用何种冷源。如果自然冷源满足不了要求，则应采用人工冷源，即用冷冻机制取冷冻水。如果喷水初温 t_{w1} 比冷冻水温 t_{le} 高（一般 $t_{le} = 5 \sim 7\,℃$），则需使用一部分循环水。这时需要的冷冻水量 W_{le}、循环水量 W_x 和回水量 W_h 可以根据图4-17的热平衡关系确定。

由热平衡关系式

$$Gh_1 + W_{le}ct_{le} = Gh_2 + W_h ct_{w2}$$

而

$$W_{le} = W_h$$

所以

$$G(h_1 - h_2) = W_{le}c(t_{w2} - t_{le})$$

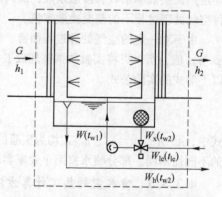

图 4-17   喷水室的热平衡关系示意图

即
$$W_{le} = \frac{G(h_1 - h_2)}{c(t_{w2} - t_{le})}$$
(4-14)

又由于
$$W = W_{le} + W_x$$

所以
$$W_x = W - W_{le}$$
(4-15)

【例 4-1】 已知需处理的空气量 G 为 21600kg/h；当地大气压力为 101325Pa；空气的初参数为：$t_1 = 28℃$、$t_{s1} = 22.5℃$、$h_1 = 65.8kJ/kg$；需要处理的空气终参数为：$t_2 = 16.6℃$、$t_{s2} = 15.9℃$、$h_2 = 44.4kJ/kg$。求喷水量 W，喷嘴前水压 p，水的初温 t_{w1}、终温 t_{w2}，冷冻水量 W_{le} 及循环水量 W_x。

【解】 （1）参考附录 23 选用喷水室结构：双排对喷，Y-1 型离心式喷嘴，$d_0 = 5mm$，$n = 13$ 个/（m^2·排），取 $v\rho = 3kg/(m^2 \cdot s)$。

（2）由图 4-18 可知，本例为冷却减湿过程，根据附录 23，可以得到三个方程式如下：

$$1 - \frac{t_{s2} - t_{w2}}{t_{s1} - t_{w1}} = 0.745(v\rho)^{0.07}\mu^{0.265}$$

$$1 - \frac{t_2 - t_{s2}}{t_1 - t_{s1}} = 0.755(v\rho)^{0.12}\mu^{0.27}$$

$$h_1 - h_2 = \mu c(t_{w2} - t_{w1})$$

将已知数代入方程式可得

$$1 - \frac{15.9 - t_{w2}}{22.5 - t_{w1}} = 0.745(3)^{0.07}\mu^{0.265}$$

$$1 - \frac{16.6 - 15.9}{28 - 22.5} = 0.755(3)^{0.12}\mu^{0.27}$$

$$65.8 - 44.4 = \mu \times 4.19(t_{w2} - t_{w1})$$

简化可得

$$1 - \frac{15.9 - t_{w2}}{22.5 - t_{w1}} = 0.805\mu^{0.265}$$

$$0.861\mu^{0.27} = 0.873$$

$$\mu(t_{w2} - t_{w1}) = 5.11$$

（3）联立三个方程式求得

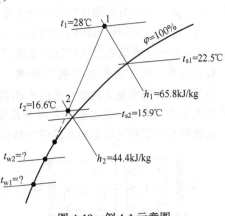

图 4-18 例 4-1 示意图

$$\mu = 1.05；t_{w1} = 8.45℃；t_{w2} = 13.31℃$$

（4）总喷水量为

$$W = \mu G = 1.05 \times 21600 = 22680kg/h$$

（5）求喷嘴前水压。根据已知条件，可求出喷水室断面为

$$f = \frac{G}{v\rho \times 3600} = \frac{21600}{3 \times 3600} = 2.0m^2$$

两排喷嘴的总喷嘴数为

$$N = 2nf = 2 \times 13 \times 2 = 52 个$$

根据计算所得的总喷水量 W，则每个喷嘴的喷水量为

$$\frac{W}{N} = \frac{22680}{52} = 436kg/h$$

根据每个喷嘴的喷水量 436kg/h 及喷嘴孔径 $d_0 = 5mm$，查附录 24 可得喷嘴前所需水压为

0.18MPa（工作压力）。

（6）求冷冻水量及循环水量。根据前面的计算已知 $t_{w1} = 8.45℃$，若冷冻水初温 $t_{le} = 7℃$，则根据式（4-14）可得需要的冷冻水量为：

$$W_{le} = \frac{G(h_1 - h_2)}{c(t_{w2} - t_{le})} = \frac{21600 \times (65.8 - 44.4)}{4.19 \times (13.31 - 7)} = 17480 \text{kg/h}$$

则需要的循环水量为

$$W_x = W - W_{le} = 22680 - 17480 = 5200 \text{kg/h}$$

对于全年都使用的喷水室，一般可仅对夏季进行热工计算，冬季取夏季的喷水系数。如有必要也可以按冬季的条件进行校核计算，以检查冬季经过处理后空气的终参数是否满足设计要求。必要时，冬夏两季可采用不同的喷水系数，用变频水泵以节约运行费用。

4.2.3.4　喷水室喷水温度和喷水量的调整

在喷水室的设计性计算中，只能求出一个固定的水初温，例如在例 4-1 中求出的 $t_{w1} = 8.45℃$。如果能够提供的冷水温度稍高，则可在一定范围内通过调整水量来改变水初温。

在新的水温条件下，所需喷水系数大小，可以利用下面关系式求得

$$\frac{\mu}{\mu'} = \frac{t_{l1} - t'_{w1}}{t_{l1} - t_{w1}} \tag{4-16}$$

式中　t_{w1}，μ——原有的喷水初温和喷水系数；

　　　t'_{w1}，μ'——新的喷水初温和喷水系数；

　　　t_{l1}——被处理空气的露点温度，℃。

4.2.3.5　双级喷水室的热工计算

典型的双级喷水室是风路与水路串联的喷水室（图 4-19），即空气先进入 I 级喷水室再进入 II 级喷水室；而冷水是先进入 II 级喷水室，然后再由 II 级喷水室底池抽出，供给 I 级喷水室。双级喷水室里空气状态和水温变化情况如图 4-20 所示。

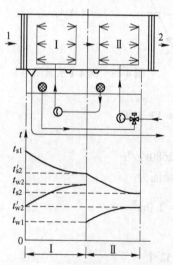

图 4-19　典型双级喷水室原理图

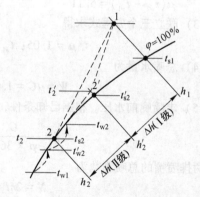

图 4-20　双级喷水室中空气与水温的状态变化

由于水与空气呈逆流流动，且两次接触，所以水温提高较多，甚至可能高于空气终状态的湿球温度，即可能出现 $t_{w2} > t_{s2}$ 的情况。所以双级喷水室的 E 值可能大于 1，而 E' 值可能等于 1。

由于双级喷水室的水重复使用，所以两级的喷水系数相同，而且在进行热工计算时，可以

作为一个喷水室看待，确定相应的 E、E' 值，不必求两级喷水室中间的空气参数。

4.2.4 喷水室的阻力计算

喷水室的阻力由前后挡水板阻力 $\Delta H_d(\text{Pa})$、喷嘴排管阻力 $\Delta H_p(\text{Pa})$ 以及水苗阻力 ΔH_w （Pa）组成，即

$$\Delta H = \Delta H_d + \Delta H_p + \Delta H_w \tag{4-17}$$

定型喷水室的阻力可采用厂家提供的数据，也可按下列公式计算

$$\Delta H_d = \sum \xi_d \frac{\rho v_d^2}{2} \tag{4-18}$$

式中 $\sum \xi_d$——前后挡水板阻力系数之和，取决于挡水板的结构；

v_d——挡水板处空气迎面风速，一般可取 $v_d = (1.1 \sim 1.3)v$。

$$\Delta H_p = 0.1Z \frac{\rho v^2}{2} \tag{4-19}$$

式中 Z——喷嘴排管数目；

v——喷水室断面风速，m/s。

$$\Delta H_w = 118b\mu p \tag{4-20}$$

式中 μ——喷水室喷水量，kg/h；

p——喷嘴前水压，MPa（工作压力）；

b——系数，单排顺喷时 $b = -0.22$，单排逆喷时 $b = 0.13$，双排对喷时 $b = 0.075$。

对于定型喷水室，其阻力已由实测数据整理成曲线或图表，根据喷水室的工作条件也可查取。

4.3 表面式换热器

表面式换热器因具有构造简单、占地少、对水质要求不高、水系统阻力小等优点，已成为常用的空气处理设备。

4.3.1 表面式换热器的分类

表面式换热器包括空气加热器和表面式冷却器（又称空气冷却器）两大类，前者用蒸汽或热水做热媒，后者用冷水或制冷剂做冷媒。

表面式冷却器又分为水冷式和直接蒸发式两类。水冷式表冷器（图4-21（a））以冷冻水（或冷盐水和乙二醇）作为冷媒，当空气经过盘管和翅片的外表面时，被冷冻水冷却或冷却除湿。为了获得更好的传热效果，表冷器中空气和水一般是按逆流布置。盘管沿气流方向按顺排或叉排形式布置，采用叉排布置的表冷器可以提高换热效率，并且增大空气的压降。直接蒸发式表冷器（图4-21（b））中，制冷剂在盘管内蒸发并直接膨胀，对空气进行冷却和除湿，而空气中的水蒸气在盘管的外表面冷凝。这种类型的盘管相当于制冷系统中的蒸发器，因此称为直接蒸发式表冷器或湿盘管。

空气加热器主要有热水空气加热器（热水盘管）和蒸汽空气加热器（蒸汽盘管）两类。热水空气加热器（图4-21（c））的结构和水冷式表冷器相似，两者的主要区别在于：加热器盘管中的介质是热水，而表冷器中是冷冻水；热水加热器的盘管排数比表冷器少，热水温度不超过120℃。蒸汽空气加热器利用盘管中蒸汽冷凝时放出的潜热来加热空气，如图4-21（d）所

示。蒸汽从盘管的一端进入，放热后冷凝水从盘管另一端流出。在蒸汽入口处装有挡板用于均匀分配蒸汽。对于蒸汽空气加热器，最重要的两点是：盘管能够自由地膨胀和收缩；盘管向回流方向倾斜以利于冷凝水的排出。蒸汽盘管一般用铜、钢或不锈钢制成，蒸汽温度不超过200℃。

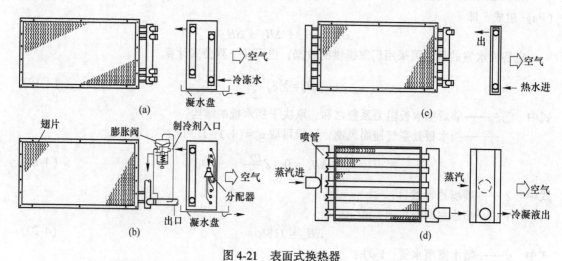

图 4-21　表面式换热器

（a）水冷式表冷器；（b）直接蒸发式表冷器；（c）热水空气加热器；（d）蒸汽空气加热器

此外，为了克服空气冷却器不能对空气相对湿度进行调节、冬季无法对空气进行加湿处理的缺点，同时也为了提高空气冷却器的传热能力，喷水式空气冷却器应运而生。它是带喷水装置的空气冷却器，即在空气冷却器前设置一排喷水管，向其外表面喷淋循环水。《民用建筑供暖通风与空气调节设计规范》（GB 50736—2012）的 7.5.3 规定：当要求利用循环水进行绝热加湿或利用喷水增加空气处理后的饱和度时，可选用带喷水装置的空气冷却器。尽管喷水式空气冷却器能加湿空气，又能净化空气，同时传热系数也有不同程度的提高，但是由于增加了一套喷水系统，空气阻力也将变大，所以影响了其推广应用。

4.3.2　表面式换热器的处理过程

表面式换热器的热湿交换是在被处理的空气与紧贴换热器外表面的边界层空气之间的温差和水蒸气分压力差的作用下进行的。根据空气与边界层空气的参数的不同，表面式换热器可以实现三种空气处理过程，如图 4-22 所示。

对空气加热器，当边界层空气温度高于主体空气温度时，将可以实现等湿、加热、升温过程，如图 4-22 中 $A \rightarrow B$ 过程线。对空气冷却器，当边界层空气温度低于主体空气温度，但稍高于其露点温度时，将发生等湿、冷却、降温过程（干工况），如图 4-22 中的 $A \rightarrow C$ 过程线；当边界层空气温度低于主体空气的露点温度时，将发生减湿、冷却、降温过程（湿工况），如图 4-22 中的 $A \rightarrow D$ 过程线。

由于在等湿加热和冷却过程中，主体空气和边界层空气之间只有温差，并无水蒸气分压力差，所以只有显热交换。而在减湿冷却过程中，由于边界层空气与主体空气之间不但存在温差，也存在水蒸气分压力差，所以通过换热器表面不但有显热交换，也有伴随湿

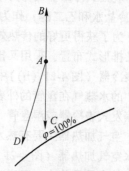

图 4-22　表面式换热器的空气处理过程

交换的潜热交换。由此可知，湿工况下的空气冷却器比干工况下有更大的热交换能力，或者说对同一台空气冷却器而言，在被处理空气干球温度和水温保持不变时，空气湿球温度越高，空气冷却器的冷却减湿能力越大。

4.3.3 表面式换热器的构造与安装

4.3.3.1 表面式换热器的构造

表面式换热器有光管式和肋管式两种。目前光管式表面换热器由于传热效率低已很少应用，主要用于蒸汽空气加热器。

目前肋管式表面换热器应用最广。肋管式表面换热器由管子和肋片构成，如图4-23所示。

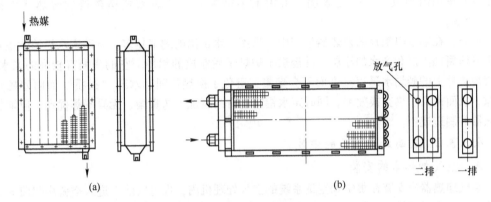

图 4-23 肋管式表面换热器

(a) 肋管式空气加热器；(b) 肋管式表冷器

根据加工方法不同，肋片管又分为绕片式、镶片式、轧片式和串片式等，如图4-24所示。

将铜带或钢带用绕片机紧紧地缠绕在管子上可制成皱褶式绕片管（图4-24（a））。皱褶的存在既增加了肋片与管子间的接触面积，又增加了空气流过时的扰动性，因而能提高传热系数。但是，皱褶的存在也增加了空气阻力，而且容易积灰，不便清理。为了消除肋片与管子接触处的间隙，可将这种换热器浸镀锌、锡。浸镀锌、锡还能防止金属生锈。

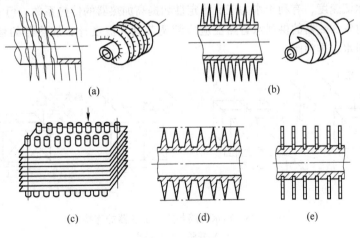

图 4-24 各种肋片管的构造

(a) 皱褶绕片；(b) 光滑绕片；(c) 串片；(d) 轧片；(e) 二次翻边片

有的绕片管不带皱褶，它们是用延展性好的铝带绕在钢管上制成的（图4-24（b））。

将事先冲好管孔的肋片与管束串在一起，经过胀管之后可制成串片管（图4-24（c））。串片管生产的机械化程度可以很高，现在大批铜管铝片的表面式换热器均用此法生产。

用轧片机在光滑的铜管或铝管外表面上轧出肋片便成了轧片管（图4-24（d））。由于轧片管的肋片和管子是一个整体，没有缝隙，传热性能更好，但是轧片管的肋片不能太高、管壁不能太薄。

为了提高表面式换热器的传热性能，应该提高管外侧和管内侧的热交换系数。强化管外侧换热的主要措施之一是用二次翻边片（即管孔处翻两次边，见图4-24（e））代替一次翻边片，并提高肋管质量；二是用波形片、条缝片和波形冲缝片等代替平片。强化管内侧换热的最简单的措施是采用内螺纹管。研究表明，采用上述措施后可使表面式换热器的传热系数提高10%~70%。

此外，在铜管串铝片的换热器生产中，采用亲水铝箔的越来越多。所谓亲水铝箔就是在铝箔上涂防腐蚀涂层和亲水的涂层，并经烘干炉烘干后制成的铝箔。它的表面有较强的亲水性，可使换热片上的凝结水迅速流走而不会聚集，避免了换热片间因水珠"搭桥"而阻塞翅片间空隙，从而提高了热交换效率。同时亲水铝箔也有耐腐蚀、防霉菌、无异味等优点，但增加了换热器的制造成本。

4.3.3.2 表面式换热器的安装

A 空气加热器的安装

空气加热器应安装在集中式空调系统的空气处理机内，也可安装在进入空调房间前的送风风管内，作为局部补充加热用，以调节房间的温度。空气加热器可以垂直安装或水平安装。蒸汽为热媒的空气加热器水平安装时，应具有不小于0.01的倾斜度，以便顺利排除凝结水。

空气加热器的组合方式是沿空气流动方向，通过被处理空气量多时应采用并联；被加热空气温升大时采用串联。实际应用中常采用串联、并联结合的方式，一般根据空气加热量的大小决定。

在空气处理机内的空气加热器，应配置旁通风阀（门），以便对加热空气量和空气被加热的温度进行有效的调节和控制；这样做也有利于降低非供暖季节里空气侧的压力损失。空气加热器与热媒管路的连接，热媒为热水时，热水管路与加热器可并联，也可串联（图4-25）。管路串联可增加水流速度，有利于水力工况稳定性和提高加热器的传热系数，但水侧的阻力有所增加。另外，空气加热器的供回水管路上应安装调节阀和温度计，加热器的最高点设放空气阀，最低点设泄水、排污阀。

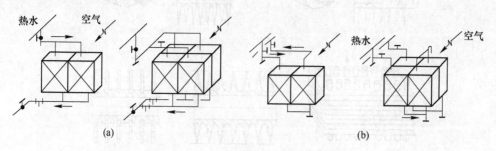

图4-25 热水管路与空气加热器的连接
（a）并联；（b）串联

热媒为蒸汽时，蒸汽管路与加热器只能用并联，因为蒸汽加热器主要利用蒸汽的汽化潜热来加热空气，而热水加热器则利用热水温度降低时放出的显热。蒸汽管路与空气加热器的连接如图 4-26 所示。

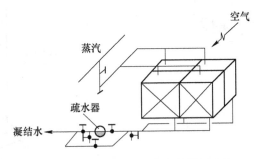

空气

蒸汽

疏水器

凝结水

图 4-26 蒸汽管路与空气加热器的连接

在配管时应注意以下事项：空气加热器的入口管道上，应安装压力表和调节阀，在凝结水管路上应安装疏水器，它的前后需安装截止阀，并设旁通管路。疏水器前应安装过滤器或冲洗管，疏水器后应设检查管。若检查管排出的不是凝结水而是蒸汽，说明该疏水器已失灵，需要更换。

管道与加热器应分别支承，不应将管道的荷载作用于加热器上；加热器的供汽支管，应从蒸汽干管的上部接出，以避免干管中的沿途凝结水随蒸汽流入加热器；在供汽干管的末端应有疏水装置；空气加热器的进出口接头，应采用法兰接口；加热器的出口，应配置集水管（沉污袋），它至疏水器的接管应从集水管中部引出；空气加热器出口与疏水器的安装高差，不应小于 300mm；多台空气加热器并联安装时，宜每台分别装置疏水器。

空气加热器的热媒流向应与空气流向平行，即热媒的进口处于进风侧，热媒的出口处于出风侧。

B 表面式冷却器的安装

表面式冷却器一般安装在空气处理机、风机盘管机组或柜式空调机组内。表面式冷却器可以垂直安装，也可以水平安装，或倾斜安装，但必须使冷凝水能顺肋片下流，以免肋片积水而降低传热性能并增加空气阻力。

按空气流动方向，表面式冷却器可以并联或串联，也可以同时并联和串联。当通过空气量多时，采用并联；要求空气温降大时，采用串联。并联的换热器，冷媒管路也应并联；串联的换热器，冷媒管路也应串联。同时，为使冷媒与空气之间有较大温差，冷媒与空气应逆向流动，如图 4-27 所示。

对于表面式冷却器，其下部应安装滴水盘和泄水管。泄水管应设水封，以利于排水和与箱外空气隔绝，如图 4-28 所示。

若表面式冷却器冷热两用，则热媒以 65℃ 以下的热水为宜，以避免管内壁积水垢过多而影响传热性能。水质过硬时，应进行软化处理。

4.3.4 表面式换热器的传热系数

表面式换热器的热湿交换是在主体空气与紧贴换热器外表面的边界层空气之间的温差和水蒸气分压力差作用下进行的。根据主体空气与边界层空气的参数不同，表面式换热器可以实现三种空气处理过程：当边界层空气温度高于主体空气温度时，将发生等湿加热过程；当边界层空气温度虽低于主体空气温度，但却高于其露点温度时将发生等湿冷却过程或称干冷过程

（干工况）；当边界层空气温度低于主体空气的露点温度时，将发生减湿冷却过程或称湿冷过程（湿工况）。

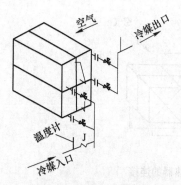

图 4-27 表面式冷却器的配管

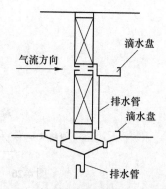

图 4-28 表面式冷却器滴水盘的安装

由于在等湿加热和冷却过程中，主体空气和边界层空气之间只有温差，并无水蒸气分压力差，所以只有显热交换。而在减湿冷却过程中，由于边界层空气与主体空气之间不但存在温差，也存在水蒸气分压力差，所以通过换热器表面不但有显热交换，也有伴随湿交换的潜热交换。由此可知，湿工况下的表冷器比干工况下有更大的热交换能力，或者说对同一台表冷器而言，在被处理的空气干球温度和水温保持不变时，空气湿球温度越高，表冷器的冷却减湿能力越大。

4.3.4.1 等湿加热和等湿冷却过程的传热系数

对于只有显热传递的过程，由传热学可知，换热器的换热量 $Q(\mathrm{W})$ 可以写成

$$Q = KF\Delta t_{\mathrm{d}} \tag{4-21}$$

式中 K——传热系数，$\mathrm{W/(m^2 \cdot \, ℃)}$；

       F——传热面积，$\mathrm{m^2}$；

       Δt_{d}——对数平均温差，$℃$。

当换热器的尺寸及交换介质的温度给定时，从式（4-21）可以看出，对传热能力起决定作用的是 K 值。对于在空调工程上常采用的肋管式换热器，如果不考虑其他附加热阻，K 值（$\mathrm{W/(m^2 \cdot \, ℃)}$）可按下式计算

$$K = \left(\frac{1}{\alpha_{\mathrm{w}}\phi_0} + \frac{\tau\delta}{\lambda} + \frac{\tau}{\alpha_{\mathrm{n}}}\right)^{-1} \tag{4-22}$$

式中 α_{n}，α_{w}——内、外表面热交换系数，$\mathrm{W/(m^2 \cdot \, ℃)}$；

       ϕ_0——肋表面全效率；

       δ——管壁厚度，m；

       λ——管壁导热系数，$\mathrm{W/(m \cdot \, ℃)}$；

       τ——肋化系数，$\tau = F_{\mathrm{w}}/F_{\mathrm{n}}$；

     F_{n}，F_{w}——单位管长肋管内、外表面积，$\mathrm{m^2}$。

当表面式换热器的结构形式一定时，等湿过程的 K 值只与内、外表面热交换系数 α_{n} 和 α_{w} 有关。α_{w} 与空气的迎面风速 v_{y} 或质量流速 $v\rho$ 有关，当以水为热媒或冷媒时，α_{n} 与管内水的流速 ω 有关。因此，大多数定型产品的传热系数 $K(\mathrm{W/(m^2 \cdot \, ℃)})$ 都处理成以下经验公式的形式

表冷器（干工况） $K = \left(\dfrac{1}{A v_{\mathrm{y}}^m} + \dfrac{1}{B\omega^n}\right)^{-1}$ $(4-23)$

水做热媒的空气加热器 $K = A'\,(v\rho)^{m'}\omega^{n'}$ $(4-24)$

蒸汽做热媒的空气加热器 $\qquad K = A''(v\rho)^{m''}$ (4-25)

式中
v_y——空气的迎面风速，m/s；

$v\rho$——空气的质量流速，kg/(m²·s)；

ω——表冷器管内水流速，m/s；

A，B，m，n，A'，m'，n'，A''，m''——由实验得出的系数和指数。

4.3.4.2 减湿冷却过程的传热系数

对于减湿冷却过程，由于有凝结水析出，在凝结水膜的周围将形成一个饱和空气层，空气与表冷器表面之间不但有显热交换，也有伴随湿交换的潜热交换。由此可知，湿工况下的表冷器比干工况下有更大的热交换能力，或者说对同一台表冷器而言，在被处理的空气干球温度和水温保持不变时，空气湿球温度越高，表冷器的冷却减湿能力越大。

研究表明，空调工程中，空气与表冷器之间的热湿交换符合刘易斯关系式，即

$$\sigma = \frac{\alpha_w}{c_p}$$ (4-26)

式中 σ——表面的对流质交换系数，kg/(m²·s)；

α_w——表面的对流换热系数，W/(m²·℃)；

c_p——空气的定压比热容，J/(kg·℃)。

因此，湿工况下表冷器的总换热量可表示成

$$dQ_z = \sigma(h - h_b)dF$$ (4-27)

用换热扩大系数 ξ 来表示因存在湿交换而增大了的换热量。平均的 ξ 值可表示为

$$\xi = \frac{h - h_b}{c_p(t - t_b)}$$ (4-28)

式中 h，t——通过表冷器空气初始状态的焓和干球温度；

h_b，t_b——表冷器表面饱和空气层的焓和干球温度，t_b 等于表冷器表面的平均温度。

可见 ξ 的大小也反映了凝结水析出的多少，所以又称 ξ 为析湿系数。显然，干工况下 $\xi = 1$，湿工况下 $\xi > 1$。

由式 (4-28) 可知

$$h - h_b = \xi c_p(t - t_b)$$ (4-29)

将刘易斯关系式 (4-26) 及式 (4-29) 代入总热交换微分方程式 (4-27) 可得

$$dQ_z = \alpha_w \xi(t - t_b)dF$$ (4-30)

由此可见，当表冷器上出现凝结水时，可以认为外表面换热系数比只有显热传递时增大了 ξ 倍。因此，减湿冷却过程的传热系数 K_s(W/(m²·℃)) 可按下式计算

$$K_s = \left(\frac{1}{\xi\alpha_w\phi_0} + \frac{\tau\delta}{\lambda} + \frac{\tau}{\alpha_n}\right)^{-1}$$ (4-31)

当表冷器的结构特性一定时，湿工况下的传热系数不仅与迎面风速 v_y 和管内水的流速 ω 有关，还与析湿系数 ξ 有关。因此，传热系数也是用实验的方法确定，通常整理成下面的形式

$$K_s = \left(\frac{1}{Av_y^m\xi^p} + \frac{1}{B\omega^n}\right)^{-1}$$ (4-32)

式中，A，B，m，n，p 均为由实验得出的系数和指数。

需要说明的是，式 (4-28) 中的 ξ 为过程平均析湿系数。因此，对于被处理空气的初状态为 t_1、h_1，终状态为 t_2、h_2 (未达到饱和状态) 的减湿冷却过程，ξ 值也可按下式计算

$$\xi = \frac{h_1 - h_2}{c_p(t_1 - t_2)} \tag{4-33}$$

部分国产表面式冷却器和空气加热器的传热系数实验公式见附录 25 和附录 28。

4.3.5 表面式冷却器的热工计算

表面式冷却器对空气进行冷却或减湿处理时，空气的温度和含湿量都在发生变化，热工计算比较复杂。表面式冷却器的热工计算方法有多种，下面介绍基于热交换效率的计算方法。

4.3.5.1 表面式冷却器的热交换效率

A 全热交换效率 E_g

表冷器的全热交换效率（也称热交换效率系数）是同时考虑空气和水的状态变化，参照图 4-29，其定义式如下

$$E_g = \frac{t_1 - t_2}{t_1 - t_{w1}} \tag{4-34}$$

表冷器的全热交换效率与喷水室的全热交换效率有所不同。喷水室的全热交换效率是根据实验测定的，而表冷器的全热交换效率既可以实验测定，也可以从理论上推导出来。下面根据传热理论推导 E_g 的计算式。

因为在空气调节系统用的表冷器中，空气与水的流动方式主要为逆交叉流，而当表冷器管排数 $N \geqslant 4$ 时，从总体上可将逆交叉流看成逆流，所以下面按逆流方式进行推导。

如图 4-30 所示，取表冷器中一微元面积 $\mathrm{d}F$，在 $\mathrm{d}F$ 面积两侧空气与水的温差为 $t-t_w$。由于存在热交换，空气的温降为 $\mathrm{d}t$，冷水的温升为 $\mathrm{d}t_w$。如果用 $\mathrm{d}Q$ 表示换热量，则有

$$\mathrm{d}Q = K_s(t - t_w)\mathrm{d}F \tag{4-35}$$

$$\mathrm{d}Q = -Gc_p\xi\mathrm{d}t \tag{4-36}$$

$$\mathrm{d}Q = -Wc\mathrm{d}t_w \tag{4-37}$$

式中　K_s——湿工况下表冷器的传热系数，$\mathrm{W/(m^2 \cdot ℃)}$；

G——空气量，$\mathrm{kg/s}$；

W——水量，$\mathrm{kg/s}$；

ξ——冷却过程中的平均析湿系数。

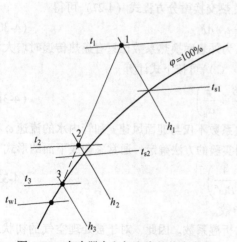

图 4-29　表冷器中空气和水的状态变化

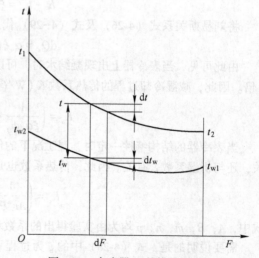

图 4-30　表冷器 E_g 的推导示意图

由式 (4-36) 得

$$dt = - \frac{dQ}{\xi G c_p}$$

由式 (4-37) 得

$$dt_w = - \frac{dQ}{Wc}$$

故

$$d(t - t_w) = - \frac{dQ}{\xi G c_p} + \frac{dQ}{Wc} = - \frac{dQ}{\xi G c_p} \left(1 - \frac{\xi G c_p}{Wc} \right)$$

令 $\gamma = \dfrac{\xi G c_p}{Wc}$（称为两流体的水当量比），则有

$$d(t - t_w) = - \frac{dQ}{\xi G c_p}(1 - \gamma) \qquad (4\text{-}38)$$

将式 (4-38) 中的 dQ 值用式 (4-35) 代入，经整理后得

$$\frac{d(t - t_w)}{t - t_w} = - \frac{K_s dF}{\xi G c_p}(1 - \gamma) \qquad (4\text{-}39)$$

将式 (4-39) 从 $0 \sim F$ 积分后可得

$$\ln \frac{t_2 - t_{w1}}{t_1 - t_{w2}} = - (1 - \gamma) \frac{K_s F}{\xi G c_p}$$

令 $\beta = \dfrac{K_s F}{\xi G c_p}$（称为传热单元数），则有

$$\ln \frac{t_2 - t_{w1}}{t_1 - t_{w2}} = - (1 - \gamma)\beta \qquad (4\text{-}40)$$

由于

$$\xi G c_p(t_1 - t_2) = Wc(t_{w2} - t_{w1})$$

即

$$\frac{t_{w2} - t_{w1}}{t_1 - t_2} = \frac{\xi G c_p \rho}{Wc} = \gamma$$

所以

$$t_{w2} - t_{w1} = \gamma(t_1 - t_2)$$

此外，由于

$$E_g = \frac{t_1 - t_2}{t_1 - t_{w1}}$$

而

$$\frac{t_2 - t_{w1}}{t_1 - t_{w2}} = \frac{(t_1 - t_{w1}) - (t_1 - t_2)}{(t_1 - t_{w1}) - (t_{w2} - t_{w1})} = \frac{(t_1 - t_{w1}) - (t_1 - t_2)}{(t_1 - t_{w1}) - \gamma(t_1 - t_2)} = \frac{1 - \dfrac{t_1 - t_2}{t_1 - t_{w1}}}{1 - \gamma \dfrac{t_1 - t_2}{t_1 - t_{w1}}}$$

即

$$\frac{t_2 - t_{w1}}{t_1 - t_{w2}} = \frac{1 - E_g}{1 - \gamma E_g}$$

代入式 (4-40) 可得

$$\ln \frac{1 - E_g}{1 - \gamma E_g} = - (1 - \gamma)\beta$$

或

$$E_g = \frac{1 - \exp[-\beta(1 - \gamma)]}{1 - \gamma \exp[-\beta(1 - \gamma)]} \qquad (4\text{-}41)$$

用类似方法也可推导顺流及交叉流表冷器的 E_g 计算式。

式 (4-41) 表明，E_g 值只与 β 和 γ 有关，即与表冷器的 K_s、G 及 W 有关。由于表冷器的 $K_s = f(v_y, \omega, \xi)$，$G = F_y v_y \rho$，$W = f_w \omega$（$F_y$ 为表冷器的迎风面积，f_w 为通水断面积），可见当表冷器的结构形式一定，且忽略空气密度变化时，E_g 值只与空气迎面风速 v_y、肋管内水流速度 ω 及

析湿系数 ξ 有关。因此也可以通过实验得到 E_g 与 v_y、ω 及 ξ 的关系式。

B　通用热交换效率 E'

表冷器的通用热交换效率（也称接触系数）定义与喷水室的通用热交换效率完全相同。参照图 4-29 其定义式如下

$$E' = \frac{t_1 - t_2}{t_1 - t_3} = 1 - \frac{t_2 - t_3}{t_1 - t_3} \tag{4-42}$$

如果用分析喷水室接触系数同样的方法，把图 4-29 中 $h_1 \sim h_3$ 之间的饱和曲线看作是直线，则表冷器的接触系数也可得到相同的结果

$$E' = 1 - \frac{t_2 - t_{s2}}{t_1 - t_{s1}} \tag{4-43}$$

表冷器的接触系数也可以从理论上推导出来，下面根据传热理论推导 E' 的计算式。

如图 4-31 所示，在微元面积 dF 上由于存在热交换，空气放出的热量 $-Gdh$ 应该等于冷却器表面吸收的热量 $\sigma(h - h_3)dF$，即：$-Gdh = \sigma(h - h_3)dF$。

将 $\sigma = \dfrac{\alpha_w}{c_p}$ 代入上式，经整理后可得

$$\frac{dh}{h - h_3} = -\frac{\alpha_w}{Gc_p}dF$$

在空气调节工程范围内，可假定冷却器的表面温度恒定为其平均值。因此可认为 h_3 是一常数。

将上式从 $0 \sim F$ 积分后可得

$$\ln\frac{h_2 - h_3}{h_1 - h_3} = -\frac{\alpha_w F}{Gc_p}$$

即

$$\frac{h_2 - h_3}{h_1 - h_3} = \exp\left(-\frac{\alpha_w F}{Gc_p}\right)$$

所以

$$E' = 1 - \exp[(-\alpha_w F)/(Gc_p)]$$

如果将 $G = F_y v_y \rho$ 代入上式，则

$$E' = 1 - \exp[(-\alpha_w F)/(F_y v_y \rho c_p)] \tag{4-44}$$

通常将每排肋管外表面积与迎风面积之比称作肋通系数 a，即

$$a = \frac{F}{NF_y}$$

式中　N——肋管排数。

将 a 值代入式（4-44），则得

$$E' = 1 - \exp[-\alpha_w aN/(v_y \rho c_p)] \tag{4-45}$$

由此可见，对于结构特性一定的表冷器，由于肋通系数 a 值一定，而空气密度可看成常数，α_w 又与 v_y 有关，所以 E' 就成了空气迎面风速 v_y 和肋管排数 N 的函数。而且 E' 随 N 的增加而增大，随 v_y 的增加而减小。表冷器的 E' 值也可通过实验得到。

国产部分表冷器的 E' 值可由附录 26 查得。

虽然增加排数和降低迎面风速都能增加表冷器的 E' 值，但是排数的增加会引起空气阻力

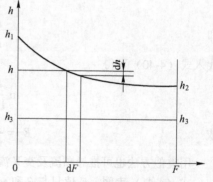

图 4-31　表冷器 E' 的推导示意图

的增加，而且排数过多时，后面几排还会因为空气与冷水之间温差过小而减弱传热作用，因此，实际工程中一般取 $N=4\sim8$。此外，迎面风速降低太多，会引起表冷器尺寸增大和初投资的增加。因此，表冷器的迎面风速最好取 $v_y=2\sim3m/s$。风速再大，除了会降低 E'，还会增加空气阻力。同时，过大的风速还会把冷凝水带入送风系统，吸热蒸发后影响送风参数。一般当 $v_y>2.5m/s$ 时，表冷器后面也应设挡水板。

4.3.5.2 表面式冷却器热工计算的类型

表面式冷却器的热工计算分为两种类型：一类是设计性的，多用于选择定型的表冷器以满足已知空气初、终参数的空气处理要求；另一类是校核性的，多用于检查一定型号的表冷器能将具有一定初参数的空气处理到什么样的终参数。表 4-5 详细介绍了两种计算类型。

表 4-5 表面式冷却器热工计算类型

计算类型	已 知 条 件	计 算 内 容
设计性计算	空气量 G； 空气初参数：t_1、t_{s1}、…； 空气终参数：t_2、t_{s2}、…； 冷水量 W	冷却面积 F（表面式冷却器型号、台数、排数）； 冷水初温 t_{w1}（或冷水量 W）； 冷水终温 t_{w2}（冷量 Q）
校核性计算	空气量 G； 空气初参数：t_1、t_{s1}、…； 冷却面积 F（表面式冷却器型号、台数、排数）； 冷水初温 t_{w1}； 冷水量 W	空气终参数：t_2、t_{s2}、…； 冷水终温 t_{w2}（冷量 Q）

4.3.5.3 表面式冷却器热工计算的方法

表冷器热工计算的主要目的就是使所选择的表冷器满足下列要求：

（1）空气处理过程需要的 E_g 应等于该表冷器能够达到的 E_g；

（2）空气处理过程需要的 E' 应等于该表冷器能够达到的 E'；

（3）空气放出的热量应等于冷水吸收的热量。

上面三个条件也可以用下面三个方程式表示

$$\frac{t_1-t_2}{t_1-t_{w1}}=f(\beta,\ \gamma) \tag{4-46}$$

$$1-\frac{t_2-t_{s2}}{t_1-t_{s1}}=f(v_y,\ N) \tag{4-47}$$

$$G(h_1-h_2)=Wc(t_{w2}-t_{w1}) \tag{4-48}$$

由此可见，表冷器的热工计算方法和喷水室的热工计算方法相似，只是在具体做法上有所不同。对于表冷器的设计计算，一般是先由空气的初、终参数计算所需要的接触系数 E'；根据 E' 确定表冷器的排数，继而在假定 $v_y=2.5\sim3m/s$ 范围内确定表冷器的 F_y，据此可以确定表冷器的型号及台数；由表冷器的结构计算表冷器能达到的全热交换效率 E_g；然后由 E_g 的定义式确定冷水初温 t_{w1}。

如果在已知条件中给定了水初温 t_{w1}，则说明空气处理过程需要的 E_g 已定。热工计算的目的就在于通过调整水量（改变水流速）或调整迎面风速和管排数（改变传热面积和传热系数）等办法，使所选择的表冷器能够达到空气处理过程需要的 E_g 值。

对于校核性计算，在空气终参数未求出之前，因为空气处理的析湿系数 ξ 是未知的，为了求解空气终参数和水终温，需要增加辅助方程，使得求解过程很繁琐。因此，实际工程中多采用试算法或图解法计算。

4.3.5.4 安全系数

表冷器在长时间使用后，由于外表面积灰、内表面结垢等原因，其传热系数会有所降低。为了保证在这种情况下，表冷器的换热能力仍然能满足设计要求，在选择计算时应考虑一定的安全系数。

可以用加大传热面积的办法考虑安全系数，如增加排数或者增加迎风面积。但是，由于表冷器的产品规格有限，采用这种办法往往做不到安全系数正好合适，或者给选择计算工作带来麻烦（设计性计算可能转化成校核性计算）。因此，在工程上可考虑以下两种做法：（1）在选择计算之初，将求得的 E_g 乘以安全系数 a；对仅做冷却用的表冷器取 $a=0.94$，对冷热两用的表冷器取 $a=0.9$。（2）计算过程中不考虑安全系数。在表冷器规格选定之后，将计算出来的水初温再降低一些。水初温的降低值可按水温升的 10%~20% 考虑。

【例 4-2】 已知被处理的空气量为 8.33kg/s，当地大气压力为 101325Pa，空气的初参数为 $t_1=25.6℃$、$h_1=50.9kJ/kg$、$t_{s1}=18℃$，空气的终参数为 $t_2=11℃$、$h_2=30.7kJ/kg$、$t_{s2}=10.6℃$、$\varphi_2=95\%$。试选择 JW 型表面冷却器，并确定水温、水量。JW 型表面冷却器的技术数据见附录 27。

【解】 （1）计算需要的 E'，确定表面冷却的排数。
由图 4-32 可得

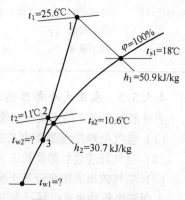

图 4-32　例 4-2 示意图

$$E' = 1 - \frac{t_2 - t_{s2}}{t_1 - t_{s1}} = 1 - \frac{11 - 10.6}{25.6 - 18} = 0.947$$

根据附录 26 可知，在常用的范围内，JW 型 8 排表面冷却器能满足 $E'=0.947$ 的要求，所以决定选用 8 排。

（2）确定表面冷却器的型号。先确定一个 v_y'，算出所需冷却器的迎风面积 F_y'；再根据 F_y' 选择合适的冷却器型号及并联台数，并算出实际的 v_y 值。

假定 $v_y'=2.5m/s$，则有

$$F_y' = \frac{G}{v_y'\rho} = \frac{8.33}{2.5 \times 1.2} = 2.8m^2$$

根据 $F_y'=2.8m^2$，查附录 27 可以选用 JW30-4 型表面冷却器一台，其 $F_y=2.57m^2$，所以实际的 v_y 为

$$v_y = \frac{G}{F_y\rho} = \frac{8.33}{2.57 \times 1.2} = 2.7m/s$$

再查附录 26 可知，在 $v_y=2.7m/s$ 时，8 排 JW 型表面冷却器实际的 $E'=0.950$，与需要的 $E'=0.947$ 差别不大，故可继续计算。如果两者差别较大，则应改选别的型号表面冷却器或在设计允许范围内调整空气的一个终参数，变成已知冷却面积及一个空气终参数求解另一个空气终参数的计算类型。

由附录 27 还可知，所选表面冷却器的每排传热面积 $F_d=33.4m^2$，通水断面积 $f_w=0.00553m^2$。

（3）求析湿系数。

$$\xi = \frac{h_1 - h_2}{c_p(t_1 - t_2)} = \frac{50.9 - 30.7}{1.01 \times (25.6 - 11)} = 1.38$$

（4）求传热系数。由于题中未给出水初温和水量，缺少一个已知条件，故采用假定水流速的办法补充一个已知数。

假定水流速 $w = 1.2\text{m/s}$，根据附录25中的相应公式可算出传热系数为

$$K_s = \left(\frac{1}{35.5 v_y^{0.58} \xi^{1.0}} + \frac{1}{353.6 w^{0.8}}\right)^{-1} = \left(\frac{1}{35.5 \times (2.7)^{0.58} \times 1.38} + \frac{1}{353.6 \times (1.2)^{0.8}}\right)^{-1}$$

$$= 71.8\text{W/(m}^2 \cdot \text{℃)}$$

（5）求冷水量。

$$W = f_w w \times 10^3 = 0.00553 \times 1.2 \times 10^3 = 6.64\text{kg/s}$$

（6）求表面冷却器能达到的 E_g。

传热单元数为

$$\beta = \frac{K_s F}{\xi G c_p} = \frac{71.8 \times 33.4 \times 8}{1.38 \times 8.33 \times 1.01 \times 10^3} = 1.65$$

水当量比为

$$\gamma = \frac{\xi G c_p}{Wc} = \frac{1.38 \times 8.33 \times 1.01 \times 10^3}{6.64 \times 4.19 \times 10^3} = 0.42$$

根据 β 和 γ 值按式（4-41）计算可得

$$E_g = \frac{1 - \exp[-\beta(1 - \gamma)]}{1 - \gamma \exp[-\beta(1 - \gamma)]} = \frac{1 - \exp[-1.65(1 - 0.42)]}{1 - 0.42 \exp[-1.65(1 - 0.42)]} = 0.734$$

（7）求水初温。

$$t_{w1} = t_1 - \frac{t_1 - t_2}{E_g} = 25.6 - \frac{25.6 - 11}{0.734} = 5.7\text{℃}$$

（8）求冷量及水终温。

冷量为

$$Q = G(h_1 - h_2) = 8.33 \times (50.9 - 30.7) = 168.3\text{kW}$$

水终温为

$$t_{w2} = t_{w1} + \frac{G(h_1 - h_2)}{WC} = 5.7 + \frac{8.33(50.9 - 30.7)}{6.64 \times 4.19} = 11.7\text{℃}$$

4.3.5.5 直接蒸发式表冷器的选择计算

上述内容均为针对水冷式表冷器的热工计算方法，直接蒸发式表冷器和水冷式表冷器虽然功能和构造基本相同，但因为它又是制冷系统中的一个部件，因此在选择计算方面也有一些特殊的地方。

进行直接蒸发式表冷器的热工计算也应用湿球温度效率 E_s 和通用热交换效率 E'。但直接蒸发式表冷器的湿球温度效率定义式是

$$E_s = \frac{t_{s1} - t_{s2}}{t_{s1} - t_0} \tag{4-49}$$

式中 t_0——制冷系统的蒸发温度。

E_s 的大小与蒸发器的结构形式、迎面风速及制冷剂性质有关，可由实验获得。

如果有了生产厂家提供的产品结构参数及 E_s、E' 值，进行直接蒸发式表冷器的热工计算方法与前面介绍的水冷式表冷器计算方法大体相同。不过由于蒸发器又是制冷系统中的一个部件，所以它能提供的冷量大小一定要和制冷系统的产冷量平衡，即被处理空气从直接蒸发式表冷器得到的冷量应与制冷系统提供的冷量相等。也就是说，在这种情况下应根据空调系统和制冷系统热平衡的概念对蒸发器进行校核计算，以便定出合理的蒸发温度、冷凝温度、冷却水温、冷却水量等。

《民用建筑供暖通风与空气调节设计规范》（GB 50736—2012）的 7.5.5 规定：制冷剂直接膨胀式空气冷却器的蒸发温度应比空气的出口温度至少低 3.5℃。在常温空调系统情况下，满负荷时，蒸发温度不宜低于 0℃；低负荷时，应防止表面结霜。

4.3.6 空气加热器的热工计算

空气加热器的计算也分为设计性计算和校核性计算。校核性计算是根据已有的加热器型号及热媒参数，检查其是否能满足预定的空气处理要求；设计性计算则是根据被加热的空气质量流量、空气加热器前后的干球温度以及热媒初参数，选择空气加热器的型号与规格。

空气加热器的计算原则是让加热器的供热量等于加热空气需要的热量。计算方法有平均温差法和热交换效率法两种。一般的设计性计算常用平均温差法，表冷器做加热器使用时常用效率法。

下面介绍平均温差法的计算方法。

如果已知被加热空气量为 G（kg/s），加热前的空气温度为 t_1、加热后的空气温度为 t_2，由于空气加热器处理空气时只有显热交换。因此，加热空气所需热量（kW）可按下式计算

$$Q = Gc_p(t_2 - t_1) \tag{4-50}$$

空气加热器的供热量（kW）可按下式计算

$$Q' = KF\Delta t_m \tag{4-51}$$

式中　K——加热器的传热系数，$W/(m^2 \cdot ℃)$；

　　　F——加热器的传热面积，m^2；

　　　Δt_m——热媒与空气间的对数平均温差，℃。

对于加热过程，由于冷热流体在进出口端的温差比值常常小于 2，也可用算术平均温差 Δt_p（℃）代替对数平均温差 Δt_m。当热媒为热水时

$$\Delta t_p = \frac{t_{w1} + t_{w2}}{2} - \frac{t_1 + t_2}{2} \tag{4-52}$$

当热媒为蒸汽时

$$\Delta t_p = t_q - \frac{t_1 + t_2}{2} \tag{4-53}$$

式中　t_{w1}，t_{w2}——热水的初温和终温，℃；

　　　t_q——蒸汽的温度，℃。

空气加热器的设计性计算可按以下步骤进行：

（1）初选加热器型号。初选加热器型号一般是通过假定空气质量流速来进行的。从加热器传热系数的实验公式（4-24）和式（4-25）可以看出，随着空气质量流速的提高，加热器的传热系数可以增大，从而能在保证同样加热量的条件下，减少加热器的传热面积，降低设备初投资。但是随着空气质量流速的提高，空气阻力也将增加，使运行费提高。因此必须兼顾这两方面。解决这个问题的办法是采用所谓"经济质量流速"，即采用使运行费和初投资的总和为

最小的空气质量流速，通常在 $8kg/(m^2 \cdot s)$ 左右。

初选质量流速 $(v\rho)'$ 后，可由

$$f' = \frac{G}{(v\rho)'} \tag{4-54}$$

计算出所需要的加热器有效截面积 f'。根据 f' 值选取加热器型号和需要并联的台数。查取所选加热器实际具有的有效截面积 f，则实际的质量流速为

$$v\rho = \frac{G}{f} \tag{4-55}$$

（2）计算加热器的传热系数。有了加热器的型号和空气质量流速后，依据附录 28 中相应的经验公式便可计算传热系数。

如果热媒为热水，则在传热系数的计算公式中还要用到管内热水流速 ω。同空气质量流速的选取一样，水流速的大小也有经济比较的问题，提高水流速虽然也能提高传热系数，但是 ω 值过大，也会引起水泵电耗的增加。因此，在低温热水系统中，一般取 $\omega = 0.6 \sim 1.8m/s$。如果热媒是高温热水，由于水的温降很大，水的流速应取得更小。

选定水流速 ω 之后，可由下式确定通过加热器的水量（kg/s）

$$W = f_w\omega\rho \tag{4-56}$$

式中　W——加热器所需要的水量，kg/s；

　　　f_w——加热器水管的通水截面积，m^2；

　　　ρ——水的密度，一般取值为 $1000kg/m^3$。

如果供热系统的热水温降 $t_{w1} - t_{w2}$ 一定，则按下面热平衡式由加热量 $Q(kW)$ 也可以确定热水流速

$$Q = f_w\omega c(t_{w1} - t_{w2})\rho \tag{4-57}$$

式中　c——水的定压比热容，$kJ/(kg \cdot ℃)$。

（3）计算需要的总加热面积和需要串联的加热器台数。由式（4-51），并且 $Q' = Q$，则需要的总加热面积（m^2）为

$$F = \frac{Q}{K \cdot \Delta t_m} \tag{4-58}$$

然后再根据每台加热器的实际加热面积确定需要串联的加热器台数。

（4）检查加热器的安全系数。由于加热器的质量和运行中内外表面积灰、结垢等原因，选用时应考虑一定的安全系数。一般传热面积的安全系数为 $1.1 \sim 1.2$。

【例 4-3】　需要将 $60000kg/h$ 空气从 $t_1 = -32℃$ 加热到 $t_2 = 31℃$，热媒是工作压力为 $0.3MPa$ 的蒸汽。试选择合适的 SRZ 型空气加热器。

【解】　（1）初选加热器型号。已知 $G = 60000kg/h = 16.7kg/s$，假定 $(v\rho)' = 8kg/(m^2 \cdot s)$，则需要的加热器有效截面积为

$$f' = \frac{G}{(v\rho)'} = \frac{16.7}{8} = 2.08m^2$$

根据算得的 f' 值，查空气加热器的技术数据（附录 29）可选 2 台 SRZ15×10Z 的加热器并联，每台有效截面积 $0.932m^2$，加热面积 $52.95m^2$。

根据实际有效截面积 f 可算出实际的 $v\rho$ 为

$$v\rho = \frac{G}{f} = \frac{16.7}{2 \times 0.932} = 8.9kg/(m^2 \cdot s)$$

（2）求加热器的传热系数。由附录 28 查得 SRZ-10Z 型加热器的传热系数经验公式为

$$K = 13.6 \, (v\rho)^{0.49}$$

将 $v\rho$ 值代入上式可得 $K = 13.6 \, (8.9)^{0.49} = 39.7 \text{W}/(\text{m}^2 \cdot ℃)$。

（3）计算加热面积和台数。

需要的加热量为

$$Q = Gc_p(t_2 - t_1) = 16.7 \times 1.01 \times [31 - (-32)] = 1062 \text{kW}$$

需要的总加热面积为

$$F = \frac{Q}{K\Delta t_p} = \frac{1062 \times 10^3}{39.7\left(143 - \dfrac{31 - 1}{2}\right)} = 185 \text{m}^2$$

需要的加热器串联台数为

$$N = \frac{185}{52.95 \times 2} = 1.75$$

取两台串联，则共需四台加热器，总加热面积为 $52.95 \times 4 = 212 \text{m}^2$。

（4）检查安全系数。

面积富余量为

$$\frac{212 - 185}{185} \times 100\% = 15\%$$

即安全系数为 1.15，说明所选加热器合适。

4.3.7　表面式换热器的阻力计算

4.3.7.1　空气加热器的阻力

在选定空气加热器之后，还必须计算通过它的空气阻力及水阻力。热媒为热水时，加热器的空气阻力与加热器形式、构造以及空气流速有关。对于一定结构特性的空气加热器，空气阻力（Pa）可由实验公式求出

$$\Delta H = B \, (v\rho)^p \tag{4-59}$$

式中　B，p——实验的系数和指数。

如果热媒是蒸汽，则依靠加热器前保持一定的剩余压力（不小于 0.03MPa）来克服蒸汽流经加热器的阻力，不必另行计算。如果热媒是热水，则其水侧阻力（Pa）可按实验公式计算

$$\Delta h = Cw^q \tag{4-60}$$

式中　C，q——实验的系数和指数。

部分空气加热器的阻力计算公式见附录 28。

4.3.7.2　表面冷却器的阻力

表面冷却器的阻力计算方法与空气加热器基本相同，也是利用实验公式求出。由于表面式冷却器有干、湿工况之分，而且湿工况的空气阻力 ΔH_s 比干工况的 ΔH_g 大，这与析湿系数有关，所以应区分干工况与湿工况的空气阻力计算公式。部分表面冷却器的阻力计算公式见附录 25。

4.4　空气的其他加热加湿设备

在空调系统中，除利用空气加热器对空气进行加热，利用喷水室对空气进行加热加湿和冷

却加湿外，还可以采用以下加热加湿方法。

4.4.1 电加热器

电加热器是电流通过电热丝、电热管及 PTC 陶瓷发热元件等来加热空气的设备。它有结构紧凑、加热均匀、热量稳定、控制方便等优点。但是由于电加热器利用的是高品位能源，所以只宜在一部分空调机组和小型空调系统中采用。在温度控制精度要求较高的大型空调系统中，有时也将电加热器装在各送风支管中，以实现温度的分区控制。

电加热器按其结构不同分为两种基本形式：

（1）裸线式电加热器。裸线式电加热器由裸露在气流中的电阻丝构成。在定型产品中，常把这种电加热器做成抽屉式，检修更为方便。裸线式电加热器的优点是热惰性小、加热迅速且结构简单，除由工厂批量生产外，也可自己按图纸加工。它的缺点是电阻丝容易烧断、安全性差，所以使用时必须有可靠的接地装置，并应与风机连锁运行，以免发生安全事故。此外，裸线电热丝表面温度太高，会使黏附其上的杂质分解，产生异味，影响空调效果。

（2）管式加热器。管式电加热器由管状电热元件组成（图4-33）。这种电热元件是将电阻丝装在特制的金属套管中，中间填充导热性好的电绝缘材料，如结晶氧化镁等。管状电热元件除棒状外，还有 U 形、W 形等其他形状，具体尺寸和功率可查产品样本。还有一种带螺旋翅片的管状电热元件，它具有尺寸小而加热能力更大的优点。管式电热元件具有加热均匀、热量稳定、耐用和安全等优点，但其热惰性大。

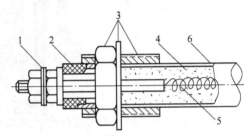

图 4-33　管式加热器示意图

1—接线端子；2—瓷绝缘子；3—紧固装置；
4—绝缘材料；5—金属套管；6—电阻丝

通过电加热器的风速应在 8 ~ 12m/s 之间，以免风速过低，造成加热器表面温度过高。

4.4.2 空气的其他加湿设备

空气的加湿可以在空气处理室（空调箱）或送风管道内对送入房间的空气集中加湿；也可在空调房间内部对空气局部补充加湿。

空气的加湿方法有多种，根据处理过程的不同，通常可分为：

（1）利用外界热源使水变成蒸汽与空气混合的方法，在 h-d 图上表现为等温过程，故称为等温加湿，如干蒸汽加湿器、电极式加湿器、电热式加湿器、红外线加湿器、间接式蒸汽加湿器等。等温加湿方法加湿效率高，但饱和蒸汽遇冷易凝结成液态水滴。

（2）水吸收空气本身的热量变成蒸汽而加湿，在 h-d 图上表现为等焓过程，故称为等焓加湿或绝热加湿，如湿膜气化加湿器、板面蒸发加湿器、高压喷雾加湿器、超声波加湿器、离心式加湿器、喷水室喷淋循环水等。等焓加湿方法对某些场所在夏季可以实现既加湿又降温过程，但水滴颗粒较粗，加湿效率较低，且不适用于温度需要恒定的场所的加湿过程。

（3）喷水室喷淋温度高于空气干球温度的热水，在 h-d 图上表现为温度和含湿量均增加，故称为加热加湿。

（4）喷水室喷淋温度低于空气的湿球温度、高于空气的露点温度的水，在 h-d 图上表现为温度降低而含湿量增加，故称为冷却加湿。

下面介绍几种主要的加湿方法和设备以及加湿器的选用原则。

4.4.2.1 等温加湿

A 干蒸汽加湿器

干蒸汽加湿器由干蒸汽喷管、分离室、干燥室和电动或气动调节阀等组成（图4-34）。为避免蒸汽喷管喷出的蒸汽中夹带凝结水滴而影响等温加湿效果，在喷管外设有外套。蒸汽先进入喷管外套，对喷管内的蒸汽进行加热，以保证喷出的蒸汽不夹带水滴。然后外套内的凝结水随蒸汽一起进入分离室。分离出凝结水的蒸汽，由分离器顶部的调节阀孔减压后，再进入干燥室，残存在蒸汽中的水滴在干燥室内再汽化，最后确保由蒸汽喷管喷出的是干蒸汽。

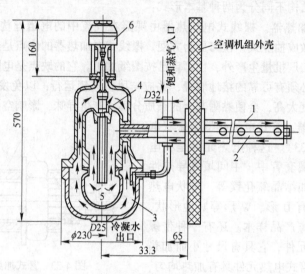

图 4-34　干蒸汽加湿器的构造

1—外套；2—蒸汽喷管；3—分离室；4—调节阀孔；5—干燥室；6—电动或气动执行机构

喷蒸汽加湿既可以在空气处理机（室）内进行，也可以在风机压出段的送风风管内进行，但通常优先考虑前者。加湿器应与通风机连锁。干蒸汽加湿器的喷管组件一般水平安装在空气处理机（室）内、二次加热器（再热器）与送风机之间，而自动调节阀及分离室、干燥室置于空气处理机（室）之外。这种先加热、后加湿的布置方式，可确保喷蒸汽加湿效果。因为待加湿的空气经过加热后温度升高，它所能容纳的水气量增大，遇到冷表面时水蒸气不容易被凝结、析出。

当干蒸汽加湿器的喷管必须布置在风管内时，应设置于消声器之前，并处于风管断面的中心部位，这样做有助于降低喷蒸汽过程中产生的噪声。喷管出口与前面障碍物（如风管弯头、三通等）之间，应保持1000~1500mm的距离。喷管组件在风管内宜水平安装，必要时允许垂直安装。接至加湿器的蒸汽管，宜采用镀锌钢管，且必须从供汽干管的顶部引出支管，支管的长度应尽可能短，以确保蒸汽的干度。当供汽压力大于0.2MPa时，供汽支管上应装减压阀，主阀的前后均需安装压力表。凡供汽管、凝结水管和喷管组件均应进行保温处理。

干蒸汽加湿器的优点是：加湿迅速、均匀、稳定；不带水滴、不带细菌；节省电能，运行费低；装置灵活；可以满足室内相对湿度波动范围不大于3%的要求。其缺点是：必须有蒸汽源，并伴有输汽管道；设备结构比较复杂，初投资高。

B 电热式加湿器

目前工程中应用较多的电热式加湿器，其构造如图4-35所示。图中的编号1为控制器，控制器中配有微处理器。通过它可以控制加湿器的全部过程。2 为水位探头，用以控制与调节液位。3 为排水装置，用以排除加湿器内的存水，通过控制器，可以设定排水周期和持续时间。4 为表面除污装置，它能及时而有效地除去蒸发小室水表面上的矿物质和气泡，动作周期可通过控制器进行设定。5 为电热元件，用以对水进行加热产生蒸汽。6 为可抽出式蒸发箱，沿着箱底下的固定滑道，可以很方便地将蒸发箱抽出，进行检查和维护。7 为蒸汽出口管，可根据工程具体情况进行连接。

电热式加湿器主要设在集中空调系统的空气处理机（室）内，为减少加湿器的热量消耗和电能消耗，应对其外壳做好保温。

电热式加湿器的优点是：加湿迅速、均匀、稳定，控制方便灵活；不带水滴、不带细菌；装置简单，没有噪声；可以满足室内相对湿度波动范围不大于 3% 的要求。其缺点是：耗电量大，运行费高；不使用软化水或蒸馏水时，内部易结垢，清洗困难。

C　电极式加湿器

电极式加湿器的构造如图 4-36 所示。它是利用三根铜棒或不锈钢棒插入不易生锈的充水容器中，以水作为电阻，通电后，电流从水中通过，水被加热而产生蒸汽，通过蒸汽管送至需要加湿的空气。

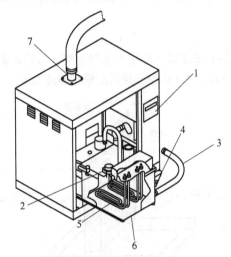

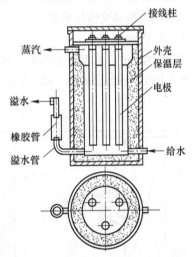

图 4-35　电热式加湿器的构造

1—控制器；2—水位探头；3—排水装置；4—表面除污装置；

5—电热元件；6—蒸发箱；7—蒸汽出口管

图 4-36　电极式加湿器的构造

电极式加湿器充水容器内容水量的多少，与导电面积呈正比。对同种规格的加湿器来讲，水位越高，容水量就越多，相应的导电面积就越大，产生的蒸汽量也越多。因此，通过改变溢水口的高度，可以达到调节蒸汽供应量的目的。

电极式加湿器在安装和使用中应注意下列问题：加湿器的供电电源上应装设电流表，以便调整水位和防止电流过载；加湿器宜设置专用的供水管，在该管上应装设电磁阀和手动调节阀，并在上述两阀之间增装一个 DN15 的冲洗用水龙头；加湿器底部应设置排污管（管上装设阀门），并定时（一般为每天一次）进行排污；加湿器必须使用软化水，有条件时宜采用蒸馏水；加湿器的电源采用 380V 三相四线，为安全起见，应有可靠的接地，并按产品样本要求进行安装操作；加湿器的电极和容器内壁，应定期进行清洗（一般为 2~3 个月清洗一次），除去水垢和杂质，以保证喷出蒸汽的质量。

通常当没有蒸汽源可利用时，宜选用电极式加湿器。其优点是比较安全（容器中无水，电流也就不能通过），不必考虑防止断水空烧措施，结构紧凑，加湿效率较高，且加湿量容易控制。它的缺点是耗电量大、加湿成本高，且电极上易积水垢和腐蚀，因此，宜用在小型空调系统中。

4.4.2.2　等焓加湿

A　高压喷雾加湿器

高压喷雾加湿器的构造如图4-37所示。其工作原理是自来水经过加湿器主机（内有加压泵）增压后，再经过特制的喷头喷到空气中，并在空气中雾化，然后水雾粒子与空气进行热湿交换，蒸发后将空气加湿。喷头可以逆向喷射（图4-37），也可以与空气流垂直喷射。喷嘴可单排，也可多排。

由于水在喷嘴中高速喷出时对喷嘴有强烈的冲刷作用，会使喷嘴严重磨损，影响加湿效果，所以要选用耐磨材料，如陶瓷做喷嘴才好。由于喷出的水量不可能完全蒸发，所以将蒸发的水量称为有效加湿量，而将有效加湿量与喷出总水量之比定义为加湿效率。现有产品的加湿效率约为33%。

高压喷雾加湿器具有加湿量大、雾粒细、效率高、运行可靠、耗电量低等优点，但处理后的空气可能带菌且喷嘴易堵塞。

B　湿膜加湿器

湿膜加湿器的工作原理如图4-38所示，将清洁的自来水或循环用水送到湿膜顶部的布水器，水在重力作用下沿湿膜表面下流，从而使湿膜表面湿润，当干燥空气穿过湿膜时即被加湿。

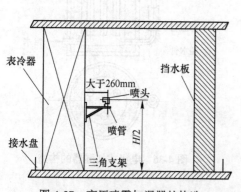

图4-37　高压喷雾加湿器的构造

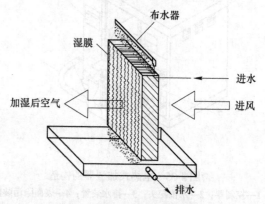

图4-38　湿膜加湿器的工作原理

湿膜加湿器的填料应具有很强的吸水性、阻燃、耐腐蚀、能阻止或减少藻类在表面上滋生。目前常用的填料分为有机填料、无机填料和金属填料三类。有机填料如国外某公司的CELdek，它是由加入了特殊化学原料的植物纤维纸浆制成的。1m³的CELdek填料可提供440~660m²的接触面积。无机填料如GLASdek，它是以玻璃纤维为基材，经特殊成分树脂浸泡，再经烧结处理的高分子复合材料。GLASdek填料具有较强的吸水性，1m³的GLASdek可吸水100kg。金属材料主要有铝合金填料和不锈钢填料两种。从填料的热工性能来看，GLASdek填料最好。但考虑到填料的防腐耐久性、防火性能、除尘性能及经济性等，金属填料综合性能最好，目前在工程中应用最广。

湿膜加湿器的特点：

（1）加湿器布水均匀，且具有较大的蒸发面积，所以饱和效率很高；而且不受入口温湿度的影响，即使在低温高湿条件下，仍能保持可靠的加湿性能。

（2）由于是利用蒸发原理，水分子完全气化成水蒸气（不是雾滴），对风机和风管不会产生结垢和腐蚀；湿膜具有除尘、脱臭辅助作用，经游离氯杀菌处理的自来水不断地清洗加湿表面，所以可以实现洁净加湿。

（3）水不断地流过介质表面，形成水膜，加湿器基本上不受水质影响，因此不需要水处理。

（4）加湿器出口没有水滴飘洒，加湿吸收距离短，不需设置挡水板，组合式空调机组的长度可缩短，节省空间。

（5）加湿过程实际上就是空气的蒸发冷却过程，能量的转换表现为空气温度的下降。因此，在冬季需要提高进口空气的温度，保证加湿后达到要求的送风状态。在干热季节，加湿器可用于降温。

（6）由于饱和效率相对稳定，即入口空气的温湿度或加湿负荷有一定变化时，也可以自我调整加湿能力；风量变化时，加湿能力也能瞬时大致按比例变化，所以适用于变风量空调系统的加湿。

（7）加湿后还需升温到需要的空气状态点。

C　离心式加湿器

在空调工程中还使用一种靠离心力作用将水雾化的加湿器，称为离心式加湿器，其构造如图4-39所示。这种加湿器有一个圆筒形外壳。封闭电机驱动一个圆盘和水泵管高速旋转。水泵管从储水器中吸水并送至旋转的圆盘上面形成水膜。水由于离心力作用被甩向破碎梳，并形成细小水滴。干燥空气从圆盘下部进入，吸收雾化了的水滴从而被加湿。加湿用的水最好用软化水或纯净水。离心式加湿器可与通风机组配合，成为大型的空气加湿设备。

D　超声波加湿器

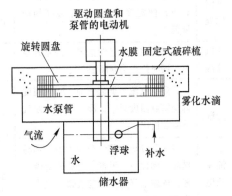

图4-39　离心式加湿器的构造

超声波加湿器利用水槽底部换能器（超声波振子）将电能转换成机械能，向水中发射1.7MHz超声波；水表面在空化效应作用下，产生直径为$3\sim55\mu m$的微粒扩散到空气中；水雾粒子与气流进行热湿交换，对空气进行等焓加湿。超声波加湿器可直接安装在需要加湿的室内，也可安装在空调器、组合式空气处理机组内，还可直接安装在送风风管内。

超声波加湿器的优点：（1）结构紧凑，安装方便，除需连接电源外，基本上不再需要配置其他设施；（2）高效节电，与电极（热）式加湿器相比，可节省电能70%~85%；（3）控制灵敏，无噪声，无冷凝，安全可靠；（4）在低温环境下也能进行加湿；（5）雾化效果好，水滴微粒细而均匀，运行安静，噪声低；（6）在高频雾化过程中，能产生相当数量的负离子，有益于人体健康。

超声波加湿器的缺点：（1）对供水水质要求较高，必须用洁净的软化水或去离子水；否则，雾化后的细微水滴的水分蒸发后，会形成白色粉末附着于周围环境表面，产生"白粉"现象；（2）可能带菌，单价较高，使用寿命短，加湿后还需升温到需要的空气状态点。

4.4.2.3　各种加湿器的选用原则

（1）当有蒸汽源可利用时，应优先考虑采用干蒸汽加湿器；医院洁净手术室的净化空调系统，宜采用干蒸汽加湿器。

（2）无蒸汽源可利用，但对湿度及控制精度有严格要求时，可通过经济比较采用电极式或电热式蒸汽加湿器。

（3）对空气湿度及其控制精度要求不高时，可采用高压喷雾加湿器。

（4）对湿度控制要求不高且经济条件许可时，可采用湿膜加湿器。

（5）对空气湿度有一定要求的小型空调系统，可采用超声波加湿器。

（6）对卫生要求较严格的医院空调系统，不应采用循环高压喷雾加湿器和湿膜加湿器。

4.5　空气的其他除湿设备

用前述的喷水室和表冷器都能对空气进行除湿处理，除此之外还有几种除湿方法，各种典型除湿方法的比较见表4-6。

表 4-6　各种典型除湿方法的比较

方法	原　理	优点	缺点	适用性
升温除湿	通过显热换热，在含湿量一定的条件下，使温度升高，相对湿度相应降低	简单易行，投资和运行费用低	空气温度升高，空气不新鲜	适用于对室温无要求的场合
通风除湿	向潮湿空间输送含湿量小的室外空气，同时排出等湿潮湿空气	经济、简单	保证率低	适用于室外空气较干燥的地区
冷冻除湿	让湿空气流经低温表面，空气温度降至露点温度以下，湿空气中的水气冷凝而析出	性能稳定，工作可靠，能连续工作	设备费和运行费较高，有噪声	适用于空气的露点温度高于4℃的场合
液体除湿	空气通过与水蒸气分压力低、不易结晶、黏性小、无毒、无臭的溶液接触，依靠水蒸气分压差吸收空气中的水分	除湿效果好，能连续工作，兼有清洁空气的功能	设备复杂，初投资高，需要有高温热源，冷却水耗量大	适用于室内显热比小于60%、空气出口露点温度低于5℃且除湿量较大的系统
固体除湿	利用某些固体物质表面的毛细管作用，或相变时的水蒸气分压力差，吸附或吸收空气中的水分	设备较简单，投资与运行费用较低	减湿性能不太稳定，并随使用时间的加长而下降，需再生	适用于除湿量小、要求露点温度低于4℃的场合
干式除湿	湿空气通过含吸湿剂的纤维纸制的蜂窝状体（如转轮）在水蒸气分压力差的作用下，水分被吸湿剂吸收或吸附	湿度可调，且能连续除湿，单位除湿量大，可自动工作	设备较复杂，且需加热再生	特别适合低温低湿状态

4.5.1　冷冻除湿机

冷冻除湿机又常常被称为"除湿机"或"降湿机"，由制冷系统和风机等组成（图4-40（a））。除湿机中空气状态变化如图4-40（b）所示，需要减湿的空气由状态1经过蒸发器冷却减湿到状态2，通过冷凝器时，制冷剂放热，空气被加热到状态3，从除湿机出来的是温度高而含湿量低的空气。因此，冷冻除湿机常用于对湿度要求低的生产工艺、产品储存以及产湿量大的地下建筑等场所；但是，在既需要减湿，又需要降温的地方最好不用冷冻除湿机，应采用有调温能力的除湿机。

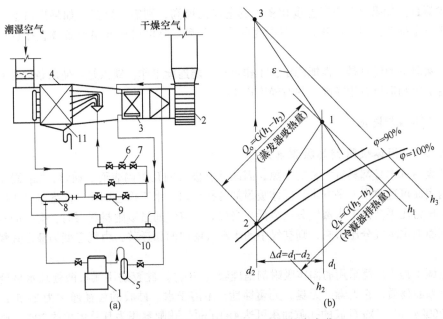

图 4-40 普通冷冻除湿机中的空气状态变化

（a）系统原理图；（b）h-d 图

1—压缩机；2—送风机；3—冷凝器；4—蒸发器；5—油分离器；6，7—节流装置；
8—热交换器；9—过滤器；10—储液器；11—集水器

由图 4-40（b）可知，冷冻除湿机的制冷量（kW）为

$$Q_0 = G(h_1 - h_2) \tag{4-61}$$

除湿量（kg/s）为

$$W = G(d_1 - d_2) \tag{4-62}$$

如果由式（4-61）求出风量再代入式（4-62），则可以得到 $W = Q_0/\varepsilon$，ε 是过程线 $1\to2$ 的角系数。由此可知，冷冻除湿机的除湿量与其制冷量呈正比，而与过程的角系数呈反比。因此每台除湿机的实际除湿量因空气处理要求不同而有一定的变化。

此外，冷凝器的排热量（kW）为

$$Q_k = G(h_3 - h_2) \tag{4-63}$$

为了求出冷凝器后空气参数（即除湿机出口空气的参数）可依制冷系统热平衡式先求出状态点 3 空气的焓。制冷系统热平衡式为

$$Q_k = Q_0 + N_i \tag{4-64}$$

即

$$G(h_3 - h_2) = G(h_1 - h_2) + N_i$$

式中 N_i——制冷压缩机输入功率，kW。

由此可得

$$h_3 = h_1 + \frac{N_i}{G} \tag{4-65}$$

蒸发器后空气的相对湿度一般可按 95% 计算，蒸发器后空气的含湿量可按下式求得

$$d_2 = d_1 + \frac{W}{G} \tag{4-66}$$

由 d_2 和 h_3 在 h-d 图上可得到 t_3，t_3 就是除湿机出口空气的温度。

选择冷冻除湿机的主要依据是进口空气参数（干球温度及相对湿度或干球温度及湿球温

度）和除湿量。如果出口空气温度比要求的送风温度高，则需再降温。如果出口空气温度比要求的送风温度低，则需再升温。在这两种情况下都需要再增加调温设备或直接选用调温除湿机。

冷冻除湿机的优点是：性能稳定，工作可靠，能连续工作；缺点是：使用条件受到一定限制，设备费用和运行费用较高，并有噪声产生。

4.5.2 固体吸附除湿

4.5.2.1 固体吸附剂的除湿原理

固体吸附剂本身都具有大量的孔隙，因此具有极大的孔隙内表面。通常，1kg 固体吸附剂的孔隙内表面可达数十万平方米。固体吸附剂各孔隙内的水表面呈凹面。曲率半径小的凹面上水蒸气分压力比平液面上水蒸气分压力低，当被处理空气通过吸附材料层时，空气的水蒸气分压力比凹面上水蒸气分压力高，则空气中的水蒸气就向凹面迁移，由气态变为液态并释放出汽化潜热。

在空调工程中广泛采用的固体吸附剂是硅胶（SiO_2）。硅胶是用无机酸处理水玻璃时得到的玻璃状颗粒物质，它无毒、无臭、无腐蚀性，不溶于水。硅胶的粒径通常为 2~5mm，密度为 640~700kg/m³。1kg 硅胶的孔隙面积可达 $4 \times 10^5 m^2$，孔隙容积为其总体积的 70%，吸湿能力可达其质量的 30%。

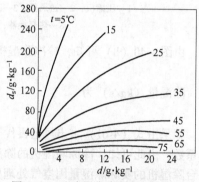

图 4-41   硅胶平衡含湿量 d_s 与空气温度 t 和含湿量 d 的关系

硅胶失去吸湿能力后可加热再生，使吸附的水分蒸发，再生后的硅胶仍能重复使用。如果硅胶长时间停留在参数不变的空气中，则将达到某一平衡状态。在这一状态下硅胶的含湿量不再改变，称为硅胶的平衡含湿量 d_s，单位为 g/kg 干硅胶。硅胶平衡含湿量 d_s 与空气温度和空气含湿量 d 的关系如图 4-41 所示，它代表了硅胶吸湿能力的极限。由图 4-41 可见，硅胶的吸湿能力取决于被干燥空气的温度和含湿量。当空气含湿量一定时，空气温度越高，硅胶平衡含湿量越小，通常对高于 35℃ 的空气，最好不用硅胶除湿。

在使用硅胶或其他固体吸附剂时，都不应该达到吸湿能力的极限状态。这是因为吸附剂是沿空气流动方向逐层达到饱和的，不可能所有材料层都达到最大吸湿能力。

除硅胶外，也可以利用铝胶（Al_2O_3）来干燥空气。铝胶的孔隙面积为总体积的 30%，1kg 密度为 800kg/m³ 的干铝胶，孔隙内表面积可达 $2.5 \times 10^5 m^2$。铝胶吸湿能力不如硅胶，且不宜用于干燥 25℃ 以上的空气。

采用固体吸附剂干燥空气，可使空气含湿量变得很低。但干燥过程中释放出来的吸附热又加热了空气。所以在既需要干燥又需要加热空气的地方最宜采用固体吸附剂。

固体吸附剂在除湿过程中将产生 2930kJ/kg 的吸附热，其中湿润热为 420kJ/kg，其余为凝结潜热。吸附热不仅使吸附剂本身温度升高，而且加热了被干燥的空气。有时为了冷却吸附剂和被干燥的空气，在吸附层中设冷却盘管，如前所述，冷却吸附剂还能提高其吸湿能力。

使用固体吸附剂时空气状态变化过程如图 4-42 所示。点 1 为处理前空气状态点，点 2 为处理后空气状态点。过程线 1→2 的角系数，可由下列方程导出。

热平衡方程

$$Gh_2 = Gh_1 - W_k c_w t_2 - g_a W_k + 420W_k \qquad (4\text{-}67)$$

湿平衡方程

$$Gd_2 = Gd_1 - W_k \qquad (4\text{-}68)$$

式中　W_k——1h 内在吸附剂中凝结的水蒸气量，kg；

　　　g_a——用于加热吸附剂和吸附器结构的热量（约为 420kJ/kg吸附湿量）；

　　　G——通过吸附剂的空气量，kg/h；

　　　420——比湿润热，kJ/kg吸附湿量。

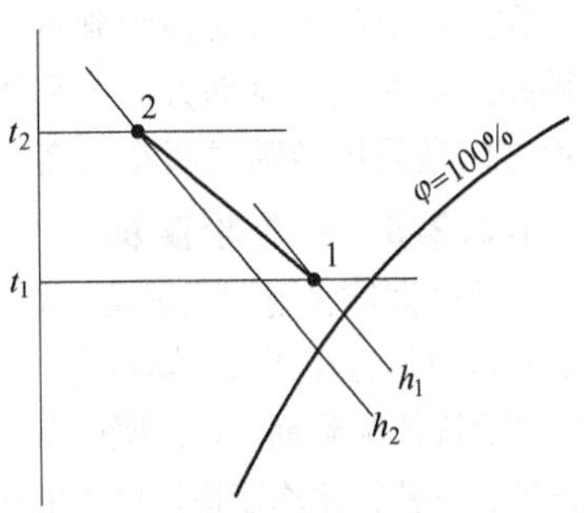

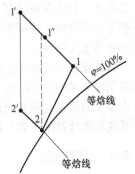

图 4-42　使用固体吸附剂时的空气状态变化过程

将式（4-67）除以式（4-68），经整理后可得

$$\frac{h_2 - h_1}{d_2 - d_1} = (-W_k c_w t_2 - g_a W_k + 420 W_k)/(-W_k)$$

$$= c_w t_2 + g_a - 420 \approx c_w t_2$$

即

$$\varepsilon = c_w t_2 \qquad (4\text{-}69)$$

在吸湿过程中，空气的温升为

$$\Delta t = (r_a - g_a - c_w t_2)(d_1 - d_2)/c_p$$

式中　r_a——比吸附热，kJ/kg。

显然，空气的终温为：

$$t_2 = t_1 + \Delta t$$

即

$$t_2 = t_1 + (r_a - g_a - c_w t_2)(d_1 - d_2)/c_p \qquad (4\text{-}70)$$

$$\varepsilon = \frac{c_w t_1 + c_w (r_a - g_a)(d_1 - d_2)/c_p}{1 + c_w (d_1 - d_2)/c_p} \qquad (4\text{-}71)$$

如果根据除湿要求给定 d_2，则由处理前空气状态点 1 引角系数为 ε 的过程线与 $d_2 =$ 常数线的交点就是处理后的空气终状态点。

当吸附剂达到含湿量的极限时，就失去了吸湿能力。为了重复使用吸附剂，可对其进行再生处理，即用 180~240℃ 的热空气（或净化了的烟气）吹过吸附剂层。在高温空气或烟气作用下，促使含在孔隙中的水分蒸发，并随热空气（或烟气）排掉，在再生过程中，吸附剂将被加热到 100~110℃，因此在重复使用之前需要冷却。

4.5.2.2　固体吸附剂的除湿过程

由于使用固体吸附剂过程的角系数为 $\varepsilon = c_w t_2$，此过程近似为等焓升温过程。所以，如需得到温度较低的空气，还应对干燥后的空气进行冷却处理。

在 $h\text{-}d$ 图上表示使用固体吸附剂处理空气的状态变化过程如图 4-43 所示。如果需要将状态 1 的空气处理到状态 2，可先让其通过硅胶层，等焓干燥到状态点 $1'$，然后等湿冷却到点 $2'$，最后再绝热加湿到点 2。另一种方案是只让一部分空气通过硅胶层，与不通过硅胶层的空气混合到点 $1''$，再等湿冷却到点 2。前一方案的优点是可以使用温度较高的冷却水，而后一方案要求冷却水温度较低，但可以减少一套绝热加湿设备。

固体吸附剂的除湿方法分为静态和动态两种，静态吸湿就是让潮湿空气呈自然流动状态与吸附剂接触，而动态吸湿是让潮湿空气在风机作用下通过吸附剂层。显然，动态吸湿比静态吸湿效果好，但设备复杂。

图 4-43　用硅胶处理空气的状态变化过程

在工程上经常需要连续制备干燥空气，因此采用动态吸湿必须解决好吸附剂的再生问题。一种办法是在空气流动方向上采用两套并联的设备，一套吸湿时，另一套再生，切换使用。另一种方法是采用转动式吸湿设备，干燥与再生同时进行。

4.5.2.3　转轮除湿机

为了使固体吸附剂除湿设备能够连续地工作，可以采用转轮除湿机。它的主体结构和吸湿部件是不断转动着的蜂窝状干燥转轮。该转轮是由特殊复合耐热材料制成的波纹状介质构成，波纹状介质中载有固体吸附剂。按照吸附剂的种类不同，干燥转轮有氯化锂转轮、高效硅胶转轮和分子筛转轮三种，每种转轮均能提供巨大的吸湿表面积（每立方米体积大约有 $300m^2$），所以除湿能力强。

氯化锂转轮除湿机是工程上应用最多的转轮除湿机，其工作原理如图 4-44 所示。载有吸附剂的转轮，被密封条分隔成两个扇形区域：圆心角为 270° 的处理区和圆心角为 90° 的再生区。处理空气进入转轮的处理区后，由于在常温下，转轮中吸附剂的水蒸气分压力低于湿空气的水蒸气分压力，因此，处理空气中的水分被转轮中的吸附剂吸附，除湿后的空气由处理风机送出。与此同时，再生空气经加热后进入再生区，由于在高温下，空气的水蒸气分压力低于转轮中吸附剂的水蒸气分压力，因此，原先吸附的水分被脱附，并随湿空气排至室外，转轮则又恢复了除湿能力。

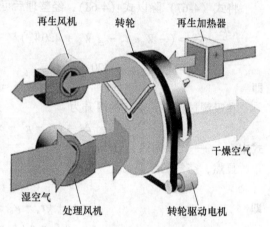

图 4-44　氯化锂转轮除湿机工作原理

氯化锂转轮除湿机由三部分组成：（1）除湿系统包括箱体、吸湿转轮、减速传动装置、通风机和过滤器等；转轮被分隔成大小不等的两部分，3/4 空间为吸湿区，1/4 空间为再生区；为了防止吸湿区和再生区的空气产生窜流，分区的界面采用弹性材料进行密封。（2）再生系统包括箱体、加热器、通风机、过滤器和风阀等，吸湿后的转轮纸在这里被加热而获得再生。（3）控制系统包括传动系统调控、再生温度和电加热器控制和保护、湿度监控等。

氯化锂转轮除湿机的主要特点：（1）转轮为有机材料，性能稳定，使用寿命长；（2）转轮采用蜂窝状结构，吸湿面积大，除湿量大；（3）机组结构紧凑，维护管理方便；（4）适用温度范围宽，可在 -30~40℃ 温度范围内对空气有效地除湿；（5）由于随着温度的降低，氯化锂所含的结晶水增多，因此，在低温低湿状态下，有良好的除湿效果；（6）温度低于 0℃ 时，不会结冰，仍能保持较好的热质交换，因此，很容易获得低露点的干空气；（7）用途宽广，不仅适用于空调，也可用于干燥工艺；由于氯化锂具有强烈的杀菌作用，因此还广泛地用于制药和食品加工领域。

转轮除湿机可应用于高湿地区的地下建筑工程（如地下冷加工车间、城市地下工程），有低温低湿要求的生产厂房（如制药工业、糖果食品工业等）和仓库，产品对环境空气有超低露点要求的场合（如锂电池生产及特殊的科学实验室），生产中干燥工艺系统（如感光材料、化纤或聚酯薄膜生产等）以及防潮工程和各种类型的地下洞库等。

4.5.3　溶液除湿

4.5.3.1　溶液除湿的基本原理

溶液除湿过程，是依靠空气中水蒸气的分压力与除湿溶液表面的饱和蒸汽分压力之间的压力差为推动力而进行质传递的。由于空气中水蒸气的分压力大于溶液表面的饱和蒸汽分压力，所以，水蒸气由气相向液相传递。随着质传递过程的进行，空气的含湿量减少，水蒸气分压力相应减小；与此同时，溶液则因被稀释而表面的饱和蒸汽分压力相应增大。当压差等于零时，质传递过程达到平衡。这时，溶液已没有吸湿能力，必须进行再生（通过对溶液加热升温，使水分蒸发、浓度提升）；利用再生后的浓溶液，继续进行除湿。除湿过程中释放出的部分潜热，由冷却空气带走。

除湿溶液除湿性能的好坏用其表面蒸气压的大小来衡量。由于被处理空气的水蒸气分压力与除湿溶液的表面蒸气压之间的压差是水分由空气向除湿溶液传递的驱动力，因此除湿溶液表面蒸气压越低，在相同的处理条件下，溶液的除湿能力越强，与所接触的湿空气达到平衡时，湿空气的相对湿度越低。溶液的表面蒸气压是溶液温度 t 与浓度 ξ 的函数，随着溶液温度的降低、溶液浓度的升高而降低。当被处理空气与除湿溶液接触达到平衡时，两者的温度与水蒸气分压力分别对应相等。

图 4-45 给出了不同温度与浓度的溴化锂溶液在湿空气焓湿图上的对应状态，溶液的等浓度线与湿空气的等相对湿度线基本重合。对于相同的空气状态 O 与相同浓度、温度不同的溶液（A、B、C）接触，最后达到平衡的空气终状态，溶液的温度越低，其等效含湿量也越低。

在溶液除湿系统中，溶液的性质直接关系到除湿效率和运行情况。常用的除湿液体有溴化锂溶液、氯化锂溶液、氯化钙溶液、乙二醇等。三甘醇是最早用于液体除湿系统的除湿溶液，由于它是有机溶剂，黏度较大，在系统中循环流动时容易发生停滞，黏附于空调系统的表面，影响系统稳定工作；而且，二甘醇、三甘醇等有机物质易挥发，容易进入空调房间，对人体造成危害，已逐渐被金属卤盐溶液所取代。溴化锂、氯化锂等盐溶液虽有一定的腐蚀性，但塑料材料的使用，可以防止盐溶液对管道等设备的腐蚀，而且成本较低。另外，由于盐溶液的沸点（超过 1200℃）非常高，盐溶液不会挥发到空气中污染室内空气，相反还具有除尘杀菌功能，有益于提高室内空气品质，所以盐溶液成为优选的除湿溶液。

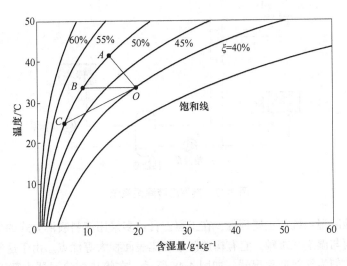

图 4-45 溴化锂溶液除湿过程

使用盐水溶液处理空气时，在理想条件下，被处理的空气状态变化将朝着溶液表面空气层的状态进行，根据盐水溶液的浓度和温度不同，可能实现各种空气处理过程，包括喷水室和表冷器所能实现的各种过程（图 4-46）。空气的除湿处理通常采用图 4-46 上的 $A{\rightarrow}1$、$A{\rightarrow}2$ 和 $A{\rightarrow}$

3 三种过程。其中 $A{\rightarrow}1$ 为升温除湿过程，$A{\rightarrow}2$ 为等温除湿过程，$A{\rightarrow}3$ 为降温除湿过程。在实际工作中，以采用 $A{\rightarrow}3$ 过程的情况为多。

4.5.3.2　溶液除湿系统

为了增加空气和盐水溶液的接触表面，在实际工作中，往往是让被处理的湿空气通过喷液室或填料塔等除湿器，在溶液和空气充分接触的过程中达到除湿目的。盐水溶液吸湿后，浓度和温度将发生变化，为使溶液连续重复使用，需要对稀溶液进行再生处理。在溶液除湿系统中，投入的能量主要是用于除湿溶液的浓缩再生。再生时稀溶液可以由热水（或蒸汽）盘管表面或电热管表面加热而浓缩，也可以由热空气加热而成浓溶液。使用热空气再生的溶液再生器，从构造上看与使用溶液吸湿的空气除湿器几乎没有区别，只不过两者中空气与溶液的热质交换方向相反。图4-47 是一个利用溶液对空调系统新风进行除湿的除湿系统工作原理图，它由除湿器（此处为新风机组的除湿段）、再

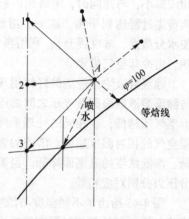

图 4-46　溴化锂溶液除湿过程

生器、储液罐、溶液泵和管路系统组成。溶液除湿系统中，一般采用分散除湿、集中再生的方式，将再生浓缩后的浓溶液分别输送到各个新风机中。利用溶液的吸湿性能实现新风的处理过程，使之承担建筑的全部潜热负荷。

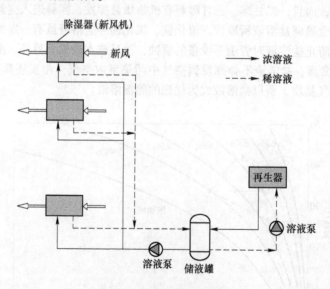

图 4-47　典型溶液除湿系统

除湿器是溶液除湿系统的主要部件，在工程上目前多采用填料喷淋方式的除湿器，即将溶液喷洒在填料上再与湿空气接触，它有构造简单和比表面积大等优点。由于这些除湿器内部无冷却装置，又称它们为绝热型除湿器，如图 4-48 所示。在绝热型除湿器内部吸湿溶液吸收空气中的水分后，绝大部分水蒸气的汽化潜热进入了溶液，使得溶液温度显著升高，同时溶液表面的水蒸气分压力也随之升高，导致其吸湿能力下降。如果此时就将溶液浓缩再生，由于溶液浓度变化太小，会使再生器工作效率很低。为解决这个问题，可以采用内冷型除湿器，即利用冷却水或冷却空气（都不与被处理空气直接接触）将除湿过程放出的热量带走以维持溶液有

较高的吸湿能力。

内冷型结构对装置工艺要求很高，需要严格保证溶液通道与冷却通道的隔绝。由于制造工艺的问题，目前使用较多的仍是填料塔式的绝热型装置。为了充分发挥绝热型和内冷型的优势，江亿等提出了可调温单元喷淋模块（图4-49），模块由级间溶液、级内喷淋的溶液、外部冷/热源组成。由溶液泵作为动力使溶液循环喷洒在塔板上与空气进行湿交换，同时溶液的循环回路中还串联一个中间换热器，吸收湿交换过程中产生的热量或冷量。通过控制中间换热器另一侧的水温和水量，就可使空气在接近等温状态下减湿或加湿。溶液和水之间是交叉流，不可能实现真正的逆流，但如果单元内溶液的循环量足够大，空气通过这样一个单元的湿度变化量又较小时，其不可逆损失可大大减小。

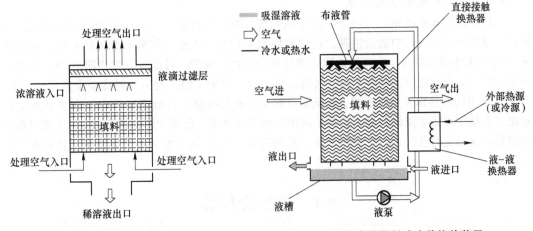

图4-48　绝热型除湿器　　　　　图4-49　气液直接接触式全热换热装置

以图4-49所示的可调温单元模块为基础，多个组合起来，可构建出多种形式的除湿装置（新风机组）与再生装置。图4-50为一个由四个可调温单元串联组成的除湿系统，它采用了两种温度的冷却水冷却除湿过程。浓溶液从出风侧进入新风机组的最后一级除湿，稀溶液从新风机组的进风侧排出回再生器。溶液和空气逆向流动。左边两个单元采用18~21℃的冷却水，以获得更好的除湿效果和得到较低的送风温度。右边两个单元用26~30℃的冷却水，以带走除湿过程产生的潜热。这种冷却水可由冷却塔获得。当室外空气湿度逐渐下降时，冷却水温度也会逐渐下降，当冷却水温下降到一定程度时，左边两个单元可停止运行，只需右边两个单元运

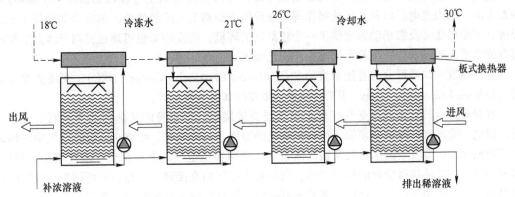

图4-50　四级串联的空气除湿系统

行，当室外湿度下降到要求的送风湿度以下时，可以降低溶液浓度，停止冷却水供应，只利用右边两个单元通过喷洒稀溶液，甚至喷水对空气进行加湿降温。到了冬季还可以将冷却水改为热水，通过喷洒稀溶液或喷水对空气进行加热加湿。由此可见，利用上述装置，通过调整溶液浓度和板式换热器另一侧的水温，就可以实现不同季节、不同工况下的连续转换。图 4-51 为四级串联的空气除湿系统在 h-d 图上的处理过程。

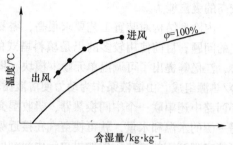

图 4-51　四级串联的空气除湿系统在
h-d 图上的处理过程

4.5.3.3　溶液除湿的优点

与传统的空调系统相比，溶液除湿空调系统具有以下优点：（1）热、湿负荷分开处理，避免了过度冷却和再热的能量损耗，能源利用效率较高，能改善和提高室内热舒适环境的质量；（2）通过喷淋溶液，能有效地除去空气中的尘埃、细菌、霉菌等有害物质；（3）可以采用全新风工况进行运行，提高室内空气的品质；（4）避免了湿工况运行时冷凝水造成的污染；（5）能利用低温热源作为驱动源，为低品位热源的利用提供了有效途径；（6）能方便地实现蓄能（系统中设浓溶液储存器，负荷小时用以储存浓溶液，负荷大时用来除湿），从而减小系统的容量和相应的投资；（7）设备简单，初投资省；（8）具有显著的节能效果，且有利于保护环境。

4.6　蒸发冷却器

蒸发冷却是利用水蒸发吸热产生冷却效果这一众所周知的物理现象。水在空气中具有蒸发能力。在没有别的热源条件下，水与空气间的热湿交换过程是空气将显热传递给水，使空气的温度下降。而由于水的蒸发，不但空气的含湿量要增加，且进入空气的水蒸气带回一些气化潜热。当这两种热量相等时，水温达到空气的湿球温度。只要空气不是饱和的，利用循环水直接（或通过填料层）喷淋空气就可获得降温的效果。在条件允许时可以利用该空气作为送风以降低室温，这种处理空气的方法称为蒸发冷却。

近代蒸发冷却技术是一种环保、高效且经济的冷却方式。它具有较低的冷却设备成本，能大幅度降低用电量和用电高峰期对电能功率的要求，能减少温室气体和 CFC_s 的排放量，因此，广泛应用于居住建筑和公共建筑中的舒适性冷却，并可在传统的工业领域如纺织厂、面粉厂、铸造车间、动力发电厂以及其他热操作等工业建筑中提高工人的舒适性。蒸发冷却降低了干球温度，并给居住者及农场动物提供了一个较舒适的环境。蒸发冷却也可通过控制干球温度和相对湿度水平来改善农作物生长及满足生产工艺要求。

空气蒸发冷却器可分为直接蒸发冷却器（Direct Evaporative Cooler，DEC）、间接蒸发冷却器（Indirect Evaporative Cooler，IEC）和复合蒸发冷却器三种形式。

直接蒸发冷却器是通过空气与淋水填料层直接接触，把自身的显热传递给水而实现冷却的，因此，喷淋水的温度必须低于待处理空气的温度。与此同时，喷淋水因吸收空气中的热量而不断地蒸发，蒸发后的水蒸气又被气流带走，其结果是空气的温度降低、湿度增加。所以，这种用空气的显热换得潜热的处理过程，既可称为空气的直接蒸发冷却，又可称为空气的绝热降温加湿。它适用于低湿度地区，如我国海拉尔—锡林浩特—呼和浩特—西宁—兰州—甘孜一线以西地区（如甘肃、新疆、内蒙古、宁夏等地区）。

但是，在某些情况下，当对待处理空气有进一步的要求，如要求较低含湿量或焓时，就不得不采用间接蒸发冷却技术。间接蒸发冷却技术是利用一股辅助气流先经喷淋水（循环水）直接蒸发冷却，温度降低后，再通过空气-空气换热器来冷却待处理空气（即准备进入室内的空气），并使之降低温度。由此可见，待处理空气通过间接蒸发冷却所实现的不再是等焓加湿降温过程，而是减焓等湿降温过程，从而得以避免由于加湿而把过多的湿量带入室内。故这种间接蒸发冷却器，除了适用于低湿度地区外，在中等湿度地区，如我国哈尔滨—太原—宝鸡—西昌—昆明一线以西地区，也有应用的可能性。

复合蒸发冷却器则是将直接蒸发冷却和间接蒸发冷却组合起来应用的多级蒸发冷却器。

4.6.1 直接蒸发冷却器

4.6.1.1 直接蒸发冷却器的类型

直接蒸发冷却器目前主要有两种类型：一类是将直接蒸发冷却装置与风机组合在一起，称为单元式空气蒸发冷却器；另一类是将该装置设在组合式空气处理机组内作为直接蒸发冷却段。

A 单元式直接蒸发冷却器

单元式空气蒸发冷却器通常是由风机、水泵、集水盘、喷水管路及喷嘴、填料层、自动水位控制器和箱体组成，如图 4-52 所示。室外热空气通过填料，在蒸发冷却的作用下，热空气被冷却。水泵将水从底部的集水箱送到顶部的布水系统，由布水系统均匀地喷淋在填料上，水在重力作用下，回到集水盘。被冷却的空气可通过送风格栅直接送到房间或由送风系统输送到各个房间。蒸发式冷气机的填料层可以设置在箱体的一个表面、两个表面或三个表面上。其出风口位置可以有下出风、侧出风（图 4-52）和上出风三种形式。

图 4-53 所示为另一种结构形式的单元式空气蒸发冷却器。它是由轴流风机、水泵、喷水管路（含水过滤器）、填料层、自排式水管和电控制装置组成，具有加湿和蒸发降温的双重功能。

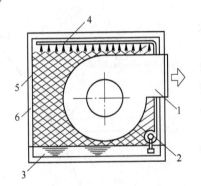
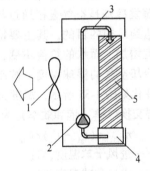

图 4-52　单元式直接蒸发冷却器示意图　　　　图 4-53　另一种结构形式的单元式空气蒸发冷却器
1—离心风机；2—水泵；3—集水盘；　　　　　1—轴流风机；2—水泵；3—喷水管路；
4—喷水管路；5—填料层；6—箱体　　　　　　4—水盘；5—填料层

B 组合式空气处理机组的蒸发冷却段

组合式空气处理机组的蒸发冷却段如图 4-54 所示。它是由填料层、挡水板、水泵、集水箱、喷水管、泵吸入管、溢流管、自动补水管、快速充水管及排水管等组成。

组合式空气处理机组的蒸发冷却段与喷淋段相比，具有更高的冷却效率，由于不需消耗喷嘴前压力（约 0.2MPa），所需的水压很低，用水量也少，因此，较喷淋段节能 10 倍左右；同时，也不会因水质不好而导致喷嘴堵塞现象发生；并且体积比喷淋段小得多，对灰尘的净化效果比喷淋段好。

组合式空气处理机组的蒸发冷却段还兼有加湿段的功能，即前面空气加湿器中提到的湿膜加湿器，达到对空气的加湿处理作用。

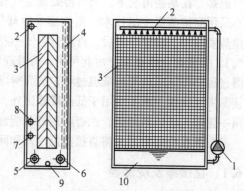

图 4-54　组合式空气处理机组的蒸发冷却段
1—水泵；2—喷水管；3—填料层；4—挡水板；
5—泵吸入管；6—溢流管；7—自动补水；8—快速
充水管；9—排水管；10—集水箱

4.6.1.2　直接蒸发冷却器填料的性能

填料或介质是直接蒸发冷却器的核心部件。理想的填料应具有以下特征：（1）气流阻力最小；（2）有最大的空气-水接触面积；（3）水流均匀分布；（4）能阻止化学或生物的分解退化；（5）具有自我清洁空气中尘埃的能力；（6）经久耐用，使用周期性能保持稳定；（7）经济性好。

实际上，所有的填料均达不到这样的理想性能，因此只能选取其中的一些优点。

目前，常用的填料有有机填料、无机填料和金属填料三类。有机填料如瑞典 Munters 公司的 CELdek，它是由加入了特殊化学原料的植物纤维纸浆制成。$1m^3$ 的 CELdek 填料可提供 $440 \sim 660m^2$ 的接触面积。无机填料如 Munter 公司的 GLASdek，它是以玻璃纤维为基材，经特殊成分树脂浸泡，再经烧结处理的高分子复合材料。GLASdek 填料具有较强的吸水性，$1m^3$ 的 GLASdek 可吸水 100kg。金属材料主要有铝合金填料和不锈钢填料两种，金属铝箔填料的比表面积为 $400 \sim 500m^2/m^3$。从填料的热工性能来看，三种填料中 GLASdek 最好。但综合考虑填料的防腐、耐久、防火、除尘及经济等性能，金属填料的综合性能最好，因此，目前在工程中应用最广。

4.6.1.3　直接蒸发冷却器的性能评价

直接蒸发冷却是空气直接通过与湿表面接触使水分蒸发而达到冷却的目的，其主要特点是空气在降温的同时湿度增加，而水的焓值不变，其理论最低温度可达到被冷却空气的湿球温度。被冷却空气在整个过程的焓湿变化如图 4-55 所示，温度由 t_{g1} 沿等焓线降到 t_{g2}，其热湿交换效率（饱和效率）为

$$\eta_{DEC} = (t_{g1} - t_{g2})/(t_{g1} - t_{s1}) \qquad (4-72)$$

式中　t_{g1}——进风干球温度，℃；

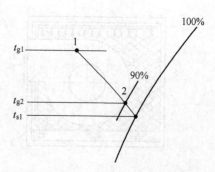

图 4-55　直接蒸发冷却过程的 $h\text{-}d$ 图

　　　　t_{g2}——出风干球温度，℃；

　　　　t_{s1}——进风湿球温度，℃。

直接蒸发冷却空调的经济性能可用能效比 EER_{DEC} 进行评价：

$$EER_{DEC} = EER \frac{\Delta t_{des}}{\Delta t_{avr}} \qquad (4-73)$$

式中　EER——按常规制冷模式计算的直接蒸发冷却空调的能效比；

　　　　Δt_{des}——当地设计干湿球温度差，℃；

　　　　Δt_{avr}——供冷期平均干湿球温度差，℃。

对于直接蒸发冷却空调系统，仅用上述经济指标还不够。由于常规制冷有回风，而蒸发冷却的冷风送入房间，进行热湿交换后，直接被排出室外，由此产生的损失与室外干湿球温度差、送风量呈正比关系，而与送风温差呈反比。因此，蒸发冷却过程的冷量损失较常规系统要大一些，在全面评价直接蒸发冷却空调系统的经济性能时，必须考虑这部分冷损失。

4.6.2 间接蒸发冷却器

间接蒸发冷却器的核心构件是空气-空气换热器。与直接蒸发冷却器不同的是，它不增加被处理空气的湿度。当空气通过换热器的一侧时，用水蒸发冷却换热器的另一侧，则温度降低。通常称被冷却的干侧空气为一次空气，而称蒸发冷却发生的湿侧空气为二次空气。间接蒸发冷却器具有两个互不连通的空气通道。让循环水和二次空气相接触产生蒸发冷却效果的是湿通道（湿侧），而让一次空气通过的是干通道（干侧）。借助两个通道的间壁，使一次空气得到冷却。

4.6.2.1 间接蒸发冷却器的类型

目前，常用的间接蒸发冷却器主要有板翅式、管式和热管式三种。

（1）板翅式间接蒸发冷却器。板翅式间接蒸发冷却器是目前应用最多的间接蒸发冷却器形式。它的核心是板翅式换热器，其结构如图4-56所示。换热器所采用的材料为金属薄板（铝箔）和高分子材料（塑料等）。板翅式间接蒸发冷却器中的二次空气可以来自室外新风、房间排风或部分一次空气。一、二次空气侧均需要设置排风机。一、二次空气的比例对板翅式间接蒸发冷却器的冷却效率影响较大。

（2）管式间接蒸发冷却器。管式间接蒸发冷却器的结构如图4-57所示。目前，常用的管式间接蒸发冷却器的管子断面形状有圆形和椭圆形（异形管）两种。所采用的材料有聚氯乙烯等高分子材料和铝箔等金属材料。管外包覆有吸水性纤维材料，使管外侧保持一定的水分，以增强蒸发冷却的效果。这层吸水性纤维套对管式间接蒸发冷却器的冷却效率影响很大。喷淋在蒸发冷却管束外表面的循环水，是通过上部多孔板淋水盘来实现的。

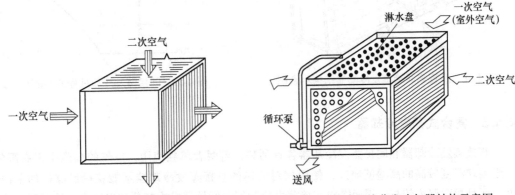

图4-56 板翅式间接蒸发冷却器结构示意图　　　图4-57 管式间接蒸发冷却器结构示意图

（3）热管式间接蒸发冷却器。热管是依靠自身内部工作液体相变来实现传热的元件。热管由于热传递速度快、传热温降小、结构简单和易控制等特点，因而广泛应用于空调系统热回收和热控制。

热管式间接蒸发冷却器的核心是热管换热器，其结构如图4-58所示。与一般的热管换热器不同的是：一次空气通过热管换热器的蒸发段被冷却，冷凝段散发的热量由直接淋在冷凝段的水和二次空气带走。

按热管的冷凝段与蒸发冷却的结合形式，热管式间接蒸发冷却器有三种形式：填料层直接蒸发冷却与热管冷凝段结合、冷凝段盘管直接喷淋、喷水室直接蒸发冷却与热管冷凝段结合。第二种形式的热交换性能更好，且占用空间小，因此目前得到广泛的应用。第三种形式的压降最小，并可在很大设计条件范围内工作。

4.6.2.2 间接蒸发冷却器的性能评价

间接蒸发冷却器是通过换热器使被冷却空气（一次气流）不与水接触，利用另一股气流（二次气流）与水接触让水分蒸发吸收周围环境的热量而降低空气和其他介质的温度。一次气流的冷却和水的蒸发分别在两个通道内完成，因此间接蒸发冷却的主要特点是降低了温度并保持了一次气流的湿度不变，其理论最低温度可降至二次气流的湿球温度。间接蒸发冷却过程的 h-d 图如图4-59所示，温度由 t_{g1} 沿等湿线降到 t_{g2}，其热湿交换效率为

$$\eta_{DEC} = (t_{g1} - t_{g2})/(t_{g1} - t'_{s1}) \tag{4-74}$$

式中 t_{g1}——次空气进口干球温度，℃；

       t_{g2}——次空气出口干球温度，℃；

       t'_{s1}——二次空气进口湿球温度，℃。

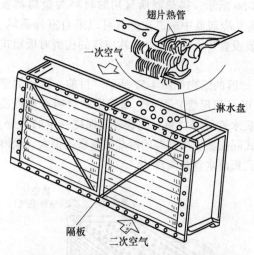

图4-58 热管式间接蒸发冷却器结构示意图

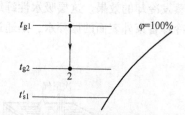

图4-59 间接蒸发冷却过程的 h-d 图

4.6.3 复合式蒸发冷却器

直接蒸发冷却器和间接蒸发冷却器各有利弊，若两者单独使用，空气的温降是很有限的。对于湿球温度较高的高湿度地区，使用相对简单的直接蒸发冷却器不能获得足够低的室内温度，而且相对湿度较高。因而需将直接蒸发冷却器与间接蒸发冷却器加以结合，构成复合式蒸发冷却器（多级蒸发冷却器），即第一级采用间接蒸发冷却器，第二级采用直接蒸发冷却器的两级蒸发冷却器。结果是从复合式蒸发冷却器出来的最终的空气温度，通常比仅采用直接蒸发冷却空调器所获得的温度要低3.5℃左右，这相当于把蒸发冷却空调的应用扩大到湿球温度较高的地区。

复合式蒸发冷却器常见的复合形式有以下三种：

（1）间接蒸发冷却器+直接蒸发冷却器的复合式蒸发冷却器（两级复合式蒸发冷却器）。

通常有两种复合形式：一是冷却塔供冷型间接蒸发冷却器与直接蒸发冷却器的结合，也称为外冷型复合式蒸发冷却器，如图 4-60 所示；二是其他形式的间接蒸发冷却器（板翅式、管式、热管式、转轮式、露点式等）与直接蒸发冷却器的结合，也称为内冷型复合式蒸发冷却器，如图 4-61 所示。

（2）二级间接蒸发冷却器+直接蒸发冷却器（三级复合式蒸发冷却器）。有两种复合形式：一是外冷式间接蒸发冷却器+内冷式间接蒸发冷却器+直接蒸发冷却器；二是二级内冷式间接蒸发冷却器与直接蒸发冷却器的结合。

（3）间接蒸发冷却器+直接蒸发冷却器+机械制冷空气冷却器（三级联合式蒸发冷却器）。这是另外一种三级蒸发冷却器的复合形式。第三级的机械制冷空气冷却器盘管放置在直接蒸发冷却器的后部。在这种布置中，由于需要一个较低的盘管表面温度来冷凝由直接蒸发冷却器所吸入的水蒸气，因此常规的空调设备运行效率较低。若将第三级的空气冷却器盘管放置于直接蒸发冷却器之前，可提高空调设备的运行效率，但由于盘管表面易干，因此要求盘管大一些。

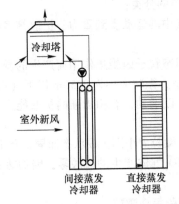

图 4-60　外冷型复合式蒸发冷却器示意图

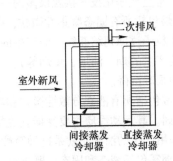

图 4-61　内冷型复合式蒸发冷却器示意图

4.7　空气的净化处理

空气中含有许多尘埃和有害气体，虽然含量甚微，却会对人体的健康造成危害，而且会影响生产工艺过程和产品质量。空调系统中，被处理的空气主要为新风和回风，新风中有大气尘，回风中因室内人员活动和工艺过程的污染也带有微粒和其他污染物质。因此，一些空调房间或生产工艺过程，除对空气的温湿度有一定要求外，还对空气的洁净程度有要求。空气净化指的是去除空气中的污染物质，以控制房间或空间内空气达到洁净要求的技术。

按污染物的存在状态可将室内空气污染物分为气溶胶状态污染物（俗称微粒）和气体状态污染物。室内的气溶胶污染物一般采用纤维过滤和静电捕集技术除去，而室内气体污染物可以采用吸附法、光催化法、离子化法、臭氧法除去。

4.7.1　微粒捕集技术基础

4.7.1.1　微粒的分类

气溶胶状态污染物俗称微粒，指固体粒子、液体粒子或它们在气体介质中的悬浮体。根据不同的分类原则，可将其分为不同的类型。

（1）按生成方式可分为：1）有机性微粒，如植物纤维，动物毛、发、角质、皮屑，化学染料和塑料等；2）无机性微粒，如金属尘粒、矿物尘粒和建材尘粒等；3）生物微粒，如各种藻类、菌类、原生动物和病毒等。

（2）按微粒的来源可分为：1）分散性微粒是指固体或液体在分裂、破碎、气流和振荡等作用下变成的悬浮态物质。其中固态分散性微粒是形状完全不规则的粒子，或是由集结不紧、凝并松散的粒子组成的形状极不相同的集合体。液态分散性微粒是规则球形粒子。2）凝集性微粒是指通过燃烧、升华、蒸气，以及气体反应而形成的粒子。其中，固态凝集性微粒一般是由数目很多的有着规则结晶形状的粒子或者球状原生粒子构成的松散集合体。

（3）微粒的大小范围为 $10^{-7} \sim 10^{-1} cm$，随着微粒大小的变化，它的物理性质和捕集规律都发生变化。根据微粒大小可分为：1）可见微粒，肉眼可见，直径大于 $10 \mu m$；2）显微微粒，在普通显微镜下可以看见，直径为 $0.25 \sim 10 \mu m$；3）超显微微粒，在超显微镜或电子显微镜下可以看见，直径小于 $0.25 \mu m$。

（4）在气溶胶技术领域中，经常采用如"灰尘"、"烟"、"雾"等术语，空气净化技术中的一些名词概念也常涉及这些术语，这些就是对微粒的俗称分类：

1）灰尘包括所有固态分散性微粒。这类微粒在空气中的运动受到重力、扩散等多种因素的作用，是空气净化技术接触最多的一种微粒。

2）烟包括所有固态凝集性微粒，以及液态粒子和固态粒子因凝集作用而产生的微粒，还有从液态粒子过滤到结晶粒子而产生的微粒。一般情况下，微粒大小为 $0.5 \mu m$ 以下（如香烟、木材燃烧产生的烟，油烟，煤烟等），在空气中主要呈布朗运动，有相当强的扩散能力，在静止空气中很难沉降。

3）雾包括所有液态分散性微粒和液态凝集性微粒。微粒大小因生成状态而异，介于 $0.1 \sim 10 \mu m$ 之间。其运动性质主要受斯托克斯定律支配。如 SO_2 气体产生的硫酸雾，因加热和压缩空气的作用产生的油雾，就是这种微粒。

4）烟雾包括液态和固态，既含有分散性微粒又含有凝集性微粒。

4.7.1.2　微粒的粒径分布

表征气溶胶粒子的性质包括微粒的形状、大小、密度、粒径分布及浓度等物理因素，有时也需了解其化学成分。除液体微粒外，固体微粒的形状一般不是球形，因此其大小的度量有多种方法。显微镜下统计粒子的大小可用一维投影长度来表示粒径，称为定向粒径。用光散射式粒子计数仪计量粒径时，则意味着该粒子当量于同样散射光强的某一直径的标准球形粒子。

空气介质中的粒子群如果具有相同的粒径，则可称为单分散气溶胶，如果粒径不同，则属于多分散气溶胶。多分散气溶胶的粒子粒径在测量与统计时，宜采用分组的方法，并以其粒数加权的平均粒径作为该组粒子的代表粒径，即

$$d_p = \frac{\sum n_i d_{pi}}{\sum n_i} \tag{4-75}$$

式中　n_i，d_{pi}——分别为分组范围内 i 种粒子的数量和粒径。

利用这种分组方法即可将多分散气溶胶的分档粒子数加以统计并可用直方图来描述其粒子分布的情况。以实测的大气尘为例，其粒子分布可见表 4-7。在所分组的粒径范围内，大气尘中的大颗粒粒子，按质量计在粒子总量中占比例很大，但按个数计则所占比例很小。

空气净化所涉及的微粒一般在 $10 \mu m$ 以下，而大于 $10 \mu m$ 的粒子不仅数量少且易于捕集。

基于大气尘的测量数据结果，在一定粒径范围内大于和等于某一粒径的未知粒子总数与大于和等于 $0.5 \mu m$ 的粒子总数之间在对数坐标上近似呈线性关系，可写成

$$\frac{N_{d_i}}{N_{0.5}} = \left(\frac{d_i}{0.5}\right)^{-\alpha} \tag{4-76}$$

式中　N_{d_i}——粒径不小于 d_i 的粒子总数；

　　　$N_{0.5}$——粒径不小于 $0.5\mu m$ 的粒子总数；

　　　α——经验指数，可取 $\alpha = 2.2$。

因此，可以用式（4-76）来推算大于和等于某一粒径的粒子总数，但这一经验式对于粒径过大和过小的粒子总数推算误差较大。

表 4-7　实测的大气尘粒子分布

粒子分组/μm	各组所占比例/%	
	按质量计	按个数计
<0.5	1	91.68
0.5~1.0	2	6.78
1.0~3.0	6	1.07
3.0~5.0	11	0.25
5.0~10.0	52	0.17
10.0~30.0	28	0.05

4.7.1.3　微粒捕集原理

将固态或液态微粒从气流中分离出来的方法主要包括机械分离、电力分离、洗涤分离和过滤分离。室内空气中微粒浓度低、尺寸小，而且要确保可靠的末级捕集效果，所以主要采用纤维过滤分离来清除气流中的微粒，其次也常采用静电捕集方法。

A　纤维过滤器的滤尘机理

纤维过滤器的滤料有玻璃纤维、合成纤维、石棉纤维和无纺布制成的滤纸或滤布等。这类滤料或滤布由细微的纤维层紧密地错综排列，形成一个具有无数网眼的稠密的过滤层，纤维上没有任何黏性物质。纤维介质对含尘空气的过滤机理是错综复杂的，一般是下列效应的综合结果：拦截效应、惯性效应、扩散效应、重力效应、静电效应、热升力效应、范德瓦尔斯力效应等。

a　拦截效应

在纤维层内纤维错综复杂地排列形成无数的网格。对于粒径在亚微米范围内的微粒，可以认为没有惯性，微粒随着气流流线运动。当某尺寸的微粒沿流线刚好运动到纤维表面附近时，假如从流线到纤维表面的距离等于或小于微粒的半径，微粒就在纤维表面沉积下来，这种作用称为拦截效应，如图 4-62（a）所示。此外，当微粒的尺寸大于纤维的网眼时，微粒就不能穿透纤维层，这种作用称为筛子效应，如图 4-62（b）所示。筛子效应也是拦截效应的一种，或被单独称为过滤效应。

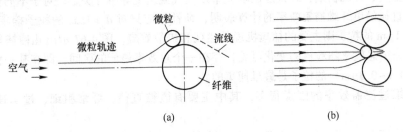

(a)　　　　　　　　　　　　(b)

图 4-62　拦截效应示意图

b　惯性效应

由于纤维排列复杂，气流在纤维层内穿过时，其流线必然要多次转弯。当微粒质量较大或速度（可以看成等于气流的速度）较大时，在流线拐弯时，微粒由于惯性来不及跟随流线同时绕过纤维，而仍保持其原有的运动方向，碰撞在纤维上沉积下来，如图 4-63 所示。惯性效应随尘粒质量和过滤风速的增加而增大。

　　c　扩散效应

由于气体分子热运动对微粒的碰撞使微粒产生布朗运动，由于这种布朗运动，那些较小粒子随流体流动的轨迹与流线不一致。粒子的尺寸越小，布朗运动的强度越大，在常温下 0.1μm 的微粒每秒钟扩散距离可达到 17μm，这就使粒子有更大的机会接触并沉积到纤维表面，如图 4-64 所示。但直径大于 0.5μm 的粒子布朗运动会减弱许多，不能单靠布朗运动使其离开流线而碰撞到纤维的表面。

图 4-63　惯性效应示意图　　　　　　　　图 4-64　扩散效应示意图

　　d　重力效应

微粒通过纤维层时，在重力作用下微粒脱离流线而沉积下来，如图 4-65 所示。粒子的粒径越小，重力的作用就越小，通常对 0.5μm 以下的微粒重力作用可以忽略不计。

　　e　静电效应

含尘气流通过纤维滤料时，由于摩擦，使纤维和微粒都可能带上电荷，或者在生产过程中使纤维带电，从而产生吸引微粒的静电效应，如图 4-66 所示。但若是摩擦带电，则这种电荷不能长时间存在，电场强度也弱，产生的吸引力很小。

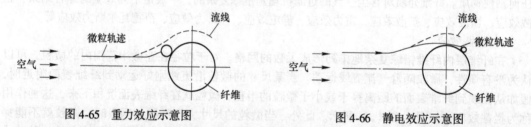

图 4-65　重力效应示意图　　　　　　　　图 4-66　静电效应示意图

在纤维过滤器内，微粒的被捕集，可能是由于一种或某几种机理的共同作用，这要根据微粒的尺寸、密度、纤维粗细、纤维层的填充率以及气流速度等条件决定。对于不同粒径的粒子在某种纤维直径的单纤维捕集效率的计算表明，惯性效应只对 $d_p>1\mu m$ 的粒子捕集是有效的，而对于小于 1μm 的粒子则主要的捕集机理是拦截和扩散效应。图 4-67 示出几种捕集效应的效率及总效率。由总效率随粒径的变化可见，存在一个总效率最低的区间，即在某一粒径范围内（一般认为 0.1~0.3μm）的粒子是最难捕集的。

影响纤维过滤器效率的因素很多，其中主要有微粒直径、纤维粗细、过滤速度和填充率等。

　　B　黏性填料（滤料）过滤器的滤尘机理

黏性填料过滤器的填料有金属网格、玻璃丝（直径约为 20μm）、金属丝等。填料上浸涂黏性油。当含悬浮微粒的空气流经填料时，沿填料的空隙通道进行多次曲折运动，微粒在惯性力作用下，偏离气流方向，并碰到黏性油被黏住，即被捕获。

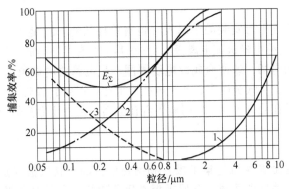

图 4-67 捕集效率与粒径的关系

1—惯性；2—拦截；3—扩散

黏性填料过滤器的过滤机理主要是尘粒的惯性和黏住效应的作用结果，筛滤作用是很小的。

C 静电过滤技术

空调工程中使用的静电过滤器通常采用双区式电场结构，即把电离极和集尘极分开，第一区为电离区（使微粒荷电）、第二区为集尘区（使微粒沉积）。相较于单区式，双区式可以将电离极的电压降到 10～12kV，还可以采用多块集尘极板，增大集尘面积，缩小极板间距离，因而集尘极可以用几千伏的电压，这样设备更安全。静电过滤器的工作原理及结构如图 4-68 所示。

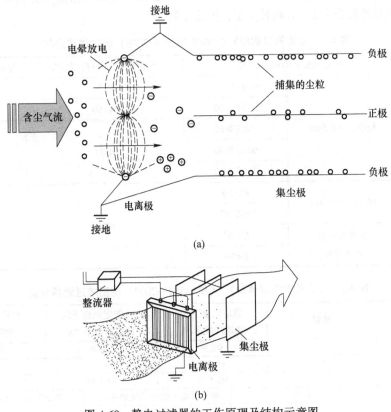

图 4-68 静电过滤器的工作原理及结构示意图

(a) 集尘原理；(b) 结构示意图

　　a　电离区

电离区在一组等距离平行安装的金属板（也有管柱状的）接地电极之间，布有金属放电线（如 0.2mm 钨丝，也称电晕极或电离极），并在其上加有足够高的直流正电压，放电线与接地电极之间形成不均匀电场，致使金属放电线周围产生电晕放电现象（一圈淡蓝色的光环），含尘空气经过电离极时，空气被电离，使放电线周围充满正离子和电子，电子移向放电线，并在其上中和，而正离子在遇有中性尘粒时就附着在上面，使中性尘粒带上正电荷，然后，随气流流入集尘区。

　　b　集尘区

集尘区由一组接地金属极板（集尘极）和高正电位的金属极板（加有 5000V 直流电压）按平行于气流的方向交替排列而成，金属极板常用薄铝板。在各对电极之间形成一个均匀电场。当来自电离区的带有正电荷的尘粒进入均匀电场后，在强大的电场作用下，尘粒便沉积在负极性的接地极板上。

静电过滤器的过滤效率主要取决于电场强度、气溶胶流速、尘粒大小及集尘板的几何尺寸等。

4.7.2　空气过滤器

4.7.2.1　空气过滤器的分类

按过滤器的效率一般可分为粗效过滤器、中效过滤器和高效过滤器。在国家标准《空气过滤器》（GB/T 14295—2008）中把空气过滤器分为粗效、中效、高中效和亚高效四种类型，见表 4-8；国家标准《高效空气过滤器》（GB 13554—2008）把高效过滤器分为 A、B、C 三种类型，超高效过滤器分为 D、E 两种类型，见表 4-9。

表 4-8　《空气过滤器》（GB/T 14295—2008）的过滤器分类

类　别	额定风量下的效率 $E/\%$		额定风量下的初阻力/Pa	迎面风速/m·s^{-1}
亚高效		$99.9>E\geqslant95$	≤120	1.5
高中效		$95>E\geqslant70$	≤100	2
中效Ⅰ	粒径，≥0.5μm	$70>E\geqslant60$	≤80	2.5
中效Ⅱ		$60>E\geqslant40$		
中效Ⅲ		$40>E\geqslant10$		
粗效Ⅰ	粒径，≥2.0μm	$E\geqslant50$	≤50	3
粗效Ⅱ		$50>E\geqslant20$		
粗效Ⅲ	标准人工尘 计重效率	$E\geqslant50$		
粗效Ⅳ		$E<50$		

表 4-9　《高效空气过滤器》（GB 13554—2008）的高效过滤器分类

	类别	额定风量下的钠焰法效率/%	20%额定风量下的钠焰法效率/%	额定风量下的初阻力/Pa
高效 过滤器	A	99.9	无要求	≤190
	B	99.99	99.99	≤220
	C	99.999	99.999	≤250
超高效 过滤器	类别	额定风量下的计数法效率/%		额定风量下的初阻力/Pa
	D	99.999		≤250
	E	99.9999		≤250

4.7.2.2　常用空气过滤器

A　纤维过滤器

a　粗效过滤器

粗效过滤器的过滤对象是 $10\sim100\mu m$ 的大颗粒尘埃，主要用于空调通风系统的新风过滤和中效过滤器的预过滤器。过滤材料一般为自然或人造纤维，如玻璃纤维、胶粘金属丝网以及无纺布。其滤芯的结构形式可以是平板式、折叠式、袋式和自动卷绕式，如图4-69所示。平板式过滤器结构简单，具有价格便宜、阻力小、风量大、寿命长的优点，但过滤面积小、容尘量小。袋式过滤器过滤面积大，容尘量大，强度高，使用无纺布滤料，不掉毛，可以清洗。为减少清洗过滤器的工作量，并提高运转维护水平，可以采用自动卷绕式空气过滤器，但自动卷绕式结构稍显复杂，占用空间大，更换滤料不太方便，在集中空调系统中一般不使用。净化空调用粗效过滤器严禁选用浸油过滤器。

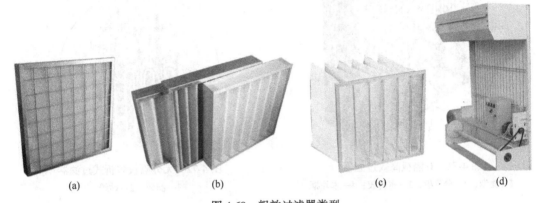

(a)　　　　　　(b)　　　　　　(c)　　　　　　(d)

图4-69　粗效过滤器类型

（a）平板式过滤器；（b）折叠式过滤器；（c）袋式过滤器；（d）自动卷绕式过滤器

b　中效过滤器

中效过滤器的主要滤料是玻璃纤维（比粗效过滤器用玻璃纤维直径小，约 $10\mu m$ 左右）、人造纤维（涤纶、丙纶、腈纶等）合成的无纺布及中细孔聚乙烯泡沫塑料等。中效过滤器用泡沫塑料和无纺布为滤料时，可以洗净后再用，玻璃纤维过滤器则需要更换。中效过滤器通常制成袋式或抽屉式（图4-70），具有很宽的效率范围。中效过滤器的过滤对象主要是 $1\sim10\mu m$ 的悬浮颗粒。此类过滤器主要用于净化空调系统的新风和回风过滤，并作为中高效或高效过滤器的预过滤器，达到延长高效过滤器使用周期的目的。

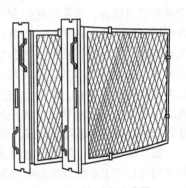

图4-70　抽屉式过滤器

c　高中效过滤器

高中效过滤器可用作一般净化程度系统的末端过滤器，也可作为保护高效过滤器的中间过滤器。此类过滤器主要用于截留 $1\sim5\mu m$ 的悬浮颗粒。

d　亚高效过滤器

亚高效过滤器既可作为洁净室末端过滤器使用，达到一定的空气洁净度级别；也可用作高效过滤器的预过滤器，进一步提高和确保送风的洁净度；还可作为新风的末级过滤，以提高新风品质。亚高效过滤器主要采用玻璃纤维滤纸、棉短纤维滤纸等，过滤对象为直径 $1\mu m$ 以下的亚微米微粒。

e 高效过滤器

目前，国产高效过滤器的滤芯材料主要有超细玻璃纤维纸、合成纤维纸和石棉纤维纸等，主要用于过滤 0.5μm 的微粒。国产高效过滤器的滤芯结构分为有隔板（图 4-71）和无隔板（图 4-72）两类。近年来，由于各种无纺布、玻璃纤维等新滤材的不断推新，材质强度大为改善，极大增加了无隔板过滤器的过滤面积，同时降低了滤速和阻力，保证了过滤器具有较高过滤效率和较大的容尘量。此类过滤器主要用于有净化要求的微电子生产车间、药品生产车间、精密制造车间以及医院手术室。高效过滤器通常需要粗效或中效过滤器作为前级保护，以延长其使用寿命。

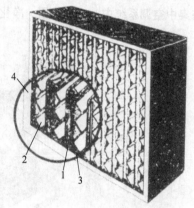

图 4-71 有隔板高效过滤器

1—滤纸；2—分隔板；3—密封胶；4—木外框

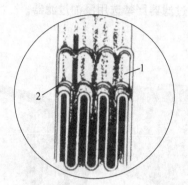

图 4-72 无分隔板多折式过滤器

1—滤料；2—贴线

B 静电过滤器

静电过滤器（图 4-73）是在工业静电除尘器的基础上发展起来的室内空气净化设备，现已被大量应用于各种室内场合，是管道式空调与新风净化系统中最常用的空气净化设备之一。静电过滤器属于亚高效空气过滤器，去除空气中颗粒物的效率很高，能够捕集小至 0.1μm 左右的微粒。与纤维式过滤器相比，静电过滤器具有效率稳定、阻力低的显著特点。静电过滤器既可作为洁净室末端过滤器使用，也可用作高效过滤器的预过滤器，还可作为新风的末级过滤。

图 4-73 静电过滤器

需要指出的是，静电过滤技术在室内空气净化中的应用与用于工业粉尘治理的主要区别是：工业除尘的目的是去除工业生产过程中产生的粉尘，以防止其污染大气环境；而用于空气净化中的目的是对含尘浓度相对较低的空气，经净化处理后送入室内，满足室内洁净度的要求。另一区别是：空气净化用的静电过滤器是采用正电晕放电，这与工业上用的电除尘器采用的负电极刚好相反，由于正电晕易从电晕放电向火花放电转移，因此只能施加较低的荷电电压。

4.7.2.3 空气过滤器的性能

表征空气过滤器性能的主要指标为过滤效率、面速、滤速、阻力和容尘量。

A 过滤效率

单级过滤器的效率 η 为

$$\eta = \frac{n_1 - n_2}{n_1} = \left(1 - \frac{n_1}{n_2}\right) \times 100\% = (1 - p) \times 100\% \qquad (4\text{-}77)$$

式中　n_1，n_2——过滤器前后的空气含尘浓度；

　　　　p——过滤器的穿透率。

当含尘浓度以质量浓度表示时，为计重效率；当含尘浓度以大于或等于某一粒径的颗粒数表示时，为计数效率；以某一粒径范围内的颗粒数表示时，为分组计数效率。

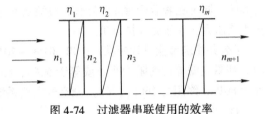

图 4-74　过滤器串联使用的效率

不同过滤器串联使用（图 4-74）时，总效率可由下式求得

$$\eta = 1 - (1 - \eta_1)(1 - \eta_2)\cdots(1 - \eta_m) \qquad (4\text{-}78)$$

或

$$\eta = 1 - p_1 p_2 \cdots p_m \qquad (4\text{-}79)$$

式中　η_1，η_2，$\cdots$，η_m——各级过滤器的效率；

　　　　p_1，p_2，$\cdots$，p_m——各级过滤器的穿透率。

B 面速和滤速

面速和滤速是衡量过滤器处理能力的参数。面速（m/s）是指过滤器断面上通过气流的速度，即

$$u = \frac{Q}{F \times 3600} \qquad (4\text{-}80)$$

式中　Q——风量，m^3/h；

　　　　F——过滤器截面积即迎风面积，m^2。

面速反映过滤器的处理能力和占地面积，面速越大，占地面积越小。因而面速是反映过滤器结构特性的重要参数。

滤速（$L/(cm^2 \cdot min)$）是指通过滤料的气流速度，即

$$v = \frac{Q \times 10^3}{f \times 10^4 \times 60} = 1.67 \frac{Q}{f} \times 10^{-3} \qquad (4\text{-}81)$$

式中　f——滤料净面积，m^2。

滤速反映滤料的通过能力，特别是反映滤料的过滤性能。在特定的过滤器结构条件下，额定风量可全面反映过滤器的面速和滤速，在相同的截面积下，希望允许的额定风量越大越好。

C 阻力

过滤器的阻力一般包括滤料阻力和结构（如框架、分隔片及保护面层等）阻力。若以迎面风速 u_0 为变量，经过实验可得出新过滤器阻力（Pa）的经验表达式为

$$\Delta p = A u_0 + B u_0^m \qquad (4\text{-}82)$$

式中　A，B，m——经验系数与指数；

　　　　$A u_0$——滤料阻力；

　　　　$B u_0^m$——结构阻力。

在以气溶胶通过滤料的流速 u 为变量时，过滤器阻力的经验式为

$$\Delta p = \alpha u^n \qquad (4\text{-}83)$$

式中　α，n——经验系数与指数，一般过滤器 α 取 3~10，n 取 1~2。

由式（4-82）和式（4-83）可见，新过滤器的阻力随迎面风速或通过滤料的流速增大而增加。同时，实验研究结果也证明，过滤效率随滤速的增大而降低。因此，确定了适宜的滤速和过滤面积后，适宜的过滤风量即可确定，此风量一般称为额定风量。在额定风量下新过滤器的阻力称为初阻力。

空调净化系统的过滤器阻力在系统的总阻力损失中占有相当大的份额，对系统的能耗有重要影响。同时随着运行时间的延长，过滤器积尘使阻力逐渐增大。一般取过滤器初阻力的两倍作为终阻力，并按此选择风机。

《公共建筑节能设计标准》（GB 50189—2015）规定选配空气过滤器时，应符合下列要求：（1）粗效过滤器的初阻力小于或等于 50Pa，终阻力 100Pa；（2）中效过滤器的初阻力小于或等于 80Pa，终阻力 160Pa；（3）全空气空调系统的过滤器，应能满足全新风运行的要求。

D　容尘量

在额定风量下，过滤器的阻力达到终阻力时，其所容纳的粉尘量称为该过滤器的容尘量。容尘量是和使用期限有直接关系的指标。由于滤料的性质不同，粒子的组成、形状、粒径、密度、黏滞性及浓度的不同，因此过滤器的容尘量也有较大的变化范围。一般规定，当阻力为初阻力的 2~4 倍时的积尘量为容尘量。

空调净化常用过滤器的性能见表 4-10。

表 4-10　常用空气过滤器的性能

过滤器类型	有效捕集粒径/μm	适应的含尘浓度	过滤效率/%			压力损失/Pa	容尘量/g·m⁻²	备　注
			计重法	比色法	DOP 法			
粗效过滤器	>5	中~大	<65~90	—	—	30~200	500~200	滤速以 m/s 计
中效过滤器	>1	中	—	40~95	20~80	80~300	300~800	滤速以 dm/s 计
亚高效过滤器	<1	小	—	—	85~98	150~400	70~250	滤速以 cm/s 计
高效过滤器	>0.5	小	—	—	99.9~99.99（一般指≥99.97%）	200~450	50~70	
超高效过滤器	>0.1	小	—	—	≥99.997	150~350	30~50	迎面风速不大于 1m/s
静电过滤器	<1	小	>99	>80	60~95	80~100	60~75	

注：含尘浓度大是指 0.4~7mg/m³；中是指 0.1~0.6mg/m³；小是指 0.3mg/m³ 以下。

4.7.2.4　空气过滤器效率的检测

同一过滤器采用不同的检测方法，其效率值是不同的。用式（4-78）计算串联过滤器的总效率时，必须用同一种方法测定各级过滤器效率值。同时，应该考虑经前级过滤后，由于进入次级过滤器的尘粒粒径分布频数的变化对次级过滤器效率的影响。

过滤器效率的检测方法较多，采用哪种检测方法取决于方法本身的适用性。例如，计重法是靠称量过滤器前后采样的重量变化来计算出效率值，而高效过滤器的穿透率小，在过滤器下游的采样量变化就重量而言是难以辨识的，因此，测出的效率值总接近 100%，所以计重法就不适用于高效过滤器的检测。

过滤器效率检测的主要方法如下：

（1）计重效率法（Arestance）。计重效率法采用高浓度的人工尘，粒径大于大气尘，其成分有尘土、炭黑和短纤维，按一定比例构成，在过滤器前、后测出其含尘质量后计算效率。该法适用于粗效过滤器的检测。

（2）比色法（Dust spot）。其工作原理是在过滤器前后分别用滤纸或滤膜采样，采样后将滤纸放在一定的光源下照射，按透光量的大小用光电管比色计（光电光密度计）测出过滤器前后采样滤纸的透光度，利用光密度与积尘量呈正比的关系算出过滤效率。该法可用大气尘作尘源，适用于中效过滤器的检测。

（3）粒子计数法（Particle Efficiency）。其工作原理是利用粒子的光散射特性。当粒子通过强光源照射的测量区时，每一粒子均产生一次光散射，形成一个光脉冲信号，利用光电倍增管将此信号转换成电脉冲信号。显然，电脉冲的数量能确定通过粒子的个数，而电脉冲的高度与粒径存在一定的关系。该法一般采用低浓度、多分散相的标准人工尘作尘源。目前，以激光为光源的粒子计数器已在洁净空间的检测、局部净化设备的检测及过滤器效率测定中广泛应用。激光粒子计数器的构造原理如图 4-75 所示。实验证明，激光粒子计数器输出的指示粒径与实际粒径之间，除烟尘偏差较大外，多数粒子在 $d_p < 0.3\mu m$ 和 $d_p > 1\mu m$ 时，两者比较一致，而在 $0.3 \sim 1.0\mu m$ 之间，实际粒径比指示粒径稍大。

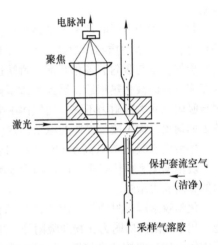

图 4-75　激光粒子计数器的构造原理

使用粒子计数器测量粒子的粒子浓度时，若粒子浓度大于 4000 粒/L，则在散射腔激光照射的微小容积内可能有两个或两个以上粒子同时出现，这样计数器输出的粒数和粒径则存在失真。因此，在高浓度测量时，应对这种"重叠效应"予以修正。

（4）钠焰法（Sodium Flame）。尘源为氯化钠固体粒子，粒径分布为多分散相（0.007~1.7μm）。氯化钠固体粒子在氢焰中燃烧，激发一种波长为 589nm 的火焰，通过光电光焰光度计测得氯化钠粒子浓度，根据过滤器前后采样浓度求得效率。钠焰法适用于中高效过滤器的效率测定，在我国广泛应用。

（5）DOP 法。尘源为 DOP（邻苯二甲酸二辛酯）雾。加热发生的 DOP 粒子近似为单分散相（$d_p \approx 0.3\mu m$），加压喷雾形成的 DOP 雾则为多分散相。采用 DOP 粒子计数器测量过滤器前后 DOP 粒子浓度求得效率。DOP 法适用于高效过滤器的效率测定。

（6）油雾法。尘源为透平油的液态油雾，粒径分布接近单分散相（$d_p \approx 0.3\mu m$）。利用粒子群的总散射光强与粒子浓度呈正比的关系，通过光电浊度计测出过滤器前后粒子浓度求得过滤效率。该法适用于亚高效和高效过滤器的效率检测。

上述几种检测方法，由于采用的尘源不同，每种方法所能测量的粒径范围不同，因而得到的结果差异很大。所以，在给出过滤器的效率时必须注明所用尘源的种类和检测方法。

4.7.3　吸附净化技术

吸附是利用多孔性固体吸附剂处理气体混合物，使其中所含的一种或数种组分吸附于固体表面上，从而达到分离的目的。吸附操作已广泛应用于基本有机化工、石油化工等生产部门，成为一种必不可少的单元操作。吸附方法在环境工程中也得到广泛的应用。因为吸附剂的选择性高，它能分开其他方法难以分开的混合物，有效地清除浓度很低的有害物质，净化效率高，设备简单，操作方便，所以该法特别适合于室内空气中的挥发性有机化合物、氨、H_2S、SO_2、NO_x 和氡气等气体状态污染物的净化。

4.7.3.1 吸附过程

吸附是一种固体表面现象。固体表面的分子与固体内的分子所处的位置不同，其表面上的分子至少有一侧是空着的，处于力不平衡态，因此固体表面力是不饱和的，对表面附近的气体（或液体）分子有吸力，即吸附作用。气体在固体表面上的吸附，可分为物理吸附和化学吸附。

物理吸附因分子间的范德华力引起，它可以是单层吸附，也可以是多层吸附。物理吸附的特点是：（1）吸附质与吸附剂间不发生化学反应；（2）对吸附的气体没有选择性；（3）吸附过程极快，参与吸附的各相间常常瞬间达到平衡；（4）吸附过程为低放热反应过程，放热量与相应气体的液化热相近，因此物理吸附可看成是气体组分在固体表面上的凝聚；（5）吸附剂与吸附质间的吸附力不强，当气体中吸附质分压降低或温度升高时，被吸附气体很容易从固体表面逸出，而不改变气体的原来性状。

用活性炭吸附沸点高于 0℃ 的有机物，如大部分醛类、酮类、醇类、醚类、酯类、有机酸、烷基苯类和卤代烃类，即属物理吸附法。随着有机物分子尺寸和质量的增加，活性炭对它们的吸附能力增强。

化学吸附因吸附剂与吸附质之间的化学键力而引起，是单层吸附，吸附需要一定的活化能。化学吸附的吸附力比物理吸附强，主要特点是：（1）吸附有很强的选择性，且吸附是不可逆的；（2）吸附速率较慢，达到吸附平衡需要相当长时间；（3）升高温度可提高吸附速率。

对于沸点低于 0℃ 的气体，如甲醛、乙烯等，吸附到活性炭上较易逃逸，这时就要用化学处理过的活性炭或者活性氧化铝之类来进行吸附处理。例如，用溴浸渍炭去除乙烯和丙烯，用硫化钠浸渍炭去除甲醛，用高锰酸钾浸渍的活性氧化铝去除乙烯等，皆属于化学吸附。

此外，同一污染物可能在较低温度下发生物理吸附，而在较高温度下发生化学吸附，即物理吸附发生在化学吸附之前，当吸附剂逐渐具备足够高的活化能后，才发生化学吸附。也可能两种吸附同时发生。

4.7.3.2 吸附剂

常用的吸附剂有活性炭、活性氧化铝、分子筛和硅胶。

活性炭是空调系统中常用的一种吸附剂。活性炭是许多具有吸附性能的碳基物质的总称。它的原料包括几乎所有的含碳物质如煤、木材、骨头、果核、坚硬的果壳等，将这些含碳物质在低于 878K 的温度下进行炭化，然后再用活化剂进行活化处理。常用的活化剂为水蒸气或热空气，也可以用氯化锌、氯化镁、氯化钙、磷酸作活化剂。活性炭良好的吸附性能归因于其丰富的孔结构。活性炭经过活化处理，其内部具有许多细小的空隙，因此大大地增加了与空气接触的表面面积，1g（约 $2cm^3$）活性炭的有效接触面积可达 $1000m^2$ 左右，它具有优异和广泛的吸附能力。

近年来又出现了活性炭纤维（Activated Carbon Fiber，简称 ACF），它是一种新型的高性能活性炭吸附材料。活性炭纤维是利用超细纤维如粘胶丝、酚醛纤维或腈纶纤维等制成毡状、绳状、布状等，经高温（1200K 以上）炭化再用水蒸气活化后制成。因为活性炭纤维的比表面积大，同时具有大量微孔结构的特征，使得吸附质在活性炭纤维内扩散阻力小，吸附速度快。在同样的比表面积条件下，活性炭纤维比粒状活性炭对吸附质的吸附能力更高；吸附低浓度，甚至微量的吸附质时更有效。所以作为活性炭的新品种，活性炭纤维在室内空气净化方面的应用受到人们的广泛关注。

4.7.3.3 活性炭过滤器

活性炭过滤器可用于除去空气中的异味和 SO_2、NH_3、放射性气体等污染物，故又称为除臭过滤器，主要用于医药和食品工业、电子工业、核工业等工业建筑及大型公共建筑。

活性炭过滤器可分为颗粒状过滤器和纤维状过滤器两种形式。颗粒状活性炭过滤器可做成板（块）式和多筒式，图4-76为某厂家生产的板式活性炭过滤器，图4-77为国内某公司开发的多筒式活性炭过滤器。纤维活性炭过滤器可做成与多褶型过滤器相同的形式。选用活性炭过滤器时，应了解污染物种类、浓度（上游浓度和下游允许浓度）、处理风量等条件，来确定所需活性炭的种类和规格，同时也应考虑其阻力和安装空间。在使用过程中，活性炭过滤器的阻力变化很大，但质量会增加，吸附能力会下降。当下游浓度超过规定数值时，应进行更换。活性炭过滤器的上、下游，均需装有效率良好的过滤器，前者可防止灰尘堵塞活性炭材料，后者过滤掉活性炭本身可能产生的灰尘。

图4-76 板式活性炭过滤器

图4-77 多筒式活性炭过滤器

4.7.4 光催化净化技术

光催化净化是基于光催化剂在紫外线照射下具有的氧化还原能力而净化污染物。自1972年 Fujishima 和 Honda 发现在受辐照的 TiO_2 上可以持续发生水的氧化还原反应并产生 H_2 以来，人们对这一催化反应过程进行了大量的研究。结果表明，这一技术不但在废水净化处理方面具有巨大潜能，在净化空气中存在的挥发性有机物方面也具有广阔的应用前景。由于光催化氧化分解挥发性有机物可利用空气中的 O_2 作氧化剂，而且反应能在常温常压下进行，在分解有机物的同时还能杀菌和除臭，因此特别适合于室内挥发性有机物的净化。

光催化剂属半导体材料，包括 TiO_2、ZnO、Fe_2O_3 等。其中 TiO_2 具有良好的抗光腐蚀性和催化活性，而且性能稳定、价廉易得、无毒无害，是目前公认的最佳光催化剂。

4.7.4.1 TiO_2 光催化原理

作为催化剂的半导体材料，其粒子中含有能带结构，通常情况下是由一个充满电子的低能价带和一个空的高能导带构成，彼此之间被禁带分开。如果用能量等于或大于禁带宽度的光照射半导体，其价带上的电子将被激发，越过禁带而进入导带，同时在价带上产生相应的空穴。与金属导体不同，半导体的能带间缺少连续区域，受光激发产生的导带电子和价带空穴（也称光致电子和光致空穴）在复合之前有足够的寿命。光致空穴具有很强的得电子能力，可夺取粒子表面的有机物或体系中的电子，使原本不吸收光的物质被活化而氧化；而光致电子具有强还原性，可使半导体表面的电子受体被还原。光致电子和空穴一旦分离，并迁移到粒子表面的不同位置，就有可能参与氧化还原反应，氧化或还原吸附在粒子表面的物质，实现对一些污染物的降解处理。

以 TiO_2 为例，当其受到波长为 $300\sim400nm$ 的紫外线照射时，受紫外线能量的激发，产生超强还原能力的光致电子和超强氧化能力的光致空穴，方程式如下

$$TiO_2 + h\nu \longrightarrow e^- + h^+$$

这种光致电子和空穴与周围的水蒸气反应后生成活性氧和氢氧自由基，具有极强氧化能力的活性氧和氢氧自由基活性物质能将空气中的甲醛、苯、氨气、硫化氢等有害物质氧化分解成 CO_2 和 H_2O。

$$h^+ + H_2O \longrightarrow - OH + H^+$$

$$e^- + O_2 \longrightarrow O_2^-$$

在光催化反应中，用紫外光为光源，激发产生的活性自由基与污染物反应，将空气中的微量有害气体及人和宠物散发的异味气体彻底分解为无臭、无害产物，从根本上消除室内空气污染物对人体健康的危害。

此外，TiO_2 光催化反应发生的活性羟基的反应能高于有机物中各类化学键能，能迅速有效地分解构成细菌的有机物杀灭细菌。细菌的生长与繁殖需要有机营养物质，TiO_2 光催化产生的活性羟基能分解这些有机营养物，抑制细菌发育；TiO_2 还能降解细菌死亡后释放出的有毒复合物，杀菌彻底。值得一提的是，虽然光催化净化过程中所使用的紫外光本身能够控制微生物的繁殖，并且在生活中广泛使用，但是，光催化灭菌消毒不仅仅是单独的紫外光作用，而是紫外光和催化共同作用的结果。无论从降解微生物的效率，还是从杀灭微生物的彻底性来看，光催化杀菌的效果都是单独采用紫外光技术所无法比拟的。

4.7.4.2　光催化在空气净化中的应用

近年来，光催化净化空气技术越来越受到重视，成为各国研究和开发的热点，其原因是该技术具有以下优点：（1）广谱性，迄今为止的研究表明光催化对几乎所有的污染物都具有治理能力；（2）经济性，光催化在常温下进行，直接利用空气中的 O_2 作氧化剂，气相光催化可利用低能量的紫外灯，甚至直接利用太阳光；（3）灭菌消毒，利用紫外光控制微生物的繁殖已在生活中广泛使用，光催化灭菌消毒不仅仅是单独的紫外光作用，而是紫外光和催化的共同作用。

图 4-78 所示为国内某公司开发的光催化过滤器。该过滤器具有三种功效：光分解、光灭菌和光脱臭。光分解是指将空气中的甲醛、苯等各种有机物、氮氧化物、硫氧化物以及氨等氧化、还原成为无害物质。光灭菌可破坏细菌的细胞膜和固化病毒的蛋白质，具有很强的灭菌作用。光脱臭可将硫化氢、三甲胺、人体臭及烟味除去，光催化的脱臭效果是活性炭的 150 倍。

光催化过滤器的应用方式有两种：一是和新风换气机配合使用，将其放在新风换气机新风进风口过滤器的后面，以阻止室外大气中的有毒、有害物

图 4-78　国内某公司开发的光催化过滤器

质进入室内；或者放在新风换气机排风口过滤器的前面，以阻止室内空气中的污染物排向室外大气。二是单独使用，将光催化过滤器放在吊顶上，在吊顶上安装出风口和进风口，与光催化过滤器相连接，这样形成室内空气的自循环，以达到净化的目的。

由于光催化空气净化技术具有反应条件温和、经济和对污染物全面治理的特点，因而有望广泛应用于家庭居室、宾馆客房、医院病房、学校、办公室、地下商场、购物大楼、饭店、室内娱乐场所、交通工具、隧道等场所的空气净化。

4.8 组合式空调机组

4.8.1 组合式空调机组的组成

在空调工程实践中，为满足多种空气处理的需要和便于设计、施工安装，常将各种空气处理设备（加热、冷却、加湿、净化等）根据空气处理的不同需要，以不同的方式组合，构成空气综合处理设备——组合式空调机组。组合式空调机组使用灵活、方便，是目前应用比较广泛的一种空气处理装置。组合式空调机组的最小规格风量为 $2000m^3/h$，最大规格风量可达 $16×10^4m^3/h$。

组合式空调机组需要外部冷源或热源提供冷水、热水或蒸汽，才能完成对空气的热湿处理，并根据系统的净化要求，冬、夏季空气处理流程设计，送、回风系统设计以及送、回风机的设置情况，选择不同的功能段进行组合，如图 4-79 所示。

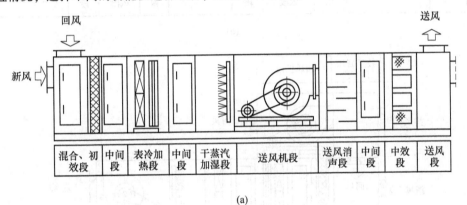

(a)

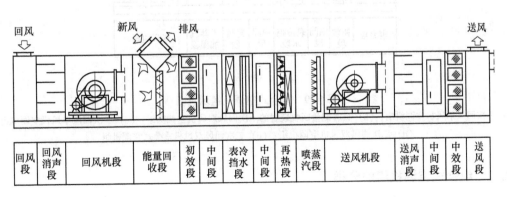

(b)

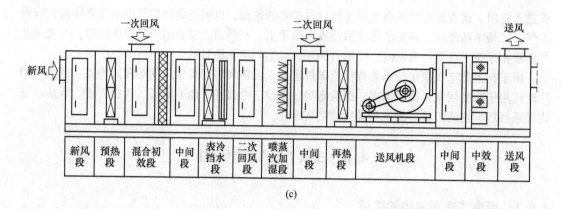

(c)

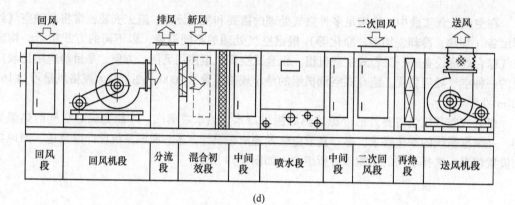

(d)

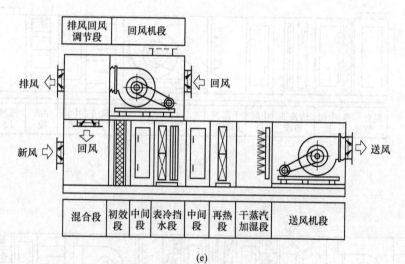

(e)

图 4-79　组合式空调机组示意图

（a）一次回风单风机空调机组；（b）具有能量回收装置的一次回风双风机空调机组；（c）二次回风单风机空调机组；
（d）二次回风双风机空调机组；（e）二次回风双风机重叠式空调机组

4.8.2　组合式空调机组的分类

　　组合式空调机组的分类见表 4-11。

表 4-11 组合式空调机组的分类

分类方式	分类	代号	适用范围
结构形式	立式	L	中小规模集中空调系统，新风机组
	卧式	W	集中空调全空气系统
	吊挂式	D	风量较小的空调系统，新风机组
	混合式	H	全空气系统（机房长度及有限高度允许时）
箱体材料	金属	J	清洁空气，空气湿度不大的环境
	玻璃钢	B	空气湿度大，有喷淋段的场合
	复合	F	
	其他	Q	

4.8.3 组合式空调机组的技术要求

组合式空调机组的技术要求如下：

（1）组合式空调机组的额定风量、全压、供冷量、供热量等基本参数，在规定的试验工况下应符合下列规定：1）机组风量实测值不低于额定值的 95%，全压实测值不低于额定值的 88%，机组供冷量和供热量不低于额定值的 93%，功率实测值不超过额定值的 10%；2）机组额定供冷量的空气焓降应不小于 17kJ/kg，新风机组的空气焓降应不小于 34kJ/kg；3）机组供热量的空气温升应不小于：蒸汽加热时温升 20℃，热水加热时温升 15℃。

（2）机组使用的冷、热水均应经软化防腐处理。

（3）新风机组在进气温度低于 0℃ 的条件下运行时，应有防止盘管冻裂的措施。

（4）机组应设排水口，排水管设水封，运行中排水应畅通，无溢流和渗漏。

（5）机组的风机出口应有柔性短管，风机应设隔振装置。

（6）为加强机组防腐性能，箱体材料宜采用镀锌钢板或玻璃钢，对于采用黑色金属制作的构件表面应作防腐处理，玻璃钢箱体应采用氧指数不小于 30 的难燃树脂制作。

（7）机组内气流应均匀流经过滤器、换热器（或喷水室）和消声器，以充分发挥这些装置的作用。横断面上的风速均匀度应大于 80%。

（8）在机组内静压保持 700Pa 时，机组漏风率不应大于 3%。用于净化空调系统的机组，机组内静压应保持 1000Pa，洁净度低于 1000 级（ISO 3 级）时，机组漏风率不大于 2%；洁净度高于等于 1000 级时，机组漏风率不大于 1%。

（9）机组内宜设置必要的温度监测点（包括新风、混合风、机器露点、送风等）；过滤器宜设置压差监测装置；各功能段根据需要设检查门和检查孔，检查门应严密，内外均可灵活开启，并能锁紧。

（10）喷水段应有观察窗、挡水板和水过滤装置。喷水段的喷水压力小于 245kPa 时，其空气热交换效率不得低于 80%。喷水段的本体及其检查门不得漏水。

（11）热交换盘管在安装前应做下列任一试验，确保无渗漏：1）水压试验，压力应为设计压力的 1.5 倍，保持压力 3min 不漏；2）气压试验，压力应为设计压力的 1.2 倍，保持压力 1min 不漏。

（12）机组箱体保温层与壁板应结合牢固、密实。壁板保温的热阻不小于 $0.68m^2 \cdot K/W$，箱体应有防冷桥措施。各功能段的箱体应有足够的强度，在运输和启动、运行、停止后不应出现凹凸变形。机组外表面应无明显划伤、锈斑和压痕，表面光洁，喷涂层均匀，色调一致，无流痕、气泡和剥落。机组应清理干净，箱体内无杂物。

（13）机组内配置的风机，冷、热盘管，过滤器，加湿器以及其他部件应符合国家有关标准的规定。

（14）空气冷却器下部应设有排水装置，冷凝水引流应畅通，冷凝水不外溢。

4.8.4　组合式空调机组空气处理要求

组合式空调机组空气处理要求如下：

（1）空气冷却装置的选择，应符合下列要求：1）采用循环水蒸发冷却或采用江水、湖水、地下水作为冷源时，宜采用喷水室；采用地下水等天然冷源且温度条件适宜时，宜选用两级喷水室。2）采用人工冷源时，宜采用空气冷却器、喷水室。当采用循环水进行绝热加湿或利用喷水提高空气处理后的饱和度时，可采用带喷水装置的空气冷却器。

（2）在空气冷却器中，空气与冷媒应逆向流动，其迎风面的空气质量流速宜采用 $2.5 \sim 3.5 \text{kg}/(\text{m}^2 \cdot \text{s})$。当迎风面的空气质量流速大于 $3.0 \text{kg}/(\text{m}^2 \cdot \text{s})$（或迎风面风速超过 2.5m/s）时，应在冷却器后设置挡水板。

（3）制冷剂直接膨胀式空气冷却器的蒸发温度，应比空气的出口温度至少低 3.5℃；在常温空调系统，满负荷时，蒸发温度不宜低于 0℃；低负荷时，应防止其表面结霜。

（4）空气冷却器的冷媒进口温度，应比空气的出口干球温度至少低 3.5℃，冷媒的温升宜采用 5~10℃，其流速宜采用 0.6~1.5m/s。

（5）空调系统采用制冷剂直接膨胀式空气冷却器时，不得用氨作制冷剂。

（6）采用人工冷源喷水室处理空气时，冷水的温升宜采用 3~5℃；采用天然冷源喷水室处理空气时，其温升应通过计算确定。

（7）在进行喷水室热工计算时，应进行挡水板过水量对处理后空气参数影响的修正，挡水板的过水常要求不超过 0.4g/kg。挡水板与壁板间的缝隙，应封堵严密，挡水板下端应伸入水池液面下。

（8）加热空气的热媒宜采用热水。对工艺性空调系统，当室温允许波动范围要求小于±1.0℃时，送风末端精调加热器宜采用电加热器。

（9）空调系统的新风和回风管应设过滤器，过滤效率和出口空气清洁度应符合现行标准。当采用粗效过滤器不能满足要求时，应设置中效过滤器，空气过滤器的阻力应按终阻力计算。

（10）一般大、中型恒温恒湿类空调系统和相对湿度有上限控制要求的空调系统，其空气处理的设计，应采取新风预先单独处理，除去多余的含湿量，在随后的处理中取消再热过程，杜绝冷热抵消现象。

（11）对于冷水大温差系统，采用常规空调机组难以满足要求，将使空气冷却器产冷量下降，出风温度上升。冷水大温差专用机组可以采取增加空气冷却器排数、增加传热面积、降低冷水初温、改变管程数、改变肋片材质等措施来实现。

习题与思考题

4-1　解释显热交换、潜热交换和全热交换，并说明它们之间的关系。

4-2　显热交换、潜热交换和全热交换的推动力各是什么？当空气与水直接接触进行热湿交换时，什么条件下仅发生显热交换？什么条件下发生潜热交换？什么条件下发生全热交换？

4-3 简述空气与水直接接触时，空气状态变化的 7 个典型的理想过程的特点及实现条件。

4-4 喷水室是由哪些主要部件组成的？它们的作用是什么？

4-5 喷水室的底池内有哪 4 种管道与其相通？它们的功用是什么？

4-6 采用喷水室处理空气时，如果后挡水板性能不好，造成过水量太多，会给空调房间带来什么影响？

4-7 采用喷水室对空气进行热湿处理有哪些优、缺点？它应用于什么场合？

4-8 按空气流动方向，表面式换热器（空气加热器和表面冷却器）在什么情况下可以并联使用？什么情况下可以串联使用？

4-9 使用蒸气做热媒时，热媒管道与空气加热器只能采用并联，不能串联。这是为什么？

4-10 用水做热媒或冷媒时，水管与空气加热器或表冷器可以串联，也可并联。通常的做法是什么？

4-11 表冷器滴水盘与排水管安装时应注意什么问题？

4-12 空气的加湿方法有哪几种？需用哪些设备来实现？各适用于什么场合？

4-13 试在 h-d 图上分别画出下列各空气状态变化过程：（1）喷雾风扇加湿；（2）喷蒸汽加湿；（3）潮湿地面洒水蒸发加湿；（4）喷水室内循环水绝热加湿；（5）电极式加湿器加湿。

4-14 空气的减湿方法有哪几种？它们各适用于什么场合？

4-15 转轮除湿机有何优点？

4-16 简述空气蒸发冷却器的分类，各适用于什么场所？

4-17 空气蒸发冷却器性能评价指标有哪些？

4-18 工程上常用的空气过滤器类型有哪些？它们各适用于什么场合？

4-19 表征空气过滤器性能的主要指标有哪些？

4-20 过滤器效率的检测方法有几种？适用于什么场合？

4-21 简述粗效过滤器、中效过滤器、高效过滤器的安装位置，并说明其原因。

4-22 已知室外状态为 $t=21℃$、$d=0.009kg/kg_{干空气}$，送风状态要求 $t=20℃$、$d=0.01kg/kg_{干空气}$。试在 h-d 图上确定空气处理方案。如果不进行处理就送入室内有何问题（在同样的余热、余湿情况下）？

4-23 需将 $t=35℃$、$\varphi=60\%$ 的室外空气处理到 $t=22℃$、$\varphi=50\%$，为此先通过表冷器减湿冷却，再通过加热器加热，如果空气流量是 $7200m^3/h$，求除去的水汽量、冷却器的冷却能力以及加热器的加热能力。

4-24 对风量为 $1000kg/h$，状态为 $t=16℃$、$\varphi=30\%$ 的空气，用喷蒸汽装置加入了 $4kg/h$ 的蒸汽，试问处理后的空气终态是多少？如果加入了 $10kg/h$ 的蒸汽，这时终态又是多少？会出现什么现象？

4-25 如果用 $16℃$ 的井水进行喷雾，能把 $t=35℃$、$t_s=27℃$ 的空气处理成 $t=20℃$、$\varphi=95\%$ 的空气，这时所处理的风量是 $10000kg/h$，喷水量是 $12000kg/h$，试问喷雾后的水终温是多少？如果条件同上，但是把 $t=10℃$、$t_s=5℃$ 的空气处理成 $13℃$ 的饱和空气，试问水的终温是多少？

4-26 已知通过喷水室的风量 $G=30200kg/h$，空气初状态为 $t_1=30℃$、$t_{s1}=22℃$；终状态为 $t_2=16℃$、$t_{s2}=15℃$，冷冻水温 $t_1=5℃$，大气压力为 $101325Pa$，喷水室的工作条件为双排对喷、$d_0=5mm$、$n=13$ 个/$(m^2 \cdot 排)$、$vp=2.8kg/(m^2 \cdot s)$，试计算喷水量 W、水初温 t_{w1}、水终温 t_{w2}、喷嘴前水压 p_r、冷冻水量 W_1、循环水量 W_x。

4-27 仍用上题的喷水室，冬季室外空气状态为 $t=-12℃$、$\varphi=41\%$，加热后绝热喷雾，要求达到与夏季同样的终状态 $t_2=16℃$、$t_{s2}=15℃$，问夏季选的水泵能否满足冬季要求？

4-28 需要将 $30000kg/h$ 的空气从 $-12℃$ 加热到 $20℃$，热媒为 $0.2MPa$ 表压的饱和蒸汽，试选择合适的 SRZ 型空气加热器（至少做两个方案，并比较它们的安全系数、空气阻力、耗金属量）。

4-29 已知需冷却的空气量为 $36000kg/h$，空气的初状态为 $t_1=29℃$、$h_1=56kJ/kg$、$t_{s1}=19.6℃$，空气终状态为 $t_2=13℃$、$h_2=33.2kJ/kg$、$t_{s2}=11.7℃$，当地大气压力为 $101325Pa$。试选择 JW 型表面冷却器，并确定水温、水量及表冷器的空气阻力和水阻力。

4-30 已知需要冷却的空气量为 $G=24000kg/h$，当地大气压为 $101325Pa$，空气的初参数为 $t_1=24℃$、$t_{s1}=19.5℃$、$h_1=55.8kJ/kg$，冷水量为 $W=30000kg/h$，冷水初温 $t_{w1}=5℃$。试求 JW30-4 型 8 排冷却器

处理空气所能达到的空气终状态和水终温。

4-31 温度 $t=20℃$ 和相对湿度 $\varphi=40\%$ 的空气，其风量为 $G=2000kg/h$，用 $p'=0.15MPa$ 工作压力的饱和蒸汽加湿，求加湿空气到 $\varphi=80\%$ 时需要的蒸汽量和此时空气的终参数。

参 考 文 献

[1] 编制组. 民用建筑供暖通风与空气调节设计规范宣贯辅导材料 [M]. 北京：中国建筑工业出版社，2012.

[2] 韩宝琦，李树林. 制冷空调原理及应用 [M]. 2版. 北京：机械工业出版社，2002.

[3] 黄翔，等. 空调工程 [M]. 2版. 北京：机械工业出版社，2014.

[4] 连之伟. 热质交换原理与设备 [M]. 3版. 北京：中国建筑工业出版社，2011.

[5] 刘晓华，李震，张涛. 溶液除湿 [M]. 北京：中国建筑工业出版社，2014.

[6] 陆耀庆. 实用供热空调设计手册 [M]. 2版. 北京：中国建筑工业出版社，2008.

[7] 陆耀庆. HVAC暖通空调设计指南 [M]. 北京：中国建筑工业出版社，1996.

[8] 全国勘察设计注册工程师公用设备专业管理委员会秘书处. 全国勘察设计注册公用设备工程师暖通空调专业考试复习教材 [M]. 北京：中国建筑工业出版社，2004.

[9] 王天富，买宏金. 空调设备 [M]. 北京：科学出版社，2003.

[10] 尉迟斌. 实用制冷与空调工程手册 [M]. 北京：机械工业出版社，2002.

[11] 韦节廷. 空气调节工程 [M]. 北京：中国电力出版社，2009.

[12] 许为全. 热质交换过程与设备 [M]. 北京：清华大学出版社，1999.

[13] 许钟麟. 空气洁净技术原理 [M]. 4版. 北京：科学出版社，2014.

[14] 薛志峰，等. 超低能耗建筑技术及应用 [M]. 北京：中国建筑工业出版社，2005.

[15] 薛殿华. 空气调节 [M]. 北京：清华大学出版社，1991.

[16] 闫全英，刘迎云. 热质交换原理与设备 [M]. 北京：机械工业出版社，2006.

[17] 俞炳丰. 中央空调新技术及其应用 [M]. 北京：化学工业出版社，2004.

[18] 赵荣义，范存养，薛殿华，等. 空气调节 [M]. 4版. 北京：中国建筑工业出版社，2009.

[19] 赵荣义，钱以明，范存养，等. 简明空调设计手册 [M]. 北京：中国建筑工业出版社，1998.

[20] 战乃岩，王建辉. 空调工程 [M]. 北京：北京大学出版社，2014.

[21] 张吉光，等. 净化空调 [M]. 北京：国防工业出版社，2003.

[22] 郑爱平. 空气调节工程 [M]. 2版. 北京：科学出版社，2008.

[23] 朱天乐. 室内空气污染控制 [M]. 北京：化学工业出版社，2003.

[24] Ashrae Handbook. Fundamentals [M]. Ashrae Inc. 1997.

5 空气调节系统

本章要点：在选择空气调节系统时，应综合考虑建筑物的用途和性质、热湿负荷特点、温湿度调节和控制的要求、空调机房的面积和位置、初投资和运行维修费用等多方面因素。本章主要介绍常用空气调节系统的特点和设计方法。

5.1 空气调节系统的分类

空气调节系统一般由空气处理设备、空气输送管道以及空气分配装置所组成，根据需要组成不同形式的系统。

（1）按系统用途分类。空调系统按其用途可分为舒适性空调和工艺性空调。舒适性空调是为室内人员创造舒适健康环境的空调系统，主要用于商业建筑、居住建筑、公共建筑、交通工具等。工艺性空调是为工业生产或科学研究提供特定室内环境的空调系统。

（2）按空气处理设备的设置情况分类。空调系统按空气处理设备的设置情况分为集中式系统、半集中式系统和分散式系统。

1）集中式系统的所有空气处理设备（过滤、冷却、加热、加湿设备和风机等）集中设置在空调机房内，空气集中处理后，由风管送入各房间。

2）半集中系统除了集中空调机房外，还设有分散在被调房间内的二次设备（又称末端装置），其中多半设有冷热交换装置（又称二次盘管），它的功能主要是在空气进入被调房间之前，对来自集中处理设备的空气做进一步补充处理。

3）分散式系统（又称局部系统）把冷、热源和空气处理、输送设备集中设置在一个箱体内，形成一个紧凑的空调系统，直接设置在空调房间内或在空调房间附近，每个机组只供一个或几个小房间，或者一个房间内设置几台机组，因此局部机组不需集中的机房。

（3）按负担室内负荷所用的介质分类。空调系统按负担室内空调负荷所用的介质分为全空气系统、空气-水系统、全水系统以及冷剂系统，如图5-1所示。

1）全空气系统是指空调房间的全部负荷由经过处理的空气来负担的空调系统（图5-1（a））。在室内热湿负荷为正值的场合，将低于室内空气焓值的空气送入房间，吸收房间内余热、余湿后排出。属于全空气系统的有低速集中式空调系统、双管高速空调系统、全空气诱导系统等。由于空气的比热较小，需要较多的空气才能达到消除余热、余湿的目的，因此要求有较大断面的风道或较高的风速。

2）全水系统中房间负荷全部由集中供应的冷、热水负担（图5-1（b）），如风机盘管系统、辐射板供冷供热系统等。由于水的比热比空气大得多，所以在相同条件下只需较少的水量，从而使管道所占的空间减小许多。但是，仅靠水来消除余热、余湿，并不能解决房间的通风换气问题，因而通常不单独采用这种系统。

3）随着空调装置的日益广泛使用，大型建筑物设置空调的场合越来越多，全靠空气来负担热湿负荷，将占用较多的建筑空间，因此可以同时使用空气和水来负担空调负荷（图 5-1（c））。属于空气-水系统的有带盘管的诱导系统、风机盘管加新风系统等。

4）冷剂系统是指将制冷系统的蒸发器直接放在空调房间内吸收余热余湿或供热，通常用于分散安装的局部空调机组（图 5-1（d））。由于冷剂管道不便于长距离输送，因此这种系统在规模上有一定限制。冷剂系统也可以与空气系统相结合，形成空气-冷剂系统。

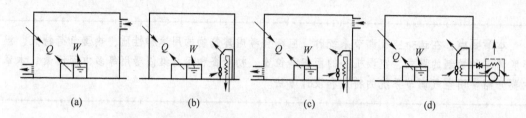

图 5-1　按承担室内负荷所用介质的种类对空调系统分类
（a）全空气系统；（b）全水系统；（c）空气-水系统；（d）冷剂系统

（4）全空气系统按被处理空气的来源分类。空调系统按被处理空气的来源可分为封闭式系统（循环式系统）、直流式系统（全新风系统）和混合式系统，如图 5-2 所示。

1）封闭式系统所处理的空气全部来自空调房间本身的再循环空气，没有室外空气补充，因此房间和空气处理设备之间形成了一个封闭环路（图 5-2（a））。封闭式系统用于密闭空间且无法（或不需）采用室外空气的场合，如战时的地下庇护所等。这种系统冷、热负荷最小、能耗最省，但卫生效果差。当室内有人长期停留时，必须考虑空气的再生。

2）直流式系统所处理的空气全部来自室外，室外空气经处理后送入室内，然后全部排到室外（图 5-2（b））。这种系统适用于不允许采用回风的场合，如放射性实验室以及散发大量有害物的车间等。为了回收排出空气的热量或冷量用来加热或冷却新风，可以在这种系统中设置热回收设备。

3）混合式系统所处理的空气是新风混合一部分回风，这种系统既可以满足卫生要求，又经济合理，应用最为广泛（图 5-2（c））。

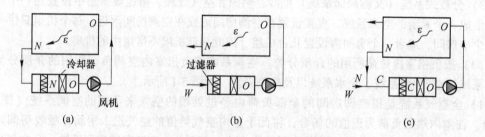

图 5-2　按处理空气的来源不同对空调系统分类示意图
（a）封闭式系统；（b）直流式系统；（c）混合式系统
（N 表示室内空气，W 表示室外空气，C 表示混合空气，O 表示冷却器后空气状态）

以上是主要的分类方法，实际上空调系统还可以根据另外一些原则进行分类。例如：根据系统的风量固定与否，可分为定风量和变风量空调系统；根据系统风道内空气流速的高低，可分为低速和高速空调系统；根据系统精度不同，可分为一般性空调系统和恒温恒湿系统；根据系统运行时间不同，可分为全年性空调系统和季节性空调系统等。

5.2 新风量的确定和风量平衡

空调系统的新风量是指冬夏设计工况下应向空调房间提供的室外新鲜空气量。在处理空气时，大多数场合要利用相当一部分回风，所以，在冬、夏季节混入的回风量越多，使用的新风量越少，就越显得经济。但实际上，不能无限制地减少新风量，一般认为空调系统中的新风量占送风量的百分数不应低于10%。

5.2.1 单个房间空调系统最小新风量的确定

确定最小新风量一般考虑以下三个因素：

(1) 满足卫生要求。在人长期停留的空调房间内，新鲜空气的多少对健康有直接影响。人体不断地吸进氧气，呼出二氧化碳。表5-1给出了一个人在不同条件下呼出的二氧化碳量，表5-2规定了各种场合下室内二氧化碳的允许浓度。在一般农村和城市，室外空气中二氧化碳含量为$0.5\sim0.75g/kg$。根据以上条件，可利用相关课程中确定全面通风量的基本原理，来计算某房间消除二氧化碳所需的新鲜空气量。

表5-1　人体在不同状态下的二氧化碳呼出量

工作状态	CO_2呼出量/L·(h·人)$^{-1}$	CO_2呼出量/g·(h·人)$^{-1}$
安静时	13	19.5
极轻的工作	22	33
轻劳动	30	45
中等劳动	46	69
重劳动	74	111

表5-2　二氧化碳允许浓度　　　　　　　　　(L/m^3)

房间性质	CO_2的允许浓度
人长期停留的地方	1
儿童和病人停留的地方	0.7
人周期性停留的地方	1.25
人短期停留的地方	2.0

根据《民用建筑供暖通风与空气调节设计规范》（GB 50736—2012）的3.0.6规定：公共建筑主要房间每人所需最小新风量见表5-3；设置新风系统的居住建筑和医院建筑，所需最小新风量宜按换气次数法确定，居住建筑换气次数宜符合表5-4的规定，医院建筑换气次数宜符合表5-5的规定；高密度人群建筑每人所需最小新风量应按人员密度确定，且应符合表5-6的规定。

表5-3　公共建筑主要房间每人所需最小新风量　　　　($m^3/(h·人)$)

建筑房间类型	新风量
办公室	30
客房	30
大堂、四季厅	10

表 5-4　居住建筑设计最小换气次数

人均居住面积 F_P	每小时换气次数
$F_P \leqslant 10m^2$	0.70
$10m^2 < F_P \leqslant 20m^2$	0.60
$20m^2 < F_P \leqslant 50m^2$	0.50
$F_P > 50m^2$	0.45

表 5-5　医院建筑设计最小换气次数

房间类型	每小时换气次数
门诊室	2
急诊室	2
配药室	5
放射室	2
病房	2

表 5-6　高密度人群建筑每人所需最小新风量　　　　$(m^3/(h \cdot 人))$

建筑类型	人员密度 $P_F/人 \cdot m^{-2}$		
	$P_F \leqslant 0.4$	$0.4 < P_F \leqslant 1.0$	$P_F > 1.0$
影剧院、音乐厅、大会厅、多功能厅、会议室	14	12	11
商场、超市	19	16	15
博物馆、展览厅	19	16	15
公共交通等候室	19	16	15
歌厅	23	20	19
酒吧、咖啡厅、宴会厅、餐厅	30	25	23
游戏厅、保龄球房	30	25	23
体育馆	19	16	15
健身房	40	38	37
教室	28	24	22
图书馆	20	17	16
幼儿园	30	25	23

（2）补充局部排风或室内燃烧所耗的空气。当空调房间内有排风柜等局部排风装置时，为了不使室内产生负压，在系统中必须有相应的新风量来补偿排风量。如果建筑物内有燃烧设备，系统必须给空调区补充新风，以弥补燃烧所消耗的空气。排风装置的排风量或燃烧设备所需的空气量可从设备的产品样本中获得，本书不再详述。

（3）保证空调房间的正压要求。为了防止外界环境空气（室外的或相邻房间的）渗入空调房间，干扰空调房间内温湿度或破坏室内洁净度，需要在空调系统中用一定量的新风来保证房间的正压（使室内大气压力高于外界环境压力）。图 5-3 表示空调系统的空气平衡关系示意图。从图中可以看出：当把这系统中的送、回风口调节阀调节到使送风量 L 大于从房间吸走的回风量（0.9L）时，房间即呈正压状态，而送、回风量差 L_s 就通过门窗的不严密处（包括门的开启）或从排风孔渗出。室内的正压值 ΔH（Pa）正好相当于空气从缝隙渗出时的阻力。一般情况下，室内正压应维持在 5~10Pa。对于工艺性空调，因其与相通房间的压力差有特殊要求，其压差值应按工艺要求确定。

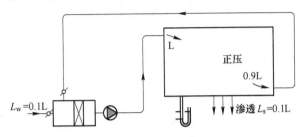

图 5-3　空调系统的空气平衡关系示意图

不同窗缝结构情况下内外压差为 ΔH 时，经过窗缝的渗透风量可按换气次数估算。因此，可根据室内需要保持的正压值，确定系统的新风量。

在实际工程设计中，当按上述方法得出的新风量不足总风量的10%时，也应按10%计算，以确保卫生和安全。

综上所述，空调系统的最小新风量可按图 5-4 来确定。在全空气系统中，通常按照上述三条要求确定出新风量中的最大值作为系统的最小新风量。若以上三项中的最大值仍不足系统送风量的10%，则新风量应按总送风量的10%计算，以确保卫生和安全。但温、湿度波动范围要求很小或净化程度要求很高，房间换气次数特别大的系统不在此列。这是因为通常温、湿度波动范围要求很小或洁净度要求很高的空调区送风量一般都很大，如果要求最小新风量达到送风量的10%，新风量也很大，不仅不节能，大量室外空气还影响了室内温、湿度的稳定，增加了过滤器的负担。

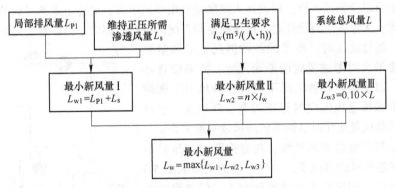

图 5-4　空调系统最小新风量的确定

5.2.2　多房间系统最小新风量的确定

以上讨论的空调房间最小新风量的确定原则都是按照空调系统是单个房间的情况考虑的。当一个集中式空调系统包括多个房间时，由于同一个集中空气处理系统中所有空调房间的新风比都相同，因此，各个空调房间按比例实际分配得到的新风量就不一定符合以上讨论的最小新风量的确定原则。若取系统中需求最大房间的新风比作为系统的新风比，虽然各房间的新风要求可以得到满足，但必然导致一部分新风未得到有效利用，即回风中含有新风，其结果是初投资和能耗都增加。

　　当一个空气调节系统负担多个使用空间时，为保证人体健康的卫生要求，又尽可能地减少空调系统的能耗，系统新风比可按下列公式计算确定

$$Y = \frac{X}{1 + X - Z} \tag{5-1}$$

$$Y = \frac{V_{OT}}{V_{ST}} \tag{5-2}$$

$$X = \frac{V_{ON}}{V_{ST}} \tag{5-3}$$

$$Z = \frac{V_{OC}}{V_{SC}} \tag{5-4}$$

式中　Y——修正后的系统新风量在送风量中的比例；

　　　X——未修正的系统新风量在送风量中的比例；

　　　Z——需求最大房间的新风比；

　　V_{OT}——修正后的总新风量，m^3/h；

　　V_{ST}——系统的总送风量，即系统中所有房间送风量之和，m^3/h；

　　V_{ON}——系统中所有房间的新风量之和，m^3/h；

　　V_{OC}——需求最大房间的新风量，m^3/h；

　　V_{SC}——需求最大房间的送风量，m^3/h。

5.2.3　全年新风量变化时空调系统风量平衡关系

　　按以上方法确定出的空调设计新风量是指在冬、夏设计工况下，应向空调房间提供室外新鲜空气量，是出于经济和节约能源考虑所采用的最小新风量。而在春、秋过渡季节可以提高新风比例，甚至可以全新风运行，以便最大限度地利用新风所具有的冷量或热量以节约系统的运行费用。因此，无论在空调设计时，还是在空调系统运行时，都应十分注意空调系统风量平衡问题。例如，风管设计时，要考虑各种情况下的风量平衡，按其风量最大时考虑风管的断面尺寸，并要设置必要的调节阀，以便能在各种工况下实现各种风量平衡的可能性。为了保持室内恒定的正压和调节新风量，应进一步了解全年新风量变化时空调系统的风量平衡关系。

　　对于全年新风量可变的系统，在室内要求正压并借助门窗缝隙渗透排风的情况下，空气平衡的关系如图5-5所示。设房间内从回风口吸走的风量为 L_a，门窗渗透排风量为 L_s，进空调箱的回风量为 L_h，新风量为 L_w，则：

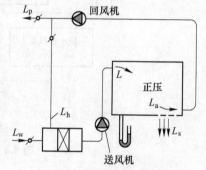

图5-5　全年新风量变化时的
空气平衡关系

　　对房间，送风量 $L = L_a + L_s$；

　　对空调箱，送风量 $L = L_h + L_w$。

　　当过渡季节采用较额定新风比大的新风量，同时又要求室内恒定正压时，则在上两式中必然要求 $L_a > L_h$ 及 $L_w > L_s$。而 $L_a - L_h = L_p$，L_p 即系统要求的机械排风量。通常在回风管路上装回风机和排风管进行排风，根据新风量的多少来调节排风量，这就可能保持室内恒定的正压，这种系统称为双风机系统。

5.3 普通集中式空调系统

普通集中式空调系统就是定风量、低速、单风道空调系统，也是典型的全空气系统。它是最典型、出现最早、至今仍广泛使用的空调系统。按被处理空气来源可分为封闭式、直流式和混合式系统。在集中式空调系统中，最常用的是混合式系统，即处理的空气来源一部分是新鲜空气，一部分是室内的回风。根据回风情况的不同，混合式系统有两种形式：一种是回风与室外新风在喷水室（或空气冷却器）前混合，称为一次回风式，如图5-6所示；另一种是回风与新风在喷水室前混合并经喷雾处理后，再次与回风混合，称为二次回风式。

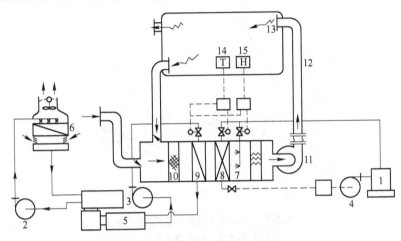

图 5-6 集中式空调系统示意图

1—锅炉；2~4—水泵；5—制冷机组；6—冷却塔；7—加湿器；8—空气加热器；9—空气冷却器；10—过滤器；
11—风机；12—送风管道；13—送风口；14—温度控制器；15—湿度控制器

对于舒适性空调和夏季以降温为主的工艺性空调，允许采用较大送风温差，应采用一次回风系统。对于有恒温恒湿或洁净要求的工艺性空调，允许的送风温差小，为避免产生再热，可采用二次回风系统。

全空气系统的特点是空调房间的全部负荷由经过处理的空气来负担，由于风管内风速都较低（一般不大于8m/s），因此风管断面较大、占用空间大，这是普通集中式空调系统的一个主要缺点。但人员较多的空调区域新风比较高，与半集中式空气-水系统相比，普通集中式系统占用的空间并不明显。集中式全空气定风量系统易于改变新回风比例，必要时可实现全新风送风模式，可获得明显的节能效果；且集中式系统的设备集中，便于维修管理。因此，推荐在影剧院、体育馆等人员较多的大空间建筑中采用集中式全空气定风量系统。此外，普通集中式空调系统易于消除噪声、过滤净化和控制空调区温湿度，且气流组织稳定，因此，推荐用于要求较高的工艺性空调系统。

5.3.1 直流式系统

直流式（全新风）系统使用的空气全部为室外新鲜空气，吸收室内余热、余湿后又被全部排掉，因而室内空气得到100%的置换，室内卫生效果好。一般全空气系统不宜采用能耗较大的直流式（全新风）系统，宜采用有回风的混合式系统。

根据《民用建筑供暖通风与空气调节设计规范》（GB 50736—2012）的7.3.18规定，下列情况应采用直流式（全新风）系统：（1）夏季空调系统的室内空气焓高于室外空气焓；（2）系统服务的各空调区排风量大于按负荷计算出的送风量；（3）室内散发有毒、有害物质以及防火、防爆等要求不允许空气循环使用；（4）卫生或工艺要求采用直流式（全新风）空调系统；（5）全空气直接蒸发冷却空调系统。

目前，对于放射性实验室、产生有毒、有爆炸危险气体的车间，医院的烧伤病房、传染病房和产房，是不允许采用回风的，应采用直流式系统。在公共建筑中，室内游泳馆、宾馆厨房等，也必须采用直流式系统。

5.3.1.1 夏季空气处理过程

直流式系统夏季的空气处理过程在 h-d 图上的表示如图 5-7 所示，设计方案有两种。

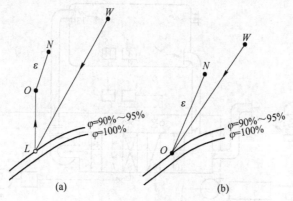

图 5-7 直流式系统夏季工况 h-d 图

（a）再热式；（b）露点送风

（1）再热式。再热式（图 5-7（a））的空气处理过程为

$$W \xrightarrow{\text{冷却减湿}} L \xrightarrow{\text{加热}} O \sim \overset{\varepsilon}{\longrightarrow} N$$

喷水室（或空气冷却器）处理空气所需冷量 Q_0 为

$$Q_0 = G(h_{\mathrm{W}} - h_{\mathrm{L}}) \tag{5-5}$$

再热器的加热量 Q 为

$$Q = G(h_0 - h_{\mathrm{L}}) \tag{5-6}$$

（2）露点送风。露点送风（图 5-7（b））的空气处理过程为

$$W \xrightarrow{\text{冷却减湿}} O \sim \overset{\varepsilon}{\longrightarrow} N$$

喷水室（或空气冷却器）处理空气所需冷量 Q_0 为

$$Q_0 = G(h_{\mathrm{W}} - h_0) \tag{5-7}$$

5.3.1.2 冬季空气处理过程

直流式系统冬季的空气处理过程在 h-d 图上的表示如图 5-8 所示，设计方案有两种。

（1）喷水室加湿。冬季喷淋循环水对空气进行等焓加湿（图 5-8（a）），空气处理过程为

$$W' \xrightarrow{\text{预热}} W_1 \xrightarrow{\text{绝热加湿}} L \xrightarrow{\text{加热}} O' \sim \overset{\varepsilon'}{\longrightarrow} N$$

喷水室的加湿量

$$W = G(d_{\mathrm{L}} - d_{\mathrm{W}_1}) \tag{5-8}$$

预热器的加热量

$$Q_1 = G(h_{W_1} - h_{W'}) \tag{5-9}$$

加热器的加热量

$$Q_2 = G(h_{O'} - h_L) \tag{5-10}$$

（2）蒸汽加湿。冬季还可采用喷干蒸汽对空气进行等温加湿（图5-8（b）），空气处理过程为

$$W' \xrightarrow{\text{预热}} W_1 \xrightarrow{\text{等温加湿}} O' \stackrel{\varepsilon'}{\sim} N$$

蒸汽加湿器的加湿量

$$W = G(d_{O'} - d_{W_1}) \tag{5-11}$$

预热器的加热量

$$Q_1 = G(h_{W_1} - h_{W'}) \tag{5-12}$$

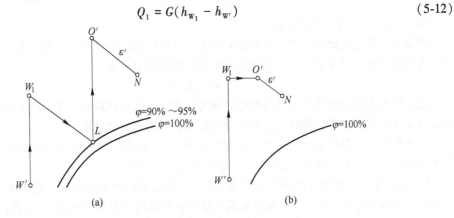

图 5-8　直流式系统冬季工况 h-d 图
（a）喷水室加湿；（b）蒸汽加湿

5.3.2　一次回风系统

5.3.2.1　夏季空气处理过程

一次回风系统的原理图和夏季处理过程如图5-9所示。夏季空调系统的设计方案有两种：再热式和露点送风。

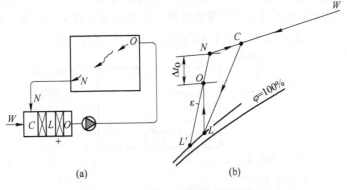

图 5-9　一次回风系统夏季处理工况
（a）系统原理图；（b）h-d 图上夏季过程的表示

（1）再热式。根据第2章所介绍的送风状态点和送风量的确定方法，可在 h-d 图上标出室内

状态点 N（图 5-9（b）），过 N 点作室内热湿比线（ε 线）。根据选定的送风温差 Δt_0，画出 t_0 线，该线与 ε 的交点 O 即为送风状态点。为了获得 O 点，常用的方法是将室内、外混合状态 C 的空气经喷水室（或空气冷却器）冷却减湿处理到 L 点（L 点称机器露点，它一般位于 $\varphi = 90\% \sim 95\%$ 线上），再从 L 加热到 O 点，然后送入房间，吸收房间的余热余湿后变为室内状态 N，一部分室内排风直接排到室外，另一部分再回到空调室和新风混合。因此，整个处理过程可写成

$$\begin{array}{c} W \\ {\Large\searrow} \\ N \end{array} \xrightarrow{\text{混合}} C \xrightarrow{\text{冷却减湿}} L \xrightarrow{\text{加热}} O \overset{\varepsilon}{\sim} N$$

按 $h\text{-}d$ 图上空气混合的比例关系：$\dfrac{\overline{NC}}{\overline{NW}} = \dfrac{G_W}{G}$，而 $\dfrac{G_W}{G}$ 即新风百分比 $m\%$，如取 20%，则 $\overline{NC} = 0.2\,\overline{NW}$，这样 C 点的位置就确定了。

根据 $h\text{-}d$ 图上的分析，为了把 $G\,\mathrm{kg/s}$ 空气从 C 点冷却除湿（减焓）到 L 点，所需配置的制冷设备的冷却能力就是这个设备夏季处理空气所需的冷量，即

$$Q_0 = G(h_C - h_L) \tag{5-13}$$

在采用喷水室或水冷式空气冷却器处理时，这个冷量由制冷机组或天然冷源提供；而采用直接蒸发式空气冷却器处理时，这个冷量由制冷机的冷剂直接提供。

如果从另一个角度来分析这个"冷量"的概念，则可从空气处理机组和空调房间所组成的系统的热平衡关系来认识（图 5-10），它包括以下三部分：

1）风量为 G，参数为 O 的空气到达室内后，吸收室内的余热余湿，沿 ε 线变化到参数为 N 的空气后离开房间。这部分热量就是第 3 章中所计算的"室内冷负荷"，在数值上相当于

$$Q_1 = G(h_N - h_0) \tag{5-14}$$

2）从空气处理的流程看，新风 G_W 进入系统时的焓为 h_W、排出时为 h_N，这部分冷量称为"新风冷负荷"，其数值为

$$Q_2 = G_W(h_W - h_N) \tag{5-15}$$

3）为了减少"送风温差"，有时需要把已在喷水室或空气冷却器中处理过的空气再次加热，这部分热量称为"再热量"，其值为

$$Q_3 = G(h_0 - h_L) \tag{5-16}$$

抵消这部分热量也是由冷源负担的，故 Q_3 称为"再热负荷"。

上述三部分冷量之和就是系统所需要的冷量，即 $Q_0 = Q_1 + Q_2 + Q_3$，这一关系也可以写成

$$Q_0 = G(h_N - h_0) + G_W(h_W - h_N) + G(h_0 - h_L)$$

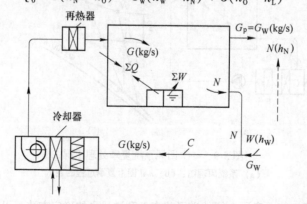

图 5-10　一次回风系统冷量分析

由于在一次回风系统的混合过程中 $\dfrac{G_W}{G} = \dfrac{h_C - h_N}{h_W - h_N}$，即 $G_W(h_W - h_N) = G(h_C - h_N)$，代入上式可得

$$Q_0 = G(h_N - h_O) + G(h_C - h_N) + G(h_O - h_L) = G(h_C - h_L)$$

这一转换进一步证明了一次回风系统的冷量在 h-d 图上的计算法和热平衡概念之间的一致性。

（2）露点送风。对于舒适性空调或夏季以降温为主的工艺性空调，工程中常采用最大送风温差送风，即将空气冷却处理到机器露点（图 5-9（b）中的 L' 点），直接送入空调房间，则不需消耗再热量，因而制冷负荷也可降低，这是应该在设计时考虑的。露点送风的处理过程可

写成 $\begin{matrix} W \\ \\ N \end{matrix} \Bigg\rangle \xrightarrow{\text{混合}} C \xrightarrow{\text{冷却减湿}} \overset{\dot{\varepsilon}}{L'} \rightsquigarrow N$。

CL' 过程是喷水室（或空气冷却器）处理空气的过程，设备所需冷量为

$$Q_0 = G(h_C - h_L') \qquad (5\text{-}17)$$

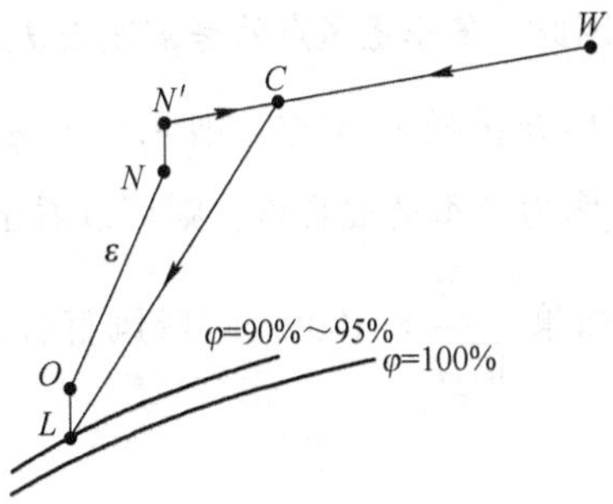

必须指出，采用露点送风时，送风温度必须高于室内空气的露点温度，否则会在送风口处出现结露现象。

此外，经空调机组处理后的空气，由送、回风机和送、回风管道输送过程中，均会产生温升，这是由于风机的机械能和一些能量损失转化为热能，以及周围空气向风管内空气传热的缘故。这部分温升是不可忽略的，一般为 $1\sim2\text{℃}$。考虑了风机和风管温升后，可减少再热器的再热量，其空气处理过程如图 5-11 所示。图中 $L\rightarrow O$ 为考虑送风管和送风机得热引起的温升，图中 $N\rightarrow N'$ 为考虑回风管和回风机得热引起的温升，空气处理设备的冷量增加了。

图 5-11 考虑风机和风管温升的一次回风夏季处理过程

【例 5-1】 室内参数要求 $t_N = 23\text{℃}$，$\varphi_N = 60\%$（$h_N = 49.8\text{kJ/kg}$）；室外参数 $t_W = 35\text{℃}$，$h_W = 92.2\text{kJ/kg}$，新风比为 15%；已知室内余热量 $Q = 5.5\text{kW}$，余湿量很小可忽略不计，送风温差 $\Delta t_0 = 4\text{℃}$，采用水冷式表面冷却器，试求夏季设计工况下所需冷量。

【解】 （1）计算室内热湿比

$$\varepsilon = \frac{Q}{W} = \frac{4.89}{0} = \infty$$

（2）确定送风状态点。过 N 点做 $\varepsilon = \infty$ 的直线与 $\varphi = 90\%$ 的曲线相交于 L 点（图 5-12），则有 $t_L = 16.4\text{℃}$，$h_L = 43.1\text{kJ/kg}$。取 $\Delta t_0 = 4\text{℃}$，得送风点 O 为：$t_0 = 19\text{℃}$、$h_0 = 45.6\text{kJ/kg}$。

（3）求送风量

$$G = \frac{Q}{h_N - h_O} = \frac{5.5}{49.8 - 45.6} = 1.31 \quad \text{kg/s}$$

（4）由新风比 0.15 和混合空气的比例关系可确定混合点 C 的焓值

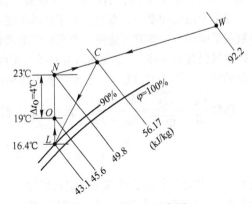

图 5-12 例 5-1 示意图

由于

$$0.15 = \frac{G_W}{G} = \frac{h_C - h_N}{h_W - h_N} = \frac{h_C - 49.8}{92.2 - 49.8}$$

因此

$$h_C = 56.17 \text{kJ/kg}$$

（5）空调系统所需冷量

$$Q_0 = G(h_C - h_L) = 1.31 \times (56.17 - 43.1) = 17.12 \text{kW}$$

（6）冷量分析

$$Q_1 = 5.5 \text{kW}$$

$$Q_2 = G_W(h_W - h_N) = 1.31 \times 0.15 \times (92.2 - 49.8) = 8.33 \text{kW}$$

$$Q_3 = G(h_0 - h_L) = 1.31 \times (45.6 - 43.1) = 3.28 \text{kW}$$

所以 $Q_0 = 5.5 + 8.33 + 3.28 = 17.11 \text{kW}$，与前述计算结果一致。

5.3.2.2　冬季空气处理过程

设冬季室内状态点与夏季相同。在冬季，室外空气参数将移到 h-d 图的左下方（图 5-13（a））。冬季室内热湿比 ε' 因房间有建筑耗热而减小（也可能成为负值）。假设室内余湿量为 W（kg/s），同时，一般工程中冬季往往与夏季采用相等的风量，则送风状态点含湿量 d_0 可以确定：由于 $\Delta d_0 = d_N - d_0 = \dfrac{W}{G} \times 1000$，故 $d_0 = d_N - \dfrac{W}{G} \times 1000$。因此，冬季送风点就是 ε' 线与 d_0 线的交点 O'，这时的送风温差当然与夏季不同。若冬季的室内余湿量 W 不变，则 d_0 线与 $\varphi = 90\%$ 线的交点 L 与夏季相同，如果把 h_L 与 $\overline{NW'}$ 线的交点 C' 作为冬季的混合点，则可以看出：从 C' 到 L 的过程，采用绝热加湿的方法即可实现，这时如果 $\dfrac{\overline{C'N}}{\overline{W'N}} \times 100\% \geq$ 新风百分比（$m\%$），那么这个方案完全可行。这一处理过程的流程为

$$\begin{matrix} N \\ \diagdown \\ W' \diagup \end{matrix} C' \xrightarrow{\text{绝热加湿}} L \xrightarrow{\text{加热}} O' \rightsquigarrow^{\varepsilon'} N$$

喷水室的加湿量

$$W = G(d_L - d'_C) \tag{5-18}$$

加热器的加热量

$$Q = G(h'_0 - h_L) \tag{5-19}$$

上述处理方案中除了用绝热加湿方法可使含湿量增加外，也可以采用喷蒸汽加湿的方法，即从 C' 等温加湿到 E 点，然后加热到 O' 点，这两种办法实际消耗的热量是相同的。

当采用绝热加湿的方案时，对于新风比要求较大的系统，或是采用最小新风比而室外设计参数很低的场合，都有可能使一次混合点的焓值 h'_C 低于 h_L，这种情况下应将新风预热（或室内外空气混合后预热），使预热后的新风与室内空气混合点 C 落在 h_L 线上，这样就可采用绝热加湿的方法（图 5-13（b））。至于应该预热到什么状态，则可通过混合过程的关系确定

已知 $\dfrac{G_W}{G} = \dfrac{\overline{CN}}{\overline{W_1 N}} = \dfrac{h_C - h_N}{h_{W_1} - h_N}$，且 $h_C = h_L$，所以简化可得

$$h_{W_1} = h_N - \frac{G(h_N - h_L)}{G_W} = h_N - \frac{h_N - h_L}{m\%} \tag{5-20}$$

因此，h_{W_1} 就是经预热后既满足规定新风比和仍能采用绝热加湿的焓值。因此，当设计所在地的冬季室外焓值 h_W 小于 h_{W_1} 时，需要设置预热器。

此外，从图5-13（b）可知，从$C' \rightarrow L$用喷淋热水的方法也可实现，但这种处理方法应用不广泛。

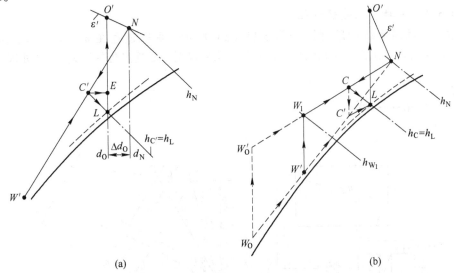

(a)

(b)

图5-13 一次回风系统冬季处理过程

（a）不需要预热；（b）需要预热

5.3.2.3 夏、冬季室内参数不同的一次回风系统

前面所考虑的对象是空调系统全年要求室内参数不变（恒温恒湿）的系统。对于大多数舒适空调，夏、冬季要求维持的室内状态是不同的，这时夏、冬季可以采用各自的机器露点。图5-14就是这种系统在h-d图上的表示。夏季室内状态点为N_1（t_1、φ_1），冬季室内状态点为N_2（t_2、φ_2），对于过渡季节，室内状态允许在t_1、φ_1、t_2、φ_2所包围的这一范围内变动。

如果夏季的热湿比线为ε_1，用机器露点送风（L_1点），则可根据室内余热或余湿算出夏季的送风量G。当冬季空调室内参数要求为N_2，但室内仅有余热变化而余湿不变时，则ε_2必小于ε_1。若冬季采用与夏季相同的送风量G，那么可根据Δd_0冬、夏相

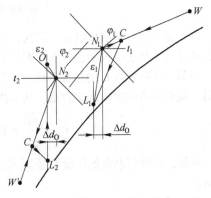

图5-14 夏、冬季室内参数要求
不同的空调方式

同的原则在ε_2线上定出冬季送风点O，从图中可知，O点可通过加热实现。而加热的起点就是冬季的机器露点L_2，它可由新、回风混合后经绝热加湿获得。

5.3.2.4 一次回风系统的应用

一次回风系统的回风仅在热湿处理设备前混合一次，通常利用最大送风温差送风，当送风温差受限制时，利用再热满足送风温度。因此，一次回风方式适用于对送风温差要求不高的舒适性空调，以及室内散湿量较大（热湿比小）的场合。

5.3.3 二次回风系统

对于有恒温恒湿要求的工艺性空调，用再热器来解决送风温差受限，就存在冷热抵消的问

题，这无疑是一种能源浪费。因此，可以采用在喷水室或空气冷却器后与回风再次混合的二次回风系统来代替和取消再热器以节约冷量。

5.3.3.1　夏季空气处理过程

典型二次回风系统的原理图如图 5-15（a）所示。夏季过程在 $h\text{-}d$ 图上的表示如图 5-15（b）所示（图中画出了在相同新风比时与一次回风系统处理过程的区别），其处理过程为

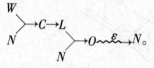

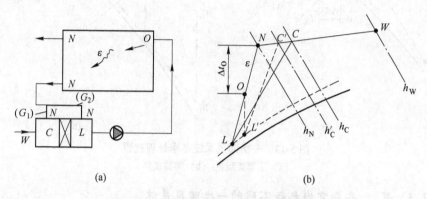

（a）　　　　　　　　　　　　　　　　（b）

图 5-15　二次回风系统夏季空气处理过程
（a）系统原理图；（b）$h\text{-}d$ 图上夏季过程的表示

由于这个过程中回风混合了两次，所以称为"二次回风"。从图 5-15（b）中看出，由于 O 点是 N 与 L 状态空气的混合点，则三点必在一条直线上，因此第二次混合的风量比例也已确定。但第一次混合点 C 的位置不像一次回风系统那样容易得到。这里必须先算出喷水室风量 G_L 后才能进一步确定一次混合点。从二次回风的混合过程可求得

$$G_L = \frac{\overline{NO}}{\overline{NL}} \times G = \frac{h_N - h_O}{h_N - h_L} \times G = \frac{Q}{h_N - h_L} \tag{5-21}$$

可知，通过喷水室的风量 G_L 就相当于一次回风系统中用机器露点送风（最大 Δt_O）时的送风量。

求得了 G_L，则一次回风量 $G_1 = G_L - G_W$，则 C 点的位置可由混合空气焓 h_C 与 NW 线的交点确定

$$h_C = \frac{G_1 h_N + G_W h_W}{G_1 + G_W} \tag{5-22}$$

从 C 点到 L 点的连线便是空气在处理室内的冷却除湿过程。这个处理过程需要的冷量为

$$Q_O = G_L(h_C - h_L) \tag{5-23}$$

如果分析二次回风系统的冷量，可以证明它同样是由室内冷负荷和新风冷负荷构成的，如果与相同条件下（即 N、O、W 和 ε 线以及室内冷负荷相同）的一次回风系统比较，它节省的是再热器冷负荷。

将二次回风系统与一次回风系统的夏季空气处理过程进行比较，得出以下结论：

（1）二次回风系统节省了再热量，同时通过喷水室（或空气冷却器）的空气量减少了，因此它比一次回风系统节省冷量，并可减小喷水室（或空气冷却器）的断面尺寸。

（2）二次回风系统的机器露点（图5-15（b）中的L点）比一次回风系统的机器露点（图5-15（b）中的L'点）低，要求进入喷水室（或空气冷却器）的冷水温度更低，这样可能使天然冷源的使用受到限制。若采用人工冷源，则制冷机组的蒸发温度降低，会影响机组的制冷效率。

（3）对于室内散湿量很大的房间，热湿比很小，二次回风系统的机器露点会更低。因此，仍应采用一次回风系统，此时夏季再热是不可避免的。

若考虑风机、风管温升因素，实际工程中二次回风系统的夏季处理过程如图5-16所示。

$N \rightarrow N'$为回风机和回风管造成的温升，$C_2 \rightarrow O$为送风机和送风管造成的温升。

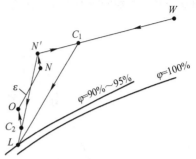

图5-16　考虑风机和风管温升的二次回风系统夏季处理过程

5.3.3.2　冬季空气处理过程

冬季二次回风系统的处理方案有以下两种。

（1）采用喷水室绝热加湿。如果二次回风系统在冬季采用喷水室绝热加湿的方法，则处理过程如图5-17所示。和前述一次回风系统一样，假定室内参数和送风量冬夏一样，同时考虑二次回风的混合比也不变，则机器露点的位置也与夏季相同。

对冬夏室内余湿相同的房间。虽然因有冬季建筑耗热而使$\varepsilon' < \varepsilon$，但其送风点$O'$仍在$d_0$线上。可通过加热使$O \rightarrow O'$点，而$O$点就是原有的二次混合点。为了把空气处理到$O$点，仍采用预热（或不预热）、混合、绝热加湿等方法。其流程为

$$W' \cdots\cdots\cdots\cdots \overset{\text{（预热）}}{W_1} \underset{N}{\diagdown} \xrightarrow{\text{一次混合}} C \xrightarrow{\text{绝热加湿}} L \underset{N}{\diagdown} \xrightarrow{\text{二次混合}} O \xrightarrow{\text{加热}} O' \overset{\varepsilon'}{\leadsto} N$$

与一次回风系统一样，二次回风系统也存在是否设预热器的问题，除了可根据一次混合后的焓值h_C是否低于h_L来确定外，也可像一次回风系统那样推出一个满足要求的室外空气焓值h_{W_1}（图5-18），然后与实际的冬季室外设计焓值比较后确定。

从$h\text{-}d$图上的一次混合过程看，设所求的h_{W_1}值能满足最小新风比而混合点C正好在h_L线上时，则

$$\frac{h_N - h_L}{h_N - h_{W_1}} = \frac{G_W}{G_1 + G_W} \quad \text{（其中 } h_L = h_C\text{）}$$

即

$$h_{W_1} = h_N - \frac{(G_1 + G_W)(h_N - h_L)}{G_W} \tag{5-24}$$

又从第二次混合的过程可知

$$(G_1 + G_W)(h_N - h_L) = G(h_N - h_O) \tag{5-25}$$

将式（5-25）代入式（5-24），得

$$h_{W_1} = h_N - \frac{G(h_N - h_O)}{G_W} = h_N - \frac{h_N - h_O}{m\%} \tag{5-26}$$

式（5-26）和式（5-20）具有相同的意义，它可以用来判别二次回风系统（全年固定露点，冬季绝热加湿）是否需要设预热器。从式（5-26）可以看出，对于某一既定负荷的具体工程对

象来说，h_{w_1} 值与送风焓差大小和新风比有关，对于 Δt_0 较小和新风比较大的系统，算出的 h_{w_1} 值往往高于当地的室外空气设计焓值 h'_w，因而应进行预热，其预热量为

$$Q = G_w(h_{w_1} - h_{w'}) \tag{5-27}$$

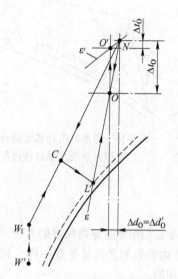

图 5-17 二次回风系统在冬季采用喷水室
绝热加湿的空气处理过程

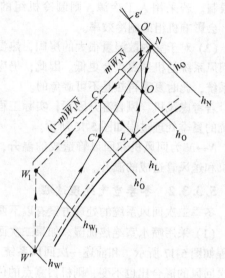

图 5-18 二次回风系统冬季一次加热的
两种方案

此外，由图 5-18 可知，如果先将室内外空气一次混合后再预热，也能实现这一处理方案，所耗的预热量必然与式（5-27）的热量相等。

与一次回风系统一样，空调箱内应设再热器，但它在夏季不需使用，而是为冬季和过渡季节服务的。冬季设计工况下的再热量为

$$Q = G(h'_0 - h_0) \tag{5-28}$$

【例 5-2】 某地一食品厂车间需要设空调装置，已知：

1）室外计算条件为：夏季：$t = 35℃$，$t_s = 26.9℃$，$\varphi = 54\%$，$h = 84.8 kJ/kg$；冬季：$t = -12℃$，$t_s = -13.5℃$，$\varphi = 49\%$，$h = -10.5 kJ/kg$；大气压力为 101325Pa。

2）室内空气参数为：$t_N = 22 \pm 1℃$，$\varphi_N = 60\%$，$h_N = 47.2 kJ/kg$，$d_N = 9.8 g/kg$。

3）室内热湿负荷为：夏季：$Q = 23.3 kW$，$W = 0.0028 kg/s$；冬季：$Q = -4.65 kW$，$W = 0.0028 kg/s$。

4）车间内有局部排风设备，排风量为 2000m³/h。

要求采用二次回风系统，试确定空调方案并计算空调设备容量。

【解】 1）夏季工况：

①由热湿负荷算出热湿比 ε 值和定出送风状态

$$\varepsilon = \frac{Q}{W} = \frac{23.3}{0.0028} = 8321$$

在 $h-d$ 图（图 5-19）上，过 N 点作 ε 线，与 $\varphi = 95\%$ 线的交点得 $t_L = 11.5℃$，$h_L = 31.8 kJ/kg$。考虑工艺要求取 $\Delta t_0 = 7℃$，可得送风点 O，$t_0 = 15℃$（$h_0 = 36.8 kJ/kg$，$d_0 = 8.55 g/kg$）。

②计算送风量 G：$G = \dfrac{Q}{h_N - h_0} = \dfrac{23.3}{47.2 - 36.8} = 2.240 kg/s$。

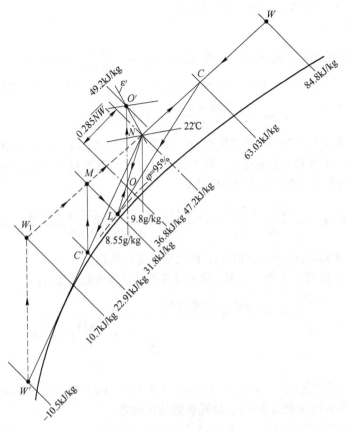

图 5-19　例 5-2 示意图

③通过喷水室的风量 G_L：$G_L = \dfrac{Q}{h_N - h_L} = \dfrac{23.3}{47.2 - 31.8} = 1.513\text{kg/s}$。

④二次回风量 G_2：$G_2 = G - G_L = 2.240 - 1.513 = 0.727\text{kg/s}$。

⑤确定新风量 G_W：由于室内有局部排风，补充排风所需的新风量所占风量的百分数为

$$m\% = \frac{G_W}{G} \times 100\% = \frac{\dfrac{2000}{3600} \times 1.15}{2.24} \times 100\% = 28.5\%（1.15 \text{ 为空气 } 35℃ \text{ 时的密度}）$$

所算得的新风比已满足一般卫生要求。

⑥一次回风量 G_1：$G_1 = G_L - G_W = 1.513 - 0.637 = 0.876\text{kg/s}$。

⑦确定一次回风混合点 C：$h_C = -\dfrac{G_1 h_N + G_W h_W}{G_1 + G_W} = \dfrac{0.876 \times 47.2 + 0.637 \times 84.8}{0.876 + 0.637} =$

63.03kJ/kg。

等 h_C 线与 NW 线的交点就是一次回风混合点 C。

⑧计算设备冷量：从 h-d 图上看，空气冷却减湿过程的冷量为 $Q = G_L(h_C - h_L) = 1.513 \times$

$(63.03 - 31.8) = 47.25\text{kW}$。

这个冷量包括了以下两部分：

室内冷负荷 Q_1，已知为 23.3kW；

新风冷负荷 $Q_2 = G_2(h_W - h_N) = 0.637 \times (84.8 - 47.2) = 23.95\text{kW}$。

即 $Q = Q_1 + Q_2 = 23.3 + 23.95 = 47.25kW$。

2）冬季工况：

①冬季室内热湿比 ε' 和送风点 O' 的确定：$\varepsilon' = \dfrac{Q}{W} = \dfrac{-4.65}{0.0028} = -1661$。

当冬、夏季采用相同风量和室内散湿量不变时，冬、夏季的送风含湿量 d_0 应相同，即

$$d_{0'} = d_0 = d_N - \frac{W \times 1000}{G} = 9.80 - \frac{0.0028 \times 1000}{2.24} = 8.55g/kg。$$

则 d_0 线与 ε' 线的交点即为冬季送风点 O'，可得 $h_{0'} = 49.2kJ/kg$，$t_{0'} = 27.0℃$。

②由于 N、O、L 参数与夏季相同，即二次混合过程与夏季相同。因此可按夏季相同的一次回风混合比求出冬季一次回风混合点位置 C'：

按混合焓计算：$h_{C'} = \dfrac{G_1 h_N + G_W h_W}{G_1 + G_W} = \dfrac{0.876 \times 47.2 + 0.637 \times (-10.5)}{0.876 + 0.637} = 22.91kJ/kg$

由于 $h_{C'} = 22.91kJ/kg < h_L = 31.8kJ/kg$，因此应设置预热器。

③过 C' 点作 $d_{C'}$ 线与 h_L 线得交点 M，则可确定冬季处理的全过程为：

$$N \searrow \atop W' \nearrow \quad C' \xrightarrow{\text{预热}} M \xrightarrow{\text{绝热加湿}} L \nearrow \atop {\searrow \atop O} \to O \xrightarrow{\text{加热}} O' \underset{\varepsilon'}{\rightsquigarrow} N$$

④加热量：

一次混合后的预热量：$Q_1 = G_L(h_M - h_{C'}) = 1.513 \times (31.80 - 22.91) = 13.45kW$。如先把新风预热后混合（图 5-19 中虚线所示），所耗热量是相同的。

二次混合后的再加热量：$Q_2 = G(h_{0'} - h_0) = 2.24 \times (49.2 - 36.8) = 27.78kW$。

所以冬季所需的总加热量为：$Q = Q_1 + Q_2 = 13.45 + 27.78 = 41.23kW$。

（2）采用蒸汽加湿。如果二次回风系统的夏季处理过程和前述方式相同，而冬季采用喷蒸汽加湿的方法，则处理过程如图 5-20 所示，处

理流程为 $\quad W \searrow \atop N \nearrow \quad \xrightarrow{\text{一次混合}} C_1 \xrightarrow{\text{蒸汽加湿}} M \searrow \atop {\nearrow \atop N}$

$\xrightarrow{\text{二次混合}} C_2 \xrightarrow{\text{加热}} O' \underset{\varepsilon'}{\rightsquigarrow} N$。

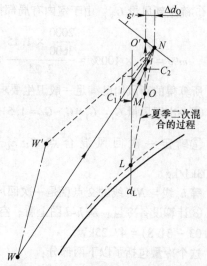

图 5-20　冬季用蒸汽加湿的二次回风处理过程
（---表示冬季室外在非设计参数时的工况）

当室内散湿量和送风量不变的情况下，冬季的送风含湿量差 Δd_0 与夏季相同，即送风点为 d_0 与 ε' 的交点 O'，而二次混合点 C_2 也应在 d_0 线上。此外还应该注意，当二次混合比不变时，经一次混合并加湿后的空气应在夏季的 d_L 线上，这是从图中两个三角形（$\triangle NML \cong \triangle NC_2O$）相似所决定的。因此，可按如下确定加湿后的状态点：1）用与夏季相同的一次回风混合比定出冬季一次混合点 C_1；2）过 C_1 作等温线与 d_L 线相交得 M 点，则 M 点就是冬季经喷蒸汽加湿后应有的状态。

同时可以看出 $\dfrac{\overline{NC_2}}{\overline{C_2M}} = \dfrac{\overline{NO}}{\overline{OL}}$ = 二次混合比。从以上分析可知，当室外参数较低，一次混合点的 d_{C_1} 一般也较小，在 $d_{C_1} < d_L$ 的范围内，都需要进行不同程度的加湿。

将二次回风系统与一次回风系统的冬季工况加以比较，得出以下三点结论：1）与一次回风系统一样，二次回风系统也可以事先判别冬季是否需要设预热器；2）在冬季设计条件下，二次回风系统的总加热量与一次回风系统相等；3）为了便于运行管理和调节，在实际应用中冬季工况下二次回风系统可按一次回风系统运行。

5.3.3.3 二次回风系统的应用

二次回风方式中回风在热湿处理设备前后各混合一次，第二次回风量并不负担室内负荷，仅提高送风温度或增加换气次数。在相同送风条件下，二次回风系统可节省一次回风系统的再热热量。二次回风系统适用于：（1）送风温差受限，而不容许利用热源进行再热时；（2）室内散湿量较小（热湿比大），用最大送风温差送风的送风量不能满足换气次数时；（3）对室内有恒温要求的场合以及高换气次数的洁净房间。

5.3.4 集中式空调系统的划分原则和分区处理

5.3.4.1 系统划分原则

《民用建筑供暖通风与空气调节设计规范》（GB 50736—2012）的7.3.1条规定：选择空气调节系统时应根据建筑物的用途、规模、使用特点、负荷变化情况、参数要求、所在地区气象条件与能源状况，以及设备价格、能源预期价格等通过技术经济比较确定。7.3.2条规定属于下列情况之一的空气调节区，宜分别或独立设置空气调节风系统：（1）使用时间不同的空气调节区；（2）温湿度参数和允许波动范围不同的空气调节区；（3）对空气的洁净度要求不同的空气调节区；（4）噪声标准要求不同，以及有消声要求和产生噪声的空气调节器；（5）在同一时间内要同时供热和供冷的空气调节区。7.3.3条规定：空气中含有易燃易爆物质的空调区，应独立设置空调风系统。

《公共建筑节能设计标准》（GB 50189—2015）的4.1.7条规定：使用时间不同的空气调节区不应划分在同一个定风量全空气风系统中，温度、湿度等要求不同的空气调节区不宜划分在同一个空气调节风系统中。其目的是为了在满足使用要求的前提下，尽量减少初投资，系统运行经济，减少能耗。

通常可根据表5-7所示的原则进行集中空调系统划分。

表 5-7 集中空调系统划分

项 目		空调系统合并	空调系统分设
温湿度	温度波动不小于 $\pm 0.5\,^\circ\!\text{C}$ 或相对湿度波动不小于 $\pm 5\%$	（1）各室邻近，且室内温湿度基数、空调区热湿比、工作班次和运行时间接近；（2）空调区热湿比虽不同，但有室温调节加热器的再热系统；（3）室内温湿度允许波动范围大的相邻房间	（1）房间分散；（2）室内温湿度基数、空调区热湿比、工作班次和运行时间差异较大时；（3）室内温湿度精度差别大
	温度波动 $\pm 0.1 \sim 0.2\,^\circ\!\text{C}$	恒温面积较小且附近有温湿度基数和使用时间相同的恒温房间	恒温面积较大且附近恒温房间温湿度基数和使用时间不同

项　目	空调系统合并	空调系统分设
清洁度	（1）产生同类有害物质的多个空调房间； （2）个别房间产生有害物质，但可用局部排风较好地排除，而回风不致影响其他要求洁净的房间	（1）个别产生有害物质的房间不宜与其他要求洁净的房间合用一个系统； （2）有洁净度等级要求的房间不宜和一般空调房间合用一个系统
噪声标准	（1）各室噪声标准相近； （2）各室噪声标准不同，但可作局部消声处理	各室噪声标准差异较大而难以作局部消声处理时
大面积空调	（1）室内温湿度精度要求不严且各区热湿扰量相差不大时； （2）室内温湿度精度要求较严格且各区热湿扰量相差较大时，可用按区分别设置再热系统的分区空调	（1）按热湿扰量的不同，分系统分别控制； （2）负荷特征相差较大的内区与周边区，以及同一时间内分别进行加热和冷却的房间，宜分区设置空调系统
新风比	各房间新风比相近	各房间新风比相差较大
防火要求	应与建筑防火分区相对应	

5.3.4.2　空调系统的分区处理

虽然在系统划分时，尽可能把室内参数、热湿比等相近的房间组合成一个系统，但仍不免有要求和条件不甚相同的房间需要组成共同的系统，以减少投资和运行费用。这时就会遇到分区处理和如何确定送风状态点的问题。

（1）各房间室内状态点 N 要求相同，但各房间的热湿比 ε 均不同。如果采用一个处理系统且要求不同送风温差，在此情况下，可以用同一个露点而分室加热的方法。

图 5-21 所示的空调系统为甲、乙两个房间送风，夏季热湿比分别为 ε_1 和 ε_2（若 $\varepsilon_1 > \varepsilon_2$），可先根据甲室的热湿比 ε_1 和 Δt_{01} 得送风点 O_1，并算出送风量 G_1，同时还可确定露点 L。由于只能用同一露点，所以乙室的送风点 O_2 为 d_L 与 ε_2 的交点，送风温差为 Δt_{02}，最后求出 G_2。系统总风量为两者之和。从 L 点到 O_1、O_2 靠加热实现，如结合冬季要求，则除在空调箱设有再热器之外，在分支管路上可另设调节加热器。

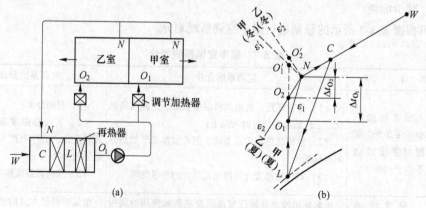

图 5-21　用分室加热方法满足两个房间的送风要求

（a）系统原理图；（b）h-d 图上处理过程的表示

（2）要求室内 t_N 相同，φ_N 允许有偏差，而室内热湿比也各不相同。为了处理方便，需采用相同的 Δt_0 以及机器露点 L，即不用分室加热的方法。

根据这个前提，设计的任务就是对室内相对湿度 φ_N 的偏差进行校核。首先对两个房间可采用相同的 Δt_0，并根据不同的送风点 O_1、O_2 算出各室的风量。如果甲室为主要房间，则可用与 O_1 对应的露点 L_1 加热后送风，这时乙室 φ_N 必有偏差，如在许可范围内即可。如果两个房间具有相同的重要性时，则可取 L_1、L_2 之间值 L 作为露点（图5-22），结果两室的 φ_N 都将有较小的偏差。如偏差在允许范围内，则既经济，又合理。

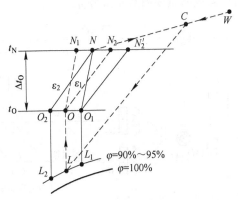

图5-22 两个房间室内 φ_N 允许偏差时采用相同送风温差的 h-d 图

（3）要求各室参数 N 相同，温湿度不希望有偏差，且 Δt_0 均要求相同，势必要求各室采用不同的送风含湿量 d_0。

这时可采用集中处理新风、分散回风、分室加热（或冷却）的处理方法，如图5-23所示。在工程实践上，它用于多层多室的建筑物而采用分层控制的空调系统，国外又称这种空调方式为"分区（层）空调方式"。从处理流程与 h-d 图（夏季）可以看出，先把室外空气集中处理到露点 L，对于甲室 $\genfrac{}{}{0pt}{}{L}{N}\Big\rangle \to C_1 \to O_1 \overset{\varepsilon_1}{\leadsto} N$，对于乙室 $\genfrac{}{}{0pt}{}{L}{N}\Big\rangle \to C_2 \to O_2 \overset{\varepsilon_2}{\leadsto} N$。

对于热湿比较大的建筑物，也可将室内回风先在分区空调箱内冷、热处理后再与处理后的新风相混合而送入各区（层）。

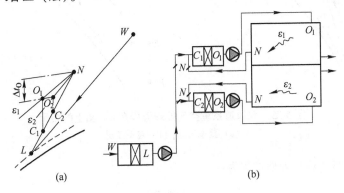

(a)   (b)

图5-23 分区空调方式——夏季工况

（a）h-d 图上处理过程的表示；（b）系统原理图

（4）当室内 N 点要求相同，热湿比各不相同，而 Δt_0 不做严格限制时，为适应不同房间的热湿比线送风，就要求各送风点的 d_0 不同，这时除采用分区空调方式外，还可以采用双风道系统。

双风道系统采用两根温湿度不同的送风管道，一根为冷风道，一根为热风道，两根风道在各房间送风口前的混合箱内按房间的设计要求进行混合，使其送风量和送风状态能满足各个房间的需要。由于各房间热湿比不同，因此送入各房间的送风温湿度是各不相同的。这种系统一般采用一次回风方式，回风管道是集中布置的。为了稳定室内压力以利于混合箱的混风调节，一般采用双风机系统。双风道系统的原理如图 5-24 所示。

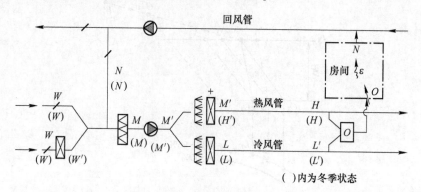

图 5-24 双风道系统原理

双风道系统空气处理流程在 $h\text{-}d$ 图上的表示如图 5-25 所示。

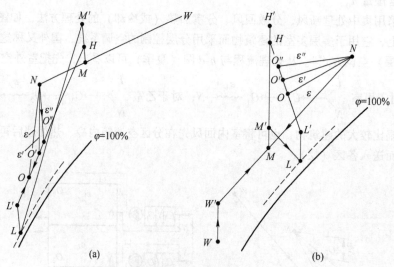

图 5-25 双风道系统空气处理流程在 $h\text{-}d$ 图上的表示
(a) 夏季工况；(b) 冬季工况

夏季（图 5-25（a））处理过程为：

冬季（图 5-25（b））处理过程为：

$$W \xrightarrow{\text{预热}} W' \atop N \searrow M \xrightarrow{\text{风机温升}} M' {\nearrow \text{加热} \to H' \xrightarrow{\text{温降}} H \atop \searrow \text{绝热加湿} \to L \xrightarrow{\text{温升}} L'} \searrow \xrightarrow{\text{混合箱}} O \sim \varepsilon \to N$$

从图 5-25 中可以看出，随着室内负荷的变动，冷、热风混合后送入室内的空气无论在夏季还是冬季都可以方便地调节。

5.3.5　集中式空调系统设计中的几个问题

5.3.5.1　单风机系统和双风机系统

单风机系统指全空气系统中只设有送风机，送风机负担整个空调系统的全部压力损失。双风机系统指集中式空调系统中除设有送风机外，还设有回风机，送风机负担由新风口至最远送风口的压力损失；回风机负担最远回风口至空气处理机组前的压力损失。单风机系统和双风机系统的适用条件和优缺点见表 5-8。

表 5-8　单、双风机系统的适用条件和优缺点

系统	单风机系统	双风机系统
适用条件	（1）全年新风量不变的系统； （2）当使用大量新风时，室内门窗可以排风，不会形成大于 50Pa 的过高正压； （3）房间少、系统小、空调房间靠近空调机房，空调系统的排风口必须靠近空调房间	（1）不同季节的新风量变化较大，其他排风通路不能适应风量变化的要求时会导致室内正压过高； （2）房间须维持一定的正压，而门窗严密，空气不易渗透，室内又无排风装置； （3）要求保证空调系统有恒定的回风量或恒定的排风量； （4）仅有少量回风的系统； （5）通过技术经济比较，装设回风机合理
优点	（1）投资省； （2）经常耗电少； （3）占地小	（1）空调系统可以采用全年多工况调节，节省能量； （2）可保证设计要求的室内正压和回风量； （3）风机风压低、噪声小
缺点	（1）全年新风量调节困难； （2）当过渡季使用大量新风，室内又无足够的排风面积，会使室内正压过大，门也不易开启； （3）风机风压高、噪声大； （4）由于空调器内有较大负压，缝隙处易渗入空气，冷、热耗量增大； （5）室内局部排风量大时，用单风机克服回风管的压力损失，不经济； （6）空调系统供给多房间时，调节比较困难	（1）投资高； （2）经常耗电多； （3）占地大； （4）当回风机选用不当而使风压过大时，会使新风口处形成正压，导致新风进不来； （5）新风阀、回风阀、排风阀三阀之间按比例自动调节难度大
风机压力	风机负担整个空调系统全部压力损失	送风机负担由新风口至最远送风口压力损失。回风机负担最远回风口至空调器前的压力损失。一般回风机的压力仅为送风机压力的 1/3～1/4（必须注意，排风口一定要处于回风机的正压段，新风口一定要处于送风机的负压段）

5.3.5.2　室内正压的保证

前面在确定空调房间新风量的讨论中指出，为了维持空调房间的正压，需要使送入的风量大于从空调房间排走的风量，这两者的差值就是用来维持空调房间正压的风量，这部分风量从空调房间门窗渗出时的阻力就是空调房间的正压值。

A　单风机系统室内正压的保证

对于只有送风机的系统，排风口位置设计的合理与否对能否有效地排风和保持空调房间的正压有很大的影响。

图 5-26 所示的是一个只有送风机的一次回风空调系统管路压力的分布情况。新风口和排风口的位置分别用 G、F 表示。设大气压力为零（相对压力），房间要维持的正压为 Δp，E 点是新风和回风的混合点，D 点是排风和回风的分流点。O 点是空调系统的管路压力分布由正压向负压过渡变化过程中的压力零点。室外空气

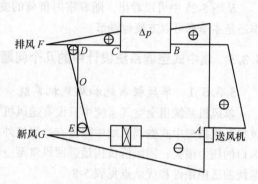

图 5-26　单风机一次回风空调系统的管路压力分布

在送风机抽力的作用下，从新风口 G 吸入。由于 G 点的相对压力为零，所以新风和回风混合点 E 的静压为负值，其大小为

$$p_{E} = \Delta p_{GE} = \Delta p_{OE} \tag{5-29}$$

式中　Δp_{GE}——G 点到 E 点的阻力（摩擦阻力和局部阻力之和）；

　　　Δp_{OE}——O 点到 E 点的阻力。

由于空调房间保持正压，回风从 C 点到 E 点阻力是由空调房间的正压 Δp 和风机的吸力（负压）Δp_{OE} 共同克服的，即

$$\Delta p_{CE} = \Delta p + \Delta p_{OE} = \Delta p + \Delta p_{GE} \tag{5-30}$$

式中　Δp_{CE}——C 点到 E 点的阻力；

　　　Δp——空调房间的正压。

从排风和回风的分流点 D 到排风口 F 点的阻力为 Δp_{DF}，这个压差就是排风系统的动力。从整个管路系统的压力分布可以看出，排风口位置的设置应注意以下问题：

（1）排风口必须设在风道的正压段。从空调房间的出风口 C 到排风口 F 这段管道中的压力必须为正（$\Delta p_{CF} > 0$），以保证 $\Delta p_{DF} > 0$；否则，排风口就无法排出空气。排风道和排风口的设计要根据 D 点的压力值设计，即在消耗 Δp_{DF} 这么大压力时所允许的管长和出口动压损失。

（2）排风口应设置在靠近空调房间的位置。如果排风口设置在距离 C 点较远的空调箱附近时，为了排风就必须提高空调房间的正压 Δp，以便使管路的压力零点移动到靠近空调箱的位置（图 5-27），这样才能排出空气。但是，这时空调房间的正压 Δp 增大（特别是在回风管路较长、阻力较大的情况下），所需要的正压排风量增加，不仅造成不必要的风量、冷量浪费，还会使空调房间门窗的开关产生困难。

B　双风机系统室内正压的保证

当空调系统回风管路的阻力较大，且排风口又无法设置在靠近空调房间的地方时，为了防止空调房间的正压过大和适应全年可变新风比的空调系统在增大新风量时，能把相应的回风量排出去，新风抽进来，就需要采用双风机系统，即在靠近空气处理机组的地方设置回风机来改变回风管路中的压力分布情况，以保证空调房间的设计正压值。双风机一次回风空调系统的管路压力分布如图 5-28 所示。

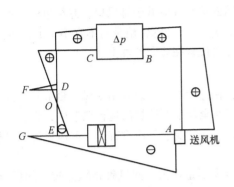

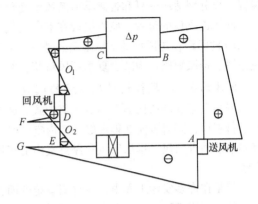

图 5-27　排风口距离空调房间
较远时的管路压力分布

图 5-28　双风机一次回风空调
系统的管路压力分布

这时管路设计应注意的问题如下：

（1）送风机的风压应当等于送风段（包括空气处理机组）的阻力 Δp_{GEAB} 与空调房间的设计正压 Δp 之和，风量等于总送风量，即

$$H_{\mathrm{s}} = \Delta p_{\mathrm{GEAB}} + \Delta p \qquad (5\text{-}31)$$

$$G_{\mathrm{s}} = G \qquad (5\text{-}32)$$

式中　H_{s}——送风机的风压；

$\qquad G_{\mathrm{s}}$——送风机的风量；

$\qquad G$——系统的总风量。

（2）回风机的风压等于回风管路的阻力 Δp_{CDF} 减去空调房间的设计正压 Δp，即

$$H_{\mathrm{h}} = \Delta p_{\mathrm{CDF}} - \Delta p \qquad (5\text{-}33)$$

式中　H_{h}——回风机的风压。

回风机的风量等于送风量减去正压排风量和局部排风量，即

$$G_{\mathrm{h}} = G_{\mathrm{s}} - G_{\Delta \mathrm{p}} - G_{\mathrm{p}} \qquad (5\text{-}34)$$

式中　G_{h}——回风机的风量；

$\qquad G_{\Delta \mathrm{p}}$——正压排风量；

$\qquad G_{\mathrm{p}}$——局部排风量。

（3）两个风机的风压之和等于系统的总阻力。在设计中，如果送风机的风压偏大，回风机的风压偏小，就会使空调房间的正压过大；反之，如果送风机的风压偏小，回风机的风压偏大，则会使空调房间的正压出现偏小，甚至为负压的情况。

5.3.5.3　新风设置应注意的问题

在空气处理过程中，大多数场合需要利用一部分回风。在夏、冬季节，混入的回风量越多，使用的新风量则越少，系统运行越经济。但实际上，不能无限制地减少新风量。空调系统的最小新风量不应小于人员所需新风量，以及补偿排风和保持室内正压所需风量两项中的较大值。必须指出，最小新风量是针对夏季、冬季工况而言的，而过渡季节则应尽可能多用新风，甚至全部用新风送出，充分利用室外空气的自然冷量满足房间空调要求，以达到节能的目的。因此，新风进风口面积和新风风管面积应适应新风量变化和最大新风量的需要，在过渡季节大量使用新风时，可设置最小新风口和最大新风口，或按最大新风量设置新风进风口，并设调节

装置，以分别适应冬夏和过渡季节新风量变化的需要。

新风进风口的位置，应直接设在室外空气较清洁的地点并应低于排风口，并尽量保持不小于 10m 的间距；进风口的下缘距室外地坪不宜小于 2m，当设在绿化地带时不宜小于 1m；应避免进风、排风短路；为减少夏季新风负荷，新风口尽量设置在北向外墙上。

5.3.5.4　排风机设置应注意的问题

采用全年变新风比运行调节的集中式空调系统，在过渡季节可以利用新风冷量节约制冷机的运行费用，同时也能获得良好的室内空气品质。但在全年变新风量的运行调节中，为了在过渡季节能抽进新风，排出回风和保持室内的正压恒定，通常要求采用设有送、回风机的双风机系统。

但是在许多实际工程中，在空调系统的面积和风量不是很大、回风管路阻力较小的场合，为了简化管路系统和节省空调机房的建筑面积，通常都是采用单风机（一般为送风机）的系统。这样，在过渡季节，就难以适应变新风比的运行调节要求，在增大空调系统的新风量时，难以把相应的回风排出去，特别是在建筑物密封性较好的场合，造成了事实上的全年定新风比的运行状况，达不到利用新风冷量节省冷机运行能耗的目的。实际上，在这些只设有送风机的场合，如果配合设置排风机，仍然可以实现变新风量的运行调节。

在集中式空调系统中，为了在增大新风量的同时，把相应的回风排出去。空调管路的排风阀、新风阀和回风阀应当联动，即当新风阀开大时，回风阀关小，排风阀开大。因此，空调系统的排风口宜设置在靠近空调机房的地方。对于单风机系统，要把排风口设在离空调房间较远的空调机房附近，而又不能使空调房间的正压过大，排风口将处于送风机的负压段内。在这种情况下，为了在过渡季节能将回风排出，可设置排风机与送风机配合，来实现变新风比的运行调节，如图 5-29 所示。

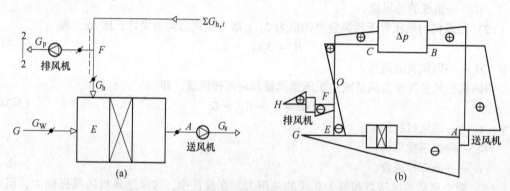

图 5-29　设置送风机和排风机的一次回风空调系统
(a) 系统图示；(b) 管路系统的压力分布

设大气压力为零（相对压力），房间要维持的正压为 Δp，图中的 E 点是新风和回风的混合点，F 点是排风和回风的分流点，O 点是空调系统的管路压力分布由正压向负压过渡变化过程中的压力零点。室外空气在送风机吸力的作用下，从新风口 G 吸入。由于 G 点的相对压力为零，所以新风和回风混合点 E 的静压以及排风和回风分流点 F 的静压都为负值。

5.3.5.5　风机、风管温升和管道保温

A　风机得热的影响

风机为空气提供动力，用于克服流动过程的各种阻力损失。这些机械能最终转化为热能，从而引起空气温升，构成空调系统冷负荷的一部分。风机温升与风压大小、风机电动机是否处

于被处理空气内等因素有关。

当风机电动机不在输送的空气中时,引起的温升为

$$\Delta t_f = \frac{p}{\rho c \eta_f} \tag{5-35}$$

当风机电动机在输送的空气中时,引起的温升为

$$\Delta t_f = \frac{p}{\rho c \eta_f \eta_m} \tag{5-36}$$

式中　p——风机全压,Pa;

　　　ρ——风机输送空气密度,kg/m^3;

　　　η_f——风机全压效率,一般取 0.5~0.8;

　　　η_m——电动机效率,一般取 0.8~0.9。

　　B　风管温差传热的影响

夏季空调系统的送风温度一般低于环境温度,风管内的空气将通过风管获得从周围环境传入的热量,也构成空调系统冷负荷的一部分。风管温升取决于被输送的空气量、风管长度和保温状况,可按下式估算

$$\Delta t_d = \frac{kAL(t_e - t_i)}{c_p G} \tag{5-37}$$

式中　k——风管传热系数,W/(m^2·℃),可按表 5-9 选取;

　　　A——风管截面周长,m;

　　　L——风管长度,m;

　　　t_e——风管外环境温度,℃;

　　　t_i——风管内空气温度,℃;

　　　c_p——空气比热容,J/(kg·℃);

　　　G——风管内空气流量,kg/s。

表 5-9　风管传热系数

保温层导热系数/W·(m·℃)$^{-1}$	0.035		0.04		0.058	
保温层厚度/mm	20	25	20	25	20	25
k/W·(m^2·℃)$^{-1}$	1.48	1.21	1.67	1.38	2.21	1.86

　　对于舒适性空调,在夏季空气处理过程中,风机和风管温升使得空气处理设备的冷量增加。而在冬季空气处理过程中,空气经过送风机时存在温升,而经过送、回风管时存在温降,并且温降往往小于温升。因此,温升在冬季是一个有利因素,可以作为安全储备。

5.3.5.6　挡水板过水问题

挡水板的作用是挡下通过处理设备的空气中可能携带的水滴。在空调箱中喷水室前后应设挡水板;如果使用表面冷却器处理空气,通过风速高时,表面冷却器后也应设挡水板。实际上,挡水板不可能将悬浮在空气中的水滴完全挡下来。存留在挡水板后的空气中的水滴,将吸收空气中的热量后而蒸发,导致空气的含湿量增大,使送风状态点向含湿量增大方向偏移,最终导致室内相对湿度增大,如图 5-30 所示。

既考虑风机、风管温升,又考虑挡水板过水,并使室内空气状态仍能满足设计要求的一次回风系统空调过程在 h-d 图上的表示如图 5-31 所示。图中虚线表示的是不考虑风机、风管温升

及挡水板过水的过程，实线是考虑了风机、风管温升及挡水板过水的过程。由于温升值及过水量估计得不一定准确，所以实际过程是接近此过程的。图中 Δt_z 表示再热温升；Δt_s 表示送风温升；Δt_h 表示回风温升。

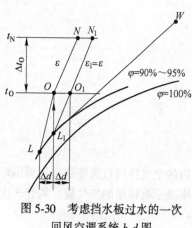

图 5-30　考虑挡水板过水的一次
回风空调系统 $h\text{-}d$ 图

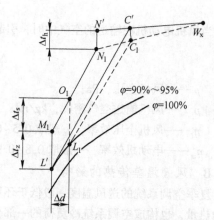

图 5-31　考虑风机、风管温升及挡水板
过水的一次回风空调系统 $h\text{-}d$ 图

5.4　变风量系统

变风量空调系统（Variable Air Volume，VAV）是相对于定风量系统（Constant Air Volume，CAV）而言。前面介绍的定风量系统通过改变送风温度而风量不变来适应室内负荷的变化，这种调节方法既浪费热量，又浪费冷量。而变风量系统是送风温度不变，用改变风量的方法来适应负荷变化，则不仅可以节省再热所消耗的冷热量，而且风量减小还能降低风机的功耗。变风量系统在一些大型公共、民用和工业建筑中得到较多应用，并在应用过程中不断完善其相关技术。

5.4.1　变风量系统的组成

典型的单风道变风量系统（图 5-32）包括空气处理机组，送、回风系统，变风量末端装置和自动控制系统四部分。

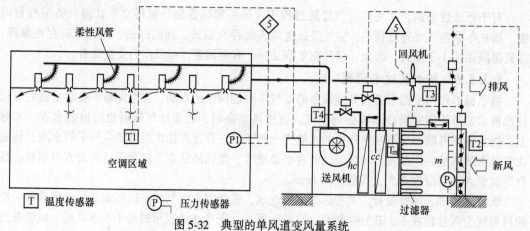

图 5-32　典型的单风道变风量系统

（1）空气处理机组，即空调机组，主要用来处理新风或者新风与回风的混合空气。空调机组一般由新风格栅、新风阀和回风阀、空气过滤器、空气冷却器、空气加热器、加湿器、送风机等设备和部件组成。对大型空调机组还设有与送风机相配合的回风机，即所谓双风机系统，除新风阀、回风阀外，还配有排风阀。具体设置哪些设备和部件，设计者应根据空调机组的用途和室外气象条件来确定。空调机组内的送风机、回风机应是变频风机，它是在风机输入电源的线路上，加装变频器。根据系统控制器的指令，改变风机的转速，达到改变系统风量、节约电能的目的。空调机组一般都设置在单独的空调机房内。

（2）送、回风系统：变风量系统从空调机组内的送风机到各末端装置的送风系统，一般应是中速中压系统。要求送风风管内具有一定的静压，并在运行过程中始终保持静压稳定，这样才有利于变风量箱有效而稳定地工作。为节省安装空间，送风主干管可采用较高的送风速度（可达 20m/s）。为此，送风管道应有足够的强度和较高的气密性。送风主管必须采用薄钢板制作。从节省风管输送能耗、确保风管的严密性和减少保温风管的冷量损失来看，采用圆形风管比矩形风管更适合于变风量系统的要求。主干管与末端装置之间可用气密性好的柔性风管连接。只有当吊顶空间有限，安装圆形风管有困难时，方可采用宽高比大的矩形风管。

（3）变风量末端装置：变风量末端装置（变风量箱）是变风量系统的关键设备，通过它来调节送风量，适应室内负荷的变化，维持室内设定温度。变风量箱通常由进风短管、箱体（消声腔）、风量调节器、控制阀等部件组成，有的变风量箱还与送风口结合在一起。

（4）自动控制系统：变风量空调系统对控制的依赖性很大，空调自动控制又是多学科交叉，机、电密切配合的领域。自控系统是变风量空调系统能否成功运行的关键。变风量系统的控制方法有定静压控制、变静压控制、直接数字式控制等。

5.4.2 变风量系统的末端装置

变风量末端装置有很多类型，比较常用的有风机动力型、节流型、旁通型、诱导型。

5.4.2.1 风机动力型末端装置

风机动力型末端装置（Fan Powered Box，FPB）是在其箱体内设置了一台离心式风机。根据增压风机与一次风风阀的排列位置的不同，风机动力型末端装置可以分成并联式（Parallel Fan Power Box Terminal）和串联式（Series Fan Power Box Terminal）两种形式。

串联式风机动力型变风量末端示意图如图 5-33 所示。系统运行时由变风量空调箱送出的一次风，经末端内置的一次风风阀调节，再与吊顶内二次回风混合后通过末端风机增压送入空调区域。此类末端也可增设热水或电热加热器，用于外区冬季供热和区域过冷再热，供热时一次风保持最小风量。

供冷时，串联型变风量末端一、二次风混合可提高出风温度，适用于低温送风。因送风量稳定，即使采用普通送风口也可防止冷风下沉，以保持室内气流分布均匀性。供热时，二次回风有两个作用：一是保持足够的风量，降低出风温度，防止热风分层；二是可减少一次风的再热损失。当一次冷风调到最小值后区域仍有过冷现象时，必须再热。二次回风可以利用吊顶内部分照明散热量（约高于室内 2℃）抵消一次风部分供冷量，以减少区域过冷再热量。

串联型变风量末端一般用于低温送风空调系统或冰蓄冷空调系统中，它将较低温度的一次风与顶棚中的室内回风混合成所需温度的空气送到空调房间内。采用大温差、低温送风系统具有集中式空气处理机组较小、可减小送回风管及其配件的尺寸、节省设备初投资和降低吊顶空间等优点。串联型变风量末端始终以恒定风量运行，因此该变风量箱还可用于对换气次数有一定要求的场所，如民用建筑中的大堂、休息室、会议室、商场及高大空间等场所。

现在，国内外各种串联型 FPB 末端装置的静压值一般为 75～150Pa，设计风量为160～5000m³/h。正常情况下，串联型变风量末端的增压风机每年需运行 3000～6000h。

并联型风机动力型变风量末端示意图如图 5-34 所示。系统运行时由变风量空调箱送出的一次风，经末端内置的一次风风阀调节后，直接送入空调区域。大风量供冷时末端风机不运行，风机出口止回阀关闭。此类末端常带热水或电加热器，用于外区冬季供热和区域过冷再热。供热时一次风保持最小风量。在小风量供冷或供热时，启动末端风机吸入二次回风，与一次风混合后送入空调区域。并联型变风量末端的增压风机仅在为了保持最小循环风量或加热时运行，因此其风机能耗小于串联型变风量末端。

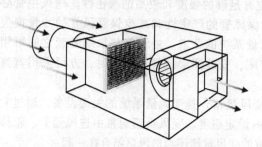 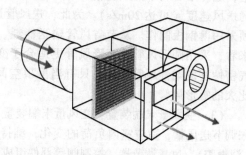

图 5-33　串联式风机动力型变风量末端示意图　　　　图 5-34　并联式风机动力型变风量末端示意图

并联型变风量末端的增压风机是根据空调房间所需最小循环空气量或按并联型末端装置设计风量的50%～80%选型。在大多数项目中，并联型 FPB 的增压风机每年运行在 500～2500h。

5.4.2.2　节流型末端装置

用风门调节送风口开启大小的办法来调节送风量是最常用的方法。对变风量送风装置的要求是：(1) 能根据室温自动调节风量；(2) 当多个风口相邻时，调节其中一个风口而导致管道内静压变化，应防止引起系统风量的重新分配；(3) 应避免风口节流后对室内气流分布产生影响。

典型的节流型末端装置如图 5-35 所示。阀体呈圆筒形，中间收缩似文氏管的形状，故又称"文氏管型变风量风口"。内部具有弹簧的锥体构件就是风量调节机构。它具有两个独立的动作部分：一个是随室内负荷变化由室内恒温调节器的信号来动作的部分——由电动或气动的执行机构控制锥体中心的阀杆，使锥体在文氏管内移动，实现调节锥体与管道之间的开口面积，从而调节风量；另一部分是定风量机构，所谓"定风量"，就是指不因调节其他末端风量而引起风量的再分配。该定风量机构是依靠

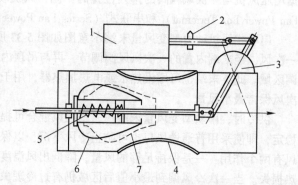

图 5-35　典型的节流型末端装置
1—执行机构；2—限位器；3—刻度盘；4—文氏管；
5—压力补偿器；6—锥体；7—定流量控制和压力补偿时的位置

锥体构件内弹簧的补偿作用来达到的。根据设计要求，在上游静压的作用下，弹簧伸缩而使锥

体沿阀杆位移以平衡管内压力的变动,使锥体与文氏管之间的开度再次得到调节,因而维持了原来要求的风量。这种末端装置的筒体直径为 150~300mm,处理风量的范围为 75~2000m³/h,上游压力在 75~750 Pa 之间变化时都有维持定风量的能力。

节流型末端装置按照外形及组合方式可分为矩形单风管型、圆形和矩形双风管型三种类型。

根据风量调节方式,节流型末端装置可分为压力相关型和压力无关型。压力相关型末端的风阀开度仅受室温控制器调节,在一定开度下,末端送风量随主风管内静压波动而变化,因此室内温度不稳定。压力无关型末端设置了风量检测装置,由测出室温与设定室温之差计算出所需风量,按其与检测风量之差计算出风阀开度调节量。主风管内静压波动引起的风量变化将立即被检测并反馈到末端控制器,控制器通过调节风阀开度补偿风量的变化。因此,末端送风量与主风管内静压无关,室内温度比较稳定。

节流型末端装置的特点:(1)装有定风量机构的变风量末端装置能保证较好的流量分配,而且可以简化风道的阻力计算,定风量机构能自动平衡管道内的压力变化;(2)如果采用直接蒸发式空气冷却器,为了避免低风量时结霜,应考虑相应的措施;(3)送风口节流后,风机与风道联合工作的特性变化使管内静压增加,为了进一步节能,应设静压调节器调节风机风量;(4)送风口噪声较大;(5)风量过低时会影响室内气流分布。

5.4.3 变风量系统的主要形式

5.4.3.1 单风道变风量系统

单风道变风量空调系统由空调机组(设置变频风机)、送(回)风管道和变风量末端装置(一般采用节流型末端装置)组成。

单风道变风量系统可细分为单冷型、单冷再热型和冷热型变风量系统。单冷型系统(图 5-36)的末端装置不带加热器,用于需全年供冷的内区或无须供热的夏热冬暖地区。单冷再热型变风量系统(图 5-37)既有不带加热器的末端装置,又有带加热器的末端装置。前者用于需全年供冷的内区;后者多用于夏季供冷、冬季供热的外区或需要再热的区域,系统全年送冷风。

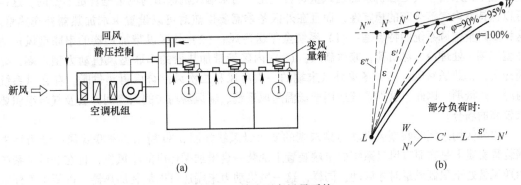

(a)　　　　　　　　　　　　　　(b)

图 5-36　单冷型变风量系统

(a) 系统原理;(b) 夏季 h-d 图

单风道变风量系统采用的节流型末端装置构造简单、体积小、价格便宜、系统运行噪声较低,因此被广泛应用于各种办公建筑中。但是,系统存在的一些缺点限制了其适用范围,如供冷时送风量变化幅度较大,小风量时因出风速度减小,无法利用吊顶的贴附效应,会产生不舒适的冷风下沉现象。这种现象随着送风温度的降低会变得更加突出。因此,该系统对送风口的

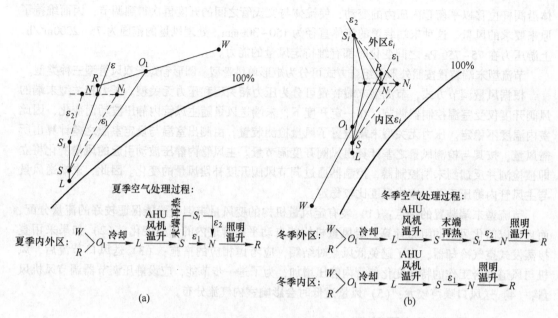

图5-37　单冷再热型变风量系统冬、夏季 h-d 图

性能有一定要求，且仅适用于气流组织要求一般的场合。此外，系统加热时受末端最小风量和热空气分层现象限制，加热风量小，送风温度不能过高，因此，加热能力有限，不能用于热负荷较大的场合。另外，在再热过程中还存在着风系统内冷、热混合损失现象。

5.4.3.2　风机动力型变风量系统

风机动力型变风量系统是在单风道变风量系统基础上发展而来。由于在末端装置处加装了一台驱动风机，与原有的变风量系统末端送风成串联或并联方式连接后，可以实现适用于外区的冬季加热功能，并在风机运行时，即使在变风量条件下，也可以保持送风量基本稳定。

内外区均采用串联型风机动力型末端的变风量系统如图5-38所示。串联式风机动力型末端装置不论来自空气处理机组的送风量是否变化，由末端风机送出的风量是稳定不变的。这样可以保持室内气流分布的稳定性，而且在外区冬季需要供热时可以设置末端加热器补充热量。这种变风量空调系统的特点是：（1）系统全年送冷风；（2）外区设带加热器的串联型风机动力型末端，处理冷、热负荷，兼送新风；（3）内区设带加热器的串联型风机动力型末端，处理冷负荷，兼送新风；（4）冬季外区末端的一次冷风和二次风混合后再热供暖，存在风系统内冷、热抵消。因此，这类系统适用于低温送风系统、新风易均布的大空间办公及气流组织要求较高的场合。

内外区均采用并联型风机动力型末端的变风量系统如图5-39所示。并联式风机动力型末端装置实质上是在原有风量系统的末端装置上加装一台增加循环风的小风机，且在变风量系统的送风量处于限制风量时才启动，同样，这一风机动力末端还可以加装加热器，以便用于外区冬季的加热。这种变风量空调系统的特点是：（1）系统全年送冷风；（2）外区设带加热器的并联型风机动力型末端，处理冷、热负荷，兼送新风；（3）内区设带加热器的并联型风机动力型末端，处理冷负荷，兼送新风；（4）冬季外区末端的一次冷风和二次风混合后再热供暖，存在风系统内冷、热抵消；（5）并联型风机动力型末端外形尺寸比串联型末端小，风机功率也小，且仅在供冷小风量时及供暖时运行，能耗较小。因此，这类系统适用于常温送风系统、新风易均布的大空间办公及气流组织要求不高的场合。

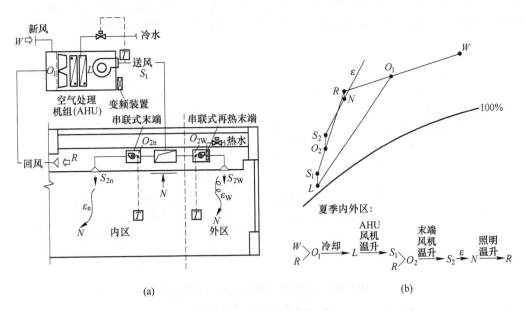

图 5-38　内外区均采用串联型风机动力型末端的变风量系统
（a）系统原理；（b）夏季 h-d 图

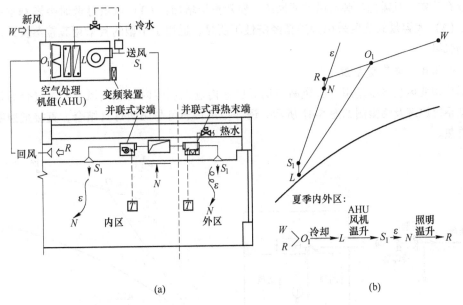

图 5-39　内外区均采用并联型风机动力型末端的变风量系统
（a）系统原理；（b）夏季 h-d 图

5.4.3.3　旁通型系统

当室内负荷减少时，旁通型末端装置通过送风口的分流机构来减少送入室内的风量。而其余部分送入顶棚内，转而进入回风管循环。其系统原理和焓湿图如图 5-40 所示。送入房间的风量是可变的，但风机的风量仍是一定的。图中所表示的末端装置是机械型旁通风口，旁通风口与送风口上设有动作相反的风阀，并与电动（或气动）执行机构相连接，且受室内恒温器控制。旁通型末端装置也可以选配热水再热盘管或电加热器，以增加再热功能。

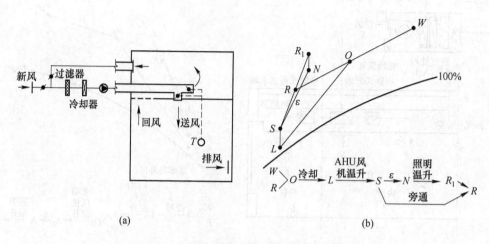

(a)　　　　　　　　　　　　　　　　　　　　　　(b)

图 5-40　旁通型变风量系统空气处理过程
(a) 系统原理；(b) 夏季 *h-d* 图

旁通型系统的特点：(1) 即使负荷变动，风道内静压也基本不变化，不会增加噪声，风机不需要进行控制；(2) 当室内负荷减少时，不必增大再热量（与定风量系统相比），但风机动力没有节省，且需加设旁通风的回风道，使初投资增加；(3) 风量过低时会影响室内气流分布；(4) 大容量的装置采用旁通型经济性不明显，适用于小型的且采用直接蒸发式冷却器的空调机组。

5.4.3.4　诱导型系统

诱导型变风量系统是用一次风高速诱导由室内进入顶棚内的二次风，经过混合后送入室内。其系统原理及焓湿图如图 5-41 所示。诱导型风口还可与照明灯具结合，直接把照明散热用作再热。

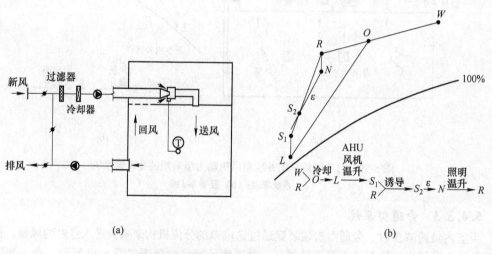

(a)　　　　　　　　　　　　　　　　　　　　　　(b)

图 5-41　诱导型变风量系统空气处理过程
(a) 系统原理；(b) 夏季 *h-d* 图

诱导型系统的特点：（1）由于一次风温度可较低，所需风量减少，同时又采用高速送风，所以一次风管道截面减少，但是诱导作用提高了风机压头；（2）可利用室内散热量，尤其是照明散热，因此适合于照明负荷较高的办公建筑；（3）不能有效过滤室内回风（二次风）；（4）即使负荷减少，房间风量变化不大，一次风量不小于50%时，总风量几乎不变，一次风量减少到20%时总风量仍可保持到60%，所以，对气流分布影响小于节流型。

5.4.4 变风量系统设计中的几个问题

变风量系统设计中存在如下几个问题：

（1）内、外分区。在进行变风量系统设计时，需先对空调房间进行平面分区。

无论是夏季还是冬季，空调区负荷一般由两部分组成，即围护结构负荷和室内人员、灯光、设备等构成的负荷。夏季室内总是需要供冷的，而冬季则不尽相同。当围护结构的热负荷大于由室内人员、灯光、设备等发热量时，则冬季室内需要供热。一般来讲，对于具有较大的外窗面积的空调房间，冬季热负荷值较大，但是，由于空气热传导和空气对流作用有限，由外围护结构传热引起的热负荷以及围护结构壁面的冷辐射仅对靠近外围护结构一定范围内的区域产生影响。也就是说，这一冬季需要供热的区域通常称为外区，除外区之外的室内其他区域则称为内区。内区很少受外围护结构的负荷影响，而人员、灯光、设备等产生的热量使得内区常年都处于需要冷量的状态。如果要保持合理的内区温度，则要求对其进行常年供冷。是否存在内区和如何划分内、外区，应依实际情况确定，设计人员需在认真计算围护结构冷、热负荷以及合理选择空调末端装置的冷却、加热能力后，合理地区分内、外区。以办公建筑而言，一般较为认可的分区范围是：靠近外围护结构2~4.5m以内的室内区域为外区，其余部分室内区域为内区。

（2）空气处理机组。变风量系统的空气处理装置一般采用组合式空气处理机组，可实现各个功能段的优化组合。对于高档写字楼来说，可每层设有一台空调机组，也可以根据建筑朝向不同设置多台小型空调机组。

变风量空调器的送风机的电动机由变频装置驱动，使得空调机组风量范围变化大，适用于大风量的空调系统。变风量空调机组风机多采用中、高压离心式风机。大多数空调机组风机的全压为1000~1500Pa，机外静压一般为450~700Pa，如按常规定风量空调系统概念配置空调机组的机外静压为250~300Pa，在工程调试时常发现风量不够。

普通空调系统的空气过滤效率较低，常见风口附近出现黑渍，影响室内空气品质。变风量空调机组的过滤器大多采用中效袋式过滤器。

对于进深较小，不设内、外区的空调系统，变风量空调机组均分别设置冷盘管和热盘管；对于进深较大，设置内、外区（内区全年供冷，外区采用再热盘管或独立冷热装置）的空调系统，其变风量空调机组一般只设冷盘管；对于采用低温送风（送风温度在11℃以下）以及冷水大温差的系统，冷盘管的排数可能会在6排以上，有的甚至达到12排，这将增加空气冷却器的风阻。

（3）系统风量的确定。变风量空调系统的最大送风量根据系统总冷负荷逐时最大值计算确定，而系统最大冷负荷不是各区最大负荷的总和，应考虑系统的同时负荷率；区域送风量按区域逐时负荷最大值计算确定；房间送风量按房间逐时最大计算负荷确定。因此，各空调房间末端装置和支管尺寸按空调房间最大送风量设计；区域送风干管尺寸按区域最大送风量设计；系统总送风管尺寸按系统送风量设计。

系统最小风量可按系统最大风量的40%~50%计算，该最小风量必须满足气流分布的最低要求，同时必须大于卫生要求的新风量。

（4）气流分布问题。由于风口变风量，会影响到室内气流分布的均匀性和稳定性，从而影响人的舒适感。应该采用扩散性能好的风口，因为当风量减少时，该风口仍具有诱导室内空气的性能。此外，配置多个风口比用少量送风口的效果好。

（5）噪声控制。变风量末端装置的噪声问题值得关注。为了使系统运行时空调房间的噪声值控制在允许的噪声标准之内，需采取下列措施：1）选择变风量末端装置，尤其是串联式风机动力型变风量箱时，应选择高质量的产品。2）末端装置风机余压要求应适度，如机外静压不大于80Pa，加热盘管不超过2排。3）对房间及吊顶材料等的要求，房间的面积宜在50m²以上；吊顶上部高于1m；吊顶材料密度宜大于560kg/m³；变风量末端装置到送风口之间接一段2m以上的消声软管；回风口位置尽可能避开变风量末端装置。对于风机动力型末端装置，必要时在其回风口处设置消声器。

5.4.5 变风量系统的特点与适用性

与定风量空调系统和风机盘管加新风系统相比，变风量空调系统具有区域温度可控、部分负荷时风机可调速节能和可利用低温新风冷却节能等优点，两种系统的比较详见表5-10。

表5-10 变风量系统与其他常用集中冷热源舒适性空调系统比较

比较项目	全空气系统		空气-水系统
	变风量空调系统	定风量空调系统	风机盘管+新风系统
优点	（1）区域温度可控制； （2）空气过滤等级高，空气品质好； （3）部分负荷时风机可实现变频调速节能运行； （4）可变新风比，利用低温新风冷却节能	（1）空气过滤等级高，空气品质好； （2）可变新风比，利用低温新风冷却节能； （3）初投资较小	（1）区域温度可控； （2）空气循环半径小，输送能耗低； （3）初投资小； （4）安装所需空间小
缺点	（1）初投资大； （2）设计、施工和管理较复杂； （3）调节末端风量时对新风量分配有影响	（1）系统内各区域温度一般不可单独控制； （2）部分负荷时风机不可实现变频调速节能	（1）空气过滤等级低，空气品质差； （2）新风量一般不变，难以利用低温新风冷却节能； （3）室内风机盘管有滋生细菌、霉菌与出现"水患"的可能性

随着能源危机的出现以及节能减排的政策出来，对变风量系统的研究和推广工作也在增大力度。《民用建筑供暖通风与空气调节设计规范》（GB 50736—2012）的7.3.7规定：技术经济条件允许时，服务于单个空调区，且部分负荷运行时间较长时，可采用区域变风量空调系统；服务于多个空调区，且各区负荷变化相差大、部分负荷运行时间较长并要求温度独立控制时，可采用带末端装置的变风量空调系统。因此，变风量系统在今后的工程中会越来越受青睐。

5.5 半集中式空调系统

半集中式空调系统除了有集中的空气处理室外，还在空调房间内设置了二次空气处理设备。这种对空气的集中处理和分散处理相结合的空调方式，不仅克服了集中式空调系统空气处理量大，设备、风道断面积大等缺点，还具有局部式空调系统便于独立调节的优点。因此，半集中式空调系统在房间多、层数多的大型建筑（如宾馆、医院、办公楼）中得到了广泛应用。半集中式空调系统按末端装置中的换热介质可分为空气-水、空气-冷剂系统两大类（表5-11），每种系统形式的原理如图5-42所示。

表 5-11　半集中式空调系统的分类

分类	末端换热介质	形　式	特点和应用
空气-水系统	水	风机+水盘管（FCU）	由小型低压头风机和表冷器构成，表冷器（盘管）有干、湿之分。风机盘管出风口与新风系统可分别设置
		诱导器（IU）	借新风系统之动力，诱导室内回风经显热盘管（干盘管）热交换后与新风混合后送风
		辐射板（平面盘管）	由盘管构成的辐射换热装置独立设置于房间顶部，新风送出口位置无限制
空气-冷剂系统	冷剂	风机+冷剂盘管（供冷时为蒸发器/供热时为冷凝器）	由小型低压头风机和冷剂盘管（制冷机之蒸发器或冷凝器）所构成，俗称室内机，而室外机即制冷压缩冷凝机组（供冷时），新风系统可独立设置

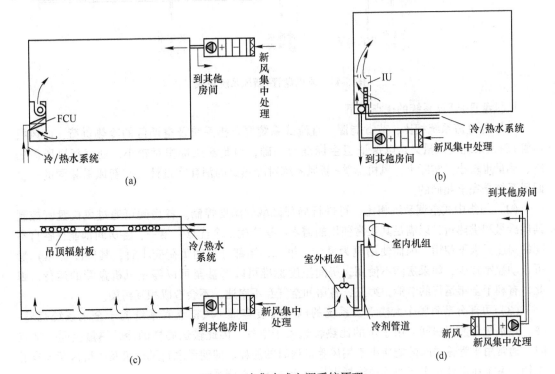

图 5-42　半集中式空调系统原理

（a）风机盘管+新风系统；（b）诱导器空调系统；（c）辐射板+新风系统；（d）冷剂机组+新风系统

5.5.1 风机盘管+新风系统

风机盘管+新风系统是空气-水空调系统的一种类型，也是目前较普遍的一种空调方式。

5.5.1.1 风机盘管+新风系统的组成和特点

风机盘管+新风系统由风机盘管机组、新风系统和水系统三部分组成，如图 5-43 所示。风机盘管机组通常设置在空调房间内，将流过盘管的室内循环空气冷却、减湿冷却或加热后送入室内，消除空调房间的余热余湿。新风系统是为了保证室内人员健康，给空调房间提供满足卫生要求的新风量。集中设置的新风系统还可以承担一部分新风和空调房间的冷、湿负荷，配合风机盘管，使室内空气参数达到设计要求。水系统的作用是给风机盘管和新风机组提供处理空气所需要的冷热量，通常采用集中制取的冷、热水。此外，为了收集风机盘管和新风机组在夏季产生的凝结水，还需要设置凝结水管路。

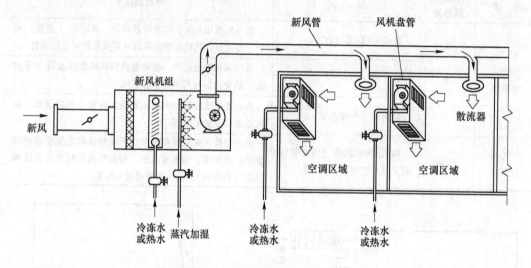

图 5-43　风机盘管+新风系统组成

风机盘管+新风系统的优点如下：

（1）与直流系统相比，节省能源。直流式系统要负担系统及空调区的冷热负荷，而风机盘管+新风系统的风量只是以保证卫生标准为基础，因此新风量相对较小，处理新风所需的冷、热量也较小。实际上，风机盘管+新风系统对冷热源的消耗在设计上与新风量相同的一次回风系统是完全相同的。

（2）与集中式空调系统相比，可进行局部区域的温度控制。各房间可通过风机盘管控制其供冷量和供热量，以满足其正常使用的需求，这产生三个优点：第一，各房间都能在各自不同的温度要求下使用，因而使用更为灵活；第二，当部分房间负荷变小时，其供冷（热）量可自动控制减少，如果房间不使用，房间温度标准可降低甚至可以停止风机盘管的运行，因此，有利于全年运行的节能；第三，各房间空气互不串通，不会造成相互污染。

（3）可部分节省整个大楼空调系统的电气安装容量。风机盘管系统属于全水系统范畴，冷、热水送至使用房间。由于水的比热容远大于空气，因此输送同样的冷、热量至同一地点时，通常用水管输送时的能耗小于用风管输送时的能耗。即使考虑新风机组及风机盘管本身的电耗，系统在设计状态下的输送能耗也将小于全空气空调系统。

（4）新风机房面积小，室内管道占用空间较少，因此，风机盘管+新风系统适合于层高较低或房间面积大但风管不易布置的建筑。

（5）由于风机盘管体积较小，结构紧凑，因此布置较为灵活，对一些空间有限或较常见的框架结构类型的建筑，有较好的适用性。另外，只要水管干管的管径足够，对于建筑的扩建或改建，都是较容易实现的。

风机盘管+新风系统的缺点如下：

（1）对室内温湿度要求较高时难以满足，而且过滤性能差，室内空气品质要求高时难以满足。

（2）由于各空调房间都设有风机盘管，因此其台数较多，导致检修和日常维护工作量增加。这些工作量包括：风机维护、过滤器清洁、控制阀门的维护检修等。

（3）水管进入室内，要求施工严格，特别是冷水管的保温施工要求较高，否则将导致水管漏水或产生凝结水滴至吊顶，严重影响房间的正常使用。此外，每个风机盘管必须接凝结水管，其排水坡度的要求有时也会影响到吊顶的布置及高度。

（4）室内空调噪声主要取决于风机盘管本身的产品质量。采用低噪声风机，可满足室内一般噪声级要求。

（5）与全空气系统相比，除非新风系统采用双风量（或变风量）方式，否则在过渡季节很少能利用室外冷风直接降温，因而有可能延长冷水机组的运行时间而耗能。另外，全年若都按最小新风量运行，室内空气品质较差。

5.5.1.2 风机盘管机组的构造、分类和布置方式

A 风机盘管机组的构造

风机盘管（Fan Coil Unit, FCU）通常设置在需要空调的房间内，其构造如图 5-44 所示，由盘管（热交换器一般采用 2～3 排，铜管铝片）、风机（采用前向多翼离心风机或贯流风机）、过滤器、控制器和外壳组成。它使室内回风直接进入机组进行冷却去湿或加热处理，和

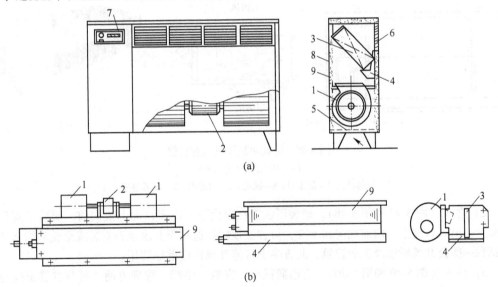

(a)

(b)

图 5-44　风机盘管构造

（a）立式；（b）卧式

1—风机；2—电动机；3—盘管；4—凝结水盘；5—进风口；
6—出风格栅；7—控制器；8—吸声材料；9—箱体

集中空调系统不同，它采用就地处理回风的方式。与风机盘管机组相连接的有冷、热水管路和凝结水管路。风机盘管一般采用高/中/低三档调速。除了采用风量调节，还可以在回水管上安装电动阀，由室内的温控器控制阀门开度，改变进入盘管的水量来调节室内温湿度。

B 风机盘管机组的分类

（1）根据风机类型可分为：1）离心式。效率较高，每台机组风机单独控制，采用单相电容调速低噪声电机，适用于宾馆客房、办公室等。2）贯流式。全压系数较大，效率较低，进、出风口易与建筑物相配合。

（2）根据安装方式可分为：1）明装。维护方便；卧式明装机组吊在顶棚下，用于客房、酒吧、商业建筑等要求美观的场合；立式明装安装简便，用于旧建筑改造或要求施工快捷的场合。2）暗装。维护麻烦；卧式机组暗装在顶棚内，立式机组暗装在窗台下，用于要求整齐美观的房间。

（3）根据出口静压可分为：1）低静压型。额定风量时，带风口和过滤器的机组出口静压为零，不带风口和过滤器的机组出口静压为12Pa；适用于机组直接送风、不接风管的场合。2）高静压型。额定风量时，机组出口静压不小于30Pa，适用于机组须接风管或采用风阻较大过滤器的场合。

（4）根据结构形式可分为：

1）卧式（图5-45和图5-46）。节省建筑面积，可与室内建筑装饰布置相协调，需要设置顶棚和管道间，适用于客房、办公室、商业建筑等。

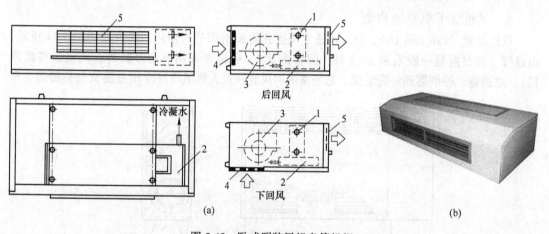

（a）   （b）

图 5-45 卧式明装风机盘管机组

（a）原理图；（b）外观

1—盘管；2—凝水盘；3—风机；4—过滤器；5—出风格栅

2）立式（图5-47和图5-48）。暗装可设置在窗台下，出风口向上或向前，明装可安设在地面上，出风口向上、向前或向斜上方，可省去顶棚；适用于要求地面安装或全玻璃结构的建筑物和一些公共场所以及工业建筑，北方冬季可停开风机做散热器用。

3）柱式（图5-49和图5-50）。占地面积小，安装、维修、管理方便，可省管道间与顶棚；适用于客房、医院等建筑以及不便于安装其他空调机组和旧房改造加装中央空调的场合，北方冬季可停开风机做散热器用。

4）卡式（吸顶式或嵌入式）（图5-51）。送、回风口均布置在板面上，有四面送风、双面送风与单面送风类型，面板可与室内装饰协调，适用于办公室、会议室、大厅、商业建筑。

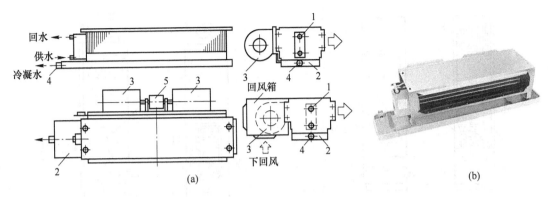

图 5-46　卧式暗装风机盘管机组

（a）原理图；（b）外观

1—盘管；2—凝水盘；3—风机；4—冷凝水排出管；5—电机

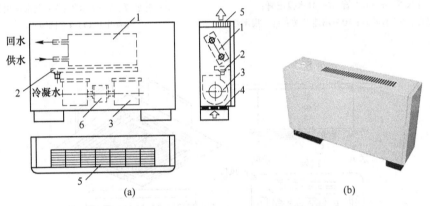

图 5-47　立式明装风机盘管机组

（a）原理图；（b）外观

1—盘管；2—凝水盘；3—风机；4—过滤器；5—出风格栅；6—电机

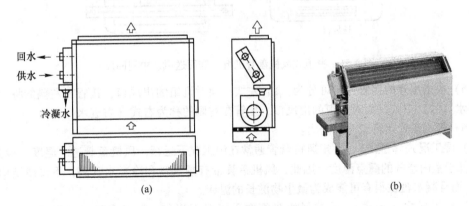

图 5-48　立式暗装风机盘管机组

（a）原理图；（b）外观

5）壁挂式。节省建筑面积，安装、维修、管理方便，适用于不便安装顶棚及旧房改造加装中央空调的场合，须注意凝结水的排除。

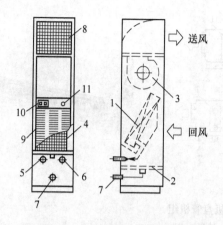

图 5-49　柱式明装风机盘管机组原理

1—盘管；2—凝水盘；3—风机；4—过滤器；
5—进水管；6—出水管；7—凝水排出管；
8—出风格栅；9—回风口；10—调速开关；11—指示灯

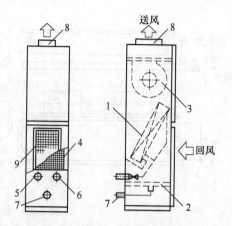

图 5-50　柱式暗装风机盘管机组原理

1—盘管；2—凝水盘；3—风机；4—过滤器；
5—进水管；6—出水管；7—凝水排出管；
8—出风口；9—回风口

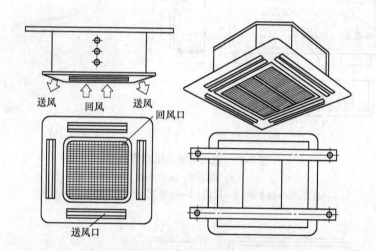

图 5-51　吸顶式风机盘管机组（四面送风、中间回风）

（5）根据水管的接管方向可分为：1）左式。面对机组的出风口，接管在左侧的称为左式（左进水）。2）右式。面对机组的出风口，接管在右侧的称为右式（右进水）。

（6）根据盘管运行工况可分为：

1）湿工况式（湿式）。常规风机盘管通常在湿工况下运行，风机盘管进水温度一般为7~9℃，低于室内空气的露点温度。因此，风机盘管带有凝水盘和冷凝水管路，不仅使结构更加复杂，而且凝水盘也很有可能成为微生物滋长的温床。

2）干工况式（干式）。干式风机盘管在干工况下运行，风机盘管进水温度一般为16~18℃，没有冷凝水产生，从而使得风机盘管的结构更加简单和紧凑。干式风机盘管有两类：一类是在普通风机盘管基础上进行改造，使其适应干工况要求，且不装设冷凝水盘。另一类则是由国外某公司推出的一种新型的贯流型干式风机盘管，如图5-52所示。干式风机盘管在温湿度独立控制系统中广泛应用。

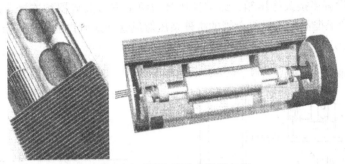

图 5-52 贯流型干式风机盘管

C 风机盘管机组的布置方式

（1）明装：明装风机盘管机组多安装在室内可以看到的地方，因而对其造型和表面装饰要求均比较高。立式明装风机盘管一般设置在室内地面上，卧式明装风机盘管多吊装于天花板下方或门窗上方。机组的控制开关设置在机组的面板上，也可以将其引到床头柜等便于操作的地方。

（2）暗装：暗装风机盘管机组无装饰板，一般布置在室内看不到的地方，所以对外观装饰及颜色都无具体要求，其价格比明装风机盘管便宜。立式暗装风机盘管多设置在窗台下，卧式暗装风机盘管多吊装于顶棚内，机组的控制开关可装在墙上或床头柜上。

一般来讲，对于宾馆、饭店客房空调，多采用卧式暗装风机盘管，一般可布置在进门的过道顶棚内，如图 5-53 所示。这种布置形式美观，不占房间有效空间面积，噪声小。从室内气流组织和温度分布角度来看，这种布置方式特别适用于夏季供冷为主的南方地区。对于办公室、写字楼等房间层数较高，全室进行吊顶的场合，宜采用将机组暗装于房间吊顶的中部，在机组前、后各接一个向下的弯管，形成一侧送风、一侧回风的方式，如图 5-54 所示。

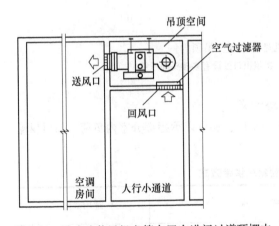

图 5-53 卧式暗装风机盘管布置在进门过道顶棚内

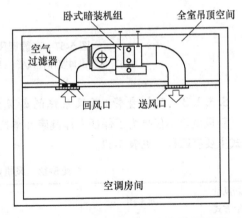

图 5-54 卧式暗装风机盘管布置在吊顶中部

如果房间的层高不够高，可将机组设在沿内墙布置的局部吊顶内，如图 5-55 所示。

立式暗装风机盘管一般布置在外墙窗台下，如图 5-56 所示。这种布置方式对于冬季需要供暖的北方地区尤为适宜。

对于会议室、办公室、餐馆等大空间建筑，宜选用带送风管道的高静压风机盘管，暗装于房间的吊顶内。图 5-57（a）为机组出口接刚性风管，风管底部设有两个方形散流器；图 5-57

（b）为机组出口设有多接头静压箱，经柔性风管与两个方形散流器相连接。采用这种多风口送风方式时，必须根据高静压风机盘管的机外余压对风管和送风口的阻力进行校核，使总阻力小于机组的机外余压。

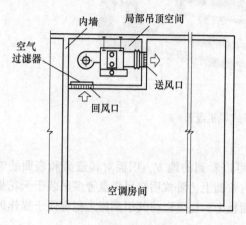

图 5-55　卧式暗装风机盘管布置在沿内墙布置的局部吊顶内

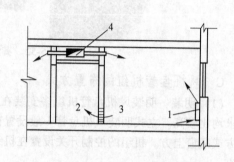

图 5-56　立式暗装风机盘管的布置
1—风机盘管；2—走廊；3—空调房间；4—新风道

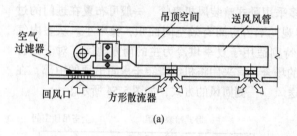

（a）

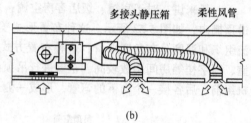

（b）

图 5-57　高静压风机盘管布置在吊顶内
（a）机组出口接刚性风管；（b）机组出口处设有多接头静压箱

5.5.1.3　风机盘管+新风系统的新风供给方式

新风供给不仅是为了保证人体健康和维持室内正压，还可以承担部分室内负荷。新风供给方式主要有四种，见表 5-12。

表 5-12　风机盘管新风供给方式

新风供给方式	示意图	特　　点	适用范围
房间缝隙自然渗入		（1）无组织渗透风，室内温度不均匀； （2）简单； （3）卫生条件差； （4）初投资与运行费用低； （5）机组承担新风负荷，长时间在湿工况下运行	（1）人少、无正压要求、清洁度要求不高的空调房间； （2）要求节省投资与运行费用的房间； （3）新风系统布置有困难的建筑

新风供给方式	示意图	特　　点	适用范围
机组背面墙洞引入新风		（1）新风口可调节，冬、夏季采用最小新风量，过渡季采用最大新风量； （2）室内直接受到新风负荷变化的影响； （3）初投资与运行费用低； （4）须做好防尘、防噪声、防雨、防冻措施； （5）机组长时间在湿工况下运行	（1）人少、要求低的空调房间； （2）要求节省投资与运行费用的房间； （3）新风系统布置有困难的建筑； （4）房高为 5m 以下的建筑物
单设新风系统独立供给室内		（1）单设新风机组，可随室外气象变化进行调节，保证室内湿度与新风量要求； （2）投资大； （3）占空间多； （4）新风口可紧靠风机盘管	要求卫生条件严格和舒适的房间，目前最常用
单设新风系统供给风机盘管机组		（1）单设新风机组，可随室外气象变化进行调节，保证室内湿度与新风量要求； （2）投资大； （3）新风接至风机盘管，与回风混合后进入室内，加大了风机风量，增加噪声	要求卫生条件严格的房间，目前较少用

5.5.1.4　风机盘管+新风系统的空气处理过程

A　夏季工况

a　新风单独接入室内

新风单独接入室内时，处理后的新风与经过风机盘管处理后的室内回风混合达到室内送风状态点，在夏季有四种处理方式。

（1）新风处理到室内空气干球温度（图 5-58）。

风机盘管机组承担室内的冷负荷和湿负荷以及部分的新风冷负荷和湿负荷，而新风机组只承担部分的新风冷负荷和湿负荷。因此，风机盘管机组负荷很大，在湿工况下运行，造成卫生问题和水患。实际工程中这种处理方式应用很少。

（2）新风处理到室内空气焓值（图 5-59）。风机盘管机组承担室内的冷负荷和湿负荷以及部分的新风湿负荷，而新风机组承担新风冷负荷和部分新风湿负荷，该方式易于实现，且可用风机盘管的出水作为新风机组的进水，但风机盘管仍为湿工况，有水患之害。空气处理过程为

$$W \xrightarrow{\text{冷却减湿}} L \xrightarrow{\text{风机温升}} K \quad \underset{\text{混　合}}{\searrow} \quad O \sim\varepsilon \to N。$$
$$N \xrightarrow{\text{冷却减湿}} M \quad \nearrow$$

空调过程的设计可按以下步骤进行：

1）根据设计条件，确定室外状态点 W 和室内状态点 N。

2）确定机器露点 L 和考虑温升后的状态点 K。过点 N 作 h_N 线，取温升为 1.5℃ 的线段 $\overline{KL}$，使 $\overline{KL}$ 与等焓线 h_N 线和 $\varphi=90\%$ 线分别交于点 K 和点 L，则 $W \to L$ 是新风在新风机组内实现的冷却减湿过程。

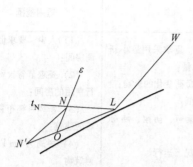

图 5-58　新风处理到室内干球温度
（新风单独接入室内）

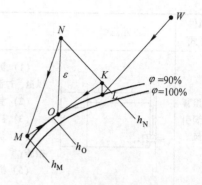

图 5-59　新风处理到室内空气焓值
（新风单独接入室内）

3）确定室内送风状态点 O。过点 N 作 ε 线，该线与 $\varphi=90\%$ 线相交于送风状态点 O，O 点确定之后可计算出空调房间送风量为

$$G = \frac{Q}{h_N - h_O}$$

4）确定风机盘管处理后的状态点 M。连接 $\overline{KO}$ 并延长到点 M，M 点为经风机盘管处理后的空气状态，风机盘管处理的风量 $G_F = G - G_W$，由混合原理

$$\frac{G_W}{G_F} = \frac{h_O - h_M}{h_K - h_O}$$

可求出 h_M，h_M 线与 $\overline{KO}$ 的延长线相交得 M 点，则 $N \to M$ 是在风机盘管内的冷却减湿过程。

5）确定新风机组负担的冷量和盘管负担的冷量。

新风机组负担的冷量为

$$Q_{0,W} = G_W(h_W - h_L) \tag{5-38}$$

盘管负担的冷量为

$$Q_{0,F} = G_F(h_N - h_M) \tag{5-39}$$

（3）新风处理到室内空气含湿量（图 5-60）。风机盘管机组仅承担部分室内冷负荷和室内湿负荷，而新风机组不仅承担新风冷负荷和湿负荷，还承担部分室内冷负荷。空气处理过程为

$$W \xrightarrow{\text{冷却减湿}} L \xrightarrow{\text{风机温升}} K \underset{}{\overset{}{\begin{array}{c}\\ \\ \end{array}}} \quad \text{混　合} \to O \overset{\varepsilon}{\leadsto} N_\circ$$

$$N \xrightarrow{\text{冷却减湿}} M$$

空调过程的设计可按以下步骤进行：

1）根据设计条件，确定室外状态点 W 和室内状态点 N。

2）确定新风处理后的机器露点 L。过点 N 作 d_N 线，该线和 $\varphi=90\%$ 线交于点 L，则 $W \to L$ 是新风在新风机组内实现的冷却减湿过程。

3）确定风机温升后的状态点 K。沿 d_L 线向上取温升为 1.5℃ 的线段，得到温升后的状态点 K。

4）确定室内送风状态点 O。过点 N 作 ε 线，该线与 $\varphi=90\%$ 线相交于送风状态点 O，O 点确定之后可计算出空调房间送风量。

5）确定风机盘管处理后的状态点 M。连接 $\overline{KO}$ 并延长到点 M，M 点为经风机盘管处理后

的空气状态，风机盘管处理的风量 $G_F = G - G_W$，由混合原理

$$\frac{G_W}{G_F} = \frac{h_O - h_M}{h_K - h_O}$$

可求出 h_M，h_M 线与 $\overline{KO}$ 的延长线相交得 M 点，则 $N \to M$ 是风机盘管内的冷却减湿过程。

6）确定新风机组负担的冷量和盘管负担的冷量。

（4）新风处理到低于室内空气含湿量（图 5-61）。风机盘管机组仅承担部分室内人员、照明和日射得热引起的瞬变负荷，新风机组不仅承担新风冷负荷和新风湿负荷，还承担室内湿负荷、部分室内显热冷负荷和全部潜热冷负荷。此时，风机盘管机组的负荷较小，要求的冷水温度较高，盘管在干工况下运行，卫生条件较好。但是，新风机组要求的冷水温度较低，新风处理的焓差较大，一般采用 6~8 排盘管，需要采用特制的新风机组。

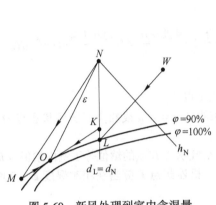

图 5-60　新风处理到室内含湿量
（新风单独接入室内）

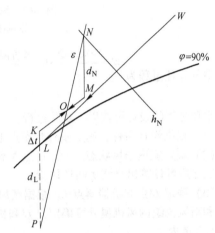

图 5-61　新风处理到低于室内含湿量
（新风单独接入室内）

空调过程的设计可按以下步骤进行：

1）根据设计条件，确定室外状态点 W 和室内状态点 N。

2）确定室内送风状态点 O。过点 N 作 ε 线，该线与 $\varphi=90\%$ 线相交于送风状态点 O，O 点确定之后可计算出空调房间送风量。

3）确定新风处理后的机器露点 L。连接 $\overline{NO}$ 并延长到 P 点，使 $\dfrac{G_W}{G_F} = \dfrac{h_N - h_O}{h_O - h_P}$。过点 P 作 d_P 线，该线和 $\varphi=90\%$ 线交于点 L，则 $W \to L$ 是新风在新风机组内实现的冷却减湿过程。

4）确定考虑风机温升后的状态点 K。沿 d_L 线向上取温升为 1.5℃ 的线段，得到温升后的状态 K。

5）确定风机盘管处理后的状态点 M。连接 $\overline{KO}$，并延长与 d_N 线相交得 M 点，即为风机盘管处理后的状态点。

6）确定新风机组负担的冷量和盘管负担的冷量。这种方式的空气处理过程为

$$W \xrightarrow{\text{冷却减湿}} L \xrightarrow{\text{风机温升}} K \underset{N \xrightarrow{\text{等湿冷却}} M}{\xrightarrow{\hspace{1cm}}} \text{混合} \to O \sim \xrightarrow{\varepsilon} N$$

b　新风接入风机盘管机组

新风接入风机盘管机组时，处理后的新风先与室内回风混合，再经过盘管冷却去湿处理到室内送风状态点送入房间，空调工程如图 5-62 所示。

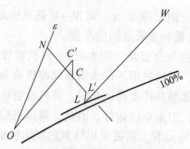

图 5-62　风机盘管系统夏季工况
（新风接入风机盘管机组）

空气处理过程为 $W \xrightarrow{\text{冷却减湿}} L \xrightarrow{\text{风机温升}} L' \overset{\text{混合}}{\underset{N}{\Big\rangle}} C \xrightarrow{\text{风机温升}} C' \xrightarrow{\text{冷却去湿}} O \overset{\varepsilon}{\leadsto} N$。

空调过程的设计可按以下步骤进行：

（1）根据设计条件，确定室外状态点 W 和室内状态点 N。

（2）确定室内送风状态点 O。过点 N 作 ε 线，该线与 $\varphi = 90\%$ 线相交于送风状态点 O，O 点确定之后可计算出空调房间送风量。

（3）确定 L' 点和机器露点 L。根据新风机组出口空气状态 L' 点的焓值等于室内焓值（$h'_L = h_N$）和新风机组的风机温升可确定出 L' 和机器露点 L，机器露点 L 应当在相对湿度 $\varphi = 90\% \sim 95\%$ 的范围内。

（4）确定混合状态点 C 和 C' 点。由

$$\frac{G_W}{G} = \frac{d_C - d_N}{d_{L'} - d_N}$$

可得混合状态点 C 的含湿量为

$$d_C = d_N + \frac{G_W}{G}(d_{L'} - d_N)$$

等含湿量线 d_C 与 NL' 连线的交点即为混合状态点 C。然后，根据风机盘管温升即可在 d_C 含湿量线上确定出 C' 点。

（5）确定新风机组负担的冷量和盘管负担的冷量。新风机组负担的冷量为

$$Q_{0,\,W} = G_W(h_W - h_L) \tag{5-40}$$

风机盘管负担的冷量为

$$Q_{0,\,F} = G(h_{C'} - h_O) \tag{5-41}$$

B　冬季工况

a　新风单独接入室内（图 5-63）

冬季工况下，新风直接送入室内的空气处理流程为

$$W_d \xrightarrow{\text{等湿加热}} W' \xrightarrow{\text{蒸汽加湿}} E_d \overset{\text{混　合}}{\underset{M_d}{\Big\rangle}} O_d \overset{\varepsilon_d}{\leadsto} N_d$$

$$N_d \xrightarrow{\text{等湿加热}} M_d$$

空调过程的设计可按以下步骤进行：

（1）根据设计条件，确定室外状态点 W_d 和室内状态点 N_d。

（2）确定冬季室内送风状态点 O_d。在冬季工况下，由于空调房间所需要的新风量和风机盘管机组处理的风量与夏季相同。因而，空调房间送风量为

$$G = G_F + G_W \tag{5-42}$$

由送风量的计算公式，空调房间冬季送风状态点的焓 h_{Od} 和含湿量 d_{Od} 为

$$h_{Od} = h_{Nd} - \frac{Q_d}{G} \tag{5-43}$$

$$d_{Od} = d_{Nd} - \frac{W_d}{G} \tag{5-44}$$

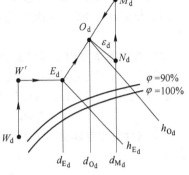

图 5-63　风机盘管系统冬季工况（一）
（新风单独接入室内）

由（h_{Od}，d_{Od}）即可在 h-d 图上定出冬季的室内送风状态点 O_d。O_d 点与室内设计状态点 N_d 的连线也就是空调房间冬季的热湿比 ε_d 线。

（3）确定风机盘管处理后的空气状态点 M_d。为了在冬季充分利用风机盘管的加热能力和减少新风系统在风机盘管停开时的能耗（如旅馆类建筑客房内无人时），并且考虑到冬季的送风温度不宜高于 40℃，建议取

$$t_{Md} = t_{Nd} + (15 \sim 20)℃ \tag{5-45}$$

式中　t_{Md}——风机盘管处理后的空气状态点温度，℃；

　　　t_{Nd}——室内设计状态点温度，℃。

（4）确定新风加热后的状态点 W'。冬季采用喷蒸汽加湿时，空气在 h-d 图上的状态变化是一等温过程。因此，新风加热后状态点 W' 的温度应该等于状态点 E_d 的温度，由混合原理，$\dfrac{G_W}{G_F} = \dfrac{h_{Md} - h_{Od}}{h_{Od} - h_{Ed}}$，计算出 h_{Ed}，等焓线 h_{Ed} 与 $\overline{M_d O_d}$ 的延长线交于点 E_d，可得 t_{Ed}，则 $t_{W'} = t_{Ed}$。

由于空气的加热是一个等含湿量过程，即

$$d_{W'} = d_{Wd}$$

则由（$t_{W'}$，$d_{W'}$）即可确定出新风加热后的状态点 W' 点。

冬季没有采用喷蒸汽加湿时，可通过作过状态点 W_d 的等湿线与 $\overline{M_d O_d}$ 的延长线交于点 W' 来确定新风加热后的状态点 W'。

（5）确定风机盘管机组的加热量

$$Q_{0, F} = G_F c_p (t_{Md} - t_{Nd}) \tag{5-46}$$

（6）确定新风机组的加热量

$$Q_{0, w} = G_W c_p (t_{W'} - t_{Wd}) \tag{5-47}$$

（7）确定新风机组的加湿量

$$W_0 = G_W (d_{Ed} - d_{Wd}) \tag{5-48}$$

b　新风接入风机盘管机组（图 5-64）

冬季工况，新风先在风机盘管机组中与室内回风混合，再经过盘管加热到室内送风状态点送入房间。空气处理流程为

$$W_d \xrightarrow{\text{加热}} W_1 \xrightarrow{\text{蒸汽加湿}} E_d \underset{N_d}{\overset{\text{混合}}{\searrow}} C_d \xrightarrow{\text{加热}} O_d \xrightarrow{\varepsilon_d} N_d。$$

空调过程的设计可按以下步骤进行：

（1）根据设计条件，确定室外状态点 W_d 和室内状态点 N_d。

（2）确定冬季室内送风状态点 O_d。在冬季工况下，由于空调房间所需要的新风量和风机盘管机组处理的风量与夏季相同，由式（5-49）可计算出空调房间的送风量为

$$G = G_F + G_W \tag{5-49}$$

由下式计算出空调房间冬季送风状态点的焓 h_{Od} 和含湿量 d_{Od}

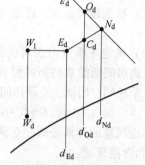

图 5-64　风机盘管系统冬季工况（二）
（新风接入风机盘管机组）

$$h_{Od} = h_{Nd} - \frac{Q_d}{G} \tag{5-50}$$

$$d_{Od} = d_{Nd} - \frac{W_d}{G} \tag{5-51}$$

由（h_{Od}，d_{Od}）即可在 h-d 图上定出冬季的室内送风状态点 O_d。O_d 点与室内设计状态点 N_d 的连线也就是空调房间冬季的热湿比 ε_d 线。

（3）确定新风和回风的混合状态点 C_d。为了多利用风机盘管机组加热能力，并且考虑到新风加热后的温度不宜太低，混合状态的温度可取为

$$t_{Cd} = t_{Nd} - (2 \sim 5) \tag{5-52}$$

式中　t_{Cd}——新风与回风混合状态点的温度，℃。

由于混合状态点位于送风状态点的等含湿量线上，即 $d_{Cd} = d_{Od}$，则由（t_{Cd}，d_{Cd}）确定出新、回风混合状态点 C_d。

（4）确定蒸气加湿后的状态点 E_d。根据两种状态空气的混合原理，状态点 E_d 的焓和含湿量为

$$h_{Ed} = h_{Nd} - \frac{G}{G_W}(h_{Nd} - h_{Cd}) \tag{5-53}$$

$$d_{Ed} = d_{Nd} - \frac{G}{G_W}(d_{Nd} - d_{Cd}) \tag{5-54}$$

由（h_{Ed}，d_{Ed}）即可确定蒸气加湿后的状态点 E_d，E_d 点应当在 $\overline{N_d C_d}$ 的延长线上。

（5）确定新风加热后的状态点 W_1

$$t_{W1} = t_{Ed} = \frac{h_{Ed} - 2500 d_{Ed}}{1.01 + 1.84 d_{Ed}} \tag{5-55}$$

（6）确定风机盘管机组的加热量

$$Q_{0, F} = G c_p (t_{Od} - t_{Cd}) \tag{5-56}$$

（7）确定新风机组的加热量

$$Q_{0, w} = G_W c_p (t_{W1} - t_{Wd}) \tag{5-57}$$

（8）确定新风机组的加湿量

$$W_0 = G_W (d_{Ed} - d_{Wd}) \tag{5-58}$$

【例 5-3】　某客房采用风机盘管加独立新风系统，夏季室内设计参数为 $t_N = 27$℃，$\varphi_N = 60\%$；室外空气干球温度 $t_w = 34$℃，相对湿度 $\varphi_w = 65\%$。已知空调房间的冷负荷 $Q = 5.38$kW，湿负荷 $W = 0.22$g/s；房间要求的新风量 $G_w = 0.08$kg/s。新风机组和送风管道的温升 $\Delta t = 0.5$℃。试进行夏季空调过程计算。

【解】 按新风处理到室内焓值、单独送入室内的情况计算，空调过程如图 5-59 所示。

根据室内空气 h_N 线、新风处理后的机器露点相对湿度即可确定新风处理后的机器露点 L 及温升后的 K 点。

（1）室内热湿比及房间送风量

$$\varepsilon = \frac{Q}{W} = \frac{5.38}{0.22/1000} = 24500 \text{kJ/kg}$$

采用可能达到的最低参数送风，过 N 点作 ε 线按最大送风温差与 $\varphi = 95\%$ 线相交，即得送风点 O，查出 $h_O = 51.5 \text{kJ/kg}$，则总送风量为

$$G = \frac{Q}{h_N - h_O} = \frac{5.38}{61.5 - 51.5} = 0.538 \text{kg/s}$$

（2）要求的新风量 $G_W = 0.08 \text{kg/s}$，则风机盘管风量

$$G_F = G - G_W = 0.538 - 0.08 = 0.458 \text{kg/s}$$

（3）风机盘管机组出口空气的焓

$$h_M = \frac{Gh_O - G_W h_K}{G_F} = \frac{0.538 \times 51.5 - 0.08 \times 61.5}{0.458} = 49.8 \text{kJ/kg}$$

连接 K、O 两点并延长与 h_M 相交得 M 点（风机盘管的出风状态点），查出 $t_M = 18.2℃$。

（4）风机盘管冷量

$$Q_{0,F} = G_F(h_N - h_M) = 0.458 \times (61.5 - 49.8) = 5.36 \text{kW}$$

（5）新风机组冷量

$$Q_{0,W} = G_W(h_W - h_L) = 0.08 \times (90.9 - 61.0) = 2.39 \text{kW}$$

【例 5-4】 北京地区某客房采用风机盘管加独立新风系统，冬季室内设计参数为 $t_N = 22℃$，$\varphi_N = 40\%$。已知空调房间的热负荷 $Q = -1.025 \text{kW}$，湿负荷 $W = 126 \text{g/h}$，房间送风量 $G = 360 \text{kg/h}$，新风量 $G_W = 72 \text{kg/h}$。试进行冬季空调过程计算。

【解】 下面分新风直接送入室内和新风接入风机盘管机组两种情况分别进行计算。

（1）新风直接送入室内（图 5-63）。

1）根据设计条件在图中确定室内外状态点的各项参数为：$h_{Nd} = 38.8 \text{kJ/kg}$，$d_{Nd} = 6.55 \text{g/kg}$，$d_{Wd} = 0.6 \text{g/kg}$，$t_{Wd} = -12℃$。

2）确定室内送风状态点 O_d 的参数。

$$h_{Od} = h_{Nd} - \frac{Q_d}{G} = 38.8 - \frac{-1.025}{360/3600} = 49.1 \text{kJ/kg}$$

$$d_{Od} = d_{Nd} - \frac{W_d}{G} = 6.55 - \frac{126}{360} = 6.2 \text{g/kg}$$

3）确定风机盘管出口空气状态点 M_d 的参数。取 $t_{Md} = t_{Nd} + (15 \sim 20) = 22 + 15 = 37℃$，可得

$$h_{Md} = (1.01 + 1.84 d_{Md}) t_{Md} + 2500 d_{Md}$$
$$= (1.01 + 1.84 \times 0.00655) \times 37 + 2500 \times 0.00655 = 54.2 \text{kJ/kg}$$

4）确定蒸气加湿后的状态点 E_d 的参数。

$$h_{Ed} = h_{Md} - \frac{G}{G_W}(h_{Md} - h_{Od}) = 54.2 - \frac{360}{72}(54.2 - 49.1) = 28.7 \text{kJ/kg}$$

$$d_{Ed} = d_{Md} - \frac{G}{G_W}(d_{Md} - d_{Od}) = 6.55 - \frac{360}{72}(6.55 - 6.2) = 4.8 \text{g/kg}$$

5）确定新风加热后的温度

$$t_{W'} = t_{Ed} = \frac{h_{Ed} - 2500d_{Ed}}{1.01 + 1.84d_{Ed}} = \frac{28.7 - 2500 \times 0.0048}{1.01 + 1.84 \times 0.0048} = 16.4℃$$

6）确定设备容量。

风机盘管机组的加热量

$$Q_{0,F} = G_F c_p (t_{Md} - t_{Nd}) = (360 - 72) \times 1.01 \times (37 - 22)/3600 = 1.21kW$$

新风机组的加热量

$$Q_{0,W} = G_W c_p (t_{W'} - t_{Wd}) = 72 \times 1.01 \times (16.4 + 12)/3600 = 0.57kW$$

新风机组的加湿量

$$W_0 = G_W (d_{Ed} - d_{Wd}) = 72 \times (4.8 - 0.6)/1000 = 0.3kg/s$$

（2）新风接入风机盘管机组（图 5-64）。

1）确定新、回风混合状态点 C_d 的参数。

$$t_{Cd} = t_{Nd} - (2 \sim 5) = 22 - 3 = 19℃$$

由于 $d_{Cd} = d_{0d}$，则

$$h_C = (1.01 + 1.84d_C)t_C + 2500d_C = (1.01 + 1.84 \times 0.0062) \times 19 + 2500 \times 0.0062 = 34.9kJ/kg$$

2）确定蒸气加湿后的状态点 E_d。

$$h_{Ed} = h_{Nd} - \frac{G}{G_W}(h_{Nd} - h_{Cd}) = 38.8 - \frac{360}{72}(38.8 - 34.9) = 19.3kJ/kg$$

$$d_{Ed} = d_{Nd} - \frac{G}{G_W}(d_{Nd} - d_{Cd}) = 6.55 - \frac{360}{72}(6.55 - 6.2) = 4.8g/kg$$

3）确定新风加热后的温度

$$t_{W1} = t_{Ed} = \frac{h_{Ed} - 2500d_{Ed}}{1.01 + 1.84d_{Ed}} = \frac{19.3 - 2500 \times 0.0048}{1.01 + 1.84 \times 0.0048} = 7.2℃$$

4）确定设备容量。

风机盘管机组的加热量

$$Q_{0,F} = G c_p (t_{0d} - t_{Cd}) = 360 \times 1.01 \times (32.9 - 19)/3600 = 1.4kW$$

新风机组的加热量

$$Q_{0,W} = G_W c_p (t_{W'} - t_{Wd}) = 72 \times 1.01 \times (7.2 + 12)/3600 = 0.39kW$$

新风机组的加湿量

$$W_0 = G_W (d_{Ed} - d_{Wd}) = 72 \times (4.8 - 0.6)/1000 = 0.3kg/s$$

5.5.1.5 风机盘管机组的选择

选择风机盘管的关键是检查所选定的风机盘管在要求风量、进风参数、水初温、水量等条件下，能否满足冷量和出风参数，就是对表冷器进行校核计算。

国内或国外风机盘管机组产品性能资料完善者，都提供有某机组不同档次（高/中/低），在不同水初温、水量、风量等条件下，各种进风参数（干球、湿球温度）时的总冷量和显热冷量，实际上也可以推知其出风参数。

厂家提供的是机组在额定（铭牌）工况下的冷量，如果空调设计工况与机组额定工况不同，需要进行冷量的换算，即确定工况变化后的冷量。例如风量一定（某一挡风量）时，任何工况（水量、进口湿球温度及进水温度）下的冷量 Q' 可按下式计算

$$Q' = Q\left(\frac{t'_{S1} - t'_{W1}}{t_{S1} - t_{W1}}\right)\left(\frac{W'}{W}\right)^n \times e^m (t'_{S1} - t_{S1}) \times e^p (t'_{W1} - t_{W1}) \tag{5-59}$$

当风机盘管其他工况不变而仅是风量变化时，则可按下式计算

$$Q' = Q \left(\frac{G'}{G} \right)^u \tag{5-60}$$

式中　t_{S1}，t_{W1}——额定工况下进口湿球温度、进水温度，℃；

　　　　W——额定工况下风机盘管水量，kg/s；

　　　t'_{S1}，t'_{W1}——任一工况下进口湿球温度、进水温度，℃；

　　　　W'——任一工况下风机盘管水量，kg/s；

n，m，p，u——系数，$n = 0.284$（二排管）、0.426（三排管），$m = 0.02$，$p = 0.0167$，$u = 0.57$。

故当风量比为 0.6 时，冷量比为 0.75；风量比为 0.8 时，冷量比为 0.88。

在一般情况下，冬夏两个季节都用的风机盘管空调系统，按夏季的冷负荷选择风机盘管，都能满足冬季空调的要求。因为风机盘管在额定工况下的供热量约为制冷量的 1.5 倍。

在选择风机盘管机组时，还应注意以下几点：

(1) 对严寒地区，应以房间的冬季供热负荷为依据，选取风机盘管机组的型号，再校核夏季的供冷量。而对于其他地区，通常以夏季房间供冷量为依据，选取风机盘管机组的型号，凡是能满足夏季要求的，冬季供热是没有问题的。

(2) 选择风机盘管时要考虑到人体的舒适感范围比较宽，为满足不同人员对温、湿度的不同要求，有一个适当的灵活调节范围是必要的，还应考虑盘管结垢和积尘的因素，对额定能力应乘以 0.75~0.9 的修正系数，或者近似地根据中档转速时的能力选用，如果一台不够则选两台或两台以上的机组共同负担室内负荷。

(3) 选定机组后，应使机组的全冷量和显冷量均能满足空调区的要求。如果产品不能同时满足两个方面的要求，则应进行室内空气状态参数的校核。目前国内风机盘管机组生产厂家绝大多数均未提供全冷量和显冷量的特性曲线或选用表，有的甚至只有标准工况下的全冷量，这种产品样本不能满足设计计算的需要。需要指出，不同的新风供给方式，不同的新风处理终参数，风机盘管机组负担的全冷量、显冷量也不同。当设立独立的新风系统时，若新风经新风机组处理后的焓等于室内空气的焓，则风机盘管机组提供的全冷量应等于室内全冷负荷，而其显冷量应等于室内显冷负荷与新风提供的显冷量之差。

(4) 除了机组冷量满足空调区的要求外，还应该校核机组的额定风量是否满足要求。如果机组不能同时满足冷量和风量的要求时，应以机组风量为主来选择机组。这是因为在冷量满足要求的情况下，如果风量不够，则只能使机组附近的局部空气达到要求，但不能保证整个空调区的要求。

5.5.1.6　风机盘管机组的调节

为了适应房间负荷的变化，风机盘管机组的调节可采用风量调节、水量调节和机内旁通门调节三种方法，其特点和适用范围见表 5-13。

表 5-13　风机盘管调节方法

调节方法	特　　点	适用范围
风量调节	通过三速开关调节电机输入电压，以调节风机转速，调节风机盘管的冷热量；简单方便；随风量的减小，室内气流分布不理想；选择时按中档转速的风量和冷量选用	用于要求不太高的场所；目前国内用得最广泛
水量调节	通过温度敏感元件、调节器和装在水管上的小型电动直通或三通阀自动调节水量或水温；初投资高	要求较高的场合，与风量调节结合使用

续表 5-13

调节方法	特　点	适用范围
旁通风门调节	通过敏感元件、调节器和盘管旁通风门自动调节旁通空气混合比；调节负荷范围大（20%～100%）；初投资较高；调节质量好；送风含湿量变化不大；室内相对湿度稳定；总风量不变，气流分布均匀；风机功率不减少	用于要求高的场合，可使室温允许波动范围达到±1℃，相对湿度达40%～45%；目前国内较少采用

5.5.1.7　风机盘管的水系统

A　水系统的种类

风机盘管的水系统分为两管制、三管制和四管制，它们的特点和使用范围见表 5-14。

表 5-14　风机盘管水系统及其特点和使用范围

类　型	水系统示意图	特　点	使用范围
两管制		供、回水管各一根，夏季供冷水，冬季供热水。简便、省投资、冷热水量相差较大	全年运行的空调系统，仅要求按季节进行冷却或加热转换，目前用得最多
三管制	冷热　　回水	盘管进口处设有三通阀，由室内温度控制装置控制，按需要供应冷水或热水；使用同一根回水管，存在冷热量混合损失；初投资较大	要求全年空调且建筑物内负荷差别很大的场合；过渡季节有些房间要求供冷，有些房间要求供热；目前较少使用
四管制	冷　热　冷　热供　　　　回 (a)　室温控制器 冷热 (b)	在三管制基础上加一根回水管（a），或采用冷却、加热两组盘管（b），供水系统完全独立；初投资高、占空间大，比三管制运行费低	全年运行空调系统，建筑物内负荷差别很大的场合；过渡季节有些房间要求供冷，有些房间要求供热，或冷却和加热工况交替频繁时；为简化系统和减少投资，也有把机房总系统设计成四管制，把所有立管设计为二管制，以便按朝向分别供冷或供热

B　水系统设计应注意的问题

在高层建筑中，水系统应按承压能力进行竖向分区。两管制系统应按朝向作分区布置，以便调节。当管路阻力和盘管阻力之比在1:3左右时，可用直接回水方式；阻力比过大时，应用同程回水方式。

风机盘管水系统应采用闭式循环，膨胀水箱的膨胀管应接在回水管上。此外，管路应该有坡度，并考虑排气和排污装置。

风机盘管承担室内和新风湿负荷时，盘管为湿工况，应重视冷凝水管系统的布置。

C　水系统的调节

风机盘管一般均采用个别的水量调节阀，和空调器中盘管的水量调节一样，当在进入盘管处设置二通阀调节进入盘管水量时，则系统水量改变，当设有盘管旁通分路及出口三通阀时，则进入盘管流量虽改变而系统水量不变。

对于风机盘管无局部水量调节装置时，则可采用按朝向分区的区域控制方式，如图 5-65 所示，在各区回水管上装有三通阀（MV_1），根据室温控制器调节进入盘管的水量，这对总的系统来说水量不变，故称为定水量方式。此外，也可采用二通阀代替三通阀以控制进入盘管的水量（称变水量方式），但当制冷机调节性能欠佳时，因进入制冷机水量过小将导致冷水温度过低而引起机器故障。为使系统回到制冷机的水量不发生变化，可用各种控制方法，如在供、回水集管之间设一旁通管道，管间设阀门（MV_2），当负荷减少，供水量被调而供水集管压力上升时，可由它与回水集管间的压差控制器 D 打开旁通阀 MV_2，将水量旁通掉。除控制水量外，还可采用分区控制水温的调节方法（图 5-66），在二次泵与供水集管间设三通阀，利用回水和供水混合得到要求的水温，这种方法多用于高层和规模大的场合。

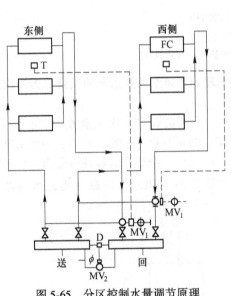

图 5-65　分区控制水量调节原理

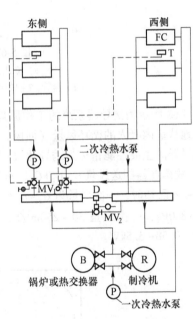

图 5-66　分区控制水温调节原理

5.5.2　诱导器空调系统

5.5.2.1　系统构造原理

诱导器（Induction Unit，IU）空调系统属于半集中式空调方式。诱导器由静压箱、喷嘴、盘管（有的机组不设）等组成。经集中处理的一次空气（即新风，也可混合部分回风）由风机送入设在空调房间的诱导器静压箱中，并由喷出气流（20～30m/s）的引射作用在箱内造成负压，将室内空气（又称二次空气，即回风）吸入，一、二次风混合后送入空调房间。典型诱导器结构如图 5-67 所示。

诱导器按安装形式可分为立式、卧式、低柱式和吊顶式几种；按是否设置盘管分为全空气型和空气-水型两种。全空气诱导室内冷负荷全部由一次风承担，诱导器内不设盘管，二次风只是起到增加风量、减少送风温差的作用。空气-水诱导器内设盘管，负担部分冷量，室内盘管以负担显热负荷为宜。

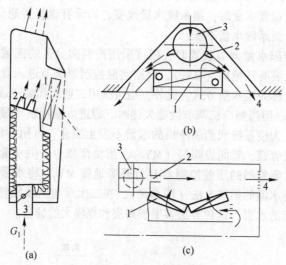

图 5-67　典型诱导器结构
（a）立式；（b）吊顶式；（c）卧式
1—盘管；2—喷嘴；3—高速风管接管；4—出风口

图 5-68 所示为诱导器系统的工作原理。从集中处理的新风空调箱送出的风量称为一次风 G_1，就地从室内吸入的循环风量（回风）为 G_2。

诱导器的主要性能指标为诱导比（n）。诱导比为二次风量 G_2 与一次风量 G_1 之比，即 $n = G_2 / G_1$。故诱导器的送风量 $G = G_2 + G_1$。诱导器结构一定，则 n 不变（一般小于5）；当空调风量 G 已定和 n 已知时，一次风量为 $G_1 = G/(1+n)$（图 5-68（b））。诱导器的容量通常为：喷嘴压力 250~850Pa，一次风量 30~250m³/h，二次盘管水量 250~650L/h，冷量（当进水温度为 10℃时）0.58~3.5kW。

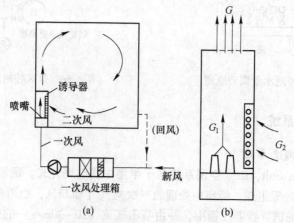

图 5-68　诱导器系统工作原理
（a）系统原理图；（b）诱导器诱导比

5.5.2.2　诱导器系统的空气处理过程

诱导器的盘管一般采用干式盘管，因为室内回风是靠一次风的诱导力吸入，盘管阻力不能大。下面以采用干式盘管的诱导器为例分析其夏季工况。

图 5-69（a）表示了装有这种诱导器房间的热平衡图，从图中可知：

$$G_1 h_1 + Q = G_1 h_N + q$$

或

$$Q = G_1(h_N - h_1) + q$$

式中　$G_1(h_N - h_1)$——一次风负担的室内冷负荷；

q——二次风负担的室内冷负荷。

上式可写成 $G_1(h_N - h_1) = Q - q$，则其一次风量为：

$$G_1 = \frac{Q - q}{h_N - h_1} \tag{5-61}$$

对于冷热诱导器系统，其送风点 O 是一次风状态点 1 与二次风状态点 2 在诱导器内按一定诱导比混合后得到的。因此 $\overline{O1}/\overline{2O} = G_2/G_1 = n$。不难看出，可以采用和前述用干盘管的风机盘管系统（新风处理到低于室内空气含湿量的方案）相同的途径来确定一次风和二次风的状态（图 5-61）。这样一次风量 G_1、一次风处理箱所需冷量 Q_1 及二次盘管的冷量 Q_2 分别为：

$$G_1 = Q/(1 + n)(h_N - h_0) \tag{5-62}$$

$$Q_1 = G_1(h_W - h_1) \tag{5-63}$$

$$Q_2 = G_2(h_N - h_2) \tag{5-64}$$

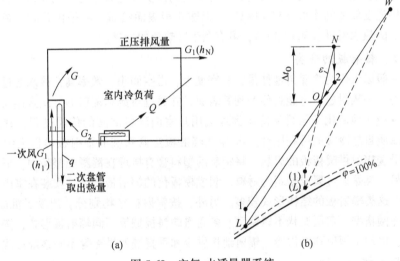

图 5-69　空气-水诱导器系统

（a）系统热平衡；（b）h-d 图分析

5.5.2.3　诱导器系统的适应性

诱导器系统和风机盘管系统都属于空气-水系统，有很多相同的特点。诱导器系统一般仅处理新风，且可以采用高速送风，故机组尺寸和风道断面比全空气系统小（管道断面仅为全空气的 1/3），节约建筑空间，能保证每个房间的新风，卫生情况较好，可用于旧建筑加设空调或高层建筑空调，如医院的病房。这种系统也有一定的问题，如空气输送动力消耗大、个别调节不灵活、末端装置噪声不易控制，因此，我国很少采用。但在欧洲一些对室内空气品质要求严格的场合仍有应用，因为它对新风和冷暖需求有可靠的保证。此外，在工程上还有一种不带盘管的诱导器（即全空气诱导器），则属于有强诱导作用的送风装置（空气分布器），适用于低温送风系统。

5.5.3　辐射板+新风系统

辐射板+新风空调系统是由辐射板作为末端装置与新风系统相结合的新型半集中式空调系统。辐射板系统以辐射换热为主的传热构件辐射板作为末端装置。图 5-70 所示为辐射板系统示意图。

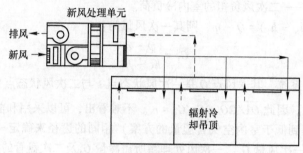

图 5-70　辐射板系统示意图

人体与周围冷或热表面之间的辐射换热是影响人体热感觉的重要因素之一。在夏季适当提高室内空气温度和降低壁面平均辐射温度可以使人有满意的热感觉并可能取得一定的节能效果。辐射板换热装置仅能负担显热负荷，而夏季室内湿负荷主要由送入的新风负担，故辐射板供冷一般采用温度较高的冷水（16~18℃），以防止板表面结露；冬季供暖时，辐射板的供水一般采用较低的热水温度（30~35℃），可有利于冷热源的选择。

5.5.3.1　辐射板的分类

辐射板一般以水作为冷媒传递能量，其密度大、占空间小、效率高；冷水通过特殊结构的系统末端设备——辐射板，将能量传递到其表面，并通过对流和辐射的方式直接与室内空气环境进行换热，极大地简化了能量从冷源到终端用户室内环境之间的传递过程，减少不可逆损失，提高低品质自然冷源的可利用性。水-空气辐射板空调系统的辐射板可以大致划分为两大类：一类是沿袭辐射供暖楼板的思想，将特制的塑料管直接埋在混凝土楼板中，形成冷辐射地板或顶板；另一类是以金属或塑料为材料，制成模板化的辐射板产品，安装在室内形成冷辐射吊顶或墙壁，这类辐射板的结构形式较多。另外，按辐射板结构划分，出现了混凝土核心型、三明治型、冷网格型、双层波状不锈钢型、多通道塑料板型等不同辐射板形式；按冷辐射表面的位置划分，出现了辐射顶板供冷、辐射地板供冷和垂直墙壁供冷等不同系统形式。

A　混凝土核心结构

混凝土核心结构（Concrete Core，简称 C 型）是沿袭辐射供暖楼板思路而设计的辐射板，它是将特制的塑料管（如高交联度的聚乙烯 PE 为材料）或不锈钢，在楼板浇筑前后将其排布并固定在钢筋网上，浇筑混凝土后，就形成混凝土核心结构，如图 5-71 所示。这种辐射板结构工艺较成熟，造价相对较低。由于混凝土楼板具有较大的蓄热能力，因此可以利用 C 型辐射板实现蓄能；但从另一方面看，系统惯性大、启动时间长、动态响应慢，有时不利于控制调节，需要很长的预冷或预热时间。

B　三明治结构

三明治结构（Sandwich，简称 S 型）是以金属如铜、铝和钢为主要材料制成的模块化辐射板产品，主要用作吊顶板，从截面来看，中间是水管，上面是保温材料和盖板，管下面通过特别的衬垫结构与下表面板相连。S 型辐射板结构如图 5-72 所示。由于这种结构的辐射吊顶板集装饰和环境调节功能于一体，是目前应用最广泛的辐射板结构。但由于S型辐射板质量大、耗费金属较多、价格偏高，并且由于辐射板厚度与小孔的影响，其肋片效率较低，用红外热成像仪对S型辐射板表面温度分布进行测量时发现，其表面温度分布不均匀。

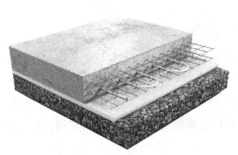 

图 5-71　C 型辐射板实物照片　　　　图 5-72　S 型辐射板实物照片

C　冷网格结构

冷网格结构（Cooling Grid，简称 G 型）一般以塑料为材料，制成直径小（外径 2~3mm、间距 10~20mm）的密布细管，两端与分水、集水联箱相连，形成冷网格结构，如图 5-73 所示。这一结构可以与金属板结合形成模块化辐射板产品，也可以直接与楼板或吊顶板连接，因而在改造项目中得到较广泛应用。这一结构的突出特点是布置灵活。由于采用塑料原料，因此质量轻、价格便宜。但是塑料之间、塑料与金属之间的连接件要求较高。

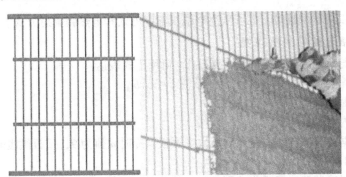

图 5-73　G 型辐射板结构示意和现场应用照片

D　双层波状不锈钢膜结构

双层波状不锈钢膜结构（Two Corrugated Stainless Steel Foils，简称 F 型）是由两块分别压模成型的薄不锈钢板（约 0.6mm 厚）点焊在一起，由于两块板凹凸有序，因此在两块板间形成水流通道，如图 5-74 所示。这种结构大大降低了从水到室内空气的传热热阻，可以作为吊顶板安装于室内，或固定在垂直墙壁上。这种结构对生产工艺，特别是金属板的加工工艺要求较高，水流可在板内通道均匀分布，系统性能很好。

E　多通道塑料板结构

多通道塑料板结构（Multi-Channel Plastic Panel，简称 P 型）是清华大学研制开发的新型辐射板结构，它采用硬聚氯乙烯 PVC 或硬聚乙烯 PE 为材料，通过挤塑成型工艺制造出多通道

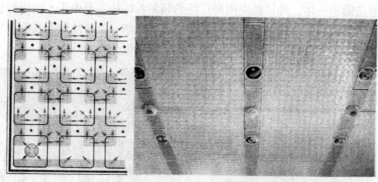

图 5-74　F 型辐射板结构示意和现场应用照片

并联的塑料辐射板主体，再与端部密封件连接形成模块化的辐射板，如图 5-75 所示。这种结构同样大大降低了从水到室内空气的传热热阻，并使用价格相对低廉的塑料为材料，大大降低了成本和重量，成为极具竞争力的新型产品。

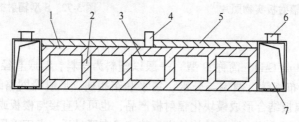

图 5-75　P 型辐射板结构示意图

1—PVC 板壁；2—导流板；3—水流通道；4—进（出）水口；5—保温层；6—进风口；7—风道

当辐射方式仅用于供暖时，也可采用电缆线辐射方式和电热膜辐射方式。

5.5.3.2　辐射板的换热性能

辐射板表面与室内环境的换热量（W/m²）可用下式表达：

$$q = a(t_{ps} - t_N)b \tag{5-65}$$

式中　t_{ps}——辐射板表面平均温度，℃；

t_N——室内空气温度，℃；

a，b——根据实验确定的系数，地板供暖顶板供冷时 a 值为 9，顶板供暖时 a 值为 6；b 值为 1～1.08。

当顶板辐射供冷装置附近受气流影响时，换热量可增加 15% 以内。

一般情况下，地板供热或顶板供冷时辐射板表面温度与室内温度的差值均不大于 10℃，因此辐射板的换热量一般也不超过 100W/m²。

5.5.3.3　辐射板+新风系统的组成

A　空气系统（新风系统）

由于辐射板只能负担室内显热负荷，而空气系统（即新风系统）则需负担全部室内湿负荷，且同时还能负担部分显热负荷。因此新风量不仅应满足房间卫生要求还应满足消除室内湿负荷的需求。为此新风处理需采用温度较低的冷水对空气进行冷却去湿；此外，也可以采用液体吸湿、固体吸湿等其他组合方式达到同样的处理目的。为了节约空气处理能耗，还可对排出室内的空气和进入室内的新风进行全热回收处理。

新风在室内的送风方式主要有两种：（1）混合送风方式，即要求送入的新风充分与室内空气混合，以稀释室内的污染物和使室内温度均匀。冷却吊顶系统的新风量通常很小，用这种送风方式难以达到上述两个要求。（2）置换通风方式。低于室内温度的新风靠近地面缓慢送出，并沿地面弥散开来，遇到热源（人体或发热设备）后，在热浮升力的作用下向上流动。人处于比较干净的新风中，充分地利用了新风。这种送风方式并不是靠送风速度将风送到房间各处，而是靠新风密度大，下沉在房间底部缓慢地蔓延到全室，在热源作用下缓慢上升，很适合小送风量的场合。因此普遍认为在这种系统中，应优先采用置换通风方式。

近年来，该领域的一个重要方向就是采用温湿度独立控制的空调方式，即把除湿和冷却分离。将室外新风除湿后送入室内，可用于消除室内散湿，并满足新鲜空气要求，而用独立的水系统使 18~20℃的冷水通过辐射或对流型末端来消除室内显热。这一方面可避免采用冷凝式减湿时为了调节相对湿度进行再热而导致的冷热抵消，还可用高温冷源吸收显热，使冷源效率大幅度提高，同时这种方式还可有效地改善室内空气品质，因此被普遍认为是未来的主流空调方式。

B　水系统

为了避免冷吊顶表面结露（板面温度应比室内空气露点温度高 1~2℃），故供冷期的冷水温度较高，而新风系统空气处理有较大的除湿要求，故盘管的供水温度要求较低，一般为 5~7℃，前者供回水温差较小（取 2℃），而后者温差较大（取 5℃）。下面介绍两种典型的水系统。

当采用单一工况的冷水机组时，新风系统和冷吊顶末端可分为两个系统回路。而冷却顶板的水温由其自身回水与冷机供水混合而得，该水系统如图 5-76 所示。每个回路上设置各自的循环水泵 4 和 5，以满足新风系统和冷却吊顶系统对供、回水温度的不同要求。由冷水机组 2 统一提供 5~7℃的冷冻水。其中一部分直接供新风系统使用，即新风的水系统回路；另一回路为冷却吊顶 1 的水系统回路，其供水温度通过由三通电动调节阀 8 调节 5~7℃的冷冻水与冷却吊顶的回水的混合比来达到。冷却吊顶的供冷量由水路上的电动阀 7 控制（开或关）。

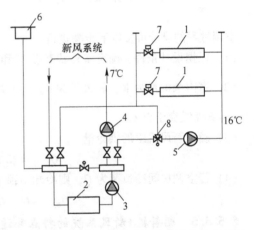

图 5-76　用混合法制备冷却吊顶冷水的水系统
1—冷却吊顶；2—冷水机组；3—冷水机组循环水泵；
4—新风系统循环水泵；5—冷却吊顶系统循环水泵；
6—膨胀水箱；7—电动阀；8—三通电机调节阀

图 5-77 所示为冷水机组供冷和冷却塔供冷相结合的冷却吊顶水系统。图中冷水机组（由 2 和 3 组成）制备 5~7℃的冷水并直接供新风系统使用；5~7℃冷水再通过水-水板式换热器 4 加热到较高温度（如 16℃）供冷却吊顶系统使用。当室外温度适宜时，可停止使用 5~7℃的冷水，而利用冷却塔 8 进行自然供冷（或称免费供冷，Free Cooling）。由于采用开式冷却塔，冷却水易被污染。因此，让冷却水通过板式换热器来提供冷却吊顶 1 用的冷水。由图可见，冷却吊顶的冷水系统实质上是独立系统，它的供水温度可通过控制流经板式换热器的冷水（或冷却水）的流量来调节。冷却吊顶的供冷量通过电动阀 11 控制（开或关）冷媒流量来调节。该系统的优点是可以利用冷却塔提供的冷却水的自然冷量。此外，在有条件的地方也可用地下水代替冷却塔提供的冷却水，尽可能利用自然能源。

5.5.3.4 辐射板+新风系统的空气处理过程

辐射板+新风系统的新风处理过程如图5-78所示。

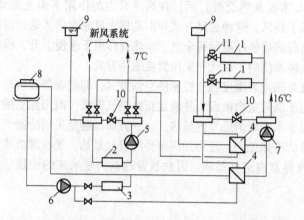

图5-77 冷水机组供冷和冷却塔供冷相结合的冷却吊顶水系统
1—冷却吊顶；2—冷水机组蒸发器；3—冷水机组冷凝器；
4—水-水板式换热器；5—冷水循环水泵；6—冷却水循环水泵；
7—冷却吊顶系统循环水泵；8—开式冷却塔；9—膨胀水箱；
10—压差调节阀；11—电动阀

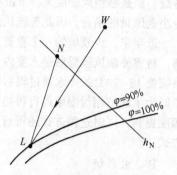

图5-78 辐射板+新风系统的
新风处理过程

空调过程的设计可按以下步骤进行：

（1）根据设计条件，确定室外状态点 W 和室内状态点 N。

（2）室内余湿量为 W，新风量为 G_w，由 $d_\mathrm{L} = d_\mathrm{N} - \dfrac{W}{G_\mathrm{w}}$ 计算出新风处理后的含湿量，等 d_L 线与 $\varphi = 90\%$ 线交于点 L。

（3）确定新风机组的供冷量

$$Q_{0,\,\mathrm{w}} = G_\mathrm{w}(h_\mathrm{w} - h_\mathrm{L}) \tag{5-66}$$

（4）若空调房间冷负荷为 Q，则冷却吊顶承担的冷量为

$$Q_{0,\,\mathrm{c}} = Q - G_\mathrm{w}(h_\mathrm{N} - h_\mathrm{L}) \tag{5-67}$$

5.5.3.5 辐射板+新风系统的特点和适用性

辐射板+新风系统的优点是：（1）冷却吊顶的传热中辐射部分所占的比例较高，这样可降低室内垂直温度梯度，提高人体舒适感，使室内环境的舒适性较高；（2）冷却吊顶的供水温度较高，一般在16℃左右，采用合理的冷却吊顶水系统形式，可相应地提高制冷机组的蒸发温度，改善制冷机的性能系数，进而降低其能耗；（3）冷却吊顶系统冷水温度较高，因而可以采用多种形式的冷源，可以采用自然冷源，如冷却水、地下水等；（4）冷却吊顶设备体积较小，所以占用的建筑空间少。

辐射板+新风系统的缺点是：（1）冷却吊顶的表面温度要高于室内空气的露点温度，否则吊顶表面就要结露；（2）为避免结露，冷却吊顶的供水温度较高，使其单位面积供冷量受到限制；（3）湿度较大地区应用冷却吊顶系统时，新风机组冷却盘管的冷冻除湿量较大，有时会受到冷却盘管结构尺寸的限制；（4）这种系统的除湿能力供冷能力都比较弱，因此冷却吊顶系统不适合用于室内湿负荷较大的场所，只能用于单位面积冷负荷和湿负荷均比较小的场所。

因此，辐射板+新风系统多用于室内舒适度要求较高、层高较低的建筑物，如高级办公楼、小型美术馆、会议室等。

5.6 局部空调机组及其系统化应用

局部空调机组也称分散式系统（包括窗式空调器、分体式空调器和柜式空调器等房间空调器及立柜式空调机、屋顶式空调机和各种商用空调机等单元式空调机）或冷剂式空调系统。每个空调区的空气处理分别由各自的整体式空调机组承担。局部空调机组的优缺点见表5-15。

表 5-15 局部空调机组的优缺点

优　点	缺　点
（1）初投资低，安装便利，工期短，适用于改扩建工程； （2）更换维修方便，不影响建筑物整体使用； （3）能量消费计量方便，适用于出租房屋； （4）就地制冷制热，冷热量输送效率高，启动时间短，使用灵活，易于满足各种使用要求； （5）对建筑防火有利	（1）空调能源的选择和组合受限制； （2）一般不能蓄热、蓄冷； （3）制冷机性能系数 COP 较小，在2.5~5 范围内； （4）噪声较大； （5）机组寿命较短，一般按10 年计； （6）对建筑物外观有一定影响

5.6.1 局部空调机组的分类

由于局部空调机组使用灵活、控制方便，能满足不同场合的要求，从而生产企业开发了种类很多的机种供选择应用。表5-16 按安装形式、冷却方式等许多方面对局部空调机组进行了分类。

表 5-16 局部空调机组分类

分类	型式	单冷/热泵	特　点	容量 中	容量 小	使　用　场　合
按室内装置型式	窗　式（RAC）	O/O	最早使用的形式，冷凝器风机为轴流型，冷凝器突出安装在室外		O	对室内噪声限制不严的房间
	壁挂式	O/O	压缩冷凝机组设在室外，室内侧噪声低		O	用于室内噪声限制较严者，室内、外机用制冷剂管道连接，注意安装防泄漏
	嵌墙式（TWU）	/O	两侧均为离心风机，机组不突出墙外		O	附有热交换器，可供新风，适用于办公楼外区
	柜　式（PAC）	O/O	风机可带余压，能接短风道	O		对于餐厅等噪声要求不严的场合，可直接出风
	吊顶式	/O	做成分体型		O	不占据室内的空间，餐厅等可使用
按冷凝器冷却方式	水冷型	O/	一般要配置冷却塔，水冷柜机一般为整体型	O		制冷 COP 值高于风冷，有条件时可应用
	风冷型	O/O	多构成热泵方式并为分体型	O	O	与热泵供热相结合，市场极大

分类	型式	单冷/热泵	特　点	容量 中	容量 小	使 用 场 合
按机组整体性	整体式	0/0			0	无室内、外侧机组冷剂管道相连的工作，冷剂不易渗漏
	分体式多匹配型（普通型）	/0	室外一台压缩机匹配多台室内机（一拖几方式）		0	多居室使用空调时，压缩机按各室负荷累计的最大值匹配
	分体式多匹配型（VRV型）	/0	普通型的发展，可带动多台室内机，用变频器调节循环冷剂流量	0		多居室使用空调时，压缩机按各室负荷累计的最大值匹配，因采用变频装置，提高了运行经济性
按系统热回收方式	三管制（冷剂）式	/0	利用压缩机排气管进行供热，高压液管经节流后供冷，设有三管，能对建筑物同时供冷供热		0	建筑物同时有供冷供热要求者可使用，只限于小规模场合应用
	冷却水闭环式热泵型（WLHP）	/0	属于水源热泵的一种型式，通过水系统把各热泵机组连接在一起	0		对有一定规模的建筑，冬季有大量内区热量可回收的场合，有较好使用价值
按驱动能源	电驱动	0/0	使用控制方便	0	0	绝大部分热泵使用
	燃气（油）驱动	/0	因可利用余热一次能利用效率高	0		国外有定型产品可选用
	电+燃气式	/0	冬季用燃气加热室外侧蒸发器，提高电热泵出力		0	寒冷地区家用热泵使用
按使用功能	冷风机组	0/0	风冷方式为主，控制要求一般	0	0	民用舒适性空调使用
	恒温恒湿机组	0/0	风冷、水冷均可，控制要求较高	0		精密加工工艺、程控机房、文物保存库等使用
	低温机组	0/	新风比小，低露点，处理焓差小	0		低温仓库使用（一般为无人场合）
	全新风机组	0/0	全新风，处理焓差大，可与排风热回收相结合	0	0	要求全新风的场合
	净化空调机组	0/0	带有三级过滤系统，风机压头大	0	0	医院手术室等有洁净度要求的场合

图 5-79 所示为常用局部空调机组的几种形式。

通常，制冷量大于 7kW 的局部空调机组也可称为单元式空调机。单元式空调机是中小型商业建筑和工业建筑中经常选用的空调系统形式。按照《单元式空气调节机》（GB/T 17758—1999）的规定：单元式空气调节机是指直接向封闭空间、房间或区域提供处理空气的设备。它

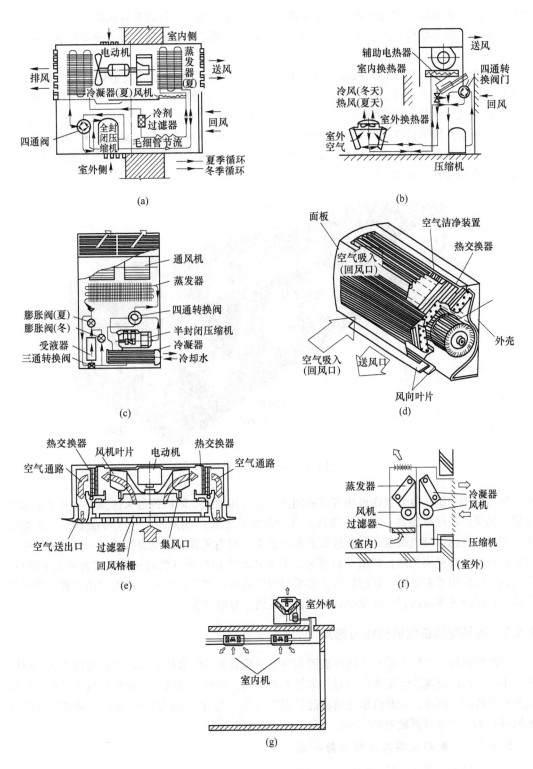

图 5-79 常用局部空调机组的几种形式

(a) 风冷式空调机组（窗式、热泵式）；(b) 风冷式空调机组（冷凝器分开安装、热泵式）；
(c) 水冷式热泵空调机组；(d) 挂壁式机组；(e) 吊顶式机组；(f) 穿墙式机组；(g) 分体式多联机（一拖二）

主要包括制冷系统以及空气循环和净化装置，还可以包括加热、加湿和通风装置。近年来，单元式空调机组以其结构紧凑、占地面积小、能量调节范围广、安装和使用方便等优点，越来越多地应用于中小型空调系统中。

屋顶式空调机（Rooftop HVAC Units，RTU）是一种大、中型单元式整体机组。整个机组由送风机、直接膨胀式蒸发器、过滤器、混合箱、活塞式/螺杆式压缩机、风冷/蒸发式冷凝器、自控系统以及其他附件构成，主要设备部件都组装在机壳内，多安装在屋顶，如图 5-80 所示。近年来，屋顶式空调机以其结构紧凑、能量范围广、调节方便、减少安装时间、节省费用等优点，被越来越多地应用于空调工程中。屋顶式空调机可分为风冷冷风型、风冷冷（热）水型、水冷冷（热）水型。

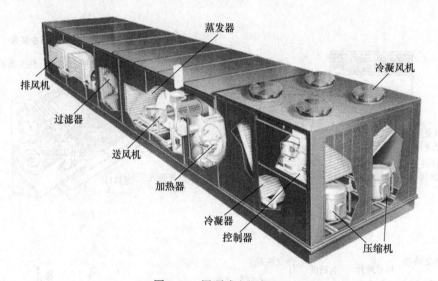

图 5-80   屋顶式空调机组

室内空调机组一般安装在机房或设备间内，它与屋顶式空调机的最大区别在于其冷凝器的布置：如果是风冷冷凝器，采用分体式，冷凝器放在室外；如果是水冷式冷凝器，采用整体式。中小型室内空调机组也可以直接安装在地板上，利用风管送风或直接送风，例如用于电子计算机房的单元空调机组，如图 5-81 所示。计算机房专用空调机组的送风形式通常为下送风、上回风；机组中通常安装中效过滤器，必要时设置高效过滤器；此外，机组中还设置了蒸汽加湿器，以保持冬季室内相对湿度达到设定值并且防止静电产生。

5.6.2   局部空调机组的性能与选用

局部空调机组实际上是一个制冷装置和空气处理装置的结合体，因此可以直接为建筑物所用。不同用途的空调机组配置的冷量与风量并不相同，而同一用途的空调机组其冷量与风量匹配关系则相同。此外，空调机组还需通过其制冷（热）容量（出力）和动力（制冷压缩机与风机等）大小来体现其能效的大小。

5.6.2.1   局部空调机组的性能指标

A   局部空调机组的冷风比

机组在额定工况时所配置的冷量与送风机风量之比，实际上就是 $h\text{-}d$ 图上示出的空气处理焓差（kJ/kg）。对舒适性空调的空气处理焓差一般在 15~18kJ/kg 范围内。

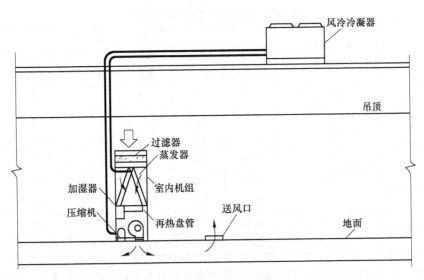

图 5-81 计算机房专用空调机组

B 局部空调机组的能效比 *EER*

能效比 *EER* 分为制冷工况和制热工况两种：

（1）制冷工况

$$EER_c = \frac{\text{机组名义工况下的制冷量（W）}}{\text{整机的功率消耗（W）}} \tag{5-68}$$

机组的名义工况（额定工况）制冷量是指国家标准制定的进风湿球温度、风冷冷凝器进口空气的干球温度等检验工况下测得的制冷量。

（2）制热工况（热泵）

$$EER_h = \frac{\text{机组名义工况下的制热量（W）}}{\text{整机的功率消耗（W）}} \tag{5-69}$$

在同一工况下，根据制冷机组循环原理，$EER_h = EER_c + 1$。

由于热泵在冬季运行时，随着室外温度降低，有时必须提供辅助加热量（如电加热设备），因此，用制热季节性能系数 HSPF 来评价其性能更合理，即

$$HSPF = \frac{\text{供热季节热泵总的制热量}}{\text{供热季节热泵总的输入能量}} = \frac{\text{供热季节热泵制热量 + 辅助电热量}}{\text{供热季节热泵运行电耗量 + 辅助电耗量}} \tag{5-70}$$

《公共建筑节能设计标准》（GB 50189—2015）规定：采用名义制冷量大于 7.1kW、电机驱动的单元式空气调节机、风管送风式和屋顶式空气调节机组时，其在名义制冷工况和规定条件下的能效比（*EER*）不应低于表 5-17 的数值。

5.6.2.2 局部空调机组的选择

根据空调房间的总冷负荷（包括新风负荷）和 *h-d* 图上处理过程的实际要求，查空调机组的特性曲线或性能表（不同进风湿球温度和不同冷凝器进水或进风温度下的制冷量），使冷量和出风温度能符合工程设计的要求。某一形式、规格、容量已定的空调机组的基本特性曲线如

表 5-17　单元式空调机能效比规定

类　型		名义制冷量 CC/kW	能效比 $EER/W \cdot W^{-1}$					
			严寒 A、B 区	严寒 C 区	温和地区	寒冷地区	夏热冬冷地区	夏热冬暖地区
风冷	不接风管	$7.1 < CC \leqslant 14.0$	2.70	2.70	2.70	2.75	2.80	2.85
		$CC > 14.0$	2.65	2.65	2.65	2.70	2.75	2.75
	接风管	$7.1 < CC \leqslant 14.0$	2.50	2.50	2.50	2.55	2.60	2.60
		$CC > 14.0$	2.45	2.45	2.45	2.50	2.55	2.55
水冷	不接风管	$7.1 < CC \leqslant 14.0$	3.40	3.45	3.45	3.50	3.55	3.55
		$CC > 14.0$	3.25	3.30	3.30	3.35	3.40	3.45
	接风管	$7.1 < CC \leqslant 14.0$	3.10	3.10	3.15	3.20	3.25	3.25
		$CC > 14.0$	3.00	3.00	3.05	3.10	3.15	3.20

图 5-82 所示。蒸发器特性线和压缩冷凝机组特性线的交点为空调机组的工作点。工作点已定，则可查出此时的制冷量。

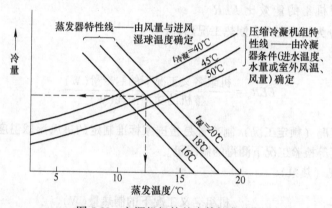

图 5-82　空调机组的基本特性曲线

5.6.2.3　局部空调机组的应用

局部空调机组的主要应用方式见表 5-18。

表 5-18　局部空调机组的主要应用方式

方　式	原理图	适用性
个别方式		单台机组独立使用是局部空调机组最常见的应用方式，一般一台机组服务一个房间
多台机组合用方式		（1）对于较大空间，如餐厅、小型电影院、会堂、教室等可采用多台独立设置的空调机组，有利于调节容量； （2）也可以将多台机组并联安装，连接总送风管后送风，回风分别送到各机组，但风机应具备一定输送余压； （3）要注意新风供给方式及噪声控制

续表 5-18

方　式	原 理 图	适 用 性
多台机组构成热回收方式	热泵工况　制冷工况　热回收　水泵	利用水源热泵机组的水循环系统把大量机组组合起来，可对建筑物的不同房间同时供冷或供热，即冬季从内区供冷房间取出热量作为外区热泵供热的热源使用，这种系统称为闭式水环热泵系统

5.6.3　变制冷剂流量多联机分体式空调系统

变制冷剂流量多联机分体式空调系统是由多联机发展而成的冷剂式空调系统，20 世纪 80 年代始于日本，现在我国也有多家厂家生产。其特点是系统可根据负荷变化通过变制冷剂流量而改变压缩机制冷量。改变制冷剂流量的方法有两种：一种是调节制冷压缩机的电机频率，以改变制冷机的出力；另一种是利用数字控制的涡旋压缩机通过控制负载与卸载时间的比例实现不同的冷剂输出量。前者称为变冷剂流量（Variable Refrigerant Volume，VRV）方式，后者称为数字涡旋变流量方式（简称变容多联机系统）。

图 5-83 所示为多联机系统示意图。多联机系统以制冷剂为输送介质，是由制冷压缩机、电子膨胀阀、其他阀件（附件）以及一系列管路构成的环状管网系统。该系统由制冷剂管路连接的室外机和室内机组成。室外机由室外侧换热器、压缩机和其他制冷附件组成；室内机由风机和直接蒸发器等组成。由于采用电子膨胀阀和变频压缩机，可使室内机的负荷变动通过制冷剂流量连续调节而达到稳定的室内温度，每个系统中室内机总容量与室外机容量的配比范围是 50%~130%。每一台室内机均可单独运行和控制。压缩机的变频范围为 30~90Hz，故严寒时系统仍有较好的制热效果。

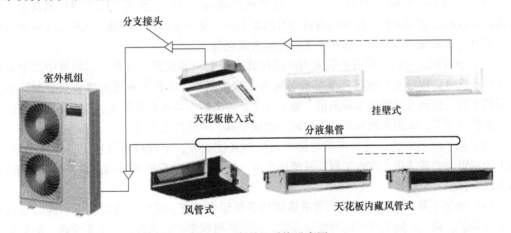

图 5-83　多联机系统示意图

多联机系统一般由一台室外机连接多台室内机，每台室内机可以自由地运转/停止、或群组或集中等控制。当制冷量较大时，可以采用模块式室外机组（即多台室外机并联），以连接更多的室内机。同时可采用定容量（定频）和变容量（变频）相结合的组合方式。

5.6.3.1　多联机系统的分类

表 5-19 为变制冷剂流量多联分体式空调系统的分类。目前，国内变制冷剂流量多联分体

式空调的主流是风冷变频机组和数码涡旋机组，其中数码涡旋机组是近几年才发展起来的。

表 5-19　变制冷剂流量多联分体式空调系统的分类

分类内容	类型	特　　点
压缩机型	变频式	当室内负荷发生变化时，可以通过改变压缩机的运转频率来调节制冷剂流量。在部分室内机开启的情况下，能效比较满负荷时高。如果与定频系统在满负荷时系统能效比相同，则变频系统整体节能性要比定频式好。系统在 50%~80% 的使用率情况下，能效比比较高
	定频式（包括采用数码涡旋压缩机）	当室内负荷发生变化时，数码涡旋压缩机起调节作用。数码涡旋压缩机在电磁阀控制电源的作用下，调节开启-关闭时间的比例，实现能量调节。由于数码涡旋压缩机是定速压缩机，在系统启动后一直处于运行状态，因此在部分室内机开启的情况下，能效比比较满负荷时低
室外机冷却方式	风冷式	室外换热器换热介质是空气，与水冷式相比安装比较简单，但环境工况恶劣时，对系统性能影响比较大
	水冷式	室外换热器换热介质是水，与风冷式相比多一套水系统，设计安装比较复杂。但系统性能比较高，环境工况对其影响没有风冷式大。目前国内还没有此类系统的应用
其他类型	热回收式	同一制冷系统中的不同室内机可分别进行制冷和制热运转，系统性能好
	冰蓄冷式	多联机系统可以通过与小型冰蓄冷装置相连。在晚间低谷时，进行蓄冷，在白天高峰时释放冷量，达到转移用电高峰的效果

5.6.3.2　多联机系统的特点与应用

多联机系统的特点：

（1）节能多联机系统可以根据系统负荷变化自动调节压缩机转速，改变制冷剂流量，保证机组以较高的效率运行。部分负荷运行时能耗下降，全年运行费用降低。此外，多联机系统无大容量的水系统和风系统，即整个系统的输送能耗低。

（2）节省建筑空间多联机系统采用的风冷式室外机一般设置在屋顶，不像集中式空调系统中冷水机组、冷（热）水循环泵等设备需占用建筑面积。多联机系统的接管只有制冷剂管和凝结水管，且制冷剂管路布置灵活、施工方便，与集中空调水系统相比，在满足相同室内吊顶高度的情况下，采用多联机系统可以减小建筑层高、降低建筑造价。

（3）施工安装方便、运行可靠与集中式空调系统比较，多联机系统施工工作量小得多、施工周期短，尤其适用于改造工程；系统环节少，所有设备及控制装置均由设备供应商提供，系统运行管理安全可靠。

（4）满足不同工况的房间使用要求多联机系统组合方便、灵活，可以根据不同的使用要求组织系统，满足不同工况房间的使用要求。对于热回收多联机系统，一个系统内，部分室内机在制冷的同时，另一部分室内机可以供热运行。在冬季该系统可以实现内区供冷、外区供热，把内区的热量转移到外区，充分利用能源，降低能耗，满足不同区域空调要求。

（5）初投资较高，对建筑设计有要求，特别对于高层建筑，在设计时必须考虑系统的安装范围以及室外机的安装位置。

（6）与相同容量的集中系统相比，由于冷剂管路长，其中冷剂充注量比较大，且管路均在室内，应特别关注制冷剂种类并考虑其泄漏对环境的影响。

（7）新风与湿度处理能力相对较差。在新风量不能保证的条件下，应加设新风系统。

变制冷剂流量多联分体式空调系统主要适用于办公楼、饭店、学校、高档住宅等建筑，特别适合于房间数量多、区域划分细致的建筑。另外，对于同时使用率比较低（部分运转）的建筑物，其节能性更加显著。

《民用建筑供暖通风与空气调节设计规范》（GB 50736—2012）的7.3.11规定：空调区内振动较大、油污蒸汽较多以及产生电磁波或高频波等场所，不宜采用多联机空调系统；空调区负荷特性相差较大时，宜分别设置多联机空调系统；需要同时供冷和供热时，宜设置热回收型多联机空调系统。

5.6.3.3 多联机系统的设计

（1）系统的确定。多联机系统设计之前，应确定采用何种系统。对于只需供冷而不需要供热的建筑，可采用单冷型多联机系统；对于既需要供冷又需要供热且冷热使用要求相同的建筑可采用热泵型多联机系统；而对于分内、外区且各房间空调工况不同的建筑可采用热回收型多联机系统。

（2）选择室内机。室内机形式是依据空调房间的功能，使用和管理要求来确定。室内机的容量须根据空调区冷、热负荷选择。当采用热回收装置或新风直接接入室内机时，室内机选型时应考虑新风负荷；当新风经过新风多联机系统或其他新风机组处理时，则新风负荷不计入总负荷。

室内机组初选后应进行下列修正：1）当连接率超过100%，室内机的实际制冷、制热能力会有所下降，应对室内机的制冷、制热容量进行校核；2）由给定的室内外空气计算温度进行修正，查找室外机的容量和功率输出，计算出独立的室内机实际容量及功率输入；3）依据室内外机之间的制冷剂配管等效长度、室内外机高度差，查找相应的室内机容量修正系数，计算出室内机实际制冷、制热量；4）根据校核结果与计算冷、热负荷相比较，如果修正值小于计算值，则增大室内机规格，再重新按相同步骤计算，直至所有室内机的实际容量大于室内负荷。

（3）选择室外机。室外机选择应按照下列要求进行：1）室外机应根据室内机安装的位置、区域和房间的用途考虑；2）室内机和室外机组合时，室内机总容量值应接近或略小于室外机的容量值；3）如果在一个系统中，因各房间朝向、功能不同而需考虑不同时使用因素，则可以适当增加连接率。多联机系统的连接率为50%～130%。

（4）系统配管设计。当室外机高于室内机时，如单冷系统设有功能机，功能机与室外机最大高低差为4m。室外机到最远一个室内机的垂直高度不超过50m；当室外机高于室内机时，室外机到最远一个室内机的垂直高度不超过40m；同一系统内各室内机之间的最大允许高差为15m，室外机与室内机的最大允许距离为100m。多联机系统有三种管道布置方式，如图5-84所示。

（5）新风供给设计。为了维持空调区域内舒适的环境，同适当的室温控制一样重要，需要有必要的新风进入。多联机系统的新风供给方式有三种：

1）采用独立新风系统。增加一套新风处理系统，处理方式一般与传统空调一样；适用于对新风要求比较高的场合，特别是对湿度、洁净度要求比较高的场合。

2）采用热回收装置。热回收装置是一种将排出空气中的热量回收用于将送入的新风进行加热或冷却的设备；在与热回收装置组合使用时，必须在负荷计算时考虑新风负荷；适用于一般办公楼、学校等对新风要求比较低的场合。

3）采用变制冷剂流量多联分体式空调系统新风处理机。这是一种新型新风处理机，采用

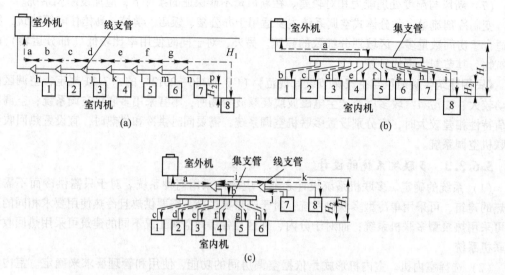

图 5-84　多联机系统布管方式
（a）线式布管方式；（b）集中式布管方式；（c）线式和集中式组合布管方式

变制冷剂流量多联分体式机组，直接膨胀制冷与制热；通过变频控制以及室内电子膨胀阀控制，精确地加热和冷却新风，系统较简单；适用于一般办公楼、学校等对新风要求比较低的场合。

5.6.4　水环热泵空调系统

水环热泵空调系统（Water Loop Heat Pump，WLHP）是水-空气热泵的一种应用方式。它通过一个双管封闭的水环路将众多的水-空气热泵机组并联起来，热泵机组将系统中的循环水作为吸热（热泵工况）的"热源"或排热（制冷工况）的"热汇"，形成一个以回收建筑物内部余热为主要特征的空调系统。

5.6.4.1　水环热泵空调系统的组成

水环热泵系统原理图如图 5-85 所示。整个系统由室内水源热泵、闭式冷却塔、加热设备、两台循环水泵（一用一备）、蓄热容器、控制系统、管道以及必要的附件构成。在夏季，所有热泵机组都处于制冷工况，向环路中释放热量，循环水温上升到一定温度（35℃），此时，冷却塔全面运行，将冷凝热释放到大气中，使水温下降。随着冷负荷下降循环水温降低到 30℃ 时，冷却塔停止运行。在过渡季节，大型建筑周边区域的热泵机组从水环路吸热以供暖，内区热泵机组向水环路放热以供冷，通过水环路将内区的热量传递给周边区域，水环路的水温取决于周边区域的热负荷与内区冷负荷之比，通常维持在 15~30℃ 范围内。在冬季，大部分机组制热，循环水温下降，低于 15℃ 时，加热设备开始运行，这种系统最好设有蓄热槽，可将多余热量储存其中，同时可以利用夜间廉价电力以提高运行的经济性。

A　室内水源热泵机组（水-空气热泵机组）

室内水源热泵机组由制冷剂/空气热交换器、制冷剂/水热交换器、离心风机、转子压缩机、毛细管、四通换向阀、外壳以及其他附件组成，其结构和制冷/供热模式如图 5-86 所示。

机组供冷时，制冷剂/空气换热器 2 为蒸发器，制冷剂/水换热器 3 为冷凝器。其制冷剂流程为：压缩机 1→四通换向阀 4→制冷剂/水换热器 3→毛细管 5→制冷剂/空气换热器 2→四通

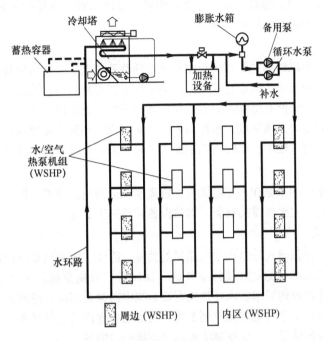

图 5-85 水环热泵空调系统原理图

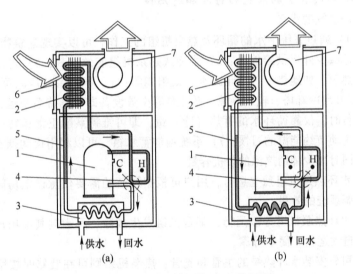

图 5-86 室内水源热泵机组工作原理

（a）制冷方式；（b）供热方式

1—压缩机；2—制冷剂/空气换热器；3—制冷剂/水换热器；4—四通换向阀；5—毛细管；6—过滤器；7—风机

换向阀4→压缩机1。机组供热时，制冷剂/空气换热器2为冷凝器，制冷剂/水换热器3为蒸发器。其制冷剂流程为：压缩机1→四通换向阀4→制冷剂/空气换热器2→毛细管5→制冷剂/水换热器3→四通换向阀4→压缩机1。

水环热泵机组一般有下列几种形式：（1）坐地式机组是用于外区的理想机组，也适用于独立或多个固定内区的建筑空间，一般设置在靠外墙地板上，也可安装在任何靠内墙处；（2）立柱式机组普遍用于公寓或单元式住宅楼以及办公楼的核心区，空气经风管送入各房间；（3）

水平卧式机组最适合顶棚上隐蔽安装，这类机组可以选用减振吊挂托架吊装；（4）大型立式机组供冷范围较大，安装在专用的空调机房内。

B　水循环环路

所有室内水源热泵机组都并联在一个或几个水环路系统上。通过水循环环路使流过各台水源热泵空调机组的循环水量达到设计流量，以确保机组的正常运行。管道的布置要尽可能选用同程式系统。虽然初投资略有增加，但易于保持环路的水力稳定性。若采用异程式系统，设计中应注意各支管间的压力平衡问题。水环路要尽量采用闭式环路，系统内的水基本不与空气接触，对管道、设备的腐蚀较小；同时闭式系统中水泵只需要克服系统的流动阻力。

C　辅助设备

为了保持水环路中的水温在一定范围内，提高系统运行的经济可靠性，水环热泵空调系统应设置一些辅助设备，主要有排热设备、加热设备和蓄热容器等。

D　新风与排风

室外新鲜空气量是保障良好室内空气品质的关键。因此，水环热泵空调系统中一定要设置新风系统，向室内送入必要的室外新鲜空气量（新风量）以满足稀释人群及活动所产生污染物的要求和人对室外新风的需求。水环热泵空调系统中通常采用独立新风系统，因此，水环热泵空调系统优于传统的全空气集中式空调系统。为了维持室内的空气平衡，还要设置必要的排风系统。在条件允许的情况下，应尽量考虑回收排风中的能量。

5.6.4.2　水环热泵空调系统的特点和适用性

水环热泵空调系统的优点：

（1）节能。1）通过系统中水的循环及热泵机组的工作，可以实现建筑物内热量的转移，达到了最大限度地减少外界供给能量；2）水冷式热泵机组能效比高；3）可以应用各种低品位能源作为辅助热源，如地热水、工业废水、太阳能等；4）不使用的房间可以方便地关机；5）部分负荷下仅开启冷却塔、辅助热源、循环泵等少数设备即可维持系统运行，当只有极少数用户短时间运行时，仅靠循环水的蓄热（冷）量，即可维持系统正常运转；6）分户计量，易于使用户养成主动节约能源的习惯；7）系统增加蓄水箱，可以利用夜间低谷电力，进一步节约运行费用，同时减少辅助热源的装机容量。

（2）舒适。水环热泵机组独立运行，用户可根据自己的需要任意设定房间温度，达到四管制风机盘管空调系统的效果。

（3）可靠。水环热泵机组分散运行，某台机组发生故障，不影响其他用户正常使用；机组带控制装置，自动运行，简单可靠。

（4）灵活。可先安装水环热泵的主管和支管，热泵机组则可在装修时按用户实际需要来配置；不需建造机房；容易满足用户房间二次分隔要求。

（5）节省投资。1）免去了集中的制冷、空调机房，降低了锅炉或加热设备的容量；2）管内水温适中，不会产生冷凝水或散失大量热量，水管不必保温；3）所需风管小，可降低楼层高度；4）不需复杂的楼宇自控系统。

（6）设计简单。全水系统一般设计为定流量；风系统小而独立；系统分区容易；控制系统简单。

（7）施工容易。管道数量少，并不需保温；无大型设备；调试工作量小。

（8）管理方便。操作人员数量少，技术要求低；分户计量方便。

水环热泵空调系统的缺点：（1）水环热泵机组自带压缩机、风机，通常直接安装于室内，噪声较大。（2）水环热泵机组对进风温度有要求，夏季处理新风时负荷太大，除湿能力不足；冬季新风温度过低，可能造成机组停机。（3）过渡季节无法利用室外新风"免费供冷"。（4）对水质要求高。

《公共建筑节能设计标准》（GB 50189—2015）的 4.2.1 规定：全年进行空气调节，且各房间或区域负荷特性相差较大，需要长时间地向建筑同时供热和供冷，经技术经济比较合理时，宜采用水环热泵空调系统供冷、供热。应用水环热泵空调系统应注意其适用范围，一般来讲，水环热泵空调系统典型的应用场合包括：（1）有明显的内区和外区划分，冬季内区余热量较大或者建筑物内有较大量的工艺余热；当采用电、燃油、燃气等高品位能源作为冬季辅助热源时，辅助加热量不宜超过水环热泵机组的耗电量。（2）有同时供热、供冷需求。（3）有分别计费要求。（4）以冬季供暖为主、有合适的低品位辅助热源（如工厂废热、地热尾水等）。（5）空调负荷波动率较大。（6）与地热水源结合为地源水环热泵系统。（7）采用能效比高的水环热泵机组。

5.6.4.3 水环热泵新风处理

水环热泵机组是制冷剂直接膨胀式空调机组，由于受到机组设计条件的限制，机组在处理新风时应与普通空调器的处理方式有所不同，常用的有以下几种方式：

（1）新回风混合系统。新风自室外通过风管送至每台水环热泵机组的回风静压箱，与回风混合后进入机组，此时机组承担空调房间包括新风负荷在内全部的冷热负荷。该方式适用于写字楼、宾馆、公寓、住宅等新风量较小的建筑。新、回风混合后的温度一般可以满足水环热泵机组对进风参数的要求。此类房间室内热湿比一般较大，对水环热泵机组来说有足够的除湿能力。

（2）独立新风系统。与风机盘管加新风系统类似，新风由单独设置的新风机组处理，水环热泵机组处理循环风，只负担空调房间的冷、热负荷。该方式适用于商场、餐厅、娱乐、会议室等新风量较大、冬季工况下新、回风混合后的温度可能不满足机组对进风参数要求的场合。此类房间热湿比一般较小，由于一般水环热泵机组自身除湿能力不足，故需新风机组负担夏季空调房间部分湿负荷。独立新风系统中新风的处理方式有两种：一是常规冷热源加普通新风机组；二是采用专门设计的全新风水环热泵机组。

（3）新风预热系统。新风经预热器预热后直接送入室内或送入水环热泵机组回风口处。根据预热器的能力不同，水环热泵机组要负担部分新风负荷。新风预热方式有：1）采用普通新风空调机组并连接入水环热泵环路，利用循环水对新风进行冬季预热、夏季预冷，寒冷地区不宜采用；2）采用各种全热或显热空气热回收装置回收排风的热量同时预热、预冷新风；3）新风管道内设置预热装置，一般仅冬季使用，可采用电力、燃气或其他能源。

5.7 低温送风空调系统

低温送风空调系统（Cold Air Distribution System，CADS）是送风温度低于常规数值的全空气空调系统。低温送风空调系统是相对于常规空调送风系统而言的，常规空调送风系统设计温度为 $12 \sim 16\,^\circ\mathrm{C}$，而低温送风空调系统一般设计温度为不高于 $11\,^\circ\mathrm{C}$。低温送风系统的概念是 1947 年首先由美国人提出。1950 年美国率先将此项技术应用于住宅和小型商业建筑的改造工程上。在我国，低温送风系统才刚刚起步。

5.7.1 低温送风系统的分类

低温送风系统按其送风温度的高低，一般可分为三类：（1）低温送风送风温度不高于

5℃，此类低温送风由于需要特殊的风口，初投资与年运行费用节省不多，一般不推荐使用；（2）低温送风送风温度范围为6~8℃，标准送风温度为7℃，此类低温送风可以和冰蓄冷技术密切结合在一起，能够获得较好的空调效果及经济效益，因此是最优的选择，得到广泛的使用；（3）低温送风送风温度范围为9~11℃，标准送风温度为10℃，此类送风可与冰蓄冷结合，也可与常规空调结合，较为灵活，但取得经济效益较小，因此也较少采用。

5.7.2　低温送风系统的冷源

低温送风系统的冷源主要有三种：

（1）冷水机组直接产生低温空调冷水。公共建筑空调常用的冷水机组大多为离心式或螺杆式冷水机组，它们可以制取1~7℃低温冷媒。当冷媒温度低于3℃时，需要采用乙烯乙二醇水溶液。公共建筑常采用冷水机组制备4~6℃冷水，可以满足空调器产生8~11℃送风温度的要求。

（2）直接膨胀式系统。利用直接膨胀式空调器进行低温送风具有系统简单、设备投资低、维护费用少的优点，但蒸发盘管热容量较小，压缩机的出力变化将直接影响到空调器的送风，易使送风温度产生波动。为了防止盘管结霜或结冰和液态制冷剂被带入压缩机，采用直接膨胀式空调系统进行低温送风时，其送风温度一般高于7℃。

（3）冰蓄冷系统。当低温送风系统的送风温度要求低于7℃时，制冷系统必须向空气处理设备提供1~4℃的空调冷水。冰蓄冷系统可以满足空调系统对此水温的要求。冰蓄冷是利用冰融化成水时的潜热量，将能量储存在冰中。

5.7.3　低温送风系统的末端装置

低温送风系统常结合变风量空调技术一起应用。变风量末端装置一般设置在房间送风散流器前的送风支管上，用于调节送风量。末端装置根据需要控制低温送风量，或者调节低温送风量与吊顶回风量的比例，使空调房间人员活动区的室内参数保持在设计要求的舒适范围内。各种变风量末端装置的结构形式和特点详见5.4节"变风量系统"。

5.7.4　低温送风系统的送风口

低温送风系统送风口的形式应根据所采用的末端装置的类型确定。当系统采用串联式风机动力型末端装置时，可以使用常规空调送风口；当系统采用单风道节流型末端装置、并联式风机动力型末端装置或诱导型末端装置时，需采用低温送风专用风口。如果选型合理，无论是采用低温送风专用风口，或是采用常规空调送风口，均可达到良好的空调效果。

为适应低温送风系统的发展，国内外相继研制和开发了多种形式的低温送风专用送风口。适合低温送风的散流器主要有保温型散流器、电热型散流器及高诱导比低温散流器。在我国使用较多的是热芯高诱导比低温送风口，如图5-87所示。热芯高诱导比低温送风口的关键部件是内部喷射核。喷射核四周均布小喷口，送风时，一次风通过风管直接送入喷射核，然后从喷口喷出形成贴附射流，并大量诱导室内空气，在离开风口喷嘴115mm处其混风比可达2.35：1。由于多个独立的圆截面射流具有较高的密度和风速，故在整个射流过程中能保持良好的诱导效果。低温送风在离开风口十几厘米后，送风温度便可升高到室内空气的露点温度以上，避免产生低温空气在空调区下降的现象。典型的高诱导比低温送风散流器主要有平板型、孔板型及条缝型三种形式。

5.7.5　低温送风系统的特点和适用性

低温送风具有送风温度低、送风温差大的特点，相对于常规空调系统具有表5-20所述的优点。

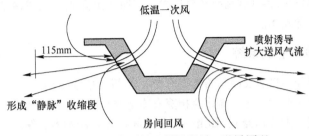

图 5-87 热芯高诱导比低温送风口送风原理

对于一项新的工程项目，是采用常温送风空调系统，还是采用低温送风空调系统，需要对该建筑功能要求、冷源供应等各种因素进行全面的技术、经济论证后才能确定。以下情况适合采用低温送风：（1）有温度不高于4℃的低温水可利用；（2）要求显著降低建筑高度，降低投资；（3）要求降低空调区域内空气相对湿度至40%以下；（4）冷负荷超过已有空调设备及管网供冷能力的改造工程。而空气相对湿度或送风量较大的空调区，不宜采用低温送风空调系统。

表 5-20 低温送风空调系统的优点

项 目	内 容	说 明
系统设备投资	空气处理设备减少	送风温差增大，送风量减少；水温降低，冷却能力提高。同样风量下，输送冷量能力提高，服务区域扩大
	风管尺寸减小	送风温差增大，送风量减少，风管尺寸减小
	循环水泵容量减少	供、回水温差增大，循环水量减少
	水管管径减小	供、回水温差增大，循环水量减少，水管管径减小
建筑投资费用	建筑层高降低	风管、水管和空气处理设备尺寸减小，风管甚至可以穿梁布置。建筑高度不变情况下，可增加建筑层数
	占用建筑面积减小	风管、水管、水泵及空气处理设备的尺寸均减小
室内环境	室内空气相对湿度降低	送风温度低，室内空气相对湿度可低至40%
	室内环境舒适度提高	室内空气相对湿度低，感觉空气新鲜。低温送风口空气分布性能指数（ADPI值）高于95%
	室内设计干球温度提高	在不影响舒适性的条件下，室内设计干球温度可提高1℃，节省能量
运行费用	风机和水泵的电耗减少	风量和水量同时减少，输送能耗比常温送风空调系统的输送能耗可降低30%~40%
既有建筑改建	便于加设空调	风管、水管尺寸小，对建筑影响小
	便于增加供冷能力	利用常温送风空调系统风管、水管可提高系统供冷能力，解决老建筑供冷能力不够问题

5.8 蒸发冷却空调系统

蒸发冷却空调技术（Evaporative Air Conditioning）是一种节能、环保、经济和可提高室内空气品质的空调方式。按照技术形式分为直接蒸发冷却技术、间接蒸发冷却技术、间接-直接蒸发冷却技术以及蒸发冷却-机械制冷联合技术；按照产出介质（获得冷量）分为风侧蒸发冷却技术和水侧蒸发冷却技术。

5.8.1　常用蒸发冷却空调系统

直接蒸发冷却器和间接蒸发冷却器各有利弊，若两者单独使用，空气的温降是很有限的。对于湿球温度较高的高湿度地区，需将直接蒸发冷却器与间接蒸发冷却器加以结合，构成复合式蒸发冷却器（多级蒸发冷却器），如第一级采用间接蒸发冷却器，第二级采用直接蒸发冷却器的两级蒸发冷却器。目前，常用的蒸发冷却空调系统有一级（直接）蒸发冷却系统、二级蒸发冷却系统和三级蒸发冷却系统。

5.8.1.1　一级蒸发冷却空调系统

蒸发冷却最常用的方式是由单元式空气蒸发冷却器或只有直接蒸发冷却段的组合式空气处理机组所组成的一级（直接）蒸发冷却系统。该系统制造技术和工艺都相对成熟，初投资和运行费用低，占用空间小，安装方便。在低湿球温度地区，一级（直接）蒸发冷却空调系统相对于机械制冷系统而言，能源消耗可减少60%～80%。直接蒸发冷却实际上是一个等焓（绝热）加湿过程，如图5-88所示。空气处理过程为 $W \xrightarrow[\text{直接蒸发冷却器}]{\text{绝热加湿}} L \xrightarrow{\varepsilon} N \rightarrow$ 排至室外。

首先，确定夏季室外空气状态点 $W(t_W, t_{Ws})$；然后从 W 作等焓线与 $\varphi = 90\% \sim 95\%$ 线相交于点 L（机器露点），此为送风状态点；过 L 点作空调房间的热湿比线 $\varepsilon = \frac{\Sigma Q}{\Sigma W}$，该线与室内设计温度 t_N 相交于 N，此为室内空气状态点；检查室内空气的相对湿度 φ_N 是否满足要求，送风温差 $\Delta t_0 = t_N - t_L$ 是否符合规范要求；如果符合，则 h-d 图绘制完毕。

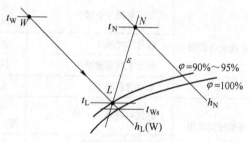

图5-88　一级蒸发冷却系统夏季空气处理过程

空调房间的送风量 G

$$G = \frac{\Sigma Q}{h_N - h_L} \tag{5-71}$$

直接蒸发冷却器处理空气所需显热冷量 Q_0

$$Q_0 = G c_p (t_W - t_L) \tag{5-72}$$

直接蒸发冷却器的加湿量 W

$$W = G \left(\frac{d_L}{1000} - \frac{d_W}{1000} \right) \tag{5-73}$$

【例5-5】　西藏自治区昌都市一办公楼，室内设计状态参数为：$t_N = 24℃$、$\varphi_N = 60\%$，夏季室外空气设计状态参数为：$t_W = 26℃$、$d_W = 11.22g/kg_{干空气}$、$t_{Ws} = 14.8℃$。室内显热冷负荷为100kW，室内余湿量为36kg/h。求采用一级直接蒸发冷却空调的冷却效率、送风量与制冷量。

【解】　（1）确定 W 点，过 W 点作等焓线与 $\varphi = 90\%$ 线相交于 L 点，该点为送风状态点。从 L 点作 $\varepsilon = \frac{\Sigma Q}{\Sigma W} = \frac{100}{36/3600} = 10000kJ/kg$ 线与室内设计温度 $t_N = 24℃$ 交于 N 点。经查大气压力为68133Pa 的 h-d 图（图5-88），得知：$t_L = 15.2℃$、$d_L = 15.72g/kg_{干空气}$。

（2）直接蒸发冷却空调的冷却效率：$\eta_{DEC} = \dfrac{t_{\mathrm{W}} - t_{\mathrm{L}}}{t_{\mathrm{W}} - t_{\mathrm{Ws}}} = \dfrac{26 - 15.2}{26 - 14.8} = 0.96$。

（3）送风量：$G = \dfrac{\Sigma Q}{h_{\mathrm{N}} - h_{\mathrm{L}}} \approx \dfrac{\Sigma Q_{\mathrm{X}}}{c_p(t_{\mathrm{N}} - t_{\mathrm{L}})} = \dfrac{100}{1.01(24 - 15.2)} = 11.25\mathrm{kg/s}$。

（4）制冷量：$Q_0 = Gc_p(t_{\mathrm{W}} - t_{\mathrm{L}}) = 11.25 \times 1.01 \times (26 - 15.2) = 122.7\mathrm{kW}$。

5.8.1.2 二级蒸发冷却空调系统

一级（直接）蒸发冷却系统受气候和地域等条件的限制，存在空气调节区湿度偏大、温降有限、不能满足要求较高的场合使用等问题。因此，提出了间接蒸发冷却与直接蒸发冷却复合的二级蒸发冷却系统，如图 5-89 所示。

间接蒸发冷却是一个等湿冷却的过程，不会增加空调送风的含湿量，而间接+直接蒸发冷却两级的总温（焓）降大于单级直接蒸发冷却。目前，该系统在实际工程中应用最广。其空气处理过程为 $W \xrightarrow[\text{间接蒸发冷却器}]{\text{等湿冷却}} W_1$

$\xrightarrow[\text{直接蒸发冷却器}]{\text{绝热加湿}} L \xrightarrow{\varepsilon} N \longrightarrow$ 排至室外。

首先，确定夏季室内空气状态点 N（t_{N}, φ_{N}）和室外空气状态点 W（t_{W}, t_{Ws}）；然后过 N 点作空调房间的热湿比线 $\varepsilon = \dfrac{\Sigma Q}{\Sigma W}$，该线与

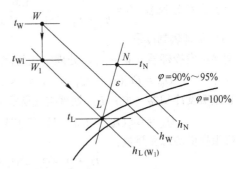

图 5-89　二级蒸发冷却系统夏季空气处理过程

$\varphi = 90\% \sim 95\%$ 线相交于点 L（机器露点），此为送风状态点；从 W 向下作等含湿量线，从 L 点作等焓线，这两条线相交于 W_1 点，该点为室外新风经间接蒸发冷却器冷却后的状态点，也是进入直接蒸发冷却器的初状态点。

空调房间的送风量 G

$$G = \frac{\Sigma Q}{h_{\mathrm{N}} - h_{\mathrm{L}}} \tag{5-74}$$

间接蒸发冷却器处理空气所需显热冷量 Q_{01}

$$Q_{01} = Gc_p(t_{\mathrm{W}} - t_{\mathrm{W1}}) \tag{5-75}$$

直接蒸发冷却器处理空气所需显热冷量 Q_{02}

$$Q_{02} = Gc_p(t_{\mathrm{W1}} - t_{\mathrm{L}}) \tag{5-76}$$

【例 5-6】　已知乌鲁木齐市某栋二层高级办公楼 1800m²，其室内设计参数为：$t_{\mathrm{N}} = 26\text{℃}$、$h_{\mathrm{N}} = 61.2\mathrm{kJ/kg_{干空气}}$、$\varphi_{\mathrm{N}} = 60\%$，夏季室外空气设计状态参数为：$t_{\mathrm{W}} = 34.1\text{℃}$、$h_{\mathrm{W}} = 56.0\mathrm{kJ/kg_{干空气}}$、$t_{\mathrm{Ws}} = 18.5\text{℃}$。室内余热量为 126kW，室内余湿量为 45kg/h，热湿比 $\varepsilon = \dfrac{\Sigma Q}{\Sigma W} = 10080\mathrm{kJ/kg}$。确定夏季机组功能段，并求系统送风量及设备总显热制冷量。

【解】　（1）空气处理过程（图 5-89）：根据已知条件，室外空气焓值小于室内设计状态焓值，故采用直流式系统。

空气从室外状态 $W(t_{\mathrm{W}} = 34.1\text{℃}$, $t_{\mathrm{Ws}} = 18.5\text{℃}$）点等含湿量冷却至 $W_1(t_{\mathrm{W1}} = 28.5\text{℃}$, $h_{\mathrm{W1}} = 50.2\mathrm{kJ/kg_{干}}$, $t_{\mathrm{W1s}} = 16.9\text{℃}$）点，再经绝热加湿处理至与 ε 线相交的机器露点 $L(t_{\mathrm{L}} = 18.1\text{℃}$, $h_{\mathrm{L}} = h_{\mathrm{W1}} = 50.2\mathrm{kJ/kg_{干}}$, $t_{\mathrm{Ls}} = t_{\mathrm{W1s}} = 16.9\text{℃}$）点，此点即是送风状态点。

（2）$W \rightarrow W_1$ 过程的冷却效率：$\eta_{IEC} = \dfrac{t_w - t_{w1}}{t_w - t_{ws}} = \dfrac{34.1 - 28.5}{34.1 - 18.1} = 0.36$，所以选择间接蒸发冷却段或者冷却塔空气冷却器冷却段都可以。

（3）$W_1 \rightarrow L$ 为绝热加湿过程，选用直接蒸发冷却段即可。

冷却效率：$\eta_{DEC} = \dfrac{t_{w1} - t_L}{t_{w1} - t_{w1s}} = \dfrac{28.5 - 18.1}{28.5 - 16.9} = 0.90$，符合要求。

（4）机组功能段为：混合进风段—过滤段—空气冷却器段—中间段—间接蒸发冷却段—中间段—直接蒸发冷却段—中间段—风机段。或为：混合进风段—过滤段—冷却塔空气冷却器段—中间段—直接蒸发冷却段—中间段—风机段。

（5）系统送风量：$G = \dfrac{\Sigma Q}{h_N - h_L} = \dfrac{126}{61.2 - 50.2} = 11.45 \text{kg/s}$。

（6）总显热制冷量

间接蒸发冷却器（$W \rightarrow W_1$）处理空气所需显热冷量 Q_{01}

$$Q_{01} = G c_p (t_w - t_{w1}) = 11.45 \times 1.01 \times (34.1 - 28.5) = 64.8 \text{kW}$$

直接蒸发冷却器（$W_1 \rightarrow L$）处理空气所需显热冷量 Q_{02}

$$Q_{02} = G c_p (t_{w1} - t_L) = 11.45 \times 1.01 \times (28.5 - 18.1) = 120.3 \text{kW}$$

机组提供的总显热量：

$$Q_0 = Q_{01} + Q_{02} = 64.8 + 120.3 = 185.1 \text{kW}$$

5.8.1.3　三级蒸发冷却空调系统

虽然二级蒸发冷却系统在大部分应用场合得到广泛应用，取得了一定的效果，但在有些特定地区和场合，使用这种系统仍存在一些问题。主要表现在部分中湿度地区如果达到室内空气状态点，需要的送风量较大，从经济上来讲不合算，占用空间也较大，对于一些室内空气条件要求较高的场所（如星级宾馆、医院等）达不到送风要求。因此，又提出了两级间接蒸发冷却与一级直接蒸发冷却复合的三级蒸发冷却系统，如图 5-90 所示。典型的三级（二级间接+一级直接）蒸发冷却系统有两种类型：第一种是一级和二级均为板翅式间接蒸发冷却器，第三级为直接蒸发冷却器；第二种是第一级为冷却塔+空气冷却器所构成的间接蒸发冷却器，第二级为板翅式间接蒸发冷却器，第三级为直接蒸发冷却器。目前，该系统正在推广应用。其空气

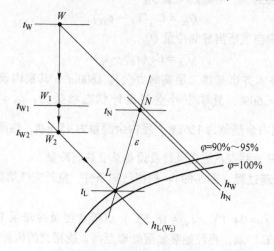

图 5-90　三级蒸发冷却系统夏季空气处理过程

处理过程为 $W \xrightarrow[\text{第一级间接蒸发冷却器}]{\text{等湿冷却}} W_1 \xrightarrow[\text{第二级间接蒸发冷却器}]{\text{等湿冷却}} W_2 \xrightarrow[\text{直接蒸发冷却器}]{\text{绝热加湿}} L \xrightarrow{\varepsilon} N$ —→ 排至室外。

5.8.2 除湿与蒸发冷却联合空调系统

对于潮湿地区，可以采用除湿与蒸发冷却联合系统，如图 5-91 所示。

室外空气（W 点）与部分回风（N 点）混合到 C 点，经转轮式除湿机除湿。这是一个增焓去湿过程，即过程 $C→1$。然后，利用室外空气经空气-空气换热器（板翅式换热器）将状态 1 的空气冷却到 2；这部分室外空气可用作转轮式除湿机的再生空气，但需在空气加热器继续进行加热。因此，通过空气-空气换热器回收了一部分热量。状态 2 的空气在两级蒸发冷却器进行冷却，即 $2→3→L$。间接蒸发冷却器的二次空气可直接应用室内的排风。由于排风的含湿量与焓均小于室外空气的含湿量与焓，因此可获得比较低的 IEC 出口空气（3 点）温度。这个系统除了泵、风机等消耗电能外，还需要消耗再生空气的加热量。如果再生能量采用废热和太阳能等可再生能源，这种联合系统具有节能意义。

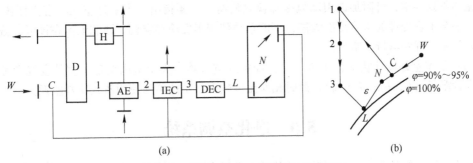

图 5-91　除湿与蒸发冷却联合空调系统
（a）系统原理图；（b）夏季工况 h-d 图
D—转轮式除湿机；AE—空气-空气换热器；IEC—间接蒸发冷却器；DEC—直接蒸发冷却器；H—空气加热器

5.8.3 蒸发冷却空调系统的适用性

《公共建筑节能设计标准》（GB 50189—2015）的 4.4.2 规定：夏季空气调节室外计算湿球温度低、温度日较差大的地区，宜优先采用直接蒸发冷却、间接蒸发冷却或直接蒸发冷却与间接蒸发冷却相结合的二级或三级蒸发冷却的空气处理方式。此外，《民用建筑供暖通风与空气调节设计规范》（GB 50736—2012）的 7.3.16 规定：夏季空调室外设计露点温度较低的地区，经技术经济比较合理时，宜采用蒸发冷却空调系统。

我国各地区的夏季室外设计参数差异很大，在不同的夏季室外空气设计干、湿球温度下，所采用的蒸发冷却机组的功能段是不同的。图 5-92 将不同的夏季室外空气状态点在 h-d 图上划分成了 5 个区域，其中 N、O 点分别代表室内空气状态点和送风状态点。

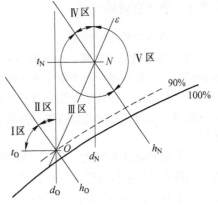

图 5-92　适合应用蒸发冷却空调系统的室外气象区域

（1）夏季室外设计状态点 W 在 I 区，即室外空气焓值小于送风焓值，室外空气含湿量小于送风状态点的含湿量（$h_W < h_0$，$d_W < d_0$）。经等焓加湿即可达到要求的送风状态点，应使用直接蒸发冷却空调，并且是 100% 的全新风。西北地区在该区的城市不多，如拉萨、昌都、林芝。

（2）夏季室外设计状态点 W 在 II 区，即室外空气焓值大于送风焓值，室外空气含湿量小于送风含湿量（$h_W > h_0$，$d_W \le d_0$）。需先经一次或两次等湿冷却，再经一次等焓加湿即可达到要求的送风状态点，应使用二级或三级蒸发冷却，此时室外空气焓值小于室内空气焓值，所以也是 100% 的全新风。西北地区在该区的城市较多，如乌鲁木齐、西宁、酒泉。

（3）夏季室外设计状态点 W 在 III 区，即室外空气焓值大于送风焓值，室外空气含湿量大于送风含湿量（$h_W > h_0$，$d_W \ge d_0$）。在西北地区很少有落在该区的。

（4）夏季室外设计状态点 W 在 IV 区，即室外空气焓值大于室内焓值，室外空气含湿量小于室内含湿量（$h_W > h_N$，$d_W \le d_N$）。为了回收室内的冷量，一般不能使用 100% 新风，而应采用回风。但如果新回风的混合状态点使得送风温度较高，达不到要求时，还需采用 100% 的全新风。应使用一级或二级间接蒸发冷却。当室内外空气温差较大时，还可以考虑将室内排风和室外新风通入一台气-气换热器中将室外新风预冷；如果经过二级蒸发冷却空调机组处理后的送风温差达不到要求，可附加选用新风冷却换热机组。需要指出，当室外空气状态点距离 d_N 太近时，还会出现处理的送风温度太高，不能单独使用蒸发冷却空调。西北地区在该区的城市最多，如兰州、呼和浩特、喀什。

（5）夏季室外设计状态点 W 在 V 区，即室外空气焓值大于室内焓值，室外空气含湿量大于室内含湿量（$h_W > h_N$，$d_W > d_N$）。此时相对湿度较大，不能单独使用蒸发冷却空调。

5.9 净化空调系统

净化空调系统是在一般空调系统的基础上发展充实而形成的，与一般空调系统基本一致，但又有特殊性。为了使净化房间保持所需要的空气温度、相对湿度、气流速度、压力和洁净度等参数，最常用的方法是通过向室内不断输送一定量经过处理的洁净空气，以消除洁净室内的各种热、湿扰量及污染物质。而送入洁净室内具有一定状态空气的获取则需要通过一整套设备对空气进行处理，并不断地送入室内和从室内排出，以实现温度、湿度调节和空气净化的目的。

5.9.1 净化空调的特点

净化空调的特点概括如下：

（1）空气过滤要求高。一般的空调系统采用一级过滤，最多采用二级过滤，一般不设置亚高效以上的过滤器；而净化空调系统必须设置三级过滤器。为避免未净化空气渗入净化送风管污染净化气流，保持送风管路及系统的正压，净化空调系统中送风机必须设置在中效或亚高效过滤器的上游，高效过滤器要求安装在送风末端，而一般的空调系统末端通常不设置过滤器装置。

（2）室内压力的控制严格。一般空调系统对室内压力无明显要求，而净化空调系统则对保持洁净室的压差具有明确规定，最小压差值在 5Pa 以上，这就要求净化空调必须采取一定的技术措施对洁净室的压差值进行控制并加以保持。

（3）气流组织方面不同。一般空调系统为达到以较小的通风量尽可能地提高室内温度湿度场的均匀性的目的，常常采用乱流度较大的气流组织形式，以在室内形成较强的二次诱导气流或涡流;而净化空调系统则为保证所要求的洁净度,必须尽量限制和减少尘粒的扩散飞扬,采取各种措施减小二次回流及涡流,使尘粒迅速排出室外。

(4)换气次数(送风量)大。净化空调系统的换气次数最少也必须达到 10 次/h,甚至高达数百次;而一般空调系统的换气次数常在 10 次/h 以下,两者之间相差几倍乃至几十倍。换气次数的差别也导致了净化空调系统的能耗比一般空调系统的能耗高出几倍或几十倍。并且,净化空调系统的每平方米造价为一般空调系统每平方米造价的几倍到几十倍之多。

5.9.2 室内空气的净化标准

依据所要求空气中的微粒浓度,通常将空气净化分为三类:

(1)一般净化。对室内空气中的微粒浓度无具体要求,对新风进行一般净化处理,保持空气清洁即可。

(2)中等净化。对室内空气中的微粒浓度有一定指标要求,通常提出质量浓度指标。对此类房间,一般除使用粗效过滤器之外,还应使用中效过滤器。例如,《室内空气质量标准》(GB/T 18883—2002)规定室内可吸入颗粒 PM10 的质量浓度不高于 0.15mg/m^3(日平均值)。

(3)超净净化。对室内空气中的微粒浓度有严格要求,通常是工艺上的要求,由于尘粒对工艺的危害程度与尘粒的大小和数量有关,因此要提出颗粒计数浓度指标。此时,需要粗、中、高三级过滤器。

我国《洁净厂房设计规范》(GB 50073—2013)规定的洁净室及洁净区空气洁净度等级等同国际标准 ISO 14644-1,见表 5-21。与我国的旧规范相比,它的特点是:控制粒径由 2 种增加到 6 种;控制级别由 4 个增加到 9 个。

表 5-21 《洁净厂房设计规范》(GB 50073—2013) 空气洁净度等级

空气洁净度等级 N	大于或等于要求粒径的最大浓度限值/pc·m⁻³					
	0.1μm	0.2μm	0.3μm	0.5μm	1μm	5μm
1	10	2	—	—	—	—
2	100	24	10	4	—	—
3	1000	237	102	35	8	—
4	10000	2370	1020	352	83	—
5	100000	23700	10200	3520	832	29
6	1000000	237000	102000	35200	8320	293
7	—	—	—	352000	83200	2930
8	—	—	—	3520000	832000	29300
9	—	—	—	35200000	8320000	293000

注:按不同测量方法,各等级水平的浓度数据的有效数字不应超过 3 位。

表 5-21 中各种要求粒径 D 的最大浓度限值 C_n 应按下式计算:

$$C_n = 10^N (0.1/D)^{2.08} \tag{5-77}$$

式中 N ——洁净度等级,数字不超出 9;

D ——要求的粒径,其值为 0.1~5μm;

0.1 ——常数。

我国医药工业仍沿用老的洁净度等级规定,《医药工业洁净厂房设计规范》(GB 50457—2008)规定的洁净度等级见表 5-22。

表 5-22 医药洁净室（区）空气洁净度等级

空气洁净度等级	悬浮粒子最大允许数/个·m⁻³		微生物最大允许数	
	≥0.5μm	≥5μm	浮游菌/cfu·m⁻³	沉降菌/cfu·皿⁻¹
100	3500	0	5	1
10000	350000	2000	100	3
100000	3500000	20000	500	10
300000	10500000	60000	—	15

注：1. 在静态条件下医药洁净室（区）监测的悬浮粒子数、浮游菌数或沉降菌数必须符合规定。测试方法应符合现行国家标准《医药工业洁净室（区）悬浮粒子的测试方法》（GB/T 16292—2010）、《医药工业洁净室（区）浮游菌的测试方法》（GB/T 16293—2010）和《医药工业洁净室（区）沉降菌的测试方法》（GB/T 16294—2010）的有关规定；

2. 空气洁净度 100 级的医药洁净室（区）应对大于或等于 5μm 尘粒的计数多次采样，当大于或等于 5μm 尘粒多次出现时，可认为该测试数值是可靠的。

5.9.3 净化空调系统的设计

与一般空调系统相比，净化空调系统所控制的参数除室内的温度、湿度之外，还要控制房间的洁净度和压力等参数。因此，净化空调系统的空气处理过程除热湿处理外，还必须对空气进行过滤。有的高级别的洁净室为了有效、节能地对送入洁净室的空气进行处理，采用集中新风处理，仅新风处理系统设有多级过滤，当有严格要求需去除分子污染物时，还应设置各类化学过滤器。

5.9.3.1 净化空调系统的形式

净化空调系统可分为集中式和分散式两种类型。

（1）集中式系统。集中式净化空调系统是净化空调设备（如加热器、冷却器、加湿器、粗中效过滤器、风机等）集中设置在空调机房内，用风管将洁净空气送至各个洁净室。

集中式净化空调多采用单风机系统或双风机系统。单风机净化空调系统如图 5-93 所示，系统自循环，新风仅补充正压。新风可设 1 级、2 级或 3 级过滤；送风可设 2 级或 3 级过滤；回风可不设过滤或 1 级、2 级过滤。单风机系统的最大优点是空调机房占用面积小，但相对于双风机系统而言，其风机的压头大，噪声、振动大。

采用双风机可分担系统的阻力。此外，在药厂生物洁净室需进行定期灭菌消毒，采用双风机系统在新风、排风管道设计合理时，调整相应的阀门，使系统按直流系统运行，便可迅速带走洁净室内残留的刺激性气体。双风机净化空调系统如图 5-94 所示，系统有回风也有排风，

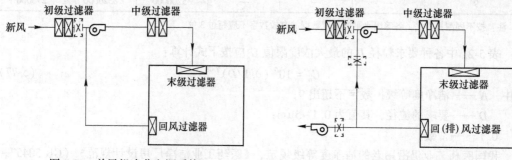

图 5-93 单风机净化空调系统   图 5-94 双风机净化空调系统

共用一套管道（也可分别设置管道）。新风可设 1 级、2 级或 3 级过滤；送风可设 2 级或 3 级过滤；回风可不设过滤或 1 级、2 级过滤；排风可不设过滤或 1 级、2 级过滤。

在净化空调系统中，空气调节所需风量通常远小于净化所需风量，因此洁净室的回风绝大部分只需经过过滤就可再循环使用，而无须回至空调机组进行热湿处理。为节省投资和运行费，可将空调和净化分开，空调处理风量用小风机，净化处理风量用大风机，然后将两台风机串联起来构成如图 5-95 所示的风机串联送风系统。

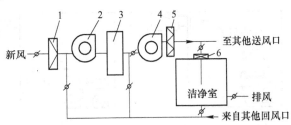

图 5-95　双风机串联送风系统
1—粗效过滤器；2—热湿处理风机；3—热湿度处理室；
4—洁净循环总风机；5—中效过滤器；6—高效过滤器

当一个空调机房内布置有多套净化空调系统时，可将几套系统并联，并联系统可共用一套新风机组。并联系统运行管理比较灵活，几台空调设备还可以互为备用以便检修，如图 5-96 所示。

设有值班风机的净化空调系统也是风机并联的一种形式，如图 5-97 所示。所谓值班风机，就是系统主风机并联一个小风机。小风机的风量一般按维持洁净室正压和送风管路漏损所需空气量选取，风压按在此风量运行时送风管路的阻力确定。非工作时间，主风机停止运行而值班风机投入运行，使洁净室维持正压状态，室内洁净度不至于发生明显变化。

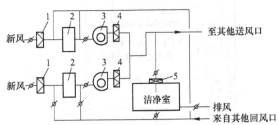

图 5-96　双风机并联送风系统
1—粗效过滤器；2—热湿处理风机；3—风机；
4—中效过滤器；5—高效过滤器

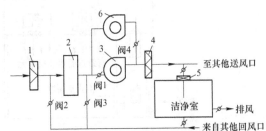

图 5-97　值班风机送风系统
1—粗效过滤器；2—温湿度处理室；3—正常运行风机；
4—中效过滤器；5—高效过滤器；6—值班风机

（2）分散式系统。分散式净化空调系统有两种类型：一是在集中空调的环境中设置局部净化装置（如空气自净器、层流罩、洁净工作台、洁净小室等）构成分散式送风的净化空调系统，也可称为半集中式净化空调系统，如图 5-98 所示；二是在分散式柜式空调送风的环境中设置局部净化装置（如高效过滤器送风口、高效过滤器风机机组、洁净小室等）构成分散式送风的净化空调系统，如图 5-99 所示。

5.9.3.2　净化空调的气流组织

洁净室的气流流型主要分为三类：单向流、非单向流和混合气流。单向流是指沿单一方向呈平行流线，并且横断面上风速一致的气流；非单向流是指不符合单向流定义的气流；混合气流是由单向流和非单向流组合的气流。

就洁净室的气流状态而言，其流动一般均处于湍流状态。非单向流洁净室与单向流洁净室并不是以层流、湍流状态来划分的，而是以流场是否均匀来划分的：当洁净室气流处于均匀或渐变流状态时，洁净室可称为单向流洁净室；当洁净室气流处于急变或突变流状态时，洁净室可称为非单向流洁净室。

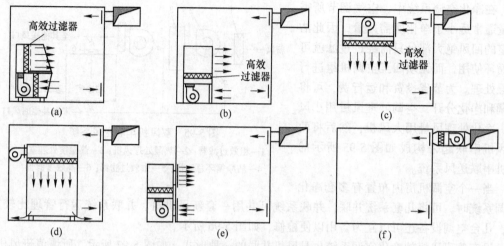

图 5-98 分散式净化空调系统（一）

（a）室内设置净化工作台；（b）室内设置空气自净器；（c）室内设置层流罩；（d）室内设置洁净小室；

（e）走廊或套间设置空气自净器；（f）送风增设高效过滤器送风机组

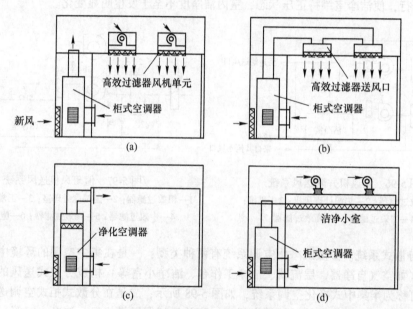

图 5-99 分散式净化空调系统（二）

（a）柜式空调器与高效过滤器风机机组；（b）柜式空调器与高效过滤器送风口；

（c）柜式净化空调器；（d）柜式空调器与洁净小室

不论是非单向流洁净室，还是单向流洁净室，其内部的气流运动总是受洁净室几何形状、送风气流及其相关参数（送风口几何尺寸与结构特征参数、送风气流参数等）、回风口的几何尺寸与结构特征参数及送风口、回风口在洁净室内壁上的布局及敷设方式等因素的制约，这些因素的任何改变或不同的参数组合，都会得到洁净室内的不同气流组织形式，同时也使洁净室有不同的净化效果。

A　非单向流

非单向流流型曾称为乱流流型。非单向流是一种不均匀气流分布方式，其速度、方向在洁净室内不同地点是不同的，这是洁净室中使用最为普遍的气流组织形式。非单向流洁净室的气流组织形式依据高效过滤器及回风口的安装方式不同而分为下列几类：顶送下回、顶送侧下回、侧送侧回、顶送顶回，如图 5-100 所示。

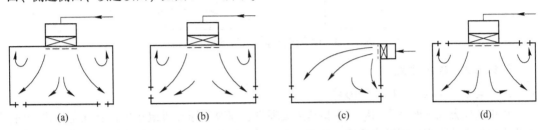

图 5-100　非单向流洁净室常见的气流流型
（a）顶送下回；（b）顶送侧下回；（c）侧送侧下回；（d）顶送顶回

B　单向流

单向流流型是高级别洁净室（1～5 级）应用最广泛的一种气流流型。其气流是从室内的送风一侧平稳地流向其相对应的回风一侧，是一种"活塞式"运动。单向流洁净室分为垂直单向流和水平单向流两大类。

典型的垂直单向流气流组织如图 5-101 所示。顶棚布满高效过滤器送风，全地板格栅回风，洁净空气由上而下地垂直平行流经工作区，携带颗粒物和细菌的污染空气通过格栅地板，经回风静压箱进入回风管。

典型的水平单向流气流组织如图 5-102 所示。一面侧墙布满高效过滤器送风口送风，相对的侧墙布满回风格栅回风，送入的洁净空气沿水平方向均匀流向回风墙。

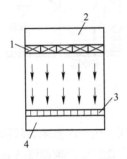 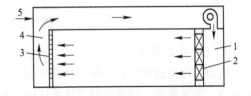

图 5-101　典型的垂直单向流气流组织
1—高效过滤器；2—送风静压箱；3—格栅；4—回风静压箱

图 5-102　典型的水平单向流气流组织
1—送风静压小室；2—高效过滤器；3—格栅；
4—回风静压小室；5—新风

C　混合流

混合流洁净室是将非单向流流型和单向流流型在同一洁净室内组合使用，如图 5-103 所示。单向流洁净室的设备费和运行费都很高，但在某些实际洁净室工程中往往只是部分区域有严格的洁净度要求，而非整个洁净室（区）。混合流洁净室的特点是在需要空气洁净度严格的部位采用单向流流型，其他则为非单向流流型，以防止周边相对较差的空气环境影响局部的高洁净度。这样既满足了使用要求，也节省了设备投资和运行费用。

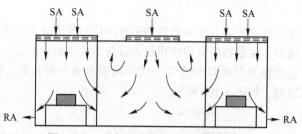

图 5-103 混合流洁净室气流流型示意图

5.9.3.3 送风方式

A 集中送风方式（图 5-104）

集中送风方式一般是采用数台大型新风处理机组和净化循环机组集中设置在空调机房内，空调机房位于洁净室的侧面或顶部。经过温度、湿度处理和过滤后的空气由离心风机加压后通过风道送入送风静压箱，再经由高效过滤器或超高效过滤器过滤后送入洁净室。回风经格栅地板系统，流入回风静压箱再回到净化循环系统，如此反复循环运行。

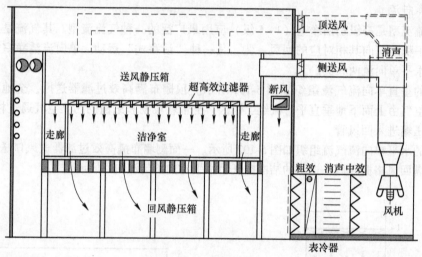

图 5-104 集中送风方式

B 隧道洁净室送风方式（图 5-105）

隧道洁净室送风方式一般把洁净室划分为生产区和维护区。生产区要求高的洁净度和严格的温度、湿度控制，设在单向流送风区内；维护区要求较低，设置生产辅助设备或无洁净要求的生产设备等。生产区为送风区，维护区为回风区，构成空气循环系统。一般隧道式送风是由多台循环空气系统组成的，所以其中一台循环机组出现故障不会影响其他区域的生产环境洁净度，并且各个循环系统可根据产品生产需要进行分区调整控制。

C 风机过滤单元送风方式（图 5-106）

风机过滤单元送风方式是在洁净室的吊顶上安装多台风机过滤单元机组（Fan Filter Unit，FFU），构成净化循环机组，不需要配置净化循环空调机房，送风静压箱为负压。空气由 FFU 送到洁净室，从回风静压箱经两侧夹道回至送风静压箱，根据洁净室的温度调节需要，一般在回风夹道设干式表冷器。新风处理机可集中设在空调机房内，处理后新风直接送入送风静压箱。因送风静压箱为负压，有利于高效过滤器顶棚的密封。但由于 FFU 机组台数较多，在满

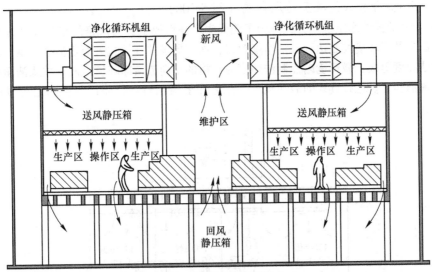

图 5-105 隧道洁净室送风方式

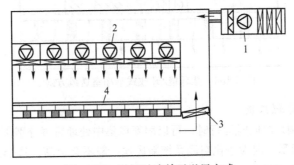

图 5-106 风机过滤单元送风方式
1—新风处理机组；2—FFU；3—表冷器；4—活动地板

布率较高时，初投资较大，运行费用较高，室内噪声较大。

D 模块式风机单元送风方式（图 5-107）

模块式风机单元送风方式是由送风机安装在高效过滤器（HEPA）或超高效过滤器（ULPA）之上，一台送风机可配数台高效过滤器的空气循环系统，这种模块式风机单元循环系统是无风管道方式，空气输送速度较低，送风机和过滤器维修较方便，系统能耗较少。

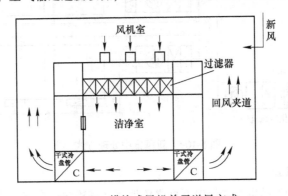

图 5-107 模块式风机单元送风方式

E   微环境/开放式洁净室送风方式（图5-108）

微环境/开放式洁净室送风方式是为了确保生产环境要求极为严格的半导体芯片生产的关键工序或设备的微环境控制达到高洁净度等级，而其周围的开放式大面积洁净环境仅保持在相对较低的洁净度等级，微环境内控制洁净度为严格的单向流洁净环境，而开放式洁净室为单向流或混合流洁净室。这种方式的能耗较低，工艺布置灵活性好，建设投资和运行费用都可以降低。

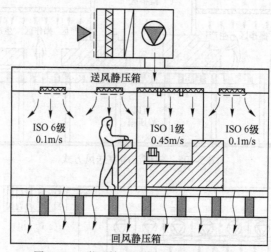

图5-108   微环境/开放式洁净室送风方式

5.9.3.4   新风处理系统

当有多个净化空调系统同时运行时，可以用新风集中处理后再分别供给各个净化空调系统的方式，如图5-109所示。因为净化空调系统新风比一般不会很高，每个系统均设新风预处理段，不如集中处理更节省设备投资和空调机房面积，并且还可以按产品生产要求，在新风处理系统将室外新鲜空气中的化学污染物去除。由于新风是洁净室的主要污染源之一，新风处理不好，会降低表冷器的传热系数和高效过滤器的使用寿命。因此有必要对新风进行多级过滤处理。目前常用的是新风三级过滤，即新风经粗效过滤、中效过滤、亚高效过滤处理。

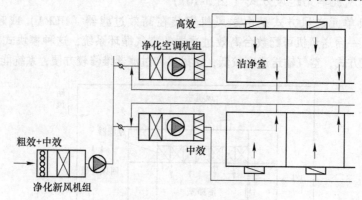

图5-109   新风集中处理方式

5.9.3.5   排风系统

洁净厂房内的各种产品生产过程中不可避免地将会有粉尘、有害气体、有害物质的排出，防止它们在洁净室内发散、污染的有效方法是将有害物质在产生的设备处采取局部排风方式排至室外。

为了防止在洁净室的净化空调系统停止运行时，室外空气倒灌流入室内，引起污染和积尘，应采取防倒灌措施。工程中常用的防倒灌措施是设置中效过滤器，这种方式结构简单、维护方便。

洁净室应根据生产工艺要求设置事故排风系统。事故排风系统应设自动和手动控制开关，手动控制开关应分别设在洁净室及洁净室外便于操作的地点。一般对于有可能散放有害气体或易燃易爆气体的洁净室（区）应设事故排风装置。

5.9.3.6　空调系统风量

净化空调系统的送风量由四方面决定：（1）为控制室内空气洁净度所需要的送风量；（2）根据热湿负荷计算和稀释有害气体所需要的送风量；（3）按换气次数规定的送风量；（4）消除室内有毒、有害物质所需排风的补充风量。最终的送风量取各项计算得到的最大值。

净化空调系统的新风量由三方面决定：（1）满足工作人员健康要求所需的新风量；（2）维持洁净室静压差所需新风量；（3）补充各排风系统的排风所需新风量。在净化空调系统中，满足人员卫生要求的新风量通常小于后两项。因此，新风量一般取净化系统范围内各排风系统排风量的总和再加上维持洁净室静压差所需的压差风量。

5.10　温湿度独立控制空调系统

空调系统承担着排除室内余热、余湿、CO_2 和异味的任务。常规的空调系统，夏季普遍采用热湿耦合的控制方法，对空气进行降温与除湿处理，同时去除建筑物内的显热负荷与潜热负荷。经过冷凝除湿处理后，空气的湿度（含湿量）虽然满足要求，但温度过低，有时还需再热才能满足送风温湿度的要求。此外，还存在冬、夏采用不同的室内末端装置，导致室内重复安装两套环境控制系统，分别供冬夏使用等问题。因此，空调的广泛需求、人居环境健康的需要和能源系统平衡的要求，对目前空调方式提出了挑战。

针对上述问题，清华大学建筑技术科学系江亿院士提出了温湿度独立控制空调系统。由于排除室内余湿与排除 CO_2、异味所需要的新风量与变化趋势一致，因此，可以通过新风同时满足排除余湿、CO_2 与异味的要求；而排除室内余热的任务则通过其他的系统（独立的温度控制方式）实现。由于无须承担除湿的任务，因而可用较高温度的冷源即可实现排除余热的控制任务。

温湿度独立控制空调系统采用温度与湿度两套独立的空调控制系统，分别控制、调节室内的温度与湿度。其优点是：（1）避免了常规空调系统中热湿耦合处理所带来的损失；（2）由于温度、湿度采用独立的控制系统，可以满足不同房间热湿比不断变化的要求；（3）克服了常规空调系统中难以同时满足温湿度参数要求的致命弱点；（4）能有效地避免出现室内湿度过高或过低的现象；（5）过渡季节能充分利用新风来带走余湿，保证室内较为舒适的环境，缩短制冷系统运行时间。

《民用建筑供暖通风与空气调节设计规范》（GB 50736—2012）的 7.3.14 规定：空调区散湿量较小且技术经济合理时，宜采用温湿度独立控制空调系统。这里空调区散湿量较小的情况，一般指空调区单位面积的散湿量不超过 $30g/(m^2 \cdot h)$。

温湿度独立控制空调系统基本上由处理显热与处理潜热的两个系统组成，两个系统独立调节，分别控制室内的温度与湿度，如图 5-110 所示。

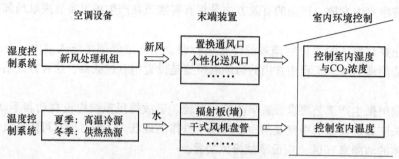

图 5-110　温湿度独立控制空调系统

　　处理显热的系统包括：高温冷源、余热消除末端装置。该系统采用水作为输送媒介。由于除湿的任务由处理潜热的系统承担，因而显热系统的冷水供水温度不再是常规冷凝除湿空调系统中的 7℃，而是提高到 18℃左右，从而为天然冷源的使用提供了条件，如深井水、通过土壤源换热器获取冷水等。即使采用机械制冷方式，由于要求的压缩比很小，制冷机的性能系数也有大幅度的提高。消除余热的末端装置有辐射板、干式风机盘管等多种形式，由于供水温度高于室内空气的露点温度，因而不存在结露的危险。

　　处理潜热的系统同时承担去除室内 CO_2、异味等保证室内空气质量的任务。此系统由新风机组、送风末端装置组成，采用新风作为能量输送的媒介。在处理潜热的系统中，由于不需要处理温度，因而湿度的处理可能有新的节能高效方法，如溶液除湿、转轮除湿。由于送风仅是为了满足新风和湿度的要求，因此送风量远小于变风量系统的风量。这部分空气可通过置换送风的方式从下侧或地面送出，也可采用个性化送风方式直接将新风送入人体活动区。

习题与思考题

5-1　试述空调系统的分类及其分类原则，并说明其系统特征及适用性。

5-2　试述封闭式系统、直流式系统和混合式系统的优缺点，以及克服缺点的方法。

5-3　什么叫机器露点？在空调工程中有何意义？

5-4　试述空调系统最小新风量的确定原则。

5-5　试在 $h\text{-}d$ 图上画出有送、回风机的一次回风空调系统的空气状态变化过程（考虑风机和风管温升以及挡水板过水的影响）。

5-6　以人体负荷为主的电影院观众厅的热湿比值大约为何值？当用最大送风温差送风时，能否确定人均风量为多少？若按一般卫生标准考虑，新风比是多少？

5-7　某空气调节系统的空气调节过程在 $h\text{-}d$ 图上表示如图 5-111 所示，试画出其系统示意图，并指出这样做与一般二次回风系统相比有何利弊？

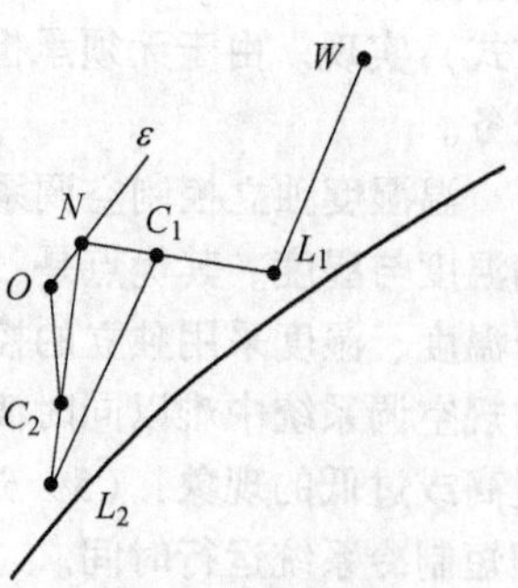

5-8　试在 $h\text{-}d$ 图上表示用集中处理新风系统的风机盘管系统的冬、夏季处理过程。

图 5-111　题 5-7 图

5-9　何谓空调建筑物的内区和外区？对办公楼建筑，两者在负荷上有何特征？空调方式应如何满足其要求？

5-10　变风量系统有什么优点？适用于什么场合？

5-11　变风量系统的风管内为什么要设静压控制器？变风量系统的末端装置中为什么要设定风量装置？

5-12 有一空调系统，其空气处理方案如图 5-112 所示，试在 h-d 图上描述其空气调节过程。

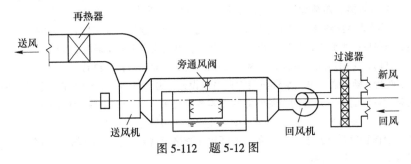

图 5-112 题 5-12 图

5-13 简述冷却吊顶空调系统的优缺点及其适用性。

5-14 变制冷剂流量多联分体式空调系统的设计过程中应注意哪些问题？

5-15 水环热泵系统的工作原理是怎样的？它在什么情况下能体现最好的节能性？

5-16 为什么说低温送风空调系统与冰蓄冷系统相结合才能获得较好的空调效果及经济效益？

5-17 温湿度独立控制空调系统与常规空调系统在室内温度、湿度及 CO_2 浓度控制方面有何不同？

5-18 一级、二级、三级蒸发冷却空调系统各有何特点？分别适用于什么场合？

5-19 我国现行洁净厂房设计标准是怎样划分空气洁净度等级的？

5-20 某一次回风空调系统，已知室内设计温湿度为 26℃、55%，室内冷负荷为 100kW，湿负荷为 36kg/h，室外空气干、湿球温度分别为 30℃、25℃，用机器露点送风，新风比为 30%，在 h-d 图上表示出该处理过程，并求该系统的新风量、新风负荷及制冷设备负荷？

5-21 同题 5-20，已知冬季建筑物热负荷为 75kW（显热）、湿负荷为 36kg/h，室内设计温湿度为 22℃、55%，冬季室外温湿度分别为 -5℃、70%，送风量、新风量同题 5-20，求冬季室内热湿比、送风状态点、新风热负荷、空调机组中空气加热器的热负荷及加湿设备的容量，并在 h-d 图上表示出冬季处理过程。

5-22 已知西安某恒温恒湿空调系统，全年室内要求：t_N =（20±1）℃、φ_N =（60±5）%；夏季室内冷负荷为 1.8kW，湿负荷为 5kg/h；冬季室内热负荷 3.5kW，湿负荷为 5kg/h；局部排风系统排风为 1500m³/h，要求采用二次回风方案，试设计空调系统的空气处理过程并计算设备容量。若采用一次回风方案又怎么样呢？比较两种方案的冷量和热量。

5-23 某双风道系统，室外温度为 32℃、焓为 94.4kJ/kg，室内温度为 26℃、焓为 52.74kJ/kg，室内总显热负荷为 34.88kW，潜热负荷为 11.63kW，送风温差为 10℃，新风占总送风量的 1/3，冷风与热风的送风比例为 3:1，若新风先预冷到 22℃（φ=90%），热风道温度设定为 27℃，试画出该系统在 h-d 图上的处理过程，计算各部分风量值、新风预冷量及空气处理机组的冷量。

参 考 文 献

[1] 编制组. 民用建筑供暖通风与空气调节设计规范宣贯辅导材料 [M]. 北京：中国建筑工业出版社，2012.

[2] 电子工业部第十设计研究院. 空气调节设计手册 [M]. 2 版. 北京：中国建筑工业出版社，1995.

[3] 韩宝琦，李树林. 制冷空调原理及应用 [M]. 2 版. 北京：机械工业出版社，2002.

[4] 黄翔，等. 空调工程 [M]. 2 版. 北京：机械工业出版社，2014.

[5] 江亿. 温湿度独立控制空调系统 [M]. 北京：中国建筑工业出版社，2006.

[6] 李娥飞. 暖通空调设计与通病分析 [M]. 2 版. 北京：中国建筑工业出版社，2004.

[7] 李向东. 现代住宅暖通空调设计 [M]. 北京：中国建筑工业出版社，2003.

［8］ 连之伟 . 热质交换原理与设备 ［M］. 3 版 . 北京：中国建筑工业出版社，2011.

［9］ 刘晓华，李震，张涛 . 溶液除湿 ［M］. 北京：中国建筑工业出版社，2014.

［10］ 陆耀庆 . 实用供热空调设计手册 ［M］. 2 版 . 北京：中国建筑工业出版社，2008.

［11］ 陆亚俊，马最良，邹平华 . 暖通空调 ［M］. 北京：中国建筑工业出版社，2002.

［12］ 马最良，姚杨 . 民用建筑空调设计 ［M］. 北京：化学工业出版社，2003.

［13］ 马最良，姚杨，杨自强，等 . 水环热泵空调系统设计 ［M］. 北京：化学工业出版社，2005.

［14］ 全国勘察设计注册工程师公用设备专业管理委员会秘书处 . 全国勘察设计注册公用设备工程师暖通空调专业考试复习教材 ［M］. 北京：中国建筑工业出版社，2004.

［15］ 沈晋明 . 全国勘察设计注册公用设备工程师执业资格考试复习教程（暖通空调专业）［M］. 北京：中国建筑工业出版社，2004.

［16］ 王海桥，李锐 . 空气洁净技术 ［M］. 北京：机械工业出版社，2007.

［17］ 王子介 . 低温辐射供暖与辐射供冷 ［M］. 北京：机械工业出版社，2004.

［18］ 王天富，买宏金 . 空调设备 ［M］. 北京：科学出版社，2003.

［19］ 王昭俊，等 . 室内空气环境 ［M］. 北京：化学工业出版社，2006.

［20］ 尉迟斌 . 实用制冷与空调工程手册 ［M］. 北京：机械工业出版社，2002.

［21］ 韦节廷 . 空气调节工程 ［M］. 北京：中国电力出版社，2009.

［22］ 许钟麟 . 空气洁净技术原理 ［M］. 4 版 . 北京：科学出版社，2014.

［23］ 薛志峰，等 . 超低能耗建筑技术及应用 ［M］. 北京：中国建筑工业出版社，2005.

［24］ 薛殿华 . 空气调节 ［M］. 北京：清华大学出版社，1991.

［25］ 叶大法，杨国荣 . 变风量空调系统设计 ［M］. 北京：中国建筑工业出版社，2007.

［26］ 俞炳丰 . 中央空调新技术及其应用 ［M］. 北京：化学工业出版社，2004.

［27］ 赵荣义，范存养，薛殿华，等 . 空气调节 ［M］. 4 版 . 北京：中国建筑工业出版社，2009.

［28］ 赵荣义，钱以明，范存养，等 . 简明空调设计手册 ［M］. 北京：中国建筑工业出版社，1998.

［29］ 战乃岩，王建辉 . 空调工程 ［M］. 北京：北京大学出版社，2014.

［30］ 张吉光，等 . 净化空调 ［M］. 北京：国防工业出版社，2003.

［31］ 郑爱平 . 空气调节工程 ［M］. 2 版 . 北京：科学出版社，2008.

［32］ ［美］汪善国 . 空调与制冷技术手册 ［M］. 李德英，赵秀敏，等译 . 北京：机械工业出版社，2006.

［33］ ［美］Allan T. Kirkpatrick，James S. Elleson. 低温送风系统设计指南 ［M］. 汪训昌，译 . 北京：中国建筑工业出版社，1999.

［34］ ［美］John R. Watt，Will K. Brown. 蒸发冷却空调技术手册 ［M］. 3 版 . 黄翔，武俊梅，等译 . 北京：机械工业出版社，2008.

6 空调区的空气分布

本章要点： 主要介绍空调送、回风口的类型和适用场合、空调房间气流组织形式和设计计算以及对室内气流分布的评价方法。

空气调节区的空气分布（又称为气流组织），是指合理地布置送风口和回风口，使得经过净化、热湿处理后的空气，由送风口送入空调区，在与空调区内空气混合、置换并进行热湿交换的过程中，均匀地消除空调区内的余热和余湿，从而使空调区（通常是指离地面高度为2m以下的空间）内形成比较均匀而稳定的温湿度、气流速度和洁净度，以满足生产工艺和人体舒适的要求。同时，还要由回风门抽走空调区内空气，将大部分回风返回到空气处理机组，少部分排至室外。

影响空调区内空气分布的因素有：送风口的形式和位置、送风射流的参数（如送风量、出口风速、送风温度等）、回风口的位置、房间的几何形状以及热源在室内的位置等，其中送风口的形式和位置、送风射流的参数是主要影响因素。由于影响空气分布的因素较多，加上实际工程中具体条件的多样性，难以用简单的理论表达式来综合上述诸多因素的影响。目前，在室内空气分布计算方面，主要采用基于实验的经验式。

空调区的空气分布，应根据建筑物的用途对空调区内温湿度参数、允许风速、噪声标准、空气质量、室内温度梯度及空气分布特性指标（ADPI）的要求，结合建筑物特点、内部装修、工艺（含设备散热因素）或家具布置等进行设计计算。

6.1 空调区气流分布形式

按照送风口在空调空间内所处的位置，空调区的气流组织可分为上（顶）部送风和下部送风两大类。上部送风就是常规的上（顶）部混合系统（又称混合式送风系统），是目前工程上用得最多的气流分布方式。上部送风的常用方式有侧向送风、孔板送风、散流器送风、喷口送风、条缝口送风和旋流风口送风等。下部送风有置换通风、地板送风和岗位/个人环境调节系统等。此外，还有单向流通风，主要用于洁净室的空调通风。

6.1.1 侧向送风

侧向送风简称侧送，是空调房间中最常用的一种送风方式。它是指依靠侧面风口吹出的射流实现送风的方式。通常将设有送风口（如百叶风口等）的送风管，布置在房间上部的侧墙处。设有回风口的回风管，布置在房间下部或房间上部的侧墙处，但回风口通常与送风口处在同一侧。

6.1.1.1 气流流型

对于一般层高的小面积空调房间宜采用单侧送风，其气流分布形式主要有单侧上送下回（图6-1（a））、单侧上送上回（图6-1（b））等。当房间的长度较长，用单侧送风的气流射程不能满足要求时，可采用双侧送风，其气流分布形式有双侧上送下回（图 6-1（c））、双侧上送上回（图 6-1（d））等。对于高大生产厂房，宜采用中部送风（图 6-1（e）），若厂房上部有一定的余热量，还可采用顶部排风的方式（图 6-1（f））。

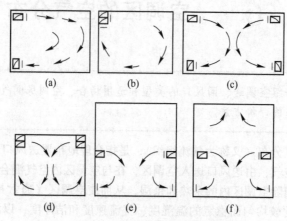

图 6-1 侧向送风气流流型
（a）单侧上送下回；（b）单侧上送上回；（c）双侧上送下回；（d）双侧上送上回；
（e）中部送风；（f）中部送风+顶部排风

6.1.1.2 布置形式

侧送"上送上回"的布置比较简单，如图 6-1（b）和图 6-1（d）所示。

对于多房间的侧送"上送下回"，有以下 4 种布置方法：

（1）单侧上送下回，将送风总管设在走廊的吊顶内，利用支管端部的风口向室内送风，回风口设在回风立管的端部，立管暗装在墙内，并利用走廊吊平顶上部的空间作回风总风管（图 6-2（a））。

（2）送风总管和回风总管都设在走廊吊平顶内，而回风立管紧靠内墙或走廊墙面敷设（图 6-2（b））。

（3）将送风、回风总管设在走廊吊顶内，在房间内墙的下部设格栅回风口，回风进入走廊内，并由设在吊平顶内的回风总管上开设的回风口处被吸走。这样整个走廊变成了大的回风风道（需注意，走廊两端必须有随时能关闭的门）。目前，这种走廊回风在多房间的空调系统中用得较多（图 6-2（c））。

（4）双侧上送下回，其回风风管可以设在室内，也可在地坪下作总回风道（图 6-2（d））。

6.1.1.3 应用场合

侧送方式具有布置简单、施工方便、投资节省，能满足房间对射流扩散、温度和速度衰减的要求，广泛地用于一般舒适性空调房间的送风。其中，侧送贴附送风方式，具有射程长、射流衰减充分等优点，用于高精度的恒温空调工程。

（1）仅为夏季降温服务的空调系统，且建筑层高较低时，可采用上送上回方式。

（2）以冬季送热风为主的空调系统，且建筑层高较高时，宜采用上送下回方式。

（3）全年使用的空调系统一般根据气流组织计算来确定采用上送上回或上送下回方式。

（4）建筑层高较低、进深较大的房间宜采用单侧或双侧送风，贴附射流。

（5）温湿度相同、对净化和噪声控制无特殊要求的多房间的工艺性空调系统，可采用单侧上送、走廊回风方式。

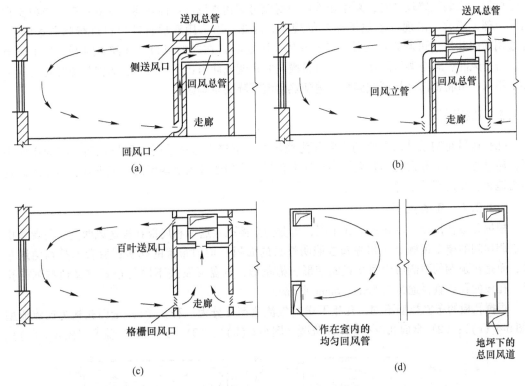

图 6-2 侧送 "上送下回" 布置形式

6.1.1.4 采用侧向送风应注意的问题

（1）当空调房间内的工艺设备对侧送气流有一定的阻挡，或者单位面积送风量过大，致使空调区的气流速度超出要求范围时，不应采用侧向送风方式。

（2）侧送风口的设置，宜沿房间平面中的短边分布；当房间的进深很长时，宜选择双侧对送，或沿长边布置侧送风口。回风口宜布置在送风口同一侧的下部。

（3）对于温湿度控制有一定要求的工艺性空调，当室温允许波动范围不小于±1℃时，侧送方式的气流宜设计为贴附射流（图6-3）；当室温允许波动范围为±0.5℃时，侧送气流应设计为贴附射流。贴附射流的贴附长度主要取决于阿基米德数。我国恒温工程的实践表明，当阿基米德数不大于0.0097时，就可使射流贴附于顶棚上而不致中途下落。一般来讲，侧送风口安装离顶棚越近且又以一定的仰角向上送风时，可加强贴附、增加射程。《民用建筑供暖通风与空气调节设计规范》（GB 50736—2012）的7.4.3规定，采用贴附射流侧送风时，应符合下列要求：1）送风口上缘离顶棚距离较大时，送风口处设置向上倾斜 10°～20° 的导流片；2）送风口内设置防止射流偏斜的导流片；3）射流流程中无阻挡物。

（4）在空调工程中，夏季送风温度低于室内空气温度时为冷射流；冬季送风温度高于室内空气温度时为热射流。可根据阿基米德数 Ar 来判断热射流和冷射流：当 $Ar>0$ 时，为热射流；当 $Ar<0$ 时，为冷射流。实际工程中，有时会遇到这样的情形：当

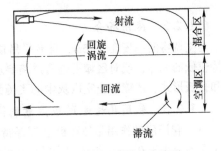

图 6-3 侧送贴附射流流型

侧送风口的安装位置较高时，夏季送冷风时射流可到达空调区；而在冬季送热风时，热射流在房间上部下不来，出现"上热下凉"的现象。因此，当采用双层百叶风口进行侧向送风时，应选用横向叶片（可调的）在外、竖向叶片（固定的）在内的风口，并配有对开式风量调节阀。送冷风时，若空调区风速太大，可将横向叶片调成仰角；送热风时，若热气流浮在房间上部下不来，可将横向叶片调成俯角，迫使热射流下降到空调区。

6.1.2　孔板送风

孔板送风是利用吊顶上面的空间作为稳压层，空气由送风管进入稳压层后，在静压作用下，通过在吊顶下开设的具有大量小孔的多孔板，均匀地进入空调区的送风方式，而回风口则均匀地布置在房间的下部。

6.1.2.1　气流流型

根据孔板在吊顶上的布置形式不同，可分为全面孔板送风和局部孔板送风两类。前者是指在空调房间的整个顶棚上（扣除布置照明灯具的面积）均匀布置的孔板；后者不是均匀地布置，而是在顶棚的两侧或中间布置成带形、梅花形、棋盘形及按不同的格式交叉地排列的孔板。孔板的孔口直径通常为 5mm、6mm 或 8mm。

根据孔板的布置类型不同，孔板下送的气流流型可分为三种：（1）全面孔板单向流流型（图6-4（a））；（2）全面孔板不稳定流流型（图6-4（b））；（3）局部孔板的流型（图6-4（c））。

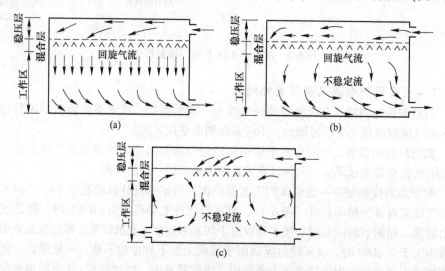

图 6-4　孔板送风气流流型
（a）全面孔板下送直流；（b）全面孔板不稳定流；（c）局部孔板不稳定流

6.1.2.2　应用场合

当空调房间高度在 3~5m，且有平吊顶可供利用，单位面积送风量很大，而空调区又需要保持较低的风速，或对区域温差有严格要求时，应采用孔板送风。通过适当地选择孔板出口风速和孔板形式，还能防止室内灰尘的飞扬而满足较高的洁净要求。孔口风速一般为 3~5m/s。

6.1.2.3　采用孔板送风应注意的问题

（1）稳压层的作用是使孔板上部保持稳定而较高的静压。稳压层的高度应按计算确定，且净高不得小于 0.2m。稳压层内的围护结构应严密，表面应光滑。

（2）稳压层内的送风速度宜保持 3~5m/s。

（3）除送风长度特别长的以外，稳压层内可不设送风支管；但在进风口处宜设防止送风气流直接吹向孔板的导流片或挡板。

（4）孔板的布置应与室内局部热源的分布相适应。

（5）孔板的材料，宜选用镀锌钢板、铝板或不锈钢板等金属材料。

6.1.3 散流器送风

散流器上送风是利用设在吊顶内的圆形或方（矩）形散流器，将空气从顶部向下送入房间空调区的送风方式。根据散流器的类型不同，气流流型有平送和下送两种。

6.1.3.1 散流器平送

散流器平送是指气流从散流器吹出后，贴附着平顶以辐射状向四周扩散进入室内，使射流与室内空气很好混合后进入空调区，如图 6-5 所示。这样整个空调区处于回流区，可获得较为均匀的温度场和速度场。

散流器平送时，应有利于送风气流对周围空气的诱导，避免产生死角，并充分考虑建筑结构的特点，在散流器平送方向不应有阻挡物（如柱子）。宜按对称均布或梅花形布置（图 6-6），散流器中心与侧墙间的距离不宜小于 1.0m。圆形或方形散流器布置时，其相应送风范围（面积）的长宽比不宜大于 1:1.5，送风水平射程（也称扩散半径）与垂直射程（平顶至工作区上边界的距离）的比值，宜保持在 0.5~1.5 之间。如果散流器服务区的长宽比大于 1.25，宜选用矩形散流器。

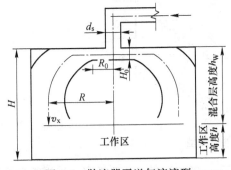

图 6-5 散流器平送气流流型

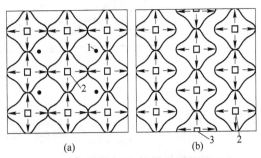

图 6-6 散流器平面布置
（a）对称布置；（b）梅花形布置
1—柱；2—方形散流器；3—三面送风散流器

散流器平送方式，一般用于对室温允许波动范围有一定要求、房间高度较低，但有高度足够的吊顶或技术夹层可利用时的工艺性空调，也可用于一般公用建筑的舒适性空调。

6.1.3.2 散流器下送

散流器下送是指气流从散流器吹出后，一直向下扩散进入室内空调区，形成稳定的下送直流气流，可以使空调区被笼罩在送风气流中（图 6-7）。这种在空调区内形成的单向直流的流线型散流器在顶棚上密集布置，并使送出射流的扩散角 θ（即射流边界线和散流

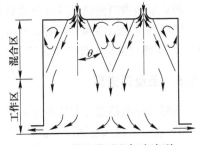

图 6-7 散流器下送气流流型

器中心线的夹角）为 20°~30°时，才能在散流器下面形成直流流型。

流线型散流器的下送方式，主要用于房间净空较高（如 3.5~4.0m）的净化空调工程。此外，还有一种圆形散流器可作为一般舒适性空调的下送方式。

采用散流器送风均需设置吊顶或技术夹层，风管暗装工作量大，投资比侧面送风要高。采用圆形或方形散流器时，应配置对开式多叶风量调节阀或双（单）开板式风量调节阀；有条件时，在散流器的颈部上方配置带风量调节阀的静压箱。散流器（静压箱）与支风管的连接，宜采用柔性风管，以便于施工安装。

6.1.4　喷口送风

喷口送风是依靠喷口吹出的高速射流实现送风的方式。喷口送风既可采用喷口侧向送风，也可以采用喷口垂直向下（顶部）送风，但以前者应用较多。当采用喷口侧向送风时，将喷口（即送风口）和回风口布置在同侧，空气以较高的速度、较大的风量集中由少数几个喷口射出，射流行至一定路程后折回，使空调区处于回流区，然后由设在下部的回风口抽走返回空调机组。喷口送风的特点是：送风速度高、射程远，射流带动室内空气进行强烈混合，速度逐渐衰减，并在室内形成大的回旋气流，从而确保工作区获得均匀的温度场和速度场。其气流流型如图 6-8 所示。

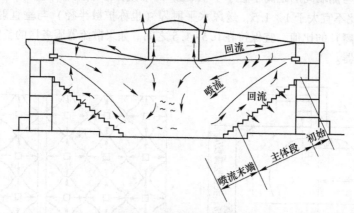

图 6-8　喷口送风气流流型

《民用建筑供暖与空气调节设计规范》（GB 50736—2012）的 7.4.5 规定：采用喷口送风时应符合下列要求：（1）人员活动区宜处于回流区；（2）喷口的安装高度，应根据空调区的高度和回流区分布等确定；（3）兼做热风供暖时，喷口宜具有改变射流出口角度的功能。

喷口送风主要适用于空间较大的公共建筑（如会堂、体育馆、影剧院等）和室温允许波动范围大于或等于±1.0℃的高大厂房。喷口送风的风速要均匀，且每个喷口的风速要接近相等，因此安装喷口的送风风管应设计成变断面的均匀送风风管，或起静压箱作用的等断面风管。喷口的风量应能调节，喷口的倾角应设计成可任意调节的，对于冷射流其倾角一般为 0°~12°，对于热射流向下倾角以大于 15°为宜。

6.1.5　条缝口送风

条缝口送风是通过安装在送风风道（管）底面或侧面上的条缝型送风口（其宽长比大于1：20）将空气送入空调区的送风方式。条缝口送风属于扁平自由射流，上送下回，如图 6-9 所示。

条缝风口的布置主要有两种：一种是将条缝风口设在房间（或区域）的中央（图6-10（a））；另一种是将条缝风口设在房间的一端（图6-10（b））。回风口通常设置在房间下部或顶部。条缝型送风口有单条缝、双条缝和多条缝等形式。安装在吊顶上的条缝型送风口，应与吊顶齐平。具有固定斜叶片的条缝型送风口，可使气流以水平方向向两侧送出或者使气流朝

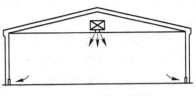

图6-9 条缝口送风

一侧送出，称为平送贴附流型；固定直叶片的条缝型送风口，可实现垂直下送流型；而可调式的条缝型送风口，其调节气流流型的功能比较全面。通过调节叶片的位置，可将气流调成向两侧水平送风（即左右出风）或向一侧水平送风（即左出风或右出风），或垂直向下送风。

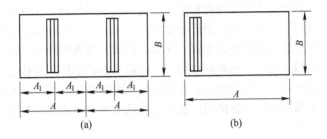

图6-10 条缝口的布置
（a）条缝风口安装在房间（或区域）中央；（b）条缝风口安装在房间一端

条缝口送风的特点是：气流轴心速度衰减较快，适用于空调区允许风速为 0.25~0.5m/s、温度波动范围为 ±(1~2)℃ 的场合。当建筑物层高较低、单位面积送风量较大，且有平吊顶可供利用时，宜采用条缝型送风口进行平送或垂直下送，如散热量较大且只要求降温的厂房及民用建筑（办公室、会议室等）。在纺织工厂，由于纺织机台大部分是狭长形的，因而工作区也是狭长的，采用条缝口送风，将风口布置在狭长的工作带上部，可以使工作区处在送风气流范围内，从而可以更有效地控制室内的温湿度，适宜的气流速度（通常为 0.25~1.5m/s）可增加操作工人的舒适感。这是目前在纺织工业中较多采用条缝送风方式的原因。

6.1.6 置换通风

置换通风在北欧国家应用较为广泛，最早是用在工业厂房中，以解决室内污染物的控制问题。在厂房通风及高大建筑通风方面，置换通风是值得大力推广的。随着民用建筑室内空气品质问题的日益突出，置换通风方式的应用转向民用建筑，如办公室、会议室、剧院等。

置换通风（Displacement Ventilation, DV）的传统定义为：借助空气浮力作用的机械通风方式。空气以低流速（0.2m/s左右）、高送风温度（≥18℃）的状态送入活动区下部，在送风及室内热源形成的上升气流的共同作用下，将污浊空气提升至顶部排出。近年来，对置换通风的定义改变为：从房间下部引入温度低于室温的空气来置换室内空气的通风。

6.1.6.1 置换通风的特点及适用性

与传统的混合通风系统相比，置换通风的主要优点是：（1）置换通风的送风温度一般不低于18℃，而混合通风系统的送风温度一般为13℃。因此，前者较后者节省供冷能耗，且为利用低品位能源以及更多时间采用新风"免费供冷"创造了条件，从而节省空调能耗，降低运行费用。（2）置换通风消除人员活动区负荷，活动区空气品质接近送风；而混合通风系统

消除整个房间负荷，活动区空气品质接近回风。因此，采用置换通风时活动区的空气质量更好。

置换通风的主要缺点是由于出口风速较小，安装空气分布器需占用较多墙面。

置换通风特别适合于下列情况：（1）室内空调以排除余热为主，且单位面积的冷负荷约为120W/m²；（2）污染物的温度比周围环境温度高，密度比周围空气小；（3）送风温度比周围环境的空气温度低；（4）地面至吊顶的高度大于3m的房间；（5）室内气流没有强烈的扰动；（6）对室内温湿度控制精度无严格要求；（7）对室内空气品质有要求；（8）房间较小，但需要的送风量较大。因此，置换通风可广泛用于办公室、教室、会议室、剧院、超市、室内体育馆等公共建筑，以及厂房和高大空间等场合。

6.1.6.2　置换通风的基本原理

置换通风是利用空气密度差而在室内形成由下而上的通风气流。新鲜空气以极低的速度从置换送风口流出，送风温度通常比室内设计温度低 2~4℃，送风的密度大于室内空气的密度，在重力作用下送风下沉到地面并蔓延到全室，地板上形成一薄薄的冷空气层，称为空气湖。空气湖中的新鲜空气受热源上升气流的卷吸作用、后续新风的推动作用及排风口的抽吸作用而缓慢上升，形成类似活塞流的向上单向流动，因此室内热而污浊的空气被后续的新鲜空气抬升到房间顶部并被设置在上部的排风口所排出。置换通风的主导气流由室内热源所控制，其流态如图 6-11 所示。

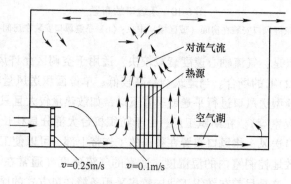

图 6-11　置换通风的流态

采用置换通风时，室内存在垂直方向的温度梯度和热力分层现象。室内热源产生的热对流气流（热烟羽）在浮力作用下上升，烟羽沿程不断卷吸周围空气并流向顶部而形成室内主导气流。根据连续性原理，在任意高度处的上升气流量和下降气流量之差等于送风量。因此，当顶部烟羽流量大于送风量（排风量）时，室内垂直方向上存在一个分界面，该界面处烟羽流量正好等于送风量，如图 6-12 所示。在该界面以下，烟羽外部空气以较低的速度向上流动，室内气流类似于垂直单向流，房间下部区域的空气不断被送入室内的新鲜空气置换，空气品质较高，称为单向流清洁区；而在该界面之上由于烟羽流量大于排风量，使得气流在屋顶周围聚集掺混，形成类似混合流的气流流型，因此该区内空气较浑浊，称为紊流混合区。由此可见，设计时控制分界面位于人员头部以上，就可以保证人员活动区内良好的空气品质和热舒适度。

6.1.6.3　末端装置的选择及布置

置换通风中人的脚踝部最可能有吹风感。为了确保其附近空气状态满足舒适性标准，通常在设计中选取较低的送风口风速。此外，地板附近的垂直温度分布依赖于送风口的性能，如果使用的送风口并不是专门为低速送风方式设计的，那么在地板附近可能会形成冷空气层，虽然

图 6-12 置换通风的热力分层

这并不是该系统实际的限制条件，但设计者必须保证选择使用正确的送风口装置。

因置换通风的送风速度低，故送风口面积一般较大，设计时需要与建筑师紧密联系来确定其与建筑的结合，以不影响美观为宜。

在选择送风口位置的同时，应考虑热负荷的位置。较大的空气量送入发热量大的物体附近可以减少余热在工作区的传播，从而提高余热排除效率。

置换通风的送风口称为置换通风器。在民用建筑中置换通风器一般为落地安装（图 6-13 (a)），这是应用最广泛的一种方式。当高级办公大楼采用夹层地板时，置换通风器可安装在地面上（图 6-13 (b)），将出口空气向地面扩散使其形成空气湖。在工业厂房中由于地面上有机械设备及产品零件的运输，置换通风器可架空布置（图 6-13 (c)），引导出口空气下降到地面，然后再扩散到全室并形成空气湖。排风口（或回风口）应该安装在天花板附近。如果排风口（或回风口）安装在主要热源的正上方，余热和污染物的排除效率可能会更高。

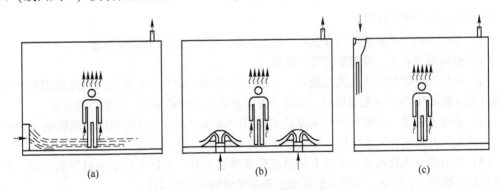

图 6-13 置换通风器及排风口的布置
(a) 落地安装；(b) 地平安装；(c) 架空安装

置换通风器在布置时应考虑下列原则：（1）置换通风器附近不应有大的障碍物，距离至少 0.9m 远；（2）置换通风器宜靠外墙或外窗布置；（3）圆柱形置换通风器可布置在房间中部；（4）冷负荷高时，宜布置多个置换通风器；（5）置换通风器布置应与室内空间协调。

在负荷比较大的房间（如负荷大于 40~50W/m² 的商业建筑，劳动级别为轻劳动；或大于 80W/m² 的工业建筑，劳动级别为中等以上劳动），可以考虑诱导型送风口。在相同的冷负荷下，诱导型送风口可以使管道尺寸减小。

一般根据送风量和面风速确定置换通风器的数量，其面风速应符合下列条件：（1）工业建筑的面风速 0.5m/s；（2）高级办公室的面风速取 0.2m/s。

6.1.7 地板送风

地板送风（Underfloor Air Distribution System，UFAD 系统），早在 20 世纪 50 年代在余热量较高的场合（如计算机房、控制中心、实验室）曾采用过，能有效地将空气输送到建筑物人员活动区特定位置的送风口处。在 20 世纪 70 年代，下部送风在西德被引进办公建筑中作为一种解决方案，解决了在整个办公楼内由于电子设备增多而引起的电缆管理和除去余热量的问题。到目前为止，UFAD 系统在欧洲、南非和日本已经获得极大的认可。

6.1.7.1 地板送风的特点及适用性

地板送风是利用地板静压箱（层），将处理后的空气经由地板送风口（地板散流器），送入人员活动区内。在供冷工况下，向空调房间送冷风，在吊顶或接近吊顶处回风，如图 6-14 所示。

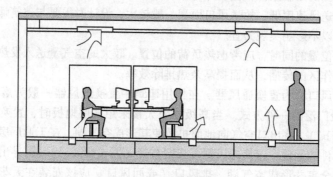

图 6-14　地板送风系统

地板送风的主要优点如下：

（1）每位室内人员周围的局部热环境进行控制，可满足自身热舒适要求。

（2）提高通风效率，改善室内空气品质。

（3）送风温度较混合式送风系统高，一般不低于 16~18℃，随着送风温度的提高，冷水机组的出水温度和 COP 值相应提高，这对于气候温和且干燥的地区，节能效果显著。

（4）在过渡季节，当室外空气温度低于要求的送风温度时，直接利用新风提供"免费供冷"的时间较混合式送风系统长，相应缩短了冷水机组的运行时间。

（5）在分层高度处或该高度以上的对流热源将会上升，不进入分层面以下的区域，并从吊顶高度处被排走，因此，消除人员活动区负荷所需的风量可减少。

（6）利用地板静压箱（层）而不是风管来输送处理后的空气，在地板静压箱（层）内空气流速很低，因此风机提供的压头有所降低。

（7）建筑物寿命周期费用减少。

地板送风与置换通风的相似之处在于：供冷工况下，在地板或接近地板处向空调房间送冷风，在吊顶或接近吊顶处回风，形成自地板向吊顶流动的气流流型，房间内产生温度梯度和热力分层。而两者的区别主要体现在：（1）地板送风以较高的风速从尺寸较小的地板散流器送出，产生强烈的混合，而置换通风是以很低的风速从设在房间侧墙下部的置换通风器送出，依靠气流扩散和浮力的提升作用，产生自下而上的空气流动；（2）地板送风可采用较大的送风量，以满足较大的冷负荷需求，而置换通风要增加送风量往往受到布置大面积置换通风器的限制；（3）地板送风的局部送风状态处在室内人员的控制之下，使舒适条件得到优化。

由于地板送风有改善热舒适、提高通风效率、改善室内空气品质、减少能耗等优点，因此随着办公建筑自动化机器设备的增加，对空调送风和对建筑物内配线的灵活性要求更高，地板送风在办公楼中已被逐步采用。此外，在空间高大的音乐厅、剧场、图书馆、博物馆等场所也有应用。但是，地板送风不适用于产生液体泄漏物的场所。

6.1.7.2 地板送风的基本原理

与置换通风类似，采用地板送风时，由于受热源产生的浮力驱动，室内形成了自地板向吊顶流动的气流流型，这种流动能更有效地排除余热和污染物。

地板送风系统在房间内产生垂直温度梯度和热力分层，当散流器射程低于分层高度时，房间空气分布如图 6-15 所示。该图把房间划定为三个区域和两个特征高度。三个区域是：（1）高（混合）区是由空间内部的上升热烟羽所沉积的热（污染的）空气组成，虽然它的平均空气流速通常很低，但是该区内部的空气混合得很好，这是由于热烟羽穿入下部边界的动量造成的结果；（2）中（分层）区是房间低区与高区之间的一个过渡区，这个区的空气流动由对流空间热源周围的热烟羽上升所驱动的浮力作用；（3）低（混合）区直接邻近地面，受送风口附近高速射流的影响，该区域的空气混合得很好。两个特征高度是射流高度和分层高度。

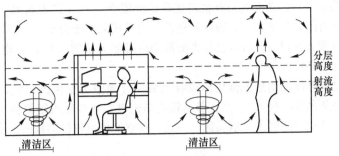

图 6-15　散流器射程低于分层高度的地板送风系统

当散流器射程高于分层高度时，则不存在高（混合）区，如图 6-16 所示。一旦房间内空气上升到分层面以上，就不会再进入分层面以下的低区。因此，设计时应将分层高度维持在室内人员呼吸区之上，一般为 1.2~1.8m（取决于主要的室内人员是坐姿还是站姿）。

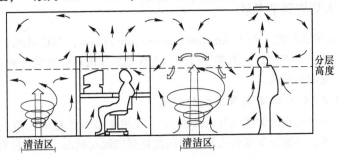

图 6-16　散流器射程高于分层高度的地板送风系统

6.1.7.3 地板送风的静压箱（层）

利用地板静压箱将处理后的空气直接输送到建筑物人员活动区，是区分地板送风与上

（顶）部混合式送风的主要特征之一。设计地板送风静压箱时，应确保送出所需的风量和保持要求的送风温度与湿度，且在建筑物地板以上的任何地方都达到所需的最小通风空气量。地板静压箱是混凝土结构楼板与架空地板体系底面之间供布置服务设施用的可开启空间，它由架空地板平台构建而成，如图 6-17 所示。

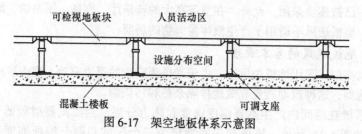

图 6-17 架空地板体系示意图

在构建地板送风静压箱时，有以下三种基本方法：

（1）有压静压箱。通过对空气处理机组送风量的控制，使静压箱内正压值维持在 12.5～25Pa 之间。在静压箱压力的作用下，箱内空气通过设在架空地板上的被动式格栅或散流器输送到室内人员活动区；或者通过设在地板上的主动式风机动力型末端装置将空气送到人员活动区；或者将柔性风管连接到设在桌面或隔断的主动式风机动力型末端装置，再通过末端装置将空气送入人员活动区。目前，实际应用最多的就是有压静压箱。

（2）零静压箱。一种方法是将空调机组处理后的混合空气（或者新风）送入静压箱，使静压箱内压力与室内压力几乎相等，通过就地设置主动式风机动力型末端装置将空气送入室内人员活动区。通过调节温控器，可以在较大的范围内按照人员需求控制末端装置的送风状况，以满足个人对局部热环境的偏好。

另一种方法是使静压箱内形成微负压以吸入回风（通过地板格栅回风口将室内空气直接吸入，或通过竖井从吊顶处吸入），并在静压箱内与来自空气处理机组的新风混合，再由风机动力型送风口将混合空气送到人员活动区。因此，在空调机组停机维修时，也可保证一定的供冷效果。

（3）风管与空气通道。利用设置在静压箱内的风管与空气通道（以地板的底面作为顶部，混凝土楼板作为底部，再以钢板作为两个侧面而制作的矩形风管），将处理后的空气直接输送到被动式送风口或主动式风机动力型末端装置。由于采用了风管和空气通道来输送空气，因此可以降低气流的热力衰减。

6.1.8 岗位/个人环境调节系统

岗位/个人环境调节系统（Task/Ambient Conditioning System，TAC 系统）可由室内人员单独控制局部区域（人员工作位置）的热微气候，而在建筑物的环境空间（如走廊等公共区域）内，仍然维持可接受的热环境。

6.1.8.1 岗位/个人环境调节系统的特点

除了具有和地板送风相同的优点外，岗位/个人环境调节系统最大的特点就是降低了非关键区域内的空调要求，更加合理地为人员活动区改善空气流动状况、提供良好的通风，满足室内人员对舒适感的不同要求，进行择优通风。岗位/个人环境调节系统与地板送风的区别主要表现在：（1）它利用特定设置的送风口进行较高程度的个人舒适性控制，不仅可以调节送风量的大小和送风方向，甚至可以调节送风温度，进而调节供冷量；（2）对于建筑物内的其他周围空间（如走廊等公共区域），在地板上或接近地板处设置被动型地板散流器或旋流地板散流器，通过地板送风来体现与岗位送风的不同空调要求；（3）由于岗位/个人环境调节系统的送风口可以通过增大风速对人员活动区进行供冷，更直接地影响局部热舒适性，因此可以采用比地板送风（一般不低于 16~18℃）更高的送风温度，进一步降低系统能耗。

6.1.8.2 岗位/个人环境调节系统的基本原理

岗位/个人环境调节系统利用地板静压箱（层）提供处理后的空气，用柔性风管输送到装在家具、隔断上的主动型 TAC 送风口，向室内人员提供岗位空调，而对固定工作岗位以外的周围环境，仍然保持可接受的环境状态。典型的办公空间岗位/个人环境调节系统如图 6-18 所示。与地板送风类似，岗位/个人环境调节系统形成空气整体由人员活动区向吊顶流动的气流流型。由于岗位/个人环境调节系统送出的空气来自地板静压箱（层），因此 TAC 系统可以看作是配有主动型送风口、具备个人调控功能的地板送风系统，是地板送风系统功能的扩展。

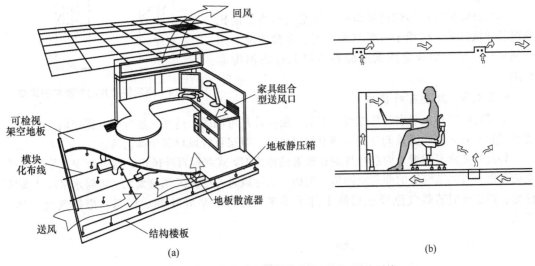

图 6-18 典型的办公空间岗位/个人环境调节系统

6.1.8.3 末端装置的布置

TAC 送风散流器有三种主要布置方式：（1）桌面散流器；（2）桌下散流器，安装在桌面下方空间里，在桌子的前侧面处；（3）地板射流散流器。此外，TAC 送风散流器还可安装在其他家具或隔墙上。

总之，置换通风、地板送风和岗位/个人环境调节系统都是将冷风从房间下部送出并在顶棚处回风（排风），以消除空调区的余热，因此下部送风仅适用于空调区的供冷工况。在寒冷地区，冬季利用下部送风方式向空调区送热风时，该系统就变成混合式通风。所以，对于冬季需要供暖的周边区域，需要另设计空调方案。

6.2 空气分布器

在空调工程中，通常将各种类型的送风口、回风口（或排风口）统称为空气分布器。目前常用的送风口有百叶风口、散流器、喷射式送风口、条形送风口、旋流送风口以及地板送风口等。常用回风口有单层百叶回风口、活动算板式回风口、固定百叶格栅风口等。

6.2.1 百叶风口

6.2.1.1 格栅风口

格栅风口的叶片一般是固定的，不带风量调节阀，因此多数情况下用作回风口。固定斜叶片的侧壁格栅风口如图6-19所示；常用于侧墙上的回风，储藏室、仓库等建筑物外墙上的通风口，也可作为新风进风口；当用于新风进风口时，可以加装铝板网或无纺布过滤层。

6.2.1.2 单层百叶风口

单层百叶风口的叶片垂直布置为V式（图6-20），水平布置为H式，均带有对开多叶调节阀，可调节风口风量。单层百叶风口属于圆射流。根据需要可改变叶片的安装角度，H式可调节竖向的仰角或俯角，V式可调节水平扩散角。

单层百叶风口作为侧送风口时，其空气动力性能比双层百叶风口差，仅用于一般空调工程。多数情况下用作回风口，可与铝合金网式过滤器或尼龙过滤网配套使用。

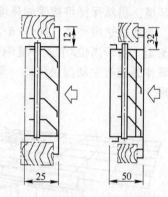

图6-19 固定斜叶片的侧壁格栅风口

6.2.1.3 双层百叶风口

双层百叶风口由双层叶片组成，前面一层叶片是可调的，后面一层叶片是固定的，根据需要可配置对开式多叶风量调节阀来调节风口风量。双层百叶风口属于圆射流。

外层叶片水平布置、内层叶片垂直布置的称为HV式双层百叶风口。通过改变水平叶片的安装角度，可调节气流的仰角或俯角。例如，送冷风时若空调区风速太大，可将水平叶片调成仰角；送热风时若热气流浮在房间上部下不来，可将水平叶片调成俯角，把热气流"压"下来。

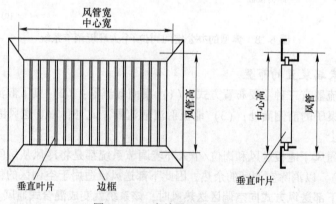

图6-20 V式单层百叶风口

外层叶片垂直布置、内层叶片水平布置的称为VH式（图6-21）双层百叶风口。通过改变垂直叶片的安装角度，可调节水平方向扩散角。例如，设在宾馆客房小过道内的卧式暗装风机盘管机组的出风口，通常是采用VH式双层百叶风口。

双层百叶风口适用于全空气系统的侧送风，既可用于公共建筑的舒适性空调，也可用于恒温精度较高的工艺性空调，此外，也可用于风机盘管机组的出风口或独立新风系统的送风口。

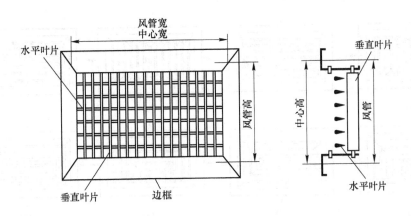

图 6-21　VH 式双层百叶风口

6.2.2　散流器

按照形状散流器可分为方形、矩形和圆形三类；按送风气流的流型可分为平送贴附型和下送扩散型；按功能分为普通型和送回（吸）两用型。

6.2.2.1　方（矩）形散流器

方形散流器安装在房间的顶棚上，送出气流呈平送贴附型，广泛应用于各类工业与民用建筑的空调工程中。按照送风方向的多少，可分为单面送风、双（两）面送风、三面送风和四面送风（图 6-22），其中以四面送风的散流器用得最多。矩形散流器的安装、气流流型和应用场合与方形散流器相同，其送风方向如图 6-23 所示。由于散流片向各个方向倾斜，使散流器被分割部分面积所占比例不同，因而能按要求的比例向各个送风方向分配风量。

需要调节风量时，可在散流器上加装对开式多叶风量调节阀。散流器装多叶风量调节阀，不仅能调节风量，而且有助于使进入散流器的气流分布均匀，保证了气流流型，与不带调节阀的散流器相比，基本不增加阻力。散流器与多叶调节阀之间采用承插连接，铆钉固定。

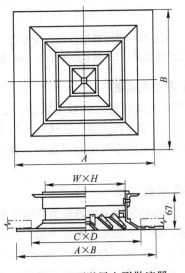

图 6-22　四面送风方形散流器

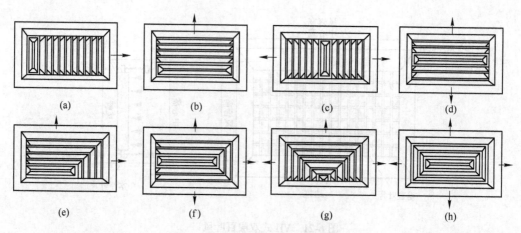

图 6-23 矩形散流器的送风方向

（a）沿长边方向单面送风；（b）沿短边方向单面送风；（c）沿长边方向两面送风；（d）沿短边方向两面送风；
（e）呈 90°的两面送风；（f）一侧短边不送风的三面送风；（g）一侧长边不送风的三面送风；（h）四面送风

6.2.2.2 圆形散流器

圆形散流器通常安装在顶棚上，适用于公共建筑舒适性空调。散流器颈部可安装双开板式（或单开板式）风量调节阀，以调节风口送风量。圆形散流器的三种常见形式：（1）圆形多层锥面散流器（图 6-24（a）），由多层锥面构成，形成平送流型。（2）圆盘形散流器（图 6-24（b））呈倒蘑菇形，伸出吊顶表面，拆装方便。圆盘装在丝杠上，可以上下移动，圆盘挂在上面一档时呈下送流型，挂在下面一档时呈平送贴附流型。（3）圆形凸型散流器（图 6-24（c））的多层锥面扩散圈位置固定，并伸出吊顶表面，形成平送贴附流型。

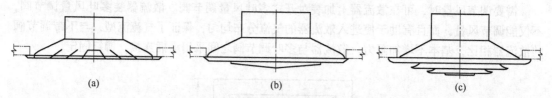

图 6-24 圆形散流器的三种形式

（a）圆形多层锥面散流器；（b）圆盘形散流器；（c）圆形凸型散流器

6.2.2.3 送回（吸）两用型散流器

送回（吸）两用型散流器兼有送风和回风的双重功能，适用于公共建筑舒适性空调。散流器的外圈为送风，中间为回风，上部为静压箱，送风气流为下送流型，其工作原理如图 6-25 所示。这种散流器通常安装在层高较高的空调房间吊顶上，并分别布置送风管和回风管，然后用柔性风管与散流器相连接。

6.2.2.4 自力式温控变流型散流器

自力式温控变流型散流器是将热动元件温控器安装在散流器内，通过感受空调系统送风温度的高低来改变送风气流的流型，即水平送风或垂直下送，并且送风流型的控制与切换无需消耗任何能量。夏季送风温度不高于 17℃时，自动改变为水平送风；冬季送风温度不低于 27℃时，自动改变为垂直下送。自力式温控变流型散流器适用于高大空间采用顶部送风、下部回风的舒适性空调。

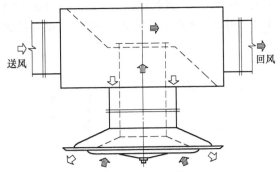

图 6-25　送回（吸）两用型散流器工作原理

6.2.3　条形风口

6.2.3.1　固定直叶片条形风口

由固定直叶片组成的条形风口（图 6-26），通常安装在顶棚上，可平行于侧墙断续布置，也可连续布置或布置成环状。该风口最大连续长度为 3m，根据安装需要，可以制成单一段（两端有框）、中间段（两端无框）、端头段（一端有框）和角度段等多种形式。固定直叶片条形风口属于平面射流，既可作为送风口，也可作为回风口。用于送风时，应安装在吊顶的静压箱上，以确保形成均匀的下送风气流。这种风口主要用于公共建筑的舒适性空调。

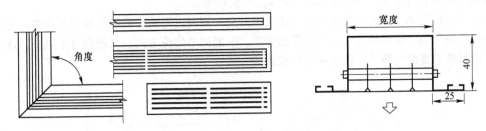

图 6-26　固定直叶片条形风口

6.2.3.2　可调式活叶条形风口

可调式活叶条形风口（图 6-27）的长宽比十分大，在槽内采用两个可调叶片来控制气流方向，有单一段、中间段、尾段和角形段等形式，有单组型和多组型，安装在吊顶上。该风口既可调成平送流型，又可调成

图 6-27　可调式活叶条形风口

垂直下送流型。对单组型，可使气流朝一侧送出（左出风或右出风），也可朝两侧送出（左右出风），或者根据需要调成向下送风。对多组型，可调成左出风、右出风或左右出风，或者向下送风。这种风口主要用于公共建筑的舒适性空调。

6.2.4　喷射式送风口

6.2.4.1　圆形喷口

最简单的射流喷嘴是圆形喷口，为获得较长的射程，要求在出风口前有较小的收缩角度。图 6-28 为常见射流喷口（嘴）的形式。其中，图 6-28（a）为我国应用较多的直线收缩形圆形喷口；图 6-28（b）为直接安装在风管壁面上的直筒形圆喷口，喷口的长度为直径的 2 倍以上；图 6-28（c）为渐缩渐扩圆形喷口，其射程较长；图 6-28（d）为沿轴向逐渐缩小的圆弧形圆喷口。圆形喷口属于圆形射流，不能调节风量，适用于公共建筑的舒适性空调和高大厂房的一般空调。

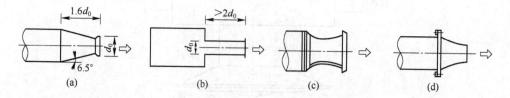

图 6-28　圆形喷口

（a）直线收缩形圆形喷口；（b）直筒形圆喷口；（c）渐缩渐扩圆喷口；（d）圆弧形圆形喷口

此外，有一种筒形喷口是由多个圆筒形喷口同心套接在一起组成，如图 6-29 所示。筒形喷口可独立或成组安装，常安装于风管和静压箱侧壁，喷口射流角度可以在 ±30° 范围内调节，供热和供冷都能达到良好的送风效果。

图 6-29　筒形喷口

6.2.4.2　球形旋转式送风口

球形旋转式风口在球形壳体上带有圆形短喷嘴，其构造如图 6-30 所示。转动风口的球形壳体，可使喷嘴位置呈上下左右变动，从而方便地改变气流送出方向。同时，可调节喷嘴阀板的开启度，达到调整送风量的目的。球形旋转式风口属于圆射流，既能调节气流方向，又能调节送风量，适用于对噪声要求不高的空调或工业通风的岗位送风。

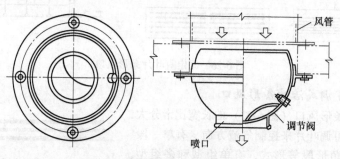

图 6-30　球形旋转式送风口

此外，有一种带长喷嘴（180~350mm）的球形旋转风口，其射程较远，也可调节送风口风量，如图 6-31 所示。该风口适用于高温车间的岗位送风、保龄球场、大厅和体育馆等的空调送风。

6.2.4.3　球形射流喷口

国外某公司研制生产的球形射流喷口具有射程远、高效、低噪声、低阻力、安装调节简便、外形美观和结构轻巧等特点，适合于高大空间的空调送风，在国内的体育馆、机场候机厅、国际会展中心等大型公共建筑都有应用。

该射流喷口的基本部件是沿轴向逐渐缩小的圆弧形喷嘴，将其直接安装在送风风管上，称为固定式结构（DUK-F 型）；将其安装在球形壳体内，称为手动可调式结构（DUK-V 型），其最大调节角度为30°，如图6-32所示。固定式喷嘴可安装在短风管出口处，也可安装在送风风管的侧面，其气流方向不可调节；可调式射流喷口，可安装在短风管上，也可安装在墙上。在手动可调式射流喷口的基础上，配备电动或气动式旋转执行器，可以远距离地使喷嘴进行上下范围自动调节，借以改变送出气流方向。

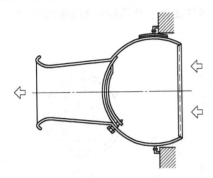

图6-31 带长喷嘴的球形旋转风口

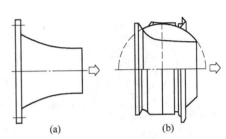

(a)　　　　　(b)

图6-32 国外某公司球形射流喷口
(a) 固定式结构；(b) 手动可调式结构

6.2.4.4 射流消声风口

将具有消声功能的射流消声元件，按照一定的间距和排数，安装在矩形（或条形）、圆形（或半球形）的壳体内，构成矩形（或条形）、圆形（或半球形）的消声风口；或者将球形消声喷嘴安装在圆锥形短管内，构成球形消声喷口，如图6-33所示。射流元件消声体运用了声波全反射临界角、90°角的相位延迟频率和喉部声阻抗的消声机理。当空气通过射流元件消声体时，形成了一种类似声闭塞状态的气流通道，使噪声波受到较大的损耗和过滤，而气流则以较小的阻力并以较高的速度送出，消声效果显著，且具有气流射程远的特点。

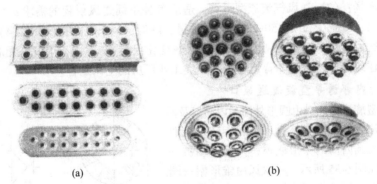

(a)　　　　　(b)

图6-33 射流消声风口
(a) 矩形（或条形）；(b) 圆形（或半球形）

这种风口可分为侧送和顶送两大类，适用于高大空间的公共建筑或工业厂房的空调工程。

6.2.5 旋流送风口

旋流送风口是依靠起旋器或旋流叶片等部件，使轴向气流起旋形成旋转射流，由于旋转射流的中心处于负压区，它能诱导周围大量空气与之相混合，然后送至工作区。

国外从20世纪70年代就有了旋流风口的研究与应用，如德国、苏联和日本等国曾推出多种形式的旋流风口。我国自20世纪80年代起也开展了此方面的研究，并进入工程应用阶段。

6.2.5.1　无芯管旋流送风口

无芯管旋流送风口由风口壳体和无芯管起旋器按照不同要求和功能组装而成。按风口壳体形式的不同可分为：（1）旋流凸缘散流器（图6-34（a）），可调成吹出型、散流型和贴附流型；（2）旋流吸顶散流器（图6-34（b）），可调成冷风吹出型、热风吹出型和贴附流型；（3）圆柱形旋流送风口（图6-34（c）），可调成冷风或热风向下吹出型。

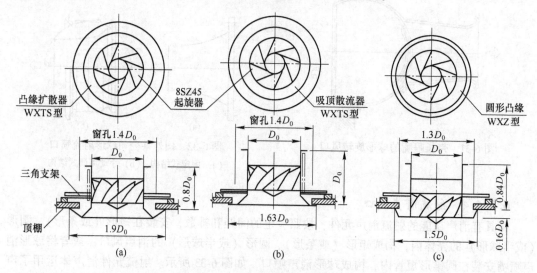

图 6-34　无芯管旋流送风口
（a）矩形（或条形）；（b）圆形（或半球形）；（c）圆柱形

无芯管旋流送风口的特点是：（1）诱导比大，送风速度衰减快，空调区可获得比较均匀的速度场和温度场；（2）送风气流流型可调，适应各种不同送风射程的需求；（3）采用大直径的送风口送风，可减少30%~50%的送风口数量，降低送风系统的初投资；（4）调节送风流型时，风口的送风量基本不变，风口局部阻力系数变化仅在6%以内。因此，无芯管旋流送风口适用于公共建筑（影剧院、体育馆等）和各类工业厂房的空调工程。

6.2.5.2　内部诱导型旋流送风口

内部诱导型旋流送风口由圆形外筒与内筒以及两筒之间若干叶片组成，设有一次风形成旋转气流通道和吸引二次风到内筒的条形通道，内筒一端被一锥形帽封住，如图6-35所示。一次风由锥形帽一端进入环形空间沿内筒外表面旋转，利用旋转气流产生的负压，将外部空气（即二次风）由条形通道吸入到内筒，一、二次风混合后一起旋转喷出。喷出的旋转射流仍具有很高的扩散性能，其速度和温度衰减快。

内部诱导型旋流送风口的特点是：在向室内送风之前就混入了室内空气，提高了夏季送风温度，对低温送风系统有利；因在室内就地回风，减少了系统总送风量，缩小风管尺寸。这种风口可用于各

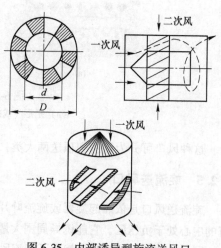

图 6-35　内部诱导型旋流送风口

类建筑的空调空间，尤其适用于多房间各自的室内空气不允许相互掺混、要求就地回风的场合。

6.2.5.3　妥思（Trox）旋流风口

妥思（Trox）公司生产的旋流风口由静压箱、固定式或可调式导流叶片和进风短管等部件组成，主要有四种类型。

（1）固定式导流叶片旋流送风口（图 6-36）：采用固定式径向排列的导流片面板，风口面板有方形和圆形两种，进风方式分为侧面进风和顶部进风。进风短管上设有调节阀，可以调节送风量。安装时风口与吊顶齐平。这种风口具有送风量大、噪声低的特点，出风形式为水平旋流送风，诱导比高，送风与室内空气迅速混合，温度和风速可迅速下降，从而获得较高的热舒适性，因此，适用于层高为 2.6~4.0m 的公共建筑和工业建筑的空调工程。

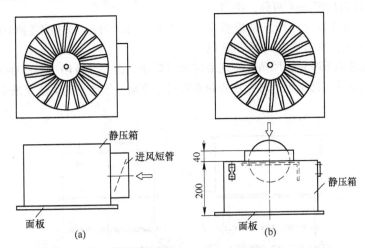

图 6-36　固定式导流叶片旋流送风口
(a) 侧面进风；(b) 顶部进风

（2）可调式导流叶片旋流送风口（图 6-37）：导流叶片采用径向排列，风口面板有圆形和方形两种，一般采用侧面进风。这种风口除了具有与固定式导流叶片旋流送风口类似的特点外，还能手动调节旋流送风口的导流叶片，可以方便地改变气流方向以适应建筑物布局的变化，适用于层高为 2.6~4.0m 的公共建筑和工业建筑的空调工程。

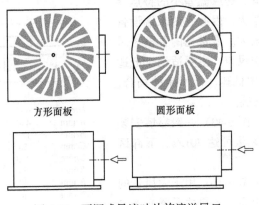

图 6-37　可调式导流叶片旋流送风口

（3）旋流叶片下方接方形或圆形散流圈的旋流送风口（图6-38）：具有较小的直径，工作时空气以螺旋状送出，诱导比高，使温度和速度迅速下降，且噪声极小。这种风口既可与吊顶平齐安装，也可悬挂在建筑构件下；既可安装在封闭吊顶的送风管上，也可安装在敞开式格栅吊顶内，适用于层高为2.6~4.0m的公共建筑和工业建筑的空调工程。

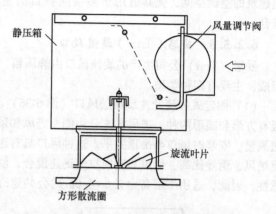

图6-38　旋流叶片下方接散流圈的旋流送风口

（4）风向可调的旋流送风口（图6-39）：有侧面进风和顶部进风两种，接口一般为圆形。这种风口最大的特点是根据室内空调负荷的变化，在需要送冷风、热风或等温风时，通过调节叶片送风角度实现最佳送风效果，因此，适用于层高在3.8m以上的工业厂房或公共建筑的空调工程。对叶片的调整可通过手动、气动或电动装置来完成。

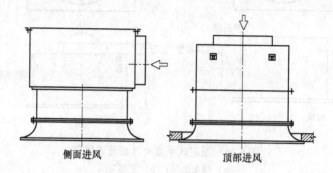

图6-39　风向可调的旋流送风口

6.2.6　其他类型送风口

6.2.6.1　扁平形和柱形置换送风口

置换通风出口风速低、送风温差小的特点导致置换通风系统的送风量大，因此它的末端设备需要的出风面积相对也较大。最常见的置换送风口是扁平形和柱形置换送风口，主要适用于舒适性要求较高的空调系统中低速、低紊流的场合，可在墙角、墙面和居中安装。

扁平形置换送风口（图6-40）一般靠墙安装或整体装在墙内，其送风量可达70L/s，下部区最大送风温差为4~6℃。

圆柱形置换送风口（图6-41）用于大风量的场合并可布置在房间的中央。半圆柱形置换送风口（图6-42）一般靠墙安装，气流从中央呈放射

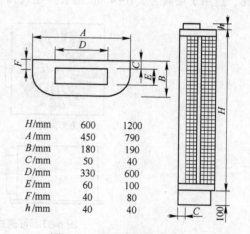

H/mm	600	1200
A/mm	450	790
B/mm	180	190
C/mm	50	40
D/mm	330	600
E/mm	60	100
F/mm	40	80
h/mm	40	40

图6-40　扁平形置换送风口

状向三面扩散，其送风量可达300L/s，下部区最大送风温差为3℃。1/4圆柱形（角形）置换送风口（图6-43）可布置在墙角内，易与建筑配合。

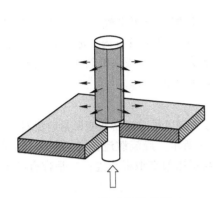

图6-41 圆柱形置换送风口

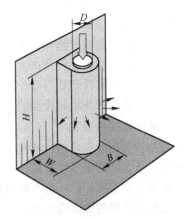

图6-42 半圆柱形置换送风口

6.2.6.2 座椅送风口

座椅送风口是适用于音乐厅、影剧院、会堂、报告厅、体育馆等大型公共建筑的一种置换通风口，其最大优点是不会影响人员走动。常用的有座椅送风柱和座椅旋流风口两种类型。

国外某公司生产的座椅送风柱的外形如图6-44所示。根据送风柱与座椅的结合情况分为承重型和非承重型两类。承重型送风柱与座椅相连接，可看做座椅的腿。非承重型送风柱与座椅没有任何机械连接。送风柱的主要特点是噪声低、送风温差可达6℃，适用于

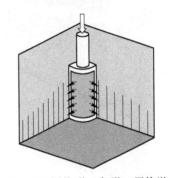

图6-43 1/4圆柱形（角形）置换送风口

座椅固定场合的送风，如音乐厅、影剧院、会堂、报告厅、体育馆。

座椅旋流风口也称作阶梯旋流风口，适用于音乐厅、影剧院、会堂、报告厅、体育馆等场所，利用阶梯垂直面进行送风。国外某公司生产的阶梯旋流风口如图6-45所示。这种风口的特点是低风量送风、风速衰减快，因此可以实现对每个座位无吹风感、无噪声的送入新风。

图6-44 国外某公司生产的座椅送风柱的外形

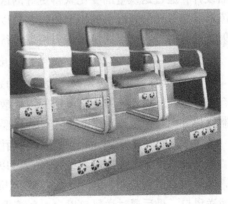

图6-45 国外某公司生产的座椅旋流风口

6.2.6.3　置换送风诱导器

置换送风诱导器内部装有热交换盘管,属于空气-水空调系统,它结合了置换送风低紊流度、高舒适性和空气-水系统节能性的两大优点。置换送风诱导器一般安装在窗台下,不仅适用于新建筑,还适用于旧建筑系统改造。

国外某公司生产的置换诱导器外形如图 6-46 所示。所需的新鲜空气(一次风)通过圆形风管上的喷嘴送出,将温度较高的室内回风(二次风)诱导进入设备内,流经有冷水循环的热交换盘管,二次风被冷却后再与一次风混合,从腰部以下的多孔板以低紊流度送入室内。热交换盘管可根据需要采用单制冷型的二管制或冷暖型的四管制。

6.2.6.4　地板散流器

按照散流器送出的风量是否变化,地板散流器可分为定风量散流器和变风量散流器。

国内某企业生产的定风量旋流地板散流器如图 6-47 所示。旋流散流器有铝制和塑料制两种类型。安装方式有两种:一是不带静压箱,散流器与正压架空地板相连;二是带有静压箱,散流器通过侧向风管与静压箱相连。

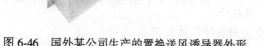

图 6-46　国外某公司生产的置换送风诱导器外形　　图 6-47　国内某企业生产的定风量地板散流器

国内某企业生产的圆形变风量地板散流器如图 6-48(a)所示。该散流器为变风量空调系统而设计,通过送风量的变化获得更好的区域温度控制效果。图 6-48(b)为矩形喷射型地板散流器,空气通过地板上的矩形条缝格栅以射流方式送出,室内人员可以调节格栅的方向来改变射流的方向,也可以通过区域温控器进行风量控制,或者由使用者单独调节送风。

6.2.6.5　岗位/个人环境调节送风口

岗位/个人环境调节送风口一般为主动式散流器,即依靠就地风机,将空气从零压静压箱或有压静压箱输送到建筑物空调房间内。散流器通常安装在靠近人体的家具上,易于室内人员控制送风方向和送风量,满足个人热舒适要求。

按照散流器安装部位不同,可分为桌面散流器、桌面下散流器和隔断上散流器等(图6-49)。

桌面送风柱是桌面散流器的一种,可以调节送风量和送风方向。在桌子后部或转角(膝部高度)处设置混合箱,利用小型变速风机将空气从地板静压箱内抽出,再用柔性风管接至桌面送风口,最后通过送风口以自由射流形式送出。

桌面下散流器是一个或多个能充分调节气流方向的格栅风口,安装在桌面下处,与桌面的

(a)　　　　　　　　　　　　　　　　(b)

图 6-48　国内某企业生产的变风量地板散流器

（a）圆形变风量地板散流器；（b）矩形喷射型地板散流器

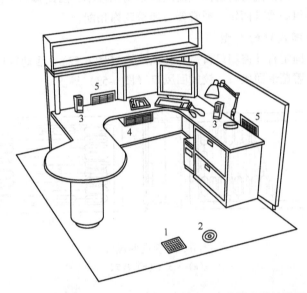

图 6-49　工作站内地板送风与岗位/个人环境调节散流器的设置位置

1—矩形地板散流器；2—圆形地板散流器；3—桌面送风柱；4—桌面下散流器；5—隔断上散流器

前缘齐平。风机驱动单元既可邻近桌面，也可设在地板静压箱内，通过柔性风管将空气输送到格栅风口。

　　隔断散流器的送风格栅安装在靠近桌子的隔断上，空气通过集成在隔断内的通道送到可控制的送风格栅。格栅风口可设置在桌面之上，也可设置在隔断顶部下面。

6.2.6.6　过滤器送风口

　　过滤器送风口（也称高效送风口）由过滤器和送风口组成，是净化空调系统区别于普通空调系统的一个重要标志性的末端设备。常规过滤器风口由冷轧钢板制作，表面经烤漆处理，也有用喷塑处理的，作为送风末端，直接安于洁净室内顶棚处。为了使洁净气流向更大范围稀释，一般应带扩散板，如图 6-50 所示。扩散板的开孔孔径不宜小于 8mm。平面型的扩散板送风口如图 6-51 所示。这种风口由于边上的五条送风缝隙在一个平面上，使气流贴顶送出，其混合、扩散、排污的能力较差。

图 6-50　带扩散板的送风口

图 6-51　带平面型扩散板的送风口

6.2.7　回风口

由于回风、排风口的汇流场对房间气流组织影响比较小，因此其形式比较简单。回风口的形状和位置根据气流组织要求而定，通常要与建筑装饰相配合。

6.2.7.1　常用回风口的类型

单层百叶风口、固定百叶格栅风口、算孔回风口（图6-52）、活动算板式回风口、网板回风口、孔板回风口、蘑菇形回风口、铰式回风口（图6-53）等。

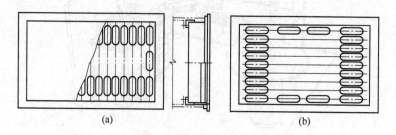

图 6-52　算孔回风口
（a）V式；（b）H式

图 6-53　铰式回风口

6.2.7.2　回风口的布置要求

（1）回风口不应设在射流区内和人员长时间停留的地点。

（2）室温允许波动范围 $\Delta t_x = \pm 0.1 \sim 0.2℃$ 的空调房间，宜采用双侧多风口均匀回风；$\Delta t_x = \pm 0.5 \sim 1.0℃$ 的空调房间，回风口可布置在房间同一侧；$\Delta t_x > \pm 1℃$，且室内参数相同或相近似的多房间空调系统，可采用走廊回风。

（3）采用侧送风时，回风口宜设在送风口的同侧；采用孔板或散流器送风时，回风口宜设在下部；采用顶棚回风时，回风口宜与照明灯具结合成一整体。

（4）回风口的回风量应能调节，可采用带有对开式多叶阀的回风口，也可采用设在回风支管上的调节阀。

6.2.7.3 回风口的吸风速度要求

确定回风口的吸风速度时，主要考虑三个因素：（1）避免靠近回风口处的风速过大，防止对回风口附近经常停留的人员造成不舒适的感觉；（2）不要因为风速过大而扬起灰尘及增加噪声；（3）尽可能缩小风口断面，以节约投资。回风口的吸风速度要求见表 6-1。

表 6-1　回风口的吸风速度　　　　　　　　　　　　　　　　　　（m/s）

回风口的位置		最大吸风速度
房间上部		≤4.0
房间下部	不靠近人经常停留的地点时	≤3.0
	靠近人经常停留的地点时	≤1.5

6.3　空调区气流组织的计算

气流分布计算的任务在于选择气流分布的形式，确定送风口的形式、数目和尺寸，使工作区的风速和温差满足设计要求。

6.3.1　侧送风设计计算

除高大空间中的侧送风气流可看作自由射流外，大部分房间的侧送风气流的边界受到房间顶棚、墙等限制影响，都是贴附射流。侧送风是一种比较简单经济的送风方式，在一般的空调区中都可以采用侧送。

6.3.1.1　贴附射流的基本概念

侧送贴附射流流型如图 6-54 所示。气流从风口喷出后的开始阶段仍按自由射流的特性扩散，射流断面与流量逐渐增大，边界为一直线。当射流断面扩展到房屋断面的20%～25%时，射流断面扩展的速度比自由射流要缓慢。当射流断面扩展到房屋断面的40%～42%时，射流断面和流量都达到最大之后，断面和流量逐渐减小，直到消失，如图6-54 的 I—I 断面所示。

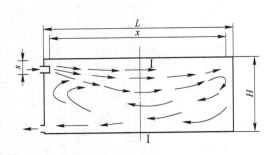

图 6-54　侧送贴附射流流型

A　射流自由度

射流受限程度用射流自由度 $\sqrt{A}/d_0$ 来表示。其中，A 为房间的断面积，当有多股射流时，A 为射流服务区域的断面积（m^2）；d_0 为风口的直径，当为矩形风口时按面积折算成圆的直径（m）。

B　回流最大平均速度

回流区中风速最大断面应在射流扩展到最大断面积的断面处（图 6-54 的 I—I 断面），因这里是回流断面最小的地方。试验结果表明，回流最大平均速度（即工作区的最大平均速度）$u_{r,max}$（m/s）与风口出口风速 u_0（m/s）有如下关系：

$$\left(\frac{u_{r,max}}{u_0}\right)\left(\frac{\sqrt{A}}{d_0}\right) = 0.69 \tag{6-1}$$

舒适性空调冬季室内风速不应大于 0.2m/s，夏季不应大于 0.3m/s；工艺性空调冬季室内风速不宜大于 0.3m/s，夏季宜采用 0.2～0.5m/s。如果工作区最大允许风速为 0.2～0.3m/s，即可得到允许的最大的出口风速 $u_{0,max}$ 为

$$u_{0,max} = (0.29 \sim 0.43)\left(\frac{\sqrt{A}}{d_0}\right) \tag{6-2}$$

送风口出口风速的确定需要满足两方面的要求：一是保证空调区最大风速在允许范围内；二是工作区噪声控制要求，防止风口处产生噪声，一般限制出口风速在 2～5m/s，对噪声控制要求高的空调区，风速应取小值。

C　温度衰减

侧送风气流组织设计要求使射流进入工作区时，其轴心温度与室内温度之差小于要求的室温允许波动范围。

在空调房间内，射流在流动过程中，不断掺混室内空气，其温度逐渐接近室内温度。射流温度衰减与射流自由度 $\sqrt{A}/d_0$、风口紊流系数、射程有关。对于室内温度允许波动范围不低于 ±1℃的空调房间，可认为只与射程有关。

图 6-55 给出射流自由度 $\sqrt{A}/d_0$ 在 21.2～27.8，轴心温度的衰减变化规律。图中 Δt_x 为射流在 x 处的温度与工作区温度之差，Δt_s 为送风温差。对于室内温度允许波动范围低于 ±1℃轴心温度的衰减变化规律可查阅参考文献 [11]。

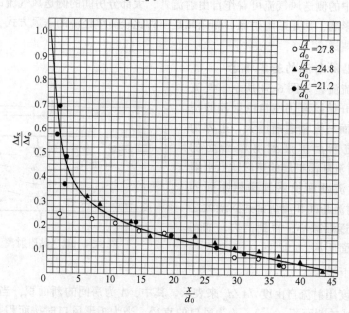

图 6-55　非等温受限射流轴心温差衰减曲线

D　贴附长度

射流的贴附长度与射流的阿基米德数 Ar 有关，即

$$Ar = \frac{gd_0 \Delta t_0}{u_0^2 T_n} \tag{6-3}$$

式中 Δt_0——送风温差,℃;

T_n——工作区温度, K;

g——重力加速度, m/s²。

Ar 数反映了射流浮升力与惯性力的比, Ar 数越小, 射流贴附长度 (射程) 越长; Ar 数越大, 贴附长度越短。

根据 Ar 值, 由图 6-56 所示的射流相对射程 x/d_0 与阿基米德准数 Ar 的关系曲线, 求得相对射程, 或者按下列拟合公式计算

$$\frac{x}{d_0} = 53.291 e^{-85.53Ar} \tag{6-4}$$

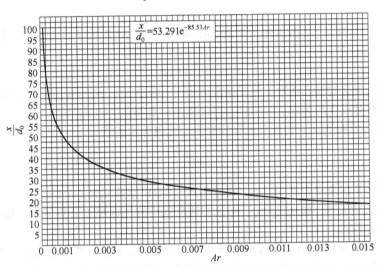

图 6-56 相对射程 x/d_0 与阿基米德数 Ar 的关系

设计时需选取适宜的 Δt_0、u_0、d_0, 使 Ar 数小于图 6-56 中对应相对射程 x/d_0 的数值, 才能保证贴附长度满足要求。

E 房间高度

在布置风口时, 风口应尽量靠近顶棚, 且以 15°~20° 仰角向上送风时, 可加强贴附, 从而增加射程。另外, 为了不使射流直接到达工作区, 侧送风的房间高度 H 不得低于如下高度 H'

$$H' = h + 0.07x + s + 0.3 \tag{6-5}$$

式中 h——工作区高度, 一般取 1.8~2.0m;

x——要求的射流贴附长度, 在气流分布设计时, 要求射流贴附长度达到距离对面墙 0.5m 处;

s——送风口下缘到顶棚的距离, m;

0.3——安全裕量, m。

6.3.1.2 气流组织设计要求

(1) 气流组织设计时, 要求射流贴附长度达到对面墙 0.5m 处。

(2) 要求该处的射流温度与工作区温度之差为 1℃ 左右; 如果是恒温恒湿空调房间, 应根据允许温度波动值来确定。

6.3.1.3　气流组织设计计算步骤

为保证空调区的温度场、速度场达到要求，侧送风气流组织设计计算步骤如下：

（1）已知条件包括：房间送风量 $q_v(\mathrm{m^3/s})$、射流方向的房间长度 $L(\mathrm{m})$、房间总宽度 B（m）、送风温度 $t_o(℃)$、工作区温度 $t_N(℃)$。

（2）根据射流方向房间长度 L，确定要求的贴附射流长度 x，对于单侧送风 x 如图6-54所示，双侧送风贴附射流长度可取单侧送风的 1/2。

（3）按允许的射流末端温度衰减值 Δt_x，查图 6-55 得出射流最小相对射程 x/d_0。对于舒适性空调，射流末端温差 Δt_x 一般取 1℃。

（4）根据射流的实际长度 x 和最小相对射程 x/d_0，计算风口允许的最大直径 $d_{0,\max}$，从风口样本中预选风口的规格尺寸，使实际风口当量直径 $d_0 \leqslant d_{0,\max}$。对于非圆形的风口，按面积折算风口直径

$$d_0 = 1.128\sqrt{F_0} \tag{6-6}$$

（5）假定风口数量 n，由房间送风量 q_v 和风口面积 F_0 计算风口的实际出风速度 u_0，即

$$u_0 = \frac{q_v}{\psi F_0 n} \tag{6-7}$$

式中　ψ——风口有效断面系数，可根据实际情况计算确定，或从风口样本上查找，对于双层百叶风口约为 0.72～0.82，出口风速一般不宜大于 5m/s。

（6）根据房间的宽度 B 和风口数 n 计算出射流服务区断面 A

$$A = \frac{BH}{n} \tag{6-8}$$

由此可以计算射流自由度 $\sqrt{A}/d_0$，再根据式（6-2）计算 $u_{0,\max}$。如 $u_{0,\max} \geqslant u_0$，说明设置的风口数和风口尺寸适当；如 $u_{0,\max} < u_0$，则表明回流区平均风速超过了规定值。超过太多时，应重新设置风口数量和风口尺寸。

（7）计算阿基米德数 Ar，查图 6-56 得出射流实际相对贴附长度，并校核实际贴附长度是否满足大于或等于实际射程 x 的要求。如果不满足，则需要重新设置风口数量和风口尺寸，重复上述计算。

（8）用式（6-5）校核房间高度 H。

以上的计算步骤与下面的实例适用于对温度波动范围的控制要求并不严格的空调房间。

【例 6-1】　已知某舒适性空调区的尺寸为 $L = 6\mathrm{m}$、$B = 21\mathrm{m}$、$H = 3.5\mathrm{m}$；房间的高符合侧送风条件；总送风量 $q_v = 0.88\mathrm{m^3/s}$，送风温度 $t_o = 20℃$，工作区温度 $t_n = 26℃$。试进行气流分布设计。

【解】　（1）设出风口沿房间长度方向送风，且出风口离墙面 0.5m，则要求贴附射流长度

$$x = (6 - 0.5 - 0.5)\mathrm{m} = 5\mathrm{m}$$

（2）设 $\Delta t_x = 1℃$，因此 $\Delta t_x / \Delta t_o = 1/6 = 0.167$。由图 6-55 查得射流最小相对射程 $x/d_0 = 17.5$。

（3）由（1）、（2）计算结果得 $d_{0,\max} = 5/17.5 = 0.29\mathrm{m}$。选用双层百叶风口，规格为 300mm×200mm。根据式（6-6）计算风口当量直径

$$d_0 = 1.128\sqrt{F_0} = 1.128 \times \sqrt{0.3 \times 0.2} = 0.276\mathrm{m}$$

（4）设有 5 个平行的风口，根据式（6-7）计算风口的实际出风速度

$$u_0 = \frac{q_v}{\psi F_0 n} = \frac{0.88}{0.75 \times 0.3 \times 0.2 \times 5} = 3.91\mathrm{m/s}$$

（5）计算射流自由度

$$\frac{\sqrt{A}}{d_0} = \sqrt{\frac{BH}{n}} \Big/ d_0 = \sqrt{\frac{21 \times 3.5}{5}} \Big/ 0.276 = 13.89$$

（6）根据式（6-2）求出允许最大出口风速

$$u_{0,\text{max}} = (0.29 \sim 0.43)\left(\frac{\sqrt{A}}{d_0}\right) = 0.29 \times 13.89 = 4.02 \text{ m/s} > 3.91 \text{ m/s}$$

可见满足 $u_{0,\text{max}} \geqslant u_0$ 的要求。

（7）计算阿基米德数 Ar

$$Ar = \frac{gd_0(T_0 - T_n)}{u_0^2 T_n} = \frac{9.81 \times 6 \times 0.276}{3.91^2 \times (273 + 26)} = 3.55 \times 10^{-3}$$

查图 6-56，得射流实际相对贴附长度 x/d_0 为 33，实际贴附长度为 $x = 33 \times 0.276 = 9.1$m，大于要求贴附长度 $x = 5$m，满足要求。

（8）用式（6-5）校核房间高度，取 $s = 0.5$m，则房间要求最小高度为

$$H' = h + 0.07x + s + 0.3 = 2.0 + 0.07 \times 5.0 + 0.5 + 0.3 = 3.15 \text{m}$$

房间实际高度为 3.5m>3.15m，满足要求。

6.3.2 散流器送风设计计算

散流器平送流型（图 6-5）的送风射流沿着顶棚径向流动形成贴附射流，使工作区容易具有稳定而均匀的温度和风速，当有吊顶可以利用或有设置吊顶的可能性时，采用散流器送风既能满足使用要求，又比较美观，是常见的送风形式。下面介绍散流器平送流型的气流组织设计方法。

6.3.2.1 散流器平送的基本概念

A 送风口的颈部风速

散流器颈部的最大送风速度要求见表 6-2。

表6-2 散流器颈部最大送风速度 （m/s）

建筑物类别	允许噪声 /dB	室内的净高度/m				
		3	4	5	6	7
广播室	32	3.9	4.2	4.3	4.0	4.5
剧场、住宅、手术室	32~39	4.4	4.6	4.8	5.0	5.2
旅馆、饭店、个人办公室	40~46	5.2	5.4	5.7	5.9	6.1
商店、银行、餐厅、百货公司	47~53	6.2	6.6	7.0	7.2	7.4
公共建筑：一般办公、百货公司底层	54~60	6.5	6.8	7.1	7.5	7.7

B 散流器射流速度的衰减方程

P. J. 杰克曼（Jackman）对圆形多层锥面型散流器或盘式散流器进行实验，实验时将单个散流器设置于房间的平顶中央，气流水平吹出，不受阻挡。房间呈方形或接近方形。综合实验结果，提出散流器射流速度的衰减方程：

$$\frac{u_x}{u_0} = \frac{K\sqrt{F}}{x + x_0} \tag{6-9}$$

式中　u_0——散型流出口风速，m/s；

　　　x——以散流器中心为起点的射流水平距离，m；

　　　u_x——在 x 处的最大风速，m/s；

　　　x_0——平送射流原点与散流器中心的距离，多层锥面散流器取 0.07m；

　　　F——散流器的有效流通面积，m^2；

　　　K——系数，多层锥面散流器为 1.4，盘式散流器为 1.1。

若要求射流末端速度为 0.5m/s，则射程为散流器中心到风速为 0.5m/s 处的距离，根据式 (6-9) 可计算出射程为

$$x = \frac{Ku_0\sqrt{F}}{u_x} - x_0 = \frac{Ku_0\sqrt{F}}{0.5} - x_0 \qquad (6-10)$$

室内平均风速 u_m 与房间尺寸和主气流射程有关，并按下式计算

$$u_m = \frac{0.381rL}{(L^2/4 + H^2)^{1/2}} \qquad (6-11)$$

式中　L——散流器服务区边长，m；

　　　H——房间净高，m；

　　　r——射流射程与边长 L 之比，因此 rL 即为射程。

式 (6-11) 为等温射流的计算公式。当送冷风时，室内平均风速取值增加 20%，送热风时减少 20%。

C　轴心温差

对于散流器平送，其轴心温差衰减可近似按下式计算

$$\frac{\Delta t_x}{\Delta t_o} \approx \frac{u_x}{u_d} \qquad (6-12)$$

式中　u_d——散流器喉部风速，m/s。

通过上式可计算气流达到工作区时的轴心温差，并与空调区室内温度波动范围比较，校核是否满足要求。

6.3.2.2　气流组织设计计算步骤

(1) 根据空调区的大小和室内所要求的参数，选择散流器个数，一般按对称位置或梅花形布置（图 6-6）。圆形或方形散流器送风面积的长宽比不宜大于 1∶1.5。散流器中心线和墙的距离，一般不小于 1m。

(2) 根据空调区的总送风量和散流器个数，计算出单个散流器的送风量。假定散流器喉部风速，计算出所需散流器喉部面积，根据所需散流器喉部面积，选择散流器规格。

(3) 根据式 (6-10) 计算射程，校核射程是否满足要求。中心处设置的散流器的射程应为散流器中心到房间或区域边缘距离的 75%。

(4) 根据式 (6-11) 计算室内平均风速，校核是否满足要求。

(5) 根据式 (6-12) 计算轴心温差衰减，校核是否满足空调区温度波动范围要求。

【例 6-2】　已知某舒适性空调区的尺寸为 $L=15m$，$B=15m$，$H=3.5m$；夏季工况的送风量为 $1.62m^3/s$，送风温度为 20℃，工作区温度为 26℃；拟采用散流器平送，试进行气流分布设计。

【解】　(1) 布置散流器。采用如图 6-6 (a) 所示的对称布置方式，共布置 9 个散流器，每个散流器承担 5m×5m 的送风区域。

（2）初选散流器。选用圆形平送散流器，按颈部风速为2~6m/s选择散流器规格。层高低或要求噪声低时，应选低风速；层高或噪声控制要求不高时，可选用高风速，甚至可用大于6m/s的风速。本例假定散流器颈部风速 u_d 为3m/s，则单个散流器所需的喉部面积 $q_v/(u_d n)$ 为

$$\frac{q_v}{u_d n} = \frac{1.62}{3.0 \times 9} = 0.06 \text{ m}^2$$

选用颈部尺寸为 $\phi 257$mm 的圆形散流器，则颈部实际风速为

$$u_d = \frac{1.62}{3.14 \times \left(\frac{0.257}{2}\right)^2 \times 9} = 3.47 \text{m/s}$$

散流器实际出口面积约为颈部面积的90%，则散流器的有效流通面积为

$$F = 90\% \times 3.14 \times \left(\frac{0.257}{2}\right)^2 = 0.0467 \text{m}^2$$

散流器出口风速为

$$u_0 = \frac{u_d}{90\%} = \frac{3.47}{0.9} = 3.86 \text{m/s}$$

（3）按式（6-10）计算射流末端速度为0.50m/s的射程

$$x = \frac{K u_0 \sqrt{F}}{0.5} - x_0 = \frac{1.4 \times 3.86 \times \sqrt{0.0467}}{0.5} - 0.07 = 2.27 \text{m}$$

散流器中心到区域边缘距离为2.5m，根据要求，散流器的射程应为散流器中心到房间或区域边缘距离的75%，所需最小射程为 $2.5 \times 0.75 = 1.875$m。由于2.27m>1.875m，因此射程满足要求。

（4）按式（6-11）计算室内平均速度

$$u_m = \frac{0.381 rL}{(L^2/4 + H^2)^{1/2}} = \frac{0.381 \times 2.27}{(5^2/4 + 3.5^2)^{1/2}} = 0.20 \text{m/s}$$

夏季工况送冷风，则室内平均风速为 $0.20 \times 1.2 = 0.24$m/s，满足舒适性空调夏季室内风速不应大于0.3m/s的要求。

（5）校核轴心温差衰减

$$\Delta t_x \approx \frac{u_x}{u_d} \Delta t_o = \frac{0.5}{3.47} \times (26 - 20) = 0.86 \text{℃}$$

满足舒适性空调温度波动范围±1℃的要求。所选散流器符合要求。

6.3.3 喷口送风设计计算

对于空间较大的公共建筑和室温允许波动范围要求不太严格（波动范围不小于1℃）的高大厂房，经常采用喷口送风方式。喷口送风时的送风温差宜取8~12℃，送风口高度宜保持6~10m。由于喷口送风出口风速高，气流射程长，与室内空气强烈掺混，能在室内形成较大回流区，达到布置少量风口即可满足气流均布的要求，同时具有风管布置简单、便于安装、经济等特点。

大空间空调或通风常用喷口送风，可以侧送或垂直下送，风口同程平行布置，当喷口相距较近时，射流达到一定射程时会互相重叠而汇合成一片气流。大多数情况下，多股射流在接近工作区附近重叠，为简单起见，可以利用单股自由射流计算公式进行设计计算。

6.3.3.1　喷口侧向送风的设计计算

设喷口与水平方向有一倾角 α，向下为正、向上为负，如图6-57所示。通常送热风时下倾，α 大于15°；送冷风时一般小于15°，可取 $\alpha=0°$。

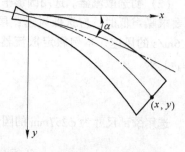

图6-57　喷口侧送射流的轨迹

A　射流中心线轨迹方程

由于喷口送风的射程较长，一般又不贴顶布置，故射流弯曲在喷口送风计算中是不能忽视的。非等温射流中心线轨迹计算公式为

$$\frac{y}{d_0} = \frac{x}{d_0}\tan\alpha \pm \frac{0.42Ar}{K}\left(\frac{x}{d_0\cos\alpha}\right) \qquad (6\text{-}13)$$

式中　K——比例常数，即射流的相对等速核心长度，对于圆喷口，当 $u_0>5\text{m/s}$、$d_0>150\text{mm}$ 时，$K=6.0\sim6.5$；对于边长比小于40的矩形风口，当 $u_0>5\text{m/s}$ 时，$K\approx5.3$；

　　　　x——射流的射程，m；

　　　　y——射流轨迹中心距风口中心的垂直落差，m。

正负号在送冷风时取正，送热风时取负。

B　射流轴心风速与平均风速

$$\frac{u_x}{u_0} = \frac{K}{x/d_0} \qquad (6\text{-}14)$$

工作区的平均风速可认为等于射流末端处的轴心速度 u_x 的一半，即 $0.5u_x$，以此可校核工作区的最大允许风速是否满足要求。

C　轴心温度衰减方程

$$\frac{\Delta t_x}{\Delta t_o} = 0.83\frac{u_x}{u_0} \qquad (6\text{-}15)$$

D　气流组织设计计算步骤

气流分布设计的已知条件为房间总送风量、房间尺寸及净高、送风温度和工作区温度及对风速、温度波动的要求。

(1) 根据建筑平面特点布置送风喷口，确定每个喷口的送风量。

(2) 假设喷口直径 d_0 和喷口角度 α，d_0 一般为 $0.2\sim0.8\text{m}$；一般冷射流时 $\alpha=0°\sim15°$，热射流时 $\alpha>15°$。

(3) 根据房间尺寸，计算要求的射程及射流轨迹的落差，要求的射流轨迹落差应为喷口高度减去工作区高度。

(4) 根据式 (6-13) 求出 Ar，再由 Ar 的定义式 (6-3) 计算出 u_0。

(5) 由 d_0、u_0、单个喷口送风量确定喷口个数 n。

(6) 校核工作区风速 u_x 是否满足要求。如果不符合要求，则需重新假定 d_0 或重新布置喷口，再进行计算。

(7) 校核工作区温差 Δt_x 是否符合要求。如不符合要求，也需重新假定 d_0 或重新布置喷口。

6.3.3.2　喷口垂直向下送风的设计计算

喷口垂直向下送风射流如图6-58所示。

(1) 非等温射流的轴心速度衰减方程

$$\frac{u_x}{u_0} = K\frac{d_0}{x}\left[1 \pm 1.9\frac{Ar}{K}\left(\frac{x}{d_0}\right)^2\right]^{\frac{1}{3}} \qquad (6-16)$$

式中　d_0——喷口出口直径，m；

　　　x——喷口垂直向下送风的射程，m；

　　　K——射流常数，对于圆形和矩形喷口，当$u_0 = 2.5$ ~ 5m/s 时，$K = 5.1$；当 $u_0 \geqslant 10$m/s 时，$K = 6.2$。

正、负号按以下规定选取：送冷风时取正号，送热风时取负号。

（2）轴心温度衰减方程

$$\frac{\Delta t_x}{\Delta t_0} = 0.83\frac{u_x}{u_0} \qquad (6-17)$$

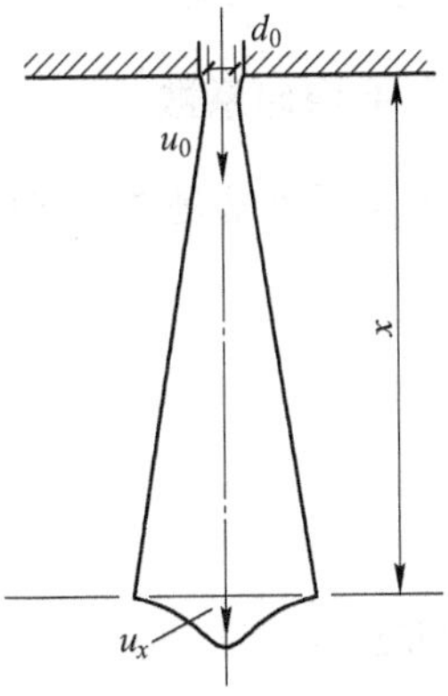

图 6-58　喷口垂直向下送风射流

（3）气流组织设计计算步骤。气流分布设计的已知条件为房间总送风量、房间尺寸及净高、送风温度和工作区温度及对风速、温度波动的要求。

1）根据建筑平面特点布置送风喷口，确定每个喷口的送风量。

2）假定喷口出口直径d_0，计算射流到达工作区（即x=房间净高-工作区高度）的风速u_x。如符合要求进行下一步计算；如果不符合要求，则需要重新假定d_0或重新布置喷口，再进行计算。

3）校核工作区温差Δt_x是否符合要求，如果不符合要求，也需要重新假定d_0或重新布置喷口。

喷口垂直向下送风的气流分布计算，先按照夏季送冷风的工况进行设计。对于定风量系统，冬季送热风工况时要关掉若干个喷口，再进行校核计算。

6.4　对室内气流分布的要求与评价

空调房间的温度场和速度场的均匀性和稳定性与气流组织性能的优劣有密切关系，气流组织的好坏直接影响到空调区的温度和流速是否满足要求。此外，它还在很大程度上影响着空调区的空气洁净度。在保证上述空调使用功能的条件下，不同的气流分布方式还将影响整个空调系统的耗能和初投资。下面介绍对室内气流分布的主要要求和常用的评价指标。

6.4.1　对温度梯度的要求

在空调房间内，送入与室内温度不同的空气，或者房间内有热源存在，在垂直方向上通常有温度差异（温度梯度）。对于舒适性空调，ISO 7730 标准要求在工作区内的地面上方 0.1~1.1m 之间的温差不应大于3℃（考虑室内人员坐着工作的情况）；美国 ASHRAE55—92 标准建议地面上方 0.1~1.8m 之间的温差不大于3℃（考虑室内人员站立工作的情况）。

6.4.2　对风速的要求

工作区的风速也是影响室内热舒适的一个重要因素。在温度较高的场所可以通过提高风速来改善室内热舒适环境，但过大的风速也会影响室内人员的热舒适感。各国的规范、标准或手册中对工作区的风速都有规定。《民用建筑供暖通风与空气调节设计规范》（GB 50736—2012）的 3.0.2 规定：舒适性空调冬季室内风速不应大于 0.2m/s，夏季不应大于 0.3m/s；3.0.3 规定：工艺性空调冬季室内风速不应大于 0.3m/s，夏季宜为 0.2~0.5m/s。

6.4.3　不均匀系数

不均匀系数法是在工作区内选择 n 个测点，分别测得各点的温度和风速，求其算术平均值为

$$\left. \begin{array}{l} \bar{t} = \dfrac{\sum t_i}{n} \\[3mm] \bar{u} = \dfrac{\sum u_i}{n} \end{array} \right\} \tag{6-18}$$

均方根偏差为

$$\left. \begin{array}{l} \sigma_t = \sqrt{\dfrac{\sum (t_i - \bar{t})^2}{n}} \\[4mm] \sigma_u = \sqrt{\dfrac{\sum (u_i - \bar{u})^2}{n}} \end{array} \right\} \tag{6-19}$$

则温度不均匀系数 k_t 和速度不均匀系数 k_u 分别为

$$\left. \begin{array}{l} k_t = \dfrac{\sigma_t}{\bar{t}} \\[3mm] k_u = \dfrac{\sigma_u}{\bar{u}} \end{array} \right\} \tag{6-20}$$

显然，k_t 和 k_u 越小，则气流分布的均匀性越好。

6.4.4　吹风感与空气分布特性指标

人在空调房间内常见的不满是有吹风感。吹风感是由于空气温度和风速（假定室内湿度和辐射温度不变）引起人体局部地方有冷感。美国 ASHRAE 用有效吹风温度 ΔET 来判断是否有吹风感，其定义为

$$\Delta ET = (t_x - t_n) - 7.66(u_x - 0.15) \tag{6-21}$$

式中　t_x, t_n——工作区某点的空气温度和给定的室内温度, ℃；

u_x——工作区某点的风速, m/s。

对于办公室，当 $\Delta ET = -1.7 \sim +1.1$、$u_x < 0.35$m/s 时，大多数人感到舒适，小于下限值时有吹冷风感。ΔET 仅用于判断工作区任一点是否有吹风感，而对于整个工作区的评价则采用空气分布特性指标（Air Diffusion Performance Index, ADPI）来判断。

空气分布特性指标（ADPI）定义为满足规定风速和温度要求的测点数与总测点数之比。对于舒适空调，相对湿度在较大范围内（30%~70%）对人体舒适性影响较小，可主要考虑空气温度与风速对人体的综合作用。因此，空气分布特性指标（ADPI）的定义式如下

$$ADPI = \dfrac{-1.7 < \Delta ET < 1.1 \text{ 的测点数}}{\text{总测点数}} \times 100\% \tag{6-22}$$

在一般情况下，应使 $ADPI \geq 80\%$。

6.4.5　空气龄与换气效率

6.4.5.1　空气龄

标志空气分布的优劣还可用送风空气在空间内停留时间的长短，即空气龄来表达。而空气龄或停留时间可以用示踪气体技术实验性地加以估计。

对于房间内某点 A 处，在房间内充以示踪气体后该点的起始浓度为 $c_A(0)$，然后对房间进行送风（示踪气体浓度为零），通过实时测量 A 点的示踪气体浓度可获得该点的示踪气体浓度变化规律 $c_A(\tau)$，则 A 点的平均空气龄（s）为

$$\tau_A = \frac{\int_0^\infty c_A(\tau)\,\mathrm{d}\tau}{c_A(0)} \tag{6-23}$$

全室平均空气龄定义为全室各点的局部平均空气龄的平均值，即

$$\bar{\tau} = \frac{1}{V}\int_V \tau\,\mathrm{d}V \tag{6-24}$$

式中　V——房间体积，m^3。

如果采用示踪气体衰减法测量，可根据排风口示踪气体浓度的变化规律 $c_e(\tau)$ 确定全室平均空气龄，即

$$\bar{\tau} = \frac{\int_0^\infty \tau c_e(\tau)\,\mathrm{d}\tau}{\int_0^\infty c_e(\tau)\,\mathrm{d}\tau} \tag{6-25}$$

空气从送风口进入室内后的流动过程中，不断掺混污染物，空气的清洁度和新鲜程度将不断下降。因此，空气龄短，预示着到达该处的空气可能掺混的污染物少，排除污染物的能力强。

在某种空气分布方式下，房间局部点的平均空气龄或房间平均空气龄不能单独提供对该种空气分布方式的评价。因此，需要确定一个可以比较的理想的空气分布方式，并以这种分布方式条件下求得的空气龄为比较基础。

6.4.5.2　换气效率

对于一个具体的房间而言，存在名义时间常数 τ_n，其定义式为

$$\tau_n = V/Q \tag{6-26}$$

式中　Q——送风量，m^3/s。

房间换气次数 n(次/h) 的定义为

$$n = Q/V \tag{6-27}$$

房间换气次数在定义式的表达上是名义时间常数的倒数，但单位有所不同。

在理想"活塞流"的通风条件下，房间的换气效率最高。此时，房间的平均空气龄 $\bar{\tau}$ 也最小，它和出口处的空气龄 τ_e、房间的名义时间常数 τ_n 存在以下关系

$$\bar{\tau} = \frac{1}{2}\tau_e = \frac{1}{2}\tau_n \tag{6-28}$$

因此，可以定义活塞流下房间平均空气龄与实际空调通风条件下房间平均空气龄的比值为换气效率，它反映了新鲜空气置换原有空气的快慢与活塞通风下置换快慢的比例，定义式为

$$\eta_a = \frac{\tau_n}{2\overline{\tau}} \times 100\% \qquad (6\text{-}29)$$

由换气效率的定义可知，$\eta_a \leqslant 100\%$。换气效率越高，房间的通风效果越好。只有理想活塞流的 $\eta_a = 100\%$；全面孔板送风接近这种条件，$\eta_a \approx 100\%$。典型送风方式的换气效率如图 6-59 所示。

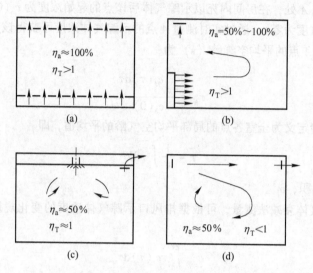

图 6-59　不同送风方式的 η_a、η_T 值

6.4.6　能量利用系数与通风效率

6.4.6.1　能量利用系数

余热被排出室外的迅速程度反映了气流分布的能量利用有效性，可用能量利用系数 η_T 表示。能量利用系数越大，空调就越节能。能量利用系数定义为

$$\eta_T = \frac{t_P - t_O}{t_N - t_O} \qquad (6\text{-}30)$$

式中　t_P，t_N，t_O——分别为排风温度、工作区空气平均温度和送风温度，℃。

η_T 的大小反映了不同气流组织情况下的能量利用有效性。当气流组织不良而造成工作区完全或部分处于空气流动的"死角"时，$t_P < t_N$，则 $\eta_T < 1$，此时表明余热未被迅速而有效地排出室外，能量利用有效性低。典型气流分布方式 η_T 值的大致范围如图 6-59 所示。

6.4.6.2　通风效率

与能量利用系数相类似，通风效率 η_C 物理意义是指移出室内污染物的迅速程度，即

$$\eta_C = \frac{C_P - C_O}{\overline{C} - C_O} \qquad (6\text{-}31)$$

式中　C_P，$\overline{C}$，C_O——分别为排风污染物浓度、工作区空气平均污染物浓度和送风污染物浓度，mg/m^3。

在混合式通风条件下，$C_P \approx \overline{C}$，因此 $\eta_C \approx 1$；对于比较接近活塞流的置换通风，$C_P > \overline{C}$，因此通风效率较高，实验表明置换通风 $\eta_C \approx 1 \sim 4$。

习题与思考题

6-1 空调房间中常见的送风、回风方式有哪几种？它们各适合于什么场合？

6-2 空调房间中常见的送风口形式有哪几种？它们各适合于什么场合？

6-3 气流组织的基本形式有哪些？其主要特点有哪些？

6-4 试述空调房间气流组织的重要性。

6-5 影响室内空气分布的因素有哪些？其中主要因素是什么？

6-6 送风温差大一些，可以使风量减少，省钱、节能，但为什么《民用建筑供暖通风与空气调节设计规范》（GB 50736—2012）对送风温差要加以限制呢？

6-7 阿基米德数 Ar 的含义是什么？其值的大小主要取决于哪些参数？

6-8 为什么在空调房间中，气流流型主要取决于送风射流？

6-9 在喷射式送风系统中，紊流系数与射程的关系如何？

6-10 某空调房间的长、宽、高为 7m×3.6m×3.5m，夏季 $1m^2$ 空调面积的显热冷负荷为 $Q=69.5W$。采用盘式散流器平送，试确定有关参数（室温要求 20℃±0.2℃）。

6-11 某空调房间恒温精度为 22℃±0.5℃，房间的长、宽、高分别为 6m、3.6m、3m，室内显热负荷为 $Q=1668W$，试作侧送风的气流组织计算。

参 考 文 献

[1] 编制组．民用建筑供暖通风与空气调节设计规范宣贯辅导材料［M］．北京：中国建筑工业出版社，2012.

[2] 曹德胜．中国制冷空调行业实用大全［M］．北京：国际文化出版公司，1999.

[3] 电子工业部第十设计研究院．空气调节设计手册［M］．2 版．北京：中国建筑工业出版社，1995.

[4] 黄翔，等．空调工程［M］．2 版．北京：机械工业出版社，2014.

[5] 建设部工程质量安全监督与行业发展司，中国建筑标准设计研究所．全国民用建筑工程技术措施暖通空调·动力［M］．北京：中国计划出版社，2003.

[6] 李娥飞．暖通空调设计与通病分析［M］．2 版．北京：中国建筑工业出版社，2004.

[7] 李先庭，赵彬．室内空气流动数值模拟［M］．北京：机械工业出版社，2009.

[8] 陆亚俊，马最良，邹平华．暖通空调［M］．北京：中国建筑工业出版社，2002.

[9] 陆耀庆．实用供热空调设计手册［M］．2 版．北京：中国建筑工业出版社，2008.

[10] 陆耀庆．HVAC 暖通空调设计指南［M］．北京：中国建筑工业出版社，1996.

[11] 薛殿华．空气调节［M］．北京：清华大学出版社，1991.

[12] 王汉青．通风工程［M］．北京：机械工业出版社，2007.

[13] 王天富，买宏金．空调设备［M］．北京：科学出版社，2003.

[14] 尉迟斌．实用制冷与空调工程手册［M］．北京：机械工业出版社，2002.

[15] 韦节廷．空气调节工程［M］．北京：中国电力出版社，2009.

[16] 赵荣义，范存养，薛殿华，钱以明．空气调节［M］．4 版．北京：中国建筑工业出版社，2009.

[17] 战乃岩, 王建辉. 空调工程 [M]. 北京: 北京大学出版社, 2014.

[18] Awbi M. Ventilation of Buildings [M]. London: Taylor & Francis, 2003.

[19] Bauman F. Underfloor Air Distribution (UFAD) Design Guide [M]. ASHRAE Inc. 2003.

[20] Ashrae Handbook. Fundamentals [M]. ASHRAE Inc. 2005.

7 空调风管系统

本章要点：通风管道是空调系统的重要组成部分，风管的设计质量直接影响到空调系统的使用效果和技术经济性能。风管设计计算的目的，是在保证要求的风量分配前提下，合理确定风道布置和尺寸，使系统的初投资和运行费用综合最优。本章主要介绍空调系统风管设计的基本知识、风管内的压力分布规律以及风管水力计算的方法。

7.1 风管设计的基础知识

空调工程中输送空气的风管包括：集中式全空气系统的送（回）风风管、空气-水系统的新风风管、空调建筑及其附属楼的排风风管、机械加压送风风管和机械排烟风管等。

7.1.1 风管设计的原则和基本任务

进行风道设计时应统筹考虑经济、实用两条基本原则。

风管设计的基本任务：

（1）根据生产工艺和建筑物对空调系统的要求，确定风管系统的形式、风管的走向和在建筑内的空间位置，以及风口的布置，然后选择风管的断面形状和尺寸。

（2）计算风道内的压力损失，最终确定风管的尺寸并选择风机或空气处理机组。

风道的压力损失 $\Delta P(\mathrm{Pa})$ 由沿程压力损失 ΔP_y 和局部压力损失 ΔP_j 两部分组成，即

$$\Delta P = \Delta P_y + \Delta P_j \tag{7-1}$$

沿程压力损失 ΔP_y 是由于空气本身的黏滞性及其与管壁间的摩擦而产生的沿程能量损失，又称为摩擦阻力损失。局部压力损失 ΔP_j 是空气流经风道中的管件及设备时，由于流速的大小和方向变化以及产生涡流而造成的比较集中的能量损失。

7.1.2 风管的分类

7.1.2.1 按制作风管的材质分类

（1）金属风管。金属风管主要有普通钢板风管、镀锌钢板风管、彩色涂塑钢板风管、镀锌钢板螺旋圆风管、镀锌钢板螺旋扁圆形风管、不锈钢板风管和铝合金板风管等。

（2）非金属风管。非金属风管主要有酚醛铝箔复合板风管、聚氨酯铝箔复合板风管、玻璃纤维复合板风管、无机玻璃钢风管、硬聚氯乙烯风管、砖砌或钢筋混凝土板等土建风道等。此外，还有聚酯纤维织物风管、金属圆形柔性风管和以高强度钢丝为骨架的铝箔聚酯膜复合柔性风管等。

镀锌薄钢板是空调系统最常用的材料，其优点是：易于工业化加工制作、安装方便、能承受较高温度，且具有一定的防腐性能，很适用于有净化要求的空调系统。其钢板厚度一般为0.5~1.5mm。

对于有防腐要求的空调工程，可采用硬聚氯乙烯塑料板或玻璃钢板制作的风道。硬聚氯乙烯塑料板表面光滑、制作方便，但不耐高温、也不耐寒，在热辐射作用下容易脆裂，所以仅限于室内应用，且流体温度应为 $-10\sim +60℃$。

以砖、混凝土等材料制作的风道，主要用于与建筑、结构相配合的场合。它节省钢材，结合装饰，经久耐用，但阻力较大。在体育馆、影剧院等公共建筑和纺织厂的空调工程中，常利用建筑空间组合成送、回风道。为了减少阻力、降低噪声，可采用降低管内流速、在风道内壁衬贴吸声材料等技术措施。

需要经常移动的风道，则大多采用柔性材料制成，如塑料软管、金属柔性风管、橡胶软管等。

现行《建筑设计防火规范》（GB 50016—2006）和《高层民用建筑设计防火规范》（GB 50045—2005）规定：通风、空气调节系统的管道等，应采用不燃烧材料制作，但接触腐蚀性介质的风管和柔性接头，可采用难燃材料制作。

此外，根据《公共建筑节能设计标准》（GB 50189—2015）的 4.3.18 规定：空气调节风系统不应利用土建风道作为送风道和输送冷、热处理后的新风风道；当受条件限制利用土建风道时，应采取可靠的防漏风和绝热措施。有时，也可将土建风道作为敷设钢板风管的通道来使用。

7.1.2.2 按风管系统的工作压力分类

按风管系统的工作压力可分为低压系统风管、中压系统风管和高压系统风管。风管系统的工作压力及密封要求见表 7-1。

表 7-1 风管系统类别划分与密封要求

系统级别	系统工作压力 p/Pa	密 封 要 求
低压系统	$p \leqslant 500$	接缝和接管连接处严密
中压系统	$500 < p \leqslant 1500$	接缝和接管连接处增加密封措施
高压系统	$p > 1500$	所有的拼接缝和接管连接处，均应该采取密封措施

7.1.2.3 按照风管的断面形状分类

按照断面形状分类，可将风管分为圆形、矩形、扁圆形和配合建筑空间要求确定的其他形状。圆形断面从节省材料和降低流动阻力来看，最为有利。《民用建筑供暖通风与空气调节设计规范》（GB 50736—2012）规定：空调系统的风管宜采用圆形、扁圆形或长、短边之比不宜大于 4 的矩形截面。

7.1.3 风管配件和风量调节装置

空调工程的风管系统是由直风管和各种异形配件（如弯管、来回弯管、变径管、天圆地方、三通、四通）、各种风量调节阀以及空气分布器（送风口、排/回风口）等部件所组成。

弯管用于改变空气的流动方向，使气流转 90°弯或其他角度；来回弯管用于改变风管的升降、躲让或绕过建筑物的梁、柱及其他管道；变径管用于连接断面尺寸不同的风管；天圆地方用于连接圆形与矩形（或方形）两个断面的部件；三通和四通用于风管的分叉和汇合，即气流的分流和合流。

7.1.3.1 钢板矩形风管配件

A 矩形弯管

工程上常见的矩形弯管有四种：（1）内外同心弧型弯管（图 7-1（a）），弯管曲率半径宜为一个平面边长；（2）内弧外直角型弯管（图 7-1（b））；（3）内斜线外直角型弯管（图 7-1（c））；（4）内外直角型弯管（图 7-1（d））。

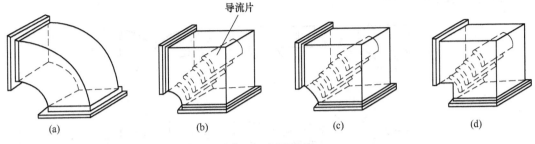

图 7-1　矩形弯管

（a）内外内心弧型弯管；（b）内弧外直角型弯管；（c）内斜线外直角型弯管；（d）内外直角型弯管

B　矩形变径管（大小头）

工程上常用的矩形变径管有双面偏的（又称同心渐扩或渐缩）和单面偏的（又称偏心渐扩或渐缩）两种形式。对于双面偏的变径管（图 7-2（a）），其夹角 θ 宜小于 60°；对于单面偏的变径管（图 7-2（b）），其夹角 θ 宜小于 30°。为减少气流阻力，风管断面缩小部分的收缩角应小于 45°，风管断面扩大部分的扩张角应小于 20°。

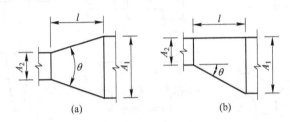

图 7-2　矩形变径管

（a）双面偏的变径管；（b）单面偏的变径管

C　矩形来回弯管

矩形来回弯管有角接来回弯管、斜接来回弯管和双弧形来回弯管三种形式，如图 7-3 所示。

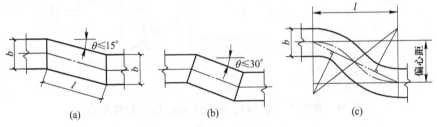

图 7-3　矩形来回弯管

（a）角接来回弯管；（b）斜接来回弯管；（c）双弧形来回弯管

D　矩形三通和四通

矩形三通和四通工程上有分叉式和分隔式两种形式。分叉式三通是由两个 90°弯管或者由一个 90°弯管和另一根直风管组合而成（图 7-4），分隔式四通是由两个 90°弯管和一根变径管组合而成（图7-5）。分隔式四通的气流汇合或分离各行其道，彼此不发生互相牵制，风量分配均匀，加工制作工艺简单。因此，就输送空气的分流或合流而言，分隔式的性能要优于分叉式，值得在工程中推广使用。

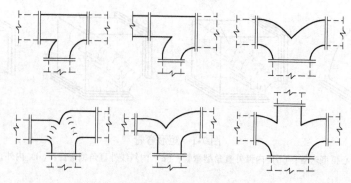

图7-4　分叉式三通、四通

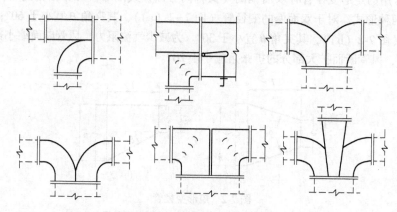

图7-5　分隔式三通、四通

《全国通用通风管道配件图表》推荐的矩形整体式三通和矩形插管式三通或四通，参见图7-6。

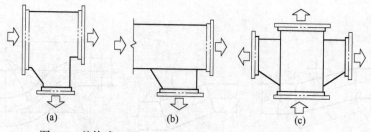

图7-6　整体式三通（a）、插管式三通（b）和四通（c）

7.1.3.2　钢板螺旋圆风管配件

螺旋圆风管的配件（如弯管、变径管、三通和四通）以及内、外接头和端盖等，如图7-7和图7-8所示，它们是由金属螺旋圆形风管生产流水线的专用机械加工制作的。

7.1.3.3　风量调节阀

目前，工程上常用的风量调节阀有四种：蝶阀、多叶调节阀、矩形三通调节阀和菱形调节

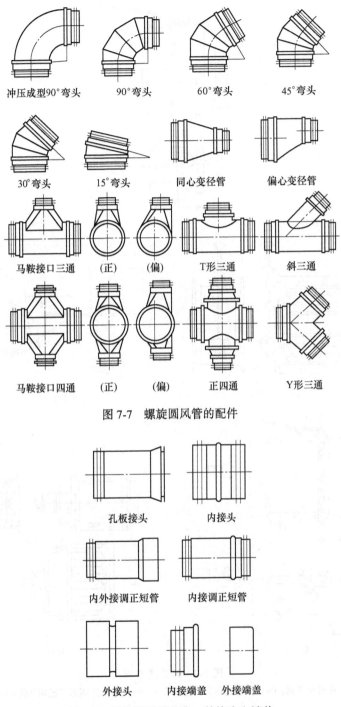

冲压成型90°弯头　　90°弯头　　60°弯头　　45°弯头

30°弯头　　15°弯头　　同心变径管　　偏心变径管

马鞍接口三通　　（正）　　（偏）　　T形三通　　斜三通

马鞍接口四通　　（正）　　（偏）　　正四通　　Y形三通

图 7-7　螺旋圆风管的配件

孔板接头　　　　内接头

内外接调正短管　　　内接调正短管

外接头　　内接端盖　　外接端盖

图 7-8　螺旋圆风管的内、外接头和端盖

阀，如图 7-9 所示。

7.1.3.4 定风量调节器

定风量调节器（图 7-10（a））是一种机械式的自力装置，它对风量的控制无需外加动力，只依靠气流自身的力来定位阀片的位置，从而在整个压力差范围内将气流保持在预先设定的流

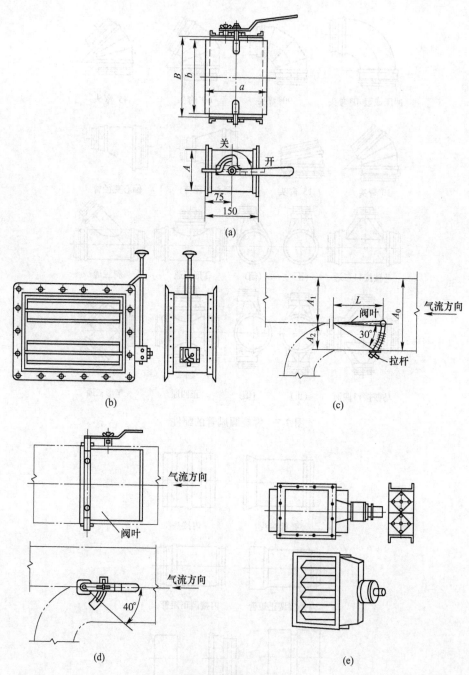

图 7-9　风量调节阀

（a）蝶阀；（b）多叶调节阀；（c）拉杆式矩形三通调节阀；（d）手柄式矩形三通调节阀；（e）菱形调节阀

量上。适用于安装在要求风量固定的风管系统中。

　　定风量调节器由阀片、气囊、弹簧片、异形轮、外壳和外置刻度盘等组成，气囊开有小孔与阀片上小孔相通，弹簧片与阀片相连，由异形轮调节，其结构及工作原理如图 7-10 所示。当风管内压力（或流量）增大时，气囊体积膨胀。一方面增加了阀片的关闭转矩，使关闭力（在图中沿逆时针方向）增大，阀片向关闭方向动作；另一方面也起到了振荡阻尼的作用。弹簧片产生一个与关闭力相对应的反向力，增加阀门的阻力，从而达到保持风量恒定的作用。当风管内压力（或流量）减小时，气囊体积缩小，关闭转矩阻力减弱，阀片向开启方向动作，使风量保持恒定。

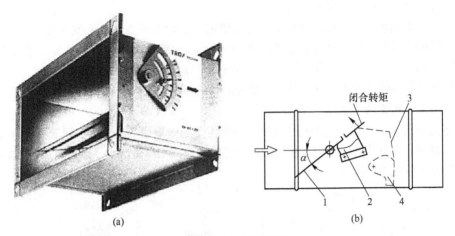

图 7-10　定风量调节器
(a) 结构；(b) 工作原理
1—阀片；2—气囊；3—弹簧片；4—异形轮

7.1.4　风管测定孔和检查孔

7.1.4.1　风管测定孔

风管测定孔主要用于空调系统的调试和测定。测定孔有测量空气温度用的和测量风量、风压用的两种，如图 7-11 所示。

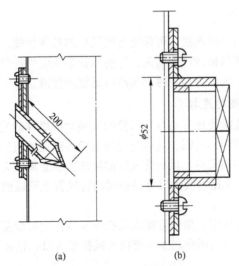

图 7-11　风管测定孔
(a) 测量空气温度用的风管测定孔；(b) 测量风量、风压用的风管测定孔

风管测定孔的位置应选择在气流较均匀且平稳的直管段上。按照气流的流动方向，测定孔设在弯管、三通等异形配件后面的距离应大于 $(4\sim5)D$ 或 $(4\sim5)a$（D 为圆形风管的直径，

a 为矩形风管的长边尺寸）处；设在异形配件前面的距离应大于（1.5~2）D 或（1.5~2）a 处。调节阀前后应避免布置测定孔。为了便于系统调试，在主干风管分支点前后必须留有测定孔。

设在风机进口前的测定孔，应有不少于 1.5 倍风机进口直径的距离；设在风机出口后的测定孔，应有 2 倍风机出口当量直径的距离。

对于净化空调系统，凡设在风管中的过滤器前、后均应设测压孔和测尘孔，并连接 U 形测压管，以便在系统运行过程中，根据 U 形测压管的读数来确定过滤是否需要清洗或更换。在新风管、总送风管、回风管及支管上均应预留测定孔，测定孔应采取密封措施。

设置在吊顶内的风管测定孔部位，应留有活动吊顶板或检查门。

7.1.4.2 风管检查孔

风管检查孔（图 7-12）主要用于空调系统中需要经常检修的地方，如风管内的电加热器、中效过滤器等。检查孔的设置应在保证检查和清扫的前提下尽量减少，以免增加风管的漏风量和减少保温工程施工的麻烦。

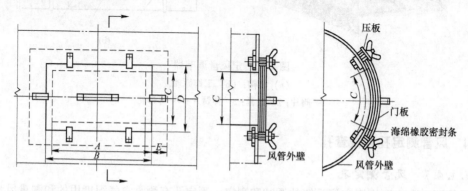

图 7-12 风管检查孔

7.1.5 风机与风管的连接

风机进、出口与风管的正确连接，可保证达到风机的铭牌性能。如果连接不当，会造成局部压力损失增大，导致系统风量的严重损失，即使风管系统阻力计算做得很精确，也无法得到弥补。为此，在进行风管系统设计布置时必须给以足够的注意。

7.1.5.1 风机吸入侧的连接

风机吸入口与风管的连接要比压出口与风管的连接对风机性能的影响要大。在设计时应特别注意风机吸入口气流要均匀、流畅，从风管连接上极力避免偏流和涡流的产生；同时，对吸入侧防止产生偏流的尺寸做出规定。风机吸入侧的接法应注意以下几点：

（1）图 7-13（a）所示采用与吸入口直径相同的直风管是可以的，如果要变径，宜用较长的渐扩管；

（2）图 7-13（b）所示为用直角弯管接入风机吸入口，此时弯管内应设置导流片；

（3）图 7-13（c）所示为采用突然缩小管接入风机吸入口，这是不允许的，应采取渐缩管或加弧形导流措施；

（4）图 7-13（d）所示的连接，进风箱造成了偏心气流，其风量损失达 25%，应将入口处改成弯管并在两个弯管内设置导流片；

（5）图 7-13（e）所示为气流转弯后进入进风箱，造成涡流，其风量损失 40%，应分别在转弯和入口处设置导流片。

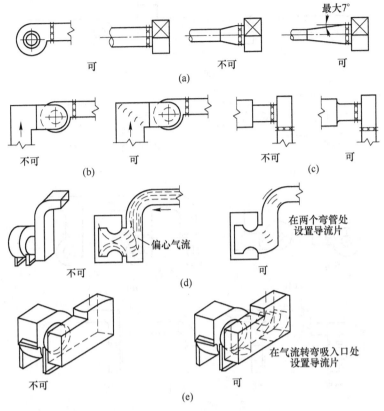

图 7-13 风机吸入侧的接法

7.1.5.2 风机压出侧的连接

风机压出侧的接法应注意以下几点：

（1）图 7-14（a）所示为采用与风机出口尺寸相同的直风管连接是可以的，不能采用突然扩大的接管，应采用单面偏的渐扩式变径管；

（2）图 7-14（b）所示的情况与图 7-14（a）类似，应采用两面偏的渐扩式变径管；

（3）图 7-14（c）和图 7-14（d）所示，当风机出口气流呈 90°转弯时，在连接的直角弯管内应设置导流片；

（4）图 7-14（e）所示风机出口气流呈 90°转弯时，弯管的弯曲方向应与风机叶轮的旋转方向相一致，内外弧型弯管、内外直角弯管内应设置导流片；

（5）图 7-14（f）所示风机出口如接丁字三通管向两边送风或接 90°弯管时，为改善管内气流状况，在加长三通立管或弯管长度的同时，应在分流处或转弯处设置导流片。

7.1.6 风管的布置原则

风道布置直接关系到空调系统的总体布置，它与工艺、土建、电气、给排水等专业关系密切，应相互配合、协调一致。

（1）在布置空调系统的风道时应考虑使用的灵活性。当系统服务于多个房间时，可根据房间的用途分组，设置各个支风道，以便于调节。

（2）风道的布置应根据工艺和气流组织的要求，可以采用架空明敷设，也可以暗敷设于地板下、内墙或顶棚中。

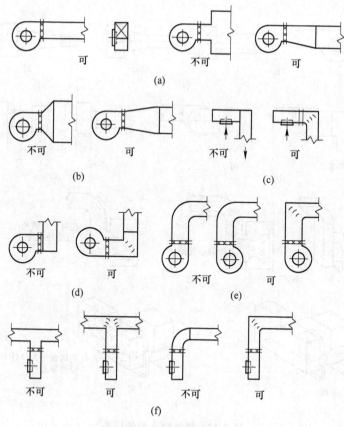

图 7-14   风机压出侧的接法

（3）风道的布置应力求顺直，避免复杂的局部管件。弯头、三通等管件应安排得当，管件与风道的连接、支管与干管的连接要合理，以减少阻力和噪声。

（4）风道上应设置必要的调节和测量装置（如阀门、压力表、温度计、风量测定孔、采样孔等）或预留安装测量装置的接口。调节和测量装置应设在便于操作和观察的地方。

（5）风道布置应最大限度地满足工艺需要，并且不妨碍生产操作。

（6）风道布置应在满足气流组织要求的基础上，达到美观、实用的目的。

7.2   风管的压力损失

7.2.1   沿程压力损失

风管沿程压力损失（Pa）可按下式计算

$$\Delta P_y = \Delta p_y l \tag{7-2}$$

式中 Δp_y——单位管长沿程压力损失，也称单位管长摩擦阻力损失，Pa/m；

l——风管长度，m。

单位管长摩擦阻力损失 Δp_y 可按下式计算

$$\Delta p_y = \frac{\lambda}{d_e} \times \frac{v^2 \rho}{2} \ (\text{Pa/m}) \tag{7-3}$$

式中 λ——摩擦阻力系数；

ρ——空气密度，标准状况下（大气压力为 101325Pa，温度为 20℃）$\rho = 1.2 \text{kg/m}^3$；

v——风管内空气的平均流速，m/s；

d_e——风管的当量直径，m；对于圆形风管：$d_e = d$（d 为风管直径）；对于矩形风管：$d_e = 2ab/(a+b)$（a、b 分别为矩形风管的两个边长）。

摩擦阻力系数 λ 可按下式计算

$$\frac{1}{\sqrt{\lambda}} = -2\lg\left(\frac{K}{3.71d_e} + \frac{2.51}{Re\sqrt{\lambda}}\right) \tag{7-4}$$

式中 K——风管内壁的当量绝对粗糙度，各种材料的粗糙度见表 7-2；

Re——雷诺数。

表 7-2 风管内壁的绝对粗糙度

绝对粗糙度 K/mm	粗糙等级	典型风管材料及构造
0.03	光滑	洁净的无涂层碳钢板、PVC 塑料、铝
0.09	中等光滑	镀锌钢板纵向咬口，管段长 1200mm
0.15	一般	镀锌钢板纵向咬口，管段长 760mm
0.90	中等粗糙	镀锌钢板螺旋咬口、玻璃钢风管
3.00	粗糙	内表面喷涂的玻璃钢风管、金属软管、混凝土

风管的沿程压力损失可按上述公式进行计算，也可查阅文献［3］中"风管单位长度沿程压力损失计算表"进行计算。

7.2.2 局部压力损失

风管的局部压力损失（Pa）计算公式如下

$$\Delta p_j = \zeta \times \frac{v^2\rho}{2} \tag{7-5}$$

式中 ζ——局部阻力系数；

v——与 ζ 对应的断面流速，m/s。

影响局部阻力系数 ζ 的主要因素有管件形状、壁面粗糙度以及雷诺数。由于空调系统的空气流动大都处于非层流区，故可认为 ζ 仅与管件形状有关。目前常用实验方法确定 ζ 的数值。实验时先测出管件前后的全压差（即 Δp_j），再除以与速度 v 相应的动压 $v^2\rho/2$，即可求得局部阻力系数 ζ。空调风管系统常用管件的局部阻力系数可查阅文献［3］。

7.3 风管内的压力分布

空气在风管中流动时，由于风管阻力和流速变化，风管内的压力是不断变化的。研究风管内空气压力的分布规律，有助于更好地解决空调系统的设计和运行管理问题。

7.3.1 压力分布图的绘制方法

绘制风管内压力分布图时，可采用两种不同的基准，即以大气压为基准和以绝对真空为基础，比较常用的是前者。以大气压作为基准时，其静压称为相对静压，高于大气压者为正

（绘制在大气压线的上方），低于大气压者为负（绘制在大气压线的下方）。显然，在风机的吸风管段，其静压和全压均为负值；而在风机的送风管段，其静压和全压均为正值。动压总是正值。

有沿程压力损失和局部压力损失的风管内压力分布如图7-15所示。

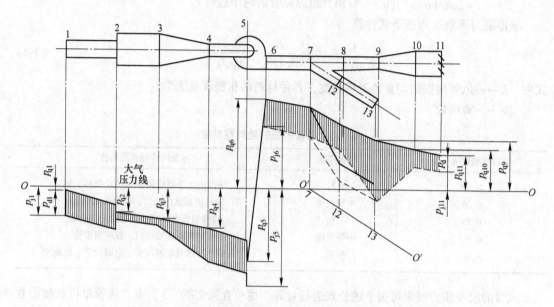

图 7-15　有沿程压力损失和局部压力损失的风管内压力分布

绘制上述压力分布图时，首先计算出各断面的全压值、静压值和动压值，并在图中标出，再将各点连线，即可得到风管内的压力分布图。

（1）断面1的压力。列出空气入口处和断面1的能量方程：

$$p_{qa} = p_{q1} + Z_1$$

$$p_{qa} = 大气压力 = 0$$

$$p_{q1} = -Z_1$$

$$p_{d1\text{-}2} = \frac{\rho v_{1\text{-}2}^2}{2}$$

$$p_{j1} = -\left(Z_1 + \frac{\rho v_{1\text{-}2}^2}{2}\right)$$

式中　Z_1——空气入口处局部阻力；

　　　$p_{d1\text{-}2}$——管段1-2的动压；

　　　p_{j1}——断面1的静压。

上式表明，断面1处的全压和静压均比大气压低。静压降一部分转化为动压 $p_{d1\text{-}2}$，一部分消耗在克服入口的局部阻力 Z_1 上。

（2）断面2的压力

$$p_{q2} = p_{q1} - (R_{y1\text{-}2}l_{1\text{-}2} + Z_2)$$

$$p_{j2} = p_{q2} - p_{d1\text{-}2} = p_{j1} + p_{d1\text{-}2} - (R_{y1\text{-}2}l_{1\text{-}2} + Z_2) - p_{d1\text{-}2} = p_{j1} - (R_{y1\text{-}2}l_{1\text{-}2} + Z_2)$$

$$p_{j1} - p_{j2} = R_{y1\text{-}2}l_{1\text{-}2} + Z_2$$

式中 $R_{y1\text{-}2}$——管段 1-2 的平均比摩阻；

Z_2——突然扩大的局部阻力。

由上式可以看出，当管段 1-2 内流速不变时，风管的阻力是由降低空气的静压来克服的。从图 7-15 可以看出，由于管段 2-3 的流速小于管段 1-2 的流速，空气流过 2 点后会发生静压复得现象。

（3）断面 3 的压力

$$p_{q3} = p_{q2} - R_{y2\text{-}3}l_{2\text{-}3}$$

（4）断面 4 的压力

$$p_{q4} = p_{q3} - Z_{3\text{-}4}$$

式中 $Z_{3\text{-}4}$——渐缩管的局部阻力。

（5）断面 5（风机进口）的压力

$$p_{q5} = p_{q4} - (R_{y4\text{-}5}l_{4\text{-}5} + Z_5)$$

式中 Z_5——风机进口 90°弯头的局部阻力。

（6）断面 11（风管出口）的压力

$$p_{q11} = Z'_{11} + \frac{\rho v_{11}^2}{2} = \xi'_{11}\frac{\rho v_{11}^2}{2} + \frac{\rho v_{11}^2}{2} = (\xi'_{11} + 1)\frac{\rho v_{11}^2}{2} = \xi_{11}\frac{\rho v_{11}^2}{2} = Z_{11}$$

式中 v_{11}——风管出口处空气流速；

Z'_{11}——风管出口处的局部阻力；

ξ'_{11}——风管出口处的局部阻力系数；

ξ_{11}——包括动压损失在内的出口局部阻力系数。

在实际工程中，为便于计算，设计手册中一般直接给出 ξ 值而不是 ξ' 值。

（7）断面 10 的压力

$$p_{q10} = p_{q11} + R_{y10\text{-}11}l_{10\text{-}11}$$

（8）断面 9 的压力

$$p_{q9} = p_{q10} + Z_{9\text{-}10}$$

式中 $Z_{9\text{-}10}$——渐扩管的局部阻力。

（9）断面 8 的压力

$$p_{q8} = p_{q9} + Z_{8\text{-}9}$$

式中 $Z_{8\text{-}9}$——渐缩管的局部阻力。

（10）断面 7 的压力

$$p_{q7} = p_{q8} + Z_{7\text{-}8}$$

式中 $Z_{7\text{-}8}$——三通的局部阻力。

（11）断面 6 的压力

$$p_{q6} = p_{q7} + R_{y6\text{-}7}l_{6\text{-}7}$$

自断面 7 开始，有 7-8 及 7-12 两个支管。为了表示支管 7-12 的压力分布，过 O' 引平行于支管 7-12 轴线的 O'—O' 线作基准线，用上述同样的方法求出此支管的全压值。因为断面 7 是两支管的公共点，它们的压力曲线必定在此汇合，即压力大小相等。

7.3.2 空调系统风管内的压力分布

7.3.2.1 单风机系统的压力分布

只设一台送风机的空调系统称为单风机系统。风机的作用压头要克服从新风进口至空气处理机组的整个吸入侧的全部阻力、送风风管系统的阻力和回风风管系统的阻力。为了维护房间的正压，需要使送入的风量大于从房间抽回的风量。多余的送风量就是维持房间正压的风量，它通过门、窗缝隙渗透出去。图 7-16 所示为单风机系统的风管压力分布。

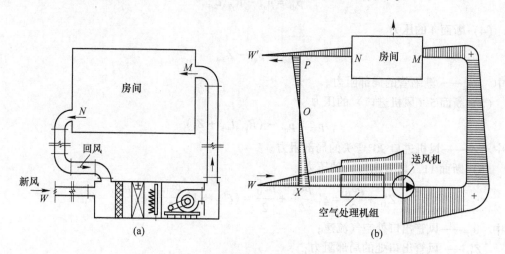

图 7-16　单风机系统的风管压力分布
(a) 系统原理图；(b) 压力分布图

图中新风进口 W 的压力为大气压，M 为送风口，回风口 N 的压力是室内正压值。P 点是回风与新风的分流点，X 点是新风与回风的混合点。新风在风机抽吸作用下，由 W 点吸入，其相对压力为零，混合点 X 的压力必定为负值。由图 7-16（b）可知，在回风管路上，从 N 点的正压转变到 X 点的负压的过程中，必然有个过渡点 O，该点的相对压力为零。此时，$\Delta p_{\text{wx}} = \Delta p_{\text{ox}}$。为保持房间正压，回风从 N 到混合点 X 的阻力，是由房间正压 Δp 和风机吸力 Δp_{wx} 共同作用下克服的。从回风与排风的分流点 P 到排风口 W' 的压力差，就是排风的动力。

7.3.2.2 双风机系统的压力分布

设置送风机和回风机的空调系统称为双风机系统。送风机的作用压头用来克服从新风进口至空气处理机组整个吸入侧的阻力和送风风管系统的阻力，并为房间提供正压值；回风机的作用压头用来克服回风风管系统的阻力并减去一个正压值。两台风机的风压之和应等于系统的总阻力。在双风机系统中，排风口应设在回风机的压出段上；新风进口应处在送风机的吸入段上。

图 7-17 所示为双风机系统的风管压力分布。它与单风机系统一样，在排风与回风的分流点 P 和新风与回风的混合点 X 之间的管路压力，必须使之从正压变化到负压，才能保证排风和吸入新风。这通常可以通过调节风阀 1，使管段 PX 间的阻力 Δp_{PX} 与新风吸入管段 WX 的阻力 Δp_{wx} 和排风管段 $W'P$ 的阻力 $\Delta p_{\text{W'P}}$ 之和相等来满足，即 $\Delta p_{\text{PX}} = \Delta p_{\text{wx}} + \Delta p_{\text{W'P}}$。风阀 1 应是零位阀，通过该处的风压为零，这样才能保证在排风的同时吸入新风；否则，由于回风机选择不当，会导致新风进不来。

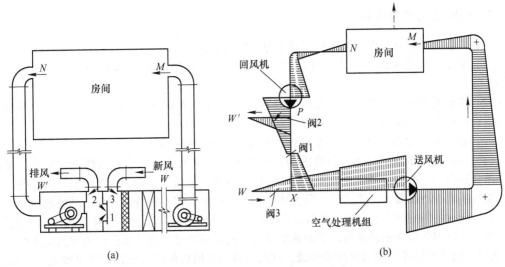

图 7-17 双风机系统的风管压力分布

(a) 系统原理图；(b) 压力分布图

7.4 风管的水力计算

7.4.1 风管水力计算方法简介

风管的水力计算是在系统和设备布置、风道材料、各送风点和回风点的位置以及风量均已确定的基础上进行的。其主要目的是确定各管段的管径（或断面尺寸）和阻力，保证系统内达到要求的风量分配，最后确定风机的型号和动力消耗。

风管水力计算方法比较多，如假定流速法、压损平均法、静压复得法等。对于低速送风系统，大多采用假定流速法和压损平均法，而高速送风系统则采用静压复得法。

假定流速法也称为比摩阻法，是目前低速送风系统最常用的一种计算方法。这种方法是以风管内空气流速作为控制指标，先按照噪声要求、风管强度、运行费用等因素设定风管的风速，再根据风管的风量确定风管的断面尺寸，进而计算压力损失，最后按各环路的压力损失进行调整以达到平衡。《民用建筑供暖通风与空气调节设计规范》（GB 50736—2012）规定：空调系统各并联环路压力损失的相对差额不宜超过 15%。

压损平均法也称为等摩阻法。这种方法以单位管长压力损失 Δp_y 相等为前提，在已知总作用压力的情况下，取最长的环路或压力损失最大的环路，将总的作用压力值按干管长度平均分配给环路的各个部分，再根据各部分的风量和所分配的压力损失值，确定风管的尺寸，并结合各环路间的压力损失的平衡进行调节，以保证各环路间压力损失的差值小于 15%。一般建议单位长度风管的摩擦压力损失为 $0.8 \sim 1.5 \text{Pa/m}$。该方法适用于系统所用的风机压头已定，或对分支管路进行压力损失平衡的场合。

静压复得法的含义是：由于风管分支处风量的出流，使分支前后总风量有所减少，如果分支前后主风管断面变化不大，则风速必然下降。众所周知，当流体的全压一定时，风速降低，则静压增加，利用这部分"复得"的静压来克服下一段主干管道的阻力，以确定管道尺寸，从而保持各分支前的静压都相等，这就是静压复得法。此方法适用于高速空调系统的水力计算。

7.4.2 风管水力计算步骤

下面以假定流速法为例,来说明风管水力计算的步骤:

(1)确定空调系统风管形式,合理布置风管,并绘制风管系统轴测图,作为水力计算草图。

(2)在计算草图上对管段进行编号,并标注管段的长度和风量。管段长度一般按两管件中心线长度计算,不扣除管件(如三通、弯头)本身的长度。

(3)选定系统最不利环路,一般指最远或局部阻力最大的环路。

(4)选择合理的空气流速。风管内的空气流速对空调系统的经济性有较大的影响。流速高,风管断面小,材料消耗少,投资费用小,但是系统的阻力大,动力消耗增加,运行费用增大,而且系统噪声比较大。流速低,阻力小,动力消耗小,但是风管断面大,材料和投资费用增加,风管占用的空间也比较大。所以必须通过全面的技术经济比较,选择合理的空气流速,使系统的造价和运行费用最经济。空调系统风管内的风速及通过部分部件时的迎面风速可按表7-3选用。根据所服务房间的允许噪声级,空调风管和出风口的最大允许风速可按表7-4选用。高速送风系统中风管的最大允许风速可按表7-5选用。

表 7-3 空调系统风管内的风速及通过部分部件时的迎面风速 (m/s)

部 位	推荐风速			最大风速		
	居住建筑	公共建筑	工业建筑	居住建筑	公共建筑	工业建筑
风机吸入口	3.5	4.0	5.0	4.5	5.0	7.0
风机出口	5.0~8.0	6.5~10.0	8.0~12.0	8.5	7.5~11.0	8.5~14.0
主风管	3.5~4.5	5.0~6.5	6.0~9.0	4.0~6.0	5.5~8.0	6.5~11.0
支风管	3.0	3.0~4.5	4.0~5.0	3.5~5.0	4.0~6.5	5.0~9.0
从支管上接出的风管	2.5	3.0~3.5	4.0	3.0~4.0	4.0~6.0	5.0~8.0
新风入口	3.5	4.0	4.5	4.0	4.5	5.0
空气过滤器	1.2	1.5	1.75	1.5	1.75	2.0
换热盘管	2.0	2.25	2.5	2.25	2.5	3.0
喷水室		2.5	2.5		3.0	3.0

表 7-4 空调系统风管和出风口的最大允许风速

室内允许噪声级/dB	干管/m·s⁻¹	支管/m·s⁻¹	风口/m·s⁻¹
25~35	3.0~4.0	≤2.0	≤0.8
35~50	4.0~7.0	2.0~3.0	0.8~1.5
50~65	6.0~9.0	3.0~5.0	1.5~2.5
65~85	8.0~12.0	5.0~8.0	2.5~3.5

注:1. 百叶风口叶片间的气流速度增加10%,噪声的声功率级将增加2dB;若流速增加一倍,噪声的功率级约增加16dB。

2. 对于出口处无障碍的敞开风口,表中的出风口速度可以提高1.5~2倍。

表 7-5 高速送风系统风管的最大允许风速

风量范围/m³·h⁻¹	最大允许风速/m·s⁻¹	风量范围/m³·h⁻¹	最大允许风速/m·s⁻¹
100000~68000	30	22500~17000	20.5
68000~42500	25	17000~10000	17.5
42500~22500	22.5	10000~5050	15

（5）根据给定风量和选定流速，逐段计算管道断面尺寸，并符合矩形风道统一规格（或圆形风道标准管径）。然后根据选定了的断面尺寸和风量，计算出风管内实际流速。

通过圆形风管的风量 $L(\mathrm{m^3/h})$ 可按下式计算

$$L = 900\pi d^2 v \tag{7-6}$$

式中 d——风管直径，m；

v——管内风速，m/s。

通过矩形风管的风量 $L(\mathrm{m^3/h})$ 可按下式计算

$$L = 3600abv \tag{7-7}$$

式中 a，b——风管断面的净宽和净高，m。

（6）计算风道的沿程阻力。根据风管的断面尺寸和实际流速，求出单位长度摩擦阻力损失 Δp_y，再根据式（7-2）和管长 l 进一步求出管段的摩擦阻力损失。

（7）计算各管段局部阻力。按系统中的局部构件形式和实际流速 v，查阅设计手册取得局部阻力系数 ζ 值，再根据式（7-5）求出局部阻力损失。

（8）计算系统的总阻力，$\Delta p = \sum (\Delta p_\mathrm{y} l + \Delta p_\mathrm{j})$。

（9）检查并联管路的阻力平衡情况。一般要求并联管路之间的阻力不平衡偏差不大于15%。如果通过调整管路尺寸仍不能达到上述要求，则应设置调节装置以保证风量分配。

（10）根据系统的总风量、总阻力选择风机。在选择风机时，一般考虑10%的余量，以补偿可能存在的漏风和阻力计算不精确。

7.4.3 风管总压力损失的估算法

对于一般的空调系统，风管系统的总压力损失值（Pa）可按下式估算

$$\Delta p = \Delta p_\mathrm{y}(l + k) + \sum \Delta p_\mathrm{s} \tag{7-8}$$

式中 Δp_y——单位管长沿程压力损失，也称单位管长摩擦阻力损失，Pa/m；

l——最不利环路总长度，即到最远送风口的送风管总长度加上到最远回风口的回风管总长度，m；

k——局部压力损失与沿程压力损失之比值，弯头、三通等局部管件比较少时，取 $k=1.0 \sim 1.2$，弯头、三通等局部管件比较多时，取 $k=3.0 \sim 5.0$；

$\sum \Delta p_\mathrm{s}$——考虑到空气通过过滤器、喷水室（或表冷器）、加热器等空调装置的压力损失之和。

表7-6给出了为空调系统推荐的送风机静压值，可供估算时参考。

表 7-6 空调系统送风机静压值推荐 （Pa）

类　　型		风机静压值
送、排风系统	小型系统	100～250
	一般系统	300～400
空调系统	小型（空调面积300m²以内）	400～500
	中型（空调面积2000m²以内）	600～750
	大型（空调面积大于2000m²）	650～1100
	高速系统（中型）	1000～1500
	高速系统（大型）	1500～2500

习题与思考题

7-1　简述风管布置的原则。

7-2　常用的风管材料有哪些？各适用于什么场合？

7-3　风管设计的基本任务是什么？

7-4　影响局部阻力系数的因素有哪些？

7-5　为什么说风管内空气流速对空调系统的经济性有较大的影响？

7-6　风管阻力计算方法有哪些？简述利用假定流速法进行风道水力计算的步骤。

7-7　为什么进行风管水力计算时，一定要进行并联管道的阻力平衡？如果设计时不平衡，运行时是否会保持平衡？对系统运行有何影响？

7-8　一矩形风管断面尺寸为 $a=200mm$，$b=400mm$，用镀锌薄钢板制成。风管空气流量为 $L=2000m^3/h$，求 10m 长风管内沿程压力损失及风管内空气的流速。

参考文献

[1] 建设部工程质量安全监督与行业发展司，中国建筑标准设计研究所. 全国民用建筑工程技术措施暖通空调·动力 [M]. 北京：中国计划出版社，2003.

[2] [日] 井上宇市. 空气调节手册 [M]. 范存养，等译. 北京：中国建筑工业出版社，1986.

[3] 陆耀庆. 实用供热空调设计手册 [M]. 2 版. 北京：中国建筑工业出版社，2008.

[4] 陆耀庆. HVAC 暖通空调设计指南 [M]. 北京：中国建筑工业出版社，1996.

[5] 王汉青. 通风工程 [M]. 北京：机械工业出版社，2007.

[6] 战乃岩，王建辉. 空调工程 [M]. 北京：北京大学出版社，2014.

[7] 郑爱平. 空气调节工程 [M]. 2 版. 北京：科学出版社，2008.

8 空调水系统

本章要点：介绍空调冷（热）水系统的类型和设计方法、冷却水系统的类型和设计方法、冷凝水系统的设计以及水管路的水力计算。

水系统是空调系统的一个重要组成部分。把冷热源、空气处理机组以及末端设备连接起来的设备和管路系统称为空调水系统。空调水系统的作用，就是以水作为介质在空调建筑物之间和建筑物内部传递冷量或热量。正确合理地设计空调水系统是整个空调系统正常运行的重要保证，同时也能有效地节省电能消耗。

就空调工程的整体而言，空调水系统包括冷（热）水系统、冷却水系统和冷凝水系统。

冷（热）水系统是指由冷水机组（或换热器）制备出的冷水（或热水），通过循环泵和供水管路输送至风机盘管机组、新风机组或组合式空调机组，释放出冷量（或热量）后的冷水（或热水）的回水，经回水管路返回冷水机组（或换热器）。

冷却水系统是指利用冷却塔向冷水机组的冷凝器供给循环冷却水的系统。

冷凝水系统是指夏季工况时用于排出空调末端装置冷凝水的管路系统。

《民用建筑供暖通风与空气调节设计规范》（GB 50736—2012）的 8.5.1 对空调冷水、热水的参数作如下规定：

（1）采用冷水机组直接供冷时，空调冷水供水温度不宜低于 5℃，空调冷水供回水温差不应小于 5℃；有条件时，宜适当增大供回水温差。

（2）采用蓄冷空调系统时，空调冷水供水温度和供回水温差应根据蓄冷介质和蓄冷、取冷方式分别确定。

（3）采用温湿度独立控制空调系统时，负担显热的冷水机组的空调供水温度不宜低于 16℃；当采用强制对流末端设备时，空调供回水温差不宜低于 5℃。

（4）采用蒸发冷却或天然冷源制取空调冷水时，空调冷水的供水温度应根据当地气候条件和末端设备的工作能力合理确定；采用强制对流末端设备时，供回水温差不宜小于 4℃。

（5）采用辐射供冷末端设备时，供水温度应以末端设备表面不结露为原则确定；供回水温差不应小于 2℃。

（6）采用市政热力或锅炉供应的一次热源通过换热器加热的二次空调热水时，其供水温度宜根据系统需求和末端能力确定。对于非预热盘管，供水温度宜采用 50~60℃，用于严寒地区预热时，供水温度不宜低于 70℃。空调热水的供回水温差，严寒和寒冷地区不宜小于 15℃，夏热冬冷地区不宜小于 10℃。

（7）采用直燃式冷（温）水机组、空气源热泵、地源热泵等作为热源时，空调热水供水温度和温差应按设备要求和具体情况确定，并应使设备具有较高的供热性能系数。

（8）采用区域供冷系统时，如采用电动压缩式冷水机组供冷，供水温度不宜小于 7℃；如采用冰蓄冷系统，供水温度不应小于 9℃。

8.1 空调冷（热）水系统的类型

空调冷（热）水系统，可按以下方式进行分类：（1）按冷（热）水的循环方式，可分为开式系统和闭式系统；（2）按供、回水制式（管数），可分为两管制水系统、四管制水系统和分区两管制水系统；（3）按供、回水管路的布置方式，可分为同程式系统和异程式系统；（4）按运行调节方法，可分为定流量系统和变流量系统；（5）按系统中循环泵的配置方式，可分为单式泵（一次泵）系统和复式泵（二次泵）系统。

8.1.1 开式系统与闭式系统

按冷（热）水的循环方式，可分为开式系统和闭式系统。

（1）开式系统。开式系统（图 8-1）的下部设有回水箱（或蓄冷水池），它的末端管路是与大气相通的。空调冷水流经末端设备（如风机盘管机组）释放出冷量后，回水靠重力作用集中进入回水箱或蓄冷水池，再由循环泵将回水打入冷水机组的蒸发器，经重新冷却后的水被输送至整个系统。

开式系统最主要的优点是与水蓄冷系统的连接相对简单。开式系统的特点是：1）水泵扬程高，需要增加克服静水压力的额外能耗，输送耗电量大；2）循环水易受污染，水中含氧量高，管路和设备易腐蚀；3）管路容易出现水锤现象。因此，开式系统的实际应用受到限制。

（2）闭式系统。闭式系统（图 8-2）中冷（热）水在末端设备、冷水机组（或锅炉）以及其他换热器中流动，形成一个封闭的环路，环路中的水不与大气接触，仅在系统最高点设置膨胀水箱。闭式系统的优点是氧腐蚀的几率小，系统形式简单，并且不需要克服静水压力，水泵扬程低，输送能耗少。因此，闭式系统在工程实际中应用广泛。

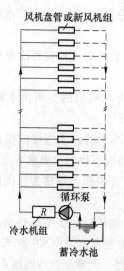
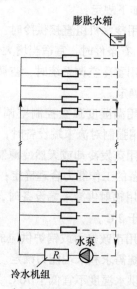

图 8-1 开式空调冷（热）水系统示意图　　　　图 8-2 闭式空调冷（热）水系统示意图

空调冷水系统有开式循环和闭式循环之分，而热水系统只有闭式循环。《民用建筑供暖通风与空气调节设计规范》（GB 50736—2012）的 8.5.2 规定：除采用直接蒸发冷却器的系统外，空调水系统应采用闭式循环系统。当必须采用开式系统时，应设置蓄水箱，蓄水箱的蓄水量，宜按系统循环水量的 5%~10% 确定。

8.1.2 异程式系统与同程式系统

按供、回水管路的布置方式，可分为同程式系统和异程式系统。

（1）异程式系统。异程式系统中，水流经每个末端设备的管道长度是不相同的，如图8-3所示。其主要优点是管路系统简单，初投资相对较低。但要注意流量分配和压力平衡的问题，特别是在大型建筑空调系统中。由于各环路的管路总长度不相等，故各环路的阻力不平衡，从而导致了流量分配不均的可能性。在支管上安装流量调节装置，增大并联支管的阻力，可使流量分配不均匀的程度得以改善。

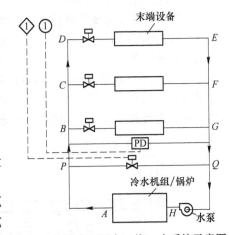

图8-3 异程式空调冷（热）水系统示意图

一般来讲，当管路系统较小，支管环路上末端设备的阻力大，其阻力占负荷侧干管环路阻力的2/3～4/5时，可采用异程式系统。例如，在高层民用建筑中，裙房内由空调机组组成的环路通常采用异程式系统。另外，如果末端设备都设有自动控制水量的阀门，也可采用异程式系统。

如果遇到系统管路的阻力先天就难以平衡，或者为了简化系统的管路布置，决定安装平衡阀来进行环路水力平衡时，也可以采用异程式。近年来随着平衡阀技术的不断成熟，现有的动态流量平衡阀已经能够满足水力平衡调节的要求，因此如果在水系统中安装了动态平衡阀，应尽量采用异程式，以节约水系统的投资、减少占地空间并降低运行能耗。

开式系统中，由于回水最终进入水箱，到达相同的大气压力，一般采用异程式布置。

（2）同程式系统。水流通过各末端设备的管路总长度都相同（或基本相等）的系统称为同程式系统。同程式系统各末端环路的水流阻力较为接近，有利于水力平衡，因此系统的水力稳定性好，流量分配均匀。但这种系统管路布置较复杂，管路长度增加，初投资相对较高。一般来讲，当末端设备支管环路的阻力较小，而负荷侧干管环路较长，且阻力所占的比例较大时，应采用同程式。

同程式系统的管路布置有以下几种形式：

1）垂直（竖向）同程。垂直（竖向）同程的管路布置如图8-4所示。其中图8-4（a）为供水总立管从机房引出后向上走，直到最高层的顶部，然后再往下走，分别与各层的末端设备管路相连接。图8-4（b）所示为与各层末端设备相连接的回水总立管，从底层起向上走，直到最高层顶部，然后向下走，返回冷水机组。这两种布置方式，使冷水流过每一层环路的管路总长度都相等，体现了同程式的特征，从便于达到环路水力平衡的效果来看，两者是相同的。但是，当水系统运行时，从底层末端设备（图8-4中A点）所承受的水压来看，图8-4（a）中A点所承受的压力要低于图8-4（b）中A点所承受的压力。

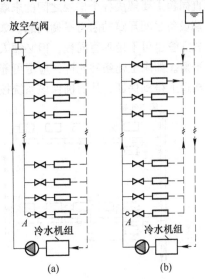

图8-4 垂直（竖向）同程的管路布置

因为空调水系统承受压力最高的是在制冷机房水泵的出口处。当系统停止运转时，水泵出口处的压力等于水系统的静压力（两种方式的 A 点所受的静压均相同）。在系统刚启动的瞬间，水泵出口处的压力应等于水系统的静压加上水泵的全压。当系统运行平稳后，水泵出口处的压力应等于水系统的静压加上水泵的全压后，再减去与泵出口处管内流速相对应的动压值。图 8-4（a）中水泵出口的压力要克服供水总立管上的沿程阻力和局部阻力之后，方可成为 A 点承受的压力；而图 8-4（b）中水泵出口到 A 点的距离较近，所承受的压力相对更高。因此，图 8-4（a）的布置更加合理。

2）水平同程。水平同程的管路布置有两种方式：一种是供水总立管和回水总立管在同一侧（图 8-5（a））；另一种是供水总立管和回水总立管分别在两侧，只需一根回程管（图 8-5（b））。若水平管路较长，宜采用后一种方式。以上两种方式的供回水总立管都敷设在竖井内。

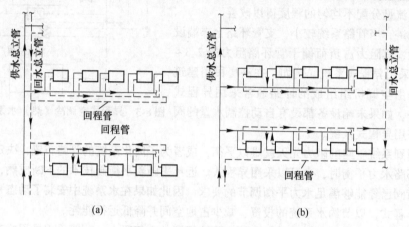

图 8-5 水平同程的管路布置

3）垂直同程结合水平同程。垂直同程结合水平同程的管路布置有两种方式：一种是通过供水总立管的布置达到垂直同程（图 8-6（a））；另一种是通过回水总立管的布置达到垂直同程的（图 8-6（b））。当建筑物总高度高、水系统的静压大时，工程上优先采用前一种方案。

垂直同程主要解决各个楼层之间的末端设备环路的阻力平衡问题；而水平同程则解决由每一组末端设备之间环路的阻力平衡问题。如果受土建竖井尺寸的影响，按垂直同程总立管布置不下，总立管也可不用垂直同程，但必须人为地将总立管的管径型号放大，以求得各楼层之间的水力平衡。如果土建条件允许，应尽可能地将系统管路布置成同程式，使各环路的阻力平衡从系统构造上得到保证，从而确保该系统按设计要求进行流量分配。

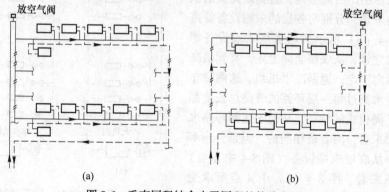

图 8-6 垂直同程结合水平同程的管路布置

8.1.3 两管制、四管制与分区两管制系统

按供、回水制式（管数），空调水系统可分为两管制、三管制、四管制和分区两管制四种类型。其中，三管制系统具有冷、热混合损失大、系统自动控制较为复杂、占用建筑空间较多的缺点，因此，在实际工程中已很少应用。

8.1.3.1 两管制系统

两管制系统是指供冷与供热合用同一套管路的水系统（图8-7）。夏季管路里供冷水，冬季管路里供热水，在机房内进行夏季供冷或冬季供热的工况切换，过渡季节不使用。其优点是管路系统简单、初投资少、占用建筑面积及空间小，因此绝大多数空调水系统都采用两管制。但这种系统不能实现同时供冷和供热，因此不适用于要求全年空调的建筑。

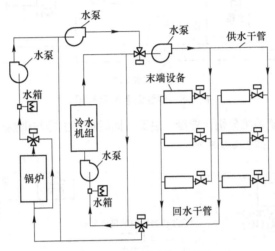

图 8-7 两管制系统示意图

《民用建筑供暖通风与空气调节设计规范》（GB 50736—2012）的8.5.3指出：当建筑物所有区域只要求按季节同时进行供冷和供热转换时，应采用两管制的空调水系统。我国高层建筑（尤其是高层旅馆建筑）的大量建设实践表明，两管制系统能满足绝大部分旅馆的空调要求，同时也是多层或高层民用建筑广泛采用的空调水系统方式。

8.1.3.2 四管制系统

四管制系统中设置两套管路系统分别用于供冷和供热（图8-8），可以实现同时供冷、供热，在季节变换时不需要进行冷、热转换。其优点是：各末端设备可随时自由选择供热或供冷的运行模式，相互没有干扰，所服务的空调区域均能独立控制温度等参数；节省能量，系统中所有能耗均可按末端的要求提供，不像三管制系统那样存在冷、热抵消的问题。主要的缺点是：管路系统复杂，占用建筑空间多；初投资高，系统运行管理较复杂。

《公共建筑节能设计标准》（GB 50189—2015）和《民用建筑供暖通风与空气调节设计规范》（GB 50736—2012）同时规定：当空调水系统的供冷和供热工况转换频繁或需同时使用时，宜采用四管制空调水系统。因此，它较适合于内区较大，或建筑空调使用标准较高且投资允许的建筑中。

8.1.3.3 分区两管制系统

为了克服两管制系统调节功能不足的缺点，同时不像四管制那样增加很多的投资，出现了

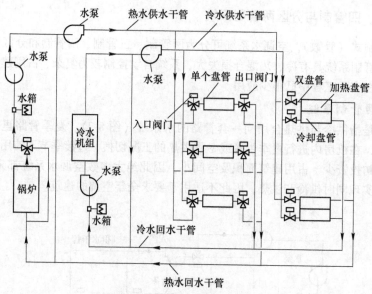

图 8-8　四管制系统示意图

一种分区两管制系统。该系统分别设置冷、热源并同时进行供冷与供热运行，但输送管路为两管制，冷、热分别输送，如图 8-9 所示。

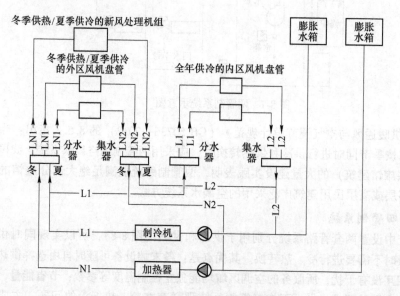

图 8-9　分区两管制系统示意图

　　分区两管制系统的基本特点是根据建筑内负荷特点对水系统进行分区，当朝向对负荷影响较大时，可按照朝向进行分区；各朝向内的水系统仍为两管制，但每个朝向的主环路均应独立提供冷水和热水供、回水总管，这样可保证不同朝向的房间各自分别进行供冷或供热（即建筑物内某些朝向供冷的同时，另一些朝向可供热）。进深较大的空气调节区，由于内区和外区的负荷特点，往往存在同时需要分别供冷和供热的情况，采用一般的两管制系统是无法解决的。采用分区两管制系统既可满足同时供冷供热的要求，又比四管制系统节省投资和空间尺寸。

这种系统兼具了两管制和四管制的一些特点，其调节性能介于四管制和两管制之间。因为从调节范围来看，四管制系统是每台末端设备独立调节，两管制系统只能整个系统一起进行冷、热转换，而分区两管制系统则可实现不同区域的独立控制。分区两管制系统设计的关键在于合理分区，如分区得当，可较好地满足不同区域的空调要求，其调节性能可接近四管制系统。关于分区数量，分区越多，可实现独立控制的区域的数量越多，但管路系统也就越复杂。不仅投资相应增多，管理起来也复杂了，因此设计时要认真分析负荷变化特点，一般情况下分两个区就可以满足需要了。如果在一个建筑里，因内、外区和朝向引起的负荷差异都比较明显，也可以考虑分三个区。

分区两管制系统与现行两管制系统相比，其初投资和占用建筑空间与两管制系统相近，在分区合理的情况下调节性能与四管制系统相近，是一种既能有效提高空调标准，又不明显增加投资的方案，其设计与相关空调新技术相结合，可以使空调系统更加经济合理。《公共建筑节能设计标准》（GB 50189—2015）和《民用建筑供暖通风与空气调节设计规范》（GB 50736—2012）同时规定：当建筑内一些区域的空调系统需全年供冷，其他区域仅要求按季节进行供冷和供热转换时，可采用分区两管制空调水系统。

8.1.4 定流量与变流量系统

整个冷水循环环路可分为冷源侧环路和负荷侧环路两部分。冷源侧环路是指从集水器（回水集管）经过冷水机组至分水器（供水集管），再由分水器经旁通管路（定流量系统可不设旁通管）进入集水器，该环路负责冷水的制备。负荷侧环路是指从分水器经空调末端设备（冷水在那里释放冷量）返回集水器这段管路，该环路负责冷水的输送。

冷源侧应保持定流量运行，这是为了：（1）保证冷水机组蒸发器的传热效率；（2）避免蒸发器因缺水而冻裂；（3）保持冷水机组工作稳定。而空调水系统的定流量或变流量运行调节均针对负荷侧环路而言。

8.1.4.1 定流量系统

定流量水系统是指系统中循环水量保持不变，当空调负荷变化时，通过改变供、回水的温差来适应。如图 8-10 所示，在空调末端设备（风机盘管机组、新风机组等）上安装电动三通阀，当室内负荷变化时，通过感温元件、室温调节器控制电动三通阀的启闭角度，调整进入末端设备和旁通支路的水量，在系统总循环水量不变的条件下，实现调节机组供冷（热）量的目的。

定流量系统简单、操作方便，不需要复杂的自控设备；缺点是配管设计时不能考虑同时使用系数，输水量按照最大空调冷负荷来确定，因此

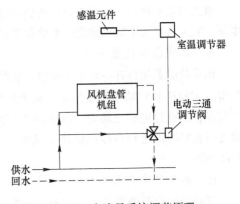

图 8-10 定流量系统调节原理

循环泵的输送能耗处于设计最大值，特别是空调系统处于部分负荷时运行费用大。该系统一般适用于间歇性使用建筑（如体育馆、展览馆、影剧院、大会议厅等）的空调系统，以及空调面积小，只有一台冷水机组和一台循环水泵的系统。高层民用建筑尽可能少采用这种系统。

8.1.4.2　变流量系统

变流量系统是指系统中供回水温度保持定值,供水流量随着空调负荷的改变而变化。如图8-11所示,在空调末端设备(风机盘管机组、新风机组等)上安装电动二通阀,当室内负荷变化时,通过感温元件、室温调节器控制电动二通阀的启闭,调整进入末端设备的水量,在系统供回水温度不变的条件下,实现调节机组供冷(热)量的目的。

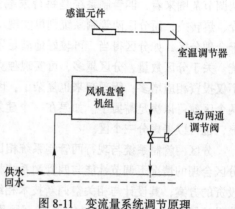

图8-11　变流量系统调节原理

变流量系统管路内流量随系统负荷变化而变化,因此,输送能耗也随负荷的减少而降低,水泵容量及电耗也相应减少。系统的最大输水量是按照综合最大冷负荷(考虑同时使用系数)计算的,因此,循环泵和管路的初投资相应减少。变流量系统的缺点是系统较复杂,需配备一定的自控装置。

《民用建筑供暖通风与空气调节设计规范》(GB 50736—2012)的8.5.4指出:冷水水温和供回水温差要求一致且各区域管路压力损失相差不大的中小型工程,宜采用变流量一级泵系统;单台水泵功率较大时,经技术和经济比较,在确保设备的适应性、控制方案和运行管理可靠的前提下,可采用冷水机组变流量方式。

需要指出的是,当负荷侧为变量系统且冷源侧保持定流量时,必须在分水器和集水器之间设置由压差控制器控制的电动旁通调节阀。

8.1.5　单式泵与复式泵系统

按系统中循环泵的配置方式,可分为单式泵(一次泵)系统和复式泵(二次泵)系统。

8.1.5.1　单式泵(一次泵)系统

单式泵系统的冷、热源侧和负荷侧只用一组循环水泵,它又可分为单式泵定流量系统和单式泵变流量系统。

A　单式泵定流量系统

该系统的源侧只有一台冷水机组(或换热器)和配套的冷(热)水循环水泵,通过冷水机组(或换热器)的水流量不变;而负荷侧在空调末端设备上设置电动三通阀,以确保负荷侧为定流量运行在机房内进行供冷或供热工况的转换,如图8-12所示。

B　单式泵变流量系统

该系统的冷源侧采用"一泵对一机"的配置方式,负荷侧在空调末端设备上设置电动二通阀,按变流量运行,如图8-13所示。

a　单式泵变流量系统的工作原理

从图8-13中可以看出,当室内负荷减小时,部分电动二通阀相继关闭,停止向末端设备供水。这

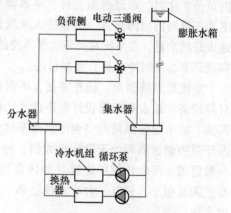

图8-12　单式泵定流量系统

样，通过集水器返回冷水机组的水量大幅减少，给冷水机组的正常工作带来危害。为了保证冷源侧定流量运行，必须在冷源侧的供、回水总管之间（或者分水器和集水器之间）设置旁通管路，在该管路上设置由压差控制器控制的电动两通阀。随着负荷侧电动二通阀的陆续关闭，使得供、回水总管之间（或者分水器与集水器之间）的压差超过预先的设定值。此时，压差控制器让旁通管路上的电动二通阀打开，使一部分冷水从旁通管路流过，供、回水的压差也随之逐渐降低，直至系统达到稳定。从旁通管流入的水与负荷侧回水合并后进入循环泵，从而使进入冷水机组的水流量保持不变。当负荷增大时，原先关闭的电动二通阀重新打开，向末端设备供水，于是供、回水总管之间的压差恢复到设定值，旁通管路上的电动二通阀也随之关闭。

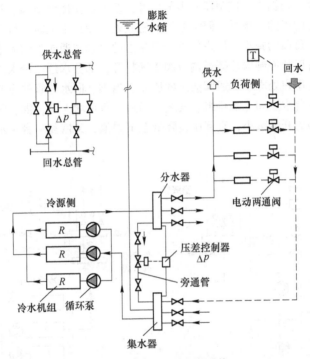

图 8-13　单式泵变流量系统

旁通管上电动二通阀的最大设计流量应是一台循环水泵的流量，旁通管的管径按一台冷水机组的水量确定（通常为一台机组流量的110%）。当空调负荷减小到相当的程度，通过旁通管路的水量基本达到一台循环水泵的流量时，就可停止一台冷水机组和循环水泵的工作，从而达到节能的目的。

冷水机组与循环水泵一一对应布置，并将冷水机组设在循环水泵的压出口，使得冷水机组和水泵的工作较为稳定。只要建筑高度不太高，这样布置是可行的，是目前使用较多的一种方式。但如果建筑高度高、系统静压大，则应将循环水泵设在冷水机组蒸发器出口，以降低蒸发器的工作压力。

b　单式泵变流量系统的控制方法

单式泵变流量系统的控制方法目前有压差旁通控制法和恒定用户处二通阀前后压差的旁通控制法等。

压差旁通控制法如图8-14（a）所示。在负荷侧空调末端设备上的电动二通阀，受室温调节器控制。由供、回水总管上的压差控制器输出信号控制旁通管上的电动二通阀（或称旁通调节阀）。旁通调节阀上设有限位开关，用来指示 10% 和 90% 的开启度。当系统处于低负荷时，只启动一台冷水机组和相应的水泵，此时旁通调节阀处于某一调节位置。随着空调负荷的增大，旁通调节阀趋向关的位置，这时限位开关闭合，自动启动第二台水泵和相应的冷水机组，或者发出警报信号，提醒操作人员手工启动冷水机组和水泵。当负荷继续增加时，可以启动第三台冷水机组和相应的水泵。当空调负荷减小时，则按与上面相反的方向进行，逐步关闭一台冷水机组和水泵。

恒定用户处两通阀前后压差的旁通控制法如图 8-14（b）所示。它与压差旁通控制法的不同之处在于，供、回水总管上的压差控制器，同时控制旁通调节阀和供水总管上增设的负荷侧调节阀。设置负荷侧调节阀是为了缓解在系统增加或减少水泵运行时，在末端处产生的水力失调和水泵起停的振荡。根据压差控制器发出的信号，改变负荷侧调节阀的开度，从而改变系统阻力，达到稳定压力的目的。当供、回水总管的压差处于设计工况时，负荷侧调节阀全开，旁通调节阀全关。随着负荷的减小，用户处末端设备上的电动二通阀相继关小，导致供、回水总管的压差增大，此时压差控制器让旁通调节阀逐渐打开，部分水返回冷水机组，同时使负荷侧调节阀动作，以恒定用户处电动二通阀前后的压差。当供、回水总管的压差达到规定的上限值时，可以同时停掉一台水泵和冷水机组。反之，当用户负荷增大时，供、回水总管的压差也随之降低，旁通调节阀的开度减小，直到压差降低至下限值，又恢复一台冷水机组和一台水泵的工作。

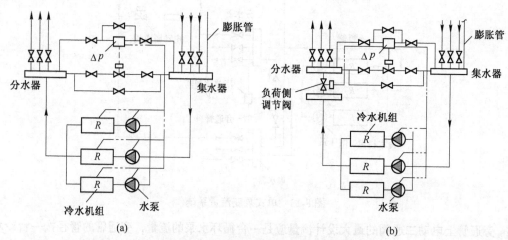

图 8-14 单式泵变流量系统的控制原理
（a）压差旁通控制法；（b）恒定用户处二通阀前后压差旁通控制法

c 单式泵系统的特点及适用性

单式泵系统具有简单、自控装置少、初投资较低、管理方便的优点。但是，它不能调节水泵的流量，难以节省输送能耗，特别是当各供水分区彼此间的压力损失相差较为悬殊时，这种系统就无法适应。因为循环水泵的扬程是按照克服负荷侧最不利环路的阻力来确定的，而对于分区中压力损失较小的环路，显然供水压头有较大富余，只好借助于分水器上该支路的调节阀将其消耗掉，造成能量的浪费，同时也给系统的水力平衡带来一定的难度。因此，单式泵系统适用于系统规模和总压力损失均不太大或各分区供水环路压力损失相差不大的空调工程。

8.1.5.2 复式泵（二次泵）系统

复式泵系统是指冷、热源侧和负荷侧分别设置循环水泵的系统。

A　复式泵系统的工作原理

如图 8-15 所示的复式泵系统中，用旁通管 AB 将冷水系统划分为冷水制备和输送两个部分：冷水机组、一次泵、供回水管路和旁通管组成一次环路，也称为冷源侧环路；二次泵、空调末端设备、供回水管路和旁通管组成二次环路，也称为负荷侧环路。设置旁通管的作用是使一次环路保持定流量运行。旁通管上设流量开关和流量计，前者用来检查水流方向和控制冷水机组、一级泵的启停；后者用来检测管内的流量。旁通管将一次环路和二次环路连接在一起，但两个环路的功能互相独立。

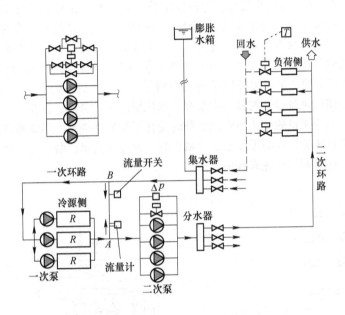

图 8-15　复式泵变流量系统

一次环路负责冷水制备，按定流量运行，采用"一泵对一机"的配置方式，一次泵的扬程用于克服一次环路和冷水机组的阻力。二次环路负责冷水输送，按变流量运行，二次泵的配置不必与一次泵的配置相对应，它的台数可多于冷水机组数，有利于适应负荷的变化。二次泵可以并联运行，也可以根据各分区不同的压力损失，设计成独立的分区供水系统，如图 8-16 所示。二次泵的扬程用于克服二次环路和空调末端设备的阻力。

B　复式泵系统的控制方法

对于复式泵系统，冷源侧一次泵的定流量控制，通常采用流量盈亏控制来调节冷（热）水机组的台数；而负荷侧二次泵的变流量控制，通常采用台数控制（压差控制）和变速控制（流量控制）两种方法。因此，复式泵系统常用的两种控制方法是：二次泵采用压差控制、一次泵采用流量盈亏控制法和二次泵采用流量控制、一次泵采用负荷控制法。

（1）二次泵采用压差控制、一次泵采用流量盈亏控制（图 8-17）。多台二次泵并联，分别投入运行时，若水泵并联后具有陡降型的合成特性曲线，常采用压差控制。当空调负荷变化时，负荷侧所需的水流量也要改变，供、回水管之间的压差随之发生变化。此时，压差控制器将压差信号传给负荷侧调节阀，阀门动作，同时传给控制器以控制二次泵的运行台数。通常利用水泵并联后的合成特性曲线，设定压力的上、下限。当负荷减小时，系统所需水量减少，使工作压力超过上限值，原先并联运行的水泵开始减少（关闭）一台；当负荷增大时，所需水量增多，其工作压力低于下限值，开始增加（开启）一台泵。在二次泵的台数控制过程，负荷侧调节阀始终要参与系统压力的协调工作。需要指出的是，并联的二次泵应尽量采用相同型号的水泵。如采用不同型号的水泵，则设定压力值会有较大的不同，这样会使系统的控制变得更加复杂。

所谓盈亏控制方法，是通过设置在一次泵的供、回水总管之间的旁通管来实现的，如图 8-17 中的 *AB* 管。当负荷侧二次泵系统的流量减少时，一次泵的流量过剩。盈余的水量经旁通管从 *A* 流向 *B* 返回一次泵的吸入端，这种状态称为"盈"。当流过旁通管的流量相当于一级泵单台流量 110%左右时，流量计触头动作，通过控制器自动关闭一台水泵和对应的冷水机组。当空调负荷增加，二次泵系统的流量要求增大时，会出现一次泵水量供不应求的情况，这时二次泵将使部分回水经旁通管从 *B* 流向 *A*，直接与一次泵输出的水相混合，以满足二次泵系统对水量增大的需要，这种状态称为"亏"。当出现的水量亏损达到相当于一次泵单台水泵流量的20%左右时，旁通管上的流量开关将信号输入控制器，自动开启一台水泵和对应的冷水机组。需要说明的是，采用流量盈亏来控制一次泵和冷水机组的运行台数，存在一个水力工况和热力工况的协调问题。因为流量的变化与空调负荷的变化不呈线性关系。当流量减少到关闭一台水泵时，实际上并不意味着系统的需冷量也应减少到一台冷水机组的制冷量。这个问题也只有通过冷水机组自身的能量调节系统来解决。

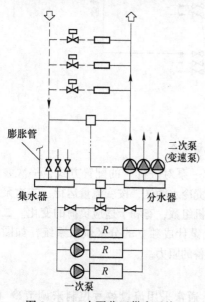

图 8-16　二次泵分区供水系统

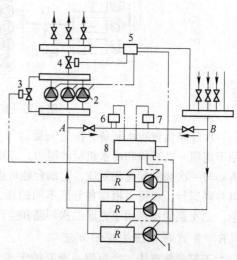

图 8-17　二次泵采用压差控制、一次泵采用流量盈亏控制的原理图

1——次泵；2—二次泵；3—旁通调节阀；
4—负荷侧调节阀；5—压差控制器；6—流量计；
7—流量开关；8—控制器

（2）二次泵采用流量控制、一次泵采用负荷控制。当多台二次泵并联分别投入运行时，若水泵并联后的合成特性曲线较平坦（缓），采用前面提到的压差控制较为困难，此时，二次泵可采用流量控制。流量控制既适用于具有平坦型特性曲线的水泵，也适用于具有陡降型特性曲线的水泵；一次泵采用负荷控制（也称热量控制），它可以较好地解决流量盈亏控制中产生的水力工况和热力工况之间协调的问题。详情参见有关资料。

C 复式泵系统的特点及适用性

复式泵变流量系统的特点是系统较复杂、自控要求高、初投资大，在节能和灵活性方面具有优点。它可以实现变流量运行工况，节省水系统输送能耗；水系统总压力相对较低；能适应各供水分区不同压降的需要。因此，当系统作用半径较大、设计水流阻力较高、各环路负荷特性（如不同时使用或负荷高峰出现的时间不同）相差较大、压力损失相差悬殊（阻力相差100kPa以上）或区域供冷时，宜采用复式泵系统。

当各环路的设计水温一致且设计水流阻力接近时，二次泵宜集中设置；各环路的设计水流阻力相差较大或各系统水温或温差要求不同时，宜按区域或系统分别设置二次泵。二次泵宜根据流量需求的变化采用变速变流量调节方式。冷源设备集中设置且用户分散的区域供冷等大规模空调冷水系统，当二次泵的输送距离较远且各用户管路阻力相差较大，或者水温（温差）要求不同时，可采用多级泵系统。

8.2 空调冷（热）水系统的设计

8.2.1 水系统的承压与分区

8.2.1.1 水系统的承压

水系统的最高压力，一般位于水泵出口处，如图8-18中的 A 点。水系统承压有以下三种情况：

（1）系统停止运行时，最高压力 p_A（Pa）等于系统的静水压力，即

$$p_A = \rho g h \qquad (8-1)$$

（2）系统开始运行的瞬间，水泵刚启动，动压尚未形成，出口压力 p_A（Pa）等于静水压力与水泵全压 p（Pa）之和，即

$$p_A = \rho g h + p \qquad (8-2)$$

（3）系统正常运行时，出口压力等于该点静水压力与水泵静压之和，即

$$p_A = \rho g h + p - p_d \qquad (8-3)$$

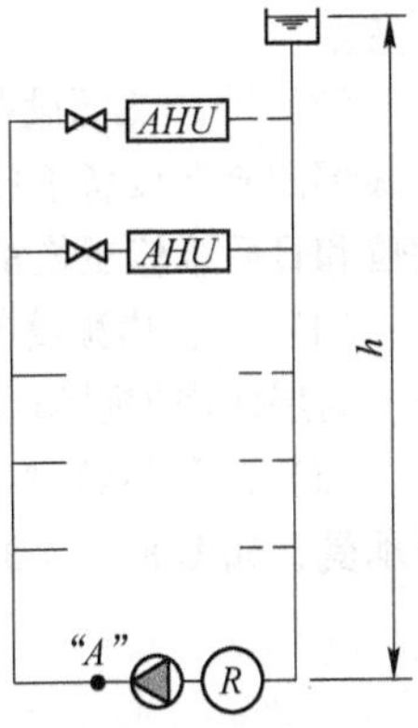

式中　ρ——水的密度，kg/m³；

　　　g——重力加速度，m/s²；

　　　h——水箱液面至水泵中心的垂直距离，m；

　　　p_d——水泵出口处的动压，$p_d = \rho v^2/2$，Pa。

图 8-18　水系统的静水压力设计

空调水系统中常用设备的额定工作压力见表8-1，常用管材和管件的公称压力见表8-2。

表 8-1　空调水系统中常用设备的额定工作压力　　　（MPa）

设备名称	额定工作压力	设备名称	额定工作压力
普通型冷水机组	1.0	空气冷却器、风机盘管机组	1.6
加强型冷水机组	1.7	水泵壳体：采用填料密封	1.0
特加强型冷水机组	2.0	采用机械密封	1.6

表 8-2　空调水系统常用管材和管件的公称压力　　　　（MPa）

表 8-2　空调水系统常用管材和管件的公称压力　　　　（MPa）

管材、管件名称	公称压力	管件、管件名称	公称压力
普通焊接钢管	1.0	中压管道	4~6.4
加厚焊接钢管	1.6	高压管道	10~100
直缝、螺旋焊接钢管	1.6	低压阀门	1.6
无缝钢管	>1.6	中压阀门	25~6.4
低压管道	2.5	高压阀门	10~100

当系统较高时，冷热源和末端设备有可能出现承压不够的问题。

8.2.1.2　设备布置

在多层建筑中，习惯上把冷、热源设备都布置在地下层的设备用房内；若没有地下层，则布置在一层或室外专用的机房内。

在高层建筑中，为了减少设备及附件集中部位的承压，冷、热源设备通常有以下几种布置方式：

（1）冷、热源设备布置在塔楼外裙房的顶层，冷却塔则设于裙房的屋顶上，如图 8-19（a）所示。

（2）冷、热源设备布置在塔楼中间的技术设备层内，如图 8-19（b）所示。高区的冷水机组设在水泵的吸入侧，低区的设在水泵的压出侧。采用这个方案，应处理好设备噪声和振动问题。

（3）冷、热源设备布置在塔楼顶层，如图 8-19（c）所示。冷水机组处于水泵的压出侧，仅底部的末端设备承压大，对隔振和防止噪声问题必须进行专门的处理，且冷水机组整体吊装就位和日后维修更换都有一定的困难，因此，采用时需要特别慎重。

（4）冷、热源设备布置在地下室，但高层区和低层区分为两个系统，低层区用普通型设备，高层区用加强型设备。

（5）冷、热源设备布置在地下室，在中间技术设备层内布置水-水换热器，使静水压力分段承受，如图 8-19（d）所示。水-水换热器将整个水系统分隔成上、下两个独立的系统，并

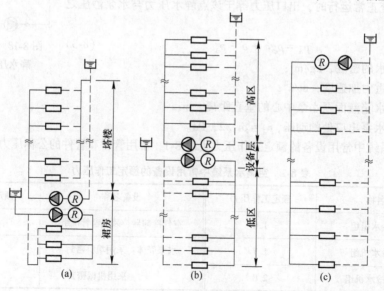

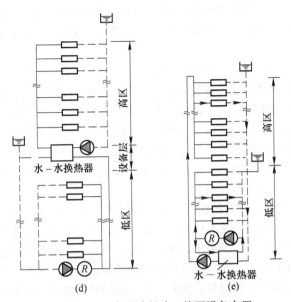

图 8-19　高层建筑冷、热源设备布置

（a）冷、热源设备布置在裙楼顶层；（b）冷、热源设备布置在中间设备层；（c）冷、热源设备布置在塔楼顶层；

（d）冷、热源设备布置在地下室，中间设备层内布置水-水换热器；

（e）冷、热源设备和向高区供水的水-水换热器布置在地下室

耦合传递冷量。

（6）冷、热源设备和向高区供水的水-水换热器布置在地下室，如图 8-19（e）所示。这样布置的优点是：有利于消除技术设备层内水泵运转产生的振动和噪声，便于设备的施工安装和运行维护管理，但必须解决好高区水-水换热器和循环水泵移到地下设备层后的承压问题。

（7）冷、热源设备布置在地下室，当高区超过设备承压能力部分的负荷不太大时，上部几层可以单独处理，如采用自带冷热源的空调机组或风冷式热泵等。

此外，在水系统的布置时，将循环水泵布置在蒸发器或冷凝器的出水端或采用复式泵系统，也能有效地降低系统的承压。

8.2.1.3　水系统的分区

空调水系统的分区通常有以下两种方式。

（1）按承压能力分区。水系统的竖向要不要分区应根据制冷、空调设备、管道及各种附件等的承压能力来确定。分区的目的是为了避免因压力过大造成系统泄漏，如果制冷、空调设备、管道及附件等的承压能力处在允许范围内就不应分区，以免造成浪费。

建筑总高度（包括地下室高度）$H \leqslant 100m$ 时，即冷水系统静压不大于 1.0MPa 时，冷水系统可不进行竖向分区（此时，循环泵为吸入式，即冷水机组的蒸发器处在水泵的吸入侧）。这是因为标准型冷水机组蒸发器的工作压力为 1.0MPa（换热器的工作压力也是 1.0MPa），其他末端设备及附件的承压也在允许范围之内。

建筑总高度 $H > 100m$ 时，即系统静压大于 1.0MPa 时，冷水系统应竖向分区。高区宜采用高压型冷水机组（其工作压力有 1.7MPa 和 2.0MPa 两种），低区采用标准型冷水机组。

对于 100m 以上的超高层建筑，制冷机也可集中设置不分区，在制冷机承压范围内可直接供冷，超过制冷机承压允许范围的高区采用板式换热器，利用换热后的二次水降温。高区冷热源设备布置在中间设备层或顶层时，应妥善处理设备噪声及振动问题。

（2）按负荷特性分区。按负荷特性分区仅仅是针对两管制风机盘管水系统而言的，也就是说，按建筑物的朝向和内外区进行管路布置。负荷特性本身包括了两个主要方面，即使用特性和固有特性。

1）按负荷使用特性分区。从使用性质上看，主要是各区域在使用时间、使用方式上的区别。由于现代综合性建筑的功能越来越复杂，建筑物各区域在使用时间、使用方式上的差异也越来越大，如酒店建筑中的客房与公共部分、办公建筑中的办公与公共部分等。

按使用性质分区可以各区独立管理，不用时可以最大限度地节省能源，灵活方便。对于高层建筑，通常在公共部分与标准层之间都有明显的建筑形式转换，以此转换处分区既对竖向分区有利，也对使用方式上的分区有利，是一种较好的方式。但这一分区通常要求设一个设备层，这将影响建筑形式以及增加初投资。

2）按负荷固有特性分区。负荷的固有特性是指朝向及内、外分区方面。南北朝向的房间由于日照不同，在过渡季节时的要求有可能不一致，东西朝向的房间由于出现负荷最大值的时间不一致，在同一时刻也会有不同的要求。从内、外区上看，外区负荷随室外气候的变化较为明显；而内区负荷相对比较稳定，全年以供冷的时间较多。因此，水系统可以考虑到上述不同的要求，进行合理的分区或分环路设置；同时，水系统的分区也应和空调风系统的划分相结合来考虑。

8.2.2　水系统的定压

在闭式循环的空调水系统中，为使水系统在确定的压力水平下运行，系统中应设置定压设备。对水系统进行定压的作用在于：一是防止系统内的水"倒空"，二是防止系统内的水汽化。目前空调水系统定压的方式有三种，即高位开式膨胀水箱定压、隔膜式气压罐定压和补给水泵定压。

水系统定压与膨胀，可按下列原则进行设计：

（1）系统的定压点宜设在循环水泵的吸入侧。

（2）定压点的最低压力可取系统最高点的压力高于大气压力 5~10kPa。

（3）系统的膨胀水量应能回收。

（4）闭式空调水系统的定压与膨胀方式，应结合具体建筑条件确定。条件允许时，特别是当系统静水压力接近冷热源设备能承受的工作压力时，应优先考虑采用高位开式膨胀水箱定压。当缺乏安装开式膨胀水箱条件时，可采用补水泵定压或气压罐定压。

8.2.2.1　高位开式膨胀水箱定压

A　膨胀水箱定压原理

膨胀水箱的作用是对水系统进行定压、容纳水体积膨胀和向系统补水。

在机械循环空调水系统中，为了确保膨胀水箱和水系统的正常工作，空调水系统的定压点（即膨胀水箱的膨胀管与系统的连接点）应设在循环水泵吸入口前的回水管路上，这是因为该点是压力最低的地方，使得系统运行时各点的压力均高于静止时的压力。在重力循环系统中，膨胀管应连接在供水总立管的顶端。膨胀水箱通常设置在系统的最高处，其安装高度应保持水箱中的最低水位高于水系统的最高点 1m 以上。

当系统中水温升高时，系统中的水容积增加，如果不容纳水的这部分膨胀量，势必造成系统内的水压增高，将影响正常运行。利用开式膨胀水箱来容纳系统的水膨胀量，可减小系统因水的膨胀而造成的水压波动，提高了系统运行的安全、可靠性。

当系统由于某种原因漏水或系统降温时，开式膨胀水箱的水位下降，此时，可利用膨胀管

（兼作补水管）自动向系统补水。

由于高位开式膨胀水箱具有定压简单、可靠、稳定和省电等优点，是目前工程上最常用的定压方式。条件允许时，特别是当系统静水压力接近冷热源设备能承受的工作压力时，应优先考虑采用高位开式膨胀水箱定压。

B　膨胀水箱的结构

膨胀水箱按构造分为圆形和方形两种，当计算出水系统的有效膨胀容积时，可按《国家采暖通风标准图集 T905-2》选取型号，查得其外形尺寸，以及各种配管的管径，并按国标图集制作。膨胀水箱配管示意图如图8-20所示，各种配管的作用及安装要求如下：

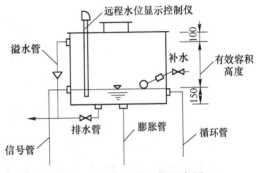

图8-20　膨胀水箱配管示意图

（1）膨胀管用于向膨胀水箱输送系统中水受热膨胀多余的体积，并兼作系统补水管之用，通常将其接在系统的定压点上。接管入口应略高于水箱底面，防止沉积物流入系统。膨胀管上不应装阀门。

（2）信号管用于检查膨胀水箱内是否有水，一般将它接到制冷机房内容易观察的地方（如洗手池），信号管上应安装阀门。补水时打开阀门，如信号管有水流出，说明水已注到膨胀水箱的正常水位，即可停止补水。

（3）溢水管的作用是当系统内水体积的膨胀超过溢水管的管口时，水会自动溢出，有组织地间接排至下水道。膨胀水箱内从信号管口至溢水管口之间的容积，称为有效膨胀容积。溢水管不许安装阀门。

（4）排水管用于清洗水箱和放空箱内的脏水，管上应安装阀门。通常将溢水管和排水管一起接至附近的下水道。

（5）循环管用于防止冬季水箱里的水结冰，使水箱内的存水在两接点压差的作用下缓慢地流动。当膨胀水箱内的水在冬季无结冰可能时，也可不设循环管。循环管必须与膨胀管连接在同一条管道上，两管接口之间应保持 1.5~3.0m 的距离。循环管上应严禁安装阀门。

C　膨胀水箱的补水

膨胀水箱补水的方式有两种。

（1）浮球阀补水。当所在地区生活给水水质较软，且制冷设备对冷水水质无特殊要求时，可利用屋顶生活给水水箱，通过浮球阀直接向膨胀水箱补水，如图8-21所示。

（2）补水泵补水。当所在地区生活给水水质较硬，且制冷设备要求冷水必须是软化水时，应设置软化水装置和补水泵，利用设置在膨胀水箱内的高低水位传感器来启动软化水补水泵，通过补水管直接向集水器补水，也可将补水管接到循环水泵的吸入口管道上，如图8-22所示。

D　膨胀水箱的容积

开式膨胀水箱的有效容积 $V(m^3)$ 取决于系统的水容量和最大的水温变化幅度，可按下式计算

$$V = V_t + V_p \tag{8-4}$$

式中　V_t——水箱的调节容量，m^3；

　　　　V_p——系统最大膨胀水量，m^3。

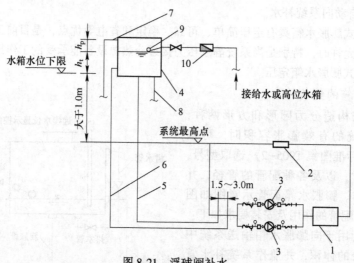

图 8-21 浮球阀补水

1—冷热源装置；2—末端用户；3—循环水泵；4—膨胀水箱；5—膨胀管；6—循环管；7—溢水管；
8—排水管；9—浮球阀；10—水表（图中标注的 h_t、h_p 分别表示与开式膨胀水箱的调节容积和
最大膨胀水量对应的水位高差，h_t 不得小于 200mm）

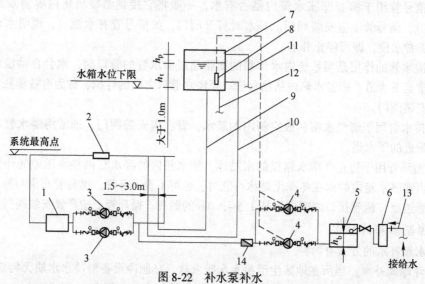

图 8-22 补水泵补水

1—冷热源装置；2—末端用户；3—循环水泵；4—补水泵；5—补水箱；6—软水设备；7—膨胀水箱；
8—液位计；9—膨胀管；10—循环管；11—溢水管；12—排水管；13—倒流防止器；
14—水表（图中标注的 h_t、h_p、h_b 分别表示与开式膨胀水箱的调节容积、
最大膨胀水量和补水量对应的水位高差，h_t 不得小于 200mm）

水箱的调节容量 V_t 可按下式计算

$$V_t = 2V_s \left[\left(\frac{v_2}{v_1} - 1 \right) - 3\alpha(t_2 - t_1) \right] \tag{8-5}$$

式中 V_s——系统的水容量，m^3，可近似按表 8-3 确定；

　　　　t_1——较低的水温（水初温），℃；

　　　　t_2——较高的水温（水终温），℃；

v_1——对应于 t_1 时水的比容，m^3/kg；

v_2——对应于 t_2 时水的比容，m^3/kg；

α——线膨胀系数，钢：$\alpha = 11.7 \times 10^{-6} m/(m \cdot \text{℃})$，铜：$\alpha = 17.1 \times 10^{-6} m/(m \cdot \text{℃})$。

表8-3　系统的水容量 　　　　　　　　　　　　　　　　　　　　（L/m²建筑面积）

运行工况	系 统 类 型	
	全空气系统	空气-水系统
供冷	0.40~0.55	0.70~1.30
供热（热水锅炉）	1.25~2.00	1.20~1.90
供热（热交换器）	0.40~0.55	0.70~1.30

膨胀水量 V_p 可按下式估算

$$V_p = a(t_2 - t_1)V_s \tag{8-6}$$

式中　a——水的体积膨胀系数，$a = 0.0006 L/\text{℃}$。

8.2.2.2　气压罐定压

气压罐定压俗称低位闭式膨胀水箱定压。气压罐不但能解决系统中水体积的膨胀问题，而且可实现对系统进行稳压、自动补水、自动排气、自动泄水和自动过压保护等功能。工程上常用气压罐是隔膜式的，罐内空气和水完全分开，对冷水的水质有保证。气压罐的布置比较灵活方便，不受位置高度的限制，可安装在制冷机房、热交换站和水泵房内，也不存在防冻的问题；主要缺点是需设置闭式（补）水箱，所以初投资较高。因此，气压罐定压适用于对水质净化要求高、对含氧量控制严格的空调循环水系统。

气压罐装置由补给水泵、补气罐、气压罐、软水箱以及各种阀门和控制仪表组成，其工作原理如图8-23所示。它利用气压罐内的压力来控制空调水系统的压力状况，从而实现下述各种功能。

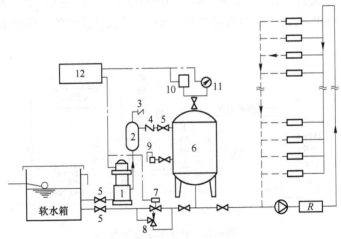

图8-23　气压罐工作原理

1—补水泵；2—补气罐；3—吸气阀；4—止回阀；5—闸阀；6—气压罐；7—泄水电磁阀；8—安全阀；
9—自动排气阀；10—压力控制器；11—电接点压力表；12—电控箱

（1）自动补水功能。按空调水系统的稳压要求，通过压力控制器10设定气压罐6的下限压力 p_1（即补水泵启动压力，通常为系统的静压值）和上限压力 p_2（即补水泵停止压力，通常比系统的静压值高3~5m水柱）。补水泵启动压头 H_1 与建筑高度有关，一般大于系统最高点

0.5m 水柱；补水泵的停止压头 H_2 应保证系统设备不超压。当气压罐内的气枕压力 p 随水位下降到下限压力 p_1 时，接通电动机，启动补给水泵 1，将软水箱内的水压入补气罐 2，推动罐内的空气和水一同进入气压罐 6，使罐内的水位和压力上升，从而将水补入循环水泵的吸入端。当气罐内压力上升到上限压力 p_2 时，切断补水泵的电源，停止补水。此时，补气罐 2 内的水位下降，吸气阀 3 自动开启，使外界空气经过滤后进入补气罐 2。在如此循环工作过程中，不断地向水系统补充所需的水量。

（2）自动排气功能。由于补给水泵 1 每工作一次，就给气压罐 6 补一次气，罐内的气枕容积逐渐扩大，下限水位也逐渐下降。当下降到自动排气阀 9 的限定水位时，便排出多余的气体，使水位恢复正常。

（3）自动泄水功能。当空调水系统体积膨胀时，热水会倒流入气压罐 6 内，使水位上升，罐内压力也随之上升。当罐内压力超过泄水压力，并达到电接点压力表 11 所设定的上限压力 p_4（通常比 p_2 高 1~2m 水柱）时，接通并打开泄水电磁阀 7，把气压罐内多余的水泄回到软水箱，直到电接点压力表 11 所设定的下限压力 p_3（通常比 p_4 低 2~4m 水柱）为止。

（4）自动过压保护功能。当气压罐 6 内的压力超过电接点压力表 11 所设定的安全阀开启压力 p_5（通常比 p_4 高 1~2m 水柱）时，自动打开安全阀 8 和电磁阀 7，一起快速泄水，迅速降低气压罐内的压力，从而达到保护系统的目的。

当用气压罐代替高位膨胀水箱时，应按水系统的总补水量或膨胀水量作为主要参数，由生产厂家的产品样本选取相应的型号。

8.2.2.3　补给水泵定压（简称补水泵定压）

补水泵定压方式运行稳定，适用于耗水量不确定的大规模空调水系统，不适用于中小规模的系统。补水泵定压原理如图 8-24 所示。补水定压点安全阀的开启压力宜为连接点的工作压力加上 50kPa 的富余量。补水泵的启停，宜由装在定压点附近的电接点压力表或其他形式的压力控制器来控制。电接点压力表上下触点的压力应根据定压点的压力确定，通常要求补水点压力波动范围为 30~50Pa 左右，波动范围太小，则触点开关动作频繁，易损坏，对水泵寿命也不利。

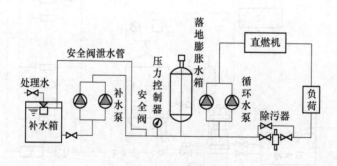

图 8-24　补水泵定压原理

8.2.3　水系统的流量调节

空调负荷的分布，在一年之内是极不均匀的，设计负荷的运行时间，一般仅占空调总运行时间的 6%~8%。空调水系统中冷水循环泵的能耗，一般占空调系统总能耗量的15%~20%。为了节省能耗，适应冷水系统供冷量随空调负荷的变化而改变的需求，冷水系统和冷水循环泵宜采用变流量调节方式。调节水泵流量的方法很多，比较实用的见表 8-4。

表 8-4 调节水泵流量的方法

方法	特性图	特 征	效 果
节流调节	图 8-25(a)	改变水泵出口阀门的开度，使工作状态点由 1 移至 2，利用节流过程的损失 $\Delta p(\Delta p = p_2 - p_3)$ 使流量由 Q_1 减至 Q_2	水泵效率由 η_1 降至 η_2，输送单位流量的功耗增大
变速调节	图 8-25(b)	根据水泵流量 Q、压力 p、转速 n 和功率 N 的下列关系：$$\frac{n_1}{n_2} = \frac{Q_1}{Q_2} = \frac{\sqrt{p_1}}{\sqrt{p_2}} = \frac{\sqrt[3]{N_1}}{\sqrt[3]{N_2}}$$ 改变水泵转速，使流量适应空调负荷变化的要求	水泵效率不变，功率大幅度下降，节能效果显著
台数调节	图 8-25(c)	通过压力、流量或能量等参数的控制，改变运行水泵的台数　压力控制时，若流量减少，工作点 1 左移，当达到压力上限点 2 时，自动停泵一台，这时，工作点移至点 3；若流量续减，则工作点纷续左移，直到压力上限点 4 时，又自动停泵一台。反之，当流量增大时，工作点由点 5 右移，到达压力下限点 5′时，自动增泵一台，这时，工作点移至 4′，若流量续增，则工作点继续右移，直到压力下限点 3′时，又自动增泵一台	不但节省能耗，且能大幅度减少每台水泵的运行时间，从而延长其使用寿命；运行中水泵效率有升有降，无效能耗较少
台数调节与变速调节相结合	图 8-25(d)	采用定速泵与变速泵并联运行，当流量不太大时，仅变速泵运行，流量增至 Q_3 时，定速泵自动投入运行，由于流量增大，变速泵的转速自动降低，保持总流量为 Q_4；若流量续增，则变速泵的转速自动增高，直至两者的流量和等于设计总流量 Q_6 为止	运行过程中，变速泵的效率不变，而定速泵的效率有升有降；兼有台数调节与变速调节的主要优点，节能效果明显

采用台数调节与变速调节相结合方式时，流量的变化关系大致如下：

$$Q_1 = 0.8Q_{VSP}$$
$$Q_2 = 0.9Q_{VSP}$$
$$Q_3 = Q_{VSP}$$
$$Q_4 = 0.8Q_{VSP} + Q_{CSP}$$
$$Q_5 = 0.9Q_{VSP} + Q_{CSP}$$
$$Q_6 = Q_{VSP} + Q_{CSP}$$

(8-7)

式中　Q_{VSP}——变速泵的流量，m^3/h；

　　　Q_{CSP}——定速泵的流量，m^3/h。

变流量水系统的设计注意事项：

(1) 采用节流调节时，应选择特性曲线较平坦的水泵；节流阀不应设置在水泵吸水管上。

(2) 变速调节时，采用压差控制比出口压力控制更节能，而且系统的稳定性好。

(3) 变速调节的调节上限，受最大允许转速的限制，越过这一转速，易导致水泵的损坏。调节下限则受临界速度的制约，若过分接近这一速度，易使水泵产生剧振。

(4) 设计台数调节时，必须处理好当减至只有一台水泵工作时，压力接近上限而系统流量继续减少的情况，这时，应及时发出报警并让旁通阀自动开启。

(5) 台数调节时，应考虑和安排好使水泵的启停能依次顺序进行，保持水泵的工作机会彼此均等。

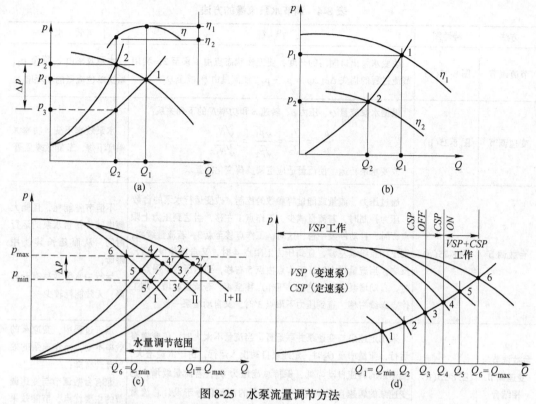

图 8-25　水泵流量调节方法
（a）节流调节；（b）变速调节；（c）台数调节；（d）台数调节与变速调节相结合

（6）台数调节时，应该考虑到泵群中某一台产生突发故障的可能性，这时，应有另一台水泵自动投入运行进行替代。为此，设置备用泵是必要的。

（7）设计台数调节与变速调节相结合的方式时，应给定速泵的启停预留一定的提前和延迟时间，以免水泵的启停过分频繁。这样，也有利于防止变速泵在小流量区工作时进入不稳定区。

8.2.4　循环水泵

8.2.4.1　循环水泵的配置原则

（1）对于大中型工程的两管制空调水系统，冬夏季宜分别设置冷水和热水循环泵。

（2）如果冷水循环泵要兼作热水循环泵使用时，一般按系统的供冷运行工况来选择循环泵，冬季输送热水时宜改变水泵的转速，使水泵运行的台数和单台水泵的流量、扬程与系统的工况相吻合。

（3）分区两管制和四管制系统的冷热水均为独立系统，因此循环泵必须分别设置。

（4）复式泵系统中的一次泵，宜与冷水机组的台数和流量相对应，即"一机对一泵"，一般不设备用泵。

（5）复式泵系统中二次泵的台数，应按系统的分区和每个分区的流量调节方式确定，每个分区的水泵数量不宜少于两台。

（6）热水循环泵的台数不应少于两台，应考虑设备用泵，且宜采用变频调速。

（7）选择配置水泵时，不仅应分析和考虑在部分负荷条件下水泵运行和调节的对策，特别是非 24h 连续使用的空调系统，如办公楼、教学楼等，还应考虑每天下班前能提前减少流量、降低扬程的可能性。

（8）应用在高层建筑中的循环水泵，须考虑泵体所能承受的静水压力，并提出对水泵的承压要求。

（9）冷水系统的循环水泵，宜选择低比转数的单级离心泵；一般可选用端吸泵，流量大于 500m³/h 时，宜选用双吸泵。

（10）在水泵的进出水管接口处，应安装减振接头。

（11）在水泵出水管的止回阀与出口阀之间宜连接泄水管。

（12）水泵进水和出水管上的阀门，宜采用截止阀或蝶阀，并应装置在止回阀之后。

（13）在循环水泵的进、出水管之间，应设置带止回阀的旁通管。旁通管的管道截面积，应大于或等于母管截面积的 1/2；止回阀的流向应与水泵的水流方向一致。在循环水泵的进水管段上，应设置安全阀，并宜将超压泄水引至给水箱或排水沟。

8.2.4.2 循环水泵的流量与扬程

A 循环水泵的流量

一次冷水泵的流量，应为所对应冷水机组的冷水流量；二次冷水泵的流量，应为按该区冷负荷综合最大值计算出的流量。选择冷水泵时所用的计算流量，应将上述流量乘以 1.05~1.1 的安全系数。

B 循环水泵的扬程

a 单式泵系统

（1）对于闭式系统，应取管路、管件、自控调节阀、过滤器、冷水机组的蒸发器（或热交换器）、末端设备换热器等的阻力和，即

$$H = \sum h_y + \sum h_j + h_H + h_z \tag{8-8}$$

式中　H——管道系统总阻力损失，mH_2O；

　　$\sum h_y$——管道系统沿程阻力损失，mH_2O；

　　$\sum h_j$——管道系统局部阻力损失，mH_2O；

　　h_H——空调末端设备的阻力损失，mH_2O，参见表 8-5；

　　h_z——制冷机组蒸发器的阻力损失，mH_2O，参见表 8-5。

表 8-5 设备阻力损失　　　　　　　　　　　　　　　　　　　　　（kPa）

设 备 名 称		阻 力	说 明
离心式冷冻机	蒸发器	30~80	依不同产品而定
	冷凝器	50~80	依不同产品而定
吸收式冷冻机	蒸发器	40~100	依不同产品而定
	冷凝器	50~140	依不同产品而定
冷却塔		20~80	不同喷雾压力
冷热水盘管		20~50	水流速度在 0.8~1.5m/s 左右
热交换器		20~50	依不同产品而定
风机盘管机组		10~20	风机盘管容量越大，阻力越大，最大 30kPa 左右
自动控制阀		30~50	依不同产品而定

（2）对于开式系统，除应取上列闭式系统的阻力和外，还应增加系统的静水压力（从蓄

水池或蓄冷水池最低水位至末端设备换热器之间的高差），即

$$H = \sum h_y + \sum h_j + h_H + h_z + H_i \tag{8-9}$$

式中 H_i——开式系统的静水压力，mH_2O。

    b   复式泵系统

    （1）对于闭式系统，一次泵的扬程应取一次管路、管件、自控调节阀、过滤器与冷水机组蒸发器等的阻力和，二次泵的扬程应取二次管路、管件、自控调节阀、过滤器与末端设备换热器等的阻力和。

    （2）对于开式系统，一次泵的扬程除应取一次管路、管件、自控调节阀、过滤器与冷水机组蒸发器阻力之和外，还应增加系统的静水压力（从蓄水池或蓄冷水池最低水位至蒸发器之间的高差）；二次泵的扬程除应取二次管路、管件、自控调节阀、过滤器与冷水机组蒸发器等的阻力和外，还应包括从蓄水池或蓄冷水池最低水位至末端设备换热器之间的高差，如设喷水室，末端设备换热器的阻力应以喷嘴前需要保证的压力替代。

    c   安全系数

    选择循环水泵时，宜对计算扬程附加 5%～10%的裕量。

8.2.4.3   水泵的输送能效比

《公共建筑节能设计标准》（GB 50189—2015）和《民用建筑供暖通风与空气调节设计规范》（GB 50736—2012）同时规定：在选配空调冷热水系统的循环水泵时，应计算循环水泵的耗电输冷（热）比 $EC(H)R$，并应符合下式要求：

$$EC(H)R = \frac{0.003096 \sum (GH/\eta_b)}{\sum Q} \leq A(B + \alpha \sum L)/\Delta T \tag{8-10}$$

式中 G——每台运行水泵的设计流量，m^3/h；

        H——每台运行水泵对应的设计扬程，m；

        η_b——每台运行水泵对应的设计工作点效率，%；

        Q——设计冷（热）负荷，kW；

       ΔT——规定的计算供回水温差，℃；

        A——与水泵流量有关的计算系数；

        B——与机房及用户的水阻力有关的计算系数；

      $\sum L$——从冷热机房出口至该系统最远用户供回水管道的总输送长度，m；

        α——与$\sum L$有关的计算系数。

    要保持空调循环水泵的耗电输冷（热）比符合规定的限值是有一定难度的，必须通过改变传统的观念与设计方法，采取一些新的技术措施来实现。例如：

    （1）加大供回水温度差，能大幅度减少循环水量，使系统的压力损失相应减少。例如，供暖时的供回水温差，由传统的 $\Delta t = 10$℃ 增大至 $\Delta t = 15$℃。供冷时的供回水温差，由传统的 $\Delta t = 5$℃ 增大至 $\Delta t = 7$℃，在保持管道摩阻控制量不变的情况下，管路长度可以增加40%左右。

    （2）适当放大管道的管径。当管道控制摩阻降低30%时，相当于管道长度增加43%。

    （3）选用工作效率较高的水泵。随着技术的不断发展，水泵效率也在逐步提高。因此，将会有更大的设计选择的空间，目前市场上实际已经出现了工作效率高于85%的产品。

    （4）选择高效率、低阻力空调设备。冷水机组、热交换器、组合式空调机组、新风机组等产品的效率与阻力值差异很大，选型时应进行认真比较，尽可能选用能效高、水阻小的产品。

8.2.4.4 循环水泵与冷水机组的连接

冷水机组和循环水泵通过管道一对一连接，如图 8-26 所示。这种方式机组与水泵之间的水流量一一对应，系统控制及运行管理简捷方便，各台冷水机组相互干扰少，水量变化小，水力稳定性好。某台冷水机组不运行时，由于水泵出口止回阀的作用，水不会通过停运的冷水机组及水泵而回流到正常运行的水泵之中。但在实际工程中，由于接管相对较多，施工安装难度较大，这种一对一的配置方式往往难以实现。

冷水机组和循环水泵通过共用集管连接，如图 8-27 所示。这种方式是将多台冷水泵并联后通过集管与冷水机组连接，能做到机组和水泵检修时的交叉组合互为备用。由于接管相对较为方便，机房布置简洁、有序，因此目前采用较多。这种方式要求每台冷水机组入口或出口管道上宜设电动阀，电动阀宜与对应运行的冷水机组和冷水泵连锁。这是因为当只有一台机组投入使用、另外几台停运时，如果不关闭通向冷水机组的水路阀门，水流将会均分流经各台冷水机组，无法保证蒸发器的水流量。当空调水系统设置自控设施时，应设电动阀随着冷水机组的使用或停运而开启或关闭。对应运行的冷水机组和冷水泵之间存在着连锁关系，而且冷水泵应提前启动和延迟关闭，因此电动阀开启或关闭应与对应水泵连锁。

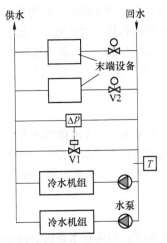

图 8-26 冷水机组和循环水泵
通过管道一对一连接

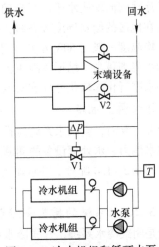

图 8-27 冷水机组和循环水泵
通过共用集管连接

在上述两种连接方式中，冷水机组均处在循环水泵的压出侧，它的优点是冷水机组和水泵的工作较为稳定，这种方式仅适用于建筑高度不高的多层建筑。对于高层建筑，空调水系统的静压大，为了减少冷水机组蒸发器的承压，应将冷水机组设在循环水泵的吸入侧。

8.2.5 水系统的补水、排气、泄水及除污

8.2.5.1 水系统的补水

空调冷热水系统在运行过程中，由于各种原因而漏水通常是难以避免的。为保证系统的正常运行，需要及时向系统补充一定的水量。

A 系统补水量的确定

要确定系统补水量，首先要知道系统的泄漏量。泄漏量应按空调系统的规模和不同系统形式计算水容量后确定。必须注意，系统水容量与循环水量无关，两者相差很大。系统的小时泄漏量可按系统水容量的 1% 计算，而系统补水量宜取系统水容量的 2%。空调水系统的水容量

可参见表8-3。

B　补水点及补水泵的选择

空调水系统的补水点，宜设置在循环水泵的吸入端。当补水压力低于补水点压力时，应设置补水泵。之所以将补水点设在循环水泵的吸入端，是为了减小补水点处的压力及补水泵的扬程。仅夏季使用的单冷空调系统，如未设置软化设备，且市政自来水压力大于系统的静水压力时，则可不设补水泵而用自来水直接补水。

补水泵的选择和设置要求如下：（1）各循环水系统宜分别设置补水泵。（2）补水泵的扬程应比系统静止补水点的压力高30~50kPa，再加上补水泵至补水点的管道阻力。（3）补水泵的小时流量宜取系统水容量的5%，不应超过10%。（4）通常补水泵间歇运行，有检修时间，一般可不设备用泵；但水系统较大时，宜设置两台补水泵，平时使用一台，初期上水或事故补水时使用两台。（5）冷热水合用的两管制水系统，宜设置备用泵。

C　补水的水质要求

空调水系统的补水应经软化处理。仅夏季供冷使用的空调系统，可采用电磁水处理器。

对于给水水质较软地区的多层或高层民用建筑，工程上可利用设在屋顶水箱间的生活水箱，通过浮球阀向膨胀水箱进行自动补水，此时膨胀水箱要比生活水箱低一定的高度。

当所在地区的给水硬度较高时，空调热水系统的补水宜进行化学软化处理。这是因为热水的供水平均温度一般为60℃左右，已达到结垢水温，且直接与高温一次热媒接触的换热器表面附近的水温则更高，结垢危险更大。为了不影响系统传热、延长设备的检修时间和使用寿命，对补水进行化学软化处理或对循环水进行除垢处理，是十分必要的。

D　补水调节水箱

设置补水泵时，空调水系统应设补水调节水箱（简称补水箱）。补水箱的调节容积应按照水源的供水能力、水处理设备的间断运行时间及补水泵稳定运行等因素确定，一般可按补水泵小时流量的0.5~1.0配置。补水箱的上部，应留有能容纳相当于系统最大膨胀水量的泄压排水容积。

8.2.5.2　水系统的排气和泄水

不论是闭式冷水系统、开式冷水系统，还是空调热水系统，均应在水系统管路中可能积聚空气的最高处设置排气装置（如自动或手动放空气阀），用来排放水系统内积存的空气，消除"气塞"，以保证水系统正常循环。同时，在管道上、下拐弯处和立管下部的最低处，以及管路中的所有低点，应设置泄水管并装设阀门，以便在水系统或设备检修时，将水排空。

8.2.5.3　水系统设备入口的除污

冷水机组、换热器、循环水泵、补水泵等设备的入口管道上，应根据需要设置过滤器或除污器。考虑设备入口的除污时，应根据系统大小和实际需要，确定除污装置的安装位置。例如，系统较大、产生污垢的管道较长时，除系统冷热源、水泵等设备的入口需设置外，各分环路或末端设备、自控阀门前也应根据需要设置，但距离较近的设备可不重复串联设置除污装置。

8.2.6　水系统的附件

8.2.6.1　分水器和集水器

设置分水器和集水器的目的：一是为了便于连接通向各个并联环路的管道；二是均衡压力，使汇集在一起的各个环路具有相同的起始压力或终端压力，确保流量分配均匀。分水器用于冷（热）水的供水管路上，集水器用于回水管路上。对于水环路无需分区的小型空调工程，可不设分、集水器；对于水环路需要分区的大中型空调工程，需要设置分、集水器。

分水器和集水器应按压力容器进行加工制造，其两端应采用椭圆形的封头。分水器和集水器的结构示意图如图 8-28 所示。分水器和集水器的筒身直径 D，可按各个并联接管的总流量通过筒身时的断面流速为 $1.0 \sim 1.5 \text{m/s}$ 来确定，或按经验公式估算：$D = (1.5 \sim 3.0) d_{max}$（$d_{max}$ 为各支管中的最大管径）。各支管的间距应考虑阀门的手轮便于操作来确定，再根据各支管的间距确定分水器或集水器的长度。分水器和集水器上应安装压力表和温度计等监测仪表，其底部应设排污管接口，管径一般为 $DN40$。

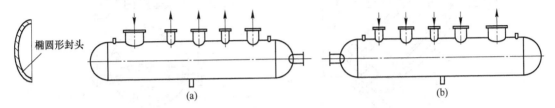

图 8-28 分水器和集水器结构示意图
(a) 分水器；(b) 集水器

某空调工程的分水器和集水器与各个空调分区的供、回水管的连接如图 8-29 所示。该工程的空调冷（热）源采用直燃型溴化锂吸收式冷热水机组，夏季提供冷水，冬季提供热水。空调水系统为一次泵变流量系统，在分水器与集水器之间设置由压差控制器控制的电动两通阀。

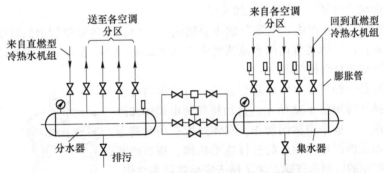

图 8-29 某空调工程的分水器和集水器布置

8.2.6.2 除污器（或过滤器）

水系统中的供水总管、热源（冷源）、用热（冷）设备、水泵、调节阀、热计量装置等的入口管路上，均应设置除污器（或过滤器），用于阻留杂物和污垢进入水系统，防止堵塞管道与设备。

图 8-30 所示为 Y 形过滤器的结构示意图。它利用过滤网阻留杂物和污垢。过滤网为不锈钢金属网，过滤面积为进口管面积的 $2 \sim 4$ 倍。使用时应定期将过滤网卸下清洗。Y 形过滤器有螺纹连接和法兰连接两种，小口径过滤器为螺纹连接。Y 形过滤器有多种规格（$DN15 \sim 450\text{mm}$）。Y 形过滤器具有结构紧凑、体积小、安装清洗方便、阻力小等优点，因此在空调水系统中应用十分广泛。

图 8-31 所示为立式除污器的结构示意图。它是一个钢制圆筒形容器，水进入除污器，流速降低，大块污物沉积于底部，经出水花管将较小污物截留，除污后的水流向下面的管道。其

顶部有放气阀，底部有排污用的丝堵或手孔。使用中除污器应定期清通。

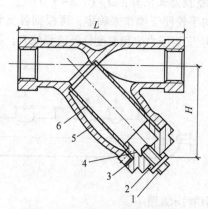

图 8-30　Y 形过滤器结构示意图

1—螺栓；2, 3—垫片；4—封盖；5—阀体；6—网片

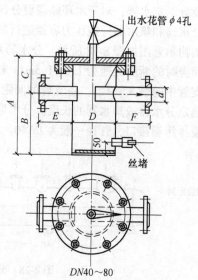

图 8-31　立式除污器结构示意图

8.2.6.3　排气装置

闭式水系统中空气的存在会带来很多问题，如使氧腐蚀加剧，产生噪声，水泵形成涡空、气蚀等。如不及时地将这些气体从管路中予以排除，它们还会逐渐地积聚至管路的某些制高点，并进一步形成"气塞"，破坏系统的循环。

设计水系统时，防止产生"气塞"的主要措施有：（1）妥善安排管道的坡度与坡向，避免产生气体积聚；（2）保持管内的水流速度大于 0.25m/s；（3）在可能形成气体积聚的管路上，安装性能可靠的自动排气阀。

自动排气阀是一种排除空气的理想设备，目前国内外普遍应用的自动排气阀如图 8-32 所示。自动排气阀由阀体和阻断阀两部分组成，一般采用黄铜制作，阀体内配有用耐高温合成材料加工而成的浮球及相应的杠杆连动机构，顶部则装有受杠杆机构控制的针型排气阀。为了便于安装连接和维修，阀体下部配有阻断阀，当拧下阀体时，阻断阀能自动封闭管路，维护后重新拧上阀体时，阻断阀即自动开启。系统运行时，气体经阻断阀进入阀体，通过浮球与阀体内壁之间的空隙上升至浮球上部，随着空气量的逐步增加，迫使浮球向下运动，杠杆机构则使顶部的针型阀开启，将空气排出；这时，浮球上部空间的压力下降，在水的浮力作用下，浮球上升，排气阀被关闭。

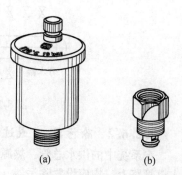

图 8-32　自动排气阀

（a）阀体；（b）阻断阀

8.2.6.4　平衡阀

工程中常设置平衡阀来解决空调水系统的水力平衡问题，特别是对于那些阻力先天不平衡的支管环路。为了确保系统中各个分区能分配到设计规定的水流量，对于规模较大的水系统，有条件时，宜在各个分支管路处安装平衡阀。

A　平衡阀的构造

平衡阀及测量仪表如图 8-33 所示。平衡阀主要由阀体、阀杆、阀芯、阀座、手轮和测压孔等部分组成。根据阀门口径大小可分为小口径（15～50mm）及大口径（65～150mm）两类。

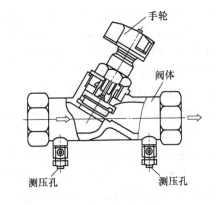

B　平衡阀的功能

（1）测量流量。通过测压孔测得水流经平衡阀时的压力差，将压差信号通过专用的压差变送器，传递给专用智能仪表，可读出被测的流量值。

（2）调节流量。通过旋转手轮，读出阀门的开度值。一旦设定阀门的开度后可以加以锁定。

（3）隔断功能。阀门处于全关位置时，可以完全截断流量，相当于一个截止阀。

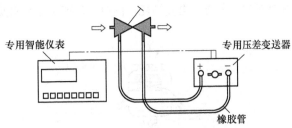

图 8-33　平衡阀及测量仪表

（4）排污功能。对于小口径的阀门，接有排污短接管。通过排污口，可以排除管段中的积水。

C　平衡阀的选择

（1）按照生产厂家提供的流量-压差-口径线算图，选择平衡阀。根据水系统管路的水力计算结果和应由平衡阀消除的剩余压头，确定平衡阀的口径。

（2）阀门的压降应大于 3kPa，否则会影响测量的准确性。阀门的局部阻力系数为 10～14，按此折算出管内水流速度应大于 0.7m/s，这样可使阀门口径与管径相同，不作变径。

（3）平衡阀应尽可能设在回水管上，以保证供水压力不致降低。

（4）为使流经阀门前后的水流稳定，保证测量精度，平衡阀应尽可能安装在直管段上，满足阀前为 5D、阀后为 2D 的要求（D 为管道公称直径）。当阀前为水泵时，直管段长度应加大至 10D。

8.3　空调冷却水系统

空调冷却水系统是指利用冷却塔向冷水机组的冷凝器供给循环冷却水的系统。该系统由冷却塔、冷却水箱（池）、冷却水泵、冷水机组的冷凝器等设备及其连接管路组成。

8.3.1　冷却水系统的形式

8.3.1.1　下水箱（池）式冷却水系统

制冷站为单层建筑，冷却塔设置在屋面上。当冷却水水量较大时，为便于补水，制冷机房内应设置冷却水箱（池）。此时，冷却水的循环流程为：来自冷却塔的冷却供水→机房冷却水箱（加药装置向水箱加药）→除污器→冷却水泵→冷水机组的冷凝器→冷却回水返回冷却塔，如图 8-34 所示。这是一种开式冷却水系统。其优点是冷却水泵从冷却水箱（池）吸水后，将冷却供水压入冷凝器，水泵总是充满水，可避免水泵吸入空气而产生水锤。这种系统也适用于制冷站设在地下室，而冷却塔设在室外地面或室外绿化地带的场合。由于制冷站建筑的高度不高，这种开式系统所增加的水泵扬程不大。

8.3.1.2 上水箱式冷却水系统

制冷站设在地下室，冷却塔设在高层建筑主楼裙房的屋面上（或者设在主楼的屋面上）。冷却水箱也设在屋面上冷却塔的近旁。此时，冷却水的循环流程为：来自冷却塔的冷却供水→屋面冷却水箱（加药装置向水箱加药）→除污器→冷却水泵→冷水机组的冷凝器→冷却回水返回冷却塔，如图 8-35 所示。显然，这种系统冷却塔的供水自流入屋面冷却水箱后，靠重力作用进入冷却水泵，然后将冷却供水压入冷凝器，有效地利用了从水箱至水泵进口的位能，减小水泵扬程，节省了电能消耗。同时，保证了冷却水泵内始终充满水。

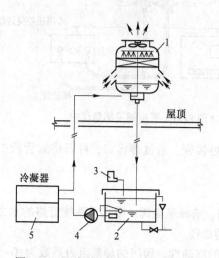

图 8-34 下水箱（池）式冷却水系统
1—冷却塔；2—冷却水箱（池）；
3—加药装置；4—冷却水泵；5—冷水机组

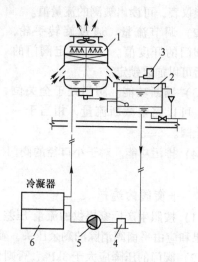

图 8-35 上水箱式冷却水系统
1—冷却塔；2—冷却水箱；3—加药装置；
4—水过滤器；5—冷却水泵；6—冷水机组

8.3.1.3 多台冷却塔并联运行的冷却水系统

对于大中型空调工程来讲，经常遇到多台冷却塔并联配置的情况。当多台冷却塔并联运行时，应使各台冷却塔和冷却水泵之间管段的阻力大致达到平衡。如果没有解决好阻力平衡问题，在实际工程中就会出现各台冷却塔水量分配不均匀，有的冷却塔在溢水而有的冷却塔在补水的情况。首先，这是由于连接管道及阀门的阻力不平衡造成的，导致冷却塔的进水量和出水量不平衡，进水量大、出水量小的塔就会溢流；而出水量大、进水量小的塔却要补水。其次，只在冷却塔的进水管道上设置自动阀门（如电动两通阀），而未在出水管道上设置。这样，对于不运行的冷却塔来讲，由于进水阀关闭，没有进水，但出水管连通，照样出水，致使不运行冷却塔的集水盘水位下降，需要补水。

为了解决上述问题，一是在冷却塔的进水支管和出水支管上都要设置电动两通阀，两组阀门要成对地动作，与冷却塔的启动和关闭进行电气联锁；二是在各台冷却塔的集水盘之间采用平衡管连接，而平衡管的管径与进水干管的管径相同；三是为使冷却塔的出水量均衡、集水盘水位一致，出水干管应采取比进水干管大两号的集合管，如图 8-36 所示。在多台冷却塔并联运行的系统中，集合管在一定程度上起到增加进入水泵的冷却水水容量的作用。

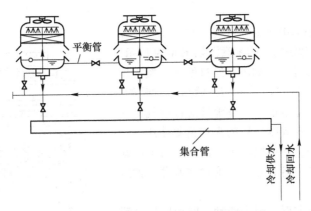

图 8-36　多台冷却塔并联运行的冷却水系统

8.3.1.4　冷却塔供冷系统

目前，常见的冷却塔供冷系统形式主要有：冷却塔直接供冷系统（图 8-37）和冷却塔间接供冷系统（图 8-38）。冷却塔供冷系统适用于低湿球温度地区（在夏季或过渡季利用冷却塔制备的冷却水，供给空调系统使用，以节省部分能量）和现代办公楼的内区（全年要求供冷）。当室外空气的焓值低于室内空气的设计焓值，又无法加大新风量进行免费供冷时，也可利用冷却塔供冷系统。

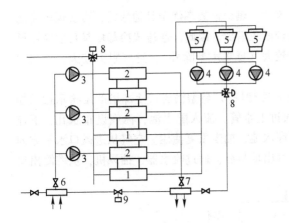

图 8-37　冷却塔直接供冷系统

1—冷凝器；2—蒸发器；3—冷水水泵；
4—冷却水水泵；5—冷却塔；6—集水器；
7—分水器；8—电动三通阀；9—压差调节阀

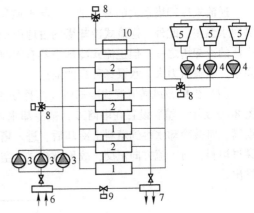

图 8-38　冷却塔间接供冷系统

1—冷凝器；2—蒸发器；3—冷水水泵；4—冷却水水泵；
5—冷却塔；6—集水器；7—分水器；8—电动三通阀；
9—压差调节阀；10—板式换热器

8.3.2　冷却塔

8.3.2.1　冷却塔的类型

按通风方式，冷却塔可分为自然通风冷却塔、机械通风冷却塔和混合通风冷却塔；按被冷却水与空气的接触方式，冷却塔可分为湿式冷却塔、干式冷却塔和干湿式冷却塔；按被冷却水和空气的流动方向，冷却塔可分为逆流式冷却塔、横流式冷却塔和混流式冷却塔。目前，工程上常用的冷却塔有机械通风逆流湿式冷却塔、机械通风横流湿式冷却塔、引射式冷却塔和闭式冷却塔四种类型。

（1）机械通风逆流湿式冷却塔（简称逆流式冷却塔）。典型逆流式冷却塔的结构示意图如图8-39所示。被冷却水通过上水管进入冷却塔，通过配水系统，使被冷却水沿塔平面呈网状均匀分布，然后通过喷嘴，将其喷洒到填料上，穿过填料，呈雨状通过空气分配区，落入塔底水池，变成冷却后的水待重复使用。空气从进风口进入塔内，穿过填料下的雨区，与被冷却水成相反方向（逆流）穿过填料，通过收水器、抽风机，从风筒排出。

逆流式冷却塔有方形和圆形两种。圆形塔比方形塔的气流组织好，适合单独布置、整体吊装，塔较高，湿热空气回流影响小；而方形塔占地较少，适合多台组合，可现场组装。根据风机的不同设置，逆流式冷却塔可分为抽风型和鼓风型。目前常用的是抽风型，只有当循环水对风机的侵蚀性较强时，才采用鼓风型。根据塔内的降低噪声结构，可分为普通型、低噪声型和超低噪声型。

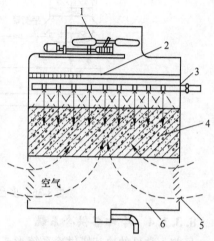

图8-39　典型逆流式冷却塔结构示意图
1—风机；2—收水器；3—配水系统；
4—填料；5—百叶窗式进风口；
6—冷水储槽

逆流式冷却塔最大的特点是空气与水逆向流动，热交换效率优于其他形式，可实现较高的供回水温差。此外，逆流式冷却塔的占地面积较横流塔少。因此，逆流式冷却塔是目前应用最广泛的冷却塔之一。但逆流式冷却塔具有噪声较大（低噪声型除外）、空气阻力较大、检修空间小、喷嘴阻力大、水泵扬程高的缺点。

（2）机械通风横流湿式冷却塔（简称横流式冷却塔）。典型横流式冷却塔的结构示意图如图8-40所示。填料设置在塔筒外，被冷却水通过上水管，流入配水池，池底设布水孔，下连喷嘴，将被冷却水洒到填料上冷却后，进入塔底水池，抽走重复使用。空气从进风口水平方向穿过填料，与水流方向正交，故称横流式。空气出填料后，通过收水器、抽风机，从塔筒出口排出。

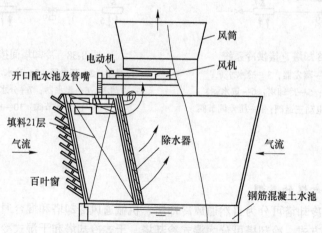

图8-40　典型横流式冷却塔结构示意图

与逆流式相比，横流式冷却塔具有热交换效率较低、回流空气影响较大、占地面积较大的缺点；但横流塔进出风口高差小，塔体高度低；布水阻力小，水泵能耗低；噪声较低；维修方便。因此，近年来横流式冷却塔在工程中得到越来越多的应用。

（3）引射式冷却塔。引射式冷却塔的结构示意图如图 8-41 所示。它的工作原理与前面两种不同，不用风机而利用循环泵提供的扬程，让水以较高的速度通过喷嘴射出，从而引射一定量的空气进入塔内与雾化的水进行热交换，从而使水得到冷却。与其他类型冷却塔相比，噪声低，但设备尺寸偏大，造价较贵。

（4）闭式冷却塔。闭式冷却塔也称蒸发式冷却塔，类似于蒸发式冷凝器，如图 8-42 所示。冷却水系统是全封闭系统，不与大气相接触，不易被污染。在室外气温较低时，利用制备好的冷却水作为冷水使用，直接送入空调系统中的末端设备，以减少冷水机组的运行时间。在低湿球温度地区的过渡季节里，可利用它制备的冷却水向空调系统供冷，收到节能的效果。

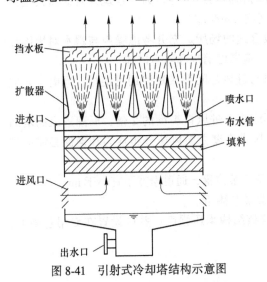

图 8-41　引射式冷却塔结构示意图

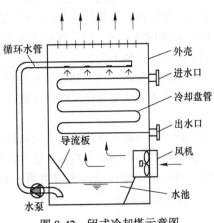

图 8-42　闭式冷却塔示意图

8.3.2.2　冷却塔的选型

冷却塔的选择应遵循以下基本原则：

（1）冷却塔选型须根据建筑物功能、周围环境条件、场地限制与平面布局等诸多因素综合考虑。对塔型与规格的选择还要考虑当地气象参数、冷却水量、冷却塔进出水温、水质以及噪声、散热和水雾对周围环境的影响，最后经技术经济比较确定。也就是说选择冷却塔时主要考虑热工指标、噪声指标和经济指标。

（2）对冷却塔的要求：1）制造商须提供经试验实测的热力性能曲线；2）风机和电机匹配良好，无异常振动与噪声，运行噪声达到标准要求；3）布水均匀，不易堵塞，壁流较少，除水效率高，水滴飞溅少，没有明显的飘水现象，底盘积水深度应确保在水泵启动时至少一分钟内不抽空；4）重量轻；5）电耗较低；6）塔体结构稳定；7）维护管理方便。

（3）冷却塔要求的水量可按下式计算

$$G = \frac{kQ_0}{c(t_{w1} - t_{w2})} \tag{8-11}$$

式中　Q_0——制冷剂冷负荷，kW；

　　　k——制冷机制冷时耗功的热量系数，对于压缩式制冷机取 1.2~1.3，对于溴化锂吸收式制冷机取 1.8~2.2；

c——水的比热容，kJ/(kg·℃)；

t_{w1}，t_{w2}——冷却塔的进、出水温度，℃；压缩式制冷机取 4~5℃，溴化锂吸收式制冷机取 6~9℃。

（4）为了节水和防止对环境的影响，应严格控制冷却塔飘水率。

（5）冷却塔的容量控制宜采用双速风机或变频调速来实现。

（6）冷却塔的材质应具有良好的耐腐蚀性和耐老化性能。

8.3.2.3　冷却塔的布置

（1）为节约占地面积和减少冷却塔对周围环境的影响，通常宜将冷却塔布置在裙房或主楼的屋顶上，冷水机组和冷却水泵布置在地下室或室内机房。

（2）冷却塔应设置在空气流通、进出口无障碍物的场所。有时为了建筑外观而需设围挡时，必须保持有足够的进风面积（开口净风速应小于 2m/s）。

（3）冷却塔的布置应与建筑协调，并选择较合适的场所。充分考虑噪声与飘水对周围环境的影响；如紧挨住宅和对噪声要求较严的地方，应考虑消声和隔声措施。

（4）布置冷却塔时，应注意防止冷却塔排风与进风之间形成短路的可能性；同时，还应防止多个塔之间互相干扰。

（5）冷却塔进风口侧与相邻建筑物的净距不应小于进风口高度的 2 倍，周围进风的塔间净距不应小于进风口高度的 4 倍，才能使进风口区沿高度方向风速分布均匀和确保必需的进风量。

（6）冷却塔周边与塔顶应留有检修通道和管道安装位置，通道净宽不宜小于 1m。

（7）冷却塔不应布置在热源、废气和油烟气排放口附近。

（8）冷却塔设置在屋顶或裙房顶上时，应校核结构承压强度；并应设置在专用基础上，不得直接设置在屋面上。

8.3.3　冷却水系统的设计

8.3.3.1　冷却水系统的布置形式

（1）重力回流式。水泵设置在冷水机组冷却水的出口管路上，经冷却塔冷却后的冷却水借重力流经冷水机组，然后经水泵加压后送至冷却塔进行再冷却，如图 8-43（a）所示。冷凝器只承受静水压力。重力回流式一般用于高层建筑，以减少制冷机冷凝器侧的承压。

（2）压力回流式。水泵设置在冷水机组冷却水的入口管路上，经冷却塔冷却后的冷却水借水泵压力流经冷水机组，然后再进入冷却塔进行再冷却，如图 8-43（b）所示。冷凝器的承压为系统静水压力和水泵全压之和。冷却塔只能布置在室外地面时，一般采用压力回流式。为了保证冷却水泵吸入口不发生气蚀，设计中应将冷却塔在室外以钢支架架高，加大回水管管径，并采用阻力小的成品弯头等配件以减少系统阻力。

8.3.3.2　冷却水泵的选择

冷却水泵宜按冷水机组台数，以"一机对一泵"的方式配置，不设备用泵。

（1）冷却水泵的流量：可按式（8-11）计算，并乘以 1.05~1.10 的安全系数。

（2）水泵扬程的确定：

1）开式系统（图 8-44）。

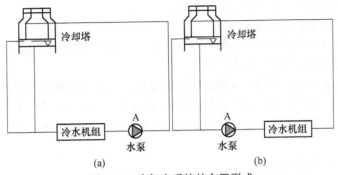

图 8-43　冷却水系统的布置形式

（a）重力回流式；（b）压力回流式

冷却水泵的扬程应是冷却水系统管路沿程阻力和局部阻力之和，再加上制冷机组冷凝器阻力、冷却塔的提升高度（循环水泵与冷却塔布水器之间的高差）以及冷却塔布水器的喷射压力（约为 $5mH_2O$），即

$$H_L = \sum h_y + \sum h_j + h_1 + h_t + 5 \tag{8-12}$$

式中　H_L——冷却水系统总阻力损失，mH_2O；

　　　　$\sum h_y$——管道系统沿程阻力损失，mH_2O；

　　　　$\sum h_j$——管道系统局部阻力损失，mH_2O；

　　　　h_1——制冷机组冷凝器阻力损失，mH_2O；

　　　　h_t——冷却塔的提升高度，mH_2O。

2）闭式系统（图 8-45）。

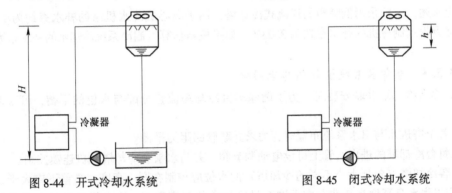

图 8-44　开式冷却水系统　　　　　　图 8-45　闭式冷却水系统

冷却水泵的扬程应是冷却水系统管路沿程阻力和局部阻力之和，再加上制冷机组冷凝器阻力、冷却塔内水的提升高度（塔内水面与布水器之间的高差）以及冷却塔布水器的喷射压力（约为 $5mH_2O$），即

$$H_L = \sum h_y + \sum h_j + h_1 + h + 5 \tag{8-13}$$

式中　h——冷却塔内水的提升高度，mH_2O。

3）安全系数：选择冷却水泵时，宜对计算扬程附加 5% ~ 10% 的裕量。

8.3.3.3　集水盘的水容积

冷却塔在间歇运行时，塔内的填料基本是干燥的，为了使冷却塔的填料表面首先润湿，并使水层保持正常运行时的水层厚度，然后才能流向冷却塔的集水盘，达到动态平衡。刚启动水泵时，集水盘内的水还没有达到正常水位的短时间内，引起水泵进口缺水，导致制冷机无法正常运行。因此，集水盘的水容积应满足以下要求：

（1）水泵抽水不出现空蚀现象。

（2）保持水泵吸入口正常吸水的最小淹没深度，以避免形成旋涡而使空气进入吸水管中。

（3）能容纳停泵时重力流入的水容量。

（4）冷却水间歇运行时需满足冷却塔部件（填料）由基本干燥到润湿成正常运转情况所附着的全部水量，逆流塔按总水量的1.5%估算，横流塔为2%。如果集水盘容积不能满足以上要求，可增设冷却水箱或集水池。对于多台冷却塔并联的大型空调系统，首先考虑采用集水池。

8.3.3.4　冷却水的补水量

在开式机械通风冷却塔冷却水循环系统中，各种水量损失的总和即是系统必需的补水量，包括以下几个部分：

（1）蒸发损失。冷却水的蒸发损失与冷却水的温降有关，一般当温降为5℃时，蒸发损失为循环水量的0.93%；当温降为8℃时，则为循环水量的1.48%。

（2）飘逸损失。由于机械通风的冷却塔出口风速较大，会带走部分水量，国外有关设备其飘逸损失为循环水量的0.15%~0.3%；国产质量较好冷却塔的飘逸损失为循环水量的0.3%~0.35%。

（3）排污损失。由于循环水中矿物成分、杂质等浓度不断增加，为此需要对冷却水进行排污和补水，使系统内水的浓缩倍数不超过3~3.5。通常排污损失量为循环水量的0.3%~1%。

（4）其他损失。包括在正常情况下循环泵的轴封漏水，个别阀门、设备密封不严引起渗漏，以及设备停止运转时的冷却水外溢损失等。

综上所述，一般采用低噪声的逆流式冷却塔，用于离心式冷水机组的补水率约为1.53%，对溴化锂吸收式制冷机的补水率约为2.08%。如果概略估算，制冷系统冷却水的补水率为2%~3%。

8.3.3.5　冷却水系统设计的其他问题

（1）多台冷却塔并联安装时，为了确保多台冷却塔流量分配与水位的平衡，可采取以下措施：

1）各个塔进水与出水系统布置时，力求并联管路阻力平衡。

2）每台冷却塔的进出水管上可设电动调节阀，并与水泵和冷却塔风机连锁控制。

3）各冷却塔（包括大小不同的冷却塔）的水位应控制在同一高度，高差不应大于30mm，设计时应以集水盘高度为基准考虑不同容量冷却塔的底座高度。在各塔的底盘之间安装平衡管，并加大出水管共用管段的管径。一般平衡管可取比总回水管的管径加大一号。

（2）为了防止关闭冷却塔后产生溢流现象，除必须接至冷却塔上部布水的进水管以外，所有冷却塔的出水管必须低于冷却塔操作水位，同时确保水泵启动时能正常运行。冷却塔集水盘在运行时必须保持一定的水位，以防止空气进入水管，集水盘运行水位与溢流水位之间必须留有足够的高度，以便在冷却塔启动时冷却水能充满立管与分配管，使冷却塔能顺利启动，当增设冷却水箱或集水池时尤其要注意干管与水箱间的高度差。所有水管的支管与干管连接时应保持管顶相平。

（3）为了确保在运行过程中能对每台冷却塔单独进行维修，必须安装能完全切断每台冷却塔进出水管路的阀门。

（4）对冬季或过渡季存在一定供冷需求的建筑，经技术经济分析合理时，可利用冷却塔供冷。

（5）冬季有些建筑物要求冷却塔直接提供空气调节冷水时，或者在冬季冷却塔冷却水系统停运时，都有可能因室外气温过低而引起冷却塔、阀门、水管、水泵、本机的某些部位结冰，必须采取有效的防冻措施。

8.4　空调冷凝水系统

各种空调设备（如风机盘管机组、柜式空调器、新风机组、组合式空调箱等）在运行过程中产生的冷凝水必须及时排走。因此，需要配置相应的冷凝水排水系统。

凝结水管路系统设计时应注意以下几点：

（1）冷凝水管处于非满管流状态，内壁接触水和空气，不应采用无防锈功能的焊接钢管；冷凝水为无压自流排放，若采用软塑料管会形成中间下垂，影响排放。因此，空调冷凝水管材应采用强度较大且不易生锈的 PVC、UPVC 管或钢衬塑管。

（2）冷凝水管的管径，应根据冷凝水量和敷设坡度通过计算确定。一般情况下，每 1kW 冷负荷，每 1h 约产生 0.4kg 左右冷凝水；在潜热负荷较高的场合，每 1kW 冷负荷，每 1h 可能要产生 0.8kg 冷凝水。通常，可根据冷负荷（kW）按表 8-6 选择确定冷凝水管的公称直径 DN（mm）。

表 8-6　冷凝水管管径选择

冷负荷 /kW	公称直径 /mm	冷负荷 /kW	公称直径 /mm	冷负荷 /kW	公称直径 /mm
7	20	101~176	40	1056~1512	100
7.1~17.6	25	177~598	50	1513~12462	125
17.7~100	32	599~1055	80	>12462	150

注：本资料引自美国 MCQUAY 公司《水源热泵空调设计手册》。

（3）水平干管必须沿水流方向保持不小于 0.005 的坡度，且不允许有积水部位；连接设备的水平支管，应保持不小于 0.01 的坡度。

（4）当冷凝水盘位于空气处理设备内的负压区段时，其出水口处必须设置水封，水封的高度应比凝水盘处的负压（相对于水柱高度）大 50% 左右。水封的出口应与大气相通，一般通过排水漏斗与排水系统连接。

（5）设计冷凝水系统时，必须结合具体环境进行防结露计算；若表面有结露可能时，应对冷凝水管进行绝热处理。

（6）冷凝水立管的直径，应与水平干管的直径保持相同；冷凝水立管的顶部，应设计通向大气的透气管。

（7）系统最低点和需要单独放水的设备（如表冷器）的下部应设带阀门的放水管，并接入地漏。

（8）设计和布置冷凝水管路时，必须认真考虑定期冲洗的可能性。为便于定期冲洗、检修，冷凝水水平干管始端应设清扫口。

8.5　空调水系统的水力计算

空调水系统阻力一般由三大部分组成，即设备阻力、附件阻力和管道阻力。设备阻力通常由设备生产厂商提供。因此，进行水力计算的主要内容是附件和管件（如阀门、三通等）的阻力以及直管段的阻力，通常前者称为局部阻力，后者称为沿程阻力。空调水系统的水力计算包括冷（热）水系统和冷却水系统两部分的水力计算。

8.5.1　管内流速限制

无论是局部阻力还是沿程阻力，都与水流速度有关。流速过小，尽管水阻力较小，对运行及控制较为有利，但在水流量一定时，其管径将增大，不仅会造成投资的增加，还会占用较大的建筑空间。流速过大，则水流阻力加大，运行能耗增加。管内流速过大，还可能产生水击现象，导致管道系统强烈振动、噪声，造成阀门破坏，甚至管道爆裂等事故。因此，水管中的水流速度一般应限制在 3m/s 以内。

Carrier：《Handbook of Air Conditioning System Design》中的推荐流速见表 8-7。该推荐值是建立在噪声与腐蚀均保持在允许水平时的最大值。

表 8-7　Carrier Handbook 推荐流速　　　　　　　　　　（m/s）

管道种类	推荐流速	管道种类	推荐流速
水泵吸水管	1.2~2.1	集管	1.2~4.5
水泵出水管	2.4~3.6	排水管	1.2~2.0
一般输水管	1.5~3.0	接自城市供水管网的供水管	0.9~2.0
室内供水立管	0.9~3.0		

冷却塔循环管道的推荐流速见表 8-8。

表 8-8　冷却塔循环管道推荐流速

循环干管直径/mm	$DN \leqslant 250$	$500 > DN > 250$	$DN \geqslant 250$
推荐流速/m·s^{-1}	1.5~2.0	2.0~2.5	2.5~3.0

8.5.2　沿程阻力

水在管道内的沿程阻力（也称摩擦阻力）Δp_m（Pa）可按下式计算

$$\Delta p_m = \lambda \frac{l}{d} \frac{\rho v^2}{2} \tag{8-14}$$

式中　λ——摩擦阻力系数，无因次量；

　　　l——直管段长度，m；

　　　d——管道内径，m；

　　　ρ——水的密度，kg/m^3；

　　　v——管内水流速，m/s。

单位沿程阻力（也称比摩阻）R

$$R = \frac{\lambda}{d} \frac{\rho v^2}{2} \tag{8-15}$$

则

$$\Delta p_m = Rl \tag{8-16}$$

摩擦阻力系数 λ 与流体的性质、流态、流速、管内径大小、内表面的粗糙度有关，紊流过渡区的摩擦阻力系数 λ 可按 Colebrook 公式确定：

$$\frac{1}{\sqrt{\lambda}} = -2.01g\left(\frac{K}{3.71d} + \frac{2.51}{Re\sqrt{\lambda}}\right) \tag{8-17}$$

式中　K——管内表面的当量绝对粗糙度，m；闭式水系统 $K = 0.2$mm，开式水系统 $K = 0.5$mm，冷却水系统 $K = 0.5$mm；

　　　Re——雷诺数。

取水温 $t = 20℃$，根据式（8-15）和式（8-17）可计算得出冷水管道的比摩阻 R 值，也可查阅文献 [10]。

确定计算管段的流速和管径时，应先计算管段的冷水流量 G，可按下式计算

$$G = \frac{\sum_{i=1}^{n} q_i}{1.163\Delta t} \tag{8-18}$$

式中　$\sum_{i=1}^{n} q_i$——计算管段的空调负荷，W；

　　　Δt——供回水温差，℃。

确定计算管段的冷水量 $\sum_{i=1}^{n} q_i$ 时，可以根据管路所连接末端设备（如空气处理机组、风机盘管机组）的额定流量进行计算（叠加）。但必须注意，当总水量与系统总流量（水泵流量）相等时，干管的水量不应再增加。

计算管道沿程阻力时，比摩阻宜控制在 100~300Pa/m 之间，最大不应超过 400Pa/m。

8.5.3 局部阻力

8.5.3.1 局部阻力及局部阻力系数

水在管内流动过程中，当遇到各种配件如弯头、三通、阀门等时，由于摩擦和涡流而导致能量损失，这部分能量损失称为局部压力损失，简称局部阻力。局部阻力 P_j（Pa）可按下式计算

$$\Delta P_j = \zeta \frac{\rho v^2}{2} \tag{8-19}$$

式中　ζ——管道配件的局部阻力系数；

　　　ρ——水的密度，kg/m³；

　　　v——管内水流速，m/s。

8.5.3.2 局部阻力当量长度

局部阻力也可以用某一长度、相同管径的直管道阻力来取代，称为局部阻力当量长度 l_d（m）

$$l_d = \frac{\zeta}{\lambda} d \tag{8-20}$$

空调水系统中各种阀门和管道配件的局部阻力系数与局部阻力当量长度可查阅文献 [10]。

空调水系统进行水力计算时，各并联环路压力损失相对差额不应大于 15%，当超过 15% 时，应设调节装置。

习题与思考题

8-1 开式循环和闭式循环水系统各有什么优缺点？

8-2 两管制、四管制及分区两管制水系统的特点各是什么？

8-3 什么是定流量和变流量系统？

8-4 什么是一次泵系统？什么是二次泵系统？它们分别适用于何种场合？

8-5 复式泵变流量水系统的特点是什么？

8-6 单式泵变流量水系统常用什么方法控制？

8-7 高层建筑空调水系统需要分区的原因何在？系统中承压最薄弱的环节是什么？

8-8 常用的空调水系统定压方式有哪几种？带有开式膨胀水箱的水系统是开式系统还是闭式系统？为什么？

8-9 空调水系统的定压方式有哪些？空调水系统的定压点如何确定？

8-10 膨胀水箱有哪些配管？

8-11 空调冷热水与冷却水不经水处理的危害性是什么？

8-12 空调水系统的设计原则是什么？

8-13 为什么要对空调水系统进行补水？

8-14 平衡阀有哪些功能？选用平衡阀时应注意什么？

8-15 分水器和集水器的作用是什么？

8-16 简述冷却塔的工作原理及选用方法。

8-17 冷凝水系统设计时应注意什么？

8-18 简述确定冷冻水泵、冷却水泵以及补水泵扬程的方法。

参 考 文 献

[1] 陈焰华，武笃福. 冷水机组水系统的配置及设计 [J]. 暖通空调，2003，33（6）：67~69.

[2] 龚光彩. 流体输配管网 [M]. 2版. 北京：机械工业出版社，2013.

[3] 黄翔，等. 空调工程 [M]. 2版. 北京：机械工业出版社，2014.

[4] 建设部工程质量安全监督与行业发展司，中国建筑标准设计研究所. 全国民用建筑工程技术措施暖通空调·动力 [M]. 北京：中国计划出版社，2003.

[5] 李娥飞. 暖通空调设计与通病分析 [M]. 2版. 北京：中国建筑工业出版社，2004.

[6] 刘传聚，腾英武. 膨胀水箱容积计算方法 [J]. 暖通空调，2002，32（4）：73~74.

[7] 陆亚俊，马最良，邹平华. 暖通空调 [M]. 北京：中国建筑工业出版社，2002.

[8] 陆耀庆. 实用供热空调设计手册 [M]. 2版. 北京：中国建筑工业出版社，2008.

[9] 陆耀庆. HVAC暖通空调设计指南 [M]. 北京：中国建筑工业出版社，1996.

[10] 马最良，姚杨. 民用建筑空调设计 [M]. 北京：化学工业出版社，2003.

[11] 潘云钢. 高层民用建筑空调设计 [M]. 北京：中国建筑工业出版社，1999.

[12] 王天富，买宏金. 空调设备 [M]. 北京：科学出版社，2003.

[13] 尉迟斌. 实用制冷与空调工程手册 [M]. 北京：机械工业出版社，2003.

[14] 韦节廷. 空气调节工程 [M]. 北京：中国电力出版社，2009.

[15] 赵荣义. 简明空调设计手册 [M]. 北京：中国建筑工业出版社，1998.

[16] 赵荣义，范存养，薛殿华，钱以明．空气调节 [M]．4 版．北京：中国建筑工业出版社，2009.

[17] 战乃岩，王建辉．空调工程 [M]．北京：北京大学出版社，2014.

[18] 郑爱平．空气调节工程 [M]．2 版．北京：科学出版社，2008.

[19] 中国建筑科学研究院，建筑设计研究院，建筑标准设计研究所．民用建筑采暖通风设计技术措施 [M]．2 版．北京：中国建筑工业出版社，1996.

9　空调系统的运行调节与自动控制

本章要点：介绍室内热湿负荷变化和室外空气状态变化时，普通集中式空调系统、变风量空调系统、风机盘管+新风系统的运行调节方法以及空调系统自动控制的基本原理和方法。

根据前面章节所述，空调系统的空气处理方案和设备容量都是根据冬、夏季室外设计计算参数，以及最不利室内热、湿散发情况计算所得的空调冷（热）、湿负荷来确定的。但是，从全年来看，室外空气状态等于设计计算参数的时间是极少的，绝大部分时间随着春、夏、秋、冬作季节性的变化。另外，室内余热和余湿量也是经常变化的。并且往往室外气象条件的变化以及空调房间人员的出入、照明的启闭、发热设备工作状况的变化会同时发生，引起空调负荷的变化。因此，必须通过空调系统的运行调节来保证室内空气参数处于其允许波动范围，并且避免不必要的能量浪费。

空调房间一般允许室内参数有一定的波动范围，如图 9-1 所示。图中的阴影面积称为"室内空气温湿度允许波动区"。只要室内空气参数落在这一阴影面积的范围内，就可认为满足要求。允许波动区（阴影面积）的大小，根据空调工程的性质（工艺空调或舒适性空调）或冬、夏季的变化而不同。因此，空调系统的设计和运行必须考虑在室外气象条件和室内热湿负荷变化时，系统如何进行调节，才能在全年（不保证时间除外）内，既能满足室内温湿度要求，又能达到经济运行的目的。为了提高空调设备的调节质量

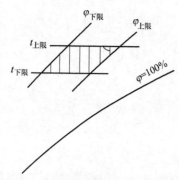

图 9-1　室内空气温湿度允许波动区

并使能量消耗最小，这种运行调节主要靠自动控制设备来实现。要达到以上目的，首先要对空调系统全年运行工况进行分析，提出经济合理的调节方法。

9.1　普通集中式空调系统的运行调节

对于一个普通集中式空调系统，室外空气状态变化和室内负荷变化一般是同时发生的，但为了分析问题方便起见，下面把室内负荷变化和室外空气状态变化这两个方面的运行调节问题分开来加以讨论。

9.1.1　室内热湿负荷变化时的运行调节

室内人员、照明及工艺设备散热、散湿的变化都会引起室内余热量和余湿量的瞬时变化。针对室内余热量和余湿量的变化，空调系统的运行调节方法一般有以下几种。

9.1.1.1 定机器露点和变机器露点的调节方法

A 室内余热量变化、余湿量基本不变

空调建筑内部的余热量往往随室外气象参数和室内热状况的变化而变化，但室内人员及工艺设备的散湿量一般较稳定，即室内的余热量 Q 变化，而余湿量 W 不变。对于露点送风空调系统，如图9-2所示，在夏季设计工况下，$G(\text{kg/h})$ 空气从机器露点 L 沿室内 ε 线送入室内到达 N 点。为简明起见，以下分析均未考虑风机和风管的温升。在夏季，随着室外气温的下降，由于得热量的减少，室内显热冷负荷相应减少，则热湿比将逐渐变小（图中从 $\varepsilon \to \varepsilon'$），如果空调系统送风量 G 和室内产湿量 W 不变，且仍以原送风状态点 L 送风，则

$$d'_\text{N} - d_\text{L} = 1000W/G = d_\text{N} - d_\text{L}$$

由于 d_L、W 和 G 均未改变，所以尽管 Q 和 ε 有变化，d_N 却不会改变。因此，新的室内状态点必然在 d_N 线上。过 L 点作 ε' 线和 d_N 线的交点就可以确定新的室内状态 N' 点。这时

$$h_{\text{N}'} = h_\text{L} + \frac{Q'}{G}$$

由于 $Q'<Q$，故 N' 低于 N 点，即室内温度将降低。如 N' 点仍在室内温湿度允许范围内，则可不必进行调节。当空调室内要求精度很高或室内显热负荷减少很多时，N' 点超出了 N 点的允许波动范围，则可以采用调节再热量而不改变机器露点的办法。如图9-3所示，在 ε' 情况下，可以增加再热量，使送风状态点变为 O 送入室内，使室内状态点 N 保持不变或在温湿度允许范围内（N''）。

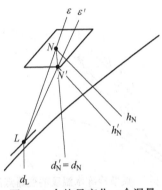

图9-2 余热量变化、余湿量
不变时室内状态点的变化

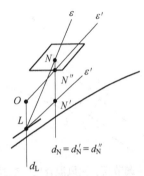

图9-3 定露点调节再热量时
室内状态点的变化

B 室内余热量和余湿量均变化

多数情况下，空调建筑的余热量和余湿量会同时发生变化，室内热湿比 ε 也随之变化。随着室内余热量 Q 和余湿量 W 的减少程度的不同，ε 可能减小，也可能增加。如图9-4所示，如果送风状态不改变，送风参数将沿着 ε' 方向而变化，最后，得到室内状态为 N'，偏离了原来的室内状态 N。若余热量 Q 和余湿量 W 均减小，则必然 $h_{\text{N}'}<h_\text{N}$、$d_{\text{N}'}<d_\text{N}$。

当室内热湿负荷变化不大，且室内无严格精度要求时，或 N' 点仍在允许范围内，则不必进行调节。如用定露点调节再热的方法，室内状态点仍超出了允许参数范围，则必须使送风状态点由 L 变成 L'，显然 $h_{\text{L}'}>h_\text{L}$、$d_{\text{L}'}>d_\text{L}$。由此可见，为了处理得到这样的送风状态，不仅需要改变再热，还需改变机器露点（$L \to L'$）。

以一次回风空调系统为例，改变机器露点的方法有：

（1）调节预热器加热量。冬季，当新风比不变时，可调节预热器加热量，将新、回风混

合点 C 状态的空气，由原来加热到 M 点改变为 M' 点，即加热过新机器露点 L' 的等 h_L 线上，然后绝热加湿到 L'，如图 9-5 所示。

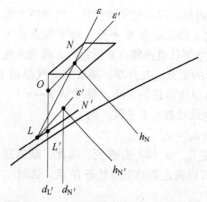

图 9-4　热、湿负荷变化时的调节方法

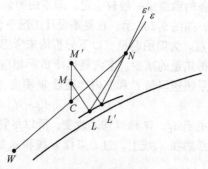

图 9-5　调节预热器加热量的变露点法

（2）调节新、回风混合比。在不需要预热（室外空气温度比较高）时，可调节新、回风混合比，使混合点的位置由原来的 C 改变为位于新机器露点 L' 的等 h_L 线上的 C' 点，然后绝热加湿到 L'，如图 9-6 所示。

（3）调节冷冻水温度。在空气处理过程中，可调节喷水温度或表冷器进水温度，将空气处理到所要求的新露点状态 L'，如图 9-7 所示。

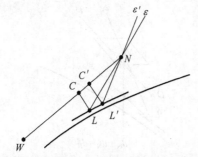

图 9-6　调节新、回风混合比的变露点法

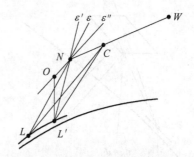

图 9-7　调节冷冻水温度的变露点法

尽管再热式调节的调节性能好，可以实现对温、湿度较严格的控制，也可对各个房间进行分别控制，但由于冷、热量的相互抵消，必然造成能源上的浪费。因此，对于以舒适性为目的的空调系统，应尽量不使用再热调节的方法。

（4）调节冷冻水流量。空气处理机组中采取三通调节阀调节冷冻水流量的变露点法如图 9-8 所示。在表冷器冷冻水的出水管上装一个电动三通调节阀，可以使部分冷冻水旁通表冷器。手动调节阀用于平衡表冷器的水路阻力。当室内余热、余湿量均发生变化时，可通过调节水量来实现室内温、湿度的调节。

设计工况下，通过表冷器的冷冻水量为额定水流量，表冷器对空气的处理过程如图 9-8（b）中的 $C{\rightarrow}O$。当室内余湿量减少，室内温度下降时，自动控制系统根据室内温度的变化，控制电动三通调节阀动作，使旁通水量增加，通过表冷器的水量减少，经表冷器冷却去湿处理的空气温度升高，送风温差减少，满足室内空气参数要求的送风温度。由于进入表冷器的冷水初温不变，当通过表冷器的冷水流量改变时，经表冷器冷却的空气状态点 O' 基本上在 CO 线段上移动，严格地说线段 CO' 的方向也是变化的。可见，送风状态点不仅温度变化了，而且含湿量也变化了，因此可以适应室内余热、余湿变化。

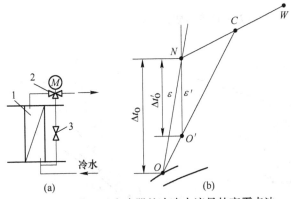

图 9-8 调节通过表冷器的冷冻水流量的变露点法

(a) 三通调节阀调节冷水流量示意图；(b) h-d 图

9.1.1.2 调节一、二次回风混合比

对于二次回风空调系统，由于二次回风阀门的调节范围较宽，因此在整个夏季和过渡季节大部分时间，都可以采取调节一、二次回风比的方法来调节室温，充分利用室内回风的热量来代替再热量。因此，这是一种经济合理的调节方法，得到广泛的应用。

为简单起见，假定室内仅有余热量变化而余湿量不变。如图 9-9（a）所示，在设计负荷下，空气处理过程为 $\underset{N}{\overset{W}{\searrow}} C \underset{N}{\overset{L}{\to}} O \overset{\varepsilon}{\to} N$；当室内显热冷负荷减少时，则室内 ε 变为 ε'，这时可以调节一、二次回风联动阀门，增加二次风量，减少一次风量。在总风量保持不变的情况下，送风状态点就从 O 点提高到 O'，送入室内到达 N'，即 $\underset{N'}{\overset{W}{\searrow}} C' \underset{N'}{\overset{L'}{\to}} O' \overset{\varepsilon'}{\to} N'$。机器露点则从 L 降到 L'，这是由于通过喷水室或表冷器的风量减少，降低了空气流动速度，提高了冷却效率，从而使机器露点稍有下降。

由于二次回风不经喷水室处理，在有余湿的房间，湿度会偏高。N' 在室内温湿度允许范围内，就可以认为达到了调节目的。如果室内恒湿精度要求很高，则可以在调节二次回风量的同时，调节喷水室喷水温度或进表冷器的冷水温度，以降低机器露点，使送风状态空气含湿量降低，提高送风的除湿能力，使 N' 点落在室内温湿度允许的范围内或恒定在 N 点，如图 9-9（b）所示。

9.1.1.3 调节空调箱旁通风门

在工程实际中，还有一种设有旁通风门的空气处理机组，如图 9-10（a）所示。这种空调机组与上述二次回风空调机组的不同之处在于，新风与室内回风混合之后，一部分空气经过喷水室或表冷器处理另一部分空气经旁通风门流过，然后这两部分空气混合后送入室内。根据室内负荷的变化，可调节旁通风道与处理风道的联动风门，以改变旁通风与处理风的混合比来改变送风状态，从而达到室内要求的空气参数。

如图 9-10（b）所示，如在设计负荷下，旁通风门完全关闭，空气处理过程为 $\underset{N}{\overset{W}{\searrow}} C \to L \overset{\varepsilon}{\to}$

N；当室内冷负荷减少时，则室内 ε 变为 ε'，室内温度下降。这时可以打开旁通风门，使混合后的送风状态点提高到 O 点，然后送入室内到 N' 点。图9-10（b）还示出了露点控制法调节室温的处理过程，即 $\dfrac{N'}{}\underset{W}{\diagup}\to C'\to L''\to O\overset{\varepsilon'}{\leadsto}N'$。

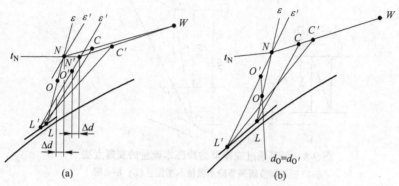

图 9-9　调节一、二次回风混合比

（a）不调节冷冻水温度（定露点）；（b）调节冷冻水温度（变露点）

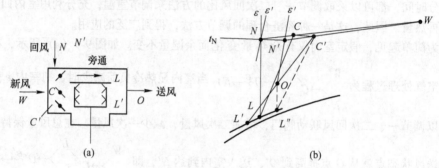

图 9-10　调节空调机组旁通风门（夏季）

（a）机组示意图；（b）h-d 图

　　采用空调箱旁通风门方式，与调节一、二次回风混合风门方式相似，可避免或减少冷热抵消，从而可以节省能量。旁通法的缺点是冷冻水温度要求较低，制冷机组效率受到一定影响。但旁通法在过渡季节显出特别的优点，如图9-11所示。部分空气经绝热加湿后到达 L 点，再与经旁通的部分空气混合到 O 点送入室内，此时不需要冷却、加湿，从而可不开制冷机组和加热器。

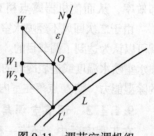

图 9-11　调节空调机组
旁通风门（过渡季）

　　空调机组旁通方式与一、二次回风混合方式相比，由于部分室外空气未经任何热湿处理而旁通进入室内，室外空气参数变化对室内相对湿度的影响较大。对于相对湿度控制精度要求较高的地方，须在调节旁通风门的同时调节冷冻水温度，以适当降低机器露点。

9.1.1.4　调节送风量

　　从第5章变风量空调系统的设计原理可知，当室内负荷发生变化时，可保持送风状态不变，通过调节末端装置的送风量来达到室内空气参数的要求。采用变风量时，可节省风机运行费用，且能避免再热。但送风量不能无限地减少，否则会导致室内空气品质恶化和正压降低，影响空调效果。

如图 9-12 (a) 所示，设计工况下，室内冷负荷为 Q，送风状态为 O，送风量为 G；当房间显热冷负荷减少到 Q'，而湿负荷不变时，可仍按原送风温差送风，送风量减小至 $G' = \dfrac{Q'}{h_N - h_0}$。由于 $Q' < Q$，因此 $G' < G$。此时室温不变，但送入室内的总风量吸收余湿的能力有所下降，室内相对湿度将稍有增加，室内状态点从 N 变成 N'。如果室内温湿度精度要求严格，则可以调节喷水温度或表冷器进水温度使机器露点降低，减少送风含湿量，以满足室内参数要求，如图 9-12 (b) 所示。

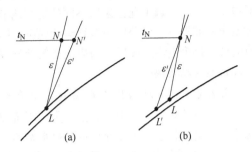

图 9-12 调节送风量
(a) 不调节冷冻水温度；(b) 调节冷冻水温度

9.1.1.5 多房间空调系统的运行调节

前述的调节方法均针对一个房间而言。如果一个空调系统为多个负荷不相同（热湿比也不相同）的房间服务时，则其设计工况和运行工况要根据实际需要灵活考虑。如图 9-13 (a) 所示，一个空调系统供三个房间，它们的室内参数要求相同，但是各房间的负荷不同，则热湿比也不同（分别为 ε_1、ε_2 和 ε_3），并且各房间取相等的送风温差。如果热湿比彼此相差不大，则可以把其中一个主要房间（室内状态 N_2）的送风状态 (L_2) 作为空调系统统一的送风状态，

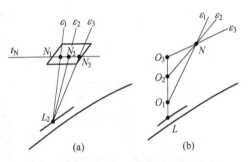

图 9-13 多房间空调系统的运行调节
(a) 同一送风状态；(b) 不同送风状态

则其他两个房间的室内参数将为 N_1 和 N_3。它们虽然偏离了室内设计状态点，但仍在室内允许参数范围之内。

在系统运行调节过程中，当各房间负荷发生变化时，可采用定露点和改变局部房间再热量的方法进行调节，使各房间满足参数要求。如果采用该法满足不了要求，就须在系统划分上采取措施，或者在通向各房间的支风道上分别加设局部再热器，以系统同一露点不同送风温差送风，此时的送风量应按各自不同的送风温差分别确定，如图 9-13 (b) 所示。

9.1.2 室外空气状态变化时的运行调节

室外空气状态变化从两方面影响室内：一是室外空气状态变化将影响空气处理设备所能提供的送风参数，二是影响围护结构传热形成的负荷。这两种变化的任何一种都会影响空调房间的室内状态。上一节讨论了由于各种因素引起的室内负荷变化时的运行调节，本节重点讨论当室外空气状态变化时，如何进行全年的运行调节。

在我国大多数地区，全年室外空气参数是按春、夏、秋、冬作季节性的变化。根据当地气象站近 10 年的逐时实测统计资料，可得到室外空气状态的全年变化范围。如果在 h-d 图上对全年各时刻出现的干、湿球温度状态点在该图上的分布进行统计，算出这些点全年出现的频率值，就可得到一张焓频图，这些点的边界线称为室外气象包络线。该图能清楚地显示全年室外空气焓值的频率分布。

　　空调系统确定后，可根据当地气象变化情况，将 $h\text{-}d$ 图分成若干个气象区（空调工况区），对应于每一个空调工况区采用不同的运行调节方法。空调工况区划分的原则：在保证室内温湿度要求的前提下，各分区中系统运行经济；同时，保证空调系统在各分区中一年中有一定的运行时数。每个空调工况区，均应使空气处理按最经济的运行方式进行，在相邻的空调工况分区之间都能自动转换。

9.1.2.1　一次回风空调系统的全年运行调节

　　空调系统运行调节中"露点控制"法最为常用，即通过控制喷水室或表冷器后的露点状态来调节送风状态。下面介绍带有喷水室的一次回风式空调系统的全年运行调节。

　　图 9-14 所示为一次回风喷水室空调系统在室外设计参数情况下的冬、夏处理工况。图中冬、夏季采用相同的室内空气状态点，实际上，多数情况下冬、夏季室内状态参数可以不同。由于空气的焓是衡量冷量和热量的依据，而且焓可以通过干、湿球温度计测得。因此，本节在讨论空调工况分区时，用焓作为室外空气状态变化的指标。

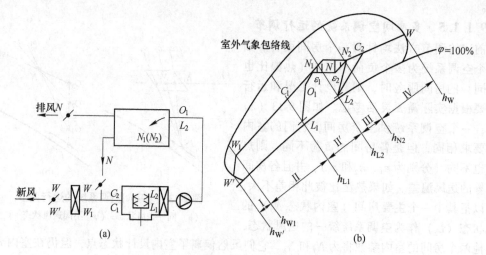

图 9-14　一次回风喷水室空调系统的运行调节

（a）系统示意图；（b）全年空调工况分区

　　图 9-14 中，N_1、N_2 分别为冬、夏室内设计状态点，近似菱形区为室内状态允许范围，夏季设计工况下，以机器露点 L_2 送风（热湿比 ε_2）；冬季设计工况下，以机器露点 L_1 经加热至 O_1 点后送入室内（热湿比 ε_1）。这里假定全年室内都有冷负荷，但夏季冷负荷大于冬季冷负荷。一般全年可由等焓线划分为 5 个空调工况区进行运行调节。

A　第 I 区域

　　室外空气焓值在 h_{W1} 以下的范围，属冬季寒冷季节。室外新风要考虑预热，新风阀门开到最小，保持满足室内卫生要求的最小新风百分比 $m\%$。

　　在该区域内采用最小新风比设计参数时，室外空气的焓值计算如下式

$$h_{W1} = h_{N1} - \frac{h_{N1} - h_{L1}}{m\%} \qquad (9\text{-}1)$$

　　当室外空气焓值小于 h_{W1} 时，需要用预热器（一次加热器）对新风进行预热，如图 9-15 所示。把新风等湿预热到等 h_{W1} 线，然后根据给定的新回风混合比进行一次混合到达机器露点的等焓线 h_{L1} 上（C_1），再经绝热加湿到 L_1 点，经二次加热后到达冬季设计工况的送风状态点 O_1

送入室内。空气处理过程为

$$W' \rightarrow W_1 \atop N_1 \Big\rangle \rightarrow C_1 \rightarrow L_1 \rightarrow O_1 \xrightarrow{\varepsilon_1} N_1$$

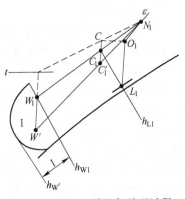

图 9-15 第 I 区域空气处理过程

随着室外空气焓值的增加,可逐步减小一次加热量,当室外空气焓值等于 h_{W1} 时,室外新风和一次回风的混合点也就自然落在等焓线 h_{L1} 上,此时,一次加热器关闭。一次加热器以热水为热媒时,一般通过调节供、回水阀以改变热媒流量来控制一次加热器的加热量,但这种调节方法温度波动大、稳定性差。以蒸汽为热媒时,控制一次加热器处的旁通联动风阀以调节通过一次加热器的风量和旁通风量的比例来进行调节,这种调节方法温度波动小、稳定性好、调节质量高。

此外,一次加热过程也可以在室外空气和室内空气混合以后进行,空气处理过程为

$$W' \atop N_1 \Big\rangle \rightarrow C'_1 \rightarrow C_1 。$$

如果冬季不用喷水室循环喷雾加湿,而用喷蒸汽加湿则可一次加热到 t 等温线,与室内空气混合到 C 点,再用喷蒸汽加湿到送风状态点 O_1。当室外空气温度低于 t 时,根据室外空气温度的高低调节一次加热量。t 的值可由下式确定

$$t = t_{N1} - \frac{t_{N1} - t_{O1}}{m\%} \tag{9-2}$$

喷蒸汽加湿的加湿量可以通过控制蒸汽管上调节阀或控制电极式加湿器电源的通断进行调节。对于有蒸汽源的地方,喷蒸汽加湿是一种既经济又有效的方法,目前应用较广泛。

B 第 II 区域

室外空气焓值在 $h_{W1} \sim h_{L1}$ 之间的区域(图 9-16)。当室外空气状态位于该区域时(图 9-16 中的 W'' 点),如果仍按最小新风比 $m\%$ 运行,则混合点 C' 必然在等焓线 h_{L1} 以上,如果要维持机器露点 L_1 不变,就不能再用喷循环水的方法,而要启动制冷设备,用低温水处理空气才行,这显然是不经济的。如果改变新回风混合比(增加新风量,减小回风量),则可使一次混合状态点 C 仍然落在等焓线 h_{L1} 上,然后再用循环水喷淋,使被处理空气达到 L_1 点,经二次加热后送入室内。显然,此方法不但可以保证室内的空气品质,而且能充分利用新风冷量,推迟制冷设备启动的时间,有利于节省运行费用,达到节能的目的。

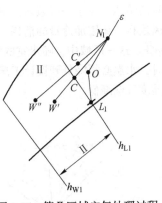

图 9-16 第 II 区域空气处理过程

随着室外空气温度的升高,可以采用新风联动调节阀调节新、回风混合比。在开大新风的同时,关小回风阀。同第 I 阶段一样,也可以根据机器露点的温度来判断新风和一次回风混合比的调节是否合适。当室外空气焓值恰好等于 h_{L1} 时,可以用 100% 的新风,完全关闭一次回风,开始进入下一个调节区域。

在整个调节过程中,为了不使空调房间的正压过高,可开大排风阀门。当系统较大时,可设回风机来解决过渡季取用新风问题。

C 第 II' 区域

该区域是冬季和夏季室内参数要求不同时才有的区域，即室外焓值位于冬、夏季送风机器露点焓值之间的区域（$h_{L1} \sim h_{L2}$）。如果室内参数允许在波动范围内浮动，则不用调节新、回风风门，这时室内状态随新风状态而变化。如果工艺要求室内参数有相对稳定性，则可将室内控制点的整定值调整到夏季的参数（图9-17中的N_2点），这样就可以用 II 区的同样方法处理空气，即调节新风和回风混合比，使混合后空气状态落在等焓线h_{L2}上经绝热加湿到达L_2点，再经二次加热送入室内。直到当室外空气状态正好落在等焓线h_{L2}上时，关闭一次回风阀门，采用100%的新风，开始进入下一个调节区域。

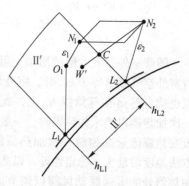

图9-17 第 II' 区域空气处理过程

如果机器露点仍然保持在L_1点上，则在该区域内就要启动冷源。用上述改变室内整定值的调节方法，可推迟使用冷源。

D 第 III 区域

室外空气焓值在$h_{L1} \sim h_{N2}$之间的区域（图9-18）。这时开始进入夏季，h_{N2}总是大于$h_{W'}$，如果利用室内回风将会使混合点C'的焓值比室外空气的焓值更高，显然这是不合理的。为了节约冷量，在这一区域内应关闭一次回风阀门，采用100%的新风，开始使用冷冻水，喷水室的空气处理过程将从降温加湿（$W' \to L_2$）转换到降温减湿（$W'' \to L_2$）。

喷水温度应随着室外参数的增加从高到低地进行调节，以保证达到所要求的机器露点L_2。喷水温度的调节，可用三通阀调节冷冻水量和循环水量的比例来实现。当喷水温度越低，或要求的喷水量越大时，冷源的制冷量越大。这一阶段也称为采用全新风的喷水温度调节阶段。

E 第 IV 区域

室外空气焓值在$h_{N2} \sim h_W$之间的区域（图9-19），属于盛夏时节。h_W是夏季室外设计参数时的焓值。在这一区域内，由于室外空气焓值高于室内空气焓值，如继续使用100%的室外新风运行，将增加冷量的消耗，比采用回风时需要的冷量大，为了节约冷量，应采用最小新风比$m\%$。这一区域中，喷水室的空气处理过程是降焓减湿，当室外空气焓值增高至室外设计参数时，水温必须降低到设计工况（夏季）时的喷水温度。可通过调节喷水室的三通阀，使喷水温度逐渐降低。

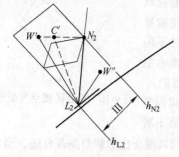

图9-18 第 III 区域空气处理过程

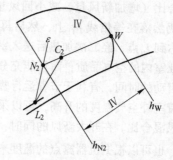

图9-19 第 IV 区域空气处理过程

采用上述空调工况分区法，夏季、冬季固定新风比，过渡季变化新风比，使得全年运行费用减少，所以这种调节方法得到了广泛应用。

一次回风喷水室空调系统的全年运行调节可归纳为表 9-1 和图 9-20。

表 9-1　一次回风喷水室空调系统的全年运行调节

气象区	室外空气参数范围	房间相对湿度控制	房间温度控制	调节内容					转换条件
				一次加热	二次加热	新风	回风	喷雾过程	
Ⅰ	$h_W<h_{W1}$	一次加热	二次加热	$\varphi_N\uparrow$, 加热量↓	$t_N\uparrow$, 加热量↓	最小	最大	喷循环水	一次加热器全关后转到Ⅱ区
Ⅱ	$h_{W1}\leqslant h_W<h_{L1}$	新、回风比例	二次加热	停	$t_N\uparrow$, 加热量↓	$\varphi_N\uparrow$, 新风量↑	$\varphi_N\uparrow$, 回风量↓	喷循环水	新风阀门关至最小后转到Ⅰ区；$h_W\geqslant h_{L1}$ 转到Ⅱ′区
Ⅱ′	$h_{L1}\leqslant h_W<h_{L2}$	新、回风比例	二次加热	停	$t_N\uparrow$, 加热量↓	$\varphi_N\uparrow$, 新风量↑	$\varphi_N\uparrow$, 回风量↓	喷循环水	$h_W<h_{L1}$ 转到Ⅱ区；回风阀门全关后转到Ⅲ区
Ⅲ	$h_{L2}\leqslant h_W<h_{N2}$	喷水温度	二次加热	停	$t_N\uparrow$, 加热量↓	全开	全关	$\varphi_N\uparrow$, 喷水温度↓	冷水全关转到Ⅱ′区，$h_W\geqslant h_{N2}$ 转到Ⅳ区
Ⅳ	$h_W>h_{N2}$	喷水温度	二次加热	停	$t_N\uparrow$, 加热量↓	最小	最大	$\varphi_N\uparrow$, 喷水温度↓	$h_W\leqslant h_{N2}$ 转到Ⅲ区

注：当室外空气 $h_W<h_{L1}$ 时，采用冬季整定值 $N_1(t_{N1},\varphi_{N1})$；当 $h_W\geqslant h_{L1}$ 时，采用夏季整定值 $N_2(t_{N2},\varphi_{N2})$。

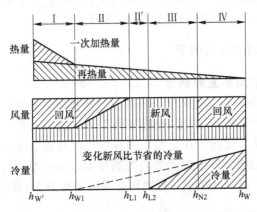

图 9-20　一次回风喷水室空调系统的全年运行调节

9.1.2.2　空调系统的全年节能运行工况

上述的全年运行调节方法，基本上属于定（机器）露点的调节方法，控制简单，使用方便。但由于全年各区域经常出现须把空气预先处理到机器露点，然后，经再热后送入室内，这就多耗了冷热量，或者说使部分冷热量抵消，所以，它还不是最节省能量的运行方法。

为了克服以上缺点，希望全年所有季节中都能保证最省能的热湿处理工况，也即最佳的运行工况。为了按最佳运行工况组织空调系统的全年运行调节，同样需要把当地可能出现的室外空气变化范围分成若干区，而每一个区都有与之相对应的最省能运行工况（称为空调多工况节能控制）。这样系统可以根据室内外参数的变化、执行机构状态（各种空气处理设备的能力——加热、冷却、加湿或除湿能力）等信息的综合逻辑判断，选择最合理的空气处理方式，或通过计算机程序控制，能自动地从一种工况转换到另一种工况，以达到最大限度地节约能量的目的。

每个工况区的最佳处理工况应满足以下条件：

（1）采用变室内设定值或被调参数波动方法，扩大不用冷、热的时间。

（2）尽量避免为调节室内温湿度而出现冷热抵消的现象。例如，采用无露点控制代替常用的露点控制法；充分利用二次回风或空调箱旁通风来调节处理后的空气等。

（3）在冬、夏季，应充分利用室内回风，保持最小新风量，以节省热量和冷量的消耗。

（4）在过渡季，充分利用室外空气的自然调节能力，尽可能做到不用冷、热量或少用冷、热量来达到空调目的。

（5）在过渡季，尽量停开或推迟使用制冷机，而用其他调节方法（如绝热加湿等）来满足室内参数的要求。

针对不同地区的气候变化情况、不同的空调设备（如表冷器、喷水室、一次回风、二次回风、旁通风）以及不同的室内参数要求（如恒温恒湿空调或舒适性空调），可以有各种不同的分区方法以及相应的最佳运行工况。具体分区方法、分区个数和相应于每一个区的空气处理工况，应综合考虑控制设备的投资费用、运行费用以及维护保养等各种因素来决定。

9.2 变风量空调系统的运行调节

变风量系统随着显热负荷的减少，通过末端装置减少送风量调节室温，故基本上没有再热损失；同时，随着系统风量的减少，相应减少风机消耗的电能，可进一步节约能量。当系统中各房间负荷相差悬殊时（如不同朝向），具有更大的优越性。

9.2.1 室内负荷变化时的运行调节

9.2.1.1 节流型末端装置的调节

如图 9-21 所示，在每个房间送风管上安装有变风量末端装置。每个末端装置都根据室内温控器的指令使装置的节流阀动作，改变通路面积来调节风量。当末端装置的送风量减少时，系统干管静压升高，通过装在干管上的静压控制器调节送风机的电机转速，使总风量相应减少。送风温度敏感元件通过调节器控制冷水盘管三通阀，保持送风温度一定。随着室内显热负荷的减少，送风量减少，室内状态点从 N 变为 N'（图 9-21（b）），空气处理过程为 $\begin{matrix} W \\ \\ N' \end{matrix} \searrow C' \to L' \xrightarrow{\varepsilon'} N'$。

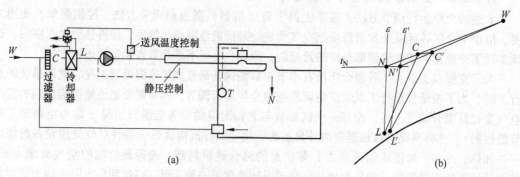

图 9-21 节流型末端装置变风量空调系统运行工况

（a）系统示意图；（b）h-d 图

9.2.1.2 旁通型末端装置的调节

如图 9-22 所示，在每个房间顶棚内安装旁通型末端装置，根据室内温控器的指令使装置的执行机构动作。当室内冷负荷减少时，部分送风旁通至顶棚，由回风管返回空调机组，因此整个空调系统的风量不变，室内状态点从 N 变为 N'（图 9-22（b）），空气处理过程为

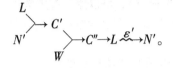

$C''\to L \overset{\varepsilon'}{\longrightarrow} N'$。

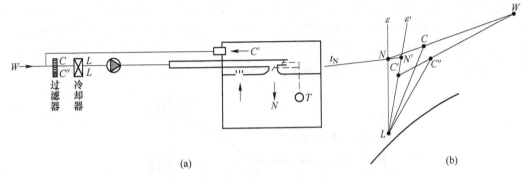

(a) (b)

图 9-22　旁通型末端装置变风量空调系统运行工况

（a）系统示意图；（b）h-d 图

9.2.1.3 诱导型末端装置的调节

如图 9-23 所示，在顶棚内安装诱导型末端装置，根据室内温控器的指令调节二次风侧阀门，诱导室内或顶棚内的高温二次风，在末端装置中与一次风混合后送至室内。随负荷变化的调节过程见图 9-23（b），空气处理过程为

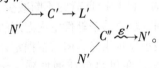

$C'' \overset{\varepsilon'}{\longrightarrow} N'$。

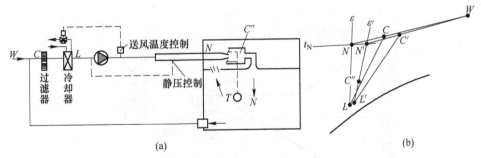

(a) (b)

图 9-23　诱导型末端装置变风量空调系统运行工况

（a）系统示意图；（b）h-d 图

9.2.1.4 多风机变风量系统的调节

多风机变风量系统也称变频变风量系统，其调节过程为：室内温控器检测室内温度，当检测温度与温控器设定值出现偏差时，温控器改变末端装置内风机的转速，减少送入房间的风量，直到室内温度恢复到设定值为止。室内温控器调节末端风机转速时，通过串行通信方式，

将信号传入空调机组的送风机变频器，调节系统的总送风量，实现变风量的目的。

9.2.2 变风量系统的全年运行调节

变风量空调系统全年运行调节有以下几种情况：

（1）全年有恒定冷负荷时（如建筑物的内区，或只有夏季冷负荷时），可以用没有末端再热的变风量系统。由室内恒温器调节送风量，风量随负荷的减少而减少。在过渡季可以充分利用新风来"自然冷却"。

（2）系统各房间冷负荷变化较大时（如建筑物的外区），可以用有末端再热的变风量系统，其运行调节工况如图 9-24 所示。图中的最小送风量是考虑以下因素而定的：当负荷很小时，为避免风量极端减少而产生的新风量不足、室内温度分布不均匀等问题，以及避免当送风量过少时，室内相对湿度增加而超出室内湿度允许范围，往往保持不变的最小送风量和使用末端再热加热空气的方法，来保持一定的室温。最小送风量一般应不小于 4 次换气次数。

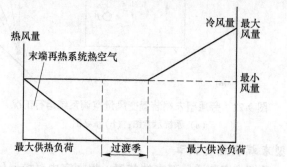

图 9-24   末端再热变风量空调系统全年运行工况

（3）夏季冷却和冬季加热的变风量系统。供冷、供热季节转换的变风量系统的调节工况如图 9-25 所示。夏季运行时，随着冷负荷的不断减少，逐渐减少送风量，当到达最小送风量时，风量不再减少，可利用末端再热来补偿室内温度的降低。随着季节的变换，系统从送冷风转换为送热风，开始仍以最小风量供热，但需根据室外气温的变化不断改变送风温度，也即使用定风量变温度的调节方法。在供热负荷增加到一定程度时，再改为变风量定温度的调节方法。

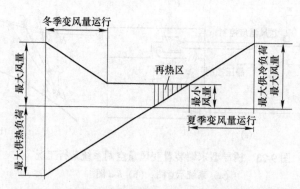

图 9-25   季节转换的变风量空调系统全年运行工况

在大型建筑物的周边区域常设单独的供热系统。该供热系统一般承担围护结构的传热损失，可以用定风量变温系统、诱导系统、风机盘管系统或暖气系统，风温或水温根据室外空气温度进行调节。而内部区由于灯光、人体和设备的散热量，由变风量系统全年送冷风。

9.3 风机盘管空调系统的运行调节

9.3.1 风机盘管机组的调节方法

为了适应房间瞬变负荷的变化，风机盘管机组有三种调节方法：水量调节、风量调节和旁通风门调节。这三种调节方法的比较见表 9-2。

表 9-2 风机盘管机组三种调节方式

内 容	水量调节	风量调节	旁通调节
调节范围	$\dfrac{W}{W_0} = 100\% \rightarrow 30\%$	$\dfrac{G}{G_0} = 100\%、75\%、50\%$	旁通阀开度 $0 \rightarrow 100\%$
负荷范围	$\dfrac{Q}{Q_0} = 100\% \rightarrow 75\%$	$\dfrac{Q}{Q_0} = 100\%、85\%、70\%$	$\dfrac{Q}{Q_0} = 100\% \rightarrow 20\%$
风机盘管的空气处理过程	设计负荷时：$N \to L \xrightarrow{\varepsilon} N$ 部分负荷时：$N_1 \to L_1 \xrightarrow{\varepsilon'} N_1$	设计负荷时：$N \to L \xrightarrow{\varepsilon} N$ 部分负荷时：$N_2 \to L_2 \xrightarrow{\varepsilon'} N_2$	设计负荷时：$N \to L \xrightarrow{\varepsilon} N$ 部分负荷时： $N_3 \to L_3$ $\searrow C \xrightarrow{\varepsilon'} N_3$ N_3

风量调节通过三速开关调节电机输入电压，以调节风机转速，从而调节风机盘管的冷热量。这种调节方法简单方便、初投资小，但随风量的减小，室内气流分布不理想，因此主要用于要求不太高的场所。选择时通常按中档转速的风量和冷量选用。这是目前国内应用最广泛的调节方法。

水量调节通过温度敏感元件、调节器和装在水管上的小型电动直通或三通阀自动调节水量或水温。这种调节方法的初投资高，主要用于要求较高的场所。

旁通风门调节通过敏感元件、调节器和盘管旁通风门自动调节旁通空气混合比。这种调节方法的优点是：调节范围大（20%~100%），且调节质量好；送风含湿量变化不大，室内相对湿度稳定；总风量不变，气流分布均匀。其缺点是：初投资较高，风机功率不降低。用于要求高的场合，可使室内达到±1℃的精度，相对湿度在45%~50%范围内，但目前国内用得不多。

9.3.2 风机盘管+新风系统的全年运行调节

对于风机盘管+新风系统，根据承担室内负荷的方式一般分为三种做法：（1）新风处理到室内空气焓值，不承担室内负荷；（2）处理后新风的焓值低于室内焓值，承担部分室内负荷；（3）新风系统只承担围护结构传热负荷，盘管承担其他瞬时变化的负荷。第一种方式的新风对室温不起调节作用，而靠风机盘管的局部调节来满足室内的要求。下面重点讨论针对后两种方式的全年运行调节方法。

9.3.2.1　负荷特点和调节方法

一般可把室内冷、热负荷分为瞬变负荷和渐变负荷两部分。

瞬变负荷是指室内照明、设备和人员散热及太阳辐射热等。这些瞬时发生的变化，使各个房间产生大小不一的瞬变负荷，它可以由风机盘管中的盘管来承担，可以根据室内温控器，通过两通或三通调节阀调节流经盘管的水量或水温，或者调节盘管旁通风门的开启程度，以适应瞬变负荷的变化。旁通风门的调节质量较高，且可使盘管水系统的水力工况稳定。

渐变负荷是指通过围护结构的室内外温差传热，这部分负荷的变化对所有房间都是大致相同的。虽然室外空气温度在几天内也有不规律的变化，但对室内温度影响较小，该负荷主要随季节发生较大变化。这种对所有房间都比较一致的、缓慢的传热负荷变化，可以靠集中调节新风的温度来适应，也就是说，由新风来承担稳定的渐变负荷，有如下的热平衡式：

$$V_W \rho c_p (t_N - t_1) = T(t_w - t_N) \tag{9-3}$$

式中　V_W——新风量，m^3/s；

　　　ρ——空气密度，kg/m^3；

　　　c_p——空气的定压比热容，$kJ/(kg \cdot ℃)$；

t_w，t_N，t_1——室外空气、室内空气和新风的温度，℃；

　　　T——所有的围护结构（外墙、外窗、屋顶等）每 1℃ 室内外温差的传热量，$W/℃$。

根据传热公式

$$T = \Sigma KF \tag{9-4}$$

式中　K——各围护结构的传热系数，$W/(m^2 \cdot ℃)$；

　　　F——各围护结构的传热面积，m^2。

对于每一个房间，V_W 和 T 是可以算出的一定值，故随着 t_w 的降低，必须提高 t_1，也就是新风的加热量可以根据室外温度的变化按前式规律进行调节。

在实际情况下，瞬变显热冷负荷总是存在的（如室内总是有人存在，这样保持所需的温度才有意义），所以所有房间总是至少存在一个平均的最小显热冷负荷。在室外温度低于室内温度时，温差传热由里向外，这种不变的负荷是减少新风升温程度和节约用能的一个有利因素。如果让盘管来承担这个负荷，不仅消耗了盘管的冷量，还需要提高新风的温度，显然是浪费了能量。假使这部分负荷相当于某一温差 m（一般取 5℃）的传热量（即 mT），并且由新风来负担（也就推迟了新风升温的时间），则上式可改写为

$$V_W \rho c_p (t_N - t_1) = T(t_w - t_N) + mT \tag{9-5}$$

或

$$t_1 = t_N - \frac{1}{\dfrac{V_W}{T} \rho c_p}(t_w - t_N + m) \tag{9-6}$$

上式反映了新风温度 t_1 与室外空气温度 t_w 的关系。对于一定的 t_N，可作成如图 9-26 所示的线图。由图可见，对不同的 V_W/T 值，可以用不同斜率的直线来反映 t_1 随 t_w 变化的关系。运行调节时，就可根据该调节规律，随 t_w 的下降（或上升），用再热器集中升高（或降低）新风的温度 t_1。

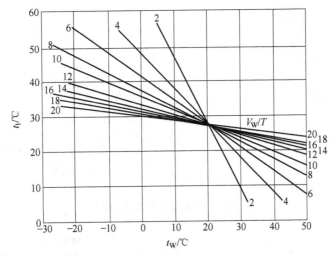

图 9-26　新风温度 t_1 与室外空气温度 t_W 的关系（$t_N = 25℃$，$m = 5℃$）

对于同一个系统，要进行集中的新风再热量调节，必须建立在每个房间都有相同 V_W/T 比的基础上。V_W/T 比是新风量与通过该房间外围护结构（室内外温差为 1℃）的传热量之比。对于一个建筑物的所有房间，V_W/T 比不一定都是一样的，那么不同 V_W/T 比的房间随室外温度的变化要求新风升温的规律也就不一样了。为了解决这个矛盾，可以采用两种方法：一是在各个房间不同的 V_W/T 比（相差不太悬殊的情况下）中取最大值作为系统的 V_W/T 比，也就是要加大 V_W/T 比较小房间的新风量 V_W，对于这些房间来讲，加大新风量会使室内温度偏低即偏安全；另一方法是把 V_W/T 比相同或相近的房间（如同一朝向）划为一个区域，并且设置一个分区再热器，一个系统就可以按几个分区来调节不同的新风温度。

9.3.2.2　两管制系统的调节

两管制系统在同一时间只能供应所有的盘管同一温度的水（冷水或热水），而三管制和四管制系统具备同时供冷、供热的功能。因此，下面主要介绍两管制系统在季节转换情况下的两种调节方式。

（1）不转换系统的运行调节。对于夏季运行，不转换系统采用冷的新风和冷水。随着室外温度的降低，只是集中调节再热量来逐渐提高新风温度，而全年始终供应一定温度的水（图 9-27）。新风温度按照相应的 V_W/T 比随室外温度的变化进行调节，以抵消围护结构的传热负荷（$L \to R_1$）。而随着瞬变显热冷负荷（太阳、照明、人员等）变化需要调节送风状态（$O_2 \to O_3$）时，则可以调节盘管的容量（$2 \to N$）。

室外空气温度较低和冬季时，为了不开启制冷系统而获得冷水，可以利用室外空气的自然冷却能力，给盘管提供低温水。

系统不转换调节方式的投资较低、运行较方便。但当冬季很冷、时间很长时，新风要负担全部冬季热负荷，集中加热设备的容量就要很大。

（2）转换系统的运行调节。对于夏季运行，转换系统仍采用冷的新风和冷水。随着室外空气温度的降低，集中调节新风再热量，逐渐升高新风温度，以抵消传热负荷的变化。盘管水温度仍然不变，靠水量调节消除瞬变负荷的影响，如图 9-28 所示。其空气处理过程

由 $\dfrac{L}{N \to 2} \xrightarrow{\varepsilon_1} O_1 \xrightarrow{} N$ 逐渐变为 $\dfrac{L \to R_1}{N \to 2} O_2 \xrightarrow{\varepsilon_2} N$。

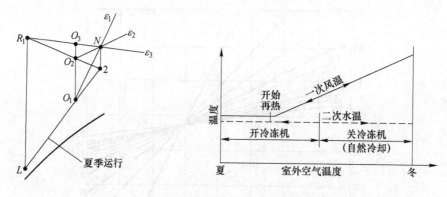

图 9-27 不转换系统的运行调节

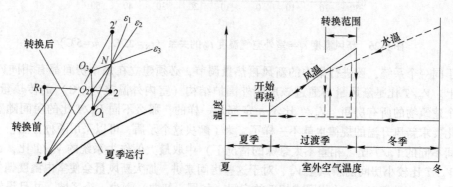

图 9-28 转换系统的运行调节

当到达某一室外温度时，不再利用盘管，仅利用冷的新风就能吸收室内剩余的显热冷负荷，让新风转换为原来的最低状态 L，此时的空气处理过程为 $\genfrac{}{}{0pt}{}{L}{N}\searrow O_2 \overset{\varepsilon_2}{\rightsquigarrow} N$。转换以后，盘管内改为送热水，随着显热冷负荷的减少，只需调节盘管的加热量，以保持一定室温，此时的空气处理过程为 $\genfrac{}{}{0pt}{}{L}{N\to2'}\searrow O_3 \overset{\varepsilon_3}{\rightsquigarrow} N$。

转换时的室外空气温度称为转换温度。只有当全部显热冷负荷已完全由新风来承担时，方可进行转换。根据转换时的热平衡方程式可得到转换温度的计算式：

$$t'_{\rm w} = t_{\rm N} - \frac{Q_{\rm S} + Q_{\rm L} + Q_{\rm P} - V_{\rm W} c_p \rho (t_{\rm N} - t_{\rm x})}{T} \tag{9-7}$$

式中 $t_{\rm N}$——转换时室内空气温度，℃；

　　　　$Q_{\rm S}$——由太阳辐射引起的室内显热冷负荷，kW；

　　　　$Q_{\rm L}$——由照明引起的室内显热冷负荷，kW；

　　　　$Q_{\rm P}$——由人员引起的室内显热冷负荷，kW；

　　　　$t_{\rm x}$——新风的最低温度（可以充分利用室外的冷风，而不利用制冷系统），℃。

由于室外空气温度的波动，一年中有可能发生几次温度转换，为了避免在短期内出现反复转换的现象，通常把转换点考虑成一个转换范围（大约±5℃），即可减少在过渡季节的转换次数。

采用转换或不转换系统有一个技术经济比较的问题，主要考虑的原则是节省运行调节费用，在冬季或较冷的季节里，应尽量少使用或不使用制冷系统。

例如，当室外空气温度降低、新风转换到最低温度时，这时可以不用制冷系统而只需把室外冷空气进行适当处理就可以保持室内空气状态；而如果不进行转换，冷水可能需要由制冷系统取得。为节约运行费用，采用转换系统更有利。但是，如果新风量较小，则要求转换温度很低，有可能需要较长时间使用冷源，这时转换就不太经济。如提高转换温度，则需要加大新风量，结果使新风系统的投资和运行费用增加。这种情况采用不转换系统更好。

此外，如果冬季气温很低，房间的热负荷较大，若采用不转换系统时，则冬季的全部热负荷都要靠新风的再热器负担；若采用转换系统时，则可以利用现有的盘管给房间送热风，新风的再热器只需满足转换前的需要，而不必增加再热器容量。这种情况比较适合采用转换系统。

9.4 空调系统的自动控制

从空调系统运行工况分析中看出，受季节变化和室内外热、湿负荷变化的影响，空调系统必须通过必要的调节以确保室内温度、湿度和风速等参数在所要求的范围内。空调自控系统的设置目的是提高能源有效利用率、保证能源按需分配以及减少不必要的能耗。根据国外的统计，空调系统采用较为完善的检测与监控系统后，全年可节省大约 20% 的能耗。随着我国国民经济的快速发展，能源紧缺问题日益严重，空调系统的自动控制必将得到更广泛的应用。

9.4.1 空调自控系统的基本要求

根据《民用建筑供暖通风与空气调节设计规范》（GB 50736—2012）的 9.1.1 规定，供暖、通风与空调系统应设置检测与监控设备或系统，并应符合下列规定：

（1）检测与监控内容可包括参数检测、参数与设备状态显示、自动调节与控制、工况自动转换、设备连锁与自动保护、能量计量以及中央监控与管理等。具体内容和方式应根据建筑物的功能与要求、系统类型、设备运行时间以及工艺对管理的要求等因素，通过技术经济比较确定。

（2）系统规模大、制冷空调设备台数多且相关联各部分相距较远时，应采用集中监控系统。

（3）不具备采用集中监控系统的供暖、通风与空调系统，宜采用就地控制设备或系统。供暖、通风与空调系统的参数检测应符合下列规定：1）反映设备和管道系统在启停、运行及事故处理过程中的安全和经济运行的参数，应进行检测；2）用于设备和系统主要性能计算和经济分析所需要的参数，宜进行检测；3）检测仪表的选择和设置应与报警、自动控制和计算机监视等内容综合考虑，不宜重复设置，就地检测仪表应设在便于观察的地点。

9.4.2 空调系统主要参数及设备的控制

9.4.2.1 室内温度控制

室内温度控制是空调自控系统中的一个重要环节。它是用室内干球温度敏感元件来控制相应的调节机构，使送风温度随扰量的变化而变化。

改变送风温度的方法有：调节加热器的加热量和调节新、回风混合比或一、二次回风比等。调节热媒为热水或蒸汽的空气加热器的加热量来控制室温，主要用于一般工艺性空调系统;而对温度精度要求高的系统,则须采用电加热器对室温进行微调。室内温度控制方式可以有双位、恒速、比例及比例积分微分、DDC控制方式等几种。应根据室内参数的精度要求以及房间围护结构和扰量的情况,选用合理的室温控制方式。

室内温度控制时,传感器的放置位置对控制效果会产生很大影响。传感器的放置地点不要受太阳辐射热及其他局部热源的干扰,还要注意墙壁温度的影响,因为墙壁温度较空气温度变化滞后得多,最好自由悬挂,也可以挂在内墙上。

在一些工业与民用建筑中,空调房间不要求全年固定室内温度,因此可以采用室外空气温度补偿控制和送风温度补偿控制。它与全年固定室温的情况比较起来,不仅能使人体适应室内外气温的差别,感到更为舒适,而且可大为减少空调全年运行费用,夏季可节省冷量,冬季可节省热量。例如,对于一些民用空调,室内温度按照图9-29进行控制是比较理想的。这种控制方法,是以室外干球温度作为室内温度调节器的主参数,根据室外气温的变化,改变室内温度的给定值,这种方法称为室外气温补偿控制法。室外温度补偿控制原理如图9-30所示,由于冬、夏季补偿要求不同,调节器M分为冬、夏两个调节器,通过转换开关进行季节切换。

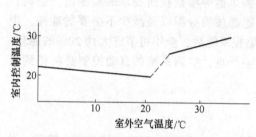

图9-29　室内温度给定值随室外温度的变化

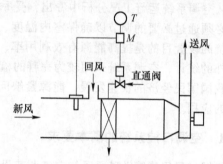

图9-30　室外温度补偿控制原理

此外,为了提高室内温度控制精度,克服因室外气温、新风量的变化以及冷、热水温度波动对送风参数产生的影响,在送风管上可增加一个送风温度传感器T_2(图9-31),根据室内温度传感器T_1和送风温度传感器T_2的共同作用,通过调节器对室内温度进行调节,称为送风温度补偿控制。

9.4.2.2　室内相对湿度控制

室内相对湿度控制也称为露点温度控制,是工业上恒温恒湿类或对室内相对湿度有上限控制要求的空调系统中最基本的一个控制环节。它主要适用于喷水室和表冷器的冷却除湿处理过程中对空气除湿量的控制。通常有两种控制方法:

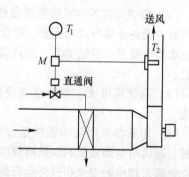

图9-31　送风温度补偿控制原理

(1)定露点控制。对于室内产湿量一定或产湿量波动不大的情况,只要控制机器露点温度就可以控制室内相对湿度。这种通过控制机器露点来控制室内相对湿度的方法称为定露点控制,也称为间接控制法。

1)由机器露点温度控制新风和回风混合阀门(图9-32),适用于冬季和过渡季节。如果喷水室用循环水喷淋,随着室外空气参数的变化,需保持机器露点温度一定,则可在喷水室挡水板后,设置干球温度敏感元件T_L。根据所需露点温度给定值,通过执行机构M比例控制新风、回风和排风联动阀门。

2）由机器露点温度控制喷水室喷水温度（图 9-33），用于夏季和使用冷冻水的过渡季节。在喷水室挡水板后，设置干球温度敏感元件 T_L。根据所需露点温度给定值，比例地控制冷水管路中三通混合阀调节喷水温度，以保持机器露点温度一定。有时为了提高调节质量，根据室内产湿量的变化情况，应及时修正机器露点温度的给定值，可在室内增加一只湿度传感器 H。当室内相对湿度增加时，湿度传感器 H 调低 T_L 的给定值；反之，则调高 T_L 的给定值。

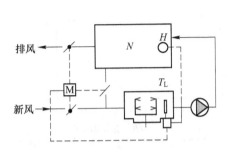

图 9-32　机器露点温度控制新风和回风混合阀门

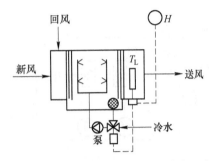

图 9-33　机器露点控制喷水室喷水温度

（2）变露点控制。对于室内产湿量变化较大或室内相对湿度要求较严格的情况，可以在室内直接设置湿球温度或相对湿度敏感元件，控制相应的调节机构，直接根据室内相对湿度偏差进行调节，以补偿室内热湿负荷的变化。这种控制室内相对湿度的方法也称为直接控制法。它与间接控制法相比，调节质量更好，目前在国内外已广泛采用。

9.4.2.3　风量控制

在风量控制的内容中，主要有新风量控制、送风量控制、通风机的风量控制等。此外，房间静压的控制也离不开风量控制。送风量控制和风机风量的控制，主要用于变风量空调系统和洁净室空调系统。

新风量的控制比较复杂，而且随空调对象房间的功能要求不同而不同。在恒温恒湿类空调和洁净室空调系统中，由于新风量的变化会导致湿负荷和尘负荷的大幅度、快速波动，对室内稳定地保持所要求的恒定相对湿度和洁净度有很大的干扰作用，所以在工程实用上，一般都是全年采用固定不变的新风量。其控制和设定较简单，只需在系统的调试过程中，通过对新风阀的开度位置进行整定，然后即固定于此阀位。此后在系统的开停时，只需把新风阀的执行机构与风机的开停进行联锁控制即可。

在全年运行的舒适性全空气集中式空调系统中，情况却要复杂得多。首先，一定的新鲜空气量是房间环境卫生所必需，所以系统的全年新风空气摄取量必须大于某一最小限度。在冬季和夏季，当室外温度或焓低于（冬季）或高于（夏季）室内参数时，加大新风量会导致供暖或供冷负荷的增大。所以，在这一阶段，需要施行最小新风量的控制，以节约能耗。在春季和秋季，室外空气的温度或焓一般低于室内所希望保持的上限温度或焓，因此可以直接将新风送入房间，代替人工冷源，实现所谓的"免费供冷"或"新风节能经济运行"。

新风量的控制环节及其原理如图 9-34 所示。在该控制环节中，采用了 $TIC1$ 和 $TIC2$ 两个温度控制器。$TIC1$ 为多个执行机构共有的分程控制器，$TIC2$ 的功能在于确保系统的最小新风量。在冬季，即当室外空气温度低于 $10℃$ 时，通过控制器 $TIC2$ 中的整定装置，可输出相应的电压信号，使新风阀控制在一个最小的允许开度，比如 10%。这一作用可由图 9-34（b）中的水平线段 1 表示。随着室外温度的逐渐升高，停止供暖后，在两个控制器的共同作用下，由室内温

度控制器 *TIC*1 通过 *TIC*2 操纵执行机构 *M*1，令新风阀 *V*1 逐步加大开度，直到当室外温度达到大约 24℃时，新风阀开足，并一直保持到当室外温度达到与室内温度设定值相等时为止。这便是图 9-34（b）中实线段 2 和 3 所表示的过渡季新风阀的运行状况。当由 *T*2 测得的室外温度信号与由 *T*1 反映的室内温度信号一起输入控制器 *TIC*2 后，通过比较，如前者温度超过了后者温度，即表明运行工况由过渡季进入夏季。控制器 *TIC*2 即输出信号，进行工况转换，使新风阀重新回到最小允许开度，这便是图 9-34（b）中实线段 4 表示的含义。

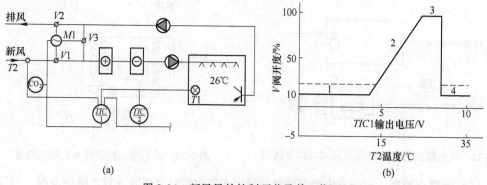

(a)　　　　　　　　　　　　　　　　　　　　　(b)

图 9-34　新风量的控制环节及其工作原理

(a) 控制原理；(b) 新风阀的开度

这里是用温度参数作为工况转换的依据。如作进一步优化，也有用焓参数作为工况转换的依据，即比较新风空气和回风空气的焓值，当前者的焓大于后者时进行工况的转换。这便是所谓的焓值经济运行控制。

9.4.2.4　表面式冷却器的控制

在空调系统中，除使用喷水室处理空气外，还常使用水冷式表面冷却器或直接蒸发式表面冷却器。它们的控制方法如下：

（1）水冷式表面冷却器的控制。水冷式表面冷却器控制可以采用直通或三通调节阀。如果使用直通调节阀调节水量时（冷水供水温度不变），因干管流量发生变化，将会影响同一水系统中其他冷水盘管的正常工作，此时供水管路上应加装恒压或恒压差的控制装置，以免产生相互干扰现象。三通调节阀用得较广泛，控制方法有两种：

1）冷水进水温度不变，调节进水流量（图 9-35）。由室内传感器 *T* 通过调节器比例地调节三通阀，改变流入盘管的水流量。在冷负荷减少时，通过盘管的水流量减少将引起盘管进出口水温差的相应变化。这种控制方法国内外已大量采用。

2）冷水流量不变，调节进水温度（图 9-36）。由室内传感器通过调节器比例地调节三通阀，可改变进水水温；由于出口装有水泵，盘管内的水流量保持一定。虽然这种方法调节性能较好，但每台盘管却要增加一台水泵，盘管数量较多时不太经济，一般只有在温度控制要求极为精确时才使用。

（2）直接蒸发式冷却盘管的控制。直接蒸发式冷却盘管控制如图 9-37 所示。一方面靠室内温度敏感元件 *T* 通过调节器使电磁阀作双位动作；另一方面膨胀阀自动地保持盘管出口冷剂吸气温度一定。大型系统也可以采用并联的直接蒸发式冷却盘管，进行分段控制以改善调节性能。小容量系统（如空调机组）也可以通过调节器控制压缩机的停开，而不控制蒸发器的冷剂流量。双位控制方法，控制简单，但精度不高，在小型空调系统以及不需要严格控制室内参数的地方采用。

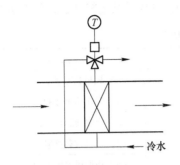

图 9-35　冷水进水温度不变，
调节进水流量的水冷式表冷器控制

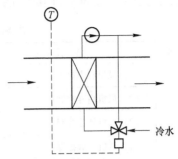

图 9-36　冷水流量不变，调节
进水温度的水冷式表冷器控制

9.4.3　空调风系统的自动控制

空调风系统（包括空气处理机组）检测与控制的
主要内容包括检测部分、调节部分、信号报警和自动
连锁等三方面。需检测的部分主要有：空调对象的温
度和相对湿度，室外空气的温度和相对湿度，送风和
回风的温度，一、二次混合风的温度，喷水室或空气
冷却器出口空气温度，喷水室或空气冷却器用水泵出
口温度和压力，喷水室或空气冷却器出口冷水温度，
空气过滤器进出口静压差，变送风流量，变送风量系

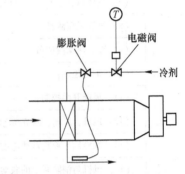

图 9-37　直接蒸发式冷却盘管控制

统静压点静压。需要调节的部分有：空调对象的温度和相对湿度的调节，送风温、湿度的调
节，喷水室露点温度的调节，喷水室或空气冷却器用冷水泵的转速调节，工况转换检测与监
控，变送风流量调节等。需信号报警和自动保护的有：新风干湿球温度报警，空调设备工作的
自动连锁与保护等。

《公共建筑节能设计标准》（GB 50189—2015）和《民用建筑供暖通风与空气调节设计规
范》（GB 50736—2012）规定全空气空调系统的控制应符合下列要求：

（1）应能进行风机、风阀和水阀的启停连锁控制。

（2）应能按使用时间进行定时启停控制，宜对启停时间进行优化调整。

（3）室温的控制由送风温度或/和送风量的调节实现，应根据空调系统的类型和工况进行
选择。

（4）送风温度的控制应通过调节冷却器或加热器水路控制阀和/或新、回风道调节风阀
实现。

（5）当采用加湿处理时，加湿量应按室内湿度要求和热湿负荷情况进行控制。当室内散
湿量较大时，宜采用机器露点温度不恒定或不达到机器露点温度的方式，直接控制室内相对
湿度。

（6）采用变风量系统时，风机应采用变速控制方式。

（7）过渡季宜采用加大新风比的控制方式。

（8）宜根据室外气象参数优化调节室内温度设定值。

（9）全新风系统送风末端宜采用设置人离延时关闭控制方式。

具体的控制功能应根据建筑物的功能、相关标准、系统类型等通过技术比较予以确定，可

参考《智能建筑设计标准》（GB/T 50314—2000）提供的空调风系统监控功能，见表 9-3。

表 9-3　空调风系统监控功能

设备名称	监控功能	设备名称	监控功能
新风机组	（1）风机状态显示；	空气处理机组	（1）风机状态显示；
	（2）风机启停控制；		（2）风机启停控制；
	（3）风机转速控制；		（3）风机转速控制；
	（4）风机过载报警；		（4）风机过载报警；
	（5）室外参数和送风温度测量；		（5）送回风温度测量；
	（6）室内 CO_2 浓度监测；		（6）室内温、湿度测量；
	（7）过滤器状态显示及报警；		（7）室内 CO_2 浓度监测；
	（8）风管风压测量；		（8）过滤器状态显示及报警；
	（9）冷、热水阀调节；		（9）风管风压测量；
	（10）加湿控制；		（10）冷、热水阀调节；
	（11）风阀开关控制；		（11）加湿控制；
	（12）风机、风阀、调节阀之间的连锁控制；		（12）风阀调节；
	（13）寒冷地区换热器防冻控制；		（13）风机、风阀、调节阀之间的连锁控制；
	（14）风机与消防系统的联动控制		（14）寒冷地区换热器防冻控制；
			（15）送回风机与消防系统的联动控制
排风机	（1）风机状态显示；	变风量（VAV）空调机组	（1）系统总风量调节；
	（2）启停控制；		（2）最小风量控制；
	（3）过载报警		（3）最小新风量控制；
风机盘管	（1）室内温度测量；		（4）再加热控制；
	（2）冷、热水阀开关控制；		（5）变风量末端（VAVBox）的控制装置应有通信接口
	（3）风机变速与启停控制		

9.4.3.1　组合式空气处理机组的自控

在组合式空气处理机组中，一般由多个功能段组成，可以对空气进行过滤、冷却、加热、减湿、加湿处理。因此，对空调机组的控制包括空气处理过程的控制、空气流量的控制、各处理设备的运行状态检测及保护以及各设备之间的动作连锁。在全空气空调系统中，对组合式空气处理机组进行控制的主要目的就是为了将室内温度和相对湿度保持在设定值附近，同时检测组合式空气处理机组的运行情况。

在组合式空气处理机组运行过程中，需要检测的参数主要有：室内、外空气的温湿度，送风、回风风量，送风、回风的温湿度，冷、热水盘管的进出水压力和温度，过滤器两侧的压差，各调节阀（包括调节风阀）的阀位，风机的运行状态和电流，变频器的输出频率（变风量系统）等。

如果组合式空气处理机组中装有电加热器，则电加热器应当与送风机实现电气连锁，只有送风机运行后，电加热器方可通电，以避免系统中因无风而电加热器单独运行造成火灾。为了进一步加强安全性，还可以在风管中设置监视风机运行的风压差开关，以及在电加热器的下风侧安装超温断电接点，并将它们与电加热器进行电气连锁。另外，设置电加热器的金属风管应接地，以确保安全。

对于夏季工况，当空调机组需要实现湿度控制时，由于温度和湿度这两个参数之间具有关联性，单一地通过调节冷却盘管的水量不可能同时满足这两个参数的调节要求。因此，需要首先通过高（低）值信号选择器对来自温度控制器和湿度控制器的输出信号进行选择后，取最不利值调节冷却盘管的水量，使之满足温度或湿度中一个参数的要求。这时，另一个参数必然超标，或者湿度过低，或者温度过低。然后，再利用温度控制器和湿度控制器的输出信号对加热器和加湿器进行分程控制，调节另一个参数，使之满足要求。

设计组合式空调机组的自控系统时应注意以下几点：

（1）对于重要房间需设置被控房间或区域内温湿度传感器。根据实际情况，可安装几组温湿度测点，以这些测点温湿度的平均值或其中重要位置的温湿度作为控制调节参照值。

（2）不宜直接用回风参数作为被控房间的空气参数，只有系统很小、回风从室内直接引至机组以及温湿度要求不高的情况下采用。主要原因是回风管存在较大惯性，房间或走廊回风等方式使得回风空气状态不完全等同于室内平均空气状态。

（3）一般不直接测量混合空气状态，而根据新、回风参数的测量通过计算得到。因为机组混合段空气流动混乱，温度场不均匀，很难测准。

（4）对室内温湿度可以采用串级控制，利用送风温湿度调节电动水阀、蒸汽阀的开度，其滞后比用室内或回风参数小，自控系统反应迅速。

（5）过渡季能否加大新风量，与排风措施密切相关。若无排风措施，则新风阀、回风阀可改为开关型，达到最小新风量即可。若有排风措施，需考虑与排风系统联动或连锁关系。

（6）对于离心风机，一般需设风流开关（测进出口压差），以便监测因皮带松开等原因导致风机丢转或不转。因为，此时风机电机正常工作，而风机的监测点无法发现此现象。

（7）位于冬季寒冷地区的组合式空调机组，必须采取必要的措施防止盘管中水流中断而造成冻结的可能。通常可以在盘管的下风侧安装防冻报警测温探头，当温度下降到可能发生冻结的设定值时，与探头相连的防冻开关将发出报警信号，并采取进一步措施，防止和限制冻结情况的发生。

（8）如果机组中装设有电加热器，必须实现电加热器与送风机电气连锁，以确保安全。

（9）机组中的送风机、回风机、电动水阀、蒸汽阀（包括加湿器）、电动风阀等都应当进行电气连锁。当机组停止运行时，新风风阀和排风风阀应当处于全关位置。

9.4.3.2 新风机组的自控

新风机组的构造比空调机组简单，控制目标是将室外空气处理到设定的温度和相对湿度，直接送入室内。因此，新风机组的控制方法与组合式空调机组送风温度控制和湿度控制类似。所不同的是，新风机组控制送风温湿度。当然，新风机组在运行时同样要检测其运行状态和相关参数。

设计新风机组的自控系统时应注意以下几点：

（1）与空调机组类似，对于冬季寒冷地区，也需要采取必要的控制措施，防止因某种原因使得盘管中水流中断而造成冻结的可能。

（2）防冻开关应该安装在表面式换热器水流容易出现死角的位置。或者沿水管全程安装，实际上很难做到，需要结合新风和送风温度进行判断以便进行防冻保护。

（3）对于设有多台新风机组的一幢建筑物，新风温湿度传感器不必每台机组设置，只需统一设置一到两组即可，并参考建筑物的高度、朝向等因素布置。

（4）如果新风机组中装设有电加热器，必须实现电加热器与送风机电气连锁，以确保安全。

（5）机组中的送风机、电动水阀、蒸汽阀（包括加湿器）、电动风阀等都应当进行电气连锁。当机组停止运行时，新风风阀应当处于全关位置。

9.4.3.3 风机盘管机组的自控

一般情况下，风机盘管机组的自动控制装置设有温度控制器和电磁或电动的两通通断/三通调节水阀。控制方式有两种，见表9-4。

表9-4 风机盘管机组的控制方式

控制方式	室内温度	冷/热转换	风机转速	水阀调节
就地/集中	手动/自动设置	手动/自动设置	手动（高/中/低/停）/自动调节转速	自动调节（开关或开度）/无（不安装水阀或不调节开度）

注：1. 集中控制时要求控制器必须联网，可互相通信。

    2. 水阀和风机转速的自动调节都是根据室内温度与设定温度的偏差进行，两者只能选一。

    3. 不安装水阀时，没有"冷/热转换"功能。

设计风机盘管机组自控系统时应注意以下几点：

（1）风机盘管采用二通阀时冷水为变流量系统；风机盘管不安装通断水阀，或安装电动三通阀时，冷水为定流量系统。目前，三通阀的方式已基本不用。

（2）风机盘管的水阀与风机电源连锁，可以在夜间无人模式下节省水泵的能耗。

（3）由于机组规格有限、水量调节范围很小，通常采用通断阀即可。

（4）风机盘管机组的群控需要根据使用要求与自控、电气等专业协调。

9.4.3.4 变风量空调系统的自控

与普通集中式空调系统相比，变风量系统不仅要增加变风量末端的控制环节，还增加了新的控制问题：（1）由于各房间风量变化，空调机组的总风量将随之变化。如何对送风机转速进行控制使之与变化的风量相适应？（2）如何调整回风机转速使之与变化了的风量相适应，从而不使各房间内压力出现大的变化？（3）如何确定空气处理室送风温湿度的设定值？（4）如何调整新风阀和回风阀，使各房间有足够的新风？

A 变风量自控系统的基本组成

a 室温控制

室温控制由房间温度控制器、变风量末端控制器、变风量末端执行器和变风量末端组成。变风量末端控制器是与变风量末端装置配套的定型产品，包括安装在室内墙壁上的温度设定器及安装在末端装置上的控制器两部分，设定器内装有温度传感器以测量房间温度。温度实测值与设定值之差被传送到控制器，去修正风量设定值或直接控制风阀。重要的是要测准风速或风量，一般都需要在出厂前逐台标定，将标定结果设置到控制器中。有的末端控制器产品还要求在现场逐台标定，这在产品的订货时要十分注意。目前变风量末端控制器中具备通信功能的逐渐成为主流，可以方便地与空调机组的现场控制机进行通信。

b 送风量控制

送风量控制根据对送风机频率调节的计算方法分为定静压法、变静压法和总风量法，各自的特点见表9-5。

表 9-5 变风量空调不同控制方法的特点

控制方法	基 本 原 理	难点与关键	对末端要求
定静压法	调节风机频率保持风管中某点的静压值不变	测压点的位置，经验值：总风管上距末端 1/3 处	
总风量法	根据末端的风量需求总和来调节风机频率	风管水力特性对风量计算公式的修正	有通信功能
变静压法	根据实际运行情况（阀位反馈）不断调节风机频率	阀位达到限值的末端个数设定	有通信功能；带阀位反馈

以上三种控制方法的节能效果从上到下递增，但实施难度也相应增加。变风量控制系统的调试过程也非常关键，计算方法中的一些系数必须通过调试进行设定或调整才能保证良好的空调效果。

静压测量点的位置是影响变风量控制系统运行稳定性和效果的关键，不仅静压控制法需要采用其作为控制目标，总风量法也常常用其作为监控对象。理论上静压测量点要选在全年各运行工况下静压最稳定（波动最小）的位置。实际运行中测压点越接近风机，自控系统越稳定可靠，但风机节能效果就越差，经常采用的经验值是总风管上距末端 1/3 处（距风机 2/3 处）。对于主风管有两个或多个分支的情况，静压传感器最好每一支路设置一个，增加"压力最低"的逻辑判断功能来选取控制的静压点。

c 新（回）风量控制

因为变风量系统可以在过渡季利用新风免费冷却，因此采用双风机的一次回风空调机组更有利。回风机的转速调节最好采用测量总送风量和总回风量的方法，使总回风量略低于总送风量，从而保证各房间微正压。简单地使回风机与送风机同步改变转速，并不能有效地保证房间正压。

由于风阀开度、风机频率和末端风阀的调节，使房间内的新风量和新风比都可以改变，所以变风量系统的新风量问题比较突出。因此，在风系统设计时需要加强重视，并采取相应措施，如在机组设固定风量的最小新风管和可变风量的新风管，或者最小新风管直接进入房间等。自控系统中，可以采取的措施有：（1）在新风入口或各层新风干管上设定风量阀，保证总新风量满足要求；（2）在新风管道上安装风速传感器，调节新风和排风阀，使总新风量在任何情况都不低于要求值；（3）在重要房间安装 CO_2 或空气质量传感器，保证其新风量；（4）各变风量末端的风阀也需要考虑最小新风量要求进行限位。

d 送风温度控制

对于定风量系统，总的送风参数可以根据实测房间温湿度状况确定。然而对于变风量系统，由于每个房间的风量都根据实测温度调节，因此房间内的温度高低并不能说明送风温度偏高还是偏低。变风量系统的送风参数一般根据设计计算或运行经验，以及根据建筑物使用特点、室内发热量变化情况及室外温度来确定设定值。当检测出风机送风量最大、阀位全开而房间温度仍然过高（夏季）时，需要降低送风温度；反之，则应提高送风温度。这必须依靠与各房间变风量末端装置的通信来实现。

室温控制环节由变风量末端控制器完成，送风量控制、新（回）风量控制以及送风温度控制则由空调机组的控制器完成。

B 变风量末端的自控

变风量末端装置是变风量空调系统中的关键设备，通过它来控制送风量以补偿室内负荷的变化，保持室温不变。一个变风量系统运行成功与否，在很大程度上取决于末端装置性能的好坏，以及末端装置与整个系统之间的协调工作。在这两个方面，变风量末端的控制部分都将起到重要的作用。

根据末端风量是否受风管静压影响，变风量末端可分为压力相关型和压力无关型。

（1）压力相关型变风量末端。压力相关型变风量末端是变风量末端中最简单的一种，其控制原理如图9-38所示。温度控制器根据温度传感器的信号，随着室内温度的变化不断发送指令到控制风阀，改变控制风阀的开度，从而改变送风量以保持室内温度不变。在冬季，由于建筑物内区供冷的需要，空气处理机组仍然送出低温空气。这时，位于建筑物的外区的变风量末端由于室内温度低于设定温度，控制风阀将不断关小。当控制风阀关至最小而室内温度仍然低于设定温度时，则控制器会向二次再热装置发出指令，将其打开并调节再热量，使室内温度达到设定值。二次再热装置可以是蒸汽盘管、热水盘管或者是电加热器。

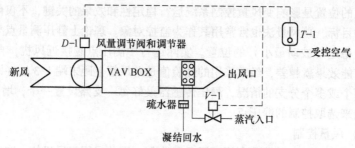

图9-38　压力相关型变风量末端控制原理

显然，压力相关型变风量末端的送风量不但取决于控制风阀的开度，同时也取决于一次风送风管道内的静压。如果管道静压发生变化，则送风量也会发生变化，进而造成室内温度的变化，因此它只能用于定静压系统中。

（2）压力无关型变风量末端。压力无关型变风量末端的结构与压力相关型相差不大，只是增加了一个风量传感器，但是控制方式却完全不同。压力无关型变风量末端控制原理如图9-39所示，其风量控制部分与压力相关型大不一样。温度控制器发出的控制指令并不是直接送往控制风阀，而是送往风量控制器作为它的设定信号；风量控制器将温度控制器送来的信号与风量传感器监测到的信号进行比较、运算，然后得到控制信号送往控制风阀，改变其开度。显然，这是一个典型的串级控制系统，其中温度控制是主环，风量控制是副环。

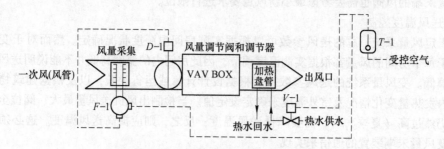

图9-39　压力无关型变风量末端控制原理

由于系统中增加了一个风量控制回路，因此当一次风送风管的静压发生变化时，变风量末端送风量的变化将立即被风量传感器感知，并在尚未影响室内温度前被风量控制回路纠正，这样送风管静压的变化将不会影响送风量。

由于压力无关型变风量末端的送风量与一次风送风管道的静压无关，因此它既可以用于定静压系统中，也可以在增加一个控制风阀开度传感器后用于变静压系统中。

9.4.4 空调水系统及冷、热源的自动控制

9.4.4.1 空调冷水系统的自动控制

冷水系统由冷水循环泵通过管道系统连接冷水机组蒸发器及用户各种用冷水设备（如空调机和风机盘管）而组成，其自控系统的核心任务是：

（1）冷水机组蒸发器通过足够的水量以使蒸发器正常工作，防止冻坏。

（2）向冷水用户提供足够的水量以满足使用要求。

（3）在满足使用要求的前提下尽可能减少循环水泵电耗。

空调冷水系统的控制主要应用在变水量系统中。随着负荷的变化，空调末端装置所需要的冷水量也随之发生变化，这就要求供水侧的水量能够跟踪末端需水量的变化。一般认为，在需水量发生变化时，如果能够将空调供、回水干管的压差保持恒定，就表明供水量已经跟随需水量的变化而变化。因此，空调冷水系统控制一般选择供、回水干管的压差作为控制参数，但有时也可以将供水干管压力作为控制参数。首先根据压差变化改变水泵的运行台数，然后通过压差旁通阀控制和水泵变频控制等方法改变供水量。压差旁通控制示意图如图9-40所示。

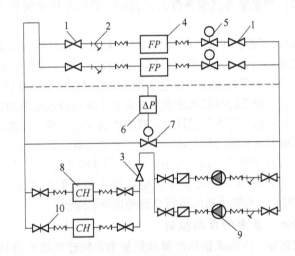

图9-40 压差旁通控制示意图

1—调节阀；2—过滤器；3—总阀；4—末端设备；5—电动两通阀；6—压差控制器；
7—旁通调节阀；8—冷水机组；9—冷水泵；10—闸阀

当采用压差旁通控制时，如果供、回水干管之间的压差升高，说明需水量下降，则控制器发出指令加大旁通阀的开度，使得通过旁通管流回的水量增加，从而减少了供水量。反之，如果供、回水干管之间的压差降低，则减小旁通阀的开度，减少通过旁通管流回的水量，增加供水量。

水泵变频控制同样利用供、回水干管之间的压差作为信号。当压差升高时，控制器发出指令降低变频器的输出频率，从而降低水泵转速，也就减少了供水量；反之，则提高变频器输出频率，增加供水量。水泵变频流量控制示意图如图9-41所示。

上述两种控制方法相比较，压差旁通控制相对比较简单，但是水泵变频控制更加节能。无论采用哪种水量控制方法，都需要与水泵台数控制相结合，而且以台数控制为优先。这就是

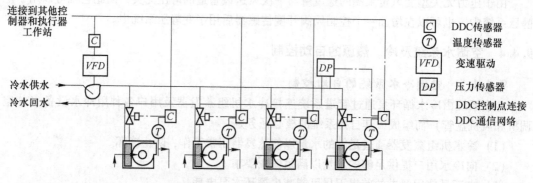

图 9-41　水泵变频流量控制示意图

说，首先通过台数控制关闭一部分不需要的水泵，然后再通过压差旁通控制或者水泵变频控制准确地跟踪需水量的变化。

9.4.4.2　空调冷却水系统的自动控制

冷却水系统通过冷却塔和冷却水泵及管道系统向冷水机组冷凝器提供冷却水。其自控系统的主要任务是：（1）保证冷却塔风机、冷却水泵安全运行；（2）确保冷水机组冷凝器侧有足够的冷却水通过；（3）根据室外气象条件及冷负荷，调整冷却水运行工况，使冷却水温度在设定温度范围内。

《公共建筑节能设计标准》（GB 50189—2015）规定，空调冷却水系统应满足下列基本控制要求：（1）冷水机组运行时，冷却水最低回水温度的控制；（2）冷却塔风机的运行台数控制或风机调速控制；（3）采用冷却塔供应空气调节冷水时的供水温度控制；（4）排污控制。

从节能的观点来看，较低的冷却水进水温度有利于提高冷水机组的能效比，因此尽可能降低冷却水温对节能是有利的。但为了保证冷水机组能够正常运行，提高系统运行的可靠性，通常冷却水进水温度有最低水温限制的要求。为此，必须采取一定的冷却水水温控制措施，通常有三种做法：（1）调节冷却塔风机运行台数；（2）调节冷却塔风机转速；（3）供、回水总管上设置旁通电动阀，通过调节旁通流量保证进入冷水机组的冷却水温高于最低限值。采用（1）、（2）两种方式时，冷却塔风机的运行总能耗也得以降低。

9.4.4.3　空调冷、热源的自动控制

空调系统必须依靠冷、热源提供的冷量或热量来消除建筑物室内和工艺生产过程产生的冷、热负荷。随着室外气象条件或室内负荷的变化，必然要对冷、热源机组输出的冷、热量进行调节。

《公共建筑节能设计标准》（GB 50189—2015）规定，冷、热源机房的控制应满足以下基本要求：（1）应能进行冷水（热泵）机组、水泵、阀门、冷却塔等设备的顺序启停和连锁控制。（2）应能进行冷水机组的台数控制，宜采用冷量优化控制方式。（3）应能进行水泵的台数控制，宜采用流量优化控制方式。（4）二级泵应能进行自动变速控制，宜根据管道压差控制转速，且压差宜能优化调节。（5）宜能根据室外气象参数和末端需求进行供水温度的优化调节。（6）宜能按累计运行时间进行设备的轮换使用。（7）冷热源主机 3 台以上的，宜采用机组群控方式。当采用群控方式时，控制系统应与冷水机组自带控制单元建立通信连接。

冷、热源机组调节方式主要包括能量调节和冷、热源机组的台数控制。

冷、热源机组的能量调节一般依靠机组自身的控制系统和设备予以完成，如离心式制冷机的导叶开度调节和螺杆式制冷机组的滑阀位置调节等。楼宇自动控制系统的任务只是接收、显

示和检测机组的运行状态和运行参数，当控制参数超过正常范围时则发出警告信号。如果某些关键性的参数长时间超过正常范围，检测与监控系统应当根据事先确定的程序停止机组的运行，做好故障记录，同时启动备份机组。

当冷、热源机组超过一台时，除了要对每台机组进行能量调节外，还要对运行机组的台数进行控制，同时对其附属的水泵、冷却塔等进行联动控制，避免所有的冷、热源机组都同时运行在部分负荷状态下，以提高整体效率，实现节能的目的。

空调系统中的冷、热源机组在运行中，需要对一些主要参数进行连续检测。这些参数包括：冷水机组的冷凝器；蒸发器的水侧进、出口压力和温度；换热器的进、出口水温度和压力；分水器、集水器的温度和压力或压差（有条件时还应当测量各支管的温度）；各台水泵的进、出口压力；过滤器两端的压差；系统的总流量（一般在回水处测量）；冷水机组、各主要阀门的运行状态等。通过监测，能够及时掌握系统的运行情况，及早排除可能发生的故障。当空调系统中包含蓄冷（热）装置时，则还应当对其中的蓄冷（热）设备的进、出口水温与流量、液位、运行状态、调节阀阀位等主要参数进行检测。在有条件的时候，还应当对冷（热）量进行计量。

当冷水机组以自动方式运行时，为了保证制冷机的安全运行，整个系统中的其他主要设备，包括冷水泵、冷却水泵、冷却塔风机等都要与制冷机实现电气连锁，顺序启停。当冷水机组启动时，这些设备应当先于制冷机开机运行；停机时则按相反顺序进行。此外，在启动制冷机时还应当确认冷水泵和冷却水泵是否已正常工作，相关阀门是否已经打开。这通常利用设置在制冷机相关管路上的水流开关与制冷机的启动电路实行电气连锁来实现。

习题与思考题

9-1 定（机器）露点和变（机器）露点的调节方法有什么区别？它们各有什么优缺点？改变机器露点的方法有哪几种？

9-2 调节一、二次回风混合比和调节空调箱旁通风门各有什么优点？它们一般在什么季节时优点更为突出？

9-3 舒适性空调的全年运行过程中，有无不需要对空气进行热、湿处理的时期？这时期应该怎样运行？

9-4 为了最大限度地达到空调系统运行的节能目的，全年运行工况应力争满足哪些条件？

9-5 带喷水室的一次回风空调系统，如何进行全年运行调节？

9-6 风机盘管调节方法有几种？各有什么优缺点？

9-7 什么叫做室内温度的室外温度补偿控制和送风温度补偿控制？它们有什么优点？

9-8 室内相对湿度控制有哪些方法？

9-9 简述组合空调机组和新风机组进行监控时的异同点。

9-10 变风量控制系统的基本原理是什么？

9-11 简述压力无关型变风量末端的工作原理。

参 考 文 献

[1] 电子工业部第十设计研究院. 空气调节设计手册 [M]. 2 版. 北京：中国建筑工业出版社，1995.

[2] 黄翔，等. 空调工程 [M]. 2 版. 北京：机械工业出版社，2014.

[3] 李岱森. 空气调节 [M]. 北京：中国建筑工业出版社，2000.

[4] 李玉云. 建筑设备自动化 [M]. 北京：机械工业出版社，2006.

[5] 陆亚俊，马最良，邹平华. 暖通空调 [M]. 北京：中国建筑工业出版社，2002.

[6] 陆耀庆. 实用供热空调设计手册 [M]. 2 版. 北京：中国建筑工业出版社，2008.

[7] 全国勘察设计注册工程师公用设备专业管理委员会秘书处. 全国勘察设计注册公用设备工程师暖通空调专业考试复习教材 [M]. 北京：中国建筑工业出版社，2004.

[8] 田忠保. 空气调节 [M]. 西安：西安交通大学出版社，1993.

[9] 尉迟斌. 实用制冷与空调工程手册 [M]. 北京：机械工业出版社，2003.

[10] 韦节廷. 空气调节工程 [M]. 北京：中国电力出版社，2009.

[11] 赵荣义. 简明空调设计手册 [M]. 北京：中国建筑工业出版社，1998.

[12] 赵荣义，范存养，薛殿华，钱以明. 空气调节 [M]. 4 版. 北京：中国建筑工业出版社，2009.

[13] 战乃岩，王建辉. 空调工程 [M]. 北京：北京大学出版社，2014.

10 空调系统的噪声与振动控制

本章要点：介绍室内噪声标准，空调系统的消声、隔振要求，空调系统中噪声的自然衰减和消声器消声量的确定方法，消声器的种类和选用原则以及常用空调装置的防振措施。

10.1　噪声的主观评价和室内噪声标准

10.1.1　噪声的主观评价

各种不同频率和声强的声音无规律地组合在一起就成为噪声。噪声是声波的一种，它具有声波的一切物理特性。声压是噪声的基本物理参数，但人耳对声音的感受不仅和声压有关，而且也和频率有关，声压级相同而频率不同的声音听起来往往是不一样的。根据人耳这个特性，人们仿照声压级的概念，引出一个与频率有关的响度级，单位为 phon（方）。就是取 1000Hz 的纯音作为基准声音，若某噪声听起来与该纯音一样响，则该噪声的响度级（phon 值）就等于这个纯音的声压级（dB 值）。

利用与基准声音比较的方法，就可以得到各个可听范围的纯音的响度级，这个结果就是等响曲线（图 10-1）。图中每一条曲线相当于频率和声压级不同、但响度相同的声音，即相当于一定响度级（phon）的声音。最下面的曲线是可闻阈曲线，最上面的曲线是痛阈曲线，在这两根曲线间，是正常人耳可以听到的全部声音。从等响曲线可以看出，人耳对高频声，特别是

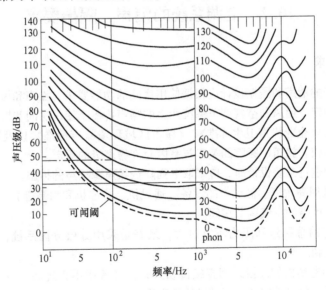

图 10-1　等响曲线图

2000~5000Hz 的声音敏感，而对低频声音不敏感。

　　在声学测量仪器中，参考等响曲线，为模拟人耳对声音响度的感觉特性，在声级计上设计了三种不同的计权网络，即 A、B、C 网络，每种网络在电路中加上对不同频率有一定衰减的滤波装置。C 网络对不同频率的声音衰减较小，它代表总声压级；B 网络对低频有一定程度的衰减；而 A 网络则让低频段（500Hz 以下）有较大的衰减，因此它对高频敏感，对低频不敏感，这正与人耳对噪声的感觉相一致。所以近年来，人们在噪声测量中，往往就用 A 网络测得的声级来代表噪声的大小，称 A 声级，并记作 dB（A）。

10.1.2　室内噪声标准

　　基于人耳对各种频率的响度感觉不同，以及各种类型的消声器对不同频率噪声的降低效果不同，因此应该给出不同频带允许噪声值。房间内允许的噪声级别称为室内噪声标准，即室内噪声控制标准。人耳对声音的感受不仅和声压有关，而且和频率相关。因此，室内噪声标准应给出不同频率下允许的声压级。目前均采用由国际标准化组织（ISO）提出的 NR 噪声评价曲线，如图 10-2 所示。

　　声级计测得的"A"档读数 $L_A(dB)$ 与相应的噪声评价曲线有如下换算关系：

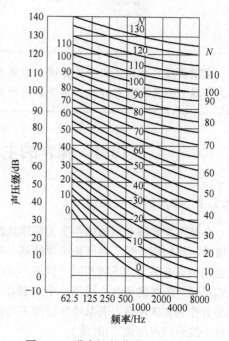

图 10-2　噪声评价曲线（NR 曲线）

$$NR = L_A - 5 \qquad (10-1)$$

10.2　空调系统的消声、隔振要求

10.2.1　基本要求

　　空气调节系统的消声和隔振设计应根据使用房间的功能要求、噪声和振动的频率特性及传播方式通过计算确定。通风和空气调节系统产生的噪声传播至使用房间和周围环境的噪声级应符合国家现行《工业企业噪声卫生标准》、《城市区域环境噪声标准》以及民用建筑隔声设计规范中对住宅、学校、旅馆、医院四类建筑室内允许噪声级的规定。

　　在选择设备和进行系统设计时，应采取下列降低噪声源噪声的措施：

　　（1）应尽量选用高效率、低噪声的设备（通风机、冷冻机和水泵等），且设备机房的布局不宜靠近噪声要求严格的空气调节房间。

　　（2）一个系统的总风量和阻力不宜过大，最好是采用分层分区系统，既便于降低噪声，又对防火和节能有利。

　　（3）通风机和电动机的连接采用直接传动方式，且转速不宜过高，空气调节箱内的送风机或回风机宜采用三角胶带传动的双进风低噪声通风机。

　　（4）通风机进出口处的管道不应急剧转弯，宜采用软管连接方式。

（5）必要时，弯头和三通支管等处也设导流叶片。

（6）风管及部件应有足够的强度。调节阀、防火阀、散流器风口、百叶风口等可调节的部件应坚固而不颤动，以免产生附加噪声。

（7）设计风管和部件时，应避免突然改变断面或方向，为减低弯头、T形管、调节阀、通风机出口等处气流的扰动和涡流，各部件之间应保持 5~10 倍直径长的直管段，间距太密的风管部件易产生气流噪声，可达 15~20dB。

（8）当通风机配用变频调速的电动机时，在特殊情况下，可采用降低运行转速的方法来满足空气调节房间对噪声的严格要求，如同期录音的电视演播室和录音室，允许短时间内适当降低风量。

（9）有消声要求的空气调节系统，其风管风速及送风口、回风口风速，宜按表 10-1 设计。空气调节系统的送风管、回风管不宜穿越冷冻机房和水泵房，或有噪声源的非空气调节房间。

表 10-1 按房间允许噪声标准推荐的风速

室内允许噪声级		主管风速/m·s⁻¹	支管风速/m·s⁻¹	送风口、回风口风速/m·s⁻¹
NR 曲线	L_A/dB	主管风速/m·s⁻¹	支管风速/m·s⁻¹	送风口、回风口风速/m·s⁻¹
15	20	4.0	2.5	1.0~2.5
20	25	4.5	3.5	1.5~2.0
25	30	5.0	4.5	2.0~2.5
30	35	6.5	5.5	2.5~3.3
35	40	7.5	6.0	4.0
40	45	9.0	7.0	5.0

注：通风机出口与消声器之间的风管风速可为 8m/s 左右。

（10）消声器的安装位置应靠近空调机房，并与之隔开，如只能设在机房内时，消声后的风管应作隔声处理，以防出现"声桥"。对消声要求严格的房间，每个送、回风支管上宜增设消声器，且不宜设调节阀，若必须设置时，应设在距送风口、回风口 10 倍以上风管直径的管段处。

10.2.2 噪声控制标准

《民用建筑隔声设计规范》（GBJ 118—1988）中对四类建筑物室内允许噪声级做了规定，见表 10-2~表 10-5。我国还没有制定其他类型建筑物室内噪声允许标准，设计时可参考表 10-6 所列数值。

表 10-2 住宅室内允许噪声级 （dB（A））

房间类别	允许噪声级		
	一级	二级	三级
卧室	≤40	≤45	≤50
起居室	≤45	≤50	≤50

表 10-3 学校室内允许噪声级 （dB（A））

房间类别	允许噪声级		
	一级	二级	三级
有特殊安静要求的房间	≤40	—	—
一般教室	—	≤50	—
无特殊安静要求的房间	—	—	≤55

表 10-4 旅馆室内允许噪声级   （dB（A））

房间类别	允许噪声级			
	特级	一级	二级	三级
客房	≤35	≤40	≤45	≤55
会议室	≤40	≤45	≤50	≤50
多用途大厅	≤40	≤45	≤50	—
办公室	≤45	≤50	≤55	≤55
餐厅、宴会厅	≤50	≤55	≤60	—

表 10-5 医院室内允许噪声级   （dB（A））

房间类别	允许噪声级		
	一级	二级	三级
病房、医生休息室	≤40	≤45	≤50
门诊室	≤55	≤55	≤60
手术室	≤45	≤45	≤50
测听室	≤25	≤25	≤30

表 10-6 各类建筑物室内允许噪声级

建筑物类型	噪声评价数 NR 等级	A声级值/dB（A）
广播录音室、播音室、配音室	15~20	20~25
音乐厅、剧院、电视演播室	20~25	25~30
电影院、演讲厅、会议厅	25~30	30~35
办公室、设计室、阅览室、审判庭	30~35	35~40
餐厅、宴会厅、体育馆、商场	35~45	40~50
候机厅、候车厅、候船厅	40~45	45~50
洁净车间、带机械设备的办公室	50~60	55~65

10.3 空调系统的噪声源

噪声的发生源很多，空调工程中主要的噪声源是通风机、制冷机、机械通风冷却塔等，如图 10-3 所示。从图中可以看出，除通风机噪声由风道传入室内外，设备的振动和噪声也可能通过建筑结构传入室内。

空调系统中最主要的噪声源是通风机。通风机噪声的大小与叶片型式、片数、风量、风压等因素有关。风机噪声是由叶片上紊流而引起的宽频带的气流噪声以及相应的旋转噪声构成，后者可由转数和叶片数确定其噪声的频率。在通风空调所用的风机中，按照风机大小和构造不同，噪声频率在 200~800Hz 之间，也就是说主要噪声处于低频范围内。风机噪声的大小通常用声功率级来表示。

风机制造厂应该提供其产品的声学特性资料，当缺少这项资料时，在工程设计中最好能对选用通风机的声功率级和频带声功率级进行实测。不具备这些条件时，也可按下述比较简单的

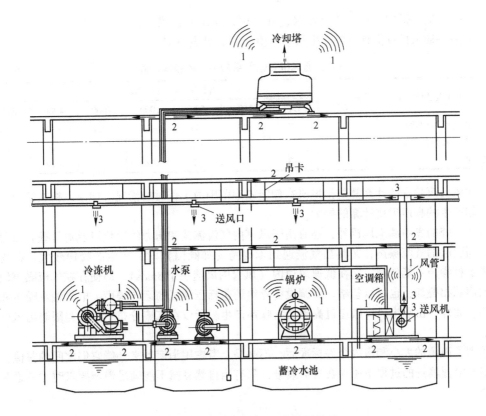

图 10-3　空调系统的噪声传递情况
1—噪声的空气传递；2—振动引起的固体传声；3—由风管传递的风机噪声

方法来估算其声功率级。即某一风机的声功率级 $L_W(dB)$ 可按下式估算（与实测的误差在 ±4dB 以内）

$$L_W = 5 + 10\lg L + 20\lg H \tag{10-2}$$

式中　L——通风机的风量，m^3/h；

　　　H——通风机的风压（全压），Pa。

　　如果已知风机功率 $N(kW)$ 和风压 $H(Pa)$，可用下式估算

$$L_W = 67 + 10\lg N + 10\lg H \tag{10-3}$$

由此可知，一台 10kW 的离心风机其声功率比 1kW 的风机大 10dB。

　　当风机转数 n 不同时，其声功率级可按下式换算

$$(L_W)_2 = (L_W)_1 + 50\lg \frac{n_2}{n_1} \tag{10-4}$$

即声功率级随转数的 5 次方而增长，当转数增加 1 倍时，声功率级约增加了 15dB。

　　当风机直径不同时，声功率级可按下式换算：

$$(L_W)_{D_2} = (L_W)_{D_1} + 20\lg \frac{D_2}{D_1} \tag{10-5}$$

即风机直径增加一倍时，声功率级约增加了 6dB。

　　在求出通风机的声功率级后，可按下式计算通风机各倍频带声功率级 $(L_W)_{Hz}$

$$(L_W)_{Hz} = L_W + \Delta b \tag{10-6}$$

式中 L_w——通风机的（总）声功率级，dB，按式（10-2）确定；

    Δb——通风机各倍频带声功率级修正值，dB，见表10-7。

表10-7　通风机各倍频带的声功率级修正值　　　　　　（dB）

通风机类型	倍频带中心频率/Hz							
	63	125	250	500	1000	2000	4000	8000
离心通风机（叶片前弯）	-2	-7	-12	-17	-22	-27	-32	-37
离心通风机（叶片后弯）	-5	-6	-7	-12	-17	-22	-26	-33
轴流通风机	-9	-8	-7	-7	-8	-10	-14	-18

上述风机声功率的计算都是指风机在额定效率范围内工作时的情况。如果风机在低效率下工作，则产生的噪声远比计算的要大。

空调系统的噪声源除风机外，还有由于风道内气流流速和压力的变化以及对管壁和障碍物的作用而引起的气流噪声，尤其当气流遇到障碍物（如阀门）时，产生的噪声较大。在高速风道中这种噪声不能忽视，而在低速风道内（风管内风速小于8m/s），即使存在气流噪声但与较大的声源相叠加，也可以忽略。空调设备噪声还包括压缩机的运转噪声、电机轴承噪声和电磁噪声。此外，由于出风口风速过高也会有噪声产生，所以在气流分布中都适当限制出风口的风速。

了解了声源的大小和室内允许标准后，不必马上考虑用消声器来补偿它们之间的差值，因为在空气沿程输送的过程中还存在自然衰减，只有当自然衰减不能满足消声要求时才考虑装置消声器。

10.4　空调系统中噪声的自然衰减

风管输送空气到房间的过程中噪声有各种衰减，这种噪声衰减的机理是很复杂的，如噪声在直管中可被管材吸收一部分；噪声还可能投射到管外；在风管转弯处和断面变形处以及风管开口（风口）处，还将有一部分噪声被反射，从而引起噪声的衰减。因而在消声设计中应予以考虑。

10.4.1　直管的噪声衰减

直管（圆形管道和矩形管道）的噪声自然衰减量可采用表10-8的数值。当风管粘贴有保

表10-8　直管的噪声衰减量　　　　　　（dB/m）

风管尺寸/mm		倍频带中心频率/Hz				
		63	125	250	500	≥1000
矩形	0.075~0.2	0.6	0.6	0.45	0.3	0.3
	0.2~0.4	0.6	0.6	0.45	0.3	0.2
	0.4~0.8	0.6	0.6	0.3	0.15	0.15
	0.8~1.6	0.45	0.3	0.15	0.1	0.06
圆形	0.075~0.2	0.1	0.1	0.1	0.15	0.3
	0.2~0.4	0.06	0.1	0.1	0.15	0.2
	0.4~0.8	0.03	0.06	0.06	0.1	0.15
	0.8~1.6	0.03	0.03	0.03	0.06	0.06

温材料时低频噪声的衰减量可增加一倍。

10.4.2 弯头的噪声衰减

弯头（方形和圆形直角弯头）的噪声自然衰减量可采用图 10-4 所示的数值。

10.4.3 三通的噪声衰减

当管道分支时，声能基本上按比例地分给各个支管。由主管到任一支管的噪声自然衰减量 $\Delta L(\mathrm{dB})$ 可按下式计算

$$\Delta L = 10\lg(F/F_0) \tag{10-7}$$

式中 F_0——三通分支处全部支管的截面积之和，$\mathrm{m^2}$；

F——计算支管的截面积，$\mathrm{m^2}$。

按上式作出的线算图如图 10-5 所示，供直接查用。

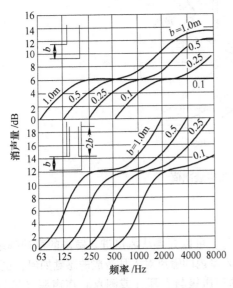

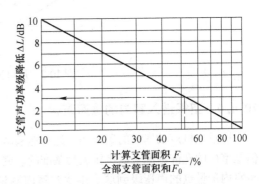

图 10-4 弯头的噪声自然衰减量

图 10-5 三通的噪声衰减

10.4.4 变径管的噪声衰减

管道截面积的突然扩大或缩小处，噪声自然衰减量 $\Delta L(\mathrm{dB})$ 可按下式计算

$$\Delta L = 10\lg \frac{(1+m)^2}{4m} \tag{10-8}$$

式中，$m = F_2/F_1$ 为膨胀比；F_2、F_1 分别为变径后和变径前的管道截面积，$\mathrm{m^2}$。按此式作出的线算图如图 10-6 所示，供直接查用。

10.4.5 风口反射的噪声衰减

风机声功率并非全沿着管道由末端辐射入房间内，在从风口到房间的突扩过程中，有一部分声功率是反射回去的，称为风口末端损失，可由图 10-7 查出。

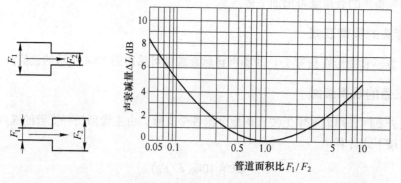

图 10-6　变径管的噪声衰减值

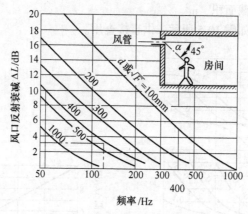

图 10-7　风口反射的噪声衰减值

10.4.6　空气进入室内的噪声衰减

通过风机声功率级的确定和上述自然衰减的计算，可以算得从风口进入室内的声功率级，但是室内的允许标准是以声压级为基准的。究竟进入室内的噪声对人耳造成的感觉如何，也就是室内测量点的声压级到底是多少？室内测量点的声压级与人耳（或测点）离声源（风口）的距离以及声音辐射出来的方向和角度等有关。另外，室内的声压级必然由于建筑物内壁、吊顶、家具设备等的吸声程度不同而有相当大的差异，换句话说，声音进入房间后再一次被衰减。

由风口传至房间内某定点的噪声级 L_P（dB）可按下式计算

$$L_P = L_W + 10\lg\left(\frac{Q}{4\pi r^2} + \frac{4}{R}\right) \tag{10-9}$$

式中　L_W——风口进入房间的声功率级，dB；

　　　　Q——源与测点（人耳）间的方向因素，主要取决于风口 A 与接收点 B 间的夹角 θ（图 10-8），其数值可按表 10-9 确定；

　　　　r——A、B 点之间的距离，m；

　　　　R——房间常数，m^2，根据房间大小和吸声能力 $\bar{\alpha}$ 决定，R 值可由图 10-9 直接查得，图中 $\bar{\alpha}$ 值见表 10-10，在一般情况下 $\bar{\alpha} = 0.1 \sim 0.5$。

表 10-9 方向因素 Q 值

频率×长边/Hz×m	10	20	30	50	75	100	200	300	500	1000	2000	4000
角度 $\theta=0°$	2	2.2	2.5	3.1	3.6	4.1	6	6.5	7	8	8.5	8.5
角度 $\theta=45°$	2	2	2	2.1	2.3	2.5	3	3.3	3.5	3.8	4	4

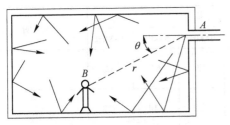

图 10-8 声源与测点间的方向因素示图

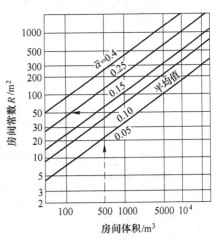

图 10-9 房间常数线算图

表 10-10 平均吸声系数 $\overline{\alpha}$

房 间 名 称	吸声系数 $\overline{\alpha}$
广播台、音乐厅	0.4
宴会厅	0.3
办公室、会议室	0.15~0.20
剧场、展览馆	0.1
体育馆	0.05

10.5 消声器消声量的确定

从以上分析可知，按照式（10-9）算出的室内声压级 L_p 不能满足室内的某一 N 曲线时，则应该分别按照其频率所要求的消声量来选择消声器。

下面以一个简单的空调系统为例介绍计算消声量的过程。

【例 10-1】 空调系统如图 10-10 所示。已知条件为：室内体积为 500m³，风量为 5000m³/h，风机风压为 400Pa，风机为前向型叶片；室内允许噪声为 N（或 NR）35 号曲线；人耳距离风口约 1m（$r=1$m），角度为 45°。

【解】（1）确定风机各频带声功率级，根据风量、风压可用式（10-2）计算风机总声功率级

$$L_W = 5 + 10\lg L + 20\lg H = 5 + 10 \times 3.7 + 20 \times 2.6 = 94\text{dB}$$

（2）据表 10-7 提供的风机叶片形式修正，可列出各频带之声功率级于表 10-11 中，再按以上介绍的步骤，把计算过程列入表中。

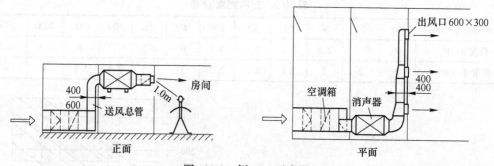

图 10-10　例 10-1 示意图

表 10-11　例 10-1 消声计算过程汇总表　　　　　　　　（dB）

序号	计算内容	倍频带中心频率							说　明
		63Hz	125Hz	250Hz	500Hz	1000Hz	2000Hz	4000Hz	
1	风机频带声功率级（式（10-6））	92	87	82	77	72	67	62	
2	两个弯头的自然衰减（图 10-4）	—	—	-8	-12	-12	-14	-22	
3	支管衰减（图 10-5）	-3	-3	-3	-3	-3	-3	-3	
4	风口反射损失（图 10-7）	-10	-3	-1	—				
5	管路自然衰减之和（2 + 3 + 4）	-13	-6	-12	-15	-15	-17	-25	
6	风口处的声功率级 L_W（1 - 5）	79	81	70	62	57	50	37	
7	室内声压级 L_p（式（10-9））	73	75	65	57	53	46	33	风口长边尺寸 600mm，设 $\bar{\alpha}=0.13$ 查得房间常数 $R=50$
8	室内允许标准声压级（图 10-2）	64	53	45	39	35	32	30	根据 NR-35 曲线
9	消声器应负担的消声量（7 - 8）	9	22	20	18	18	14	3	

注：表中负号表示计算过程中查得的衰减量。

在上例的消声计算中，由于管路较短，没有考虑直管的噪声衰减量，这相当于计算中留有余地。

空调系统的噪声控制，应首先积极地综合考虑降低系统的噪声，在计算了管路噪声自然衰减后，如仍不能满足室内要求，则应在管路中或空调箱内设置消声器。

必须指出，只有对于声学要求严格的空调系统才需要进行消声设计。目前在风机噪声、自然衰减量、室内允许的噪声标准以及消声器性能等方面还需要进一步进行科学研究，以保证计算的有效性。对于声学要求较高的工程，为了解决好消声隔振问题，往往需要声学、建筑、暖通三方面的工作人员密切配合。

10.6 消声器的种类和应用

消声器是由吸声材料按不同的消声原理设计成的构件，根据不同消声原理可以分为阻性型、共振型、膨胀型和复合型等类型。

（1）阻性消声器。阻性消声器是把吸声材料固定在气流流动的管道内壁，或按一定的方式在管道内排列起来。当声能入射到吸声材料上时，由于吸声材料的松散性和多孔性，使一部分声能转化为热能而被吸收。吸声材料大都是疏松或多孔性的，如玻璃棉、泡沫塑料、矿渣棉、毛毡、石棉绒、吸声砖、加气混凝土、木丝板、甘蔗板等。阻性消声器对中、高频噪声消声效果显著，但对低频噪声消声效果较差。常见的阻性消声器有管式、片式、格式、声流式、消声弯头等。

管式消声器（图 10-11（a））是一种最简单的消声器，它仅在管壁内周贴上一层吸声材料，故又称"管衬"。优点是制作方便、阻力小。但只适用于直径不大于 400mm 的风管。对于大断面的风管，消声效果将降低。此外，管式消声器仅对中、高频噪声有一定消声效果，对低频噪声消声性能较差。

管式消声器的消声量随断面增加而减少，因此对于较大断面的风道可将断面划分为几个格子，这就成为片式及格式消声器（图 10-11（b）和（c））。片式消声器应用比较广泛，它构造简单，对中、高频吸声性能较好，阻力也不大。格式消声器具有同样特点，但体积较大，应注意的是这类消声器中的空气流速不宜过高，以防气流产生湍流噪声而使消声无效，同时增加了空气阻力。

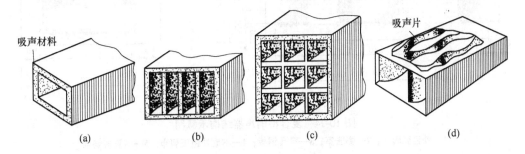

图 10-11 阻性结构示意图

（a）管式消声器；（b）片式消声器；（c）格式消声器；（d）声流式消声器

为了进一步提高高频消声的性能，还可将片式消声器改成声流式消声器，如图 10-11（d）所示，声波在消声器内往复多次反射，增加了与吸声材料接触的机会，从而提高了高频消声效果。声流式消声器一般以两端"不透光"为原则。

（2）膨胀消声器。膨胀消声器由风管和小室相连而成，又称为抗性消声器（图 10-12）。其消声原理是利用通道截面的突变，使沿通道传播的声波反射回声源方向，起到消声作用。通常要求消声器的膨胀比（大小断面积比）大于 5。膨胀消声器对中、低频噪声消声效果较好。但其消声频程较窄、空气阻力大、占用空间大，不适用于机房较小的场合。

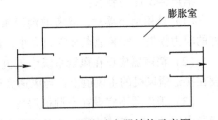

图 10-12 膨胀消声器结构示意图

（3）共振消声器。共振消声器（图 10-13）在管道上开孔，并与共振腔相连。当外界噪声的频率和共振吸声结构的固有频率相同时，引起小孔孔颈处空气柱强烈共振，空气柱与颈壁剧烈摩擦，消耗声能，起到消声作用。共振性消声器一般用以消除低频噪声，但频率的选择性较强，消声频率范围很窄。

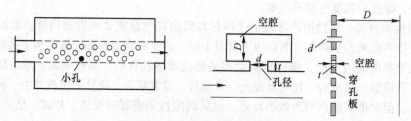

图 10-13   共振消声器结构示意图

（4）复合型消声器。复合型消声器又称为宽频带消声器。它利用阻性消声器对中高频噪声的消声效果好，而抗性或共振消声器对低频噪声消声效果好的特点，设计成从低频到高频噪声范围内，都具有较好消声效果的消声器。图 10-14 所示的是把阻性消声器和共振消声器两者的优点相结合的复合型消声器。

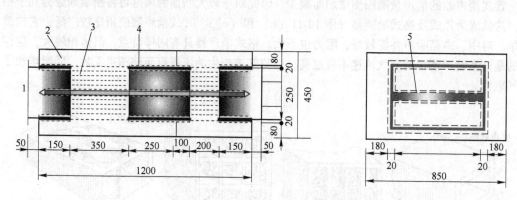

图 10-14   复合型消声器结构示意图

1—外包玻璃布；2—膨胀室；3—穿孔钢板；4—木框外包玻璃布；5—内置玻璃棉

此外，当利用土建结构作为风道时，往往可以利用建筑空间设计成单宫式或迷宫式消声器，即在土建结构内贴吸声材料，具有较好的消声效果。这在体育馆、剧场等地下回风道中常被采用。必须指出，经过消声器后的风管不应暴露在噪声大的空间，以防止噪声穿透消声后的风管。若不可避免，则应对消声器后风管作隔声处理。近年来，消声技术有新的发展。人们试图制造与噪声源的频谱和功率相当而波形相反的消声装置，将其置于风管内消声。

消声器设计的要点：

（1）选用消声器时，除考虑消声量之外，要从其他方面进行比较和综合评价，如系统允许的阻力损失，安装地点和空间大小，造价高低，消声器的防火、防尘、防蛀性能等。

（2）消声器应设在风管系统中气流平稳的管段上。当风管内气流小于 8m/s 时，消声器应设在接近通风机的主风道上；当风速大于 8m/s 时，宜分别在各分支管上安装。

（3）消声器不宜设在空调机房内，也不宜设在室外，以免室外的噪声穿透进入消声后的管段中，必要时应对风管的隔声能力进行验证。

（4）当一根风管输送空气到多个房间时，须防止房间之间的"穿声"。

（5）空气通过消声器时的流速，不宜超过下列数值：1）阻性消声器 5~10m/s；2）共振型消声器 5m/s；3）消声弯头 6~8m/s。

10.7 空调装置的防振

10.7.1 基本概念

空调系统的噪声除了通过空气传播到室内外，还能通过建筑物的结构和基础进行传播。例如转动的风机和压缩机所产生的振动可直接传给基础，并以弹性波的形式从机器基础沿房屋结构传到其他房间去，又以噪声的形式出现，称为固体声。

削弱由机器传给基础的振动，是通过消除它们之间的刚性连接来达到的。即在振源和它的基础之间安设避振构件（如弹簧减振器或橡皮、软木等），可使振源传到基础的振动得到一定程度的减弱。表征隔振效果的物理量很多，通常用振动传递率 T 表示，也称为隔振系数或隔振效率。它表示振动作用于机组的总力中有多少是经过隔振系统传给支承结构的。振动传递率 T 越小，隔振效果越好。T 的数学表达式为：

$$T = \frac{1}{(f/f_0)^2 - 1} \tag{10-10}$$

式中　f——振源（机组）的振动频率，Hz；

　　　f_0——弹性减振支座的固有频率（自然频率），Hz。

在设计隔振时，首先应根据工程性质确定其减振标准，即确定传递率 T。减振标准可参阅表 10-12。

表 10-12　减振参考标准

允许传递率 T/%	隔振评价	使　用　地　点
<5	极好	压缩机装在播音室的楼板上
5~10	很好	通风机组装在楼层，其下层为办公室、图书馆、病房等和要求严格减振的房间
10~20	好	通风机组装在广播电台、办公室、图书馆及病房一类的安静房间附近
20~40	较好	通风机组装在地下室，而周围为上述以外的一般性房间
40~50	不良	设备装在远离使用地点时，或一般工业车间

10.7.2 减振器的设计和选择

在设计隔振时，可以根据工程性质确定其减振标准，即确定 T 值（表 10-12），然后选择减振材料或减振器。设计和选用减振器时还应注意以下几点：

（1）减振器的材料一定要选用确实具有弹性的材料，如橡皮、软木或弹簧等。当设备转速 $n>1500\text{r/min}$ 时，常采用橡皮、软木衬垫；当 $n \leqslant 1500\text{r/min}$ 时，宜采用弹簧减振器。图 10-15 提供了几种不同形式的减振器结构示意图。

（2）减振器承受的荷载应大于允许工作荷载的 5%~10%，但不应超过允许工作荷载。

（3）选择橡胶减振器时，应考虑环境温度对减振器压缩变形量的影响，计算压缩变形量

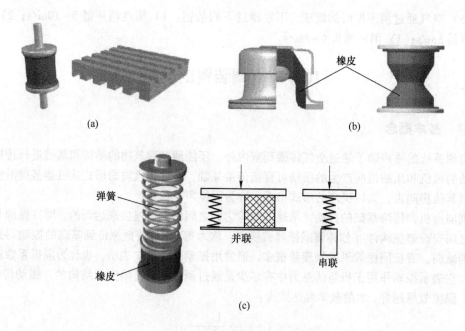

图 10-15　几种减振器的结构示意图
(a) 压缩型；(b) 剪切型；(c) 复合型

时宜采用制造厂提供的极限压缩变形量的 1/3~1/2。设备的振动频率 f 与橡胶减振器垂直方向的固有频率 f_0 之比应大于或等于 2.5，宜为 4~5。橡胶减振器应尽量避免太阳直射或与油类接触。

(4) 选择弹簧减振器时，设备的振动频率 f 与弹簧减振器垂直方向的固有频率 f_0 之比应大于或等于 2.5，宜为 4~5。当其共振振幅较大时，宜与阻尼比大的材料联合使用。

(5) 使用减振器时，设备重心不宜太高，否则容易发生摇晃。当设备重心偏高时，或设备重心偏离几何中心较大且不易调整时，或减振要求严格时，宜加大减振台座的重量及尺寸，使系统重心下降，保持机器平稳运转。

(6) 支承点数目不应少于 4 个。机器较重或尺寸较大时，可用 6~8 个。

(7) 为了减少设备的振动通过管道的传递量，通风机和水泵的进出口宜通过隔振软管与管道连接。

(8) 在自行设计减振器时，为了保证稳定，弹簧减振器应尽量设计得短粗些。对于压缩性荷载，弹簧的自由高度不应大于直径的两倍。橡胶、软木类的减振垫，其静态压缩量不能过大，一般在 10mm 以内；这些材料的厚度也不宜过大，一般在几十毫米以内。

10.7.3　消声防振措施的一些实例

一个空调工程产生的噪声是多方面的，除了风机出口装帆布接头，管路上装消声器以及风机、压缩机、水泵基础考虑防振外，有条件时，对要求较高的工程，压缩机和水泵的进出管路处均应设有隔振软管。此外，为了防止振动由风道和水管等传递出去，在管道吊卡、穿墙处均应作防振处理，图 10-16 中列举了有关这方面的措施，可供参考。

此外，对位于消声器后的风管，当它经过机房时，该部分风道应用石棉水泥做保温的涂抹层，以便使它具有隔声能力，从而可以防止噪声从机房内再次进入已经消声的风管中。

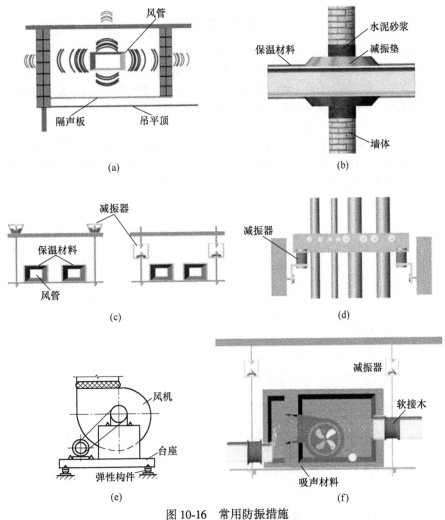

图 10-16　常用防振措施

(a) 风道隔振；(b) 风管穿墙隔振；(c) 风管吊卡防振；(d) 水管防振；
(e) 风机隔振；(f) 悬挂风机防振

习题与思考题

10-1　什么是空调系统的噪声？空调系统的主要噪声源有哪些？

10-2　声音的物理度量有哪些？为什么声强级、声压级等的计量均用对数标度？

10-3　什么是噪声的频谱特性？通风机的频谱特性和哪些因素有关？

10-4　为什么噪声评价曲线与频率分布有关？

10-5　通风空调管路中，哪些构件可以产生噪声的自然衰减？哪些情况下会引起噪声的再生？

10-6　风口反射的噪声衰减是何物理作用？

10-7　如何确定风口声功率级与室内声压级的转换？什么是方向性因素和房间常数？

10-8　空调用消声器有哪几类？它们的消声原理和消声特性是什么？

10-9　工程上常用的减振器有哪几种类型？它们各适用于什么场合？

参 考 文 献

［1］黄晨．建筑环境学［M］．北京：机械工业出版社，2007．

［2］金招芬，朱颖新．建筑环境学［M］．北京：中国建筑工业出版社，2001．

［3］［日］井上宇市．空气调节手册［M］．范存养，等译．北京：中国建筑工业出版社，1986．

［4］陆亚俊，马最良，邹平华．暖通空调［M］．北京：中国建筑工业出版社，2002．

［5］陆耀庆．实用供热空调设计手册［M］．2版．北京：中国建筑工业出版社，2008．

［6］赵荣义，范存养，薛殿华，等．空气调节［M］．4版．北京：中国建筑工业出版社，2009．

［7］赵荣义，钱以明，范存养，等．简明空调设计手册［M］．北京：中国建筑工业出版社，1998．

［8］郑爱平．空气调节工程［M］．2版．北京：科学出版社，2008．

<table>
<tr><td>11</td><td>空调建筑的防火与防排烟</td></tr>
</table>

本章要点：介绍空调建筑防火、防烟分区的划分原则，常用的防排烟方式以及主要的防火排烟装置。

11.1 基 本 概 念

在发生火灾期间要撤出全部建筑物内的人员是很困难的，因此，全面的消防安全系统必须包括对烟和火焰的控制，使某些特定区域内的烟浓度始终能维持在建筑使用者可以忍受的水平内。这些特定的区域包括楼梯间以及所有使用者都易到达并足以容纳他们的楼层空间等。

为使建筑物达到安全目的所采用的手段很多。从防火的观点来看，首先要求思想上重视，在物业管理中，加强火灾的防范措施。其次，在工程设计中应考虑建筑物、家具、空调设备用材料（包括保温材料）等的非燃化，对可燃物加以妥善处置也是保障安全措施之一。此外，建筑设计时考虑疏散通路的设计也是十分重要的环节。建筑物防火排烟的概念图如图 11-1 所示。

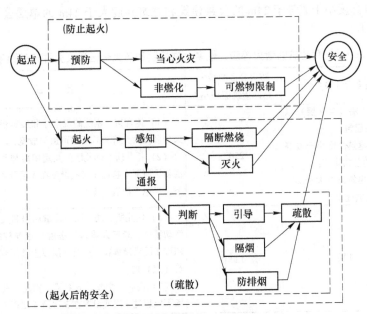

图 11-1　建筑物防火排烟概念图

建筑物一旦起火，要立即使用各种消防设施，隔绝新鲜空气的供给，同时切断燃烧的部位等。因为消防灭火需要一定的时间，当采取了以上措施后，仍然不能灭火时，为确保有效的疏散通路，必须具备防烟设施。这是由于火灾产生的烟气随燃烧的物质而异，由高分子化合物燃烧所产生的烟气，毒性尤为严重。火灾烟雾是阻碍人们逃生和开展灭火行动以及导致人员死亡的主要原因之一。因此，了解和掌握建筑火灾中的烟雾流动规律，控制烟雾扩散是建筑消防安全系统中十分重要的问题。

控制烟雾有"防烟"和"排烟"两种方式。防烟是防止烟的进入，是被动的；排烟是积极改变烟的流向，使之排出户外，是主动的。两者互为补充。目前采取的烟气控制措施有：（1）限制烟雾的产生量；（2）充分利用建筑物的构造进行自然排烟；（3）设置机械加压送风防烟系统；（4）利用机械装置进行机械排烟。

11.2　防火和防烟分区

防火和防烟分区的划分是极其重要的。有的高层建筑（如商业楼、展览楼、综合大楼等）规模大、空间大、用途广、可燃物量大，一旦起火，火势蔓延迅速，温度高，烟气也会迅速扩散，必然造成重大的经济损失和人身伤亡。因此，除了应减少建筑物内部可燃物数量以及设置自动灭火系统之外，最有效的办法就是划分防火和防烟分区。

11.2.1　防火分区

在建筑设计中进行防火分区的目的是防止火灾的扩大，可根据房间用途和性质的不同对建筑物进行防火分区。在建筑设计中，通常规定楼梯间、通风竖井、风道空间、电梯、自动扶梯升降通路等形成竖井的部分要作为防火分区。在水平方向可以采用防火墙、防火卷帘、防火门等划分，在垂直方向可以采用防火楼板、窗间墙等作为分隔物进行分区。

根据我国现行《建筑设计防火规范》（GB 50016—2006）的规定，九层（含九层）以下的居住建筑、建筑高度小于或等于 24m 的公共建筑和建筑高度大于 24m 的单层公共建筑的防火分区面积见表 11-1。

表 11-1　民用建筑的耐火等级、最多允许层数和防火分区最大允许建筑面积

耐火等级	最多允许层数	防火分区的最大允许建筑面积/m²	备　注
一、二级	（1）9 层（含9层）以下的居住建筑； （2）建筑高度小于或等于 24m 的公共建筑； （3）建筑高度大于 24m 的单层公共建筑	2500	（1）体育馆、剧院的观众厅和展览建筑的展厅，其防火分区最大允许建筑面积可适当放宽； （2）托儿所、幼儿园的儿童用房和儿童游乐厅等儿童活动场所不应超过 3 层或设置在 4 层及 4 层以上楼层或地下、半地下建筑（室）内
三级	5 层	1200	（1）托儿所、幼儿园的儿童用房和儿童游乐厅等儿童活动场所、老年人建筑和医院、疗养院的住院部分不应超过 2 层或设置在 3 层及 3 层以上楼层或地下、半地下建筑（室）内； （2）商店、学校、电影院、剧院、礼堂、食堂、菜市场不应超过 2 层或设置在 3 层及 3 层以上楼层
四级	2 层	600	学校、食堂、菜市场、托儿所、幼儿园、老年人建筑、医院等不应设置在 2 层
地下、半地下建筑（室）		500	

注：建筑内设置自动灭火系统时，该防火分区的最大允许建筑面积可按本表的规定增加 1.0 倍。局部设置时，增加面积可按该局部面积的 1.0 倍计算。

根据《高层民用建筑设计防火规范》（GB 50045—2005）的规定，10 层（含 10 层）以上的居住建筑和建筑高度超过 24m 的公共建筑的防火分区面积见表 11-2。

表 11-2　高层民用建筑每个防火分区的最大允许建筑面积　（m²）

建筑类别	每个防火分区建筑面积
一类建筑	1000
二类建筑	1500
地下室	500

注：1. 设有自动灭火系统的防火分区，其最大允许建筑面积可按本表的规定增加 1.0 倍。局部设置时，增加面积可按该局部面积的 1.0 倍计算。

2. 一类建筑的电信楼，其防火分区最大允许建筑面积可按本表的规定增加 50%。

11.2.2　防烟分区

防烟分区是对防火分区的细分化。防烟分区内不能防止火灾的扩大，它仅能有效地控制火灾产生的烟气流动。首先要在有发生火灾危险的房间和用作疏散通路的走廊间加设防烟隔断，在楼梯间设置前室，并设自动关闭门，作为防火、防烟的分界。此外，还应注意竖井分区，如百货公司的中央自动扶梯处是一个大开口，应设置用烟感器控制的隔烟防火卷帘。

《建筑设计防火规范》（GB 50016—2006）中规定：每个防烟分区的建筑面积不宜超过 500m²，且防烟分区不得跨越防火分区。防烟分区宜采用隔墙、顶棚下凸出不小于 500mm 的结构梁以及顶棚或吊顶下凸出不小于 500mm 的不燃烧体等进行分隔。也可用挡烟垂壁（从顶棚下突出约 500mm，用非燃烧材料制作），当火灾时由人工放下，如图 11-2（a）所示；挡烟垂壁也可用固定安装，采用透明材料制作，如图 11-2（b）所示。或用从顶棚下凸出不小于 500mm 的梁划分防烟分区。

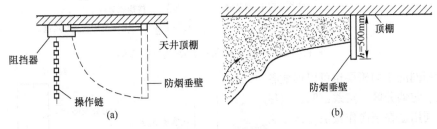

图 11-2　挡烟垂壁
(a) 活动垂壁；(b) 固定垂壁

防烟分区的划分原则如下：

（1）不设排烟设施的房间（包括地下室）和走道，不划分防烟分区。

（2）走道和房间（包括地下室）按规定都设置排烟设施时，可根据具体情况分设或合设排烟设施，并按分设或合设的情况划分防烟分区。

（3）当走道按规定应设排烟设施而房间不设时，若房间与走道相通的门为防火门，可只按走道划分防烟分区；若房间与走道相通的门不是防火门，则防烟分区的划分还应包括房间面积。

（4）当房间按规定应设排烟设施而走道不设时，若房间与走道相通的门为防火门，可只按房间划分防烟分区；若房间与走道相通的门不是防火门，则防烟分区的划分还应包括走道面积。

（5）一座建筑物的某几层需设排烟设施，且采用垂直排烟道（竖井）进行排烟时，其余各层（按规定不需要设排烟设施的楼层）如增加投资不多，可考虑扩大设置范围，各层也宜划分防烟分区，设置排烟设施。

（6）在各防烟分区内应分别设置一个排烟口，并装有手动开启装置。

图 11-3 为某百货大楼的防火、防烟分区实例，它是将顶送风的空调系统和防烟分区相结合在一起来考虑的。

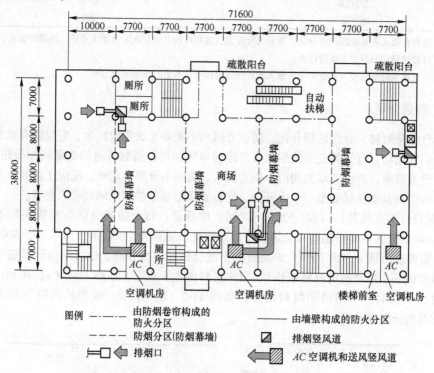

图 11-3　某百货大楼防火、防烟分区实例

用途相同的不同楼层也可以形成各自的防火、防烟分区。实践证明，应尽可能按不同用途在竖向作楼层分区，它比单纯依靠防火、防烟阀等手段所形成的防火分区更为可靠。图 11-4 所示就是按楼层分区的实例，无论是旅馆还是办公大楼把低层的公共部分和标准层之间作为主要的防火划分区是十分必要的。至于空调通风管道、电气配管、给排水管道等，由于使用上的需要而穿越防火、防烟分区时，都应采取专门的措施。

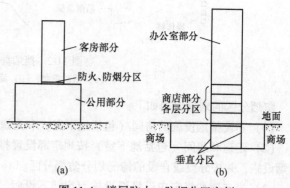

图 11-4　楼层防火、防烟分区实例
（a）旅馆；（b）办公楼

对于高层办公楼的每一个水平防火分区，根据疏散流程可划为第一安全地带（走廊）、第二安全地带（疏散楼梯前室）和第三安全地带（疏散楼梯），各安全地带之间用防火墙或防火门隔开，如图 11-5 所示。

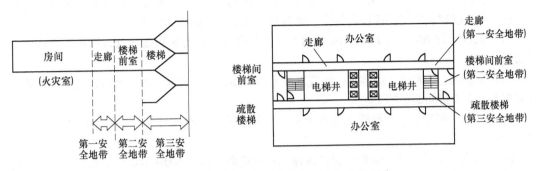

图 11-5　高层办公楼防火分区安全地带的划分

空调通风管道、电气配管、给排水管道等，由于使用上的需要而穿越防火、防烟分区时，都应采取专门的措施。

11.3　防排烟方式

我国常用的防排烟方式有自然排烟、机械排烟以及机械加压送风三种。

11.3.1　自然排烟

自然排烟是利用火灾产生的高温烟气的浮力作用，通过建筑物的对外开口（如门、窗、阳台等）或排烟竖井，将室内烟气排至室外，图 11-6（a）和（b）所示为自然排烟的两种方式。自然排烟的优点：不需电源和风机设备，可兼作平时通风用，避免设备的闲置。其缺点：当开口部位在迎风面时，不仅降低排烟效果，有时还可能使烟气流向其他房间。

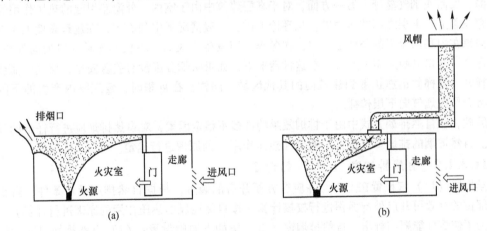

图 11-6　自然排烟方式
（a）窗口排烟；（b）竖井排烟

11.3.1.1　自然排烟的基本要求

根据我国目前的经济、技术条件及管理水平，窗口自然排烟方式值得推广。因为设置专用的排烟竖井对走道与房间进行有组织的自然排烟方式，需要竖井的截面很大，降低了建筑使用面积，且漏风现象较严重，现行《高层民用建筑设计防火规范》（GB 50045—2005）中已取消设置专用竖井的自然排烟方式。

《高层民用建筑设计防火规范》（GB 50045—2005）规定：一类高层建筑和建筑高度超过32m的二类高层建筑的下列部位若符合下列条件，宜采用自然排烟方式：

（1）长度超过20m但不超过60m的内走道，其可开启外窗面积或排烟口面积不应小于走道面积的2%。

（2）面积超过100m²且经常有人停留或可燃物较多的地上房间，其可开启外窗面积或排烟口面积不应小于房间面积的2%。

（3）常有人停留或可燃物较多的地下室，可开启外窗面积或排烟口面积不应小于房间面积的2%。

（4）除建筑高度超过50m的一类公共建筑和建筑高度超过100m的居住建筑外，靠外墙的防烟楼梯间及其前室、消防电梯间前室和合用前室，宜采用自然排烟，具体规定：1）防烟楼梯间前室、消防电梯间前室可开启外窗面积不应小于2m²，合用前室可开启外窗面积不应小于3m²；2）靠外墙的防烟楼梯间，每5层内可开启外窗总面积之和不应小于2m²。

防烟楼梯间前室或合用前室，利用敞开的阳台、凹廊或前室内有不同朝向可开窗自然排烟时，该楼梯间可不设防烟设施（包括加压送风防烟和自然排烟）。

自然排烟主要存在以下几个问题：

（1）由于自然排烟的烟气是通过靠外墙上可开启的外窗直接排至室外，所以需要排烟的房间必须靠室外，而且进深不能太大。按自然排烟设计条件还需要有一定的开窗面积，这样，即使有明确要求作分隔的房间，也必须设置外窗，所以带来隔声、防尘等问题。

（2）由于外部开口进行排烟时，当火灾房间的温度很高，如果烟气中含有大量未燃烧气体，则烟气排出后会形成火焰，这将会引起火势向上蔓延。

（3）由于自然排烟的效果是靠烟气的浮力作用，假使由于某种原因使烟气冷却而失掉浮力，则烟气就失去排出的能力。此外，当室外风力很强，而排烟窗处在迎风面时，则会引起烟气倒灌，反而使烟气蔓延。另一方面，对于高层建筑中由于室内、外温差引起的热压作用经常使其存在着上、下层之间的压力差。从理论上讲，一般情况下中和面大致在建筑高度的1/2附近，如果在中和面以下的外墙上开口，在冬季，当发生火灾时，不仅不能从开口处向外排烟，相反还会从开口处吸入室外空气，在这种情况下，如果防烟分区没有妥善安排，烟气反而会通过楼梯井、电梯井迅速扩散到建筑内的其他区域。同样，在夏季时，建筑物内产生的下降气流，将会导致烟气向下层传播。

因此，在自然排烟方式中由于排烟效果的许多不稳定因素，对自然排烟应进行仔细的设计计算。自然排烟的排烟量可按自然通风（热压作用）的原理进行确定。

11.3.1.2　自然排烟窗（口）的设置

排烟窗（口）宜设置在上方，并应有方便开启的装置。根据自然排烟设计条件，需要对排烟部位的有效可开启外窗面积进行校核计算（按自然通风的热压作用的原理进行计算）。

为了使烟气能顺利排出，自然排烟窗（口）按如下原则设置：（1）自然排烟口应设于房间净高的1/2以上，最好设置在距顶棚800mm以内，若设有挡烟垂壁，排烟口最好高于挡烟垂壁的下沿；（2）内走道和房间的自然排烟口至该防烟分区最远点的水平距离应在30m以内；（3）减少室外风压对自然排烟的影响，排烟口部位宜尽量设置与建筑物形体一致的挡风措施；（4）内走道与房间的排烟窗应尽量设置有两个或两个以上不同朝向。

11.3.2　机械排烟

机械排烟是按照通风气流分布的理论，将火灾产生的烟气通过排烟风机排到室外，其优点是能有效地保证疏散通路，使烟气不向其他区域扩散，但是必须向排烟房间补风。根据补风形式的不同，机械排烟又可分为两种方式：机械排烟、自然进风与机械排烟、机械进风，图11-7（a）和（b）分别表示了这两种方式。

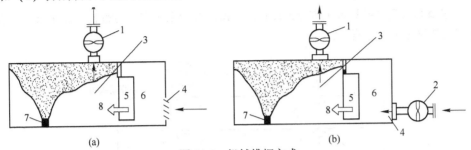

图 11-7 机械排烟方式

1—排烟机；2—通风机；3—排烟口；4—进（送）风口；5—门；
6—走廊；7—火源；8—火灾室

按现行《高层民用建筑设计防火规范》（GB 50045—2005）的规定，一类高层建筑和建筑高度超过32m的二类高层建筑的下列部位，应设置机械排烟设施：（1）无直接自然通风，且长度超过20m的内走道或虽有直接自然通风，但长度超过60m的内走道；（2）面积超过100m²，且常有人停留或可燃物较多的地上无窗房间或设固定窗的房间；（3）不具备自然排烟条件或净空高度超过12m的中庭；（4）除利用窗井等开窗进行自然排烟的房间外，各房间总面积超过200m²或一个房间面积超过50m²，且经常有人停留或可燃物较多的地下室。

11.3.2.1 机械排烟设计的基本要求

（1）设置机械排烟设施的部位，其排风机的风量应符合：1）担负一个防烟分区排烟或净空高度大于6m的不划防烟分区的房间时，应按每平方米面积不小于60m³/h计算（单台风机最小排烟量不应小于7200m³/h）。2）担负两个或两个以上防烟分区排烟时，应按最大防烟分区面积每平方米不小于120m³/h计算。3）中庭体积小于17000m³时，其排烟量按6次/h的换气次数计算；中庭体积大于17000m³时，其排烟量按4次/h的换气次数计算，但最小排烟量不应小于102000m³/h。

（2）带裙房的高层建筑防烟楼梯间及其前室，消防电梯间前室或合用前室，当裙房以上部分利用可开启外窗进行自然排烟，裙房部分不具备自然排烟条件时，其前室或合用前室应设置局部机械排烟设施，其排烟量按前室每平方米不小于60m³/h计算。

（3）排烟口应设在顶棚上或靠近顶棚的墙面上。设在顶棚上的排烟口，距可燃构件或可燃物的距离不应小于1m。排烟口平时应关闭，并应设有手动和自动开启装置。

（4）防烟分区内的排烟口距最远点的水平距离不应超过30m。在排烟过程中，当烟气温度达到或超过280℃时，烟气中已带火，如不停止排烟，烟火就有扩大到其他地方而造成新的危害。因此，在排烟系统（排烟支管）上应设有排烟防火阀，该阀当烟气温度超过280℃时能自动关闭。

（5）排烟风机可采用离心风机或采用排烟轴流风机，并应在风机房入口处设有当烟气温度超过280℃时能自动关闭的排烟防火阀。排烟风机应保证在280℃时能连续工作30min。

（6）机械排烟系统中，当任一排烟口或排烟阀开启时，排烟风机应能自行启动。

（7）排烟管道必须采用不燃材料制作。安装在吊顶内的排烟管道，其隔热层应采用不燃烧材料制作，并应与可燃物保持不小于150mm的距离。

（8）设置机械排烟的地下室，应同时设置送风系统，且送风量不宜小于排烟量的50%。

（9）排烟风机的全压应按排烟系统最不利环路管道进行计算，其排烟量应考虑漏风系数。

（10）每个排烟系统设有排烟口的数量不宜超过 30 个，以减少漏风量对排烟效果的影响。

11.3.2.2　排烟系统的布置

（1）走道与房间的排烟系统宜分开设置，走道的排烟系统宜竖向布置（图 11-8），房间的排烟系统宜按防烟分区布置。

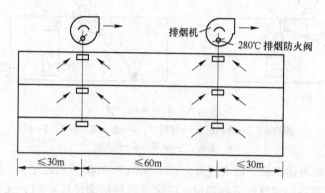

图 11-8　竖向布置的走道排烟系统

（2）为了安全疏散，应合理布置排烟口，尽量考虑烟气气流与人流方向相反，如图 11-9 所示。

（3）为防止风机超负荷运转，排烟系统竖直方向可分成数个系统，但不能采用将上层烟气引向下层风道的布置方式。

（4）独立设置的机械排烟系统可兼作平时通风、排风使用。对于高层建筑的地下室，利用通风系统兼作排烟更有利，它不但节约投资，而且经常使用可使排烟系统所有部件保持良好的工作状态。

（5）机械排烟系统与空调系统宜分开设置，但国外在办公楼设计中也有将空调系统兼作排烟系统的做法，这样可节省风道布置，但必须有良好的控制。

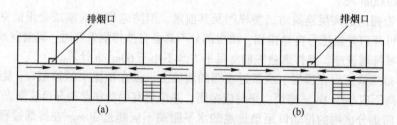

图 11-9　走道排烟口与疏散口的位置（→烟气方向，——→人流方向）

(a) 好；(b) 不好

11.3.2.3　排烟口的设置

（1）当用隔墙或挡烟壁划分防烟分区时，每个防烟分区应分别设置排烟口。

（2）排烟口应尽量设置在防烟分区的中心部位，排烟口到该防烟分区最远点的水平距离不应超过 30m，如图 11-10 所示。

（3）排烟口必须设置在距顶棚 800mm 以内的高度上。对于顶棚高度超过 3m 的建筑物，排烟口可设在距地面 2.1m 的高度上，或者设置在地面与顶棚之间 1/2 以上高度的墙面上。

（4）为防止顶部排烟口处的烟气外溢，可在排烟口一侧的上部装设防烟幕墙。

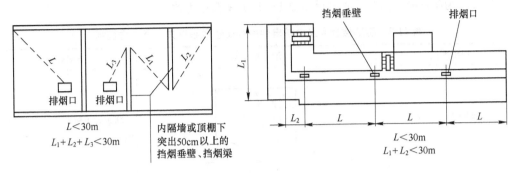

图 11-10　排烟口设置位置及至烟区最远水平距离

（5）排烟口的尺寸，可根据烟气通过排烟口有效断面时的速度小于（不宜大于）10m/s 进行计算。排烟口的最小面积一般不应小于 0.04m²。

（6）同一分区内设置数个排烟口时，要求做到所有排烟口能同时开启，排烟量应等于各排烟口排烟量的总和。

（7）条缝形排烟口对于整个通道都是有效的，而方形排烟口则不容易排掉通道两侧的烟气。

（8）排烟口均设有手动开启装置或与感烟器连锁的自动开启装置或消防控制中心远距离控制的开启装置等。除开启装置将其打开外，平时需保持闭锁状态。手动开启装置宜设置在墙面上，距地板面 0.8~1.5m 处，或从顶棚下垂时，距地板面 1.8m 处。

11.3.3　机械加压送风

机械加压送风通过向作为疏散通路的前室或防烟楼梯间及消防电梯井加压送风，造成两室间的空气压差，以防止烟气侵入安全疏散通路。所谓疏散通路是指从房间经走道到前室再进入防烟楼梯间的消防（疏散）通路。其应用基础是保证防烟楼梯间及消防电梯井在建筑物一旦发生火灾时，能维持一定的正压值。机械加压送风原理如图 11-11 所示。

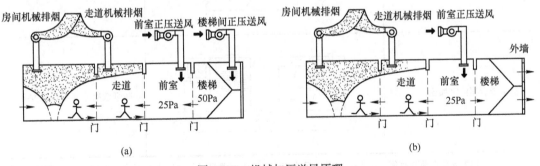

图 11-11　机械加压送风原理
（a）走道排烟、前室加压送风、楼梯间加压送风；
（b）走道排烟、前室加压送风、楼梯间自然排烟（楼梯间靠外墙）

11.3.3.1　机械加压送风防烟设施设置部位

应设置独立的机械加压防烟设备的部位：（1）不具备自然排烟条件的防烟楼梯间、消防电梯间前室或合用前室；（2）采用自然排烟措施的防烟楼梯间，但不具备自然排烟条件的前室；（3）封闭避难层。

表 11-3 为防烟楼梯间及消防电梯间加压送风方案及压力控制。

表 11-3　防烟楼梯间及消防电梯间加压送风系统方案及压力控制

加压部位	示　意　图	方案效果
防烟楼梯间加压（其前室不加压）	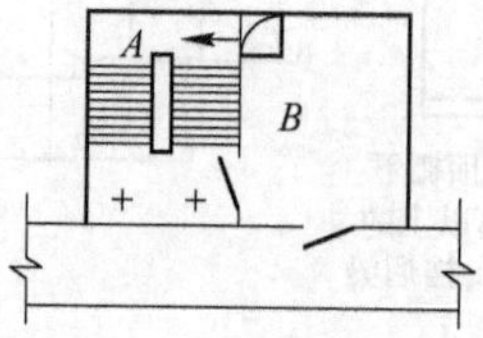	防烟效果较差（有条件时选用）
防烟楼梯间及其前室分别加压	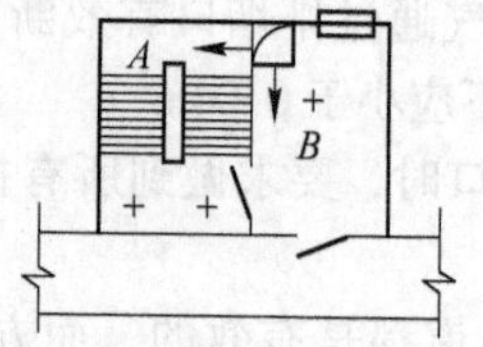	防烟效果好（首选方案）
防烟楼梯间及其与消防电梯间的合用前室分别加压	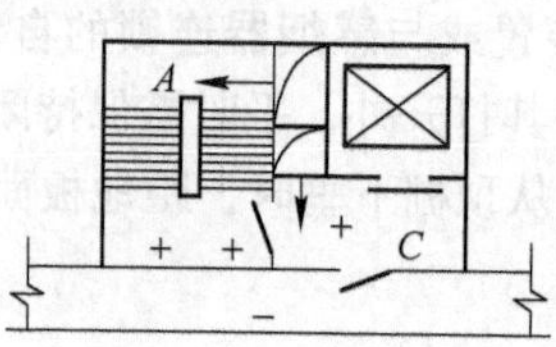	防烟效果好（首选方案）
消防电梯间前室加压	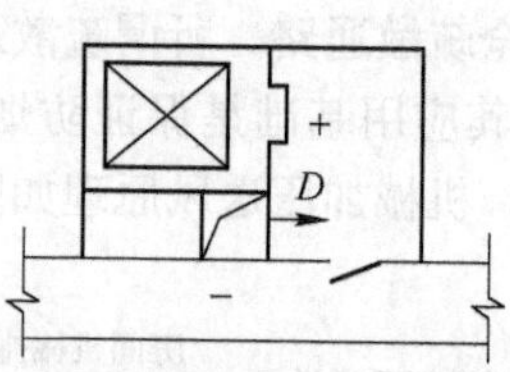	防烟效果一般（若能维持压差为 50Pa，则效果较好）
前室或合用前室加压	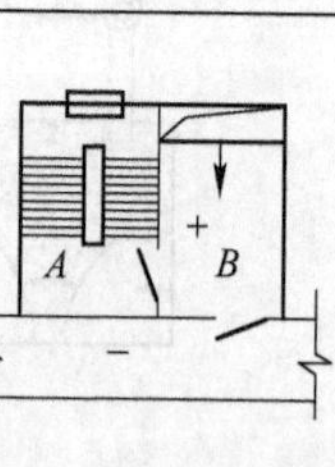 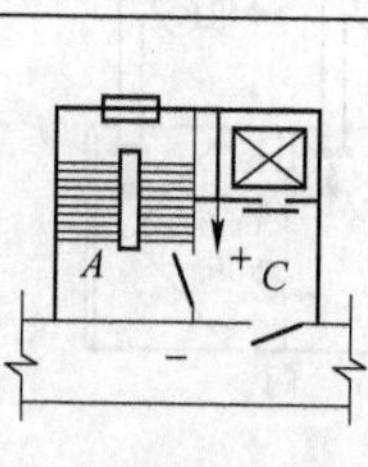	防烟效果差（不可取方案）

注：1. 图中 A 为防烟楼梯间；B 为防烟楼梯间前室；C 为防烟楼梯间与消防电梯间合用前室；D 为消防电梯间前室。
　　2. 图中"++、+、−"表示各部位的静压大小。

11.3.3.2　机械加压送风量的确定

机械加压送风量的确定方法有查表法和计算法两种。计算法请参阅相关文献。

根据《高层民用建筑设计防火规范》（GB 50045—2005）规定，高层建筑防烟楼梯间及其前室、合用前室和消防电梯前室的机械加压送风量可分别按表 11-4~表 11-7 确定。

表 11-4　防烟楼梯间（前室不送风）的加压送风量　　　　　（m³/h）

系统负担层数	加压送风量
<20 层	25000~30000
20~32 层	35000~40000

表 11-5　防烟楼梯间及其合用前室分别加压送风量　　　　　（m³/h）

系统负担层数	送风部位	加压送风量
<20 层	防烟楼梯间	16000~20000
	合用前室	12000~16000
20~32 层	防烟楼梯间	20000~25000
	合用前室	18000~22000

表 11-6　消防电梯间前室的加压送风量　　　　　（m³/h）

系统负担层数	加压送风量
<20 层	15000~20000
20~32 层	22000~27000

表 11-7　防烟楼梯间采用自然排烟，前室或合用前室不具备自然排烟条件时的送风量

（m³/h）

系统负担层数	加压送风量
<20 层	22000~27000
20~32 层	28000~32000

11.3.3.3　机械加压送风防烟系统的设计要求

（1）高层建筑防烟楼梯间及其前室、合用前室和消防电梯前室的机械加压送风量应计算确定，或查表确定。当计算值与查表结果不一致时，应按两者中较大值确定。

（2）层数超过 32 层的高层建筑，其送风系统及送风量应分段设计。

（3）剪刀楼梯间可合用一个风道，其风量应按两个楼梯间风量计算，送风口应分别设置。

（4）封闭避难层的机械加压送风量应按避难层净面积每平方米不小于 30m³/h 确定。

（5）机械加压送风的防烟楼梯间和合用前室，宜分别独立设置送风系统。当必须共用一个系统时，应在通向合用前室的支风管上设置压差自动调节装置。

（6）机械加压送风机的全压，应包括最不利环路压头损失和送风口余压值。余压值应符合下列要求：1）防烟楼梯间为 40~50Pa；2）前室、合用前室、消防电梯前室和封闭避难层均为 25~30Pa。

（7）楼梯间宜每隔 2~3 层设一个加压送风口，前室的加压送风口应每层设一个。

（8）机械加压送风机可采用轴流风机或中、低压离心风机，风机位置应根据供电条件、风量分配均衡和新风入口不受火烟威胁等因素确定。

11.4　防火排烟设备

一个完整的防火排烟系统由风机、管道、阀门、送风口、排烟口、隔烟装置以及风机、阀

门与送风口或排风口的联动装置等组成。本节主要介绍防火阀、排烟风口和排烟风机等。

11.4.1　防火阀

防火阀（功能代号：FD）由外壳、叶片、叶片联动机构和执行机构组成。执行机构的关键部件是 70℃ 温度熔断器自动开关和叶片调解机构。防火阀安装在通风空调系统支风管及总风管上，平时常开；当风管内气流温度达到 70℃ 时，温度熔断器内的金属易熔片熔断，阀门的叶片在重力或弹簧拉力的作用下自行关闭，从而防止火势沿风管蔓延，如图 11-12 所示。工程上常用的防火阀有自垂翻板式防火阀和拉簧式防火阀（图 11-13）。

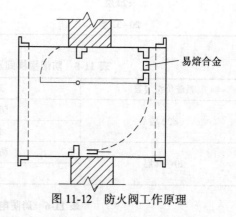

易熔合金

图 11-12　防火阀工作原理

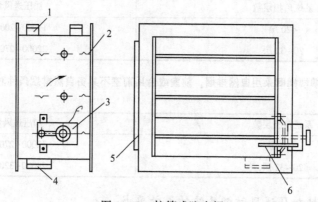

图 11-13　拉簧式防火阀
1—吊爪；2—叶片；3—控制机构；4—观察孔；
5—弹簧机构；6—温度熔断器

防火调节阀（功能代号：FVD）兼有防火阀和风量调节阀的双重功能，如图 11-14 所示。可手动改变阀门叶片的开启角度，使叶片在 0°~90° 范围内进行 5 档调节。当熔断器动作时，阀门靠弹簧拉力关闭。

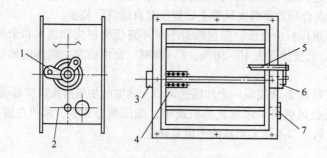

图 11-14　矩形防火调节阀
1—复位手柄；2—叶片；3—信号联动装置；4—扭转弹簧；
5—温度熔断器；6—风量调节装置；7—检查孔

11.4.2 防烟、防火阀

防烟、防火阀（功能代号：SFD）安装在有防烟、防火要求的通风空调系统风管上，靠烟感器工作。当气流温度达到 70℃ 时，温度熔断器动作，阀门靠弹簧力关闭，防止烟火蔓延。防烟、防火调节阀（功能代号：SFVD）除了具有防烟、防火阀的功能外，还可以使阀门叶片在 0°～90° 范围内进行 5 档调节。

图 11-15 是空调系统安装防烟、防火阀的一个示例。

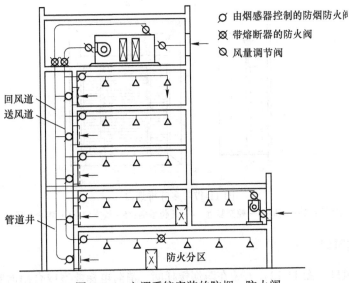

图 11-15　空调系统安装的防烟、防火阀

11.4.3 排烟阀

排烟阀（功能代号：SD）（图 11-16）安装在排烟系统风管内或排烟口处，平时常闭。发生火灾时，烟感探头发出火警信号，消防控制中心接通排烟阀控制信号，将阀门打开，同时启动排烟风机进行排烟。远控排烟阀（功能代号：BSD）的结构、功能与排烟阀相同，只是可以在距离排烟阀 6m 之内进行手动操作，开启或关闭阀门。

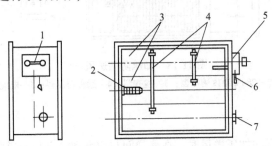

图 11-16　排烟阀
1—复位手柄；2—反冲弹簧；3—叶片；4—连杆；
5—开启执行机构；6—手动开关；7—检查孔

排烟防火阀（功能代号：SFD）安装在排烟风机的吸入口处，平时常闭。其功能和结构与排烟阀类似，只是当排烟温度超过 280℃ 时，温度熔断器熔断，使阀门关闭，排烟风机随之停止运行。

11.4.4 排烟口

多叶排烟口（功能代号：SD）（图 11-17）安装在走道或防烟前室以及无窗房间侧墙的排烟口上，平时常闭，其功能与排烟阀相同。多叶防火排烟口（功能代号：SFD）的功能、结构和安装位置与多叶排烟口类似，只是当排烟温度超过 280℃ 时，温度熔断器熔断，排烟口关闭，达到防火目的。

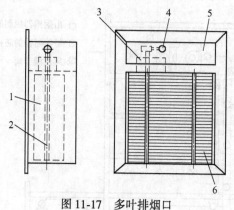

图 11-17　多叶排烟口

1—叶片；2—主轴；3—控制装置；4—复位手柄；5—检查门；6—铝合金风口

11.4.5 加压送风口

加压防烟送风口（图 11-18）安装在防烟楼梯间、消防电梯前室或合用前室的侧墙上，距地面 0.8~1.5m 处，是机械加压送风系统的末端装置，与加压送风机相连锁。发生火灾时，烟感探头发出火警信号，消防控制中心接通风口控制电源，将阀门打开，同时启动加压风机。

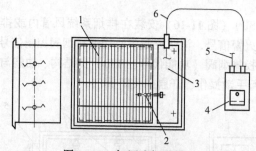

图 11-18　加压防烟送风口

1—铝合金风口；2—280℃温度熔断器；3—检查门；4—远程控制器；5—电缆线；6—控制线

11.4.6 余压阀

防烟楼梯间仅对楼梯间加压送风时，在楼梯间与前室和前室与走道之间的隔墙上设置余压阀。空气通过余压阀从楼梯间送入前室，当前室压力超过 25Pa 时，空气从余压阀漏到走道，使楼梯间和前室能维持各自的压力。

11.4.7 排烟风机

排烟风机宜采用离心式风机或轴流式风机，并应保证在 280℃ 时能连续工作 30min。排烟风机应与排烟口设连锁装置，当任何一个排烟口开启时，排烟风机能自动启动。排烟风机应有备用电源，并应能自动切换。排烟风机的入口处，应设置当烟气温度超过280℃时能自动关闭的装置。因为当烟道内的烟气温度达到280℃时，烟气中已带火，如不停止排烟，烟火就有扩大到其上层的危险。

习题与思考题

11-1 空调系统在设计上应考虑哪些防火排烟问题？

11-2 在建筑设计中为什么要划分防火分区和防烟分区？

11-3 高层建筑防烟楼梯间及其前室、消防电梯间前室或合用前室为什么要求设置机械加压送风？送风末端的余压值有什么要求？

11-4 简述自然排烟与机械排烟的适用场合。

11-5 机械加压送风量如何确定？

11-6 防火阀、防火调节阀和排烟阀有什么不同？它们应设置在什么位置？

参 考 文 献

[1] 陆亚俊，马最良，邹平华. 暖通空调 [M]. 北京：中国建筑工业出版社，2002.

[2] 韦节廷. 空气调节工程 [M]. 北京：中国电力出版社，2009.

[3] 赵荣义，范存养，薛殿华，钱以明. 空气调节 [M]. 4版. 北京：中国建筑工业出版社，2009.

[4] 战乃岩，王建辉. 空调工程 [M]. 北京：北京大学出版社，2014.

[5] 郑爱平. 空气调节工程 [M]. 2版. 北京：科学出版社，2008.

12 空调系统的测试与调整

+++

本章要点：介绍空调系统的调试程序、系统风量的测量和调整方法、空气处理设备的测试方法以及室内空气参数的测试方法。

+++

空调系统的测试与调整统称为调试。空调系统竣工后应通过调试使系统达到设计与使用要求，因此空调系统的调试是整个空调工程建设过程中的重要组成部分。通过调试，一方面可以发现系统设计、施工和设备性能等方面存在的问题，从而采取相应的措施，保证系统达到设计要求；另一方面也可以使运行人员熟悉和掌握系统的性能和特点，并为系统的经济合理运行积累资料。已建成并投入使用的空调系统，若由于工艺过程变化或维护管理不当等，也可能出现系统失调或故障，通过测定与调整找出故障原因，改进运行条件，使系统正常工作也是运行调试的任务。

《通风与空调工程施工质量验收规范》（GB 50243—2002）规定：空调工程竣工后，应对系统的施工质量进行外观检查、单机试运转、无负荷运行条件下的测定与调整及有负荷运行条件下的测定与调整等。空调系统调试的主要内容包括：空调系统风量的测定与调整，空气处理设备性能指标的测定与调整，空调房间空气状态参数、气流组织以及消声效果等方面的测定，自控系统的调整和检验等。

空调系统的测定与调整是对设计、施工安装以及运行管理质量的综合检验，应由设计、施工及使用单位密切配合，现场冷、热源供应部门和自动控制人员联合工作，才能按照系统测试调整的要求全面地完成调试任务。

由于空调系统的服务对象对空调要求的不同，因而测试调整要求也不同。一般舒适性空调系统的测定调整要求较低。工艺性空调系统，尤其是恒温恒湿及高洁净度的净化空调系统要求较高，相应地要使用满足调试精度的仪表。

空调系统的测试与调整是实践性很强的技术内容，本章只对常用的测试与调整方法进行介绍。

12.1 空调系统的调试程序

通风、空调系统在施工安装结束后，系统投入运行之前，进行的系统测试和调整应包括：设备单机试运转、系统的联动试运转、系统无生产负荷的联合试运转及调试、带生产负荷的综合效能试验的测试和调整。

12.1.1 调试前的准备工作

调试工作应在土建工程验收、空调工程竣工后，各系统的单机试运转、测试系统联合运转、外观检查、清洁工作合格情况下进行。具体要求包括：（1）熟悉系统的设计图样、技术指标及工艺要求；（2）编制调试和运转的实施方案、组织工作、技术措施等；（3）检查整个通风系统的构件、部件、设备的安装是否符合使用和设计要求，检查阀门安装是否正确、开关是否灵活、通风机转向是否正确、电源绝缘性能是否良好、自控设备运转是否符合设计要求等；（4）清扫空调机房、风管、水泵、水管、水池和水箱等；（5）测量仪表应校对就绪，检查各单机试运转是否正常，并符合设计和出厂技术要求。

12.1.2 设备的单机试运转

12.1.2.1 进行单机试运转的必备条件

（1）通风空调系统在完成安装工作后，经过检验应全部符合设计要求，符合工程质量检验评定标准的相关要求。

（2）运转所需的水电气及其他能源的供应满足要求。

（3）对通风、空调设备所安装的场地进行清理。

12.1.2.2 单机试运转的检查准备

在对空调系统进行单机试运转之前，需要对该系统的风管系统、汽水系统、电气控制系统、自动控制系统及相应的设备进行检查，具体内容和要求见表12-1。

表 12-1 空调系统单机运转的检查准备

系统	检 查 内 容	要 求
风管系统	空调设备	外观完好、型号正确
	空调机组中的风机	叶轮旋转方向正确、运转平稳、无异常振动与声响、电动机运行功率符合设备技术文件规定；额定转速下连续运转2h，滑动轴承外壳最高温度不超过70℃、滚动轴承不超过80℃；风机轴承及其他润滑部位润滑良好，润滑剂充足
	调节阀、防火阀、排烟阀	手动、电动操作灵活、可靠，信号输出正确；送回风口及排风口风阀的叶片角度和开度符合要求
	空调机组及其附属部件	安装正确、牢固、符合规范要求；空气过滤装置运转正常
汽水系统	冷却水管道、冷水管、热水或蒸汽管道及凝水管路	进行水清洗处理，以清除管内污物，检查是否有堵塞物，以及是否有跑、冒、滴、漏现象，并及时处理
	冷水管路、热水或蒸汽管路	进行压力试验，确保严密
	水泵	叶轮旋转方向正确、无异常振动、壳体密封良好、连接部件无松动、电动机运行功率符合设备技术文件规定；连续运转2h，滑动轴承外壳最高温度不超过70℃、滚动轴承不超过75℃；水泵轴承及其他润滑部位润滑良好、润滑剂充足
	冷却塔	本体稳固无异常振动；噪声符合规定；冷却塔风机与冷却水系统循环试运行不少于2h，无异常情况
	阀门	型号、规格、方向、位置正确，启闭灵活
	排水、排污管道	通畅
	挡水板	过水量正常
电气控制系统	电气控制柜、箱、盘	接线正常
	电动机、电气设备、电器元件	安装正确、型号符合要求
	继电保护装置	整定正确
	电气控制系统	进行模拟动作试验，检查其安装、设定的正确性

系统	检查内容	要　求
自动控制系统	传感器、变送器、调节执行机构、调节器	位置、型号、规格等安装正确，附件齐全；必要时应对控制系统进行模拟试验
	一、二次仪表	采用模拟调节器的控制系统，需检查一、二次仪表的接线和配管是否正确
	屏蔽电缆	采用中央计算机进行控制管理的各项空调系统，启用中央计算机前，必须检查用于检测信号的屏蔽电缆是否接地，以避免检测到错误信号

12.1.2.3　风机的试运转

风机的启动与试运转包括以下几项内容：

（1）点动风机启动按钮，检查风机叶轮的安装方向是否正确，同时检查风机叶轮与机壳有无摩擦及异常声响。

（2）点动风机，待风机叶轮完全静止后，再次启动，检查机壳内是否存在异物，如果有异物应立即停止风机运转，并及时清除异物。

（3）在风机启动时，使用钳形电流表测量风机电动机的三相启动电流，待风机进入正常平稳运行后再测量电动机的三相运转电流。如果发现风机电动机启动电流过大，应调节风机进口或出口处的风量调节阀，直到运转电流小于额定电流为止。

（4）风机运行过程中，仔细监听轴承内是否存在异常，以判断风机轴承是否润滑良好。

（5）风机在运转一定时间后，应测量其轴承温度，风机在经过试运转检验正常后，需在额定风量下连续运行不少于 2h。

12.1.2.4　水泵的试运转

水泵的启动与试运转包括以下几项内容：

（1）水泵启动后立即停止运转，反复数次，以检查叶轮与机体是否存在摩擦。

（2）水泵启动时应使用钳形电流表测量电动机的启动电流，待运转平稳后再测量电动机的运转电流，保证测量值不超过定值。

（3）水泵运转过程中应使用金属棒或长柄螺钉旋具，监听轴承有无杂声。

（4）滑动轴承外壳最高温度不超过 70℃、滚动轴承不超过 75℃。

（5）水泵运转时，填料的温度正常，普通软填料的泄漏量不得超过 3 滴/min。

（6）水泵在运转中检查一切正常后，再连续运行 2h 以上，若未发现任何问题，即为水泵单机试运转正常。

（7）水泵单机试运转结束后，关闭水泵进、出口处阀门，同时排尽泵体内积水，以防止锈蚀或冻结。最后切断电源。

12.1.2.5　冷却塔的试运转

冷却塔的启动与试运转包括以下几项内容：

（1）检查喷水量和吸水量是否平衡，以及补水和吸水池的水位。

（2）测定风机电动机的启动电流和运转电流，确保不超过额定值。

（3）冷却塔噪声应符合相关规范。

（4）测量冷却塔出水口冷却水的温度。

（5）冷却塔连续运行 2h 以上无异常现象，则单机试运行正常。运行结束后，应清洗集水池。

（6）冷却塔试行结束后若长期不用，应将循环管路和集水池中的水全部排放，以防止冻结。

12.1.3　系统无生产负荷的联合试运转及调试

根据《通风与空调工程施工及验收规范》（GB 50243—2002），空调系统无生产负荷的联合试运转及调试包括风系统、水系统（冷媒水系统和冷却水系统）以及制冷系统，在无生产负荷的情况下，同时启动运转。

（1）系统总风量调试结果与设计风量的偏差不应大于10%。

（2）空调冷热水、冷却水总流量测试结果与设计流量的偏差不应大于10%。

（3）舒适性空调的温度、相对湿度应符合设计的要求。恒温、恒湿房间室内空气温度、相对湿度及波动范围应符合设计规定。

（4）防排烟系统联合试运行与调试的结果（风量及正压），必须符合设计与消防的规定；检查数量：按总数抽查10%，且不得少于2个楼层。

（5）单向流洁净室系统的总风量调试结果与设计风量的允许偏差为0~20%，室内各风口风量与设计风量的允许偏差为15%；新风量与设计新风量的允许偏差为10%。

（6）单向流洁净室系统的室内截面平均风速的允许偏差为0~20%，且截面风速不均匀度不应大于0.25；新风量和设计新风量的允许偏差为10%。

（7）相邻不同级别洁净室之间和洁净室与非洁净室之间的静压差不应小于5Pa，洁净室与室外的静压差不应小于10Pa。

（8）室内空气洁净度等级必须符合设计规定的等级或在商定验收状态下的等级要求。

（9）空调工程水系统应冲洗干净、不含杂物，并排除管道系统中的空气；系统连续运行应达到正常、平稳；水泵的压力和水泵电机的电流不应出现大幅波动。系统平衡调整后，各空调机组的水流量应符合设计要求，允许偏差为20%。

（10）各种自动计量检测元件和执行机构的工作应正常，满足建筑设备自动化系统对被测定参数进行检测和控制的要求。

（11）多台冷却塔并联运行时，各冷却塔的进、出水量应达到均衡一致。

（12）空调室内噪声应符合设计规定要求。

（13）有压差要求的房间、厅堂与其他相邻房间之间的压差，舒适性空调正压为0~25Pa；工艺性空调应符合设计的规定。

（14）有环境噪声要求的场所，制冷、空调机组应按现行国家标准《采暖通风与空气调节设备噪声声功率级的测定工程法》（GB 9068—1988）的规定进行测定。

12.1.4　带生产负荷的综合效能测定与调整

空调工程交工前，应进行系统生产负荷的综合效能试验的测定与调整。

空调工程带生产负荷的综合效能试验，应在已具备生产试运行的条件下进行，由建设单位负责，设计、施工单位配合。空调系统带生产负荷的综合效能测定与调整的项目，应由建设单位根据工程性质、工艺和设计的要求进行确定。

空调系统综合效能试验包括以下内容：（1）送回风口空气状态参数的测定与调整；（2）空气调节机组性能参数的测定与调整；（3）室内噪声的测定；（4）室内空气温度和相对湿度的测定与调整；（5）对气流有特殊要求的空调区域做气流速度的测定。

恒温恒湿空调系统除应包括空调系统综合效能试验项目外，还可增加下列项目：（1）室内静压的测定和调整；（2）空调机组各功能段性能的测定和调整；（3）室内温度、相对湿度场的测定和调整；（4）室内气流组织的测定。

净化空调系统除应包括恒温恒湿空调系统综合效能试验项目外，还可增加下列项目：（1）生产负荷状态下室内空气洁净度等级的测定；（2）室内浮游菌和沉降菌的测定；（3）室内自净时间的测定；（4）空气洁净度高于5级的洁净室，除应进行净化空调系统综合效能试验项目外，还应增加设备泄漏、防止污染扩散等特定项目的测定；（5）洁净度等级高于等于5级的洁净室，可进行单向气流流线平行度的检测，在工作区内气流流向偏离规定方向的角度不大于15°。

防排烟系统综合效能试验的测定项目，为模拟状态下安全区正压变化测定及烟雾扩散试验等。净化空调系统的综合效能检测单位和检测状态，宜由建设、设计和施工单位三方协商确定。

12.2　风系统的测量与调整

空调风系统的空气动力工况测定与调整是整个系统正常运行和进一步完成热力工况测试与调整的基础。因此，不论在有负荷还是无负荷条件下，都需要先完成系统的风量分配和总风量调整，系统的压力分布（主要部件的阻力大小等）、室内正压度和风量平衡等项测定与调整。必要时对某些管段以及系统的漏风量等进行测定与调整。室内气流分布状况的测定与调整将放在后面小节说明。

空调风系统的测量与调整应当在通风机正常运转，通风管路中出现的漏风、阀门启动不灵或损坏等问题被消除之后进行。

空调风系统的测量与调整直接关系到空调房间空气参数是否达到设计要求，以及空调系统能否经济运行，所以需要认真细致地做好这项工作。

12.2.1　风量的测量

空调系统风量测量的目的是检查系统和各个房间的风量是否符合设计要求。测量内容包括系统送风量、回风量、排风量、新风量及房间正压风量的测量。根据测试位置的不同，风量的测量分为风管内风量的测量和风口风量的测量。

以一个典型的二次回风空调系统为例（图12-1），系统风量的测量内容包括：系统的总送

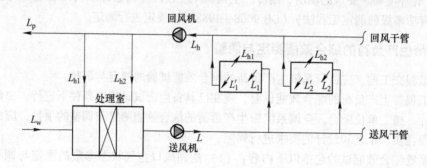

图 12-1　二次回风空调系统风量测量示意图

风量 L、总回风量 L_h、新风量 L_w、排风量 L_p、各干支管的风量、各房间送风口风量 L_i 和回风口风量 L_{hi} 等（$i=1$，2，…，n，表示房间序号）。

12.2.1.1 风管风量的测量

风管中测定风量的步骤是：选择测定断面、测量断面尺寸、确定测点、测定各点风速、求出各点平均风速并计算断面平均风速和风量。

A 选择测量断面

测量断面一般应考虑在气流均匀而稳定的直管段上，离开弯头、三通等产生涡流的局部配件要有一定的距离。一般按气流方向，要求在局部配件之后 4~5 倍管径 D（或长边 a），在局部配件之前 1.5~2 倍管径 D（或长边 a）的直管段上选定测定断面，如图 12-2 所示。当条件不允许时，此距离可缩短，但应增加测定位置，或常用多种测量方法进行比较，力求使测定结果准确。

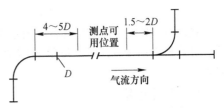

图 12-2 测量断面位置的确定

B 确定测点

在测量断面上，各点的风速不完全相等，因此一般不能只以一个点的数值代表整个断面。测量断面上测点的位置与数目，主要取决于断面的形状和尺寸。显然测点越多，测得的平均风速值越接近实际，但测点又不能太多，一般采取等面积布点法。

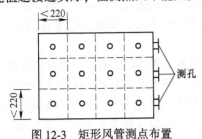

图 12-3 矩形风管测点布置

矩形风管测点布置如图 12-3 所示。一般要求划分的小块面积不大于 $0.05m^2$（即边长 220mm 左右的小面积），并尽量为正方形，测点位于小面积的中心。圆形风管测点布置如图 12-4 所示，应将测定断面划分为若干面积相等的同心圆环，测点位于各圆环面积的等分线上，圆环数由直径大小决定。每一个圆环测 4 个点，并且 4 个点应在相互垂直的两个直径上。

各测点距圆心的距离按下式计算

$$R_n = R\sqrt{(2n-1)/2m} \qquad (12\text{-}1)$$

式中 R——风管断面直径，mm；

$\quad R_n$——从风管中心到第 n 测点的距离，mm；

$\quad n$——从风管中心算起的测点顺序号；

$\quad m$——划分的圆环数。

C 计算风管断面平均风速 v_p

当用便携式多用途仪表直接测量风速时，风管断面平均风速，可用各个测点所测参数的算术平均值求得，即

$$v_p = (v_1 + v_2 + \cdots + v_n)/n \qquad (12\text{-}2)$$

式中 v_1，v_2，…，v_n——各测点风速，m/s；

$\quad n$——测点个数。

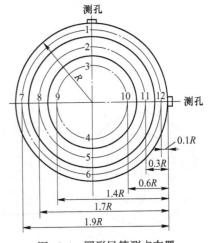

图 12-4 圆形风管测点布置

在风量测定中，如果是用皮托管测出的空气动压值，也可求出断面空气平均流速，即

$$\bar{p}_{\mathrm{d}} = \left(\frac{\sqrt{p_{\mathrm{d}1}} + \sqrt{p_{\mathrm{d}2}} + \cdots + \sqrt{p_{\mathrm{d}n}}}{n} \right)^2 \tag{12-3}$$

$$v_{\mathrm{p}} = \sqrt{\frac{2\bar{p}_{\mathrm{d}}}{\rho}} \tag{12-4}$$

式中　$p_{\mathrm{d}1}$，$p_{\mathrm{d}2}$，$\cdots$，$p_{\mathrm{d}n}$——各测点动压，Pa；

$\qquad\qquad n$——测点个数；

$\qquad\qquad \rho$——空气的密度，一般可取 $1.2\mathrm{kg/m^3}$。

在现场测定中，测定断面的选择受到条件的限制，个别点测得的动压可能出现负值或零值，计算平均动压时，要将负值当零值处理，而测点的数量应包括零值和负值在内的全部测点。

D　风量计算

如果已知平均风速，便可计算出通过测量断面的风量 $L(\mathrm{m^3/s})$，即

$$L = v_{\mathrm{p}} F \tag{12-5}$$

式中　v_{p}——断面平均风速，m/s；

$\qquad F$——风管测定断面的面积，$\mathrm{m^2}$。

12.2.1.2　风口风量的测量

对于空调房间的风量或各个风口的风量，如果无法在各分支管上测定，可以在送、回风口处直接测定风量，一般可采用热球式风速仪或叶轮式风速仪。将风速仪紧贴风口，用匀速移动的方法，按一定路线测得整个风口截面上的平均风速，如图 12-5 所示。此法一般要进行三次，取其平均值。

当在送风口处测定风量时，由于该处气流比较复杂，通常采用加罩法测定，即在风口外加一罩子，罩子与风口的接缝处不得漏风。这样使得气流稳定，便于准确测量。在风口外加罩子会使气流阻力增加，造成所测风量小于实际风量，但对于风管系统阻力较大的场合影响较小。如果风管系统阻力不大，则应采用如图 12-6 所示的风量罩。因为这种罩子对风量影响较小，使用简单又能保证足够的准确性，故在风口风量的测量中常用此法。

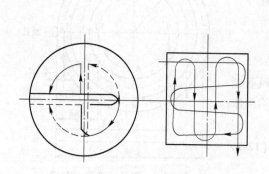

图 12-5　匀速移动风口风量测量路线图

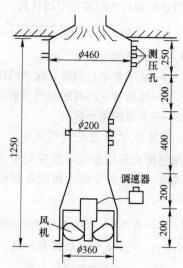

图 12-6　风管系统阻力不大时
采用风量罩测量风口风量

回风口处由于气流均匀，所以可以直接在贴近回风口格栅或网格处用测量仪器测定风量。

12.2.2 系统风量的调整

空调系统风量调整的目的，是把经过处理的空气按照要求的设计风量输送到各空调房间，消除空调房间的余热、余湿。对一个空调系统而言，送风机送出的总风量应当按照各个送风口的设计风量进行分配，使各房间送风口的实测送风量总和等于总送风量；回风机吸入的总回风量等于各房间回风口实测的风量之和。

12.2.2.1 空调系统风量调整的程序

(1) 初测各干管、支干管、支管及送风口和回风口的风量。

(2) 按设计要求调整送风、回风干管，支干管及各送风口和回风口的风量。

(3) 在进行送风、回风的风量调整时，应同时测定与调整新风量，检查系统新风比是否满足要求。

(4) 按设计要求调整送风机的总风量。

(5) 在系统风量达到平衡后，进一步调整送风机的总风量，使其满足空调系统的设计要求。

(6) 调整后，在空调系统各部分调节阀不变动的情况下，重新测定各处的风量，以此作为最后的实测风量。

(7) 空调系统风量测定和调整完毕后，在所有阀门手柄上做好标记，并将阀门位置固定。

12.2.2.2 空调系统风量调整的原理

空调系统的风量调整，实质上是改变管路的阻力特性，使系统的总风量、新风量、回风量及各支路的风量分配满足设计要求。空调系统的风量调整不能采用使个别风口满足设计要求的局部调整方法，因为任何局部调整都会对整个系统的风量分配发生或大或小的影响。根据流体力学可知，风管的阻力近似地与风量的平方呈正比，即

$$\Delta H = kL^2 \tag{12-6}$$

式中　ΔH——风管阻力，Pa；

　　　L——风管的风量，m^3/s；

　　　k——风管系统的阻力特性系数，$Pa/(m^6 \cdot s^{-2})$。

k 是与空气性质、风管长度、尺寸、局部管件阻力系数与摩擦阻力系数有关的比例常数。在给定的管网中，如果只改变风量，其他（包括阀门）都不变，则 k 值基本不变。

对于图 12-7 所示的风管系统，管段 I 的风量为 L_1、阻力特性系数为 k_1、风管阻力 ΔH_1；管段 II 的风量为 L_2、阻力特性系数为 k_2、风管阻力 ΔH_2，则有

$$\Delta H_1 = k_1 L_1^2$$

$$\Delta H_2 = k_2 L_2^2$$

由于管段 I 和管段 II 为并联管段，所以 $\Delta H_1 = \Delta H_2$，即

$$k_1 L_1^2 = k_2 L_2^2$$

或

$$k_1/k_2 = L_2^2/L_1^2$$

若图 12-7 中 A 点处的三通调节阀的位置不变，即 k_1、k_2 不变，仅改变送风机出口处的总调节阀，使总风量改变，则管段 I 和管段 II 的风量相应地变为 L'_1 和 L'_2，应符合

$$k_1/k_2 = L_2'^2/L_1'^2$$

$$L_2^2/L_1^2 = L_2'^2/L_1'^2$$

$$L_2/L_1 = L_2'/L_1'$$

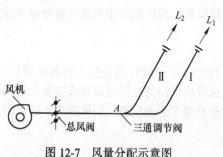

图 12-7　风量分配示意图

上式表明，只要三通调节阀的位置不变，即系统阻力特性系数 k 不变，无论总风量如何变化，管段Ⅰ和管段Ⅱ的风量总是按固定比例进行分配的。也就是说，若已知各风口的设计风量的比值，就可以不管此时总风量是否满足设计要求，只要调整好各风口的实际风量，使它们的比值与设计风量的比值相等，然后调整总风量达到要求值，则各风口的送风量必然会按设计比值分配，并等于各风口的设计风量。

12.2.2.3　空调系统风量调整的方法

空调系统风量调整的方法分为流量等比分配法、基准风口调整法和逐段分支调整法。流量等比分配法一般从系统的最远管段，即最不利的风口开始，逐步调到风机。

图 12-8 所示的系统中，风量调整的步骤如下：

（1）首先调整 L_1 与 L_2、L_3 与 L_4、L_7 与 L_8，使它们分别等于对应的设计风量之比。为了便于调整，一般使用两套仪器分别测定支管 1 和 2 的风量，并不断调整，使两支管的实测风量（L_{1C}，L_{2C}）比值与设计风量（L_{1S}，L_{2S}）比值相等，即 $L_{2C}/L_{1C} = L_{2S}/L_{1S}$。用同样方法测定和调整其他支管的风量，依此类推。

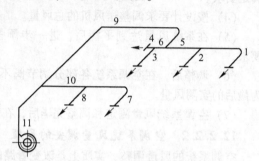

图 12-8　风量调节示意图

（2）调整 L_5 与 L_6，使之等于对应的设计风量之比。

（3）调整 L_9 与 L_{10}，使之等于对应的设计风量之比。

（4）调整 L_{11}，使其等于设计的总风量。

系统风量调整过程中，实测送风量大于设计风量的原因主要是：

（1）系统风管的实际阻力小于设计阻力，造成送风机在比设计风压低的情况下运行，使送风量增加。解决方法：改变风机转速，降低送风量。

（2）设计时风机选择不合适，造成风量或风压偏大，使实际送风量偏大。解决方法：无条件改变风机转速时，可用风机入口调节阀调节，即用增加系统阻力的方法来降低送风量，这样做简单，但运行不经济。

系统风量调整过程中，实测送风量小于设计风量的原因主要是：

（1）系统的实际送风阻力大于设计阻力，造成风机在比设计风压高的情况下运行，风量减小。解决方法：在条件允许的情况下，对系统中管道的局部配件（如弯头、三通、调节阀等）进行改进，减小送风阻力。

（2）风机本身质量不好或安装及运行问题造成风机转向不对、转速未达到设计要求等。解决方法：若风机质量不好，造成风量和风压与铭牌不符，应调换风机；若转速不符，应检查风机与电机的连接传动带是否松动，并采取相应措施使转速达到要求；另外，应检查风机的转向是否正确，必要时还应测定电机的输入功率，检查电机的运行是否正常。

（3）送风系统向外漏风。解决方法：对送风管道及空调空气处理装置进行检漏。对于高速送风系统应做检漏试验；对于低速送风系统应重点检查法兰盘和垫圈质量，观察是否有泄漏现象；对于空气处理室的检测门、检测孔的密封性做严格检漏。

12.2.3　系统漏风量的检查

由于空调系统的空调箱、管道及各部件处连接和安装的不严密，造成在系统运行时存在不同程度的漏风。经过热湿处理或净化处理的空气在未到达空调房间之前漏失，显然会造成能量的浪费，并且将影响整个系统的工作能力以致达不到原设计的要求。

检查漏风量的方法是将所要检查的系统或系统中某一部分的进出通路堵死，利用一外接的风机通过管道向受检测部分送风，同时测量送入被测部分的风量和在内部造成的静压，从而找出漏风量与内部静压的关系曲线或关系式，即

$$\Delta p_{\mathrm{j}} = A L_1^m \tag{12-7}$$

式中　Δp_{j}——所测部分内外静压差，Pa；

　　　L_1——漏风量，$\mathrm{m^3/s}$；

　　A,m——系数和指数，取决于被测对象的孔隙或孔口结构特性。

在此基础上，根据被测部分正常运行时静压的大小，确定漏风量 L_1，并按下式确定漏风率 α：

$$\alpha = \frac{L_1}{L} \times 100\% \tag{12-8}$$

式中　L——系统正常运行时通过被测部分的风量，$\mathrm{m^3/s}$。

漏风量的测定示意图如图 12-9 所示，图中只表示了一段风管的漏风量测定，若对某一系统或带有风口的某些管段测定漏风量，则需要封死各对外通路（如风口等）及检查门。可见，漏风量测定是相当费力的，只有在要求严格并且在施工验收规范中规定检测时才进行现场测定。

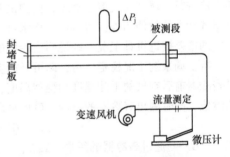

图 12-9　漏风量测定示意图

12.2.4　室内静压调整

根据设计要求，某些房间要求保持内部静压高于或低于周围大气压力，同时一些相邻房间之间有时也要求保持不同的静压值。因此在空调测定与调整中也包括室内静压值的测定与调整。

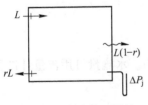

图 12-10　室内静压调整

在一个空调房间内（图 12-10），当送风量为 L、回风量为 rL（r 为回风比）时，则 $L(1-r)$ 即为新风量，即需要通过房间的不严密处渗出的风量。类似管道漏风量的关系式可以写出：

$$(1-r)L = \alpha \Delta p_{\mathrm{j}}^{\frac{1}{m}} \tag{12-9}$$

或

$$\Delta p_{\mathrm{j}} = A\left[(1-r)L\right]^m \tag{12-10}$$

式中，$A = \dfrac{1}{\alpha^m}$；α、m 为房间孔隙的结构特性系数。

由式（12-10）可见，Δp_{j} 的大小与 $L(1-r)$ 的大小有关，同时与房间不严密处的孔隙大小和其结构特性有关。因此，采用同样的回风比 r，在不同的空间内可能形成不同的静压值。

在有局部排气的空间内要形成一定的室内正压，则需保证 $L(1-r) > L_{\text{排}}$（局部排风量）。多个相邻房间为保证洁净度或防止污染，有时需调整成梯级正压。在这种情况下，应依次检查各

房间的静压值，保证各房间之间所需维持的静压。

房间静压值的测定和调整方法主要是靠调节回风量实现的。在采用无回风的风机盘管加新风系统（或诱导器系统）时，则室内正压完全由新风系统的送风量所决定。

室内静压值的调整应在室内空气含尘浓度测量之前进行，以保证室内空气含尘浓度的测量。

12.3　空气处理设备的测试

对一般空调系统，需要检测的主要设备为加热器、表冷器和喷水室。

12.3.1　表冷器的测试

表冷器的测试主要是测试它的冷却能力，一般要求应在设计工况条件下进行。但实际上往往难以做到，因此可以在以下两种条件下进行测量：

（1）测试时，室外被测空气状态接近设计的室外空气状态，并且室内空气的热湿负荷参数也基本达到了设计值。在这种情况下，可将新风与回风一次混合比调整到设计工况下的混合点状态；将风量、冷水量、进口水温调整到与设计工况相同的条件。若空气终了状态的焓值接近设计工况的焓值，则说明表冷器的冷却能力达到了设计要求。

（2）当室外被测空气状态与设计的室外空气状态相差较大时，冷却装置的测试仍可用上述方法进行。调节一次混合状态，使测试工况下一次混合点空气的焓值与设计工况下一次混合点空气状态的焓值相等；将风量、冷水量、进口水温调整到与设计工况相同的条件。若被处理空气的焓差接近设计工况，则说明表冷器的冷却能力达到了设计要求。

待空调系统工况稳定以后，即可开始空气状态参数的测定。用通风干湿球温度计，分别测量表冷器前后空气的干球温度和湿球温度，用气压计测量大气压力，进而求得表冷器前后空气的焓值，同时测出表冷器的风量，就可算出表冷器的冷却能力 Q'（kW），即

$$Q' = G(h_1 - h_2) \tag{12-11}$$

式中　G——通过表冷器的风量，kg/s；

h_1，h_2——表冷器前后的空气的焓值，kJ/kg。

表冷器的冷却能力除用上述方法测试外，还可利用冷媒水得到的热量（kW）来测试

$$Q'' = Wc(t_{w2} - t_{w1}) \tag{12-12}$$

式中　W——通过表冷器的水量，kg/s；

c——水的定压比热容，kJ/(kg·℃)；

t_{w1}，t_{w2}——表冷器进、出口水的温度，℃。

只要测量出水量 W 和水温 t_{w1}、t_{w2} 即可知道表冷器的冷却能力。水流量可用流量计进行测量。

12.3.2　加热器的测试

加热器的测试应在冬季工况下进行，以便尽可能接近设计工况。在难以实现冬季测试时，也可利用非设计工况下的检测结果来推算设计工况下的放热量。

测试加热器放热量可选择温度较低的时间（如夜间），关闭加热器旁通门，打开热媒管道阀门，待系统加热工况基本稳定后，测出通过加热器的风量和前后温差，得出此时的加热量（kW）为

$$Q' = Gc_p(\overline{t_2} - \overline{t_1}) \tag{12-13}$$

式中　G——通过加热器的风量，kg/s；

　　　c_p——空气的定压比热容，kJ/(kg·℃)；

　$\overline{t_1}$，$\overline{t_2}$——加热器前、后空气的平均干球温度，℃。

　　已知在设计条件下加热器的放热量（kW）为

$$Q = KF\left(\frac{t_c + t_z}{2} - \frac{t_1 + t_2}{2}\right) \tag{12-14}$$

式中　t_c，t_z——设计条件下热媒的初、终温度，℃；

　　　t_1，t_2——设计条件下空气的初、终温度，℃。

　　检测条件下加热器放热量（kW）为

$$Q' = KF\left(\frac{t'_c + t'_z}{2} - \frac{\overline{t_1} + \overline{t_2}}{2}\right) \tag{12-15}$$

式中　t'_c，t'_z——测试条件下热媒的初、终温度，℃。

　　如果检测时的风量和热媒流量与设计工况下相同，则

$$Q = Q'\frac{(t_c + t_z) - (t_1 + t_2)}{(t'_c + t'_z) - (\overline{t_1} + \overline{t_2})} \tag{12-16}$$

　　在式（12-16）中，经实测 t'_c、t'_z、$\overline{t_1}$、$\overline{t_2}$ 及 Q' 均为已知，设计条件下的 t_c、t_z、t_1 及 t_2 也是已知的，故可推算出加热器在设计工况下的散热量 Q。如 Q 值与设计要求接近，则可认为加热器的容量是能满足设计要求的。

　　当热媒为蒸汽时，可在加热器进口处设一高精度的压力表，测定进入加热器的蒸气压力，相应的饱和蒸汽温度即为热媒的平均温度。蒸汽量可以通过加热器后的疏水器的凝结水量来测定，为了防止由疏水器排出的凝结水汽化，应在疏水器的后面设置一个冷却装置。

12.3.3　喷水室的测试

　　喷水室性能的测试主要包括喷水量、冷却能力、喷水室的过水量。在测试过程中，各设备按最大容量启动。

　　喷水量的测试，首先计算出喷水室储水池的容积，然后在设计的喷嘴压力下进行喷水，同时启动秒表记录时间。根据喷水时间及水池积水容积，即可算出喷水量 W。

　　冷却能力的测试用校正过的普通干湿球温度计两支，分别放于前后挡水板处，以确定喷水室前、后的空气的干球温度和湿球温度（后挡水板处要防止水滴溅落到温度计的感温包上）。按设计的风量及喷水压力启动喷水室工作（此时制冷系统也应按设计要求供给冷水），测出经喷水室前后的空气的干、湿球温度和大气压力，在当地大气压的 $h-d$ 图上，查出空气经喷水室的焓差，也可用计算法求得空气的焓。每小时空气所失去的总热量 Q'（kW）可按下式进行计算

$$Q' = G(h_1 - h_2) \tag{12-17}$$

式中　G——通过喷水室的风量，kg/s；

　h_1，h_2——喷水室前后空气的焓值，kJ/kg。

　　除上述测量外，还应测出喷水初温 t_{w1} 及终温 t_{w2}，以求出水和空气热湿交换后获得的热 Q''（kW）

$$Q'' = Wc(t_{w2} - t_{w1}) \tag{12-18}$$

在测量中，如 Q' 和 Q'' 相差不超过 10%，可认为测量数据可靠。

由于喷水室后挡水板挡水效果不好，不能将空气中所含的小水滴分离出来，因而产生过水量。测量挡水板过水量时，分别测出离开挡水板后空气的干、湿球温度及送风机后的空气干、湿球温度，并在 h-d 图上查出挡水板前后空气的含湿量 d，计算出含湿量差值 Δd，即为喷水室过水量。

12.4　空调区空气参数的测试

空调房间内空气参数测量的内容主要有室内空气的温度、相对湿度、气流组织分布、洁净度和噪声等。空气参数应在系统风量和空气处理设备都调整完毕，且送风状态参数符合设计要求，以及室内热湿负荷和室外气象条件接近设计工况的条件下进行测量。

12.4.1　室内温、湿度的测量

室内温度和相对湿度，可以用水银玻璃温度计、热电偶温度计、通风干湿球温度计、便携式温湿度计等测温测湿仪器来测量。

测点选择的基本原则：精度要求高的空调房间，要沿房间高度选择几个有代表性的横断面测点和沿房间宽度选择几个纵断面测点。例如，对于恒温恒湿房间，测点应布置在离围护结构 0.5m、离地高度 0.5~1.5m 的范围内，纵断面上的测点间隔一般为 0.5m，横断面上的测点按等面积分格（每一分格为 1m²）。在系统运行稳定后，分别测定纵、横断面上的温度和相对湿度值，并按断面绘制温度和相对湿度分布图。对于一般空调房间，测点要选择在工作区和工作面及人员经常活动的区域。

当无条件测定室内温度和相对湿度的分布时，可以在回风口处测定温度和相对湿度。一般空调区域均为回流区，所以可认为回风口的空气参数为室内空气的平均参数。

测量时系统必须连续稳定运行，每半小时至一小时测定一次，一般应连续一个白天或者一昼夜。

12.4.2　室内气流组织的测量

室内气流组织的测量仅对有下列要求的空调房间进行：（1）温度精度等级高于 ±0.5℃ 的房间；（2）洁净房间；（3）有气流组织要求的房间。

气流分布测定的主要任务是检测工作区内的气流流速是否能满足设计要求。

工作区内气流速度的测定对舒适性空调来讲，主要在于检查是否符合规范或设计要求即可。如果某些局部区域风速过大，则应对风口的出流方向进行适当调整。对具有较高精度要求的恒温室或洁净室，则要求在工作区内划分若干横向或竖向测量断面，形成交叉网格，在每一交点处用风速仪和流向显示装置确定该点的风速和流向。根据测定对象的精度要求，工作区范围的大小以及气流分布的特点等，一般可取测点间的水平间距为 0.5~2m、竖向间距为 0.5~1.0m。在有对气流流动产生重要影响的局部地点，可适当增加测点数。

气流分布的风速测量一般用热线或热球风速仪，并可用气泡显示法、冷态发烟法或简单地使用合成纤维丝逐点确定气流方向。

12.4.3　室内颗粒物浓度的测量

对洁净房间工作区的颗粒物浓度测定，可依照我国现行的《洁净厂房设计规范》（GB 50073—2001）中有关规定进行。由于洁净空间内微粒的数量较少，具有分布的随机性，因此，有关标准中有对最少采样点数、采样容积的具体规定。

测量应在系统清扫干净和调整完毕并经渗漏检验和堵漏后，再经过连续运行一段时间（自净）后进行，一般采用尘埃粒子计数器测量粒子浓度。

12.4.4 室内噪声的测量

空调系统的消声效果，最终反映在空调房间内的声级大小。以声级计测定空调房间的噪声级一般可选择房间中心离地面 1.2m 处为测点。较大面积的空调房间应按设计要求选择测点数。

室内噪声测定应在空调系统停止运行时（包括室内发声设备）测出房间的本底噪声，开动空调系统后，测定由于空调系统运行所产生的噪声。如果被测房间的噪声级比本底噪声级（指 A 档）高出 10dB 以上，则本底噪声的影响可忽略不计；如果两者相差小于 3dB，则所测结果没有实质性意义；如果相差在 4~9dB 之间，则进行 -1~-2dB 的修正。

在条件允许时，室内噪声级不仅以 A 档数值来评价，而且可按倍频程中心频率分档测定，并在噪声评价曲线上画出各频带的噪声级，以检查被测房间是否满足设计要求。同时，可以利用所测数据分析影响室内噪声级的主要声源。

噪声测定要注意现场反射声的影响，不应在传声器或声源附近有较大的反射面。

习题与思考题

12-1 为什么要对空调系统进行测定和调整？

12-2 简述空调系统进行测定和调整的主要内容。

12-3 测量风速的仪表有哪些？它们各适用于什么场合？

12-4 测定风管内风量时，如何选择测定断面？测点如何布置？为什么？

12-5 如果空调系统送风机前后没有合适的直管段，试问在什么地方测系统的总风量比较好？

12-6 利用动压方法测定风管内风量时，应注意一些什么问题？

12-7 如何准确地测量送风口的风量？

12-8 在非设计工况下，能否进行空气冷却装置的性能测定？为什么？

12-9 如果测定时喷水室前空气状态的焓值比设计状态低很多，这样进行测定有无问题？

12-10 空调房间内空气环境的测定包括有哪些内容？应用什么仪表测定？

参 考 文 献

[1] 李岱森. 空气调节 [M]. 北京：中国建筑工业出版社，2000.

[2] 黄翔，等. 空调工程 [M]. 2 版. 北京：机械工业出版社，2014.

[3] 全国勘察设计注册工程师公用设备专业管理委员会秘书处. 全国勘察设计注册公用设备工程师暖通空调专业考试复习教材 [M]. 北京：中国建筑工业出版社，2004.

[4] 田忠保. 空气调节 [M]. 西安：西安交通大学出版社，1993.

[5] 赵荣义，范存养，薛殿华，钱以明. 空气调节 [M]. 4 版. 北京：中国建筑工业出版社，2009.

[6] 战乃岩，王建辉. 空调工程 [M]. 北京：北京大学出版社，2014.

附　　录

附录1　湿空气的密度、水蒸气分压力、含湿量和焓

附表1　湿空气的密度、水蒸气分压力、含湿量和焓（大气压力 $B=101325\mathrm{Pa}$）

空气温度 $t/℃$	干空气密度 $\rho/\mathrm{kg \cdot m^{-3}}$	饱和空气密度 $\rho_b/\mathrm{kg \cdot m^{-3}}$	饱和空气的水蒸气分压力 $p_{q,b}/\mathrm{Pa}$	饱和空气含湿量 $d_b/\mathrm{g \cdot kg^{-1}_{干空气}}$	饱和空气 $h_b/\mathrm{kJ \cdot kg^{-1}_{干空气}}$
-20	1.396	1.395	102	0.63	-18.55
-19	1.394	1.393	113	0.70	-17.39
-18	1.385	1.384	125	0.77	-16.20
-17	1.379	1.378	137	0.85	-14.99
-16	1.374	1.373	150	0.93	-13.77
-15	1.368	1.367	165	1.01	-12.60
-14	1.363	1.362	181	1.11	-11.35
-13	1.358	1.357	198	1.22	-10.05
-12	1.353	1.352	217	1.34	-8.75
-11	1.348	1.347	237	1.46	-7.45
-10	1.342	1.341	259	1.60	-6.07
-9	1.337	1.336	283	1.75	-4.73
-8	1.332	1.331	309	1.91	-3.31
-7	1.327	1.325	336	2.08	-1.88
-6	1.322	1.320	367	2.27	-0.42
-5	1.317	1.315	400	2.47	1.09
-4	1.312	1.310	436	2.69	2.68
-3	1.308	1.306	475	2.94	4.31
-2	1.303	1.301	516	3.19	5.90
-1	1.298	1.295	561	3.47	7.62
0	1.293	1.290	609	3.78	9.42
1	1.288	1.285	656	4.07	11.14
2	1.284	1.281	704	4.37	12.98
3	1.279	1.275	757	4.70	14.74
4	1.275	1.271	811	5.03	16.58
5	1.270	1.266	870	5.40	18.51
6	1.265	1.261	932	5.79	20.51
7	1.261	1.256	999	6.21	22.61
8	1.256	1.251	1070	6.65	24.70
9	1.252	1.247	1146	7.13	26.92
10	1.248	1.242	1225	7.63	29.18
11	1.243	1.237	1309	8.15	31.52
12	1.239	1.043	1399	8.75	34.08
13	1.235	1.013	1494	9.35	36.59
14	1.230	1.232	1595	9.97	39.19

续附表1

空气温度 $t/\text{℃}$	干空气密度 $\rho/\text{kg}\cdot\text{m}^{-3}$	饱和空气密度 $\rho_b/\text{kg}\cdot\text{m}^{-3}$	饱和空气的水蒸气分压力 $p_{q,b}/\text{Pa}$	饱和空气含湿量 $d_b/\text{g}\cdot\text{kg}^{-1}_{\text{干空气}}$	饱和空气 $h_b/\text{kJ}\cdot\text{kg}^{-1}_{\text{干空气}}$
15	1.226	1.218	1701	10.6	41.78
16	1.222	1.214	1813	11.4	44.80
17	1.217	1.208	1932	12.1	47.73
18	1.213	1.204	2059	12.9	50.66
19	1.209	1.200	2192	13.8	54.01
20	1.205	1.195	2331	14.7	57.78
21	1.201	1.190	2480	15.6	61.13
22	1.197	1.185	2637	16.6	64.06
23	1.193	1.181	2802	17.7	67.83
24	1.189	1.176	2977	18.8	72.01
25	1.185	1.171	3160	20.0	75.78
26	1.181	1.166	3353	21.4	80.39
27	1.177	1.161	3356	22.6	84.57
28	1.173	1.156	3771	24.0	89.18
29	1.169	1.151	3995	25.6	94.20
30	1.165	1.146	4232	27.2	99.65
31	1.161	1.141	4482	28.8	104.67
32	1.157	1.135	4743	30.6	110.11
33	1.154	1.131	5018	32.5	115.07
34	1.150	1.126	5307	34.4	122.25
35	1.146	1.121	5610	36.6	128.95
36	1.142	1.116	5926	38.8	135.65
37	1.139	1.111	6260	41.1	142.35
38	1.135	1.107	6609	43.5	149.47
39	1.132	1.102	6975	46.0	157.42
40	1.128	1.097	7358	48.8	165.80
41	1.124	1.091	7759	51.7	174.17
42	1.121	1.086	8180	54.8	182.96
43	1.117	1.081	8618	58.0	192.17
44	1.114	1.076	9079	61.3	202.22
45	1.110	1.070	9560	65.0	212.69
46	1.107	1.065	10061	69.9	223.57
47	1.103	1.059	10587	72.8	235.30
48	1.100	1.054	11133	77.0	247.02
49	1.096	1.018	11707	81.5	260.00
50	1.093	1.043	12304	86.2	273.40
55	1.076	1.013	15694	114	352.11
60	1.060	0.981	19870	152	456.36
65	1.044	0.946	24938	204	598.71
70	1.029	0.909	31082	276	795.50
75	1.014	0.868	38450	382	1080.19
80	1.000	0.823	47228	545	1519.81
85	0.986	0.773	57669	828	2281.81
90	0.973	0.718	69931	1400	3818.35
95	0.959	0.656	84309	3120	8436.40
200	0.947	0.589	101300	—	—

附录2　湿空气焓湿图

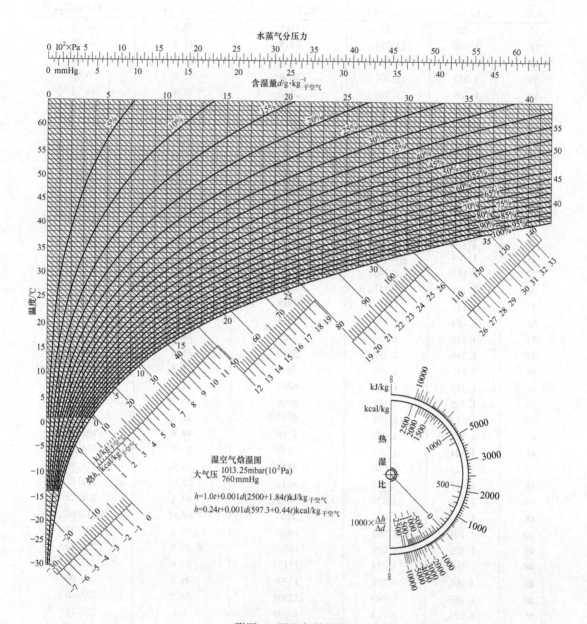

附图1　湿空气焓湿图

附录 3　欧美焓湿图

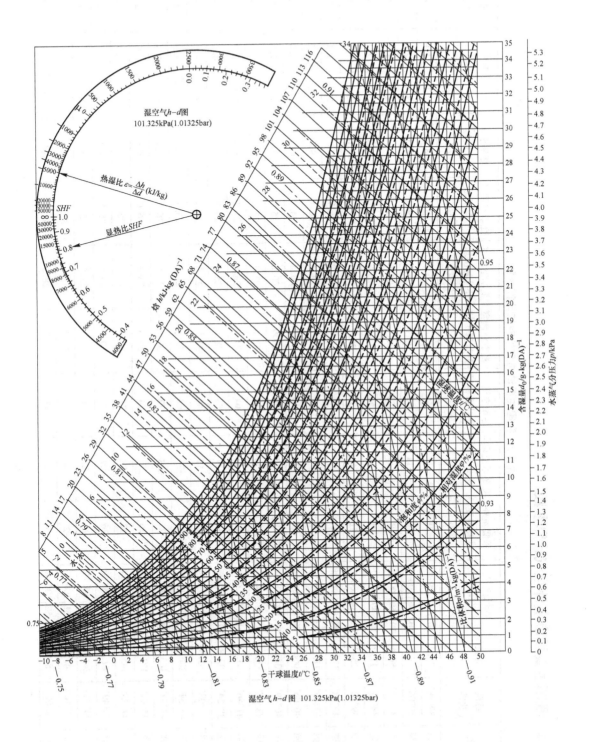

附图 2　欧美焓湿图

附录 4　我国主要城市室外空气计算参数

附表 2　我国主要城市室外空气计算参数

城市名	纬度(北纬)	海拔/m	大气压力/kPa		采暖室外计算温度/℃	冬季空调室外计算温度/℃	冬季空调室外计算相对湿度/%	夏季空调室外计算干球温度/℃	夏季空调室外计算湿球温度/℃	夏季空调日平均干球温度/℃	夏季平均日较差/℃	室外平均风速/m·s⁻¹		最大冻土深度/cm
			冬	夏								冬	夏	
北　京	39°48′	31.2	102.04	99.86	−10	−12	45	33.2	26.4	28.6	8.8	2.8	1.9	85
天　津	39°06′	3.3	102.66	100.48	−9	−11	53	33.4	26.9	29.2	8.1	3.1	2.6	69
石家庄	38°02′	80.5	101.69	99.56	−8	−11	52	35.1	26.6	29.7	10.4	1.8	1.5	54
保　定	38°51′	17.2	102.47	100.26	−9	−11	55	34.8	26.8	29.6	10.0	2.1	2.1	55
唐　山	39°38′	25.9	102.34	100.22	−10	−12	52	32.7	26.2	28	9.0	2.6	2.3	73
承　德	40°58′	375.2	98.00	96.28	−14	−17	46	32.3	24.2	26.7	10.8	2.4	1.1	126
太　原	37°47′	777.9	93.29	91.92	−12	−15	51	31.2	23.4	26.1	9.8	2.6	2.1	77
大　同	40°06′	1066.7	89.92	88.86	−17	−20	50	30.3	20.8	24.8	10.6	3.0	3.4	186
呼和浩特	40°49′	1063.0	90.09	88.94	−19	−22	56	29.9	20.8	25.0	9.4	1.6	1.5	143
赤　峰	42°16′	571.1	95.49	94.09	−18	−20	44	32.6	22.3	27.2	10.4	2.4	2.1	201
沈　阳	41°46′	41.6	102.08	100.07	−19	−22	64	31.4	25.4	27.2	8.1	3.1	2.9	148
大　连	38°54′	92.8	101.38	99.47	−11	−14	58	28.4	25.0	25.5	5.6	5.8	4.3	93
锦　州	41°08′	65.9	101.76	99.74	−15	−17	50	31.0	25.3	26.6	8.5	3.9	3.8	113
长　春	43°54′	286.8	99.40	97.79	−23	−26	68	30.5	24.2	25.9	8.8	4.2	3.5	169
吉　林	43°57′	183.4	100.13	98.47	−25	−28	72	30.3	24.5	26.1	8.1	3.0	2.5	190
哈尔滨	45°41′	171.7	100.15	98.51	−26	29	74	30.3	23.4	26.0	8.3	3.3	3.5	205
齐齐哈尔	47°23′	145.9	100.46	98.77	−25	−28	71	30.6	22.9	26.1	8.7	2.8	3.2	225
佳木斯	46°49′	81.2	101.10	99.60	−26	−29	71	30.3	23.5	25.5	9.2	3.4	3.0	220
牡丹江	44°34′	241.4	99.21	97.87	−24	−27	71	30.3	23.5	25.3	9.6	2.3	2.1	191
上　海	31°10′	4.5	102.51	100.53	−2	−4	75	34.0	28.2	30.4	6.9	3.1	3.2	8
南　京	32°00′	8.9	102.52	100.40	−3	−6	73	35.0	28.3	31.4	6.9	2.6	2.6	9

续附表2

城市名	纬度(北纬)	海拔/m	大气压力/kPa 冬	大气压力/kPa 夏	采暖室外计算温度/℃	冬季空调室外计算温度/℃	冬季空调室外计算相对湿度/%	夏季空调室外计算干球温度/℃	夏季空调室外计算湿球温度/℃	夏季空调日平均干球温度/℃	夏季平均日较差/℃	室外平均风速/m·s⁻¹ 冬	室外平均风速/m·s⁻¹ 夏	最大冻土深度/cm
连云港	34°36'	3.0	102.63	100.50	-5	-8	66	33.5	27.9	31.0	4.8	3.0	3.0	25
徐州	34°17'	41.0	102.18	100.07	-5	-8	64	34.8	27.4	30.5	8.3	2.8	2.9	24
杭州	30°14'	41.7	102.09	100.05	-1	-4	77	35.7	28.5	31.5	8.3	2.3	2.2	—
宁波	29°52'	4.2	102.54	100.58	-3	-4.3	78	34.5	28.5	30.2	7.9	2.9	2.9	—
温州	28°01'	6.0	102.35	100.55	1	-1.8	75	32.8	28.7	29.6	6.9	2.2	2.1	—
合肥	31°52'	29.8	102.23	100.09	-3	-7	75	35.0	28.2	31.7	6.3	2.5	2.6	11
蚌埠	32°57'	21.0	102.41	100.23	-4	-7	71	35.6	28.1	32.0	6.9	2.6	2.3	15
芜湖	31°20'	14.8	102.89	100.28	-2	-5	77	35.0	28.2	32.2	5.4	2.4	2.3	—
福州	26°05'	84.0	101.26	99.64	6	4	74	35.2	28.0	30.4	9.2	2.7	2.9	—
厦门	24°27'	63.2	101.38	99.91	8	6	73	33.4	27.6	29.9	6.7	3.5	3.0	—
南昌	28°36'	46.7	101.88	99.91	0	-3	74	35.6	27.9	32.1	6.7	3.8	2.7	—
九江	29°44'	32.2	102.19	100.09	-3	-6.8	75	36.4	28.3	32.4	7.7	3.0	2.4	—
济南	36°41'	51.6	102.02	99.85	-7	-10	54	34.8	26.7	31.3	6.7	3.2	2.8	44
青岛	36°04'	76.0	101.69	99.72	-6	-9	64	29.0	26.0	27.2	3.5	5.7	4.9	49
烟台	37°32'	46.7	102.10	100.10	-6	-9	60	30.7	25.8	28.2	4.8	3.3	4.8	43
淄博	36°50'	34.0	102.26	100.10	-9	-12	60	34.7	26.6	30.3	8.5	2.6	2.3	48
郑州	34°43'	110.4	101.28	99.17	-5	-7	60	35.6	27.4	30.8	9.2	3.4	2.6	27
洛阳	34°40'	154.5	100.88	98.76	-5	-7	57	35.9	27.5	30.9	9.6	2.5	2.1	21
开封	34°46'	72.5	101.79	99.60	-5	-7	64	35.2	27.8	30.5	9.0	3.6	3.0	26
武汉	30°37'	23.3	102.33	100.17	-2	-5	76	35.2	28.2	31.9	6.3	2.7	2.6	10
宜昌	30°42'	130.4	101.00	98.91	0	-2	73	35.8	28.1	31.5	8.3	1.6	1.7	—
长沙	28°12'	44.9	101.99	99.94	0	-3	81	35.8	27.7	32.0	7.3	2.8	2.6	5
岳阳	29°27'	51.6	101.57	98.82	-1	-4	77	34.1	28.2	32.0	4.0	2.8	3.1	—
衡阳	26°54'	103.2	101.24	99.28	0	-2	80	36.0	27.4	32.2	7.3	1.7	2.3	—
广州	23°03'	6.6	101.95	100.45	7	5	70	33.5	27.7	30.8	6.5	2.4	1.8	—

附录 5　外墙、屋顶的构造类型

附表 3　外墙、屋顶的构造类型（部分）

外墙结构类型

序号	构　造	壁厚 δ /mm	保温厚 /mm	导热热阻 /$m^2 \cdot K \cdot W^{-1}$	传热系数 /$W \cdot (m^2 \cdot K)^{-1}$	质量 /$kg \cdot m^{-2}$	热容量 /$kJ \cdot (m^2 \cdot K)^{-1}$	类型
1	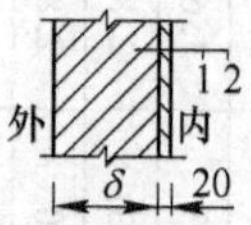 1. 砖墙 2. 白灰粉刷	240 370 490		0.32 0.48 0.63	2.05 1.55 1.26	464 698 914	406 612 804	Ⅲ Ⅱ Ⅰ
2	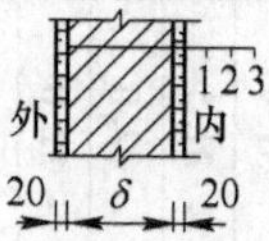 1. 水泥砂浆 2. 砖墙 3. 白灰粉刷	240 370 490		0.34 0.50 0.65	1.97 1.50 1.22	500 734 950	436 645 834	Ⅲ Ⅱ Ⅰ
3	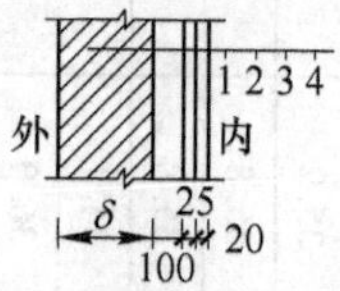 1. 砖墙 2. 泡沫混凝土 3. 木丝板 4. 白灰粉刷	240 370 490		0.95 1.11 1.26	0.90 0.78 0.70	534 768 984	478 683 876	Ⅱ Ⅰ 0
4	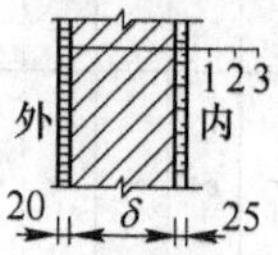 1. 水泥砂浆 2. 砖墙 3. 木丝板	240 370		0.47 0.63	1.57 1.26	478 712	432 608	Ⅲ Ⅱ

屋面构造类型

序号	构　造	壁厚 δ /mm	保温层 材料	保温层 厚度 l	导热热阻 /$m^2 \cdot K \cdot W^{-1}$	传热系数/$W \cdot (m^2 \cdot K)^{-1}$	质量 /$kg \cdot m^{-2}$	热容量/$kJ \cdot (m^2 \cdot K)^{-1}$	类型
1	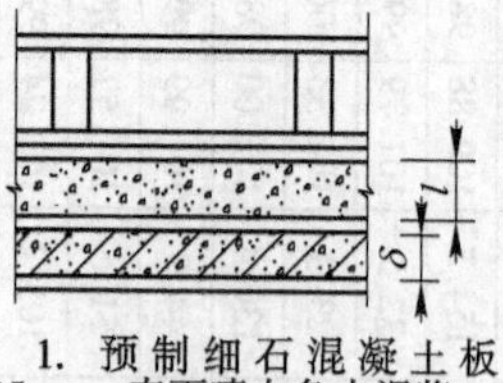 1. 预制细石混凝土板 25mm，表面喷白色水泥浆 2. 通风层不小于 200mm 3. 卷材防水层 4. 水泥砂浆找平层 20mm 5. 保温层 6. 隔汽层 7. 找平层 20mm 8. 预制钢筋混凝土板 9. 内粉刷	35	水泥膨胀珍珠岩	25 50 75 100 125 150 175 200	0.77 0.98 1.20 1.41 1.63 1.84 2.06 2.27	1.07 0.87 0.73 0.64 0.56 0.50 0.45 0.41	292 301 310 318 327 336 345 353	247 251 260 264 272 277 281 289	Ⅳ Ⅳ Ⅲ Ⅲ Ⅲ Ⅲ Ⅱ Ⅱ

续附表3

屋面构造类型

序号	构造	壁厚δ/mm	保温层材料	厚度 l	导热热阻 /m²·K·W⁻¹	传热系数/W·(m²·K)⁻¹	质量/kg·m⁻²	热容量/kJ·(m²·K)⁻¹	类型
1	1. 预制细石混凝土板25mm，表面喷白色水泥浆 2. 通风层不小于200mm 3. 卷材防水层 4. 水泥砂浆找平层20mm 5. 保温层 6. 隔汽层 7. 找平层20mm 8. 预制钢筋混凝土板 9. 内粉刷	35	沥青膨胀珍珠岩	25	0.82	1.01	292	247	IV
				50	1.09	0.79	301	251	IV
				75	1.36	0.65	310	260	III
				100	1.63	0.56	318	264	III
				125	1.89	0.49	327	272	III
				150	2.17	0.43	336	277	III
				175	2.43	0.38	345	281	II
				200	2.70	0.35	353	289	II
			加气泡沫混凝土	25	0.67	1.20	298	256	IV
				50	0.79	1.05	313	268	IV
				75	0.90	0.93	328	281	III
				100	1.02	0.84	343	293	III
				125	1.14	0.76	358	306	III
				150	1.26	0.70	373	318	III
				175	1.38	0.64	388	331	III
				200	1.50	0.59	403	344	II
2	1. 预制钢筋混凝土板25mm，表面喷白色水泥浆 2. 通风层不小于200mm 3. 卷材防水层 4. 水泥砂浆找平层20mm 5. 保温层 6. 隔汽层 7. 现浇钢筋混凝土板 8. 内粉刷	70	水泥膨胀珍珠岩	25	0.80	1.05	376	318	III
				50	1.00	0.86	385	323	III
				75	1.21	0.20	394	331	III
				100	1.43	0.63	402	335	II
				125	1.64	0.55	411	339	II
				150	1.86	0.49	420	348	II
				175	2.07	0.44	429	352	II
				200	2.29	0.41	437	360	I
			沥青膨胀珍珠岩	25	0.83	1.00	376	318	III
				50	1.11	0.78	385	323	III
				75	1.38	0.65	394	331	III
				100	1.64	0.55	402	335	II
				125	1.91	0.48	411	339	II
				150	2.18	0.43	420	348	II
				175	2.45	0.38	429	352	II
				200	2.72	0.35	437	360	I
			加气泡沫混凝土	25	0.69	1.16	383	323	III
				50	0.81	1.02	397	335	III
				75	0.93	0.91	412	348	III
				100	1.05	0.83	427	360	II
				125	1.17	0.74	442	373	II
				150	1.29	0.69	457	385	I
				175	1.41	0.64	472	398	I
				200	1.53	0.59	487	411	I

附录 6　北京地区气象条件下外墙冷负荷计算温度的逐时值 $t_{1,\tau}$

附表 4　北京地区气象条件下外墙冷负荷计算温度的逐时值 $t_{1,\tau}$ 　（℃）

时间＼朝向	Ⅰ型外墙				Ⅱ型外墙			
	S	W	N	E	S	W	N	E
0	34.7	36.6	32.2	37.5	36.1	38.5	33.1	38.5
1	34.9	36.9	32.3	37.6	36.2	38.9	33.2	38.4
2	35.1	37.2	32.4	37.7	36.2	39.1	33.2	38.2
3	35.2	37.4	32.5	39.2	36.1	38.0	33.2	38.0
4	35.3	37.6	32.6	37.7	35.9	39.1	33.1	37.6
5	35.3	37.8	32.6	37.6	35.6	38.9	33.0	37.3
6	35.3	37.9	32.7	37.5	35.3	33.6	32.8	36.9
7	35.3	37.9	32.6	37.4	35.0	38.2	32.6	36.4
8	35.2	37.9	32.6	37.3	34.6	37.8	32.3	36.0
9	35.1	37.8	32.5	37.1	34.2	37.3	32.1	35.5
10	34.9	37.7	32.5	36.8	33.9	36.8	31.8	35.2
11	34.8	37.5	32.4	36.6	33.5	36.3	31.0	35.0
12	34.6	37.3	32.2	36.9	33.2	35.9	31.4	35.0
13	34.4	37.1	32.1	36.2	32.9	35.5	31.3	35.2
14	34.2	36.9	32.0	36.1	32.8	35.2	31.2	35.6
15	34.0	36.6	31.9	36.1	32.9	34.9	31.2	36.1
16	33.9	36.4	31.8	36.2	33.1	34.8	31.3	36.6
17	33.8	36.2	31.8	36.3	33.4	34.8	31.4	37.1
18	33.8	36.1	31.8	36.4	33.9	34.9	31.6	37.5
19	33.9	36.0	31.8	36.6	34.4	35.3	31.8	37.9
20	34.0	35.9	31.8	36.8	34.9	35.8	32.1	38.2
21	34.1	36.0	31.9	37.0	35.3	36.5	32.4	38.4
22	34.3	36.1	32.0	37.2	35.7	37.3	32.6	38.5
23	34.5	36.3	32.1	37.3	36.0	38.0	32.9	38.6
最大值	35.5	37.9	32.7	37.7	36.2	37.9	33.2	38.8
最小值	33.8	35.9	31.8	36.1	32.8	34.8	31.2	35.0

附录 7　北京地区气象条件下屋顶冷负荷计算温度的逐时值 $t_{1,\tau}$

附表 5　北京地区气象条件下屋顶冷负荷计算温度的逐时值 $t_{1,\tau}$　　　　（℃）

屋面类型 时间	Ⅰ型	Ⅱ型	Ⅲ型	Ⅳ型	Ⅴ型	Ⅵ型
0	43.7	47.2	47.7	46.1	41.6	33.1
1	44.3	46.4	46.0	43.7	39.0	35.5
2	44.8	45.4	44.2	41.4	36.7	33.2
3	45.0	44.3	42.4	39.3	34.6	31.4
4	45.0	43.1	40.6	37.3	32.8	29.8
5	44.9	41.8	38.8	35.5	31.2	29.4
6	44.5	40.6	37.1	33.9	29.8	27.2
7	44.0	39.3	35.5	32.4	28.7	26.5
8	43.4	38.1	34.1	31.2	28.4	26.8
9	42.7	37.0	33.1	30.7	29.2	28.6
10	41.9	36.1	32.7	31.0	31.4	32.0
11	41.1	35.6	33.0	32.3	34.7	36.7
12	40.2	35.6	34.0	34.5	38.9	42.2
13	39.5	36.0	35.8	37.5	43.4	47.8
14	38.9	37.0	38.1	41.0	47.9	52.9
15	38.5	38.4	40.7	44.6	51.9	57.1
16	38.3	40.1	43.5	47.9	54.9	59.0
17	38.4	41.9	46.1	50.7	56.8	60.9
18	38.8	43.7	48.3	52.7	57.2	60.2
19	39.4	45.4	49.9	53.7	26.3	57.8
20	40.2	46.7	50.8	53.6	24.0	54.0
21	41.1	47.5	50.9	52.5	54.0	49.5
22	42.0	47.8	50.3	50.7	47.7	45.1
23	42.9	47.7	49.2	48.4	44.5	41.3
最大值	45.0	47.8	50.9	53.7	50.2	60.9
最小值	38.3	35.6	32.7	30.7	28.4	26.5

附录8　Ⅰ～Ⅳ型构造地点修正值 t_d

附表6　Ⅰ～Ⅳ型构造地点修正值 t_d　　　　　　　　　（℃）

编号	城市	S	SW	W	NW	N	NE	E	SE	水平
1	北京	0.0	0.0	0.0	0.0	0.0	0.0	0.0	0.0	0.0
2	天津	-0.4	-0.3	-0.1	-0.1	-0.2	-0.3	-0.1	-0.3	-0.5
3	沈阳	-1.4	-1.7	-1.9	-1.9	-1.6	-2.0	-1.9	-1.7	-2.7
4	哈尔滨	-2.2	-2.8	-3.4	-3.7	-3.4	-3.8	-3.4	-2.8	-4.1
5	上海	-0.8	-0.2	0.5	1.2	1.2	1.0	0.5	-0.2	0.1
6	南京	1.0	1.5	2.1	2.7	2.7	2.5	2.1	1.5	2.0
7	武汉	0.4	1.0	1.7	2.4	2.2	2.3	1.7	1.0	1.3
8	广州	-1.9	-1.2	0.0	1.3	1.7	1.2	0.0	-1.2	-0.5
9	昆明	-8.5	-7.8	-6.7	-5.5	-5.2	-5.7	-6.7	-7.8	-7.2
10	西安	0.5	0.5	0.9	1.5	1.8	1.4	0.9	0.5	0.4
11	兰州	-4.8	-4.4	-4.0	-3.8	-3.9	-4.0	-4.0	-4.4	-4.0
12	乌鲁木齐	0.7	0.5	0.2	-0.3	-0.4	-0.4	0.2	0.5	0.1
13	重庆	0.4	1.1	2.0	2.7	2.8	2.6	2.0	1.1	1.7

附录9　单层窗玻璃传热系数值 K_w

附表7　单层窗玻璃传热系数值 K_w　　　　　　　　（W/(m² · K)）

α_w ＼ α_n	5.3	6.4	7.0	7.6	8.1	8.7	9.3	9.9	10.5	11
11.6	3.87	4.13	4.36	4.58	4.79	4.99	5.16	5.34	5.51	5.66
12.8	4.00	4.27	4.51	4.76	4.98	5.19	5.38	5.57	5.76	5.93
14.0	4.11	4.38	4.65	4.91	5.14	5.37	5.58	5.79	5.81	6.16
15.1	4.20	4.49	4.78	5.04	5.29	5.54	5.76	5.98	6.19	6.38
16.3	4.28	4.60	4.88	5.16	5.43	5.68	5.92	6.15	6.37	6.58
17.5	4.37	4.68	4.99	5.27	5.55	5.82	6.07	6.32	6.55	6.77
18.6	4.43	4.76	5.07	5.61	5.66	5.94	6.20	6.45	6.70	6.93
19.8	4.49	4.84	5.15	5.47	5.77	6.05	6.33	6.59	6.34	7.08
20.9	4.55	4.90	5.23	5.59	5.86	6.15	6.44	6.71	6.98	7.23
22.1	4.61	4.97	5.30	5.63	5.95	6.26	6.55	6.83	7.11	7.36
23.3	4.65	5.01	5.37	5.71	6.04	6.34	6.64	6.93	7.22	7.49
24.4	4.70	5.07	5.43	5.77	6.11	6.43	6.73	7.04	7.33	7.61
25.6	4.73	5.12	5.48	5.84	6.18	6.50	6.83	7.13	7.43	7.69
26.7	4.78	5.16	5.54	5.90	6.25	6.58	6.91	7.22	7.52	7.82
27.9	4.81	5.20	5.58	5.94	6.30	6.64	6.98	7.30	7.62	7.92
29.1	4.85	5.25	5.63	6.00	6.36	6.71	7.05	7.37	7.70	8.00

附录 10　双层窗玻璃传热系数值 K_w

附表 8　双层窗玻璃传热系数值 K_w　　　　$(W/(m^2 \cdot K))$

α_w ＼ α_n	5.8	6.4	7.0	7.6	8.1	8.7	9.3	9.9	10.5	11
11.6	2.37	2.47	2.55	2.63	2.69	2.74	2.80	2.85	2.90	2.73
12.8	2.42	2.51	2.59	2.67	2.74	2.80	2.86	2.92	2.97	3.01
14.0	2.45	2.56	2.64	2.72	2.79	2.86	2.92	2.98	3.02	3.07
15.1	2.49	2.59	2.69	2.77	2.84	2.91	2.97	3.02	3.08	3.13
16.3	2.52	2.63	2.72	2.80	2.87	2.94	3.01	3.07	3.12	3.17
17.5	2.55	2.65	2.74	2.84	2.91	2.98	3.05	3.11	3.16	3.21
18.6	2.57	2.67	2.78	2.86	2.94	3.01	3.08	3.14	3.20	3.25
19.8	2.59	2.70	2.80	2.88	2.97	3.05	3.12	3.17	3.23	3.28
20.9	2.61	2.72	2.83	2.91	2.99	3.07	3.14	3.20	3.26	3.31
22.1	2.63	2.74	2.84	2.93	3.01	3.09	3.16	3.23	3.29	3.34
23.3	2.64	2.76	2.86	2.95	3.04	3.12	3.19	3.25	3.31	3.37
24.4	2.66	2.77	2.87	2.97	3.04	3.14	3.21	3.27	3.34	3.40
25.6	2.67	2.79	2.90	2.99	3.07	3.15	3.20	3.29	3.36	3.41
26.7	2.69	2.80	2.91	3.00	3.09	3.17	3.24	3.31	3.37	3.43
27.9	2.70	2.81	2.92	3.01	3.11	3.19	3.25	3.33	3.40	3.45
29.1	2.71	2.83	2.93	3.04	3.12	3.20	3.28	3.35	3.41	3.47

附录 11　玻璃窗传热系数修正值

附表 9　玻璃窗传热系数修正值

窗框类型	单层窗	双层窗
全部玻璃	1.00	1.00
木窗框，80%玻璃	0.90	0.95
木窗框，60%玻璃	0.80	0.85
金属窗框，80%玻璃	1.00	1.20

附录12　玻璃窗冷负荷计算温度的逐时值 $t_{1,\tau}$

附表10　玻璃窗冷负荷计算温度的逐时值 $t_{1,\tau}$　　　　　　　　　（℃）

时间/h	0	1	2	3	4	5	6	7	8	9	10	11
$t_{1,\tau}$	27.2	26.7	26.2	25.8	25.5	25.3	25.4	26.0	26.9	27.9	29.0	29.9
时间/h	12	13	14	15	16	17	18	19	20	21	22	23
$t_{1,\tau}$	30.8	31.5	31.9	32.2	32.2	32.0	31.6	30.8	29.9	29.1	28.4	27.8

附录13　玻璃窗地点修正值 t_d

附表11　玻璃窗地点修正值 t_d　　　　　　　　　（℃）

编　号	城　市	t_d	编　号	城　市	t_d
1	北　京	0	21	成　都	−1
2	天　津	0	22	贵　阳	−3
3	石 家 庄	1	23	昆　明	−6
4	太　原	−2	24	拉　萨	−11
5	呼和浩特	−4	25	西　安	2
6	沈　阳	−1	26	兰　州	−3
7	长　春	−3	27	西　宁	−8
8	哈 尔 滨	−3	28	银　川	−3
9	上　海	1	29	乌鲁木齐	1
10	南　京	3	30	台　北	1
11	杭　州	3	31	二　连	−2
12	合　肥	3	32	汕　头	1
13	福　州	2	33	海　口	1
14	南　昌	3	34	桂　林	1
15	济　南	3	35	重　庆	3
16	郑　州	2	36	敦　煌	−1
17	武　汉	3	37	格 尔 木	−9
18	长　沙	3	38	和　田	−1
19	广　州		39	喀　什	0
20	南　宁	1	40	库　车	0

附录 14 不同纬度带各朝向夏季日射得热因数最大值 $D_{j,max}$

附表 12 不同纬度带各朝向夏季日射得热因数最大值 $D_{j,max}$ （W/m²）

纬度带 \ 朝向	S	SE	E	NE	N	NW	W	SW	水平
20°	130	311	541	465	130	465	541	311	876
25°	146	332	509	421	134	421	509	332	834
30°	174	374	539	415	115	415	539	374	833
35°	251	436	575	430	122	430	575	436	844
40°	302	477	599	442	114	442	599	477	842
45°	368	508	598	432	109	432	598	508	811
拉萨	174	462	727	592	133	593	727	462	991

注：每一纬度带包括的宽度为 ±2′30″ 纬度。

附录 15 窗的有效面积系数值 C_a

附表 13 窗的有效面积系数值 C_a

窗的类别	单层钢窗	单层木窗	双层钢窗	双层木窗
C_a	0.85	0.70	0.75	0.60

附录 16 窗玻璃的遮挡系数值 C_s

附表 14 窗玻璃的遮挡系数值 C_s

玻 璃 类 型	C_s 值	玻 璃 类 型	C_s 值
"标准玻璃"	1.00	6mm 厚吸热玻璃	0.83
5mm 厚普通玻璃	0.93	双层 3mm 厚普通玻璃	0.86
6mm 厚普通玻璃	0.89	双层 5mm 厚普通玻璃	0.78
3mm 厚吸热玻璃	0.96	双层 6mm 厚普通玻璃	0.74
5mm 厚吸热玻璃	0.88		

注：1. "标准玻璃" 系指 3mm 厚的单层普通玻璃。
    2. 吸热玻璃系指上海耀华玻璃厂生产的浅蓝色吸热玻璃。
    3. 表中 C_s 对应的内、外表面放热系数为 $\alpha_n = 8.7 W/(m^2 \cdot K)$。
    4. 这里的双层玻璃内、外层玻璃是相同的。

附录 17 窗内遮阳设施的遮阳系数值 C_i

附表 15 窗内遮阳设施的遮阳系数值 C_i

内遮阳类型	颜　色	C_i
白布帘	浅色	0.50
浅蓝布帘	中间色	0.60
深黄、紫红、深绿布帘	深色	0.65
活动百叶窗	中间色	0.60

附录 18　玻璃窗的冷负荷系数

附表 16　北区（北纬 27°30′以北）无内遮阳窗玻璃冷负荷系数

时间\朝向	0	1	2	3	4	5	6	7	8	9	10	11	12	13	14	15	16	17	18	19	20	21	22	23
S	0.16	0.15	0.14	0.13	0.12	0.11	0.13	0.17	0.21	0.28	0.39	0.49	0.54	0.65	0.60	0.42	0.36	0.32	0.27	0.23	0.21	0.20	0.18	0.17
SE	0.14	0.13	0.12	0.11	0.10	0.09	0.22	0.34	0.45	0.51	0.62	0.58	0.41	0.34	0.32	0.31	0.28	0.26	0.22	0.19	0.18	0.17	0.16	0.15
E	0.12	0.11	0.10	0.19	0.09	0.08	0.29	0.41	0.49	0.60	0.56	0.37	0.29	0.29	0.28	0.26	0.24	0.22	0.19	0.17	0.16	0.15	0.14	0.13
NE	0.12	0.11	0.10	0.19	0.09	0.08	0.35	0.45	0.53	0.54	0.38	0.30	0.30	0.30	0.29	0.27	0.26	0.23	0.20	0.17	0.16	0.15	0.14	0.13
N	0.26	0.24	0.23	0.21	0.19	0.18	0.44	0.42	0.43	0.79	0.26	0.61	0.64	0.66	0.66	0.63	0.59	0.64	0.64	0.38	0.35	0.32	0.30	0.28
NW	0.17	0.15	0.14	0.13	0.12	0.12	0.13	0.15	0.17	0.18	0.20	0.21	0.22	0.22	0.28	0.39	0.50	0.56	0.59	0.31	0.22	0.21	0.19	0.18
W	0.17	0.16	0.15	0.14	0.13	0.12	0.12	0.14	0.15	0.16	0.17	0.17	0.18	0.25	0.37	0.47	0.52	0.62	0.55	0.24	0.23	0.21	0.20	0.18
SW	0.18	0.16	0.15	0.14	0.13	0.12	0.13	0.15	0.17	0.18	0.20	0.21	0.29	0.40	0.49	0.54	0.64	0.59	0.39	0.25	0.24	0.22	0.20	0.19
水平	0.20	0.18	0.17	0.16	0.15	0.14	0.16	0.22	0.31	0.39	0.47	0.53	0.57	0.69	0.68	0.55	0.49	0.41	0.33	0.28	0.26	0.25	0.23	0.21

附表 17　北区有内遮阳窗玻璃冷负荷系数

时间\朝向	0	1	2	3	4	5	6	7	8	9	10	11	12	13	14	15	16	17	18	19	20	21	22	23
S	0.07	0.07	0.06	0.06	0.06	0.05	0.11	0.18	0.26	0.40	0.58	0.72	0.84	0.80	0.62	0.45	0.32	0.24	0.16	0.10	0.09	0.09	0.08	0.08
SE	0.06	0.06	0.06	0.06	0.05	0.05	0.30	0.54	0.71	0.83	0.80	0.62	0.43	0.30	0.28	0.25	0.22	0.17	0.13	0.09	0.08	0.08	0.07	0.07
E	0.06	0.05	0.05	0.05	0.04	0.04	0.47	0.68	0.82	0.79	0.59	0.38	0.24	0.24	0.23	0.21	0.18	0.15	0.11	0.08	0.07	0.07	0.06	0.06
NE	0.06	0.05	0.05	0.04	0.04	0.04	0.54	0.79	0.79	0.60	0.38	0.29	0.29	0.29	0.27	0.25	0.21	0.16	0.12	0.08	0.07	0.07	0.06	0.06
N	0.12	0.11	0.11	0.10	0.09	0.09	0.59	0.54	0.54	0.65	0.75	0.81	0.81	0.83	0.79	0.71	0.60	0.61	0.68	0.17	0.16	0.15	0.14	0.13
NW	0.08	0.07	0.07	0.06	0.06	0.06	0.09	0.13	0.17	0.21	0.23	0.25	0.25	0.26	0.35	0.57	0.76	0.83	0.67	0.13	0.10	0.09	0.09	0.08
W	0.08	0.07	0.07	0.06	0.06	0.06	0.08	0.11	0.14	0.17	0.18	0.20	0.19	0.34	0.56	0.72	0.83	0.77	0.53	0.11	0.10	0.09	0.08	0.08
SW	0.08	0.08	0.07	0.07	0.06	0.06	0.09	0.13	0.17	0.20	0.23	0.28	0.28	0.28	0.73	0.63	0.79	0.59	0.37	0.11	0.10	0.10	0.09	0.09
水平	0.09	0.09	0.08	0.08	0.07	0.07	0.13	0.26	0.42	0.57	0.69	0.77	0.77	0.84	0.73	0.84	0.49	0.33	0.19	0.13	0.12	0.11	0.10	0.09

附表 18　南区（北纬 27°30′以南）无内遮阳窗玻璃冷负荷系数

时间\朝向	0	1	2	3	4	5	6	7	8	9	10	11	12	13	14	15	16	17	18	19	20	21	22	23
S	0.21	0.19	0.18	0.17	0.16	0.14	0.17	0.25	0.33	0.42	0.48	0.54	0.59	0.70	0.70	0.57	0.52	0.44	0.35	0.30	0.28	0.26	0.24	0.22
SE	0.14	0.13	0.12	0.11	0.11	0.10	0.20	0.36	0.47	0.52	0.61	0.54	0.39	0.37	0.36	0.35	0.32	0.28	0.23	0.20	0.19	0.18	0.16	0.15
E	0.12	0.11	0.10	0.09	0.09	0.08	0.24	0.39	0.48	0.61	0.57	0.38	0.31	0.30	0.29	0.28	0.27	0.23	0.21	0.18	0.17	0.15	0.14	0.13
NE	0.12	0.12	0.11	0.10	0.09	0.09	0.26	0.41	0.49	0.59	0.54	0.36	0.32	0.32	0.31	0.29	0.27	0.24	0.20	0.18	0.17	0.16	0.14	0.13
N	0.28	0.25	0.24	0.22	0.21	0.19	0.38	0.49	0.52	0.55	0.59	0.63	0.66	0.68	0.68	0.68	0.69	0.69	0.60	0.40	0.37	0.35	0.32	0.30
NW	0.17	0.16	0.15	0.14	0.13	0.12	0.12	0.15	0.17	0.19	0.20	0.21	0.22	0.27	0.38	0.48	0.54	0.63	0.52	0.25	0.23	0.21	0.20	0.18
W	0.17	0.16	0.15	0.14	0.13	0.12	0.12	0.14	0.16	0.17	0.18	0.19	0.20	0.28	0.40	0.50	0.54	0.61	0.50	0.24	0.23	0.21	0.20	0.18
SW	0.18	0.17	0.14	0.13	0.12	0.12	0.13	0.16	0.19	0.23	0.25	0.27	0.29	0.37	0.48	0.55	0.67	0.60	0.38	0.26	0.24	0.22	0.21	0.19
水平	0.19	0.17	0.15	0.15	0.14	0.13	0.14	0.21	0.28	0.37	0.45	0.52	0.56	0.68	0.67	0.53	0.46	0.38	0.30	0.27	0.25	0.23	0.22	0.20

附表 19　南区有内遮阳窗玻璃冷负荷系数

时间\朝向	0	1	2	3	4	5	6	7	8	9	10	11	12	13	14	15	16	17	18	19	20	21	22	23
S	0.10	0.09	0.09	0.08	0.08	0.07	0.14	0.31	0.47	0.60	0.69	0.77	0.87	0.84	0.74	0.66	0.54	0.38	0.20	0.13	0.12	0.12	0.11	0.10
SE	0.07	0.06	0.06	0.05	0.05	0.05	0.27	0.55	0.74	0.83	0.75	0.52	0.40	0.39	0.36	0.33	0.27	0.20	0.13	0.09	0.09	0.08	0.08	0.07
E	0.06	0.05	0.05	0.04	0.04	0.04	0.36	0.63	0.81	0.81	0.63	0.41	0.27	0.27	0.25	0.23	0.20	0.15	0.10	0.08	0.07	0.07	0.07	0.06
NE	0.06	0.06	0.05	0.05	0.05	0.04	0.40	0.67	0.82	0.76	0.56	0.38	0.31	0.30	0.28	0.25	0.21	0.17	0.11	0.08	0.08	0.07	0.07	0.06
N	0.13	0.12	0.12	0.11	0.10	0.10	0.47	0.67	0.70	0.72	0.77	0.82	0.85	0.84	0.81	0.78	0.77	0.75	0.56	0.18	0.17	0.16	0.15	0.14
NW	0.08	0.07	0.07	0.06	0.06	0.06	0.08	0.13	0.17	0.19	0.24	0.26	0.27	0.34	0.54	0.71	0.84	0.77	0.46	0.11	0.10	0.09	0.09	0.08
W	0.08	0.07	0.07	0.06	0.06	0.06	0.07	0.12	0.16	0.21	0.21	0.22	0.23	0.37	0.60	0.75	0.84	0.73	0.42	0.10	0.10	0.09	0.09	0.08
SW	0.08	0.08	0.07	0.06	0.06	0.06	0.09	0.16	0.22	0.28	0.32	0.35	0.36	0.50	0.69	0.84	0.83	0.61	0.34	0.12	0.11	0.10	0.09	0.09
水平	0.09	0.08	0.07	0.07	0.07	0.06	0.09	0.21	0.38	0.54	0.67	0.76	0.85	0.83	0.72	0.61	0.45	0.28	0.16	0.11	0.11	0.10	0.10	0.09

附录 19 不同室温和劳动性质时成年男子散热、散湿量

附表 20 不同室温和劳动性质时成年男子散热、散湿量

类 别	室内温度/℃								
	20	21	22	23	24	25	26	27	28
静坐：影剧院、会堂、阅览室等									
显热 q_1/W	84	81	78	75	70	67	62	58	53
潜热 q_2/W	25	27	30	34	38	41	46	50	55
散湿 g/g·h^{-1}	38	40	45	50	56	61	68	75	82
极轻活动：办公室、旅馆、体育馆、小型元器件及商品的制造、装配等									
显热 q_1/W	90	85	79	74	70	66	61	57	52
潜热 q_2/W	46	51	56	60	64	68	73	77	82
散湿 g/g·h^{-1}	69	76	83	89	96	102	109	115	123
轻度活动：商场、实验室、计算机房、工厂轻台面工作等									
显热 q_1/W	93	87	81	75	69	64	58	51	45
潜热 q_2/W	90	94	101	106	112	117	123	130	136
散湿 g/g·h^{-1}	134	140	150	158	167	175	184	194	203
中等活动：纺织车间、印刷车间、机加工车间等									
显热 q_1/W	118	112	104	96	88	83	74	68	61
潜热 q_2/W	117	123	131	139	147	152	161	168	174
散湿 g/g·h^{-1}	175	184	196	207	219	227	240	250	260
重度活动：炼钢车间、铸造车间、排练厅、室内运动场等									
显热 q_1/W	168	162	157	151	145	139	134	128	122
潜热 q_2/W	239	245	250	256	262	268	273	279	285
散湿 g/g·h^{-1}	356	365	373	382	391	400	408	417	425

附录 20 人体显热散热冷负荷系数

附表 21 人体显热散热冷负荷系数

房间类型	工作总时数/h	从开始工作时刻算起到计算时刻的持续时间 τ-T/h																						
		1	2	3	4	5	6	7	8	9	10	11	12	13	14	15	16	17	18	19	20	21	22	23	24
轻	1	0.48	0.28	0.07	0.04	0.03	0.02	0.01	0.01	0.01	0.01	0.01													
	2	0.48	0.76	0.36	0.12	0.07	0.05	0.03	0.02	0.02	0.01	0.01	0.01	0.01	0.01	0.01	0.01	0.01							
	3	0.48	0.76	0.83	0.40	0.14	0.09	0.06	0.04	0.03	0.03	0.02	0.02	0.01	0.01	0.01	0.01	0.01	0.01	0.01	0.01				
	4	0.48	0.76	0.83	0.88	0.43	0.16	0.10	0.07	0.05	0.04	0.03	0.02	0.02	0.01	0.01	0.01	0.01	0.01	0.01	0.01	0.01	0.01	0.01	0.01
	5	0.48	0.76	0.84	0.88	0.90	0.45	0.18	0.12	0.08	0.06	0.04	0.04	0.03	0.02	0.02	0.02	0.02	0.01	0.01	0.01	0.01	0.01	0.01	
	6	0.48	0.77	0.84	0.88	0.91	0.92	0.46	0.19	0.12	0.09	0.06	0.05	0.04	0.03	0.02	0.02	0.02	0.02	0.01	0.01	0.01	0.01		
	7	0.49	0.77	0.84	0.88	0.91	0.92	0.94	0.47	0.20	0.13	0.09	0.06	0.05	0.04	0.03	0.03	0.02	0.02	0.02	0.02	0.01	0.01	0.01	
	8	0.49	0.77	0.84	0.88	0.93	0.94	0.95	0.96	0.48	0.20	0.14	0.10	0.07	0.05	0.04	0.04	0.03	0.02	0.02	0.02	0.02	0.02	0.01	
	9	0.49	0.77	0.84	0.88	0.91	0.93	0.94	0.95	0.96	0.49	0.21	0.14	0.10	0.08	0.06	0.05	0.04	0.03	0.03	0.03	0.02	0.02	0.02	0.02
	10	0.49	0.77	0.84	0.89	0.91	0.93	0.95	0.96	0.96	0.49	0.21	0.14	0.10	0.08	0.06	0.05	0.04	0.04	0.03	0.03	0.02	0.02		
	11	0.50	0.78	0.85	0.89	0.91	0.93	0.94	0.95	0.96	0.96	0.50	0.22	0.15	0.11	0.08	0.06	0.05	0.04	0.04	0.03	0.03	0.03	0.02	
	12	0.50	0.78	0.85	0.89	0.92	0.93	0.95	0.95	0.96	0.97	0.97	0.50	0.22	0.15	0.11	0.08	0.07	0.05	0.05	0.04	0.03	0.03	0.03	
	13	0.50	0.78	0.85	0.89	0.94	0.94	0.95	0.96	0.97	0.97	0.97	0.98	0.50	0.22	0.15	0.11	0.09	0.07	0.06	0.05	0.04	0.04	0.03	
	14	0.51	0.79	0.86	0.90	0.92	0.94	0.95	0.96	0.96	0.97	0.97	0.98	0.98	0.51	0.23	0.15	0.11	0.09	0.07	0.06	0.05	0.04	0.04	
	15	0.51	0.79	0.86	0.90	0.92	0.94	0.95	0.96	0.97	0.97	0.97	0.98	0.98	0.98	0.51	0.23	0.16	0.12	0.09	0.07	0.06	0.05	0.04	

续附表 21

房间类型	工作总时数/h	从开始工作时刻算起到计算时刻的持续时间 τ-T/h																						
		1	2	3	4	5	6	7	8	9	10	11	12	13	14	15	16	17	18	19	20	21	22	23	24
轻	16	0.52	0.80	0.86	0.90	0.93	0.94	0.95	0.96	0.97	0.97	0.98	0.98	0.98	0.98	0.98	0.99	0.51	0.23	0.16	0.12	0.09	0.07	0.06	0.05
	17	0.53	0.80	0.87	0.91	0.93	0.95	0.96	0.97	0.97	0.98	0.98	0.98	0.98	0.98	0.99	0.99	0.51	0.23	0.16	0.12	0.09	0.08	0.06	
	18	0.54	0.81	0.88	0.91	0.94	0.95	0.96	0.97	0.97	0.98	0.98	0.98	0.98	0.99	0.99	0.99	0.52	0.23	0.16	0.12	0.09	0.08		
	19	0.55	0.82	0.88	0.92	0.94	0.96	0.96	0.97	0.98	0.98	0.98	0.98	0.99	0.99	0.99	0.99	0.99	0.99	0.52	0.24	0.16	0.12	0.10	
	20	0.57	0.84	0.90	0.93	0.95	0.96	0.97	0.98	0.98	0.98	0.99	0.99	0.99	0.99	0.99	0.99	0.99	0.99	0.52	0.24	0.17	0.12		
中	1	0.47	0.20	0.06	0.05	0.04	0.03	0.03	0.02	0.02	0.01	0.01	0.01	0.01	0.01	0.01	0.01								
	2	0.47	0.67	0.26	0.11	0.09	0.07	0.06	0.05	0.04	0.03	0.03	0.02	0.02	0.02	0.01	0.01	0.01	0.01	0.01	0.01	0.01	0.01		
	3	0.47	0.67	0.73	0.31	0.15	0.12	0.09	0.08	0.06	0.05	0.04	0.04	0.03	0.03	0.02	0.02	0.02	0.01	0.01	0.01	0.01	0.01	0.01	0.01
	4	0.48	0.67	0.73	0.78	0.35	0.18	0.14	0.11	0.09	0.08	0.06	0.05	0.05	0.04	0.03	0.03	0.02	0.02	0.02	0.02	0.01	0.01	0.01	0.01
	5	0.48	0.67	0.73	0.78	0.82	0.38	0.20	0.16	0.13	0.11	0.09	0.07	0.06	0.05	0.04	0.04	0.03	0.03	0.02	0.02	0.02	0.02	0.01	0.01
	6	0.48	0.68	0.74	0.78	0.82	0.85	0.40	0.23	0.18	0.15	0.12	0.10	0.08	0.07	0.06	0.05	0.04	0.04	0.03	0.03	0.02	0.02	0.02	0.02
	7	0.48	0.68	0.74	0.79	0.82	0.85	0.87	0.42	0.24	0.19	0.16	0.13	0.11	0.09	0.08	0.06	0.05	0.04	0.03	0.03	0.03	0.02	0.02	
	8	0.49	0.68	0.74	0.79	0.82	0.85	0.87	0.89	0.44	0.26	0.21	0.17	0.14	0.12	0.10	0.08	0.07	0.06	0.05	0.04	0.04	0.03	0.03	0.03
	9	0.49	0.69	0.75	0.79	0.83	0.85	0.88	0.90	0.91	0.46	0.27	0.22	0.18	0.15	0.12	0.10	0.09	0.07	0.06	0.05	0.05	0.04	0.03	0.03
	10	0.50	0.69	0.75	0.79	0.83	0.86	0.88	0.90	0.91	0.92	0.47	0.28	0.23	0.18	0.15	0.13	0.11	0.09	0.08	0.07	0.06	0.05	0.04	0.04
	11	0.51	0.70	0.76	0.80	0.83	0.86	0.88	0.90	0.91	0.94	0.48	0.29	0.23	0.19	0.16	0.13	0.11	0.09	0.08	0.07	0.06	0.05	0.04	
	12	0.51	0.70	0.76	0.80	0.84	0.86	0.89	0.90	0.92	0.93	0.94	0.95	0.49	0.30	0.24	0.20	0.16	0.14	0.11	0.10	0.08	0.07	0.06	0.05
	13	0.52	0.71	0.77	0.81	0.84	0.87	0.89	0.91	0.92	0.93	0.94	0.95	0.96	0.49	0.30	0.24	0.20	0.17	0.14	0.12	0.10	0.09	0.07	0.06
	14	0.53	0.72	0.77	0.82	0.85	0.87	0.89	0.91	0.92	0.93	0.94	0.95	0.96	0.96	0.50	0.31	0.25	0.21	0.17	0.14	0.12	0.10	0.09	0.08
	15	0.54	0.73	0.78	0.82	0.85	0.88	0.90	0.91	0.93	0.94	0.95	0.95	0.96	0.97	0.97	0.51	0.31	0.25	0.21	0.17	0.15	0.12	0.10	0.09
	16	0.56	0.74	0.79	0.83	0.86	0.88	0.90	0.92	0.93	0.94	0.95	0.95	0.96	0.97	0.97	0.97	0.51	0.32	0.26	0.21	0.18	0.15	0.13	0.11
	17	0.58	0.76	0.81	0.84	0.87	0.89	0.91	0.92	0.94	0.95	0.95	0.96	0.97	0.97	0.97	0.98	0.98	0.52	0.32	0.26	0.21	0.18	0.15	0.13
	18	0.60	0.77	0.82	0.85	0.88	0.90	0.92	0.93	0.94	0.95	0.96	0.96	0.97	0.97	0.98	0.98	0.98	0.52	0.32	0.26	0.22	0.18	0.15	
	19	0.62	0.80	0.84	0.87	0.89	0.91	0.93	0.94	0.95	0.96	0.96	0.97	0.97	0.98	0.98	0.98	0.98	0.99	0.99	0.52	0.33	0.27	0.22	0.18
	20	0.65	0.82	0.86	0.89	0.91	0.92	0.94	0.95	0.96	0.97	0.97	0.98	0.98	0.98	0.98	0.99	0.99	0.99	0.53	0.33	0.27	0.22		
重	1	0.47	0.18	0.06	0.05	0.04	0.03	0.03	0.02	0.02	0.01	0.01	0.01	0.01	0.01	0.01	0.01								
	2	0.47	0.64	0.24	0.11	0.09	0.07	0.06	0.05	0.04	0.03	0.03	0.02	0.02	0.02	0.01	0.01	0.01	0.01	0.01	0.01	0.01	0.01		
	3	0.47	0.65	0.70	0.28	0.15	0.12	0.10	0.08	0.07	0.06	0.05	0.04	0.04	0.03	0.03	0.02	0.02	0.02	0.01	0.01	0.01	0.01	0.01	0.01
	4	0.47	0.65	0.71	0.75	0.32	0.18	0.15	0.12	0.10	0.09	0.07	0.06	0.05	0.05	0.04	0.03	0.03	0.02	0.02	0.02	0.02	0.01	0.01	0.01
	5	0.48	0.65	0.71	0.75	0.79	0.36	0.21	0.17	0.14	0.12	0.10	0.09	0.07	0.06	0.05	0.05	0.04	0.03	0.03	0.02	0.02	0.02		
	6	0.48	0.65	0.71	0.76	0.79	0.82	0.38	0.23	0.19	0.16	0.14	0.12	0.10	0.08	0.07	0.06	0.05	0.04	0.04	0.03	0.03	0.02	0.02	0.02
	7	0.48	0.66	0.71	0.76	0.79	0.82	0.85	0.41	0.25	0.21	0.17	0.15	0.13	0.11	0.09	0.07	0.06	0.05	0.04	0.04	0.03	0.03	0.02	
	8	0.49	0.66	0.72	0.76	0.80	0.83	0.85	0.87	0.43	0.27	0.22	0.19	0.16	0.13	0.11	0.09	0.07	0.06	0.05	0.04	0.04	0.03	0.03	
	9	0.49	0.67	0.72	0.76	0.80	0.83	0.85	0.88	0.89	0.45	0.28	0.23	0.20	0.17	0.14	0.12	0.10	0.09	0.08	0.06	0.06	0.05	0.04	0.03
	10	0.50	0.67	0.73	0.77	0.80	0.83	0.86	0.88	0.90	0.91	0.46	0.29	0.24	0.20	0.18	0.15	0.13	0.10	0.09	0.07	0.06	0.05	0.04	
	11	0.51	0.68	0.73	0.77	0.81	0.84	0.86	0.88	0.90	0.91	0.93	0.47	0.30	0.25	0.21	0.18	0.15	0.13	0.11	0.10	0.08	0.07	0.06	0.05
	12	0.52	0.69	0.74	0.78	0.81	0.84	0.86	0.88	0.90	0.92	0.93	0.94	0.48	0.31	0.26	0.22	0.19	0.16	0.14	0.12	0.10	0.08	0.07	0.06
	13	0.53	0.70	0.75	0.79	0.82	0.85	0.87	0.89	0.90	0.92	0.93	0.94	0.95	0.49	0.32	0.27	0.23	0.19	0.16	0.14	0.12	0.10	0.09	0.07
	14	0.54	0.71	0.76	0.79	0.82	0.85	0.87	0.89	0.91	0.92	0.93	0.94	0.95	0.96	0.50	0.33	0.27	0.23	0.20	0.17	0.14	0.12	0.10	0.09
	15	0.56	0.72	0.77	0.80	0.83	0.86	0.88	0.90	0.91	0.92	0.94	0.94	0.95	0.96	0.97	0.51	0.33	0.28	0.24	0.20	0.17	0.14	0.12	0.11
	16	0.57	0.75	0.79	0.82	0.85	0.87	0.88	0.90	0.92	0.93	0.94	0.95	0.96	0.96	0.97	0.97	0.51	0.34	0.28	0.24	0.20	0.18	0.16	0.13
	17	0.59	0.75	0.79	0.83	0.85	0.87	0.89	0.91	0.92	0.93	0.95	0.95	0.96	0.96	0.97	0.97	0.98	0.52	0.34	0.29	0.24	0.21	0.18	0.15
	18	0.62	0.77	0.81	0.84	0.86	0.88	0.90	0.92	0.93	0.94	0.95	0.96	0.97	0.97	0.98	0.98	0.98	0.52	0.35	0.29	0.24	0.21	0.18	
	19	0.64	0.79	0.83	0.86	0.88	0.90	0.91	0.93	0.94	0.95	0.95	0.96	0.97	0.98	0.98	0.98	0.99	0.52	0.35	0.29	0.25	0.21		
	20	0.68	0.82	0.85	0.88	0.90	0.91	0.93	0.94	0.95	0.95	0.96	0.97	0.97	0.98	0.98	0.98	0.99	0.99	0.99	0.53	0.35	0.29	0.25	

附录 21 照明散热冷负荷系数

附表 22　照明散热冷负荷系数

房间类型	开灯总时数/h	\multicolumn{24}{c}{从开灯时刻算起到计算时刻的持续时间 $\tau-T$/h}

房间类型	开灯总时数/h	1	2	3	4	5	6	7	8	9	10	11	12	13	14	15	16	17	18	19	20	21	22	23	24
轻	1	0.36	0.33	0.09	0.05	0.04	0.03	0.02	0.01	0.01	0.01	0.01	0.01	0.01											
	2	0.36	0.70	0.42	0.14	0.09	0.06	0.04	0.03	0.02	0.02	0.02	0.01	0.01	0.01	0.01	0.01	0.01	0.01	0.01					
	3	0.37	0.70	0.78	0.47	0.18	0.12	0.08	0.06	0.04	0.03	0.03	0.02	0.02	0.02	0.01	0.01	0.01	0.01	0.01	0.01	0.01	0.01	0.01	0.01
	4	0.37	0.70	0.79	0.84	0.51	0.20	0.13	0.09	0.07	0.05	0.04	0.03	0.02	0.02	0.02	0.01	0.01	0.01	0.01	0.01	0.01	0.01	0.01	0.01
	5	0.37	0.70	0.79	0.84	0.87	0.54	0.22	0.15	0.11	0.08	0.06	0.05	0.04	0.03	0.03	0.02	0.02	0.02	0.02	0.01	0.01	0.01	0.01	0.01
	6	0.37	0.70	0.79	0.84	0.88	0.90	0.56	0.24	0.16	0.11	0.08	0.07	0.05	0.04	0.03	0.03	0.03	0.02	0.02	0.02	0.02	0.01	0.01	0.01
	7	0.38	0.70	0.79	0.84	0.88	0.90	0.92	0.57	0.25	0.17	0.12	0.09	0.07	0.06	0.05	0.04	0.03	0.03	0.03	0.02	0.02	0.02	0.02	0.02
	8	0.38	0.71	0.79	0.85	0.88	0.90	0.92	0.93	0.58	0.26	0.18	0.13	0.10	0.07	0.06	0.05	0.04	0.04	0.03	0.03	0.02	0.02	0.02	0.02
	9	0.38	0.71	0.80	0.85	0.88	0.91	0.92	0.93	0.94	0.59	0.26	0.18	0.13	0.10	0.08	0.06	0.05	0.04	0.04	0.03	0.03	0.03	0.02	0.02
	10	0.38	0.71	0.80	0.85	0.88	0.91	0.92	0.94	0.94	0.95	0.60	0.27	0.19	0.14	0.10	0.08	0.07	0.06	0.05	0.04	0.04	0.03	0.03	0.03
	11	0.39	0.72	0.80	0.85	0.89	0.91	0.93	0.94	0.95	0.95	0.96	0.60	0.28	0.19	0.14	0.11	0.09	0.07	0.06	0.05	0.04	0.04	0.03	0.03
	12	0.39	0.72	0.81	0.86	0.89	0.91	0.93	0.94	0.95	0.96	0.96	0.96	0.61	0.28	0.19	0.14	0.11	0.09	0.07	0.06	0.05	0.04	0.04	0.03
	13	0.40	0.72	0.81	0.86	0.89	0.91	0.93	0.94	0.95	0.96	0.96	0.97	0.97	0.61	0.28	0.20	0.15	0.11	0.09	0.07	0.06	0.05	0.05	0.04
	14	0.40	0.73	0.81	0.86	0.90	0.92	0.93	0.94	0.95	0.96	0.97	0.97	0.97	0.62	0.29	0.20	0.15	0.12	0.09	0.08	0.06	0.05	0.05	
	15	0.41	0.74	0.82	0.87	0.90	0.92	0.94	0.95	0.96	0.96	0.97	0.97	0.97	0.98	0.98	0.62	0.29	0.20	0.15	0.12	0.09	0.07	0.07	0.06
	16	0.42	0.74	0.82	0.87	0.90	0.93	0.94	0.95	0.96	0.96	0.97	0.97	0.98	0.98	0.98	0.98	0.62	0.29	0.21	0.15	0.12	0.10	0.08	0.07
	17	0.43	0.75	0.83	0.88	0.91	0.93	0.94	0.95	0.96	0.97	0.97	0.97	0.98	0.98	0.98	0.98	0.98	0.63	0.30	0.21	0.16	0.12	0.10	0.08
	18	0.44	0.76	0.84	0.89	0.91	0.93	0.95	0.96	0.96	0.97	0.97	0.98	0.98	0.98	0.98	0.99	0.99	0.99	0.63	0.30	0.21	0.16	0.12	0.10
	19	0.46	0.78	0.85	0.89	0.92	0.94	0.95	0.96	0.97	0.97	0.98	0.98	0.98	0.98	0.99	0.99	0.99	0.99	0.99	0.63	0.30	0.21	0.16	0.13
	20	0.49	0.80	0.87	0.91	0.93	0.95	0.96	0.97	0.97	0.98	0.98	0.98	0.99	0.99	0.99	0.99	0.99	0.99	0.99	0.99	0.63	0.30	0.21	0.16
中	1	0.35	0.22	0.08	0.06	0.05	0.04	0.03	0.03	0.02	0.02	0.02	0.01	0.01	0.01	0.01	0.01	0.01	0.01	0.01					
	2	0.35	0.57	0.30	0.14	0.11	0.08	0.06	0.05	0.04	0.03	0.03	0.02	0.02	0.02	0.02	0.01	0.01	0.01	0.01	0.01	0.01	0.01	0.01	0.01
	3	0.35	0.57	0.65	0.36	0.19	0.15	0.12	0.10	0.08	0.07	0.06	0.05	0.04	0.03	0.03	0.02	0.02	0.02	0.02	0.01	0.01	0.01	0.01	0.01
	4	0.36	0.57	0.65	0.71	0.41	0.23	0.18	0.15	0.12	0.10	0.08	0.07	0.06	0.05	0.04	0.04	0.03	0.03	0.02	0.02	0.02	0.02	0.01	0.01
	5	0.36	0.58	0.66	0.72	0.76	0.45	0.27	0.21	0.17	0.14	0.12	0.10	0.08	0.07	0.06	0.05	0.04	0.04	0.03	0.03	0.02	0.02	0.02	0.02
	6	0.37	0.58	0.66	0.72	0.77	0.80	0.49	0.29	0.23	0.19	0.16	0.13	0.11	0.09	0.08	0.06	0.06	0.05	0.04	0.04	0.03	0.03	0.02	0.02
	7	0.37	0.58	0.66	0.72	0.77	0.81	0.84	0.51	0.32	0.25	0.21	0.17	0.14	0.12	0.10	0.08	0.07	0.06	0.05	0.04	0.04	0.03	0.03	0.03
	8	0.38	0.59	0.67	0.73	0.77	0.81	0.84	0.86	0.54	0.34	0.27	0.22	0.18	0.15	0.13	0.11	0.09	0.08	0.07	0.06	0.05	0.04	0.04	0.03
	9	0.38	0.59	0.67	0.73	0.77	0.81	0.84	0.86	0.88	0.55	0.35	0.28	0.23	0.19	0.16	0.13	0.11	0.09	0.08	0.07	0.06	0.05	0.04	0.04
	10	0.39	0.60	0.68	0.73	0.78	0.81	0.84	0.87	0.89	0.90	0.57	0.36	0.29	0.24	0.20	0.17	0.14	0.12	0.10	0.08	0.07	0.06	0.05	0.05
	11	0.40	0.61	0.68	0.74	0.78	0.82	0.85	0.87	0.89	0.91	0.92	0.58	0.38	0.30	0.25	0.21	0.17	0.14	0.12	0.10	0.09	0.08	0.07	0.06

房间类型	开灯总时数/h	从开灯时刻算起到计算时刻的持续时间 τ-T/h																							
		1	2	3	4	5	6	7	8	9	10	11	12	13	14	15	16	17	18	19	20	21	22	23	24
中	12	0.41	0.62	0.69	0.75	0.79	0.82	0.85	0.87	0.89	0.91	0.92	0.93	0.59	0.38	0.31	0.25	0.21	0.18	0.15	0.13	0.11	0.09	0.08	0.07
	13	0.42	0.62	0.70	0.75	0.79	0.83	0.86	0.88	0.90	0.91	0.92	0.93	0.94	0.60	0.39	0.32	0.26	0.22	0.18	0.15	0.13	0.11	0.09	0.08
	14	0.43	0.64	0.71	0.76	0.80	0.83	0.86	0.88	0.90	0.92	0.93	0.94	0.95	0.95	0.61	0.40	0.32	0.27	0.22	0.19	0.16	0.13	0.11	0.10
	15	0.45	0.65	0.72	0.77	0.81	0.84	0.87	0.89	0.91	0.92	0.93	0.94	0.95	0.96	0.96	0.62	0.41	0.33	0.27	0.23	0.19	0.16	0.14	0.12
	16	0.46	0.66	0.73	0.78	0.82	0.85	0.87	0.89	0.91	0.92	0.93	0.94	0.95	0.96	0.96	0.97	0.62	0.41	0.33	0.28	0.23	0.19	0.16	0.14
	17	0.49	0.68	0.75	0.79	0.83	0.86	0.88	0.90	0.92	0.93	0.94	0.95	0.96	0.96	0.97	0.97	0.97	0.63	0.42	0.34	0.28	0.23	0.19	0.16
	18	0.51	0.71	0.77	0.81	0.84	0.87	0.89	0.91	0.92	0.94	0.94	0.95	0.96	0.96	0.97	0.97	0.98	0.98	0.63	0.42	0.34	0.28	0.23	0.20
	19	0.55	0.73	0.79	0.83	0.86	0.88	0.90	0.92	0.93	0.94	0.95	0.96	0.96	0.97	0.97	0.98	0.98	0.98	0.98	0.64	0.42	0.34	0.28	0.24
	20	0.59	0.77	0.82	0.85	0.88	0.90	0.92	0.93	0.94	0.95	0.96	0.96	0.97	0.97	0.98	0.98	0.98	0.98	0.99	0.99	0.64	0.43	0.35	0.29
重	1	0.35	0.20	0.07	0.06	0.05	0.04	0.04	0.03	0.03	0.02	0.02	0.02	0.01	0.01	0.01	0.01	0.01	0.01						
	2	0.35	0.55	0.27	0.13	0.11	0.09	0.08	0.07	0.06	0.05	0.04	0.04	0.03	0.03	0.02	0.02	0.02	0.01	0.01	0.01	0.01	0.01	0.01	0.01
	3	0.35	0.55	0.62	0.33	0.18	0.15	0.13	0.11	0.09	0.08	0.07	0.06	0.05	0.04	0.04	0.03	0.03	0.02	0.02	0.02	0.01	0.01	0.01	0.01
	4	0.36	0.55	0.62	0.68	0.38	0.22	0.18	0.16	0.13	0.12	0.10	0.08	0.07	0.06	0.05	0.05	0.04	0.03	0.03	0.02	0.02	0.02	0.02	0.01
	5	0.36	0.56	0.62	0.68	0.72	0.42	0.25	0.21	0.18	0.16	0.13	0.11	0.10	0.08	0.07	0.06	0.05	0.05	0.04	0.03	0.03	0.02	0.02	0.02
	6	0.37	0.56	0.63	0.68	0.73	0.77	0.45	0.28	0.24	0.21	0.18	0.15	0.13	0.11	0.09	0.08	0.07	0.06	0.05	0.04	0.04	0.03	0.03	0.02
	7	0.37	0.57	0.63	0.68	0.73	0.77	0.80	0.48	0.31	0.26	0.23	0.19	0.16	0.14	0.12	0.10	0.09	0.08	0.06	0.06	0.05	0.04	0.04	0.03
	8	0.38	0.57	0.64	0.69	0.73	0.77	0.80	0.83	0.51	0.33	0.28	0.24	0.21	0.18	0.15	0.13	0.11	0.09	0.08	0.07	0.06	0.05	0.04	0.04
	9	0.39	0.58	0.64	0.69	0.74	0.78	0.81	0.84	0.86	0.53	0.35	0.30	0.26	0.22	0.19	0.16	0.14	0.12	0.10	0.09	0.07	0.06	0.05	0.05
	10	0.40	0.59	0.65	0.70	0.74	0.78	0.81	0.84	0.86	0.88	0.55	0.37	0.31	0.27	0.23	0.20	0.17	0.14	0.12	0.11	0.09	0.08	0.07	0.06
	11	0.41	0.60	0.66	0.71	0.75	0.78	0.82	0.84	0.86	0.88	0.90	0.57	0.38	0.32	0.28	0.24	0.20	0.17	0.15	0.13	0.11	0.09	0.08	0.07
	12	0.42	0.61	0.67	0.71	0.75	0.79	0.82	0.85	0.87	0.89	0.90	0.92	0.58	0.39	0.33	0.29	0.25	0.21	0.18	0.15	0.13	0.11	0.10	0.08
	13	0.43	0.62	0.68	0.72	0.76	0.80	0.83	0.85	0.87	0.89	0.91	0.92	0.93	0.59	0.40	0.34	0.29	0.25	0.22	0.18	0.16	0.14	0.12	0.10
	14	0.45	0.63	0.69	0.73	0.77	0.80	0.83	0.86	0.88	0.89	0.91	0.92	0.93	0.94	0.60	0.41	0.35	0.30	0.26	0.22	0.19	0.16	0.14	0.12
	15	0.47	0.65	0.70	0.74	0.78	0.81	0.84	0.86	0.88	0.90	0.91	0.92	0.93	0.95	0.95	0.61	0.42	0.36	0.31	0.26	0.22	0.19	0.16	0.14
	16	0.49	0.67	0.72	0.76	0.79	0.82	0.85	0.87	0.89	0.90	0.92	0.93	0.94	0.95	0.96	0.96	0.62	0.43	0.36	0.31	0.27	0.23	0.20	0.17
	17	0.52	0.69	0.74	0.77	0.81	0.84	0.86	0.88	0.90	0.91	0.92	0.93	0.94	0.95	0.96	0.96	0.97	0.63	0.43	0.37	0.32	0.27	0.23	0.20
	18	0.55	0.72	0.76	0.79	0.82	0.85	0.87	0.89	0.91	0.92	0.93	0.94	0.95	0.96	0.96	0.97	0.97	0.98	0.63	0.44	0.37	0.32	0.27	0.23
	19	0.58	0.75	0.79	0.82	0.84	0.87	0.88	0.90	0.92	0.93	0.94	0.95	0.95	0.96	0.97	0.97	0.98	0.98	0.98	0.64	0.44	0.38	0.32	0.28
	20	0.62	0.78	0.82	0.84	0.87	0.88	0.90	0.92	0.93	0.94	0.95	0.95	0.96	0.97	0.97	0.98	0.98	0.98	0.98	0.99	0.64	0.45	0.38	0.32

附录22　设备、用具显热散热冷负荷系数

附表23　设备、用具显热散热冷负荷系数

房间类型	开机总时数/h	从开机时刻算起到计算时刻的持续时间 τ-T/h																						
		1	2	3	4	5	6	7	8	9	10	11	12	13	14	15	16	17	18	19	20	21	22	23	24
轻	1	0.76	0.13	0.03	0.02	0.01	0.01	0.01																	
	2	0.76	0.89	0.16	0.05	0.03	0.02	0.01	0.01	0.01	0.01	0.01													
	3	0.76	0.89	0.93	0.18	0.06	0.04	0.03	0.02	0.01	0.01	0.01	0.01	0.01	0.01	0.01									
	4	0.76	0.89	0.93	0.94	0.19	0.07	0.04	0.03	0.02	0.02	0.01	0.01	0.01	0.01	0.01	0.01	0.01	0.01						
	5	0.76	0.90	0.93	0.94	0.96	0.20	0.08	0.05	0.03	0.03	0.02	0.02	0.01	0.01	0.01	0.01	0.01	0.01	0.01	0.01	0.01			
	6	0.77	0.90	0.93	0.94	0.96	0.96	0.21	0.08	0.05	0.04	0.03	0.02	0.02	0.02	0.01	0.01	0.01	0.01	0.01	0.01	0.01	0.01	0.01	0.01
	7	0.77	0.90	0.93	0.95	0.96	0.96	0.97	0.21	0.09	0.06	0.04	0.03	0.02	0.02	0.02	0.01	0.01	0.01	0.01	0.01	0.01	0.01		
	8	0.77	0.90	0.93	0.95	0.96	0.96	0.97	0.97	0.22	0.09	0.06	0.04	0.03	0.03	0.02	0.02	0.01	0.01	0.01	0.01	0.01	0.01		
	9	0.77	0.90	0.93	0.95	0.96	0.97	0.97	0.98	0.98	0.22	0.09	0.06	0.05	0.04	0.03	0.02	0.02	0.02	0.01	0.01	0.01	0.01	0.01	0.01
	10	0.77	0.90	0.93	0.95	0.96	0.97	0.97	0.98	0.98	0.98	0.22	0.09	0.06	0.05	0.04	0.03	0.02	0.02	0.02	0.01				0.01
	11	0.77	0.90	0.93	0.95	0.96	0.97	0.97	0.98	0.98	0.98	0.98	0.22	0.09	0.06	0.05	0.04	0.03	0.03	0.02	0.02	0.01	0.01	0.01	
	12	0.77	0.90	0.93	0.95	0.96	0.97	0.97	0.98	0.98	0.98	0.98	0.99	0.23	0.10	0.07	0.04	0.04	0.03	0.03	0.02	0.02	0.02	0.01	
	13	0.78	0.91	0.94	0.96	0.96	0.97	0.97	0.98	0.98	0.98	0.99	0.99	0.99	0.23	0.10	0.07	0.05	0.04	0.03	0.03	0.02	0.02	0.02	0.02
	14	0.78	0.91	0.94	0.95	0.96	0.97	0.98	0.98	0.98	0.99	0.99	0.99	0.99	0.23	0.10	0.07	0.05	0.04	0.03	0.03	0.02	0.02	0.02	
	15	0.78	0.91	0.94	0.96	0.97	0.97	0.98	0.98	0.98	0.99	0.99	0.99	0.99	0.99	0.23	0.10	0.07	0.05	0.04	0.03	0.03	0.02	0.02	
	16	0.78	0.91	0.94	0.96	0.97	0.98	0.98	0.98	0.99	0.99	0.99	0.99	0.99	0.99	0.99	0.23	0.10	0.07	0.05	0.04	0.04	0.03	0.03	
	17	0.79	0.91	0.94	0.96	0.97	0.98	0.98	0.98	0.99	0.99	0.99	0.99	0.99	0.99	0.99	0.99	0.23	0.10	0.07	0.05	0.04	0.04	0.03	
	18	0.79	0.92	0.95	0.96	0.97	0.98	0.98	0.98	0.99	0.99	0.99	0.99	0.99	0.99	0.99	0.99	0.99	0.23	0.10	0.07	0.06	0.04	0.04	
	19	0.80	0.92	0.95	0.97	0.97	0.98	0.98	0.99	0.99	0.99	0.99	0.99	0.99	0.99	1.0	1.0	1.0	1.0	0.24	0.10	0.07	0.06	0.04	
	20	0.81	0.93	0.96	0.97	0.98	0.98	0.99	0.99	0.99	0.99	0.99	0.99	0.99	1.0	1.0	1.0	1.0	1.0	1.0	0.24	0.11	0.07	0.06	
中	1	0.76	0.10	0.02	0.02	0.02	0.01	0.01	0.01	0.01	0.01	0.01													
	2	0.76	0.86	0.13	0.04	0.03	0.03	0.02	0.02	0.01	0.01	0.01	0.01	0.01	0.01										
	3	0.76	0.86	0.89	0.15	0.06	0.05	0.04	0.03	0.03	0.02	0.02	0.01	0.01	0.01	0.01	0.01	0.01	0.01						
	4	0.76	0.87	0.89	0.91	0.16	0.07	0.06	0.05	0.04	0.03	0.03	0.02	0.02	0.01	0.01	0.01	0.01	0.01	0.01	0.01				
	5	0.76	0.87	0.89	0.91	0.92	0.17	0.08	0.07	0.05	0.04	0.04	0.03	0.03	0.02	0.02	0.01	0.01	0.01	0.01	0.01	0.01			
	6	0.77	0.87	0.89	0.91	0.92	0.93	0.18	0.09	0.07	0.06	0.05	0.04	0.04	0.03	0.03	0.02	0.02	0.02	0.01	0.01	0.01	0.01	0.01	
	7	0.77	0.87	0.89	0.91	0.92	0.94	0.94	0.19	0.10	0.08	0.06	0.05	0.05	0.04	0.03	0.03	0.02	0.02	0.02	0.01	0.01	0.01		
	8	0.77	0.87	0.89	0.91	0.93	0.94	0.95	0.95	0.20	0.10	0.08	0.07	0.06	0.05	0.04	0.04	0.03	0.03	0.02	0.02	0.02	0.01	0.01	0.01
	9	0.77	0.87	0.90	0.91	0.93	0.94	0.95	0.95	0.96	0.21	0.11	0.09	0.07	0.06	0.05	0.04	0.04	0.03	0.03	0.02	0.02	0.02	0.02	0.01
	10	0.77	0.88	0.90	0.91	0.93	0.94	0.95	0.96	0.96	0.97	0.21	0.11	0.09	0.08	0.06	0.05	0.05	0.04	0.03	0.03	0.02	0.02	0.02	
	11	0.78	0.88	0.90	0.92	0.93	0.94	0.95	0.96	0.96	0.97	0.97	0.22	0.12	0.10	0.08	0.07	0.06	0.05	0.04	0.03	0.03	0.03	0.02	0.02

续附表23

房间类型	开机总时数/h	从开机时刻算起到计算时刻的持续时间 τ-T/h																						
		1	2	3	4	5	6	7	8	9	10	11	12	13	14	15	16	17	18	19	20	21	22	23	24
中	12	0.78	0.88	0.90	0.92	0.93	0.94	0.95	0.96	0.96	0.97	0.97	0.98	0.22	0.12	0.10	0.08	0.07	0.06	0.05	0.04	0.04	0.03	0.03	0.02
	13	0.78	0.88	0.90	0.92	0.93	0.94	0.95	0.96	0.96	0.97	0.97	0.98	0.98	0.22	0.12	0.10	0.08	0.07	0.06	0.05	0.04	0.04	0.03	0.03
	14	0.79	0.89	0.91	0.92	0.94	0.95	0.95	0.96	0.97	0.97	0.97	0.98	0.98	0.98	0.23	0.12	0.10	0.09	0.07	0.06	0.05	0.04	0.04	0.03
	15	0.79	0.89	0.91	0.93	0.94	0.95	0.96	0.96	0.97	0.97	0.98	0.98	0.98	0.98	0.99	0.23	0.13	0.10	0.09	0.07	0.06	0.05	0.05	0.04
	16	0.08	0.90	0.92	0.93	0.94	0.95	0.96	0.96	0.97	0.97	0.98	0.98	0.98	0.99	0.99	0.99	0.23	0.13	0.11	0.09	0.07	0.05	0.05	0.05
	17	0.81	0.90	0.92	0.94	0.95	0.95	0.96	0.97	0.97	0.98	0.98	0.98	0.98	0.99	0.99	0.99	0.99	0.23	0.13	0.11	0.09	0.08	0.06	0.06
	18	0.82	0.91	0.93	0.94	0.95	0.96	0.96	0.97	0.97	0.98	0.98	0.98	0.99	0.99	0.99	0.99	0.99	0.99	0.23	0.13	0.11	0.09	0.08	0.07
	19	0.83	0.92	0.93	0.95	0.96	0.96	0.97	0.97	0.98	0.98	0.98	0.99	0.99	0.99	0.99	0.99	0.99	0.99	0.99	0.24	0.13	0.11	0.09	0.08
	20	0.84	0.93	0.94	0.95	0.96	0.97	0.97	0.98	0.98	0.98	0.99	0.99	0.99	0.99	0.99	0.99	0.99	0.99	1.0	1.0	0.24	0.13	0.11	0.09
重	1	0.76	0.09	0.03	0.02	0.02	0.01	0.01	0.01	0.01	0.01	0.01													
	2	0.76	0.85	0.12	0.05	0.04	0.03	0.03	0.02	0.02	0.01	0.01	0.01	0.01	0.01	0.01	0.01	0.01							
	3	0.76	0.85	0.88	0.14	0.07	0.05	0.04	0.03	0.03	0.02	0.02	0.02	0.01	0.01	0.01	0.01	0.01	0.01	0.01					
	4	0.76	0.85	0.88	0.90	0.16	0.08	0.06	0.05	0.04	0.04	0.03	0.02	0.02	0.02	0.02	0.01	0.01	0.01	0.01	0.01	0.01			
	5	0.76	0.85	0.88	0.90	0.92	0.17	0.09	0.07	0.06	0.05	0.04	0.03	0.03	0.03	0.02	0.02	0.02	0.01	0.01	0.01	0.01	0.01	0.01	
	6	0.76	0.85	0.88	0.90	0.92	0.93	0.18	0.10	0.08	0.07	0.06	0.05	0.04	0.03	0.03	0.02	0.02	0.02	0.02	0.01	0.01	0.01	0.01	0.01
	7	0.77	0.85	0.88	0.90	0.92	0.93	0.94	0.19	0.11	0.09	0.07	0.06	0.05	0.04	0.04	0.03	0.03	0.02	0.02	0.01	0.01	0.01	0.01	
	8	0.77	0.86	0.88	0.90	0.92	0.93	0.94	0.95	0.20	0.12	0.09	0.08	0.06	0.05	0.05	0.04	0.03	0.03	0.02	0.02	0.02	0.01	0.01	
	9	0.77	0.86	0.88	0.90	0.92	0.93	0.94	0.95	0.96	0.21	0.12	0.10	0.08	0.07	0.06	0.05	0.04	0.04	0.03	0.03	0.02	0.02	0.01	
	10	0.77	0.86	0.89	0.91	0.92	0.93	0.94	0.95	0.96	0.96	0.21	0.13	0.10	0.08	0.07	0.06	0.05	0.04	0.04	0.03	0.03	0.02	0.02	
	11	0.78	0.86	0.89	0.91	0.92	0.93	0.94	0.95	0.96	0.97	0.97	0.22	0.13	0.11	0.09	0.07	0.06	0.05	0.04	0.04	0.03	0.03	0.02	0.02
	12	0.78	0.87	0.89	0.91	0.92	0.94	0.95	0.95	0.96	0.97	0.97	0.98	0.22	0.13	0.11	0.09	0.08	0.06	0.05	0.04	0.03	0.03	0.03	0.02
	13	0.78	0.87	0.89	0.91	0.93	0.94	0.95	0.96	0.96	0.97	0.97	0.98	0.98	0.22	0.14	0.11	0.09	0.08	0.07	0.06	0.05	0.04	0.03	0.03
	14	0.79	0.87	0.90	0.92	0.93	0.94	0.95	0.96	0.96	0.97	0.97	0.98	0.98	0.98	0.23	0.14	0.11	0.09	0.08	0.07	0.06	0.05	0.04	0.04
	15	0.79	0.88	0.90	0.92	0.93	0.94	0.95	0.96	0.96	0.97	0.97	0.98	0.98	0.98	0.99	0.23	0.14	0.12	0.10	0.08	0.07	0.06	0.05	0.04
	16	0.80	0.88	0.91	0.92	0.94	0.95	0.95	0.96	0.97	0.97	0.98	0.98	0.98	0.98	0.99	0.99	0.23	0.14	0.12	0.10	0.08	0.07	0.06	0.05
	17	0.81	0.89	0.91	0.93	0.94	0.95	0.96	0.96	0.97	0.97	0.98	0.98	0.98	0.99	0.99	0.99	0.99	0.23	0.15	0.12	0.10	0.08	0.07	0.06
	18	0.82	0.90	0.92	0.93	0.94	0.95	0.96	0.97	0.97	0.98	0.98	0.98	0.99	0.99	0.99	0.99	0.99	0.99	0.24	0.15	0.12	0.10	0.08	0.07
	19	0.83	0.91	0.93	0.94	0.95	0.96	0.96	0.97	0.97	0.98	0.98	0.98	0.99	0.99	0.99	0.99	0.99	0.99	0.99	0.24	0.15	0.12	0.10	0.08
	20	0.84	0.92	0.94	0.95	0.96	0.96	0.97	0.97	0.98	0.98	0.98	0.99	0.99	0.99	0.99	0.99	0.99	0.99	1.0	1.0	0.24	0.15	0.12	0.10

附录23　部分喷水室热交换效率实验公式的系数和指数

附表24　部分喷水室热交换效率实验公式的系数和指数

喷嘴排数	喷孔直径/mm	喷水方向	热交换效率	冷却干燥			减焓冷却加湿			绝热加湿			等温加湿			增焓冷却加湿			加热加湿			逆流双级喷水室的冷却干燥		
				A或A'	m或m'	n或n'	A或A'	m或m'	n或n'	A或A'	m或m'	n或n'	A或A'	m或m'	n或n'	A或A'	m或m'	n或n'	A或A'	m或m'	n或n'	A或A'	m或m'	n或n'
1	5	顺喷	η_1	0.635	0.245	0.42	—	—	—	—	—	—	0.87	0	0.05	0.885	0	0.61	0.86	0	0.09	—	—	—
			η_2	0.662	0.23	0.67	—	—	—	—	—	—	0.89	0.03	0.29	0.8	0.13	0.42	1.05	0	0.25	—	—	—
		逆喷	η_1	0.73	0	0.35	—	—	—	—	—	—	—	—	—	—	—	—	—	—	—	—	—	—
			η_2	0.88	0	0.38	—	—	—	—	—	—	—	—	—	—	—	—	—	—	—	—	—	—
	3.5	顺喷	η_1	—	—	—	—	—	—	0.8	0.25	0.4	—	—	—	—	—	—	0.875	0.06	0.07	—	—	—
			η_2	—	—	—	—	—	—	—	—	—	—	—	—	—	—	—	1.01	0.06	0.15	—	—	—
		逆喷	η_1	—	—	—	—	—	—	0.8	0.25	0.4	—	—	—	—	—	—	0.923	0	0.06	—	—	—
			η_2	—	—	—	—	—	—	1.05	0.1	0.4	—	—	—	—	—	—	1.24	0	0.27	—	—	—
2	5	一顺一逆	η_1	0.745	0.07	0.265	0.76	0.124	0.234	—	—	—	0.81	0.1	0.135	0.82	0.09	0.11	—	—	—	—	—	—
			η_2	0.755	0.12	0.27	0.835	0.04	0.23	0.75	0.15	0.29	0.88	0.03	0.15	0.84	0.05	0.21	—	—	—	—	—	—
		两逆	η_1	0.56	0.29	0.46	0.54	0.35	0.41	—	—	—	—	—	—	—	—	—	—	—	—	0.945	0.1	0.36
			η_2	0.73	0.15	0.25	0.62	0.3	0.44	—	—	—	—	—	—	—	—	—	—	—	—	1	0	0
	3.5	一顺一逆	η_1	—	—	—	—	—	—	0.873	0.1	0.3	—	—	—	—	—	—	0.931	0	0.13	—	—	—
			η_2	—	—	—	—	—	—	—	—	—	—	—	—	—	—	—	0.89	0.95	0.125	—	—	—
		两逆	η_1	0.655	0.33	0.33	—	—	—	—	—	—	—	—	—	—	—	—	—	—	—	—	—	—
			η_2	0.783	0.18	0.38	—	—	—	—	—	—	—	—	—	—	—	—	—	—	—	—	—	—

注:1. $\eta_1 = A(vp)^m \mu^n$；$\eta_2 = A'(vp)^{m'} \mu^{n'}$。

2. 实验条件:离心喷嘴;喷嘴密度 $n = 13$ 个/($\text{m}^2 \cdot$ 排);$vp = 1.5 \sim 3.0 \text{kg/(m}^2 \cdot \text{s)}$;喷嘴前水压 $p_0 = 0.1 \sim 0.25 \text{MPa}$(工作压力)。

附录 24　Y-1 型离心喷嘴

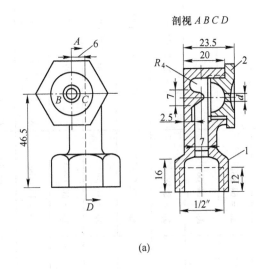

剖视 $ABCD$

(a)

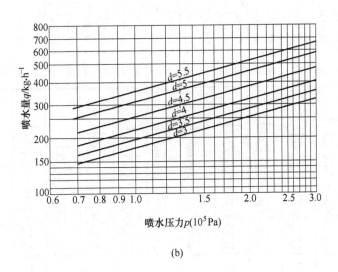

(b)

附图 3　Y-1 型离心喷嘴

(a) 构造；(b) 性能曲线

1—喷嘴本体；2—喷头

附录 25　部分水冷式表面冷却器的传热系数和阻力实验公式

附表 25　部分水冷式表面冷却器的传热系数和阻力实验公式

型号	排数	作为冷却用的传热系数 $K/\mathrm{W}\cdot(\mathrm{m}^2\cdot℃)^{-1}$	干冷时空气压力损失 Δp_g 和 湿冷时空气压力损失 Δp_s	水压力损失 $\Delta p/\mathrm{kPa}$	作为热水加热用的传热系数 $K/\mathrm{W}\cdot(\mathrm{m}^2\cdot℃)^{-1}$	实验时用的型号
LT	4	$K=\left(\dfrac{1}{52.1v_y^{0.459}\xi^{0.679}}+\dfrac{1}{219.7w^{0.8}}\right)^{-1}$	$\Delta p_g=15.11v_y^{1.883}$ $\Delta p_s=30.613v_y^{1.673}$	$\Delta p=17.59w^{0.92}$		小型试验样品
B或 U-Ⅱ型	2	$K=\left(\dfrac{1}{34.3v_y^{0.781}\xi^{1.03}}+\dfrac{1}{207w^{0.8}}\right)^{-1}$	$\Delta p_g=20.97v_y^{1.39}$			B-2R-6-27
B或 U-Ⅱ型	6	$K=\left(\dfrac{1}{31.4v_y^{0.857}\xi^{0.87}}+\dfrac{1}{281.7w^{0.8}}\right)^{-1}$	$\Delta p_g=29.75v_y^{1.98}$ $\Delta p_s=38.93v_y^{1.84}$	$\Delta p=64.68w^{1.854}$		B-6R-8-24
GL或 GL-Ⅱ型	6	$K=\left(\dfrac{1}{21.1v_y^{0.845}\xi^{1.15}}+\dfrac{1}{216.6w^{0.8}}\right)^{-1}$	$\Delta p_g=19.99v_y^{1.862}$ $\Delta p_s=32.05v_y^{1.695}$	$\Delta p=64.68w^{1.854}$		GL-6R-8-24
JW	2	$K=\left(\dfrac{1}{42.1v_y^{0.52}\xi^{1.01}}+\dfrac{1}{332.6w^{0.8}}\right)^{-1}$	$\Delta p_g=5.68v_y^{1.89}$ $\Delta p_s=25.28v_y^{0.895}$	$\Delta p=8.18w^{1.93}$	$K=34.77v_y^{0.4}w^{0.079}$	小型试验样品
JW	4	$K=\left(\dfrac{1}{39.7v_y^{0.52}\xi^{1.03}}+\dfrac{1}{332.6w^{0.8}}\right)^{-1}$	$\Delta p_g=11.96v_y^{1.72}$ $\Delta p_s=42.8v_y^{0.992}$	$\Delta p=12.54w^{1.93}$	$K=31.87v_y^{0.48}w^{0.08}$	小型试验样品
JW	6	$K=\left(\dfrac{1}{41.5v_y^{0.52}\xi^{1.02}}+\dfrac{1}{325.6w^{0.8}}\right)^{-1}$	$\Delta p_g=16.66v_y^{1.75}$ $\Delta p_s=62.23v_y^{1.1}$	$\Delta p=14.5w^{1.93}$	$K=30.7v_y^{0.485}w^{0.08}$	小型试验样品
JW	8	$K=\left(\dfrac{1}{35.5v_y^{0.58}\xi^{1.0}}+\dfrac{1}{353.6w^{0.8}}\right)^{-1}$	$\Delta p_g=23.8v_y^{1.74}$ $\Delta p_s=70.56v_y^{1.21}$	$\Delta p=20.19w^{1.93}$	$K=27.3v_y^{0.58}w^{0.075}$	小型试验样品
SXL-B	2	$K=\left(\dfrac{1}{27v_y^{0.425}\xi^{0.74}}+\dfrac{1}{157w^{0.8}}\right)^{-1}$	$\Delta p_g=17.35v_y^{1.54}$ $\Delta p_s=35.28v_y^{1.4}\xi^{0.183}$	$\Delta p=15.48w^{1.97}$	$K=\left(\dfrac{1}{21.5v_y^{0.520}}+\dfrac{1}{319.8w^{0.8}}\right)^{-1}$	
KL-1	4	$K=\left(\dfrac{1}{32.6v_y^{0.57}\xi^{0.987}}+\dfrac{1}{350.1w^{0.8}}\right)^{-1}$	$\Delta p_g=24.21v_y^{1.828}$ $\Delta p_s=24.01v_y^{0.913}$	$\Delta p=18.03w^{2.1}$	$K=\left(\dfrac{1}{28.6v_y^{0.656}}+\dfrac{1}{286.1w^{0.8}}\right)^{-1}$	
KL-2	4	$K=\left(\dfrac{1}{29v_y^{0.622}\xi^{0.758}}+\dfrac{1}{385w^{0.8}}\right)^{-1}$	$\Delta p_g=27v_y^{1.43}$ $\Delta p_s=42.2v_y^{1.2}\xi^{0.18}$	$\Delta p=22.5w^{1.8}$	$K=11.16v_y+15.54w^{0.276}$	KL-2-4-6-10/600
KL-3	6	$K=\left(\dfrac{1}{27.5v_y^{0.778}\xi^{0.843}}+\dfrac{1}{460.5w^{0.8}}\right)^{-1}$	$\Delta p_g=26.3v_y^{1.75}$ $\Delta p_s=63.3v_y^{1.2}\xi^{0.15}$	$\Delta p=27.9w^{1.81}$	$K=12.97v_y+15.08w^{0.13}$	KL-3-6-10/600
CR	2~8	$K=B\left(\dfrac{1}{31.89v_y^{0.422}\xi^{0.602}}+\dfrac{1}{180.74w^{0.8}}\right)^{-1}$	$\Delta p_g=B6.83v_y^{1.743}$ $\Delta p_s=B_s8.91v_y^{1.758}\xi^{0.256}$	$\Delta p=19w^{1.23}$		

附录 26 水冷式表面冷却器的 E' 值

附表 26 水冷式表面冷却器的 E' 值

冷却器型号	排数 N	迎面风速 v_y /m·s^{-1}			
		1.5	2.0	2.5	3.0
U-II型 GL-II型	2	0.543	0.518	0.499	0.484
	4	0.791	0.767	0.748	0.733
	6	0.905	0.887	0.875	0.863
	8	0.957	0.946	0.937	0.930
JW 型	2	0.590	0.545	0..515	0.490
	4	0.845	0.797	0.768	0.745
	6	0.940	0.911	0.888	0.872
	8	0.977	0.964	0.954	0.945
SXL-B 型	2	0.826	0.780	0.760	0.740
	4	0.970	0.952	0.942	0.932
	6	0.995	0.989	0.986	0.982
	8	0.999	0.997	0.996	0.995
KL-1 型	2	0.466	0.440	0.423	0.408
	4	0.715	0.686	0.665	0.649
	6	0.848	0.800	0.806	0.792
	8	0.917	0.824	0.887	0.877
KL-2 型	2	0.553	0.530	0.511	0.493
	4	0.800	0.780	0.762	0.743
	6	0.909	0.896	0.886	0.870
KL-3 型	2	0.450	0.439	0.429	0.416
	4	0.700	0.685	0.672	0.660
	6	0.834	0.823	0.813	0.802
CR 型	2	0.768	0.696	0.661	0.625
	4	0.890	0.868	0.857	0.846
	6	0.949	0.940	0.936	0.932
	8	0.962	0.959	0.957	0.956
LT 型	4	0.940	0.927	0.914	0.901

附录 27 JW 型表面冷却器的技术参数

附录 27 JW 型表面冷却器的技术参数

型 号	风量 L/m^3·h^{-1}	每排散热面积 F_d/m^2	迎风面积 F_y/m^2	通水断面积 f_w/m^2	备 注
JW10-4	5000~8350	12.15	0.944	0.00407	共有四、六、八、十排四种产品
JW20-4	8350~16700	24.05	1.87	0.00407	
JW30-4	16700~25000	33.40	2.57	0.00553	
JW40-4	25000~33400	44.50	3.43	0.00553	

附录28　部分空气加热器的传热系数和阻力实验公式

附表28　部分空气加热器的传热系数和阻力实验公式

加热器型号		传热系数 $K/W \cdot (m^2 \cdot ℃)^{-1}$		空气压力损失 /Pa	热水压力损失 /kPa
		蒸汽	热水		
SRZ 型	5、6、10D	$13.6 (v\rho)^{0.49}$		$1.76 (v\rho)^{1.998}$	D 型：$15.2\omega^{1.96}$ Z、X 型：$19.3\omega^{1.83}$
	5、6、10Z	$13.6 (v\rho)^{0.49}$		$1.47 (v\rho)^{1.98}$	
	5、6、10X	$14.5 (v\rho)^{0.532}$		$0.88 (v\rho)^{2.12}$	
	5、6、7D	$14.3 (v\rho)^{0.51}$		$2.06 (v\rho)^{1.17}$	
	5、6、7Z	$14.3 (v\rho)^{0.51}$		$2.94 (v\rho)^{1.52}$	
	5、6、7X	$5.1 (v\rho)^{0.571}$		$1.37 (v\rho)^{1.917}$	
SRL 型	BXA/2	$15.2 (v\rho)^{0.40}$	$16.5 (v\rho)^{0.24}$	$1.71 (v\rho)^{1.67}$	
	BXA/3	$15.1 (v\rho)^{0.43}$	$14.5 (v\rho)^{0.29}$	$3.03 (v\rho)^{1.62}$	
SYA 型	D	$15.4 (v\rho)^{0.297}$	$16.6 (v\rho)^{0.36}\omega^{0.226}$	$0.86 (v\rho)^{1.96}$	
	Z	$15.4 (v\rho)^{0.297}$	$16.6 (v\rho)^{0.36}\omega^{0.226}$	$0.82 (v\rho)^{1.94}$	
	X	$15.4 (v\rho)^{0.297}$	$16.6 (v\rho)^{0.36}\omega^{0.226}$	$0.78 (v\rho)^{1.87}$	
I 型	2C	$25.7 (v\rho)^{0.375}$		$0.8 (v\rho)^{1.985}$	
	1C	$26.3 (v\rho)^{0.423}$		$0.4 (v\rho)^{1.985}$	
GL 或 GL-II 型		$19.8 (v\rho)^{0.608}$	$31.9 (v\rho)^{0.46}\omega^{0.5}$	$0.84 (v\rho)^{1.862}N$	$10.8\omega^{1.854}N$
B、U 型或 U-II 型		$19.8 (v\rho)^{0.608}$	$25.5 (v\rho)^{0.556}\omega^{0.0115}$	$0.84 (v\rho)^{1.862}N$	$10.8\omega^{1.854}N$

注：1. $v\rho$ 为空气质量流速（$kg/m^2 \cdot s$）；ω 为水流速（m/s）；N 为排数。

2. 用130℃过热水时，$\omega = 0.023 \sim 0.037 m/s$。

附录 29　SRZ 型空气加热器的技术参数

附表 29　SRZ 型空气加热器的技术参数

规　格	散热面积 /m²	通风有效截面积/m²	热媒流通截面/m²	管排数	管根数	连接管径 /in	质量/kg
5×5D	10.13	0.154					54
5×5Z	8.78	0.155					48
5×5X	6.23	0.158					45
10×5D	19.92	0.302	0.0043	3	23	$1\frac{1}{4}$	93
10×5Z	17.26	0.306					84
10×5X	12.22	0.312					76
12×5D	24.86	0.378					113
6×6D	15.33	0.231					77
6×6Z	13.29	0.234					69
6×6X	9.43	0.239					63
10×6D	25.13	0.381					115
10×6Z	21.77	0.385					103
10×6X	15.42	0.393	0.0055	3	29	$1\frac{1}{2}$	93
12×6D	31.35	0.475					139
15×6D	37.73	0.572					164
15×6Z	32.67	0.579					146
15×6X	23.13	0.591					139
7×7D	20.31	0.320					97
7×7Z	17.60	0.324					87
7×7X	12.48	0.329					79
10×7D	28.59	0.450					129
10×7Z	24.77	0.456					115
10×7X	17.55	0.464					104
12×7D	35.67	0.563	0.0063	3	33	2	156
15×7D	42.93	0.678					183
15×7Z	37.18	0.685					164
15×7X	26.32	0.698					145
17×7D	49.90	0.788					210
17×7Z	43.21	0.797					187
17×7X	30.58	0.812					169
22×7D	62.75	0.991					260
15×10D	61.14	0.921					255
15×10Z	52.95	0.932					227
15×10X	37.48	0.951					203
17×10D	71.06	1.072	0.0089	3	47	$2\frac{1}{2}$	293
17×10Z	61.54	1.085					260
17×10X	43.66	1.106					232
20×10D	81.27	1.226					331

注：1in=25.4mm。